Ramm / Wagner

Praktische Baustatik

TEIL 4

Von Dipl.-Ing. Hermann RAMM
Baurat a. D., Essen

und Professor Dipl.-Ing. Walter WAGNER
Fachhochschule Rheinland-Pfalz, Mainz

unter Mitwirkung von

Dr.-Ing. Hans MÜGGENBURG
Duisburg-Hamborn

Dritte, durchgesehene Auflage · 1972
Mit 466 Bildern und 38 Tafeln

B. G. Teubner Stuttgart

Zusammenfassung des Inhalts von Teil 4

Kraftgrößenverfahren
Virtuelle Arbeit: innere Arbeit, äußere Arbeit, Arbeitsgleichung
Formänderungsaufgaben, Integrationstafeln
Biegelinien, ω-Zahlen, W_m-Gewichte
Sätze von Betti und Maxwell, Einflußlinien für Formänderungen
Statisch unbestimmte Systeme mit ständigen u. beweglichen Lasten (Einflußlinien)
Formänderungen an statisch unbestimmten Systemen, Reduktionssatz
Statisch unbestimmte Hauptsysteme

Auflösung linearer Gleichungen
Determinanten, Eleminationsverfahren von Gauss

Weggrößenverfahren
Tragsysteme mit unverschieblichen Knoten
Tragsysteme mit verschieblichen Knoten
Einfluß von Wärmewirkungen
Momentenausgleichsverfahren nach Kani für Rahmen mit unverschieblichen und verschieblichen Knoten, Stockwerkrahmen

Der vorliegende Teil 4 ist eine Fortsetzung des Werkes

Schreyer / Ramm / Wagner, Praktische Baustatik

Dessen Teile 1 bis 3 umfassen folgende Gebiete:

Teil 1: Lasten, Kräfte und Kräftepaar
Gleichgewicht der Kräfte
Standsicherheit gegen Kippen und Gleiten
Balken und ihre Schnittgrößen
Schwerpunktbestimmungen
Spannungen und Dehnungen
Biegelehre
Bemessungsbeispiele

Teil 2: Berechnen von Niet-, Schrauben-, Schweiß-, Bolzen-, Nagel- und Dübelverbindungen
Formänderungen bei Biegung (Winkeländerungen und Durchbiegungen)
Eingespannte Träger, Durchlaufträger (nach Clapeyron und nach Cross), Gelenk- oder Gerberträger
Schräge u. geknickte Träger (Treppen)
Doppelbiegung und schiefe Biegung (symmetrische und unsymmetrische Querschnitte)
Längsschub- und Hauptspannungen
Verdübelte, genagelte, verleimte Holzträger
Torsionsmomente bei statisch bestimmt u. statisch unbestimmt gelagerten Trägern, Spannungen und Formänderungen infolge Torsion
Schubmittelpunkt
Knicken bei mittigem Druck für ein- und mehrteilige Stäbe, Knicken dünnwandiger offener Profile (Biegedrillknicken)
Ausmittiger Kraftangriff (Biegung mit Längskraft mit und ohne Knickgefahr)
Berechnen von Dächern (Sparren, Pfetten, Binder)

Teil 3: Vorschriften, Lasten, zulässige Spannungen und Durchbiegungen im Brükken- und Kranbau
Einflußlinien des einfachen Vollwand- u. Fachwerkträgers, des Krag- u. Gelenkträgers und des Durchlaufträgers
Genietete und geschweißte Blechträger
Wasser- und Erddruck bei Stütz- u. Ufermauern und Spundwänden
Gewölbe, Widerlager und Pfeiler im Brükkenbau
Rahmen

ISBN 3-519-15204-5

Printed in Germany
Satz und Druck: L. C. Wittich, Darmstadt

VORWORT

Das Ziel dieses 4. Teiles der „Praktischen Baustatik" ist die Einführung in die Methoden der Berechnung statisch unbestimmter Systeme.

Während der Inhalt der ersten drei Teile des Werkes in seiner Gesamtheit als „Leitfaden" für den Statikunterricht an den Fachhochschulen dient, ist der vierte Teil als Vertiefung in das Stoffgebiet der „Statik der Baukonstruktionen" gedacht. Er wendet sich an die in der Praxis tätigen Bauingenieure und an die Studenten der letzten Semester der Fachrichtung „Ingenieurbau". Auch wird er von den Studenten des Bauingenieurwesens an Technischen Hochschulen als einführendes Werk in die „Baustatik" begrüßt werden.

Für die Berechnung statisch unbestimmter Systeme ist die genaue Kenntnis der Formänderungsgesetze von grundlegender Bedeutung; sämtliche Formänderungen lassen sich mit dem Satz der virtuellen Arbeit berechnen. Der gründlichen Behandlung dieses wichtigen Satzes der Kraftgrößenmethode wird deshalb ein besonders breiter Raum zuteil. In diesem Abschnitt findet der Leser auch die Ableitung der ω-Werte und W_m-Gewichte sowie der wichtigen Sätze von Betti und Maxwell. Mit Hilfe dieser Grundlagen werden die Methoden zur Bestimmung der Einflußlinien für Formänderungen und für die statischen Größen entwickelt; einfach und mehrfach statisch unbestimmte Systeme für ruhende und bewegliche Lasten werden behandelt.

Da die Berechnung statisch unbestimmter Systeme die Auflösung linearer Gleichungen mit mehreren Unbekannten erfordert, werden in einem besonderen Abschnitt die Determinanten und das Gaußsche Eliminationsverfahren als Mittel zur Lösung solcher Gleichungen ausführlich besprochen.

Die zweite Methode der Berechnung statisch unbestimmter Systeme ist das Weggrößenverfahren (früher „Formänderungsverfahren" genannt), das in neuerer Zeit entwickelt wurde. Dieses Verfahren wird oft mit Vorteil bei statischen Untersuchungen von Rahmensystemen benutzt; deshalb wird seine Anwendung an solchen Systemen gezeigt. Dabei wird auch dargestellt, wie sich der Einfluß von Wärmewirkungen mit diesem Verfahren erfassen läßt.

Mit Hilfe des Weggrößenverfahrens lassen sich die meisten Iterationsverfahren, wie z. B. das sehr bekannte Momentenausgleichsverfahren nach Kani, erklären. Die eingehende Behandlung des Kanischen Verfahrens mit Ableitung und Beispielen bildet den Abschluß dieses Bandes.

An zahlreichen, durchgerechneten Beispielen wird die Anwendung des gesamten behandelten Stoffgebietes gezeigt. Das aufmerksame Studium dieses Bandes bildet die Grundlage für das Verständnis von Veröffentlichungen über spezielle statische Probleme.

Mit Freude konnten wir feststellen, daß auch dieser Teil 4 der „Praktischen Baustatik" bei den Ingenieuren in der Praxis und bei den Studenten des Ingenieurbaues eine gute Aufnahme gefunden hat. Die beiden Verfasser und der Mitarbeiter möchten jedoch an dieser Stelle vor allem ihren verehrten Lehrern, den Professoren Martin Grüning, Dr.-Ing. e. h. Dr.-Ing. Kurt Klöppel und Dr.-Ing. habil. Kurt Hirschfeld für das in Kollegs, Übungen und Gesprächen vermittelte Wissen und die empfangenen Anregungen ihren Dank aussprechen. Manche der von Professor Klöppel und Professor Hirschfeld gebrachten Formulierungen und Entwicklungen waren so vollendet, daß sie heute bereits als klassisch bezeichnet werden können und eine Verbesserung ihrer Darstellung kaum möglich erscheint.

Zu danken haben wir auch den Herren Dr.-Ing. Müggenburg, Duisburg-Hamborn, für die umfassende Mithilfe bei der Gestaltung der ersten sieben Abschnitte des Buches, Dipl.-Ing. Gercken, Essen, für viele wertvolle Anregungen sowie Professor Dipl.-Ing. Erlhof, Mainz, für die sehr gründliche Durchsicht der Neuauflage. Nicht zuletzt sprechen wir dem Verlag für die stets vorzügliche Zusammenarbeit bei der Gestaltung der Statikbände unseren besonderen Dank aus. Vorschläge für Verbesserungen des Werkes aus dem Leserkreis werden wir stets dankbar begrüßen.

Essen und Darmstadt, im Sommer 1972

H. RAMM W. WAGNER

DIN-Normen sind in diesem Werk entsprechend dem Stande ihrer Entwicklung ausgewertet worden, den sie bei Abschluß des Manuskriptes erreicht hatten. Maßgebend sind die jeweils neuesten Ausgaben der Normblätter des DNA im Format A 4, die durch den Beuth-Vertrieb, Berlin und Köln, zu beziehen sind. — Sinngemäß gilt das gleiche für alle in diesem Buche angezogenen amtlichen Richtlinien, Bestimmungen, Verordnungen usw.

Neue Maßeinheiten für einige technische Größen sind durch das „Gesetz über Einheiten im Meßwesen" vom 2. 7. 1969 und seine „Ausführungsverordnung" vom 26. 6. 1970 – in den meisten Fällen mit einer Frist bis zum 31. 12. 1977 – eingeführt worden. Für die Baustatik von besonderer Bedeutung ist der Wechsel der Krafteinheit vom Kilopond (kp) zum Newton (N). In Anlehnung an die von der FN Bau-Arbeitsgruppe „Einheitliche Technische Baubestimmungen" (ETB) für die Baunormen praktizierte Übergangsregelung[1]) werden in der vorliegenden Auflage die bisherigen Einheiten weiterverwendet.

Der Umrechnung von „alten" in „neue" Einheiten und umgekehrt dienen folgende Hinweise:

Kraftgrößen: Die ETB schlägt vor, sich auf möglichst wenige der zahlreichen Einheiten, die sich mit Hilfe dezimaler Vorsätze (z. B. k für 1000 und c für 0,01) bilden lassen, zu beschränken und empfiehlt folgende Einheiten:

Kräfte: als Regeleinheit das kN (Kilonewton) = 1000 N (Newton) = 0,001 MN (Meganewton); für Werte $<$ 0,1 kN das N und für Werte $>$ 1000 kN das MN

Belastung: kN/m; kN/m² und kN/m³

Moment: kNm

Spannung: MN/m² = N/mm²

Die ETB geht ferner davon aus, daß angesichts der in der Bautechnik üblichen großen Sicherheiten die Fallbeschleunigung genügend genau mit $g = 10\ \text{m/s}^2$ angenommen werden kann. Gegenüber der Normalfallbeschleunigung $g_n = 9{,}80665\ \text{m/s}^2$ liegt der Fehler bei Belastungsannahmen zudem auf der sicheren, bei zulässigen Spannungen zwar auf der unsicheren Seite, ist aber mit knapp 2 % unerheblich. Für die Umrechnung gilt daher:

1 kp = 10 N = 0,01 kN	1 N = 0,1 kp
1 Mp = 10000 N = 10 kN = 0,01 MN	1 kN = 100 kp = 0,1 Mp
	1 MN = 100 Mp

[1]) S. DIN-Mitteilungen Bd. 50 (1971) Heft 6 (1. Juni 1971) S. 277.

INHALT

1 Elastische Formänderung

1.1 Einleitung

Jedes belastete Tragwerk steht unter Spannungen. Diese rufen Formänderungen hervor. Bleiben die Spannungen unterhalb der Elastizitätsgrenze des Baustoffes, so gehen die Formänderungen bei Entlastung vollständig zurück. Man spricht dann von elastischen Formänderungen gegenüber den plastischen oder bleibenden Formänderungen.

Die Größen der elastischen Formänderungen sind bei vielen Baukonstruktionen von Bedeutung. So gelten für Träger in vielen Ländern Grenzwerte der zulässigen Durchbiegungen (vgl. Teil 2 Abschn. Formänderung bei Biegung). Auch bei der Berechnung der statisch unbestimmten Systeme spielen die elastischen Formänderungen eine große Rolle.

Die plastischen Formänderungen sind gegenüber den elastischen für die Rechenmethoden der klassischen Statik von geringem Einfluß. Sie sind jedoch bei der endgültigen Bemessung mancher Konstruktionen von wesentlicher Bedeutung. So können z. B. durchlaufende Stahlträger des Hochbaus nach der Plastizitätstheorie bemessen werden (vgl. Teil 2 Abschn. Näherungsweise Berechnung durchlaufender Träger); auch ist das Schwinden und Kriechen des Betons bei Spannbeton-, Stahlbeton- und Verbundkonstruktionen zu berücksichtigen.

Formänderungen können Längen-, Winkel- und Gleitwinkeländerungen sein (vgl. Teil 1 Abschn. Formänderungen und Teil 2 Abschn. Formänderung bei Biegung).

Man unterscheidet in der Baustatik zwei Zustände: Der Belastungszustand gibt die Beziehungen zwischen den äußeren Kräften (Belastung, Temperatur) und den inneren Kräften (Normalkräfte, Momente, Querkräfte) an. Der Verschiebungszustand beschreibt den Zusammenhang zwischen den Formänderungen eines Teiles des Systems und denen des Gesamtsystems. So zeigt z. B. Bild **1.1**, wie beim Fachwerk die Längenänderungen der Stäbe Verschiebungen der Knotenpunkte verursachen. Der Verschiebungszustand gibt also geometrische Beziehungen an.

Die Verbindung zwischen den beiden Zuständen, d. h. den Zusammenhang von Spannungen und Dehnungen, stellt das Hookesche Gesetz dar. Es gilt für isotrope[1]) Baustoffe, und zwar so lange, wie die Spannungen unterhalb der Proportionalitätsgrenze bleiben, das Spannungsdehnungsdiagramm also geradlinig verläuft.

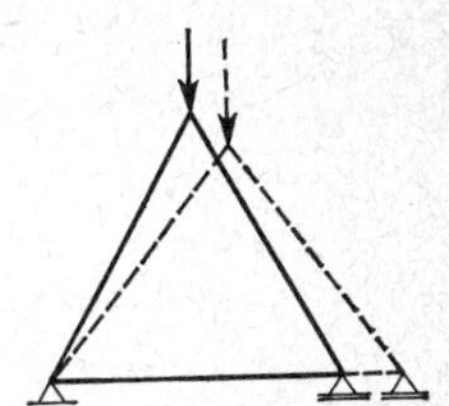

1.1 Längenänderung beim Fachwerk

Dies wird in der Baustatik stets vorausgesetzt. Für den Bauingenieur ist es sehr wichtig zu beachten, daß das Hookesche Gesetz die Linearität zwischen Spannungen und Dehnungen und damit zwischen Belastungen und Formänderungen beinhaltet. Das bedeutet: Nur im Hookeschen Bereich gilt das Überlagerungsgesetz verschiedener Belastungszustände. Auch der Berechnung statisch unbestimmter Systeme liegt zugrunde, daß der Werkstoff sich nach dem Hookeschen Gesetz verhält.

---

[1]) Isotrop ist ein Stoff, der nach allen Richtungen gleiche physikalische Eigenschaften aufweist.

1.2 Ebene Formänderungen von Stabelementen

Das Hookesche Gesetz lautet (s. Teil 1 Abschn. 8.212)

$$\varepsilon = \frac{\Delta l}{l} = \frac{\Delta s}{s} = \frac{\sigma}{E} \tag{2.1}$$

1.21 Formänderung infolge Normalspannungen

Da für eine Normalkraft N die Spannung $\sigma = N/F$ beträgt, verursacht sie die Längenänderung (**2.**1)

$$\Delta l = \frac{N \cdot l}{F \cdot E} = \frac{\sigma}{E} l \tag{2.2}$$

2.1 Längenänderung infolge Normalkraft

1.22 Formänderung infolge gleichmäßiger Temperaturänderung

Eine über die Stabhöhe h konstante Temperaturänderung t verursacht

eine Dehnung von
$$\varepsilon_t = \alpha_t \cdot t \tag{2.3}$$
und eine Längenänderung von
$$\Delta l_t = \alpha_t \cdot t \cdot l \tag{2.4}$$
worin α_t in 1/°C die Temperaturdehnzahl bedeutet.

1.23 Formänderung infolge Biegespannungen

Für einen durch Biegung beanspruchten Stab gibt die klassische Biegelehre die Biegespannung (s. Teil 1 Abschn. Biegegleichung)

$$\sigma_B = \frac{M}{J} y \tag{2.5}$$

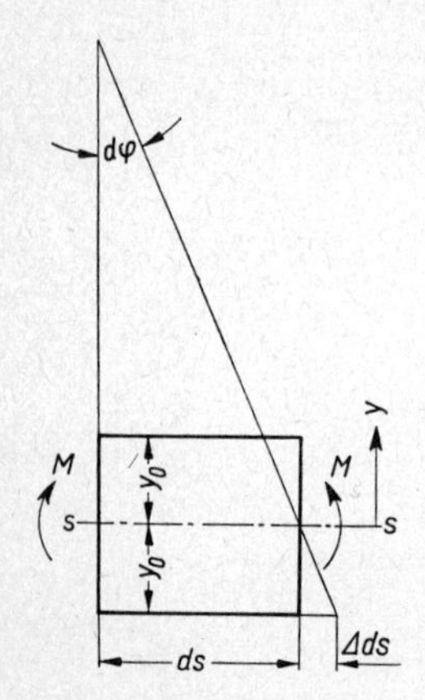

2.2 Formänderung infolge Biegung

Unter Berücksichtigung des Hookeschen Gesetzes ergibt sich die Dehnung eines Stabes infolge Biegung zu

$$\varepsilon = \frac{\sigma_B}{E} = \frac{M}{EJ} y \tag{2.6}$$

Betrachtet man das sehr kleine Körperelement von der Länge ds (**2.**2), so lassen sich folgende Beziehungen ablesen:

Der Formänderungswinkel beträgt
$$d\varphi = \frac{\Delta\, ds}{y_0} \tag{2.7}$$

Unter Beachtung der Gl. (2.6) ergibt sich mit

$$\varepsilon = \frac{\Delta\, ds}{ds} = \frac{M}{EJ} y_0$$

$$\Delta \mathbf{d}s = \frac{M}{EJ} y_0 \cdot \mathbf{d}s \tag{3.1}$$

der Formänderungswinkel

$$\mathbf{d}\varphi = \frac{\Delta \mathrm{d}s}{y_0} = \frac{\frac{M}{EJ} y_0 \cdot \mathrm{d}s}{y_0} = \frac{M}{EJ} \mathbf{d}s \tag{3.2}$$

1.24 Formänderung infolge ungleichmäßiger Temperaturänderung

Für eine über die Balkenhöhe linear veränderliche Temperatur gilt (3.1)

$$\Delta \mathrm{d}s_{to} = \alpha_t \cdot t_o \cdot \mathrm{d}s \quad \text{bzw.} \quad \Delta \mathrm{d}s_{tu} = a_t \cdot t_u \cdot \mathrm{d}s$$

$$\Delta \mathrm{d}\varphi_t = \frac{\Delta \mathrm{d}s_{tu} - \Delta \mathrm{d}s_{to}}{h}$$

und damit

$$\Delta \mathrm{d}\varphi_t = \frac{\alpha_t \cdot t_u \cdot \mathrm{d}s - \alpha_t \cdot t_o \cdot \mathrm{d}s}{h} = \frac{\alpha_t (t_u - t_o)\, \mathbf{d}s}{h} \tag{3.3}$$

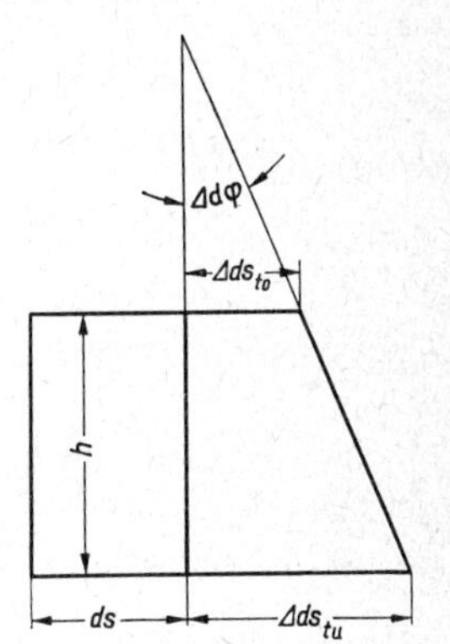

3.1 Formänderung infolge ungleichmäßiger Temperatur

1.25 Formänderung infolge Schubspannungen

Die Formänderung infolge Querkraft (3.2), auch Gleitung oder Schiebung genannt, ergibt sich mit Hilfe der zum Hookeschen Gesetz analogen Beziehung (s. Teil 1 Abschn. Formänderungen)

$$\gamma = \frac{\tau_Q}{G} \quad \text{zu} \quad \gamma = \varkappa \cdot \frac{Q}{GF} \tag{3.4}$$

und mit

$$\Delta h = \gamma \cdot \mathrm{d}s \tag{3.5}$$

erhält man

$$\Delta h = \varkappa \cdot \frac{Q}{GF} \mathbf{d}s \tag{3.6}$$

$\varkappa$ ist hierin ein Korrekturfaktor, der berücksichtigt, daß die Schubspannung über die Querschnittshöhe veränderlich ist. Er ist in der Hauptsache abhängig von der Querschnittsform (s. [6]). Beispielsweise gilt für den Rechteckquerschnitt $\varkappa = 1{,}2$. Bei Walzprofilen ist für die Querschnittsfläche nur die Stegfläche anzusetzen, da sich die Flansche kaum an der Schubaufnahme beteiligen (vgl. Teil 1 Abschn. Scher- und Schubspannungen).

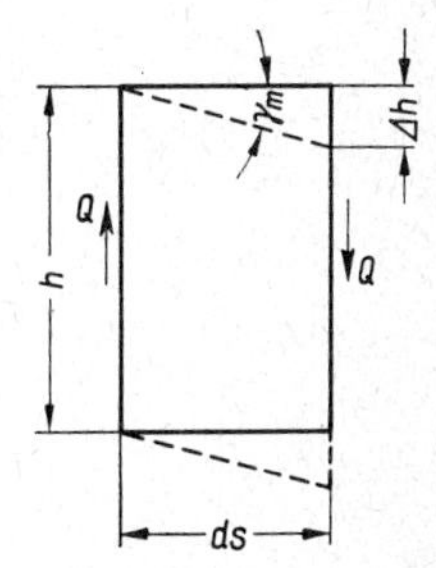

3.2 Formänderung infolge Querkraft

1.26 Formänderung infolge Torsionsspannungen

Wird ein Stab auf Torsion beansprucht, dann erfahren nebeneinanderliegende Querschnitte eine Verdrillung gegeneinander. Bei zwei Querschnitten im Abstand ds wird die gegenseitige Verdrillung (s. z. B. [7]) aus Bild 4.1 gewonnen: P und P_0 lagen vor der Verformung in einer Radialebene. Nach der Formänderung ist P_0 nach P_1 gewandert. Die Strecke P_0P_1 beträgt

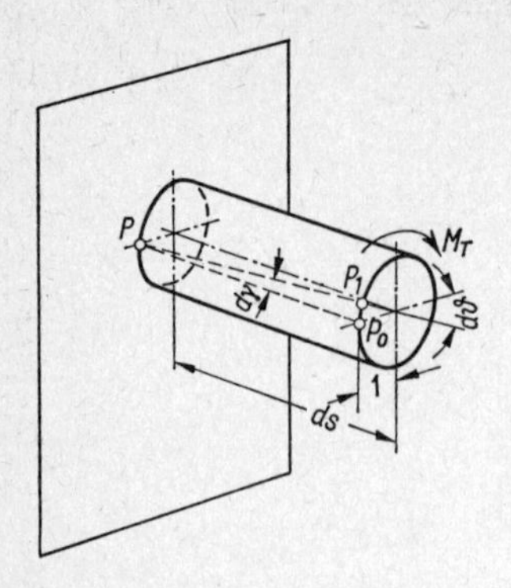

4.1 Verdrillung am eingespannten Rundstab-Teilchen mit dem Radius 1 und der Länge d*s*

$$d\gamma \cdot ds = d\vartheta \cdot 1 \tag{4.1}$$

Es ist $\quad d\gamma = \frac{\tau_T}{G} = \frac{M_T \cdot 1}{J_T G}$

(vgl. Teil 2 Absch. Schubmittelpunkt)

und damit

$$d\vartheta = \frac{M_T \cdot ds}{J_T G} \tag{4.2}$$

Diese Formel hat den gleichen Aufbau wie Gl. (3.2). Es stehen hier für das Biegemoment M_B das Torsionsmoment M_T, für den Elastizitätsmodul E der Schubmodul G und für das Trägheitsmoment J der Drillungswiderstand J_T.

Für polarsymmetrische Querschnitte (Kreis, Kreisring) gilt $J_T = J_p$, worin J_p das polare Trägheitsmoment ist (s. Teil 1 Abschn. Trägheits- und Widerstandsmomente).

1.3 Virtuelle Arbeit

1.31 Begriff der Arbeit

Unter mechanischer Arbeit versteht man das Produkt aus Kraft und Weg. Es ist

$$A = K \cdot s \tag{4.3}$$

Die Kraft wird hierbei längs des Weges konstant vorausgesetzt. Der Weg s fällt in Richtung der Kraft (**4.2**a). Schließen Kraftrichtung und Wegrichtung einen Winkel α ein (**4.2**b), dann ist

$$A = K \cdot s \cdot \cos\alpha \tag{4.4}$$

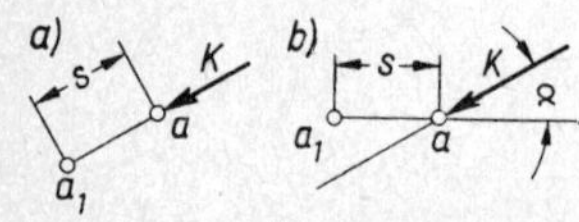

Die Arbeit ist positiv, wenn Kraft und Verschiebung gleiche Richtung haben.

4.2 Wirkliche Arbeit der Kraft K längs des Weges s

1.32 Begriff der virtuellen Arbeit

Im Unterschied zur wirklichen ist virtuelle Arbeit eine gedachte Arbeit. Man läßt wirkende Kräfte gedachte oder virtuelle Wege zurücklegen; dabei leisten sie längs der gedachten oder virtuellen Wege Arbeit, die als virtuelle Arbeit bezeichnet wird. Diese Methode des Vorgehens wird „Prinzip der virtuellen Verrückungen" genannt. Es wird in der Statik häufig gebraucht. Die virtuelle Arbeit der Kraft K ist in Bild **4.3**

$$A = K \cdot \bar{\delta}_i \cdot \cos\gamma \text{ [1]} \tag{4.5}$$

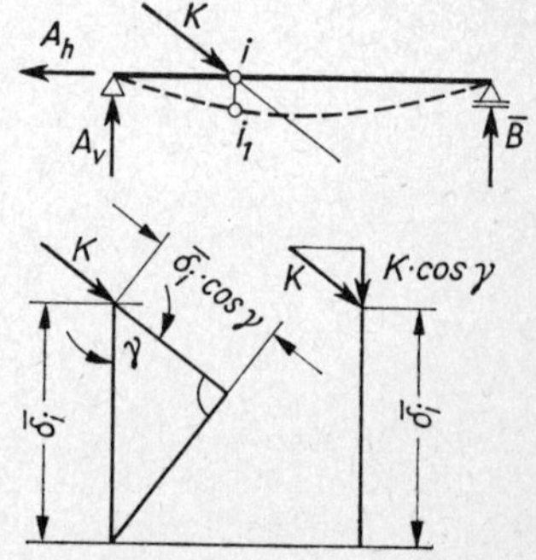

4.3 Kraft K und virtuelle Verschiebung $\bar{\delta}_i$

[1]) Für richtungstreue Kräfte ist vorauszusetzen, daß die gedachten Formänderungen klein sind; „richtungstreu" sind Kräfte, die ihre ursprüngliche Richtung auch bei Formänderung des Tragwerks beibehalten.

1.33 Prinzip der virtuellen Verrückungen

1.331 Fachwerkträger

Das Prinzip der virtuellen Verrückungen und der virtuellen Arbeit soll am ebenen Fachwerk erklärt werden. Wenn alle an einem Fachwerkknoten angreifenden äußeren und inneren Kräfte sich im Gleichgewicht befinden, muß ihre Resultierende Null sein. In Bild 5.1 stehe P mit den Kräften S_1 bis S_4 im Gleichgewicht. Wird nun der Knoten um die Strecke δ_m von m nach m' verschoben, kann die Resultierende aller Kräfte keine Arbeit leisten, da sie ja Null ist. Da die Arbeit der Resultierenden gleich der Summe der Arbeiten der einzelnen Komponenten ist, gilt allgemein

$$P \cdot \delta_P + \sum_1^n S_n \cdot \delta_n = 0 \tag{5.1}$$

Hierin bedeutet δ_P die Komponente der Verschiebung des Knotens in Richtung von P, die Werte δ_n sind die Komponenten der Verschiebung des Knotens in Richtung der einzelnen Stäbe, also $\Delta s_1, \Delta s_2, \Delta s_3, \Delta s_4$. Führt man in dieser Aufgabe das Vorzeichen für die Arbeit der Stabkräfte, deren Gesamtwirkung der Kraft P entgegengesetzt und gleich sein muß, in die Gleichung ein, so lautet sie

$$\boldsymbol{P \cdot \delta_P - \sum_1^n S_n \cdot \Delta s_n = 0}$$

Wird über alle Knoten und alle Stäbe des Fachwerks summiert, so erhält man

$$\sum P \cdot \delta_P - \sum S \cdot \Delta s = 0 \tag{5.2}$$

Dann ist

$$\boldsymbol{\sum P \cdot \delta_P = \sum S \cdot \Delta s} \tag{5.3}$$

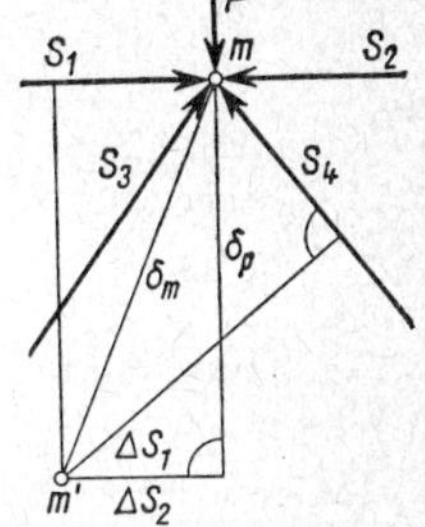

5.1 Arbeit am verschobenen Fachwerkknoten

Hierin bedeuten $\sum P$ die äußeren Lasten, $\sum S$ die Stabkräfte infolge der äußeren Lasten P, δ_P die Verschiebungskomponenten in Richtung der Lasten P und Δs die Verschiebungskomponenten in Richtung der Stabkräfte.

$\sum P \cdot \delta_P$ bedeutet die Arbeit der äußeren Lasten infolge der Verschiebung δ_m, während $\sum S \cdot \Delta s$ die Arbeit der inneren Kräfte darstellt. Letztere wird auch Formänderungsarbeit genannt. Sie entsteht dadurch, daß die Querschnitte, in welchen die inneren Kräfte wirken, Verschiebungen in Richtung dieser Kräfte erleiden. Die Arbeit wird, da der Baustoff laut Voraussetzung elastisch ist, gespeichert und kann zurückgewonnen werden; das Tragwerk nimmt bei Entlastung wieder seine ursprüngliche Form an.

Gl. (5.3) beschreibt die für die Ermittlung von Formänderungen und damit für die Berechnung von statisch unbestimmten Systemen so wichtige Tatsache, daß die Arbeit der äußeren Kräfte A_a gleich der Arbeit der inneren Kräfte A_i ist. Es ist also

$$\boldsymbol{A_a = A_i} \tag{5.4}$$

Gl. (5.4) wird Arbeitsgleichung genannt. Für ihre Gültigkeit ist vorausgesetzt, daß die äußeren Lasten sich mit den Stabkräften im Gleichgewicht befinden.

Die Kräfte P und S bilden den Belastungszustand. Ihre Größe wird aus Gleichgewichtsbetrachtungen gewonnen (vgl. Teil 1 Abschn. Gleichgewicht und Teil 2 Abschn. Berechnen von Fachwerkbindern).

Wie die angreifenden Kräfte und Stabkräfte in ihren Größen miteinander verträglich sein müssen, so müssen die Verschiebungen und die Stablängenänderungen miteinander geometrisch verträglich sein. Diese geometrischen Veränderungen eines

Systems infolge einer angreifenden Last oder Lastgruppe stellen in ihrer Gesamtheit den Verschiebungszustand dar.

Verschiebungs- und Belastungszustand sind voneinander unabhängig; der Verschiebungszustand ist nicht die Folge des Belastungszustandes, vielmehr wird die Verschiebung erst vorgenommen, wenn die Formänderungen des Belastungszustandes bereits eingetreten sind. Das wird im folgenden unterstellt.

1.332 Stabwerk

Unter einem Stabwerk versteht man ein Tragsystem aus biegesteifen Trägern. Auch der Biegeträger gehört zu den Stabwerken. Das Prinzip der virtuellen Arbeit läßt sich auch auf die Stabwerke anwenden. Schneidet man aus einem biegesteifen Träger, der von den inneren Kräften N und Q, dem inneren Moment M und der äußeren Kraft $q \cdot ds$ beansprucht wird, ein kleines Element ds heraus, so muß an diesem Element Gleichgewicht herrschen, wenn der ganze Träger im Gleichgewicht sein soll (6.1).

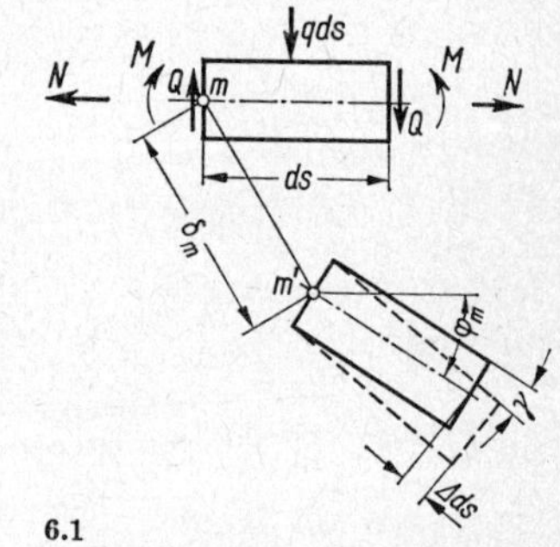

Ermittlung der inneren Arbeit

Erfährt das Stabelement (6.1) die Verschiebung δ_m von m nach m' und die Verdrehung φ_m, so leisten die inneren Kräfte längs ihrer Verschiebungswege und das innere Moment bei der Verdrehung unter Berücksichtigung von Gl. (2.2), (3.2) und (3.5) die innere Arbeit

$$dA_i = N \cdot \Delta ds + Q \cdot \gamma \cdot ds + M \cdot d\varphi \qquad (6.1)$$

6.1 Arbeit am verformten Stabelement

Ist die Arbeit des gesamten Trägers zu ermitteln, so muß man über die ganze Länge des Trägers summieren, d. h., bei unendlich kleinen Elementen von der Länge ds muß man integrieren:

$$A_i = \int_0^l N \cdot \Delta ds + \int_0^l Q \cdot \gamma \cdot ds + \int_0^l M \cdot d\varphi \qquad (6.2)$$

Dieser Ausdruck stellt also die gesamte Arbeit der inneren Kräfte über die ganze Länge des Trägers dar, die auch kurz die Formänderungsarbeit genannt wird.

Ermittlung der äußeren Arbeit

Die äußere Arbeit ist die Arbeit, die die äußeren Kräfte P bei der Verschiebung ihrer Lastangriffspunkte (6.2) und die äußeren Momente M_a bei der Verdrehung der dem Angriffspunkt benachbarten Querschnitte (6.3) leisten. Sie beträgt also

$$A_a = \sum P \cdot \delta_P + \sum M_a \cdot \varphi \qquad (6.3)$$

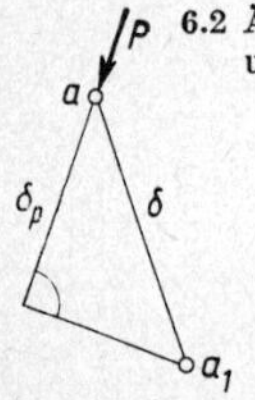

6.2 Äußere Kraft P und Verschiebung δ_P

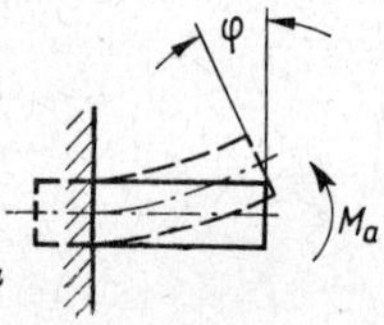

6.3 Äußeres Moment M_a und Verdrehungswinkel φ

Arbeitsgleichung

Unter der Voraussetzung, daß Gleichgewicht besteht, gilt auch bei Stabwerken die Arbeitsgleichung (5.4), und man erhält die wichtige Beziehung

$$\sum P \cdot \delta_P + \sum M_a \cdot \varphi = \int_0^l N \cdot \Delta ds + \int_0^l Q \cdot \gamma \cdot ds + \int_0^l M \cdot d\varphi \qquad (6.4)$$

Diese für ebene Tragsysteme abgeleitete Arbeitsgleichung gilt auch für räumliche Tragsysteme. A_a und A_i sind dann für alle drei Ebenen zu ermitteln.

1.4 Verschiebungs- und Belastungszustand

Wie in Abschnitt 1.1 ausgeführt wurde, hat man es in den Betrachtungen der Statik grundsätzlich mit 2 Zuständen, dem Belastungszustand und dem Verschiebungszustand, zu tun. In den Überlegungen des Abschn. 1.3 wurde der Verschiebungszustand angenommen (virtueller Verschiebungszustand); man denkt ihn dadurch hervorgerufen, daß ein Knoten eines Fachwerks oder ein Punkt eines biegesteifen Systems (s. Bild **6**.2 und 3) eine gegebene Formänderung erfährt.

Mit dem virtuellen Verschiebungszustand wurde in der Arbeitsgleichung ein wirklicher Belastungszustand kombiniert. Das kann zur Berechnung wirklicher Kräfte dienen.

Man kann aber auch umgekehrt einen virtuellen Belastungszustand wählen und ihn in der Arbeitsgleichung mit einem wirklichen Verschiebungszustand kombinieren. Bei der Bestimmung der Formänderungen beschreitet man diesen Weg. Man trifft in der Regel die Annahme, daß man sich den Belastungszustand statt durch eine beliebige Kraft P durch eine gedachte oder virtuelle Kraft $\bar{P} = 1$ hervorgerufen denkt; eine gesuchte Verschiebung liefert

mit Gl. (5.3) für das Fachwerk $$1 \cdot \delta_P = \sum \bar{S} \cdot \Delta s \quad \text{cm} \tag{7.1}$$

oder mit Gl. (6.4) für das Stabwerk

$$1 \cdot \delta_P = \int_0^l \bar{N} \cdot \Delta ds + \int_0^l \bar{Q} \cdot \gamma \cdot ds + \int_0^l \bar{M} \cdot d\varphi \quad \text{cm} \tag{7.2}$$

Das Ergebnis dieser Gleichungen stellt eine „Arbeit" dar. Durch geschickte Wahl von P erhält man aber die gesuchte Verschiebung eines Punktes, wenn man nämlich in diesem Punkt eine virtuelle (gedachte) Kraft $\bar{P} = 1$ in Richtung der Verschiebung angreifen läßt. Die gestrichenen Kräfte $\bar{S}$, $\bar{N}$, $\bar{Q}$ und das Moment $\bar{M}$ werden durch diese Kraft $\bar{P} = 1$ hervorgerufen und aus Gleichgewichtsbedingungen ermittelt[1]).

Δs, Δds, γ, ds und $d\varphi$ sind die Formänderungen infolge der tatsächlich wirkenden Lasten. Wie in Abschn. 2 abgeleitet, kann man setzen

$$\Delta s = \frac{S}{EF} s \qquad \text{cm} = \frac{\text{Mp}}{\frac{\text{Mp}}{\text{cm}^2}\,\text{cm}^2}\,\text{cm} \qquad \Delta ds = \frac{N}{EF} ds$$

$$\gamma = \frac{Q \cdot \varkappa}{GF} \qquad 1 = \frac{\text{Mp}}{\frac{\text{Mp}}{\text{cm}^2}\,\text{cm}^2} \qquad \text{und} \qquad d\varphi = \frac{M}{EJ} ds \qquad 1 = \frac{\text{Mp} \cdot \text{cm}}{\frac{\text{Mp}}{\text{cm}^2}\,\text{cm}^4}\,\text{cm}$$

Man erhält dann für das Fachwerk $$1 \cdot \delta_P = \sum \frac{\bar{S} \cdot S}{EF} s \tag{7.3}$$

und für das Stabwerk $$1 \cdot \delta_P = \int_0^l \frac{\bar{N} \cdot N}{EF} ds + \varkappa \int_0^l \frac{\bar{Q} \cdot Q}{GF} ds + \int_0^l \frac{\bar{M} \cdot M}{EJ} ds \tag{7.4}$$

$$1 \cdot \text{cm} = \frac{1 \cdot \text{Mp}}{\frac{\text{Mp}}{\text{cm}^2}\,\text{cm}^2}\,\text{cm} + \frac{1 \cdot \text{Mp}}{\frac{\text{Mp}}{\text{cm}^2}\,\text{cm}^2}\,\text{cm} + \frac{\text{cm} \cdot \text{Mp} \cdot \text{cm}}{\frac{\text{Mp}}{\text{cm}^2}\,\text{cm}^4}\,\text{cm}$$

---

[1]) $\bar{P}$ ist einheitenlos, desgl. die davon abgeleiteten „gestrichenen" Kräfte $\bar{S}$, $\bar{N}$ und $\bar{Q}$; jedoch hat ein durch $\bar{P}$ hervorgerufenes $\bar{M}$ die Dimension der Länge mit den üblichen Maßeinheiten m oder cm. Läßt man dagegen wie in Abschn. 1.43 ein virtuelles Moment $\bar{M} = 1$ angreifen, so ist dieses einheitenlos.

Beim Fachwerk muß sich die Summe über sämtliche Stäbe des Fachwerks und beim Stabwerk müssen sich die Integrale über das ganze Stabwerk erstrecken.

Aus Gl. (7.3) und (7.4) ergibt sich die wichtige Erkenntnis: Sucht man die Verschiebung eines Punktes eines Tragwerkes, so muß man in diesem Punkt in Richtung der gesuchten Verschiebung die gedachte Kraft $\bar{P} = 1$ anbringen und den vorhandenen Belastungszustand mit dem virtuellen Belastungszustand infolge $\bar{P} = 1$ überlagern.

1.41 Verschiebung beim Fachwerk

Sucht man z. B. bei einem Fachwerk (8.1) die lotrechte Verschiebung δ des Knotens m infolge der Last $P = 10$ Mp im Punkte c, so muß man in Punkt m die virtuelle Last $\bar{P} = 1$ anbringen. Man erhält dann die Arbeitsgleichung in der Form

$$1 \cdot \delta = \sum \frac{S \cdot \bar{S} \cdot s}{EF} \tag{8.1}$$

mit S und $\bar{S}$ = Stabkräfte infolge P bzw. $\bar{P}$, E = Elastizitätsmodul, F = Querschnittsflächen der Stäbe und s = Stablängen. Man muß also zunächst die Stabkräfte bestimmen. Die Rechnung erfolgt am zweckmäßigsten in Tabellenform.

Stab	S in Mp	$\bar{S}$	F in cm²	s in cm	$S \cdot \bar{S} \cdot \frac{s}{F}$ in Mp/cm
0	− 10	0	20	100	0
1	− 10	− 1	20	200	100
2	11,2	1,1	10	224	280
3	0	0	10	200	0
4	− 5	− 0,5	15	100	17
5	− 10	− 1	20	200	100
6	11,2	1,1	10	224	280
7	0	0	10	200	0
8	− 5	− 0,5	15	100	17
					$\sum S \cdot \bar{S} \cdot \frac{s}{F} = 794$

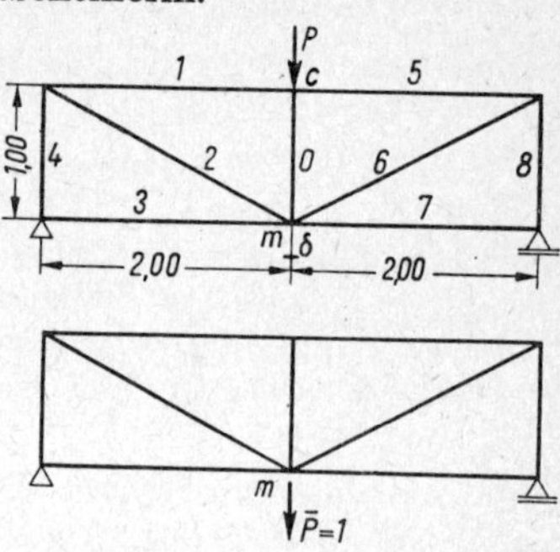

8.1 Wirklicher ($P = 10$ Mp in c) und virtueller ($\bar{P} = 1$ in m) Belastungszustand

$$E \cdot \delta = \sum \frac{S \cdot \bar{S} \cdot s}{F} = 794 \text{ Mp/cm} \qquad \delta = \frac{794}{2{,}1 \cdot 10^3} = 0{,}38 \text{ cm}$$

1.42 Verschiebung beim Stabwerk

In ähnlicher Weise wird z. B. die Durchbiegung δ des Kragbalkens an seinem Ende unter Gleichlast bestimmt (8.2). Die Arbeitsgleichung lautet für diesen Fall

$$\delta = \varkappa \int_0^l \frac{Q \cdot \bar{Q}}{GF} \mathrm{d}x + \int_0^l \frac{M \cdot \bar{M}}{EJ} \mathrm{d}x \tag{8.2}$$

Wenn G, F, E und J konstant sind, kann man sie vor die Integrale ziehen und erhält

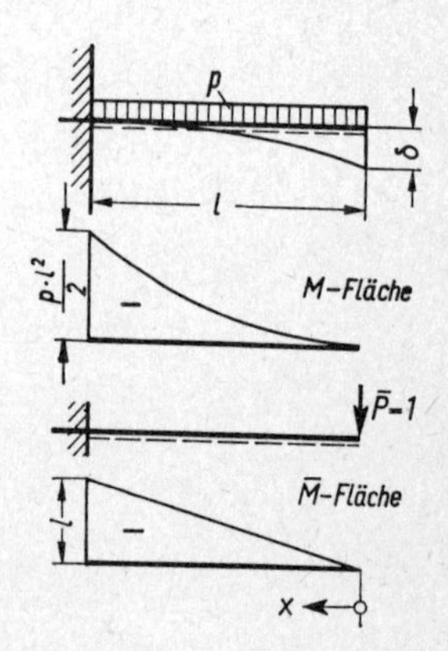

8.2 Durchbiegung beim Kragbalken

$$\delta = \frac{\varkappa}{GF}\int_0^l Q\cdot\overline{Q}\cdot dx + \frac{1}{EJ}\int_0^l M\cdot\overline{M}\cdot dx$$

Zur Lösung der Integrale muß man den Verlauf der Querkräfte Q und $\overline{Q}$ und den der Momente M und $\overline{M}$ infolge der wirkenden Last p bzw. der virtuellen Last $\overline{P}$ bestimmen. Man hat

$$Q_x = p\cdot x \qquad \overline{Q}_x = 1 \qquad M_x = \frac{p\cdot x^2}{2} \qquad \overline{M}_x = x$$

und erhält

$$\delta = \frac{\varkappa}{GF}\int_0^l p\cdot x\,dx + \frac{1}{EJ}\int_0^l p\cdot\frac{x^3}{2}\,dx = \frac{\varkappa\cdot p}{GF}\cdot\frac{x^2}{2}\Big|_0^l + \frac{p}{EJ}\cdot\frac{x^4}{8}\Big|_0^l = \frac{\varkappa\cdot p}{2GF}l^2 + \frac{p}{8EJ}l^4$$

Mit den Beziehungen[1] $G = \frac{E}{2(1+\mu)}$ oder $\frac{E}{G} = 2\,(1+\mu)$ und $J = F\cdot i^2$, worin μ die Querkontraktionszahl und i den Trägheitsradius bedeuten, erhält man

$$\delta = \frac{pl^4}{8EJ}\left[8\,\varkappa\,(1+\mu)\left(\frac{i}{l}\right)^2 + 1\right] \tag{9.1}$$

An dieser Gleichung kann man den Einfluß der Querkraft auf die Verformung betrachten. Bei Trägern mit $i/l \ll 1$, also bei schlanken Trägern, kann man den 1. Summanden in der eckigen Klammer vernachlässigen.

Z. B. wird für einen Träger I 240 mit der Länge $l = 200$ cm und dem Trägheitsradiusquadrat $i^2 = \frac{4250}{24\cdot 0{,}87} = 204$ cm², wobei für F die Querschnittsfläche des Steges eingesetzt ist (genaue Verteilung der Schubspannungen am I-Profil s. Teil 1 Abschn. Scher- und Schubspannungen; infolge der nahezu rechteckigen Verteilung wird $\varkappa = 1{,}0$ gesetzt), die eckige Klammer

$$\left[8\cdot 1{,}0(1+0{,}33)\cdot\frac{204}{200^2} + 1\right] = 0{,}054 + 1 \approx 1$$

Der Einfluß der Querkraft auf die Enddurchbiegung bei einem Kragträger mit dem Verhältnis $\frac{h}{l} = \frac{24}{200} = 0{,}12$ unter Gleichlast beträgt also $\approx 5\%$.

1.43 Verdrehung beim Stabwerk

Ist die Verdrehung eines Querschnitts gesucht, so denkt man sich den virtuellen Belastungszustand durch das Wirken des Momentes $\overline{M} = 1$ hervorgerufen und erhält aus Gl. (7.4)

$$1\cdot\varphi = \int_0^l \frac{\overline{N}\cdot N}{EF}ds + \varkappa\int_0^l \frac{\overline{Q}\cdot Q}{GF}ds + \int_0 \frac{\overline{M}\cdot M}{EJ}ds \tag{9.2}$$

Man muß also genau wie bei der Ermittlung der Verschiebung den vorhandenen Belastungszustand mit dem virtuellen überlagern, wie an folgendem Beispiel gezeigt wird.

---

[1]) S. Teil 1 Abschn. „Formänderungen".

Bei dem in Bild **10**.1 gezeigten Kragarm ist die Verdrehung des Endquerschnittes infolge der Last P gesucht.

Mit dem Moment $\overline{M} = 1$ am Ende des Trägers lautet die Arbeitsgleichung unter der Voraussetzung, daß $EJ =$ konstant ist,

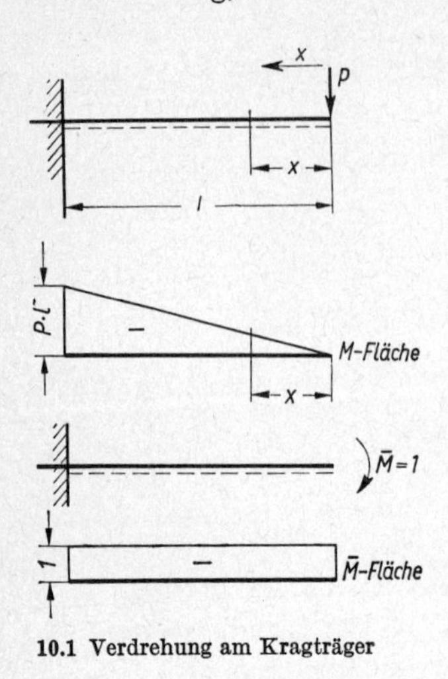

10.1 Verdrehung am Kragträger

$$1 \cdot \varphi = \frac{1}{EJ} \int_0^l M \cdot \overline{M} \cdot ds$$

Die Integrale, die $\overline{Q}$ und $\overline{N}$ enthalten, werden 0, da die virtuelle Belastung $\overline{N}$ und $\overline{Q} = 0$ liefert.

$M = -P \cdot x$; $\overline{M} = -1$. Es ist also

$$1 \cdot \varphi = \frac{1}{EJ} \int M \cdot \overline{M} \cdot dx \qquad \frac{\text{Mp m} \cdot \text{m}}{\frac{\text{Mp}}{\text{m}^2}\,\text{m}^4} = 1$$

$$= \frac{1}{EJ} \int_0^l (-P \cdot x)\,(-1)\,dx = \frac{1}{EJ} \int_0^l P \cdot x\,dx$$

$$= \frac{1}{EJ} \cdot \frac{(P \cdot x^2)}{2}\bigg|_0^l = \frac{1}{EJ} \cdot \frac{P \cdot l^2}{2}$$

1.44 Gegenseitige Verschiebung zweier Punkte

Auch für die Bestimmung von gegenseitigen Formänderungen ist die Arbeitsgleichung anwendbar. Ist die gegenseitige Verschiebung δ_{mn} gesucht, bringt man auf einer Wirkungslinie die beiden entgegengesetzt wirkenden Kräfte $\overline{P} = 1$ an (**10**.2).

Die Arbeitsgleichung lautet dann

$$1 \cdot \delta_{mn} = \int_0^l \frac{N \cdot \overline{N} \cdot ds}{EF} + \varkappa \int_0^l \frac{Q \cdot \overline{Q} \cdot ds}{GF} + \int_0^l \frac{M \cdot \overline{M} \cdot ds}{EJ}$$

10.2 Gegenseitige Verschiebung der Punkte *m* und *n*

1.45 Gegenseitige Verdrehung zweier Querschnitte

Bei der Bestimmung der gegenseitigen Verdrehung zweier Querschnitte denkt man sich in diesen Querschnitten die beiden entgegengesetzt wirkenden Momente $\overline{M} = 1$ angreifend (**10**.3) und erhält als Arbeitsgleichung

$$\varphi_{mn} = \int_0^l \frac{N \cdot \overline{N} \cdot ds}{EF} + \varkappa \int_0^l \frac{Q \cdot \overline{Q} \cdot ds}{GF} + \int_0^l \frac{M \cdot \overline{M} \cdot ds}{EJ}$$

10.3 Gegenseitige Verdrehung der Querschnitte *a* und *b*

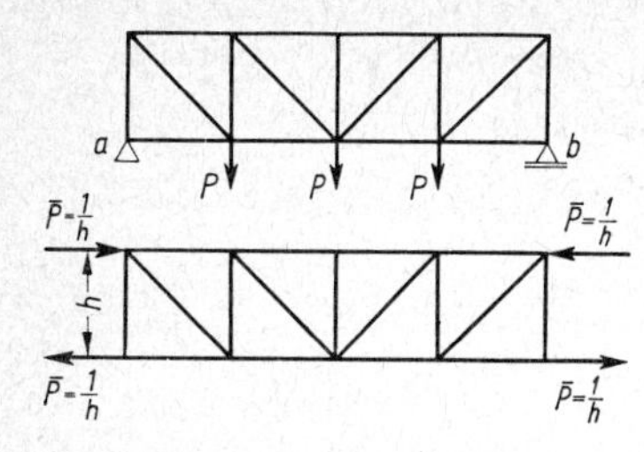

Beim Fachwerk werden die Momente $\overline{M} = 1$ durch ein Kräftepaar ersetzt (**11.1**).

Damit ergibt sich $\overline{P} = \frac{\overline{M}}{h} = \frac{1}{h}$ und die Arbeitsgleichung

$$\varphi_{mn} = \sum \frac{S \cdot \bar{S} \cdot s}{EF}$$

11.1 Gegenseitige Verdrehung der Fachwerkstäbe in a und b

1.5 Grundaufgaben über Formänderungen und deren Einheitsbelastungen

Bei der Ermittlung aller Formänderungen, die vorkommen können, lassen sich 4 Grundaufgaben unterscheiden:

1. Verschiebung eines Punktes
2. Verdrehung eines Querschnittes
3. gegenseitige Verschiebung zweier Punkte
4. gegenseitige Verdrehung zweier Querschnitte

1.51 Erste Grundaufgabe: Verschiebung eines Punktes

a) Gesucht ist die senkrechte Verschiebung des belasteten Punktes m in Feldmitte des Balkens auf 2 Stützen nach Bild **11.2**. Der Balken wird in m mit der virtuellen Kraft $\overline{P} = 1$ belastet. Dann ist, wenn man den Beitrag aus der Querkraft vernachlässigt und E und J konstant sind,

$$\delta_m = \int \frac{M \cdot \overline{M} \cdot ds}{EJ} = \frac{1}{EJ} \int M \cdot \overline{M} \cdot dx \qquad \mathrm{m} = \frac{\mathrm{Mpm} \cdot \mathrm{m} \cdot \mathrm{m}}{\frac{\mathrm{Mp}}{\mathrm{m}^2}\,\mathrm{m}^4} = \mathrm{m}$$

An der Stelle x betragen

$$M_x = A \cdot x - \frac{q \cdot x^2}{2} = \frac{q \cdot l \cdot x}{2} - \frac{q \cdot x^2}{2} = \frac{q}{2}(l \cdot x - x^2)$$

$$\overline{M}_x = \overline{A} \cdot x = \frac{1}{2}\, x$$

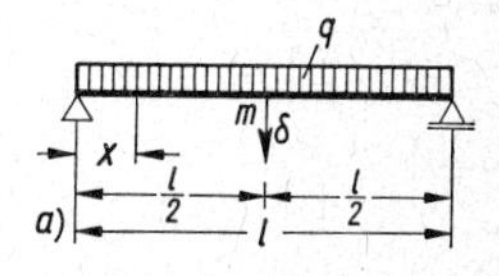

Da die Momentenflächen symmetrisch sind, wird über den Bereich $x = 0 \cdots l/2$ integriert und das Ergebnis mit 2 multipliziert.

$$\delta_m = 2\,\frac{1}{EJ} \int_0^{l/2} \frac{q}{2}\,(l \cdot x - x^2)\,\frac{1}{2}\,x \cdot dx$$

$$= \frac{q}{2 \cdot EJ} \int_0^{l/2} (l \cdot x - x^2)\,x \cdot dx = \frac{q}{2 \cdot EJ} \int_0^{l/2} (l \cdot x^2 - x^3)\,dx$$

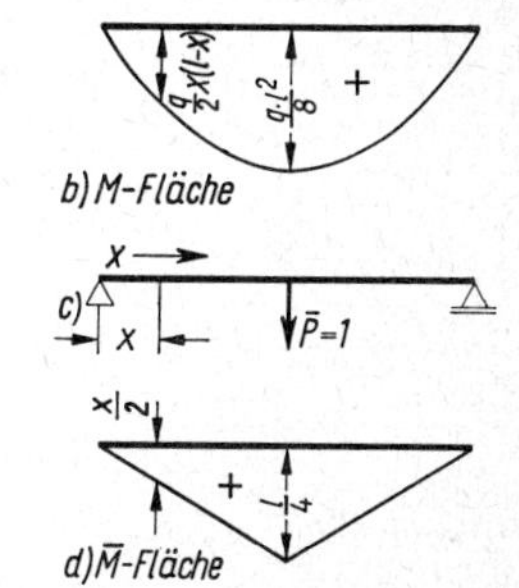

11.2 Durchbiegung des Balkens in Feldmitte

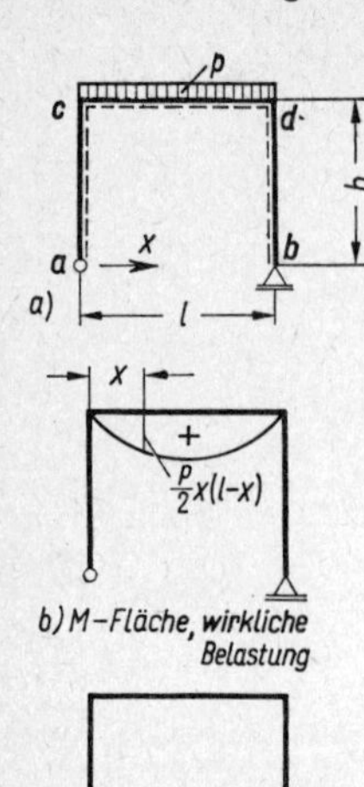

12.1 Rahmenartiges Stabwerk, horizontale Verschiebung des Punktes b

$$\delta_m = \frac{q}{2\cdot EJ}\left(\frac{l\cdot x^3}{3} - \frac{x^4}{4}\right)\Bigg|_0^{l/2} = \frac{q}{2\cdot EJ}\left(\frac{l^4}{8\cdot 3} - \frac{l^4}{16\cdot 4}\right) - 0$$

$$= \frac{q\cdot l^4}{2\cdot EJ\cdot 192}(8-3) = \frac{5q\cdot l^4}{384\cdot EJ}$$

b) Gesucht ist die horizontale Verschiebung des rechten Auflagers des Rahmens nach Bild **12**.1 unter der Gleichlast p. Man bringt die virtuelle Kraft $\bar{P} = 1$ in Richtung der gesuchten Verschiebungen an (**12**.1c). Die Arbeitsgleichung ergibt dann unter Vernachlässigung des Einflusses von Q und bei konstantem E und J

$$\delta_b = \frac{1}{EJ}\int_0^l M\cdot\bar{M}\cdot \mathrm{d}x + \frac{2}{EJ}\int_0^h M\cdot\bar{M}\cdot\mathrm{d}h$$

Die Momente an der Stelle x betragen (**12**.1)

$$M_x = p\cdot\frac{l}{2}x - p\cdot\frac{x^2}{2} = \frac{p}{2}(l\cdot x - x^2)$$

und infolge $\bar{P} = 1$ ist im Riegel $\bar{M} = +h$, also konstant. Für die beiden Stiele ist $M \equiv 0$, so daß das zweite Integral wegfällt; damit wird

$$\delta_b = +\frac{1}{EJ}\int_0^l \frac{p}{2}(l\cdot x - x^2)\,h\cdot\mathrm{d}x = +\frac{h}{EJ}\cdot\frac{p}{2}\int_0^l (l\cdot x - x^2)\,\mathrm{d}x$$

$$= +\frac{p}{2EJ}h\left(l\cdot\frac{x^2}{2} - \frac{x^3}{3}\right)\Bigg|_0^l = +\frac{p}{2EJ}h\left(\frac{l^3}{2} - \frac{l^3}{3}\right) = +\frac{p\cdot l^3\cdot h}{12\cdot EJ}$$

1.52 Zweite Grundaufgabe: Verdrehung eines Querschnitts

Gesucht ist die Verdrehung des Endquerschnittes des im Bild **12**.2 dargestellten Balkens, der am Balkenende die Einzellast P trägt. Man bringt im Querschnitt, in dem die Verdrehung gesucht wird, das Moment $\bar{M} = 1$ an. Die Arbeitsgleichung lautet dann, wenn E und J konstant sind und wieder der Querkrafteinfluß vernachlässigt wird,

$$\varphi = \frac{1}{EJ}\int_0^{l+c} M\cdot\bar{M}\cdot\mathrm{d}x \qquad \frac{\mathrm{Mp}\cdot\mathrm{m}\cdot\mathrm{m}}{\frac{\mathrm{Mp}}{\mathrm{m}^2}\,\mathrm{m}^4} = 1$$

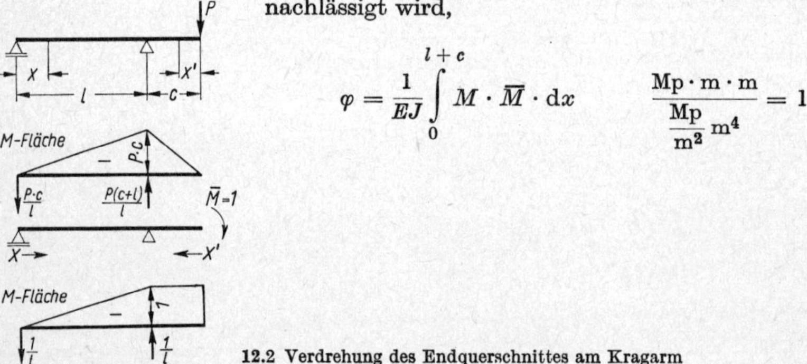

12.2 Verdrehung des Endquerschnittes am Kragarm

Die Integration ist hier über zwei getrennte Abschnitte der Längen l und c durchzuführen. Für die Abschnitte l und c ergibt sich für

$$M_x = -\frac{P \cdot c}{l} x \qquad \overline{M}_x = -\frac{1}{l} x$$

und
$$M_{x'} = -P \cdot x' \qquad \overline{M}_{x'} = -1$$

$$\varphi = \frac{1}{EJ}\left[\int_0^l \left(-\frac{P \cdot c}{l} x\right)\left(-\frac{1}{l} x\right) \mathrm{d}x + \int_0^c (-P \cdot x')(-1)\,\mathrm{d}x'\right]$$

$$= \frac{P}{EJ}\left(\int_0^l \frac{1 \cdot c}{l^2} x^2\,\mathrm{d}x + \int_0^c x' \cdot \mathrm{d}x'\right)$$

$$= \frac{P}{EJ}\left(\frac{c \cdot x^3}{l^2 \cdot 3}\Big|_0^l + \frac{x'^2}{2}\Big|_0^c\right) = \frac{P}{EJ}\left(\frac{c \cdot l^3}{l^2 \cdot 3} + \frac{c^2}{2}\right) = \frac{P}{EJ}\left(\frac{c \cdot l}{3} + \frac{c^2}{2}\right)$$

1.53 Dritte Grundaufgabe: Gegenseitige Verschiebung zweier Punkte

Gesucht ist die gegenseitige Verschiebung δ_{mn} der oberen Endknoten des im Bild **13**.1 gezeigten Fachwerkträgers. Man bringt in den Knoten m und n die Kräfte $\overline{P} = 1$ an und erhält mit der Arbeitsgleichung

$$\delta_{mn} = \sum \frac{S \cdot \overline{S}}{EF} s \qquad \mathrm{m} = \frac{\mathrm{Mp} \cdot \mathrm{m}}{\frac{\mathrm{Mp}}{\mathrm{m}^2}\,\mathrm{m}^2} \qquad (13.1)$$

Da infolge $\overline{P} = 1$ nur der Obergurt belastet wird. wird das Produkt $S \cdot \overline{S}$ für alle anderen Stäbe Null. Die Rechnung wird zweckmäßig wieder in Tabellenform durchgeführt.

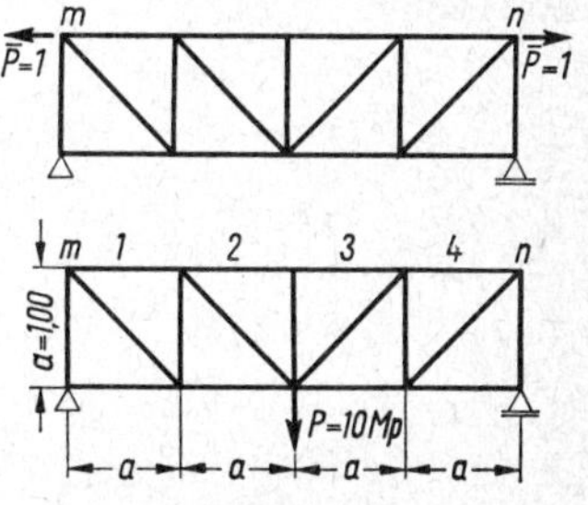

13.1 Gegenseitige Verschiebung der Punkte m und n

Stab	S in Mp	$\overline{S}$	F in cm²	s in cm	$S \cdot \overline{S} \frac{s}{F}$ in Mp/cm
1	− 5	1	20	100	− 25
2	− 10	1	30	100	− 33,3
3	− 10	1	30	100	− 33,3
4	− 5	1	20	100	− 25
					$\sum = -116{,}6$

$$E \cdot \delta = \sum \frac{S \cdot \overline{S} \cdot s}{F} = -116{,}6\ \mathrm{Mp/cm} \qquad \delta = \frac{116{,}6}{2{,}1 \cdot 10^3} = -0{,}055\ \mathrm{cm}$$

„—" heißt, die Endknotenpunkte m und n legen ihre Wege nicht in den gleichen Richtungen wie die virtuellen Kräfte $\overline{P}$ zurück, sondern umgekehrt; also es n ä h e r n sich die Punkte m und n um 0,55 mm.

1.54 Vierte Grundaufgabe: Gegenseitige Verdrehung zweier Querschnitte

Gesucht ist die gegenseitige Verdrehung der Endquerschnitte zweier Balken auf 2 Stützen, die durch ein Gelenk verbunden sind (**14.1**). Man bringt im Gelenk zwei entgegengesetzt wirkende Momente $\overline{M} = 1$ an. Die Verdrehung ergibt sich zu

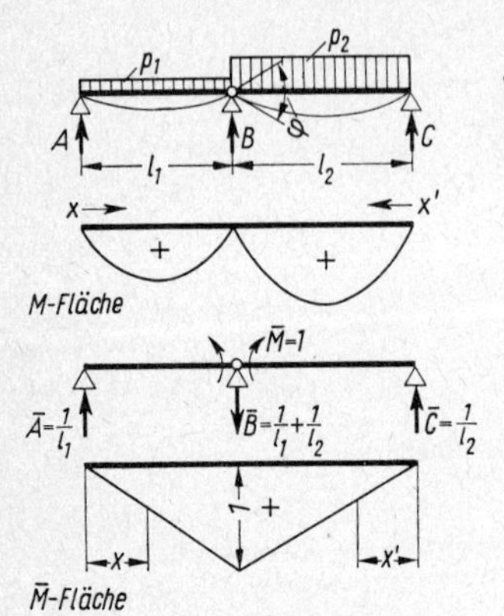

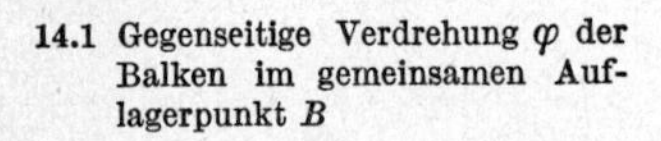

14.1 Gegenseitige Verdrehung φ der Balken im gemeinsamen Auflagerpunkt B

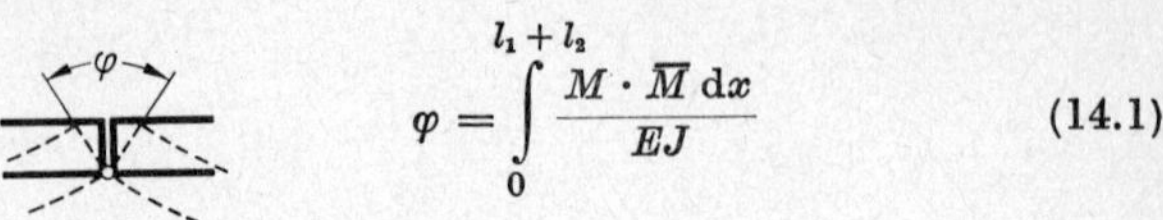

$$\varphi = \int_0^{l_1 + l_2} \frac{M \cdot \overline{M}\,\mathrm{d}x}{EJ} \tag{14.1}$$

Die $\overline{M}$-Fläche hat ihren Größtwert 1 im Gelenkpunkt. Die Auflagerdrücke sind

$$\overline{A} = \frac{1}{l_1} \quad \text{bzw.} \quad \overline{C} = \frac{1}{l_2} \tag{14.2}$$

und die Momente

$$\overline{M}_x = \frac{x}{l_1} \quad \text{bzw.} \quad \overline{M}_{x'} = \frac{x'}{l_2} \tag{14.3}$$

Die M-Flächen sind bekanntlich Parabeln. Die Gleichungen für die Momente lauten

$$M_x = \frac{p_1 \cdot l_1}{2}\,x - \frac{p_1 \cdot x^2}{2} = \frac{p_1}{2}\,(l_1 \cdot x - x^2) \tag{14.4}$$

$$M_{x'} = \frac{p_2 \cdot l_2}{2}\,x' - \frac{p_2 \cdot x'^2}{2} = \frac{p_2}{2}\,(l_2 \cdot x' - x'^2) \tag{14.5}$$

Setzt man die Momente $\overline{M}$ und M in Gl. (14.1) ein, so ergibt sich, falls E und J für beide Balken gleich groß und konstant sind,

$$\varphi = \frac{1}{EJ}\left[\int_0^{l_1} \frac{p_1}{2}\,(l_1 \cdot x - x^2)\,\frac{x}{l_1}\,\mathrm{d}x + \int_0^{l_2} \frac{p_2}{2}\,(l_2 \cdot x' - x'^2)\,\frac{x'}{l_2}\,\mathrm{d}x'\right]$$

$$= \frac{1}{EJ}\left[\frac{p_1}{2 l_1}\int_0^{l_1} (l_1 \cdot x^2 - x^3)\,\mathrm{d}x + \frac{p_2}{2 l_2}\int_0^{l_2} (l_2 \cdot x'^2 - x'^3)\,\mathrm{d}x\right]$$

$$= \frac{1}{EJ}\left[\frac{p_1}{2 l_1}\left(\frac{l_1 \cdot x^3}{3} - \frac{x^4}{4}\right)\Big|_0^{l_1} + \frac{p_2}{2 l_2}\left(\frac{l_2 \cdot x'^3}{3} - \frac{x'^4}{4}\right)\Big|_0^{l_2}\right]$$

$$= \frac{1}{EJ}\left[\frac{p_1}{2 \cdot 12 \cdot l_1}\,(4\,l_1^4 - 3\,l_1^4) + \frac{p_2}{2 \cdot 12 \cdot l_2}\,(4\,l_2^4 - 3\,l_2^4)\right]$$

$$= \frac{1}{EJ}\left(\frac{p_1 \cdot l_1^3}{24} + \frac{p_2 \cdot l_2^3}{24}\right) = \frac{1}{24\,EJ}\,(p_1 \cdot l_1^3 + p_2 \cdot l_2^3)$$

1.6 Auswertung der Integrale

1.61 Auswertesatz

Bei Anwendung der Arbeitsgleichung ergeben sich Integrale in der Form

$$\int_0^l M \cdot \overline{M} \cdot dx \tag{15.1}$$

Verläuft eine der Momentenflächen M oder $\overline{M}$ geradlinig, kann man die Integration durch Benutzung des Auswertesatzes umgehen. Die andere Momentenfläche kann dabei einen beliebigen Verlauf haben. Hat die Arbeitsgleichung die Form

$$\delta = \int_0^l \frac{M \cdot \overline{M}}{EJ} dx$$

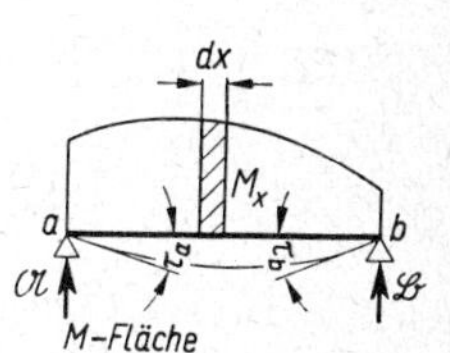

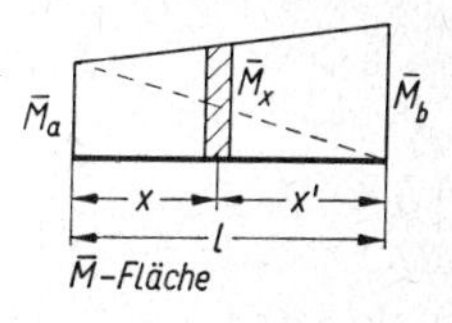

15.1 Beliebig und geradlinig begrenzte M-Flächen

und ist z. B. die Momentenfläche $\overline{M}$ wie in Bild **15.1** geradlinig begrenzt, so wird an der Stelle x

$$\overline{M}_x = \overline{M}_a \cdot \frac{x'}{l} + \overline{M}_b \cdot \frac{x}{l}$$

und man erhält

$$\int_0^l \frac{M \cdot \overline{M} \cdot dx}{EJ} = \int_0^l \frac{M}{EJ} \overline{M}_a \cdot \frac{x'}{l} dx' + \int_0^l \frac{M}{EJ} \overline{M}_b \cdot \frac{x}{l} dx$$

$$= \overline{M}_a \int_0^l \frac{M}{EJ} \cdot \frac{x'}{l} dx' + \overline{M}_b \int_0^l \frac{M}{EJ} \cdot \frac{x}{l} dx$$

Der Wert $M \cdot dx$ ist ein unendlich kleines Flächenteilchen der Momentenfläche M. $M \cdot dx \cdot x = M \cdot x \cdot dx$ ist das statische Moment dieses Flächenteilchens, bezogen auf die Achse durch den Auflagerpunkt a. Das Integral $\int_0^l M \cdot x \cdot dx$ ist also auch das statische Moment der gesamten Momentenfläche M, bezogen auf die Achse durch a. Dividiert man $\int_0^l M \cdot x \cdot dx$ durch die Stützweite l, so erhält man den Auflagerdruck $\mathfrak{B}$.

Es ist also $\int_0^l \frac{M \cdot x \cdot dx}{l} = \mathfrak{B}$ und entsprechend $\int_0^l \frac{M \cdot x' \cdot dx'}{l} = \mathfrak{A}$

Setzt man diese Werte in die Gleichung für $\int \frac{M \cdot \overline{M} \cdot dx}{EJ}$ ein, so erhält man

$$\int \frac{M \cdot \overline{M} \cdot dx}{EJ} = \overline{M}_a \cdot \frac{\mathfrak{A}}{EJ} + \overline{M}_b \cdot \frac{\mathfrak{B}}{EJ}$$

Beachtet man noch (vgl. Teil 2 Abschn. Winkeländerungen und Durchbiegungen), daß

$$\frac{\mathfrak{B}}{EJ} = \tau_b \quad \text{und} \quad \frac{\mathfrak{A}}{EJ} = \tau_a \quad \text{ist,}$$

so erhält man den Auswertesatz

$$\int \frac{M \cdot \overline{M} \cdot \mathrm{d}x}{EJ} = \overline{M}_a \cdot \tau_a + \overline{M}_b \cdot \tau_b \qquad (16.1)$$

Für einige wichtige Momentenflächen werden nachstehend die Integralwerte mit Hilfe des Auswertesatzes angegeben.

1. Die $\overline{M}$-Fläche ist ein Rechteck, die M-Fläche ist beliebig geformt (**16.1**)

$$\int \frac{M \cdot \overline{M} \cdot \mathrm{d}x}{EJ} = \overline{M}_a \cdot \tau_a + \overline{M}_b \cdot \tau_b \qquad \overline{M}_a = \overline{M}_b = \overline{M}$$

$$\int \frac{M \cdot \overline{M} \cdot \mathrm{d}x}{EJ} = \overline{M}\,(\tau_a + \tau_b) = \overline{M}\left(\frac{\mathfrak{B} + \mathfrak{A}}{EJ}\right)$$

M-Fläche
a b
$\overline{M}$-Fläche $\overline{M}$

16.1

Da $\mathfrak{A} + \mathfrak{B}$ die Gesamtfläche F_M der M-Fläche ist, wird

$$\int \frac{M \cdot \overline{M} \cdot \mathrm{d}x}{EJ} = \frac{\overline{M} \cdot F_M}{EJ} \qquad (16.2)$$

2. Die M- und $\overline{M}$-Fläche sind Trapeze (**16.2**)

$$\int \frac{M \cdot \overline{M} \cdot \mathrm{d}x}{EJ} = \overline{M}_a \cdot \frac{\mathfrak{A}}{EJ} + \overline{M}_b \cdot \frac{\mathfrak{B}}{EJ}$$

M_a M-Fläche M_b
a b
$\overline{M}_a$ $\overline{M}$-Fläche $\overline{M}_b$

16.2

Man zerlegt die Momentenfläche M in zwei Dreiecke mit den Höhen M_a und M_b.

Dann ist

$$\mathfrak{A} = \frac{2}{3} \cdot \frac{M_a \cdot l}{2} + \frac{1}{3} \cdot \frac{M_b \cdot l}{2} = \frac{l}{6}\,(2\,M_a + M_b)$$

Analog erhält man $\mathfrak{B} = \frac{l}{6}\,(M_a + 2\,M_b)$

Damit ergibt sich

$$\int \frac{M \cdot \overline{M} \cdot \mathrm{d}x}{EJ} = \left[\overline{M}_a \cdot \frac{l}{6}\,(2\,M_a + M_b) + \overline{M}_b \cdot \frac{l}{6}\,(M_a + 2\,M_b)\right] \frac{1}{EJ}$$

$$= \frac{l}{6EJ}\,[\overline{M}_a\,(2\,M_a + M_b) + \overline{M}_b\,(M_a + 2\,M_b)] \qquad (16.3)$$

3. Die M-Fläche ist ein Dreieck, die $\overline{M}$-Fläche ist ein Trapez (**16.3**)

Betrachtet man das Dreieck als Trapez, bei dem eine Ordinate $M = 0$ ist, z. B. $M_b = 0$, so wird mit Gl. (16.3)

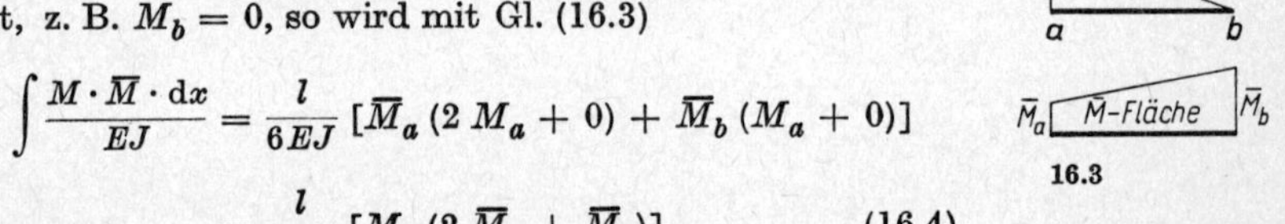

$$\int \frac{M \cdot \overline{M} \cdot \mathrm{d}x}{EJ} = \frac{l}{6EJ}\,[\overline{M}_a\,(2\,M_a + 0) + \overline{M}_b\,(M_a + 0)]$$

$$= \frac{l}{6EJ}\,[M_a\,(2\,\overline{M}_a + \overline{M}_b)] \qquad (16.4)$$

M_a M-Fläche
a b
$\overline{M}_a$ $\overline{M}$-Fläche $\overline{M}_b$

16.3

4. Die M- und $\overline{M}$-Flächen sind Dreiecke, mit den Spitzen im Punkt b (**16.4**)

$$\int \frac{M \cdot \overline{M} \cdot \mathrm{d}x}{EJ} = \frac{l}{6EJ}\,\overline{M}_a \cdot 2\,M_a = \frac{l}{3EJ}\,M_a \cdot \overline{M}_a$$

M_a M-Fläche
a b
$\overline{M}_a$ $\overline{M}$-Fläche

16.4

5. Die M- und $\overline{M}$-Flächen sind Dreiecke mit gegenüberliegenden Spitzen (**17.1**)

$$\int \frac{M \cdot \overline{M} \cdot dx}{EJ} = \frac{l}{6EJ} M_b \cdot \overline{M}_a \qquad (17.1)$$

M-Fläche M_b a b $\overline{M}_a$ $\overline{M}$-Fläche

17.1

1.62 Integrationstafel $\int M\overline{M}dx$ (Taf. 18.1)

Noch bequemer lassen sich die Integrale, die bei Anwendung der Arbeitsgleichung vorkommen können, mit Tabellen lösen. Sie sind für alle praktisch vorkommenden Fälle von Momentenflächenkombinationen M und $\overline{M}$ vorhanden. Ihre Verwendung setzt voraus, daß E und J = konstant sind, so daß man

für $\delta = \int_0^l \frac{M \cdot \overline{M} \cdot dx}{EJ}$ auch schreiben kann $EJ \cdot \delta = \int_0^l M \cdot \overline{M} \cdot dx$

In diesem Zusammenhang sei erwähnt, daß man beim Bogentragwerk (**17.2**) über den Bogen s und nicht über die Stützweite l integrieren muß ($ds \neq dx$). Häufig wird jedoch der Verlauf des Trägheitsmomentes so gewählt, daß in jedem Bogenquerschnitt $J = \frac{J_c}{\cos\varphi}$ ist; das bedeutet, daß das Trägheitsmoment vom Kämpfer zum Scheitel entsprechend $\cos\varphi$ abnimmt.

$$\delta = \int \frac{M \cdot \overline{M} \cdot ds}{EJ}$$

Mit EJ_c multipliziert ergibt sich $\quad EJ_c \cdot \delta = \int M \cdot \overline{M} \cdot ds \cdot \frac{J_c}{J}$

Mit $J = \frac{J_c}{\cos\varphi}$ und $ds = \frac{dx}{\cos\varphi}$ wird

$$EJ_c \cdot \delta = \int M \cdot \overline{M} \frac{dx}{\cos\varphi} \cdot \frac{J_c \cdot \cos\varphi}{J_c} = \int M \cdot \overline{M} \cdot dx$$

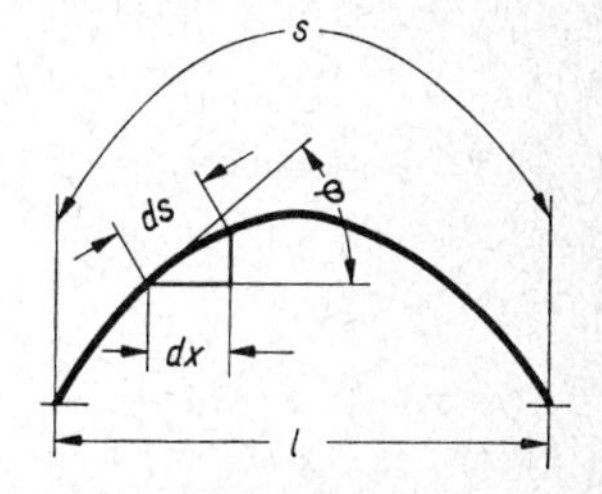

17.2 Bogentragwerk

1.63 Anwendung der $\int M\overline{M}dx$-Tafel

Beispiel 1: Das Beispiel von Seite 8, in dem die Durchbiegung δ am Ende eines Kragbalkens unter Gleichlast gesucht wurde, soll mit Hilfe der $M\overline{M}$-Tafel[1]) gelöst werden (s. Bild 8.2). Die $\overline{M}$-Fläche ist ein Dreieck, die M-Fläche eine Parabel.

$$\overline{M} = -1 \cdot l \qquad M = -\frac{p \cdot l^2}{2}$$

Aus Tafel **18.1** ist der Wert in Zeile **2** und Spalte k (2/k) zu entnehmen:

$$\int_0^l M \cdot \overline{M} \cdot dx = \frac{1}{4} l \cdot M \cdot \overline{M}$$

---

[1]) In zahlreichen Werken wird die $\int M\overline{M}dx$-Tafel auch $\int M_i M_k dx$-Tafel oder meist einfach $M_i M_k$-Tafel genannt.

18.1: Integrationstafel $\int_0^l M\overline{M}\,\mathrm{d}x$ (*M* und $\overline{M}$ sind vertauschbar)

$\overline{M}$ \\ M		a	b	c	d	e
		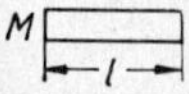 M, l	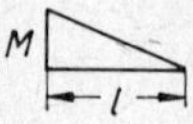 M, l	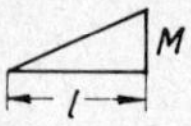 M, l	 M_1, M_2, l	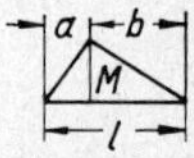 a, b, M, l
1	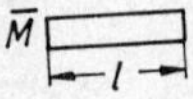 $\overline{M}$, l	$lM\overline{M}$	$\frac{1}{2}lM\overline{M}$	$\frac{1}{2}lM\overline{M}$	$\frac{1}{2}l\overline{M}(M_1+M_2)$	$\frac{1}{2}lM\overline{M}$
2	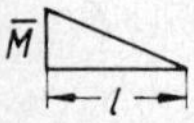 $\overline{M}$, l		$\frac{1}{3}lM\overline{M}$	$\frac{1}{6}lM\overline{M}$	$\frac{1}{6}l\overline{M}(2M_1+M_2)$	$\frac{1}{6}lM\overline{M}\left(1+\frac{b}{l}\right)$
3	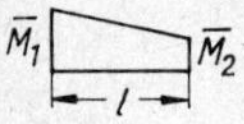 $\overline{M}_1$, $\overline{M}_2$, l			$\frac{1}{6}lM \cdot (\overline{M}_1+2\overline{M}_2)$	$\frac{1}{6}l[M_1(2\overline{M}_1+\overline{M}_2) + M_2(\overline{M}_1+2\overline{M}_2)]$	$\frac{1}{6}lM\left[\overline{M}_1\left(1+\frac{b}{l}\right) + \overline{M}_2\left(1+\frac{a}{l}\right)\right]$
4	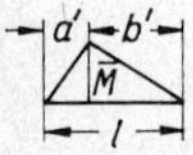 a', b', $\overline{M}$, l					$\frac{1}{6}lM\overline{M} \cdot \left[2-\frac{(b'-b)^2}{a\cdot b'}\right]$ [1]
5[2]	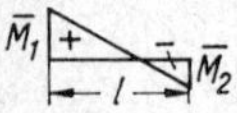 $\overline{M}_1$, +, −, $\overline{M}_2$, l					
6	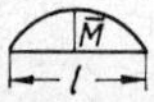 $\overline{M}$, l					
7	 $\overline{M}$, l					
8	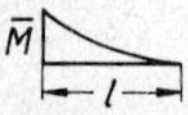 $\overline{M}$, l					
9	Kubische Parabel 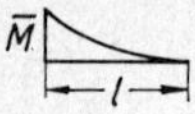 $\overline{M}$, l	$\frac{1}{4}lM\overline{M}$	$\frac{1}{5}lM\overline{M}$	$\frac{1}{20}lM\overline{M}$	$\frac{1}{20}l\overline{M}(4M_1+M_2)$	$\frac{1}{20}lM\overline{M} \cdot \left(1+\frac{b}{l}\right)\left(1+\frac{a^2}{l^2}\right)$
10	$\int M^2\mathrm{d}x$	lM^2	$\frac{1}{3}lM^2$	$\frac{1}{3}lM^2$	$\frac{1}{3}l \cdot (M_1^2+M_1M_2+M_2^2)$	$\frac{1}{3}lM^2$

[1]) Es muß sein $b' \geqq b$; sonst ist, bei unverändertem Zähler, der Nenner $b \cdot a'$.

f[2])	g	h	i	k	l	Zeile
M_1 + − M_2 l	M l	M l	M l	M l	M l	
$\frac{1}{2}\,l\overline{M}\,(M_1 - M_2)$	$\frac{2}{3}\,lM\overline{M}$	$\frac{2}{3}\,lM\overline{M}$	$\frac{2}{3}\,lM\overline{M}$	$\frac{1}{3}\,lM\overline{M}$	$\frac{1}{3}\,lM\overline{M}$	1
$\frac{1}{6}\,l\overline{M}\,(2\,M_1 - M_2)$	$\frac{1}{3}\,lM\overline{M}$	$\frac{5}{12}\,lM\overline{M}$	$\frac{1}{4}\,lM\overline{M}$	$\frac{1}{4}\,lM\overline{M}$	$\frac{1}{12}\,lM\overline{M}$	2
$\frac{1}{6}\,l\,[M_1\,(2\,\overline{M}_1 + \overline{M}_2) - M_2\,(\overline{M}_1 + 2\,\overline{M}_2)]$	$\frac{1}{3}\,lM \cdot (\overline{M}_1 + \overline{M}_2)$	$\frac{1}{12}\,lM \cdot (5\,\overline{M}_1 + 3\,\overline{M}_2)$	$\frac{1}{12}\,lM \cdot (3\,\overline{M}_1 + 5\,\overline{M}_2)$	$\frac{1}{12}\,lM \cdot (3\,\overline{M}_1 + \overline{M}_2)$	$\frac{1}{12}\,lM \cdot (\overline{M}_1 + 3\,\overline{M}_2)$	3
$\frac{1}{6}\,l\overline{M}\left[M_1\left(1 + \frac{b'}{l}\right) - M_2\left(1 + \frac{a'}{l}\right)\right]$	$\frac{1}{3}\,lM\overline{M} \cdot \left(1 + \frac{a'b'}{l^2}\right)$	$\frac{1}{12}\,lM\overline{M} \cdot \left(3 + \frac{3\,b'}{l} - \frac{b'^2}{l^2}\right)$	$\frac{1}{12}\,lM\overline{M} \cdot \left(3 + \frac{3\,a'}{l} - \frac{a'^2}{l^2}\right)$	$\frac{1}{12}\,lM\overline{M} \cdot \left(3\,\frac{b'}{l} + \frac{a'^2}{l^2}\right)$	$\frac{1}{12}\,lM\overline{M} \cdot \left(3\,\frac{a'}{l} + \frac{b'^2}{l^2}\right)$	4
$\frac{1}{6}\,l\,[M_1\,(2\,\overline{M}_1 - \overline{M}_2) + M_2\,(2\,\overline{M}_2 - \overline{M}_1)]$	$\frac{1}{3}\,lM \cdot (\overline{M}_1 - \overline{M}_2)$	$\frac{1}{12}\,lM \cdot (5\,\overline{M}_1 - 3\,\overline{M}_2)$	$\frac{1}{12}\,lM \cdot (3\,\overline{M}_1 - 5\,\overline{M}_2)$	$\frac{1}{12}\,lM \cdot (3\,\overline{M}_1 - \overline{M}_2)$	$\frac{1}{12}\,lM \cdot (\overline{M}_1 - 3\,\overline{M}_2)$	5[2])
	$\frac{8}{15}\,l\overline{M}M$	$\frac{7}{15}\,lM\overline{M}$	$\frac{7}{15}\,lM\overline{M}$	$\frac{1}{5}\,lM\overline{M}$	$\frac{1}{5}\,lM\overline{M}$	6
		$\frac{8}{15}\,lM\overline{M}$	$\frac{11}{30}\,lM\overline{M}$	$\frac{3}{10}\,lM\overline{M}$	$\frac{2}{15}\,lM\overline{M}$	7
				$\frac{1}{5}\,lM\overline{M}$	$\frac{1}{30}\,lM\overline{M}$	8
$\frac{1}{20}\,l\overline{M}\,(4\,M_1 - M_2)$	$\frac{2}{15}\,lM\overline{M}$	$\frac{7}{30}\,lM\overline{M}$	$\frac{1}{12}\,lM\overline{M}$	$\frac{1}{6}\,lM\overline{M}$	$\frac{1}{60}\,lM\overline{M}$	9
$\frac{1}{3}\,l \cdot (M_1^2 - M_1 M_2 + M_2^2)$	$\frac{8}{15}\,lM^2$	$\frac{8}{15}\,lM^2$	$\frac{8}{15}\,lM^2$	$\frac{1}{5}\,lM^2$	$\frac{1}{5}\,lM^2$	10

[2]) In Zeile 5 sowie in Spalte f sind bei den gegebenen Vorzeichen für M_2 und $\overline{M}_2$ die absoluten Beträge einzusetzen.

Damit beträgt der Momentenanteil

$$\delta_M = \frac{1}{EJ} \cdot \frac{1}{4} \left(- \frac{p \cdot l^2}{2} \right) (-1 \cdot l)\, l = \frac{p \cdot l^4}{8EJ}$$

Da nach Seite 9 der Querkraftanteil $\delta_Q = \frac{\varkappa}{GF} \cdot \frac{1}{2} p \cdot l^2$ beträgt, ist die Gesamtdurchbiegung

$$\delta = \delta_M + \delta_Q = \frac{p \cdot l^4}{8EJ} + \frac{\varkappa \cdot p \cdot l^2}{2GF}$$

Diesen Wert findet man auch auf Seite 9.

Beispiel 2: Das Beispiel a) zur Grundaufgabe 1 (S. 11), in dem die Durchbiegung in Feldmitte eines Balkens auf zwei Stützen unter Gleichlast gesucht war, soll mit Hilfe der $M\overline{M}$-Tafel gelöst werden.

Die M-Fläche ist eine Parabel, die $\overline{M}$-Fläche ein Dreieck mit den nach Bild **11.2** eingezeichneten Ordinaten.

Da die Momentenflächen zur Mitte symmetrisch sind, genügt es, nur eine Hälfte der Momentenflächen (**20.1**) zu betrachten und das Ergebnis mit **2** zu multiplizieren. In Frage kommt der Tafelwert in Zeile **2** und Spalte h

$$\int_0^l M \cdot \overline{M} \cdot \mathrm{d}x = \frac{5}{12} M \cdot \overline{M} \cdot l$$

wobei für l der Wert $l/2$ zu setzen ist.

Die Durchbiegung δ beträgt damit

$$\delta = \frac{1}{EJ} \cdot 2 \cdot \frac{5}{12} \cdot \frac{q \cdot l^2}{8} \cdot \frac{l}{4} \cdot \frac{l}{2} = \frac{5}{384} \cdot \frac{q \cdot l^4}{EJ}$$

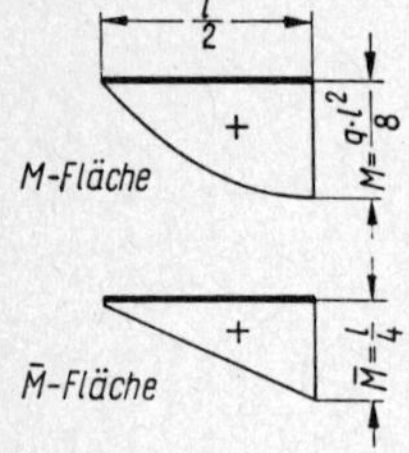

20.1
Halbe Momentenflächen

1.7 Wärmewirkung

Wirken auf ein Tragsystem keine Kräfte und Momente, sondern unterliegt es nur einer Temperatur, die verschieden ist von der zur Zeit seiner Herstellung, so erleidet es ebenfalls Formänderungen. Eine virtuelle Belastung leistet damit auch Arbeit, und man kann wieder die Arbeitsgleichung anwenden. An Formänderungsgrößen bleiben für eine über die Balkenhöhe konstante Temperatur nur übrig

$$\Delta s_t = \alpha_t \cdot t \cdot s \tag{20.1}$$

und für eine über die Balkenhöhe linear veränderliche Temperatur

$$\mathrm{d}\varphi_t = \frac{\alpha_t (t_u - t_o)}{h} \mathrm{d}s \tag{20.2}$$

Sucht man die Verschiebung eines Punktes infolge Wärmewirkung, so wird wieder die virtuelle Kraft $\overline{P} = 1$ angebracht. Die Arbeitsgleichung nimmt dann folgende Formen an beim

Fachwerk $$\delta = \sum \overline{S} \cdot \Delta s_t \tag{20.3}$$

Stabwerk $$\delta = \int_0^l \overline{M} \cdot \mathrm{d}\varphi_t + \int_0^l \overline{N} \cdot \Delta s_t \tag{20.4}$$

Unter Berücksichtigung von Gl. (20.1) und (20.2) erhält man für das

Fachwerk $$\boldsymbol{\delta = \sum \bar{S} \cdot \alpha_t \cdot t \cdot s} \tag{21.1}$$

Stabwerk $$\boldsymbol{\delta = \int\limits_0^l \bar{M}\, \frac{\alpha_t\,(t_u - t_o)}{h}\, ds + \int\limits_0^l \bar{N} \cdot \alpha_t \cdot t \cdot ds} \tag{21.2}$$

In gleicher Weise geht man vor, wenn eine Verdrehung gesucht ist. Nur ist dann als virtuelle Belastung an Stelle von $\bar{P} = 1$ das Moment $\bar{M} = 1$ anzubringen.

Es ist leicht einzusehen, daß man auch die gegenseitigen Formänderungen infolge Wärmewirkung mit Hilfe der Arbeitsgleichung bestimmen kann.

Beispiel: Gegeben ist ein Balken (**21.1**) aus einem I 200, der der Temperaturdifferenz von $t = 20°$ C unterliegt. Gesucht ist die Durchbiegung in der Mitte. Mit Gl. (21.2) erhält man aus der $M\bar{M}$-Tafel mit dem Wert $\frac{l}{2}\, M\bar{M}$ in Reihe 1 und Spalte c (1/c)

$$\delta = 2\left[\frac{1}{2} \cdot \frac{l}{2} \cdot \frac{l}{4} \cdot \frac{\alpha_t(t_u - t_o)}{h}\right] = \frac{l^2}{8} \cdot \frac{\alpha_t(t_u - t_o)}{h}$$

$$= \frac{500^2}{8} \cdot \frac{0{,}000012 \cdot (30 - 10)}{20} = 0{,}375 \text{ cm} \tag{21.3}$$

Hierbei ist also $\frac{\alpha_t(t_u - t_o)}{h}$ als gedachte Momentenfläche mit konstantem Verlauf aufzufassen.

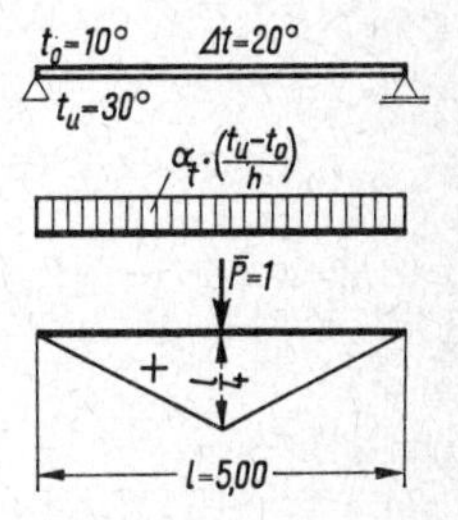

21.1 Ungleichmäßig erwärmter Balken

1.8 Veränderliches Trägheitsmoment

1.81 Verschiedenes, aber abschnittsweise konstantes Trägheitsmoment

In diesem Falle (**21.**2) muß man die Gleichung $\delta = \int\limits_0^l \frac{M \cdot \bar{M}}{EJ}\, dx$ für jeden Abschnitt getrennt anwenden. Zur Vereinfachung der Rechenarbeit führt man ein Vergleichsträgheitsmoment J_c ein. Multipliziert man die Gleichung

$$\delta = \int\limits_0^l \frac{M \cdot \bar{M}}{EJ}\, dx \quad \text{mit} \quad EJ_c$$

21.2 Balken mit den Trägheitsmomenten J_1 J_2 J_3

und schreibt sie getrennt für die Abschnitte $0 \cdots 1$, $1 \cdots 2$ und $2 \cdots 3$ hin, so erhält man

$$\boldsymbol{EJ_c \cdot \delta = \int\limits_0^1 M \cdot \bar{M} \cdot dx \cdot \frac{J_c}{J_1} + \int\limits_1^2 M \cdot \bar{M} \cdot dx \cdot \frac{J_c}{J_2} + \int\limits_2^3 M \cdot \bar{M} \cdot dx \cdot \frac{J_c}{J_3}} \tag{21.4}$$

In der Praxis geht man meistens anders vor. Man multipliziert die Ordinaten einer Momentenfläche mit dem Faktor J_c/J und erhält so eine verzerrte Momentenfläche $M \cdot \frac{J_c}{J}$. Das folgende Beispiel zeigt die Anwendung.

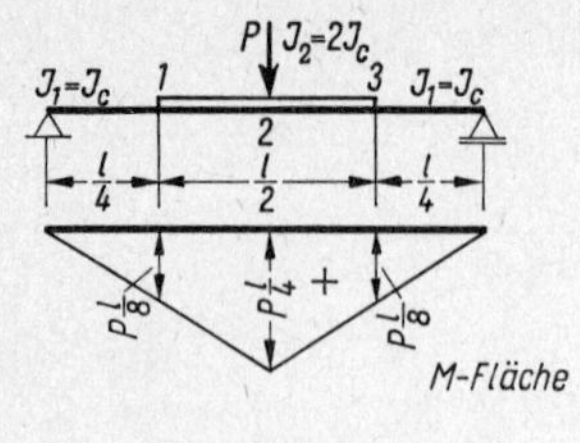
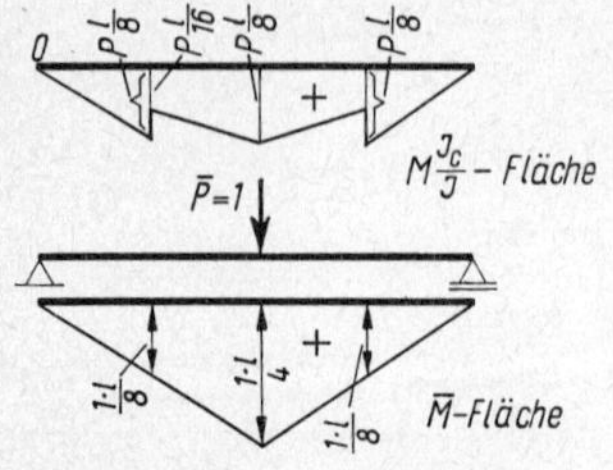

22.1 Durchbiegung eines Balkens

Beispiel: Der Balken (**22.1**) auf 2 Stützen mit Einzellast P in der Mitte hat verschiedene Trägheitsmomente J und J_c. Das Verhältnis im mittleren Bereich beträgt $J_c/J = 0{,}5$. Gesucht ist die Durchbiegung unter der Einzellast. Die Ordinaten der Momentenfläche im ersten und letzten Viertel sind, da hier $J_c = J$ ist, mit 1 zu multiplizieren, d. h., sie bleiben unverzerrt. Im mittleren Teil ist $J_2 = 2J_c$, d. h., die Ordinaten der M-Fläche dieses Teiles sind mit 0,5 zu multiplizieren. Man erhält also

im Viertelspunkt $$M \cdot \frac{J_c}{J} = \frac{P \cdot l}{8} 0{,}5 = \frac{P \cdot l}{16}$$

$\overline{M}$-Fläche im Viertelspunkt $$\overline{M} = \frac{1 \cdot l}{8}$$

Da die Momentenflächen symmetrisch sind, genügt es, das Integral über die halbe Balkenlänge auszuwerten. Um Tafel **18.1** anwenden zu können, unterteilt man die Momentenfläche in die zwei Abschnitte $0 \cdots 1$ und $1 \cdots 2$, so daß zu überlagern sind:

im Abschnitt $0 \cdots 1$: zwei Dreiecke mit den Ordinaten

$$M = Pl/8 \quad \text{und} \quad \overline{M} = l/8$$

im Abschnitt $1 \cdots 2$: zwei Trapeze mit den Ordinaten

$$M_1 = \frac{P \cdot l}{16} \qquad M_2 = \frac{P \cdot l}{8} \qquad \text{und} \qquad \overline{M}_1 = l/8 \qquad \overline{M}_2 = l/4$$

Damit ergibt sich für Abschnitt $0 \cdots 1$ mit $\int M \cdot \overline{M} \cdot dx = \frac{l}{3} M \cdot \overline{M}$ aus Zeile 2 und Spalte b (2/b), wobei für l in diesem Falle $l/4$ einzusetzen ist:

$$\int_0^{l/4} M \cdot \overline{M} \cdot dx \cdot \frac{J_c}{J} = \frac{1}{3} \cdot \frac{P \cdot l}{8} \cdot \frac{l}{8} \cdot \frac{l}{4} = \frac{P \cdot l^3}{768}$$

Für Abschnitt $1 \cdots 2$ mit dem Wert (3/d) aus Zeile 3 und Spalte d, wobei wieder für $l = l/4$ zu setzen ist, wird

$$\int_{l/4}^{l/2} M \cdot \overline{M} \cdot dx \cdot \frac{J_c}{J} = \frac{l}{4 \cdot 6} \left[\frac{P \cdot l}{16} \left(2 \frac{l}{8} + \frac{l}{4} \right) + \frac{P \cdot l}{8} \left(\frac{l}{8} + \frac{2 \cdot l}{4} \right) \right]$$

$$= \frac{l}{24} \left[\frac{P \cdot l^2}{16 \cdot 4} 2 + \frac{P \cdot l^2}{8 \cdot 8} (1 + 4) \right] = \frac{P \cdot l^3 (2 + 5)}{24 \cdot 64} = \frac{7}{24 \cdot 64} P \cdot l^3$$

Damit beträgt die Durchbiegung

$$EJ_c \cdot \delta = 2 \left[\frac{P \cdot l^3}{768} + \frac{7P \cdot l^3}{24 \cdot 64} \right] = \frac{2 \cdot 9}{1536} P \cdot l^3 = \frac{3}{256} P \cdot l^3$$

1.82 Durchlaufend veränderliches Trägheitsmoment

Das durchlaufend veränderliche Trägheitsmoment ist bei der Integration in der Weise zu berücksichtigen, daß man J als Funktion der Trägerkoordinate x ausdrückt. Dieses Trägheitsmoment wird mit $J(x)$ bezeichnet, und man erhält dann

$$\delta = \int_0^l \frac{M \cdot \overline{M} \cdot \mathrm{d}x}{EJ(x)} \tag{23.1}$$

Nun kann man wieder ein Vergleichsträgheitsmoment J_c heranziehen und mit E = konst. schreiben

$$EJ_c \cdot \delta = J_c \int_0^l \frac{M \cdot \overline{M} \cdot \mathrm{d}x}{J(x)} \tag{23.2}$$

So erhält man wiederum die $E \cdot J_c$-fache Formänderung.

I. allg. kann man das Integral Gl. (23.2) unter Berücksichtigung der Veränderlichkeit des Trägheitsmomentes schwer exakt lösen. Es bleibt die Lösung auf numerischem Wege, wie etwa mit Hilfe der Simpsonschen Regel (s. z. B. [1]). Nach dieser wird die Trägerlänge in eine gerade Anzahl n gleicher Abschnitte Δx eingeteilt (**23.1**). Die Ordinaten in den erhaltenen Teilpunkten sind $f(0)$, $f(1) \cdots f(n-1)$, $f(n)$. Die von der Abszisse der Kurve $f(x)$ und den beiden Endordinaten $f(0)$ und $f(n)$ eingeschlossene Fläche errechnet sich nach Simpson wie folgt:

$$\int_0^n f(x)\,\mathrm{d}x = \frac{\Delta x}{3}[f(0) + 4f(1) + 2f(2) + 4f(3) + \cdots + 2f(n-2) + 4f(n-1) + f(n)]$$

In unserem Fall ist $$f(x) = \frac{M \cdot \overline{M}}{J} \tag{23.3}$$

23.1 Beliebiger Kurvenverlauf

Beispiel: Bei dem Kragträger nach Bild **24.1** mit der Einzellast $P = 0{,}9$ Mp am Ende soll die Enddurchbiegung bestimmt werden. Der Träger besteht aus einem I-Profil mit den Höhen $h_a = 20$ cm und $h_b = 12$ cm. Wir bringen im Punkt b die Kraft $\overline{P} = 1$ an. Die Arbeitsgleichung lautet

$$\delta = \int_0^l \frac{M \cdot \overline{M} \cdot dx}{EJ(x)}$$

Um die Simpsonsche Regel anzuwenden, teilen wir den Balken in 4 gleichlange Abschnitte ein und berechnen an den Punkten $0 \cdots 3$ die Momente M, $\overline{M}$ und die Trägheitsmomente $J(x)$ (**24.1**).

Multipliziert man $$\delta = \int_0^l \frac{M \cdot \overline{M} \cdot \mathrm{d}x}{EJ(x)}$$ wieder mit EJ_c

so erhält man

$$EJ_c \cdot \delta = \int_0^l M \cdot \overline{M} \cdot \frac{J_c}{J(x)}\,\mathrm{d}x \tag{23.4}$$

Damit erhält man die EJ_c-fache Durchbiegung. Mit der Simpsonschen Regel wird mit $J_c = J_a$

$$EJ_c \cdot \delta = EJ_a \cdot \delta = \frac{200}{4 \cdot 3}\left(180 \cdot 200 \cdot \frac{2140}{2140} + 4 \cdot 135 \cdot 150 \cdot \frac{2140}{1450}\right.$$

$$\left. + 2 \cdot 90 \cdot 100 \cdot \frac{2140}{935} + 4 \cdot 45 \cdot 50 \cdot \frac{2140}{573} + 0\right) = 38{,}2 \cdot 10^5 \text{ Mpcm}^3 \qquad (24.1)$$

oder

$$\delta = \frac{38{,}2 \cdot 10^5}{2{,}1 \cdot 10^3 \cdot 2140} = 0{,}85 \text{ cm}$$

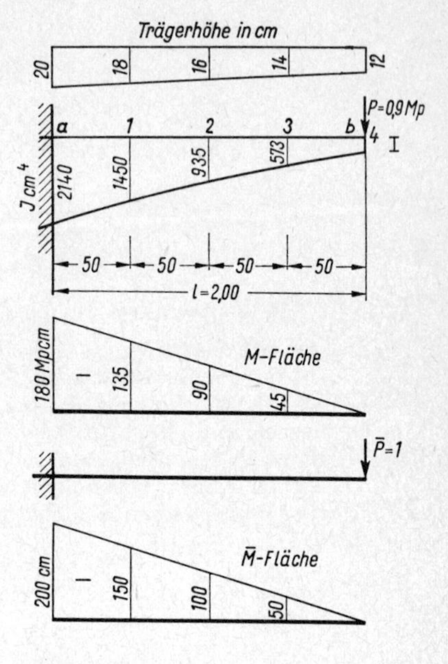

24.1 Kragbalken mit stetig veränderlicher Höhe

1.9 Anwendungen

Beispiel 1: Der Rahmen (**24.2**) aus I 300 mit den gegebenen Profilwerten $J_x = 9800$ cm⁴, $F = 69{,}1$ cm², $F_{\text{Steg}} = 32{,}4$ cm², belastet mit $P = 0{,}1$ Mp, erfährt an seinem rechten Auflager die Verschiebung δ, die berechnet werden soll. Gleitmodul $G = 0{,}8 \cdot 10^3$ Mp/cm²; $\varkappa = 1{,}2$.

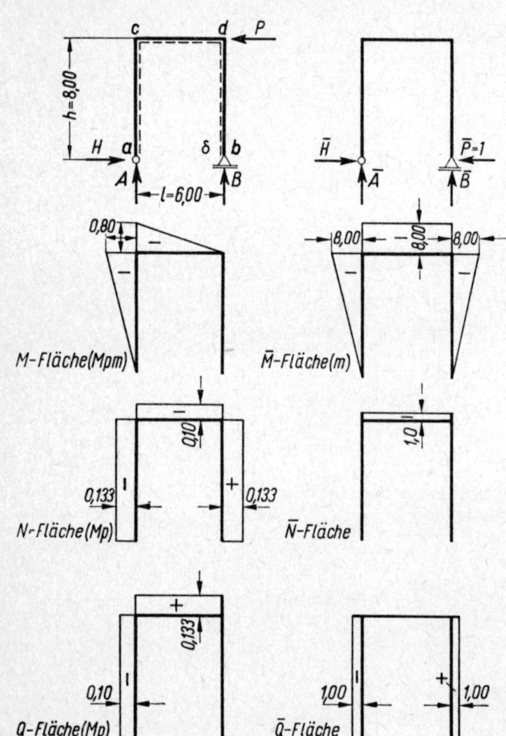

24.2
Horizontale Verschiebung des Rahmenpunktes b

Zunächst werden die M-, Q-, N- und $\overline{M}$-, $\overline{Q}$- und $\overline{N}$-Flächen ermittelt.

a) Ermittlung der Momente M, Normalkräfte N und Querkräfte Q aus der gegebenen Belastung.

$$H = P = 0{,}1 \text{ Mp}$$

$$A = -B = \frac{0{,}1 \cdot 8}{6} = 0{,}133 \text{ Mp}$$

$$M_{c\,\text{Stiel}} = -H \cdot h = -0{,}1 \cdot 8 = -0{,}8 \text{ Mpm}$$

$$M_{c\,\text{Riegel}} = M_{c\,\text{Stiel}} = -0{,}8 \text{ Mpm}$$

$$M_d = 0$$

$$N_{ac} = -A = -0{,}133 \text{ Mp}$$

$$N_{bd} = -B = +0{,}133 \text{ Mp}$$

$$N_{cd} = -H = -0{,}1\ \text{Mp}$$

$$Q_{ac} = -H = -0{,}10\ \text{Mp} \qquad Q_{bd} = 0 \qquad Q_{cd} = -B = +A = 0{,}133\ \text{Mp}$$

b) Ermittlung der Momente $\overline{M}$, der Normalkraft $\overline{N}$ und der Querkräfte $\overline{Q}$ aus der virtuellen Last $\overline{P} = 1$ im Punkt b in Richtung der Verschiebung.

$$\overline{A} = \overline{B} = 0 \qquad \overline{H} = +1$$

$$\overline{M}_c = \overline{M}_d = \overline{M}_{cd} = -\overline{H} \cdot h = -1 \cdot 8 = -8\ \text{m}$$

$$\overline{N}_{ac,\,bd} = 0 \qquad \overline{N}_{cd} = -H = -1 \qquad \overline{Q}_{cd} = 0 \qquad \overline{Q}_{ac} = -1 \qquad \overline{Q}_{bd} = +1$$

Man erhält dann unter Berücksichtigung aller Formänderungseinflüsse

$$\delta = \int \frac{M \cdot \overline{M}}{EJ}\,\mathrm{d}x + \int \frac{N \cdot \overline{N}}{EF}\,\mathrm{d}x + \int \frac{Q \cdot \overline{Q} \cdot \varkappa}{GF}\,\mathrm{d}x$$

$$= \int_0^h \frac{M \cdot \overline{M}}{EJ_S}\,\mathrm{d}x + \int_0^l \frac{M \cdot \overline{M}}{EJ_R}\,\mathrm{d}x + 0 + 0 + \int_0^l \frac{N \cdot \overline{N}}{EF}\,\mathrm{d}x + 0 + \int_0^h \frac{Q \cdot \overline{Q} \cdot \varkappa}{GF}\,\mathrm{d}x + 0 + 0$$

Wie die Gleichung zeigt, fallen nachstehende Beiträge fort:

1. Da die Momente M im Stiel bd Null sind, entfällt für diesen Stiel der Beitrag aus dem Moment.
2. Da die Normalkräfte $\overline{N}$ in den Stielen ac und bd Null sind, entfallen für die Stiele die Beiträge aus der Normalkraft.
3. Da die Querkraft Q im Stiel bd und $\overline{Q}$ im Riegel Null sind, entfallen für den Stiel bd und den Riegel die Beiträge aus der Querkraft.

Mit der $M\overline{M}$ dx-Tafel, die auch für die Integrale $\int N \cdot \overline{N} \cdot \mathrm{d}x$ und $\int Q \cdot \overline{Q} \cdot \mathrm{d}x$ anwendbar ist, erhält man

1. für den Anteil aus den Momenten

für den Stiel, bei dem 2 Dreiecke zu überlagern sind,

$$\delta_{MS} = \frac{1}{3} M_c \cdot \overline{M}_c \cdot h \cdot \frac{1}{EJ_x}$$

$$= \frac{1}{3}(-80) \cdot (-800) \cdot 800 \cdot \frac{1}{2{,}1 \cdot 10^3 \cdot 9800} = \frac{512 \cdot 10^5}{3 \cdot 2{,}1 \cdot 10^3 \cdot 9{,}8 \cdot 10^3} = 0{,}83\ \text{cm}$$

für den Riegel

$$\delta_{MR} = \frac{1}{2} M \cdot \overline{M} \cdot l \cdot \frac{1}{EJ_x}$$

$$= \frac{(-80) \cdot (-800) \cdot 600}{2} \cdot \frac{1}{2{,}1 \cdot 10^3 \cdot 9{,}8 \cdot 10^3} = \frac{384 \cdot 10^5}{2 \cdot 2{,}1 \cdot 10^3 \cdot 9{,}8 \cdot 10^3} = 0{,}93\ \text{cm}$$

2. für den Anteil aus den Normalkräften

$$\delta_{NR} = N \cdot \overline{N} \cdot l \cdot \frac{1}{EF} = \frac{(-0{,}1) \cdot (-1) \cdot 600}{2{,}1 \cdot 10^3 \cdot 69{,}1} = \frac{60}{2{,}1 \cdot 10^3 \cdot 69{,}1} = 0{,}0004\ \text{cm}$$

3. für den Anteil aus den Querkräften

$$\delta_{QS} = Q \cdot \overline{Q} \cdot h \cdot \frac{\varkappa}{GF} = \frac{(-0{,}1) \cdot (-1) \cdot 800 \cdot 1{,}2}{0{,}8 \cdot 10^3 \cdot 32{,}4} = \frac{96}{0{,}8 \cdot 10^3 \cdot 32{,}4} = 0{,}0037\ \text{cm}$$

$$\delta = 0{,}83 + 0{,}93 + 0{,}0004 + 0{,}0037 = 1{,}7641\ \text{cm}$$

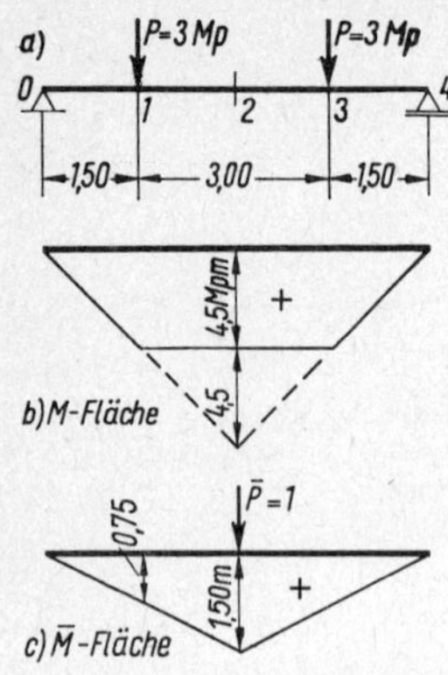

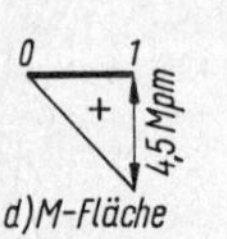

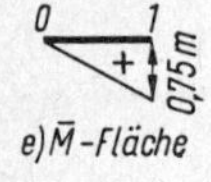

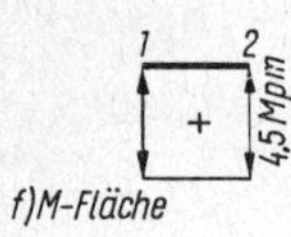

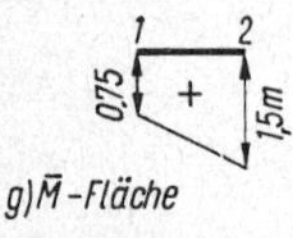

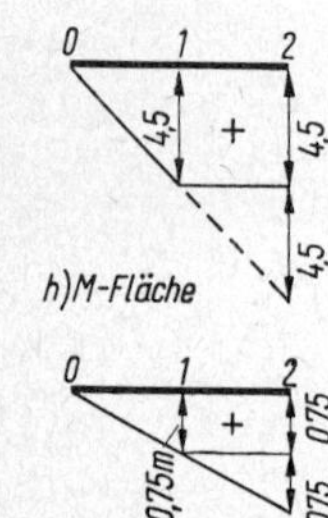

26.1 Durchbiegung des Balkens in Feldmitte

Auch dies Beispiel zeigt, daß man bei schlanken Trägern den Einfluß der Querkraft vernachlässigen kann. Das gleiche gilt für den Einfluß der Normalkraft.

In bezug auf die Normalkraft macht der Bogen insofern eine Ausnahme, als die Formänderungen aus M und N von der gleichen Größenordnung sein können. Deshalb dürfen bei Bogentragwerken die N-Kräfte nicht vernachlässigt werden.

Beispiel 2: Bei Balken nach Bild **26.1** ist die Durchbiegung in der Mitte zu bestimmen. Der Balken ist ein I 240 mit dem Trägheitsmoment $J_x = 4250\ \text{cm}^4$.

Die M-Fläche ist ein Trapez, die $\overline{M}$-Fläche ein Dreieck. Beide Momentenflächen sind symmetrisch. Zur Berechnung der Durchbiegung mit Hilfe der $M\overline{M}$-Tafel gibt es mehrere Möglichkeiten, die Überlagerung durchzuführen. Zwei dieser Möglichkeiten sollen hier gezeigt werden.

a) Man teilt die Momentenfläche in zwei Abschnitte: $0 \cdots 1$ und $1 \cdots 2$. Es sind dann zu überlagern

im Bereich $0 \cdots 1$ zwei Dreiecke mit den Ordinaten $M_1 = 4{,}5$ Mpm und $\overline{M} = 0{,}75$ m

im Bereich $1 \cdots 2$ ein Rechteck mit den Ordinaten $M_1 = 4{,}5$ Mpm und ein Trapez mit den Ordinaten $\overline{M}_1 = 0{,}75$ m und $\overline{M}_2 = 1{,}50$ m (**26.1** a bis i).

Damit ergibt sich nach Tafel **18.1** mit den Werten von Reihe 2, Spalte b (2/b) und Reihe 1 Spalte d (1/d) die Durchbiegung zu

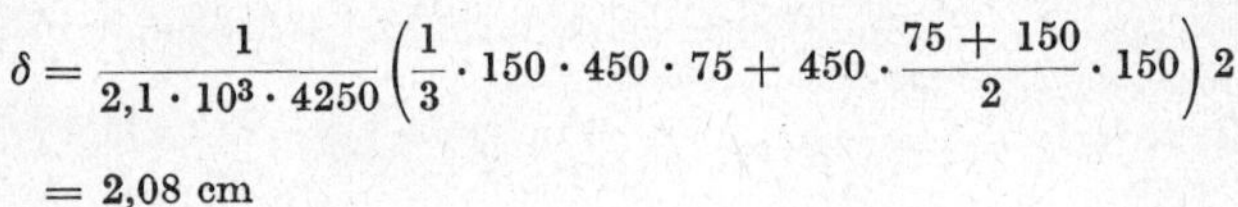

$$\delta = \frac{1}{2{,}1 \cdot 10^3 \cdot 4250} \left(\frac{1}{3} \cdot 150 \cdot 450 \cdot 75 + 450 \cdot \frac{75 + 150}{2} \cdot 150 \right) 2$$

$$= 2{,}08\ \text{cm}$$

b) Man ergänzt die M-Fläche zu einem Dreieck (**26.1** b). Überlagert man jetzt die zwei Dreiecke mit den Ordinaten $M = 4{,}5 + 4{,}5 = 9$ Mpm und $\overline{M} = 1{,}50$ m und zieht von diesem Wert die Überlagerung des Ergänzungsdreiecks (Ordinate $M = 4{,}5$ Mpm) mit der $\overline{M}$-Fläche zwischen 1 und 3 (zwei Trapeze) ab, so hat man ebenfalls den Wert für die Durchbiegung δ.

Nach der $M\overline{M}$-Tafel mit den Werten (2/b) und (2/d) ist dann

$$\delta = \frac{1}{2{,}1 \cdot 10^3 \cdot 4250} \left[\frac{1}{3}\, 900 \cdot 150 \cdot 300 - \frac{1}{6} \cdot 450\, (2 \cdot 150 + 75)\, 150 \right] 2$$

$$= \frac{10^2 \cdot 10^2 \cdot 10^2}{2{,}1 \cdot 4{,}25 \cdot 10^6} \left(\frac{1}{3}\, 9 \cdot 1{,}5 \cdot 3 - \frac{1}{6} \cdot 4{,}5 \cdot 3{,}75 \cdot 1{,}5 \right) 2$$

$$= \frac{10^6}{2{,}1 \cdot 4{,}25 \cdot 10^6}\, (13{,}5 - 4{,}22)\, 2 = 2{,}08\ \text{cm}$$

Beispiel 3: Bei dem Stahlträger I 260 (**27.1**) mit $J = 5740\ \text{cm}^4$ ist die Durchbiegung des Gelenkes unter der Last $p = 2$ Mp/m zu berechnen.

Zur Ermittlung der Durchbiegung im Gelenk muß man den Träger mit einer gedachten Last $\overline{P} = 1$ im Gelenk belasten. Damit ergeben sich nachstehende Momente:

a) Aus der gegebenen Belastung

$$C = \frac{1}{2} \cdot 2 \cdot 3{,}0 = 3\ \text{Mp}$$

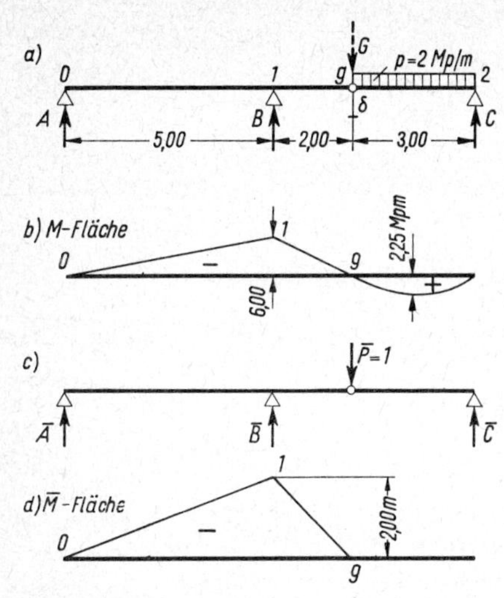

27.1 Durchbiegung des Gelenkpunktes

Der Gelenkdruck beträgt

$$G = \frac{1}{2} \cdot 2 \cdot 3{,}0 = 3 \text{ Mp}$$

$$A = -\,G \cdot \frac{2{,}0}{5{,}0} = -\,\frac{3 \cdot 2}{5} = -\,1{,}2 \text{ Mp}$$

$$B = +\,G \cdot \frac{5+2}{5{,}0} + 3 \cdot \frac{7}{5} = 4{,}2 \text{ Mp}$$

$$M_1 = -\,A \cdot 5{,}0 = -\,1{,}2 \cdot 5 = -\,6{,}0 \text{ Mpm}$$

Größtes Moment im Koppelträger

$$M_k = \frac{2 \cdot 3^2}{8} = 2{,}25 \text{ Mpm}$$

Die Momentenfläche M zeigt Bild **27**.1b.

b) Aus der g e d a c h t e n Last $\bar{P} = 1$

$$\bar{C} = 0 \qquad \bar{A} = -\,\frac{1 \cdot 2}{5{,}0} = -\,0{,}4$$

$$\bar{B} = +\,\frac{1 \cdot (2+5)}{5} = 1{,}4 \quad \bar{M}_1 = -\,1 \cdot 2 = -\,2 \text{ m}$$

Die Momentenfläche $\bar{M}$ zeigt Bild **27**.1d.

Zur Ermittlung der Durchbiegung hat man 2 Dreiecke mit den Höhen $M_1 = -\,6{,}0$ Mpm und $\bar{M}_1 = -\,2{,}0$ m zu überlagern. Nach Tafel **18**.1 Reihe 2 und Spalte b (2/b) wird

$$\delta = \frac{1}{2{,}1 \cdot 10^3 \cdot 5740}\left(\frac{1}{3} \cdot 500 \cdot 600 \cdot 200 + \frac{1}{3} \cdot 200 \cdot 600 \cdot 200\right)$$

$$= \frac{10^2 \cdot 10^2 \cdot 10^2}{2{,}1 \cdot 10^3 \cdot 5{,}74 \cdot 10^3}\left(\frac{1}{3} \cdot 7 \cdot 6 \cdot 2\right) = 2{,}32 \text{ cm}$$

Beispiel 4: Der Träger I 140 (**27**.2) mit $J_x = 573$ cm^4 wird durch eine horizontale Last $P = 0{,}8$ Mp beansprucht. Gesucht ist die Verdrehung τ des Querschnittes bei Punkt 2.

Nach der 2. Grundaufgabe ist als gedachte Belastung ein Moment $\bar{M} = 1$ einzuführen. Die Momente betragen

a) für die g e g e b e n e Belastung

$$A = -\,\frac{P \cdot c}{l} = -\,\frac{0{,}8 \cdot 0{,}8}{6{,}0} = -\,0{,}107 \text{ Mp}$$

$$B = -\,A = 0{,}107 \text{ Mp}$$

$$M_{1l} = -\,A \cdot 3{,}0 = -\,0{,}107 \cdot 3 = -\,0{,}32 \text{ Mpm}$$

$$M_{1r} = +\,B \cdot 3{,}0 = +\,0{,}107 \cdot 3 = +\,0{,}32 \text{ Mpm}$$

b) für die g e d a c h t e Belastung $\bar{M} = 1$

$$\bar{A} = -\,\frac{1}{l} = -\,\frac{1}{6} \text{m}^{-1} \qquad \bar{B} = -\,\bar{A} = +\,\frac{1}{6} \text{m}^{-1}$$

$$\bar{M}_1 = +\,\bar{A} \cdot 3{,}0 = -\,\frac{1}{6} \cdot 3 = -\,\frac{1}{2}$$

$$\bar{M}_2 = +\,\bar{A} \cdot 6{,}0 = -\,\frac{1}{6} \cdot 6 = -\,1 \text{ oder } \bar{M}_2 = \bar{M} = -\,1$$

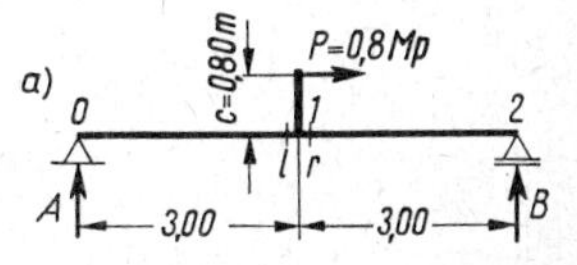

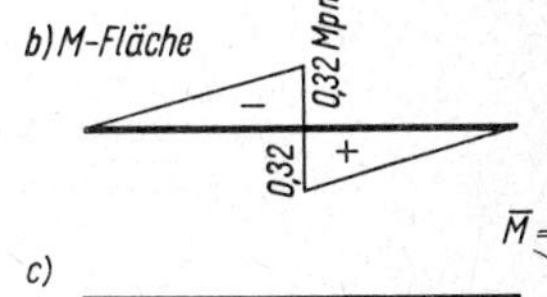

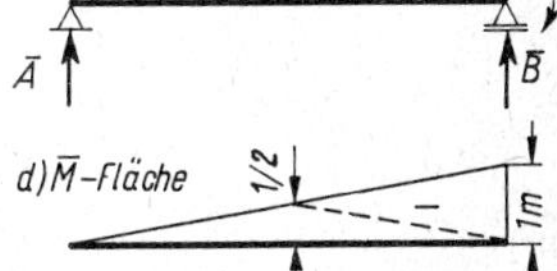

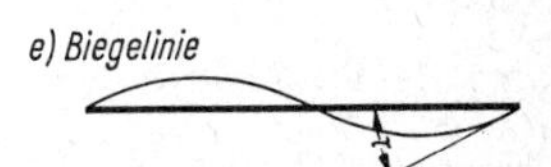

27.2 Verdrehung des Balkenquerschnittes 2

Die Momentenflächen zeigen Bild **27.2**b und d.

Soll die Verdrehung τ_2 mit Hilfe der $M\overline{M}$-Tafel ermittelt werden, so sind zu überlagern im Abschnitt

0 ··· 1: zwei Dreiecke mit den Ordinaten $M = -0{,}32$ Mpm und $\overline{M} = -\frac{1}{2}$

1 ··· 2: ein Dreieck mit der Ordinate $M = 0{,}32$ Mpm und ein Trapez mit den Ordinaten $\overline{M}_1 = -\frac{1}{2}$ und $\overline{M}_2 = -1$.

Nach Reihe 2 und Spalte b (2/b) sowie Reihe 2 und Spalte d (2/d) der Tafel **18**.1 beträgt die Verdrehung

$$\tau_2 = \frac{1}{2{,}1 \cdot 10^3 \cdot 573} \left\{ \frac{300}{3} (-32) \left(-\frac{1}{2}\right) + \frac{300}{6} \cdot 32 \left[2 \left(-\frac{1}{2}\right) + (-1) \right] \right\}$$

$$= \frac{300 \cdot 32}{6 \cdot 2{,}1 \cdot 10^3 \cdot 573} \left\{ (-2) \left(-\frac{1}{2}\right) + \left[2 \left(-\frac{1}{2}\right) + (-1) \right] \right\}$$

$$= \frac{5 \cdot 32 \cdot 10}{2{,}1 \cdot 10^3 \cdot 5{,}73 \cdot 10^2} (+1 - 2) = -1{,}33 \cdot 10^{-3}$$

Die Verdrehung τ_2 beträgt $-1{,}33 \cdot 10^{-3}$ im Bogenmaß bzw. $-0{,}08°$ und hat den entgegengesetzten Drehsinn des gedachten (virtuellen) Momentes. Die Biegelinie zeigt Bild **27.2**e.

2 Zustandslinien elastischer Formänderung

2.1 Berechnung der virtuellen Verrückungen

Mit der Arbeitsgleichung kann man die Verschiebung und damit die Durchbiegung jedes Punktes eines Tragwerkes in einer vorgegebenen Richtung bestimmen. Ermittelt man die Durchbiegungen mehrerer nebeneinanderliegender Punkte und verbindet man diese Punkte, so ergibt sich die Biegelinie für die Richtung, für die die Durchbiegungen bestimmt wurden. Meist interessiert nur die vertikal gerichtete Durchbiegung; im folgenden werden auch nur diese und die Methoden zur Bestimmung ihrer Biegelinie behandelt.

2.2 Punktweise Ermittlung der Biegelinie

Diese Methode ist auf Stabwerke und auch auf Fachwerke anwendbar, und zwar mit Hilfe der 1. Grundaufgabe (s. Abschn. 1.5) für nebeneinander liegende Punkte eines Systems. Die Durchbiegungen des Tragwerkes an den betrachteten Punkten werden aufgetragen. Die Verbindung dieser Punkte ist die Biegelinie, die sich in mehr oder weniger guter Annäherung an die Wirklichkeit als Polygonzug ergibt. Je geringer der Abstand der Punkte gewählt wird, desto genauer wird die Biegelinie.

2.21 Biegelinie des Stabwerks

Zur Verdeutlichung des Vorgehens beim Stabwerk soll die Durchbiegung einiger Punkte eines einfachen Balkens berechnet werden.

Beispiel: Ein Unterzug aus I 200 (**30**.1) mit der Stützweite $l = 4{,}00$ m ist mit einer gleichmäßig verteilten Last $q = 1{,}5$ Mp/m belastet. Gesucht ist die Biegelinie des Unterzuges.

Für den Verlauf der Biegelinie sollen folgende Ordinaten genügen:

$$x_1 = 0{,}2\,l = 0{,}80\text{ m} \qquad x_2 = 0{,}4\,l = 1{,}60\text{ m} \qquad x_3 = 0{,}5\,l = 2{,}00\text{ m}$$

$$x_4 = 0{,}6\,l = 2{,}40\text{ m} \qquad x_5 = 0{,}8\,l = 3{,}20\text{ m}$$

Da die Belastung symmetrisch ist, werden die Durchbiegungen $\delta_1 = \delta_5$ und $\delta_2 = \delta_4$.

Es genügt, die Ordinaten der Biegelinie in den Punkten $x_1 = 0{,}80$ m, $x_2 = 1{,}60$ m und $x_3 = 2{,}00$ m zu berechnen. Dazu belastet man den Balken in diesen Punkten nacheinander mit der gedachten Belastung $\overline{P} = 1$.

Die Momentenflächen $\overline{M}$ infolge der Belastungen $\overline{P}_1 = 1$, $\overline{P}_2 = 1$ und $\overline{P}_3 = 1$ zeigen Bild **30**.1d, f und h, die M-Fläche infolge der gegebenen Belastung Bild **30**.1b.

Mit der $M\overline{M}$-Tafel erhält man aus Reihe 4 und Spalte g (4/g) für die Überlagerung der Momentenflächen M und $\overline{M}$

$$EJ \cdot \delta = \frac{1}{3} M \cdot \overline{M} \left(1 + \frac{a' \cdot b'}{l^2}\right) l = \frac{1}{3} M \cdot \overline{M} \left(1 + \frac{x(l-x)}{l^2}\right) l$$

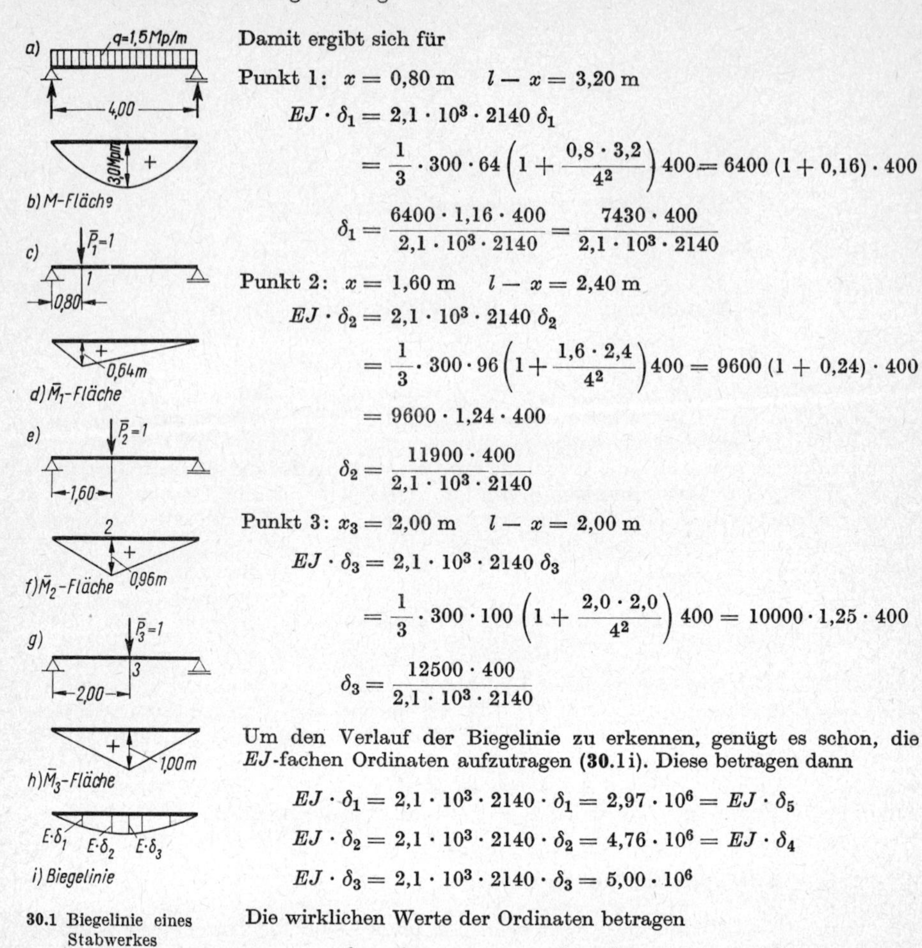

30.1 Biegelinie eines Stabwerkes

Damit ergibt sich für

Punkt 1: $x = 0{,}80$ m $\quad l - x = 3{,}20$ m

$$EJ \cdot \delta_1 = 2{,}1 \cdot 10^3 \cdot 2140\, \delta_1$$

$$= \frac{1}{3} \cdot 300 \cdot 64 \left(1 + \frac{0{,}8 \cdot 3{,}2}{4^2}\right) 400 = 6400\,(1 + 0{,}16) \cdot 400$$

$$\delta_1 = \frac{6400 \cdot 1{,}16 \cdot 400}{2{,}1 \cdot 10^3 \cdot 2140} = \frac{7430 \cdot 400}{2{,}1 \cdot 10^3 \cdot 2140}$$

Punkt 2: $x = 1{,}60$ m $\quad l - x = 2{,}40$ m

$$EJ \cdot \delta_2 = 2{,}1 \cdot 10^3 \cdot 2140\, \delta_2$$

$$= \frac{1}{3} \cdot 300 \cdot 96 \left(1 + \frac{1{,}6 \cdot 2{,}4}{4^2}\right) 400 = 9600\,(1 + 0{,}24) \cdot 400$$

$$= 9600 \cdot 1{,}24 \cdot 400$$

$$\delta_2 = \frac{11900 \cdot 400}{2{,}1 \cdot 10^3 \cdot 2140}$$

Punkt 3: $x_3 = 2{,}00$ m $\quad l - x = 2{,}00$ m

$$EJ \cdot \delta_3 = 2{,}1 \cdot 10^3 \cdot 2140\, \delta_3$$

$$= \frac{1}{3} \cdot 300 \cdot 100 \left(1 + \frac{2{,}0 \cdot 2{,}0}{4^2}\right) 400 = 10000 \cdot 1{,}25 \cdot 400$$

$$\delta_3 = \frac{12500 \cdot 400}{2{,}1 \cdot 10^3 \cdot 2140}$$

Um den Verlauf der Biegelinie zu erkennen, genügt es schon, die EJ-fachen Ordinaten aufzutragen (**30**.1i). Diese betragen dann

$$EJ \cdot \delta_1 = 2{,}1 \cdot 10^3 \cdot 2140 \cdot \delta_1 = 2{,}97 \cdot 10^6 = EJ \cdot \delta_5$$

$$EJ \cdot \delta_2 = 2{,}1 \cdot 10^3 \cdot 2140 \cdot \delta_2 = 4{,}76 \cdot 10^6 = EJ \cdot \delta_4$$

$$EJ \cdot \delta_3 = 2{,}1 \cdot 10^3 \cdot 2140 \cdot \delta_3 = 5{,}00 \cdot 10^6$$

Die wirklichen Werte der Ordinaten betragen

$$\delta_1 = \delta_5 = 0{,}66 \text{ cm} \qquad \delta_2 = \delta_4 = 1{,}06 \text{ cm} \qquad \delta_3 = 1{,}11 \text{ cm}$$

2.22 Biegelinie des Fachwerks

Für die Ermittlung der Biegelinie von Fachwerken werden die Durchbiegungen bestimmter Knotenpunkte in der Normalen zur Trägerachse berechnet. Die geradlinige Verbindung der durchgebogenen Knotenpunkte ist die Biegelinie. I. allg. genügt die Bestimmung der Biegelinie für einen Gurt, etwa für den belasteten Gurt. Die Biegelinie für den unbelasteten Gurt weicht nur wenig von der erstgenannten ab.

Beispiel: Das Fachwerk (**31**.1) sei in Feldmitte mit einer Einzellast von 10 Mp belastet. Wie verläuft die Biegelinie des Obergurtes?

Stabquerschnitte $\quad$ Obergurt ⅃L 100 × 10 mit $F = 38{,}4$ cm²

Untergurt ⅃L 70 × 7 mit $F = 18{,}8$ cm²

Diagonalen

D_1, D_3, D_4, D_6: ⫦⊥ 110 × 10 mit $F = 42{,}4\ \text{cm}^2$

D_2 und D_5: ⫦⊥ 55 × 6 mit $F = 12{,}6\ \text{cm}^2$

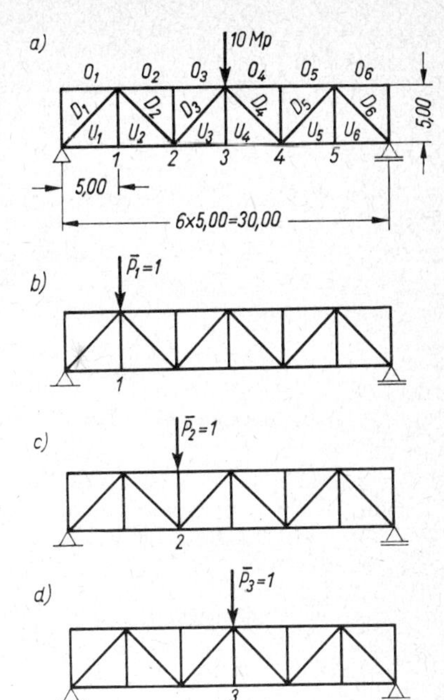

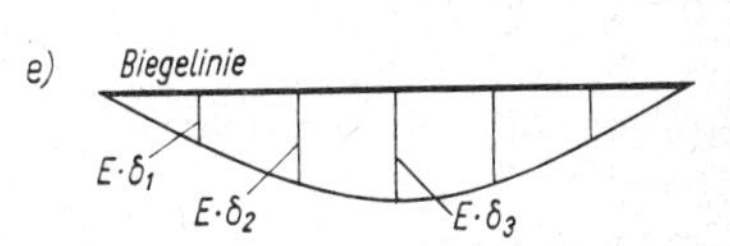

31.1 Biegelinie eines Fachwerkes

Es werden nur die Durchbiegungen in den Punkten 1, 2 und 3 ermittelt. Der Fachwerkträger wird also nacheinander in den Punkten 1, 2 und 3 mit der gedachten Kraft $\overline{P} = 1$ belastet. Für diese Belastungen werden die Kräfte $\overline{S}$ bestimmt.

Die Durchbiegung beträgt nach Gl. (8.1)

$$\delta = \sum \frac{S \cdot \overline{S} \cdot s}{EF}$$

Zweckmäßig bestimmt man beim Fachwerk die E-fachen Ordinaten δ und trägt diese auf.

Es ist also

$$E \cdot \delta = \sum S \cdot \overline{S} \cdot \frac{s}{F}$$

Die Ermittlung der Ordinaten erfolgt tabellarisch. Die Stabkräfte S und $\overline{S}$ in Tafel **31**.2 sind nebenher ermittelt. Ihre Nachprüfung macht keine Schwierigkeit.

Tafel **31**.2: Ermittlung der Biegelinie zu Bild **31**.1

Stab	s cm	F cm²	$\frac{s}{F}$ cm⁻¹	S Mp	$S \cdot \frac{s}{F}$ Mp/cm	$\overline{S}_1$	$\overline{S}_1 \cdot S \cdot \frac{s}{F}$ Mp/cm	$\overline{S}_2$	$\overline{S}_2 \cdot S \cdot \frac{s}{F}$ Mp/cm	$\overline{S}_3$	$\overline{S}_3 \cdot S \cdot \frac{s}{F}$ Mp/cm
O_2	500	38,4	13,0	−10	−130	−0,67	87	−1,34	174	−1,0	130
O_3	500	38,4	13,0	−10	−130	−0,67	87	−1,34	174	−1,0	130
O_4	500	38,4	13,0	−10	−130	−0,333	43	−0,67	87	−1,0	130
O_5	500	38,4	13,0	−10	−130	−0,333	43	−0,67	87	−1,0	130
U_1	500	18,8	26,6	+5	133	+0,833	111	+0,67	89	+0,5	66,5
U_2	500	18,8	26,6	+5	133	+0,833	111	+0,67	89	+0,5	66,5
U_3	500	18,8	26,6	+15	400	+0,5	200	+1,0	400	+1,5	600
U_4	500	18,8	26,6	+15	400	+0,5	200	+1,0	400	+1,5	600
U_5	500	18,8	26,6	+5	133	+0,167	22	+0,33	44	+0,5	66,5
U_6	500	18,8	26,6	+5	133	+0,167	22	+0,33	44	+0,5	66,5
D_1	707	42,4	16,6	−7,07	−117	−1,18	138	−0,94	110	−0,71	83,0
D_2	707	12,6	56,0	+7,07	396	−0,236	−94	+0,94	372	+0,71	280
D_3	707	42,4	16,6	−7,07	−117	+0,236	−28	+0,47	−55	−0,71	83
D_4	707	42,4	16,6	−7,07	−117	−0,236	28	−0,47	55	+0,71	−83
D_5	707	12,6	56,0	+7,07	396	+0,236	94	+0,47	186	+0,71	280
D_6	707	42,4	16,6	−7,07	−117	−0,236	28	−0,47	55	−0,71	83
						$E \cdot \delta_1 = 1092$		$E \cdot \delta_2 = 2313$		$E \cdot \delta_3 = 2872$	

2.3 Bestimmung der Biegelinie mit Hilfe von ω-Zahlen

Diese Methode setzt die Kenntnis des Satzes von Mohr (s. Teil 2 Abschn. Formänderung bei Biegung) voraus, der besagt, daß man die Biegelinie eines Trägers erhält, wenn man sich den Träger mit der Momentenfläche aus der gegebenen Belastung belastet denkt und für diese „Belastung" die durch EJ dividierte Momentenfläche berechnet („zweite Momentenfläche"). Danach lautet die Gleichung

$$\delta(x) = \frac{\mathfrak{M}(x)}{EJ} \tag{32.1}$$

Hierin ist $\mathfrak{M}$ das „zweite" Moment, das aus Belastung des Trägers mit der Momentenfläche aus der gegebenen Belastung entsteht.

Zum Beispiel nach Bild **32.1** soll die Biegelinie infolge der beiden Momente M bestimmt werden. Die zugehörige Momentenfläche verläuft über die Trägerlänge konstant mit der Ordinate M. Die „zweite" Momentenfläche $\mathfrak{M}$ ergibt sich infolge der „gedachten" Belastung mit der M-Fläche.

Mit dem Auflagerdruck $\quad \mathfrak{A} = \dfrac{M \cdot l}{2}$

erhält man $\quad \mathfrak{M}(x) = \mathfrak{A} \cdot x - \dfrac{M \cdot x^2}{2} = M \cdot \dfrac{l}{2} x - M \cdot \dfrac{x^2}{2} = \dfrac{M \cdot l^2}{2}\left[\dfrac{x}{l} - \left(\dfrac{x}{l}\right)^2\right]$ [1] $\quad$ (32.2)

Mit der einheitenlosen Beziehung $\quad \xi = x/l \quad$ (32.3)

ergibt sich weiter $\quad \mathfrak{M}(x) = \dfrac{M \cdot l^2}{2}(\xi - \xi^2) \quad$ (32.4)

Allgemein bezeichnet man den Klammerausdruck der rechten Seite $(\xi - \xi^2)$ mit ω. Je nach der Form der M-Fläche erhält ω einen Index, in diesem Beispiel der rechteckigen Momentenfläche den Index R.

Mit $\quad \xi - \xi^2 = \omega_R \quad$ ist $\quad \mathfrak{M}(x) = \dfrac{M \cdot l^2}{2}\omega_R$

Mit Gl. (32.1) ergibt sich für die Biegelinie

$$\delta_x = \frac{1}{EJ} \cdot \frac{M \cdot l^2}{2}\omega_R$$

Setzt man noch $\quad \dfrac{M \cdot l^2}{2} = \alpha_R \qquad \text{Mpm} \cdot \text{m}^2 = \text{Mp} \cdot \text{m}^3$

so lautet endlich die Gleichung für die Biegelinie

$$\delta_x = \frac{1}{EJ}\alpha_R \cdot \omega_R \tag{32.5}$$

32.1 Biegelinie infolge der zwei Momente M

[1]) Für einen Balken mit gleichmäßiger Belastung q ergibt sich das Moment an der Stelle x zu

$$M_x = A \cdot x - q \cdot \frac{x^2}{2} = \frac{q \cdot l}{2}x - q \cdot \frac{x^2}{2} = \frac{q \cdot l^2}{2}\left[\frac{x}{l} - \left(\frac{x}{l}\right)^2\right]$$

Die beiden Momentenausdrücke stimmen bis auf die „Belastung" q bzw. M überein.

Ebenso kann man auch für anders geformte Momentenflächen M die ω-Zahlen bestimmen. In Tafel **33**.1 sind für weitere Formen von Momentenflächen ω-Zahlen zusammengestellt und die Werte α angegeben[1]).

Tafel **33**.1: ω-Zahlen

Belastung	$EJ \cdot \delta = \frac{M \cdot l^2}{2} \omega_R = \alpha_R \cdot \omega_R$	$EJ \cdot \delta = \frac{M \cdot l^2}{6} \omega_D = \alpha_D \cdot \omega_D$	quadr. Parabel $EJ \cdot \delta = \frac{M \cdot l^2}{3} \omega_B = \alpha_B \cdot \omega_B$	quadr. Parabel $EJ \cdot \delta = \frac{M \cdot l^2}{12} \omega_P = \alpha_P \cdot \omega_P$	$EJ \cdot \delta = \frac{M \cdot l^2}{12} \omega_G = \alpha_G \cdot \omega_G$
$\alpha =$	$M \frac{l^2}{2}$	$M \frac{l^2}{6}$	$M \frac{l^2}{3}$	$M \frac{l^2}{12}$	$M \frac{l^2}{12}$
$\xi = \frac{x}{l}$	$\omega_R = \xi - \xi^2$	$\omega_D = \xi - \xi^3$	ω_B[2]) $= \xi - 2\xi^3 + \xi^4$	$\omega_P = \xi - \xi^4$	$\omega_G = 3\xi - 4\xi^3$
0,1	0,09	0,099	0,0981	0,0999	0,296
0,2	0,16	0,192	0,1856	0,1984	0,568
0,3	0,21	0,273	0,2541	0,2919	0,792
0,4	0,24	0,336	0,2976	0,3744	0,944
0,5	0,25	0,375	0,3125	0,4375	1,000
0,6	0,24	0,384	0,2976	0,4704	0,944
0,7	0,21	0,357	0,2541	0,4599	0,792
0,8	0,16	0,288	0,1856	0,3904	0,568
0,9	0,09	0,171	0,0981	0,2439	0,296

Beispiel: Für den Balken (**30**.1) I 200 mit $J = 2140\ \text{cm}^4$, $l = 4{,}00$ m Stützweite und $q = 1{,}5$ Mp/m Belastung soll die Biegelinie mit Hilfe der ω-Zahlen ermittelt werden.

Da die Momentenfläche aus der gegebenen Belastung eine Parabel mit der Mittelordinate $M = \frac{q \cdot l^2}{8} = 3{,}0$ Mpm ist, kommen für die Berechnung der Biegelinie die ω_B-Werte der Tafel **33**.1, Spalte 3, und $\alpha = \frac{M \cdot l^2}{3}$ in Frage.

Also beträgt die EJ-fache Durchbiegung in einem Punkt n: $\quad EJ \cdot \delta_n = \omega_B \cdot \frac{M \cdot l^2}{3}$

Die Ordinaten der Biegelinie sollen wieder an den Stellen $x_1 = 0{,}2\,l$, $x_2 = 0{,}4\,l$ und $x_3 = 0{,}5\,l$ bestimmt werden. Sie betragen

$$x_1 = 0{,}2\,l \qquad \xi_1 = \frac{x_1}{l} = 0{,}2 \qquad EJ \cdot \delta_1 = 0{,}1856 \cdot \frac{3{,}0 \cdot 4^2}{3} = 2{,}97\ \text{Mpm}^3 = 2{,}97 \cdot 10^6\ \text{Mpcm}^3$$

$$x_2 = 0{,}4\,l \qquad \xi_2 = \frac{x_2}{l} = 0{,}4 \qquad EJ \cdot \delta_2 = 0{,}297 \cdot \frac{3{,}0 \cdot 4^2}{3} = 4{,}75\ \text{Mpm}^3 = 4{,}75 \cdot 10^6\ \text{Mpcm}^3$$

$$x_3 = 0{,}5\,l \qquad \xi_3 = \frac{x_3}{l} = 0{,}5 \qquad EJ \,.\, \delta_3 = 0{,}312 \cdot \frac{3{,}0 \cdot 4^2}{3} = 4{,}99\ \text{Mpm}^3 = 4{,}99 \cdot 10^6\ \text{Mpcm}^3$$

---

[1]) Mit Fußnote [1]) auf Seite 32 ergibt sich die Möglichkeit, mit den α- und ω-Werten für die Belastungsformen der Tafel **33**.1 die Momentenflächen zu zeichnen. Es ist statt M lediglich q einzusetzen.

[2]) ω_B wird auch ω_P'' genannt.

Die wirklichen Ordinaten δ betragen mit $EJ = 2{,}1 \cdot 10^3 \cdot 2140$ Mpcm²

$$\delta_1 = \frac{2{,}97 \cdot 10^6}{EJ} = 0{,}66 \text{ cm} \qquad \delta_2 = \frac{4{,}75 \cdot 10^6}{EJ} = 1{,}06 \text{ cm} \qquad \delta_3 = \frac{4{,}99 \cdot 10^6}{EJ} = 1{,}11 \text{ cm}$$

Wir erhalten die gleichen Werte δ wie in Abschn. 2.2.

Das Verfahren mit ω-Zahlen ist nur auf Stabwerke anwendbar und berücksichtigt auch nur den Einfluß der Biegemomente auf die Verformung.

2.4 Ermittlung der Biegelinie mit Hilfe der W_m-Gewichte

Diese Methode kann den Einfluß aller Schnittgrößen (wie in Abschn. 2.2) berücksichtigen. Da man die Wirkung der Verformung aus Querkraft und Längskraft i. allg. meistens vernachlässigen kann, wird im folgenden nur der Einfluß des Biegemomentes als der wichtigste Beitrag zur Verformung (s. auch Abschn. 1.9 Beispiel 1) erfaßt.

Die W_m-Gewichte sollen diejenigen Kräfte sein, mit denen ein System zu belasten ist, um die Biegelinie wie ein Moment berechnen zu können. Das bedeutet nach den früheren Betrachtungen, daß die W_m-Gewichte die Momentenfläche vertreten müssen, denn bekanntlich gewinnt man die Biegelinie, wenn man die M-Fläche als Belastung ansetzt und daraus das „zweite Moment" ermittelt.

2.41 W_m-Gewichte bei konstantem Trägheitsmoment

Nach Teil 2 Abschn. Formänderung bei Biegung liefert die Belastung des Balkens mit der Momentenfläche aus der gegebenen äußeren Last die EJ-fache Biegelinie. Teilt man die Momentenfläche in kleine Abschnitte, ersetzt die verteilte Belastung durch eine genügend große Zahl Einzellasten und ermittelt daraus die zweite Momentenfläche, so stellt letztere ebenfalls die EJ-fache Biegelinie dar.

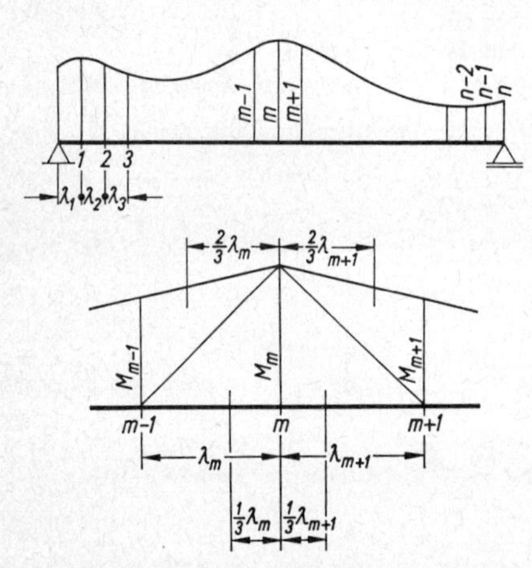

34.1 Ermittlung der W_m-Gewichte

Die Aufteilung der Momentenfläche in kleine Abschnitte von der Länge λ ergibt kleine Momentenflächenteile, die als geradlinig begrenzt angenommen werden und deren Flächeninhalte man als Einzellasten in den einzelnen Punkten 0; 1; 2; 3 ⋯ $m-1$; m; $m+1$ angreifen läßt. Nach Bild **34**.1 zerlegt man die Trapeze in 2 Dreiecke und verteilt deren Flächen entsprechend ihren Schwerpunktabständen auf die Punkte $m-1$ und m bzw. m und $m+1$. Auf Punkt m entfällt

von der Fläche zwischen $m-1$ und m

$$\frac{M_{m-1} \cdot \lambda_m}{2} \cdot \frac{1}{3} + \frac{M_m \cdot \lambda_m}{2} \cdot \frac{2}{3}$$

$$= \frac{M_{m-1} \cdot \lambda_m}{6} + \frac{M_m \cdot \lambda_m}{3}$$

und von der Fläche zwischen m und $m+1$

$$\frac{M_m \cdot \lambda_{m+1}}{2} \cdot \frac{2}{3} + \frac{M_{m+1} \cdot \lambda_{m+1}}{2} \cdot \frac{1}{3} = \frac{M_m \cdot \lambda_{m+1}}{3} + \frac{M_{m+1} \cdot \lambda_{m+1}}{6}$$

Das W_m-Gewicht für den Punkt m beträgt somit

$$W_m = \frac{1}{EJ}\left(\frac{M_{m-1}\cdot\lambda_m}{6} + \frac{M_m\cdot\lambda_m}{3}\right) + \frac{1}{EJ}\left(\frac{M_m\cdot\lambda_{m+1}}{3} + \frac{M_{m+1}\cdot\lambda_{m+1}}{6}\right)$$

$$= \frac{\lambda_m}{6\,EJ}\,(M_{m-1} + 2\,M_m) + \frac{\lambda_{m+1}}{6\,EJ}\,(2\,M_m + M_{m+1}) \qquad (35.1)^{1)}$$

Beispiel: Es soll die Biegelinie für den Unterzug (**35.1** a) I 200 mit $l = 4{,}00$ m und der Belastung $q = 1{,}5$ Mp/m mit Hilfe der W_m-Gewichte ermittelt werden.

Die Ordinaten werden wieder berechnet in den Punkten

$x_1 = 0{,}2\,l = 0{,}80$ m $\qquad x_2 = 0{,}4\,l = 1{,}60$ m $\qquad x_3 = 0{,}5\,l = 2{,}00$ m

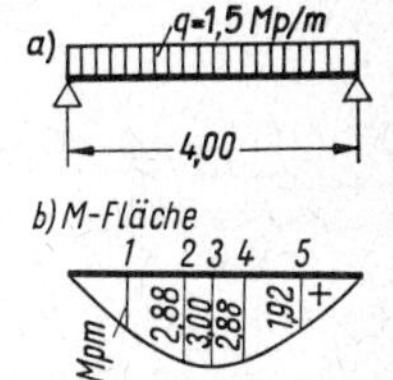

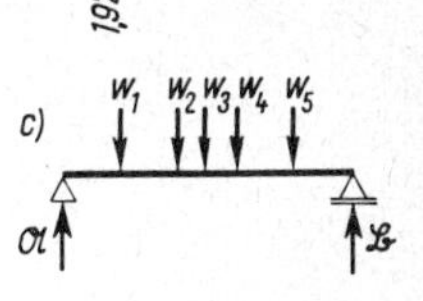

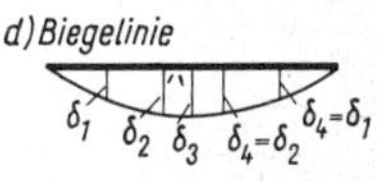

35.1 Biegelinie aus den W_m-Gewichten

a) Ermittlung der W_m-Gewichte

Zunächst müssen die Ordinaten der Momentenfläche aus der gegebenen Belastung in den Punkten 1, 2 und 3 bestimmt werden. Allgemein ist

$$M_x = \frac{q\cdot l}{2}\,x - \frac{q\cdot x^2}{2} = \frac{q}{2}\,x\,(l - x) = \frac{q}{2}\,x\cdot x' = \frac{1{,}5}{2}\,x\cdot x'$$

$$= 0{,}75\cdot x\cdot x'$$

für $x_1 = 0{,}2\,l = 0{,}8$ m ist $M_1 = 0{,}75\cdot 0{,}8\cdot 3{,}2 = 1{,}92$ Mpm

für $x_2 = 0{,}4\,l = 1{,}6$ m ist $M_2 = 0{,}75\cdot 1{,}6\cdot 2{,}4 = 2{,}88$ Mpm

für $x_3 = 0{,}5\,l = 2{,}0$ m ist $M_3 = \dfrac{1{,}5\cdot 4^2}{8} = 3{,}0$ Mpm

Die Momentenfläche zeigt Bild **35.1** b.

Sobald die Momente bekannt sind, können mit Gl. (35.1) die W_m-Gewichte $W_1 = W_5$, $W_2 = W_4$ und W_3 ermittelt werden. Es ist

$$W_1 = \frac{\lambda_1}{6\cdot EJ}\,(M_0 + 2\,M_1) + \frac{\lambda_2}{6\,EJ}\,(2\,M_1 + M_2)$$

$$E = 2{,}1\cdot 10^3\ \text{Mp/cm}^2 \qquad J = 2140\ \text{cm}^4 \qquad M_0 = 0 \qquad \lambda_1 = \lambda_2 = 0{,}2\,l = 80\ \text{cm}$$

$$W_1 = W_5 = \frac{80}{6\cdot 2{,}1\cdot 10^3\cdot 2140}\cdot 2\cdot 192 + \frac{80}{6\cdot 2{,}1\cdot 10^3\cdot 2140}\,(2\cdot 192 + 288)$$

$$= \frac{80}{12{,}6\cdot 10^3\cdot 2{,}14\cdot 10^3}\cdot 384 + \frac{80}{12{,}6\cdot 10^3\cdot 2{,}14\cdot 10^3}\,(384 + 288) = \frac{3{,}13}{10^3} = 3{,}13\cdot 10^{-3}$$

$$W_2 = \frac{\lambda_2}{6\,EJ}\,(M_1 + 2\,M_2) + \frac{\lambda_3}{6\,EJ}\,(2\,M_2 + M_3) \qquad \lambda_2 = 80\ \text{cm} \qquad \lambda_3 = 40\ \text{cm}$$

$$W_2 = W_4 = \frac{80}{6\cdot 2{,}1\cdot 10^3\cdot 2140}\,(192 + 2\cdot 288) + \frac{40}{6\cdot 2{,}1\cdot 10^3\cdot 2140}\,(2\cdot 288 + 300)$$

$$= 3{,}59\cdot 10^{-3}$$

$$W_3 = \frac{\lambda_3}{6\,EJ}\,(M_2 + 2\,M_3)\,2$$

---

1) Hat die M-Fläche beliebige Form, so kann man eine noch bessere Annäherung mit der quadratischen Parabel als Begrenzungslinie finden. Das W_m-Gewicht für den Punkt m lautet dafür:

$$W_m = \frac{\lambda_m}{12\,EJ}\,(M_{m-1} + 5\,M_m) + \frac{\lambda_{m+1}}{12\,EJ}\,(5\,M_m + M_{m+1})$$

Da der Balken symmetrisch belastet ist, wird also

$$W_3 = \frac{40}{6 \cdot 2{,}1 \cdot 10^{-3} \cdot 2140} (288 + 2 \cdot 300)\, 2 = 2{,}62 \cdot 10^{-3}$$

b) Ermittlung der Biegelinie

Mit den W_m-Gewichten wird der Balken in den Punkten 1 bis 5 belastet und die Momentenfläche berechnet. Diese Momentenfläche ergibt dann die angenäherte Biegelinie, wobei die in den Punkten 1 bis 5 ermittelten Ordinaten deren genauen Werte sind[1]).

Der Auflagerdruck $\mathfrak{A}$ der W_m-Gewichte beträgt

$$\mathfrak{A} = W_1 + W_2 + \frac{W_3}{2} = 3{,}13 \cdot 10^{-3} + 3{,}59 \cdot 10^{-3} + \frac{1}{2} \cdot 2{,}62 \cdot 10^{-3} = 8{,}03 \cdot 10^{-3}$$

und die Momentenfläche hat in den Punkten 1, 2 und 3 die Werte

$$\delta_1 = 8{,}03 \cdot 10^{-3} \cdot 0{,}8 = 6{,}4 \cdot 10^{-3}\,\text{m} = 0{,}64\,\text{cm}$$

$$\delta_2 = 8{,}03 \cdot 10^{-3} \cdot 1{,}6 - 3{,}13 \cdot 10^{-3} \cdot 0{,}8 = 12{,}8 \cdot 10^{-3} - 2{,}5 \cdot 10^{-3}$$

$$= 10{,}3 \cdot 10^{-3}\,\text{m} = 1{,}03\,\text{cm}$$

$$\delta_3 = 8{,}03 \cdot 10^{-3} \cdot 2{,}0 - 3{,}13 \cdot 10^{-3} \cdot 1{,}2 - 3{,}59 \cdot 10^{-3} \cdot 0{,}4$$

$$= 16{,}06 \cdot 10^{-3} - 3{,}76 \cdot 10^{-3} - 1{,}43 \cdot 10^{-3} = 10{,}9 \cdot 10^{-3}\,\text{m} = 1{,}09\,\text{cm}$$

2.42 W_m-Gewichte bei veränderlichem Trägheitsmoment

Man führt wieder ein beliebiges Vergleichsträgheitsmoment J_c ein und erhält mit Gl. (35.1)

$$J_c \cdot W_m = \frac{J_c \cdot \lambda_m}{J_m \cdot 6E} (M_{m-1} + 2M_m) + \frac{J_c \cdot \lambda_{m+1}}{J_{m+1} \cdot 6E} (2M_m + M_{m+1}) \tag{36.1}$$

oder wenn man setzt $\lambda'_m = \lambda_m \cdot \dfrac{J_c}{J_m}$ und $\lambda'_{m+1} = \lambda_{m+1} \cdot \dfrac{J_c}{J_{m+1}}$

und erhält $$\boldsymbol{W_m = \frac{\lambda'_m}{6EJ_c} (M_{m-1} + 2M_m) + \frac{\lambda'_{m+1}}{6EJ_c} (2M_m + M_{m+1})} \tag{36.2}$$

J_m und J_{m+1} sind die mittleren Trägheitsmomente der Abschnitte mit den Längen λ_m bzw. λ_{m+1}.

2.43 W_m-Gewichte aus der „$1/\lambda$"-Belastung

Eine andere Deutung des W_m-Gewichtes ergibt sich, wenn man sich das Tragsystem in einzelne Ersatzbalken aufgeteilt denkt, z. B. zwischen den Punkten $m - 1$ und $m + 1$ (**37.1** a).

Denkt man sich im Punkt m des Ersatzbalkens die Einzellast $\dfrac{1}{\lambda_m} + \dfrac{1}{\lambda_{m+1}}$ angreifend, so ergeben sich in den Endpunkten $m - 1$ und $m + 1$ des Ersatzbalkens die Auflagerdrücke $\dfrac{1}{\lambda_m}$ und $\dfrac{1}{\lambda_{m+1}}$ (**37.1** c). Jeder Ersatzbalken von der Länge $\lambda_m + \lambda_{m+1}$ bildet so für sich ein Gleichgewichtssystem. Das maximale Moment hat dabei den Wert $\overline{M} = +1$

[1]) Der mit W_m-Gewichten ermittelte Polygonzug stellt den Sehnenzug der tatsächlichen Biegelinie dar, während nach Mohr der Tangentenzug der Biegelinie gewonnen wurde.

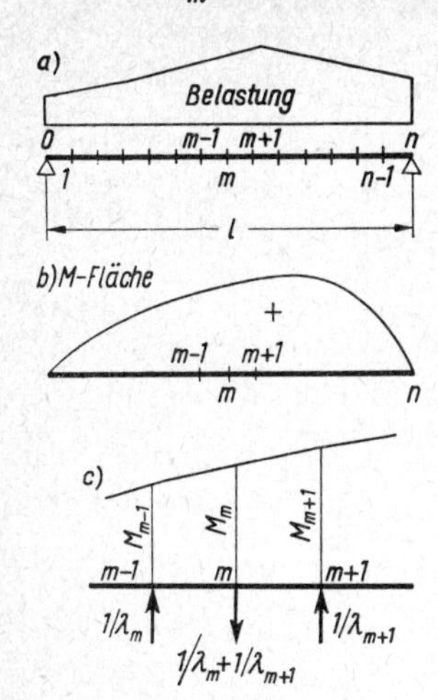

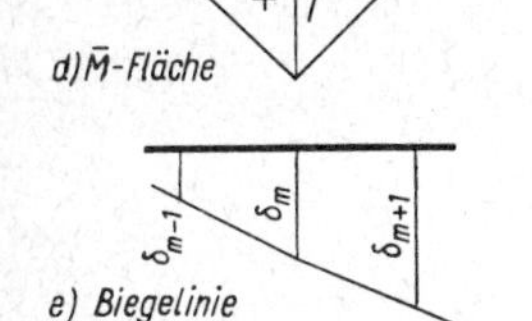

37.1 Ermittlung der W_m-Gewichte aus der $\frac{1}{\lambda}$-Belastung

(**37.1** d). Die gegebene äußere Belastung verursacht am Tragwerk in den Punkten $m - 1$, m und $m + 1$ die Durchbiegungen δ_{m-1}, δ_m und δ_{m+1}. Die gedachten Kräfte $\frac{1}{\lambda_m}$; $\frac{1}{\lambda_m} + \frac{1}{\lambda_{m+1}}$ und $\frac{1}{\lambda_{m+1}}$ leisten über die oben genannten Verformungswege δ die virtuelle äußere Arbeit

$$A_a = -\frac{1}{\lambda_m}\delta_{m-1} + \left(\frac{1}{\lambda_m} + \frac{1}{\lambda_{m+1}}\right)\delta_m - \frac{1}{\lambda_{m+1}}\delta_{m+1} \qquad (37.1)$$

Nun kann man eine Momentenlinie als Seillinie darstellen (s. Teil 1 Abschn. Zeichnerische Bestimmung der Biegemomente), und mit dem Satz von Mohr läßt sich auch die Biegelinie als Seillinie gewinnen, wenn man die Momentenfläche als Belastung auffaßt.

In Bild **37.2** ist ein Teil der Seillinie und der Polfigur eines Balkens aufgezeichnet; sie verläuft zwischen den Knickpunkten geradlinig.

Sind P_{m-1}, P_m und P_{m+1} äußere Lasten, so ist die Seillinie die Momentenlinie. Resultieren dagegen P_{m-1}, P_m und P_{m+1} aus der als Belastung aufgefaßten Momentenfläche, wobei die Streckenlast wieder durch Einzellasten ersetzt ist, so bildet die Seillinie die Biegelinie.

P_{m-1}, P_m und P_{m+1} *sind in diesem Fall also* (s. S. 35) *die* W_m-*Gewichte für die Punkte* $m - 1$, m *und* $m + 1$.

Nach Bild **37.2**a gilt
$$\tan\varphi_m = \frac{\delta_m - \delta_{m-1}}{\lambda_m} \qquad (37.2)$$

und
$$\tan\varphi_{m+1} = \frac{\delta_{m+1} - \delta_m}{\lambda_{m+1}} \qquad (37.3)$$

nach Bild **37.2**b
$$W_m = \tan\varphi_m - \tan\varphi_{m+1} \qquad (37.4)$$

Setzt man Gl. (37.2) und (37.3) in (37.4) ein, so erhält man

$$W_m = \frac{\delta_m - \delta_{m-1}}{\lambda_m} - \frac{\delta_{m+1} - \delta_m}{\lambda_{m+1}} \qquad (37.5)$$

oder nach Umformen

$$W_m = -\frac{\delta_{m-1}}{\lambda_m} + \left(\frac{1}{\lambda_m} + \frac{1}{\lambda_{m+1}}\right)\delta_m - \frac{\delta_{m+1}}{\lambda_{m+1}} \qquad (37.6)$$

Das ist der gleiche Ausdruck wie Gl. (37.1). Also stellt das *W_m-Gewicht die Arbeit der gedachten Kräfte $1/\lambda$ auf dem Verformungsweg irgendeiner Belastung* dar.

Da nach Gl. (5.4)

$A_a = A_i$, ist auch $\quad W_m = A_i$

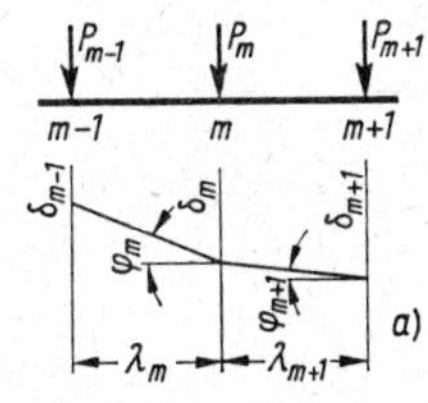

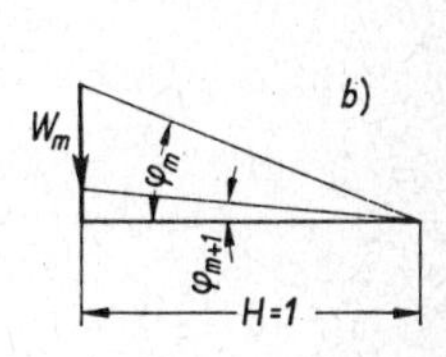

37.2 Biegelinie als Seillinie mit zugehöriger Polfigur

2.44 W_m-Gewicht beim Stabwerk

Unter Vernachlässigung der Einflüsse aus Querkraft und Normalkraft kann gemäß der Definition der W_m-Gewichte in Abschn. 2.4 auch geschrieben werden

$$W_m = \int \frac{M \cdot \overline{M}}{EJ} \, dx \tag{38.1}$$

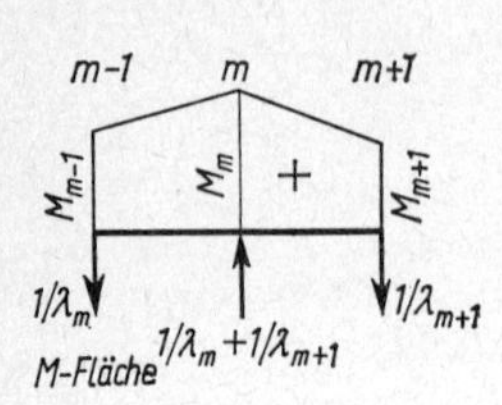

38.1 W_m-Gewicht beim Stabwerk

M ist hierin das Moment infolge der wirklichen und $\overline{M}$ das infolge der virtuellen Belastung „$1/\lambda$".

Mit Bild **38.1** ergibt sich nach der $M\overline{M}$-Tafel **18.1** (Zeile 3 Spalte c) das W_m-Gewicht wie folgt:

$$W_m = \int\limits_{m-1}^{m+1} \frac{M \cdot \overline{M}}{EJ} \, dx$$

$$W_m = \frac{\lambda_m}{6EJ}(M_{m-1} + 2M_m) + \frac{\lambda_{m+1}}{6EJ}(2M_m + M_{m+1}) \tag{38.2}$$

Dieser Ausdruck für W_m ist derselbe wie Gl. (35.1).

2.45 W_m-Gewicht beim Fachwerk

Beim Fachwerk werden die W_m-Gewichte zwangsläufig für die Knotenpunkte bestimmt, da die Biegelinie zwischen den Knotenpunkten ohnehin geradlinig verläuft. Sie lassen sich wiederum als Arbeit der gedachten Belastung $1/\lambda$ auf dem Verschiebungsweg der wirkenden Lasten ermitteln. Man kann also wie beim Biegeträger vorgehen und schreiben

$$W_m = \sum \frac{\overline{S} \cdot S}{EF} s \tag{38.3}$$

Hierin sind $\overline{S}$ die Stabkräfte infolge der gedachten Kräfte $1/\lambda$ und S die aus der gegebenen Belastung (**38.2**).

Man muß also auch beim Fachwerk in jedem Punkt, für den man die W_m-Gewichte bestimmen will, die gedachten Kräfte $\frac{1}{\lambda_m} + \frac{1}{\lambda_{m+1}}$ anbringen und für diese Kräfte die Stabkräfte $\overline{S}$ bestimmen. Die W_m-Gewichte lassen sich dann mit Gl. (38.3) ermitteln. Berechnet man mit den W_m-Gewichten die Momentenlinie für einen Ersatzbalken der gleichen Spannweite l, so ist diese die gesuchte Biegelinie.

Die Bestimmung der Biegelinie mit Hilfe von W_m-Gewichten hat den Vorteil, daß die einzelnen Ersatzbalken von der Länge $\lambda_m + \lambda_{m+1}$, die mit den gedachten Kräften $1/\lambda$ belastet sind, für sich im Gleichgewicht stehen. Bei ihrer Ermittlung braucht nur jeweils der Bereich zwischen den Punkten $m - 1$ und $m + 1$ betrachtet zu werden (**39.1**).

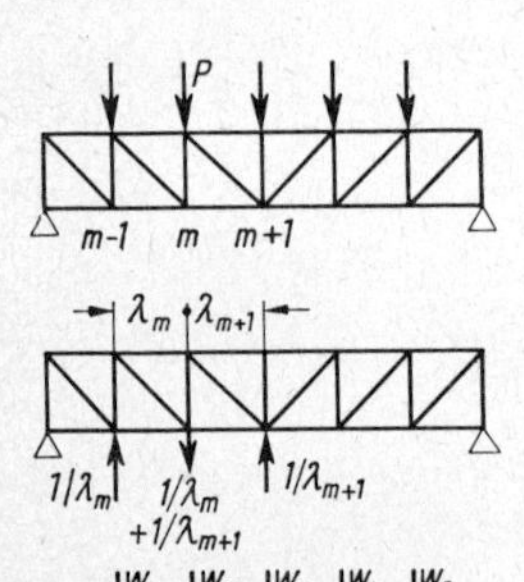

38.2 W_m-Gewicht beim Fachwerk

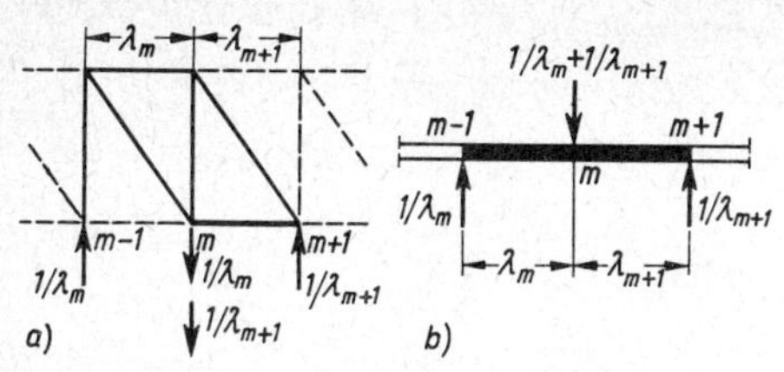

39.1 Wirkungsbereich der $\frac{1}{\lambda}$-Belastung für einen Punkt m

a) beim Fachwerk

b) beim Stabwerk

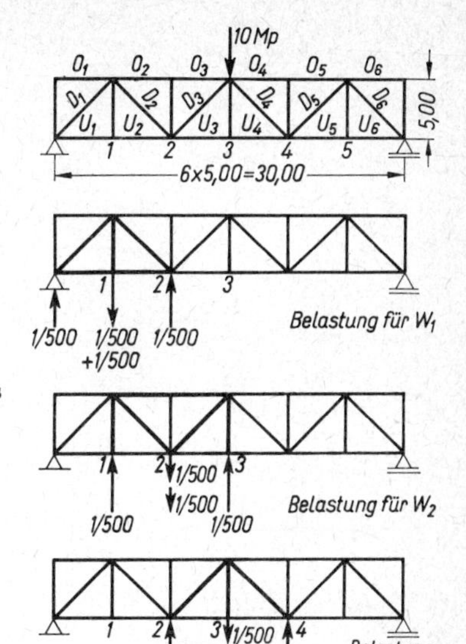

39.2 W_m-Gewichte eines Fachwerkträgers

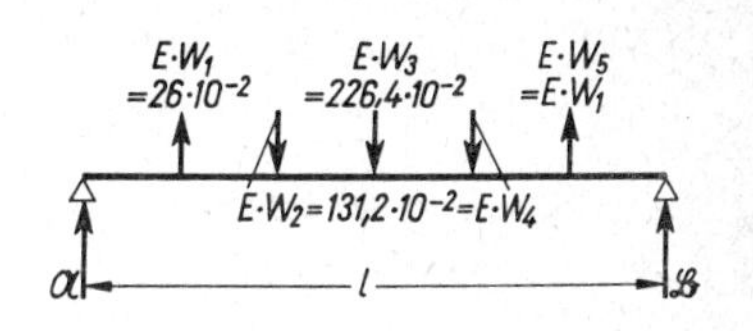

Beispiel: Für das Fachwerk nach Bild **31.1** mit der Belastung $P = 10$ Mp in Feldmitte soll die Biegelinie des Untergurtes mit Hilfe der W_m-Gewichte bestimmt werden.

Zunächst müssen die W_m-Gewichte $W_1 = W_5$, $W_2 = W_4$ und W_3 ermittelt werden. Dazu wird das Fachwerk nacheinander mit den gedachten Kräften $1/\lambda$ belastet (**39.2**).

$$\lambda_1 = \lambda_2 = \lambda_3 = 5{,}00 \text{ m} = 500 \text{ cm} \qquad 1/\lambda = 1/500 \text{ cm}^{-1}$$

Die Stabkräfte $\bar{S}$ lassen sich schnell berechnen. Aus der $1/\lambda$ Belastung für W_1 erhalten nur die Stäbe U_1, U_2, D_1, D_2 und V_1 Stabkräfte. Alle übrigen Stabkräfte sind Null.

$$\bar{U}_1 = \bar{U}_2 = \frac{1}{500} = 0{,}2 \cdot 10^{-2} \text{ cm}^{-1}$$

$$\bar{D}_1 = \bar{D}_2 = -\frac{1}{500 \sin 45°} = -0{,}283 \cdot 10^{-2} \text{ cm}^{-1} \qquad \bar{V}_1 = \frac{2}{500} = 0{,}4 \cdot 10^{-2} \text{ cm}^{-1}$$

Die Stabkraft $\bar{V}_1$ wird nicht gebraucht, weil V_1 infolge der wirklichen Belastung Null ist. Ebenso ist es mit den übrigen V-Kräften; sie werden deshalb nicht ermittelt.

Aus der Belastung für W_2 benötigen wir nur die Stabkräfte O_2, O_3, D_2 und D_3.

$$\bar{O}_2 = \bar{O}_3 = -0{,}2 \cdot 10^{-2} \text{ cm}^{-1} \qquad \bar{D}_3 = \bar{D}_4 = 0{,}283 \cdot 10^{-2} \text{ cm}^{-1}$$

Aus der Belastung für W_3 interessieren nur die Stabkräfte U_3, U_4, D_3 und D_4.

$$\bar{U}_3 = \bar{U}_4 = +0{,}2 \cdot 10^{-2} \text{ cm}^{-1} \qquad \bar{D}_3 = \bar{D}_4 = -0{,}283 \cdot 10^{-2} \text{ cm}^{-1}$$

Mit diesen Stabkräften $\bar{S}$ werden die W_m-Gewichte tabellarisch in Tafel **40.1** ermittelt.

Mit diesen W_m-Gewichten wird ein Ersatzbalken belastet und die Momentenlinie bestimmt. Diese ist die E-fache Biegelinie des Untergurtes. Für ihre Berechnung werden zunächst die Auflagerkräfte der W_m-Gewichte ermittelt.

$$\mathfrak{A} = \mathfrak{B} = 218{,}4 \cdot 10^{-2} = 2{,}184 \text{ Mp/cm}^2$$

Für den Punkt 1 ergibt sich

$$E \cdot \delta_1 = \mathfrak{M}_1 = \mathfrak{A} \cdot 500 = 1092 \text{ Mp/cm} \qquad \text{oder} \qquad \delta_1 = 0{,}52 \text{ cm}$$

Für die übrigen Punkte erhält man

$$E \cdot \delta_2 = 2184 + 130 = 2314 \text{ Mp/cm} \qquad \text{oder} \qquad \delta_2 = 1{,}1 \text{ cm}$$

$$E \cdot \delta_3 = 3276 + 260 - 656 = 2880 \text{ Mp/cm} \qquad \text{oder} \qquad \delta_3 = 1{,}37 \text{ cm}$$

Tafel **40.1**: W_m-Gewichte zum Fachwerk nach Bild **39.2**

Stab	$\frac{S \cdot s}{F}$ [1]) Mp/cm	$\bar{S}_1$ 1/cm	$\frac{\bar{S}_1 \cdot S \cdot s}{F}$ Mp/cm²	$\bar{S}_2$ 1/cm	$\frac{\bar{S}_2 \cdot S \cdot s}{F}$ Mp/cm²	$\bar{S}_3$ 1/cm	$\frac{\bar{S}_3 \cdot S \cdot s}{F}$ Mp/cm²
O_2	−130			$-0{,}2 \cdot 10^{-2}$	$26{,}0 \cdot 10^{-2}$		
O_3	−130			$-0{,}2 \cdot 10^{-2}$	$26{,}0 \cdot 10^{-2}$		
U_1	133	$0{,}2 \cdot 10^{-2}$	$26{,}6 \cdot 10^{-2}$				
U_2	133	$0{,}2 \cdot 10^{-2}$	$26{,}6 \cdot 10^{-2}$				
U_3	400					$0{,}2 \cdot 10^{-2}$	$80{,}0 \cdot 10^{-2}$
U_4	400					$0{,}2 \cdot 10^{-2}$	$80{,}0 \cdot 10^{-2}$
D_1	−117	$-0{,}283 \cdot 10^{-2}$	$+\ 33{,}2 \cdot 10^{-2}$				
D_2	396	$-0{,}283 \cdot 10^{-2}$	$-112{,}4 \cdot 10^{-2}$	$0{,}283 \cdot 10^{-2}$	$112{,}4 \cdot 10^{-2}$		
D_3	−117			$0{,}283 \cdot 10^{-2}$	$-33{,}2 \cdot 10^{-2}$	$-0{,}283 \cdot 10^{-2}$	$33{,}2 \cdot 10^{-2}$
D_4	−117					$-0{,}283 \cdot 10^{-2}$	$33{,}2 \cdot 10^{-2}$
			$E \cdot W_1 = -\ 26{,}0 \cdot 10^{-2}$		$E \cdot W_2 = 131{,}2 \cdot 10^{-2}$		$E \cdot W_3 = 226{,}4 \cdot 10^{-2}$

[1]) Diese Spalte wurde aus Tafel **31.2** übernommen.

2.46 W_m-Gewicht beim Tragwerk mit Gelenk

Die Durchbiegung des Gelenkpunktes ist zu beachten. Man kann auch für ihn das W_m-Gewicht bestimmen. Dabei ist zu berücksichtigen, daß sich der Einfluß der $1/\lambda$-Belastung gemäß der nach Gl. 38.1 vorzunehmenden Auswertung über das ganze Tragwerk erstreckt (**40.2**).

Man kann die Durchbiegung δ_G des Gelenkpunktes aber auch gesondert mit Hilfe des Arbeitssatzes durch Aufbringen von $\bar{P} = 1$ bestimmen (**40.3**). Die Biegelinie des Koppelträgers setzt sich zusammen aus den Ordinaten η_1 des Balkens von der Stützweite AG und den Ordinaten η_G infolge der Durchbiegung δ_G des Gelenkpunktes (vgl. Teil 2 Durchbiegung am Kragarmende). Das letztgenannte Verfahren ist vorteilhafter, da sich der Einfluß der Kraft $\bar{P} = 1$ nur über den Balkenteil BC und den Kragarm erstreckt.

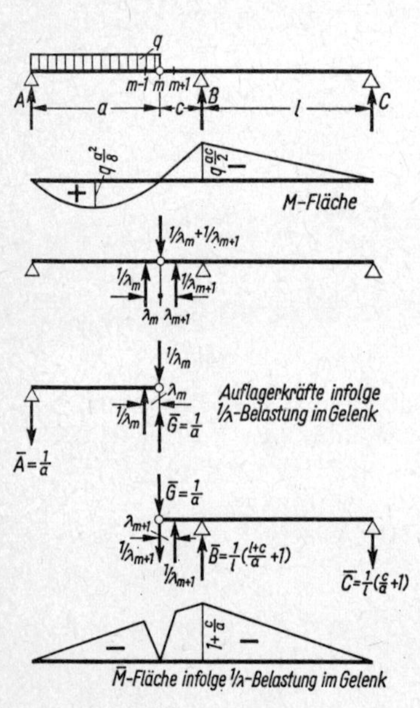

40.2 Momentenflächen für W_m-Gewicht im Gelenkpunkt

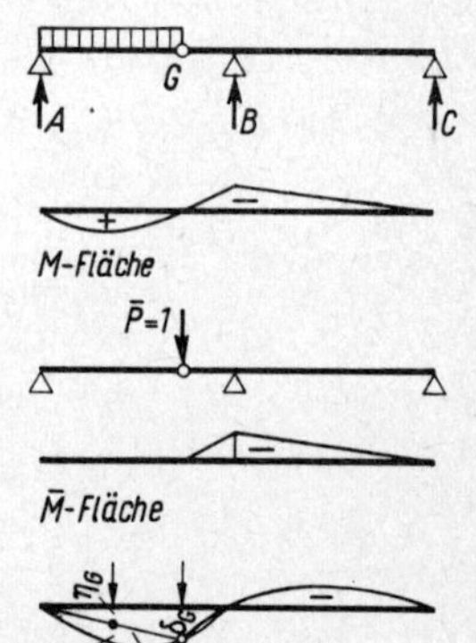

40.3 Ermittlung der Durchbiegung des Gelenkpunktes mit $\bar{P} = 1$

3 Die Sätze von der Gegenseitigkeit der elastischen Formänderungen

3.1 Satz von Betti

Allgemein ist die innere Arbeit

$$A_i = \int \overline{N} \cdot \Delta\, \mathrm{d}s + \varkappa \int \overline{Q} \cdot \gamma \cdot \mathrm{d}s + \int \overline{M} \cdot \mathrm{d}\varphi$$

$$= \int \overline{N} \cdot N \cdot \frac{\mathrm{d}s}{EF} + \int \varkappa \cdot \overline{Q} \cdot Q \cdot \frac{\mathrm{d}s}{GF} + \int \overline{M} \cdot M \cdot \frac{\mathrm{d}s}{EJ} \qquad (41.1)$$

Hierin sind N, Q und M die inneren Kräfte aus der gegebenen Belastung (vgl. Bild **41.1**a) und $\overline{N}$, $\overline{Q}$ und $\overline{M}$ die inneren Kräfte aus der gedachten Belastung $\overline{P}$. Es stehen also in der Gl. (41.1) für A_i die Kräfte $\overline{N}$, $\overline{Q}$ und $\overline{M}$ des gedachten Belastungszustandes, die die Arbeit leisten, neben den Kräften N, Q und M des Verschiebungszustandes, der die Formänderung erzeugt. Der Wert der Arbeit wird nicht verändert, wenn die Größen in Gl. (41.1) vertauscht werden, deshalb

$$\overline{A}_i = \int N \cdot \Delta\, \mathrm{d}\bar{s} + \varkappa \int Q \cdot \gamma \cdot \mathrm{d}\bar{s} + \int M \cdot \mathrm{d}\bar{\varphi}$$

$$= \int N \cdot \overline{N} \cdot \frac{\mathrm{d}s}{EF} + \varkappa \int Q \cdot \overline{Q} \cdot \frac{\mathrm{d}s}{GF} + \int M \cdot \overline{M} \cdot \frac{\mathrm{d}s}{EJ} \qquad (41.2)$$

In der Gl. 41.2 für A_i sind jetzt N, Q und M die inneren Kräfte des wirklichen Belastungszustandes, die die Arbeit leisten, und $\overline{N}$, $\overline{Q}$ und $\overline{M}$ die inneren Kräfte des gedachten Verschiebungszustandes (vgl. Bild **41.1**b), die also die Formänderung $\bar{\delta}$ hervorrufen.

Vergleicht man Gl. (41.1) und (41.2), so erkennt man sofort, daß $A_i = \overline{A}_i$

Die äußere Arbeit beträgt für den zuerst untersuchten Fall von A_i: $\quad A_a = \sum \overline{P} \cdot \delta$

für den 2. Fall: $\quad \overline{A}_a = \sum P \cdot \bar{\delta}$

Im Fall 1 wird die Verschiebung δ durch die wirklichen Kräfte P, im Fall 2 die Verschiebung $\bar{\delta}$ durch die gedachten neuen Kräfte $\overline{P}$ hervorgerufen.

Da nun allgemein $A_a = A_i$ ist, also auch $A_a = A_i = \overline{A}_i$, ergibt sich auch

$$\sum \overline{P} \cdot \delta = \sum P \cdot \bar{\delta} \qquad (41.3)$$

In Worten ergibt die Gl. (41.3) den Satz von Betti:

Die Arbeiten der gedachten Lasten $\overline{P}$ (gedachter Belastungszustand) auf den Wegen δ, die von den wirklichen Lasten P (wirklicher Verschiebungszustand)

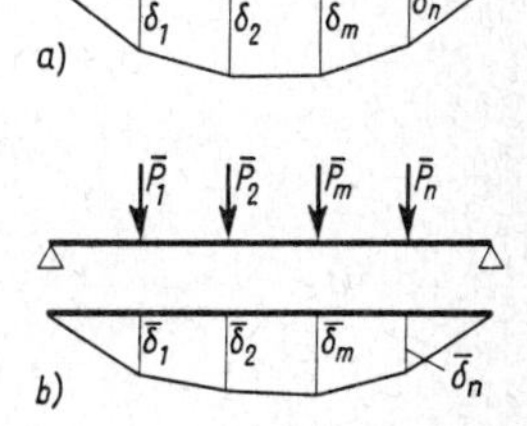

41.1 Satz von Betti
a) wirklicher
b) gedachter Belastungszustand

hervorgerufen werden, sind gleich den Arbeiten der wirklichen Lasten P (wirklicher Belastungszustand) auf den Wegen $\bar{\delta}$, die von den gedachten Lasten $\bar{P}$ (gedachter Verschiebungszustand) hervorgerufen werden.

Anstelle der äußeren Lasten P können auch äußere Momente auftreten. An die Stelle der Verschiebung δ treten dann die Winkeländerungen τ.

3.2 Satz von Maxwell

Es wird ein Balken im Punkt m mit einer Last $P_m = 1$ belastet. Gesucht ist die Durchbiegung δ_{nm} im Punkt n (**42.1** a). Dazu wird der Balken im Punkt n mit einer gedachten Last $\bar{P}_n = 1$ in Richtung der gesuchten Verschiebung belastet. Die äußere Arbeit beträgt

$$A_a = \bar{P} \cdot \delta_{nm} = 1 \cdot \delta_{nm}$$

Es bedeuten in δ_{nm} wie früher der erste Index den Ort, in dem die Verschiebung gemessen wird, der zweite Index den Ort, an dem die Last angreift.

Die innere Arbeit beträgt bei Vernachlässigung des Beitrages aus der Querkraft

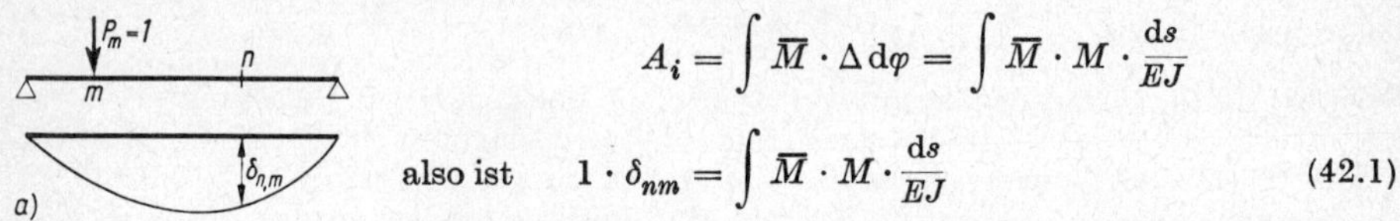

$$A_i = \int \bar{M} \cdot \Delta \mathrm{d}\varphi = \int \bar{M} \cdot M \cdot \frac{\mathrm{d}s}{EJ}$$

also ist

$$1 \cdot \delta_{nm} = \int \bar{M} \cdot M \cdot \frac{\mathrm{d}s}{EJ} \tag{42.1}$$

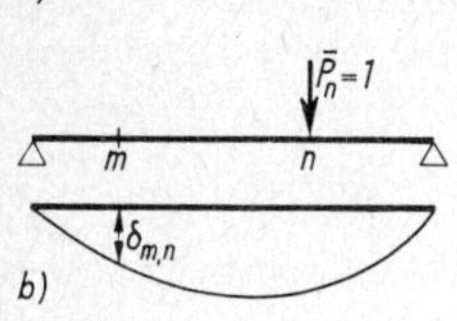

42.1 Satz von Maxwell
gedachte Belastung $\bar{P}$
a) im Punkt m
b) im Punkt n eines Balkens

In dieser Gl. (42.1) ist $\bar{M}$ das Moment aus der gedachten Last $\bar{P}_n = 1$ im Punkt n, während M aus der Last $P_m = 1$ im Punkt m entsteht.

Jetzt belasten wir den Punkt n mit $\bar{P}_n = 1$ und suchen die Durchbiegung δ_{mn} im Punkt m (**42.1** b). Dazu belasten wir den Balken im Punkt m mit einer gedachten Last 1 in Richtung der Durchbiegung. Es ist dann

$$1 \cdot \delta_{mn} = \int M \cdot \Delta \mathrm{d}\varphi = \int M \cdot \bar{M} \cdot \frac{\mathrm{d}s}{EJ} \tag{42.2}$$

In Gl. (42.2) sind $\bar{M}$ wieder das Moment infolge $\bar{P}_n = 1$ im Punkt n und M das Moment aus der gedachten Last 1 im Punkt m. Es entsprechen nun diese angenommene Last 1 der Last $P_m = 1$ in Bild **42.1** a und ferner Gl. (42.1) genau Gl. (42.2). Somit ist

$$1 \cdot \delta_{nm} = 1 \cdot \delta_{mn} \tag{42.3}$$

In Worten ergibt Gl. (42.3) den Satz von Maxwell:

Die Verschiebung δ_{nm} im Punkt n infolge einer Last 1 im Punkt m ist gleich der Verschiebung δ_{mn} im Punkt m infolge einer Last 1 im Punkt n.

Dieses Prinzip der Austauschbarkeit entsprechender Formänderungen läßt sich bei mehrfach statisch unbestimmten Systemen mit großem Vorteil anwenden (s. Abschn. 7).

Beispiel 1: Es sollen für den Balken nach Bild **43.1** einmal für eine Last $P_1 = 1$ in Punkt 1 die Durchbiegung δ_{21} in Punkt 2 und dann infolge einer Last $P_2 = 1$ im Punkt 2 die Durchbiegung δ_{12} im Punkt 1 ermittelt werden.

a) Ermittlung von δ_{21}

Der Balken wird im Punkt 2 mit einer gedachten Kraft $\bar{P} = 1$ belastet. Aus der gegebenen und gedachten Belastung werden die Momentenflächen ermittelt (**43.1** b und d). Nach Zerlegung der M-Flächen in Dreiecke und Trapez errechnet sich mit der $M\bar{M}$-Tafel **18.1** (2/b) und (3/d)

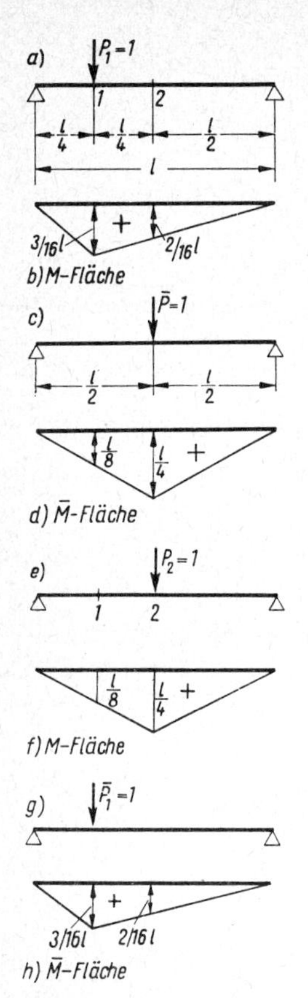

43.1 Belastungen und Momentenflächen zum Beispiel 1

$$\delta_{21} = \frac{1}{EJ}\left\{\frac{1}{3}\cdot\frac{l}{4}\cdot\frac{3}{16}l\cdot\frac{l}{8} + \frac{1}{6}\cdot\frac{l}{4}\left[\frac{l}{8}\left(2\cdot\frac{3}{16}l + \frac{2}{16}l\right)\right.\right.$$

$$\left.\left. + \frac{l}{4}\left(2\cdot\frac{2}{16}l + \frac{3}{16}l\right)\right] + \frac{1}{3}\cdot\frac{l}{2}\cdot\frac{l}{8}\cdot\frac{l}{4}\right\} = \frac{11}{768}\cdot\frac{l^3}{EJ}$$

oder bei direkter Koppelung der Dreiecke mit Zeile 4 und Spalte e (4/e):

$$\delta_{21} = \frac{1}{EJ}\cdot\frac{l}{6}\cdot\frac{3}{16}l\cdot\frac{l}{4}\left[2 - \frac{\left(\frac{3}{4}l - \frac{l}{2}\right)^2}{\frac{3}{4}l\cdot\frac{l}{2}}\right] = \frac{11}{768}\cdot\frac{l^3}{EJ}$$

b) Ermittlung von δ_{12}

In diesem Fall muß der Balken im Punkt 1 mit der gedachten Kraft $\bar{P}_1 = 1$ belastet werden. Die Momentenflächen M und $\bar{M}$ zeigt Bild **43.**1 f und h. Damit ergibt sich mit Hilfe der $M\bar{M}$-Tafel **18.**1 wie vorher

$$\delta_{12} = \frac{1}{EJ}\left\{\frac{1}{3}\cdot\frac{l}{4}\cdot\frac{l}{8}\cdot\frac{3}{16}l + \frac{1}{6}\cdot\frac{l}{4}\left[\frac{l}{8}\left(2\cdot\frac{3}{16}l + \frac{2}{16}l\right)\right.\right.$$

$$\left.\left. + \frac{l}{4}\left(2\cdot\frac{2}{16}l + \frac{3}{16}l\right)\right] + \frac{1}{3}\cdot\frac{l}{2}\cdot\frac{l}{8}\cdot\frac{l}{4}\right\} = \frac{11}{768}\cdot\frac{l^3}{EJ}$$

Damit ist die Gleichheit der beiden Werte δ_{21} und δ_{12} gezeigt. Die Durchbiegung im Punkt 2, hervorgerufen durch die Last 1 im Punkt 1, ist gleich der Durchbiegung im Punkt 1, hervorgerufen durch die Last 1 im Punkt 2. Man kann also Kraftangriffspunkt und Meßpunkt vertauschen.

Das gleiche gilt auch, wenn anstelle der Einheitslasten Einheitsmomente wirken und man deren Verdrehungen bzw. Durchbiegungen betrachtet, wie das folgende Beispiel zeigt.

Beispiel 2: Für den Balken nach Bild **43.**2 sollen bestimmt werden die Verdrehung τ_{b1} im Auflager b infolge einer Last $P_1 = 1$ im Punkt 1 (**43.**2a) und
die Durchbiegung δ_{1b} im Punkt 1 infolge eines Momentes $M_b = 1$ im Auflager b (**43.**2e).

a) Ermittlung der Verdrehung τ_{b1}

Der Balken wird in b mit einem gedachten, neuen Moment $\bar{M}_b = 1$ belastet (**43.**2c). Die sich aus $P_1 = 1$ und $\bar{M}_b = +1$ ergebenden Momentenflächen zeigt Bild **43.**2b und d.

Mit der $M\bar{M}$-Tafel **18.**1, Zeile 2 und Spalte e (2/e), erhält man

$$\tau_{b1} = \frac{l}{6}\cdot\frac{l}{4}\cdot 1\left(1 + \frac{l/2}{l}\right) = \frac{1}{16}l^2$$

b) Ermittlung der Durchbiegung δ_{1b}

Hierfür wird der Balken im Punkt 1 mit einer gedachten Last $\bar{P} = 1$ belastet (**43.**2g). Die M- und $\bar{M}$-Flächen zeigt Bild **43.**2f und h. Vergleicht man

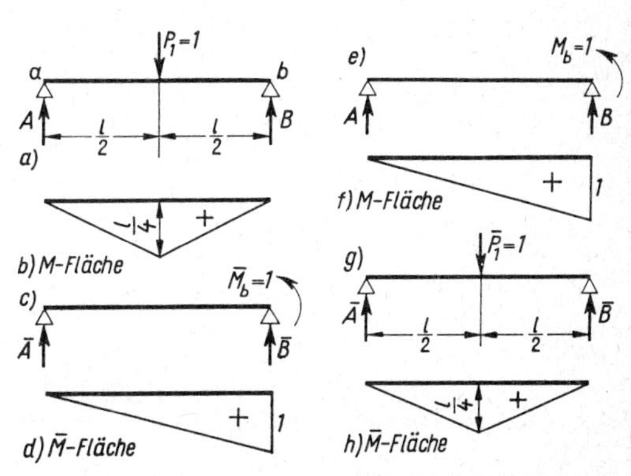

43.2 Belastungen und Momentenflächen zum Beispiel 2

diese beiden Momentenflächen mit den Momentenflächen in Bild **43.2**b und d, so erkennt man ihre Gleichheit. Folglich muß ihre Überlagerung denselben Wert ergeben.

Es ist
$$\delta_{1b} = \tau_{b1} = \frac{1}{16} l^2$$

Mit dem Satz von Maxwell hätte man dies sofort aussagen können.

Die Vertauschbarkeit läßt sich auch direkt aus dem Bettischen Satz ablesen. Faßt man die Verformungen wieder als Arbeiten der Einheitslastwirkungen auf, so ist

$$\tau_{b1} = \int_0^l \frac{M(P=1) \cdot \overline{M}(\overline{M}_b=1) \cdot dx}{EJ} \quad \text{und} \quad \delta_{1b} = \int_0^l \frac{M(M_b=1) \cdot \overline{M}(\overline{P}=1) \cdot dx}{EJ}$$

und folglich $\tau_{b1} = \delta_{1b}$

4 Einflußlinien für Formänderungen

Die Biegelinien werden jeweils für eine bestimmte Laststellung, zugleich aber für jeden Schnitt des Tragwerkes bestimmt. Im Gegensatz dazu liegt bei den Einflußlinien für die Formänderung der Ort des Schnittes, für welchen die Einflußlinie für die Durchbiegung bestimmt werden soll, fest, und die Laststellungen sind veränderlich. Man kann die Biegelinie mit der Momentenlinie, die Einflußlinie für die Durchbiegung mit der Einflußlinie für ein Moment vergleichen. Eine Einflußlinie läßt sich also jeweils nur für einen Punkt des Tragsystems ermitteln.

Sie wird gebraucht, wenn bewegliche Lasten wirken, deren Wirkungsrichtungen parallel sind. Einflußlinien können für sämtliche Formänderungen gezeichnet werden, wie Verschiebungen, Verdrehungen, gegenseitige Verschiebungen und Verdrehungen. Man kann sie darstellen, indem man die Last $P = 1$ an verschiedenen Stellen des Tragwerkes wirken läßt und die gefundenen Werte des Einflusses dieser Laststellungen auf den einen Punkt unter der jeweiligen Laststellung aufträgt. Die Verbindung aller aufgetragenen Ordinaten ist die Einflußlinie für den betrachteten Punkt.

Der Satz von Maxwell vereinfacht die Berechnungen der Einflußlinien wesentlich. Nach diesem Satz ist die Durchbiegung δ_{mn} im Punkt m infolge einer Last $P_n = 1$ im Punkt n gleich der Durchbiegung δ_{nm} im Punkt n infolge einer Last $P_m = 1$ im Punkt m. Danach braucht man nun nicht mehr die Last $P = 1$ in verschiedenen Punkten angreifen zu lassen und für jede Laststellung die Durchbiegung in dem für die Einflußlinie vorgesehenen Punkt zu bestimmen, sondern man kann das Tragwerk in dem Punkt, für den die Einflußlinie gesucht wird, mit der Last $P = 1$ belasten und für diese Belastung die Durchbiegung in verschiedenen Punkten errechnen. Diese errechneten Werte sind aber nichts anderes als die Ordinaten der Biegelinie für die Last $P = 1$. So läßt sich die Einflußlinie für die Durchbiegung auf die Biegelinie für eine Last $P = 1$ zurückführen. Es ist also jede Einflußlinie für eine Formänderung eine Biegelinie. Diese Tatsache soll an Hand einiger Beispiele erläutert werden.

Beispiel 1: Für den Träger nach Bild **45.1** aus I 180 von der Länge $l = 5{,}00$ m soll die Einflußlinie für die Durchbiegung in Feldmitte (Punkt 3) dargestellt werden.

Steht die Last $P = 1$ im Punkt 2, dann beträgt die äußere Arbeit einer gedachten Last $\overline{P} = 1$ im Punkt 3 infolge der Durchbiegung δ_{32} im Punkt 3 $A_{a2} = 1 \cdot \delta_{32}$

Steht die Last $P = 1$ im Punkt 3, dann beträgt wieder die äußere Arbeit einer gedachten Last $\overline{P} = 1$ im Punkt 2 infolge der Durchbiegung im Punkt 2 $A_{a3} = 1 \cdot \delta_{23}$

Nach Maxwell ist aber $\delta_{32} = \delta_{23}$

Da also die Durchbiegung δ_{32} im Punkt 3 infolge einer Last $P = 1$ im Punkt 2 gleich der Durchbiegung δ_{23} im Punkt 2 infolge einer Last $P = 1$ im Punkt 3 ist (**45.1**), braucht man für die Ermittlung der Durchbiegungen im Punkt 3 nicht mehr die Laststellung zu verändern, sondern nur für die Laststellung $P = 1$ im

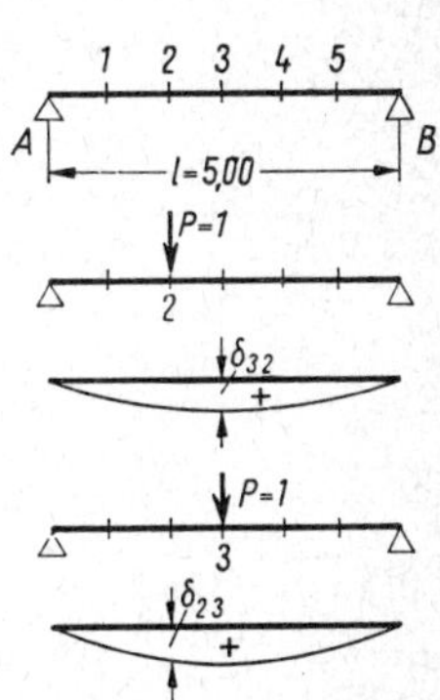

45.1 Einflußlinie zum Beispiel 1

Punkt 3 die Durchbiegungen in den einzelnen Punkten 1 bis 5 zu ermitteln, um die Ordinaten der Einflußlinie für die Durchbiegung im Punkt 3 zu erhalten. Die Einflußlinie ist also die Biegelinie für die Last $P = 1$ im Punkt 3. Somit kann die Einflußlinie für die Durchbiegung mit den bekannten Methoden zur Bestimmung der Biegelinie für eine Last $P = 1$ im Punkt der gesuchten Durchbiegung ermittelt werden. Es soll das vorliegende Beispiel mit Hilfe der ω-Zahlen berechnet werden (vgl. Abschn. 2.3).

Man belastet den Träger mit $P = 1$ im Punkt 3 (**46**.1). Mit der Momentenfläche aus dieser Belastung belastet man einen Ersatzbalken und ermittelt für diese Belastung mit Hilfe der ω_G-Zahlen die 2. Momentenfläche, die als Biegelinie auch die Einflußlinie für die Durchbiegung δ_3 ist.

Allgemein ist $EJ \cdot \delta = \alpha_G \cdot \omega_G$

Nach Tafel **33**.1 ist

$$\alpha_G = \frac{M \cdot l^2}{12} = \frac{125 l^2}{12} = 0{,}104 l^2$$

$$\alpha_G = 0{,}104 \cdot 500^2 = 0{,}104 \cdot 25 \cdot 10^4 = 2{,}6 \cdot 10^4 \text{ cm}^3$$

$$EJ = 2{,}1 \cdot 10^3 \cdot 1450 = 3{,}045 \cdot 10^6 \text{ Mpcm}^2$$

$$EJ \cdot \delta = 3{,}045 \cdot 10^6 \cdot \delta$$

Die Ordinaten der Einflußlinie werden nachstehend tabellarisch mit Hilfe der ω_G-Werte der Tafel **33**.1 ermittelt.

Punkt	$\xi = x/l$	ω_G	$3{,}045 \cdot 10^6 \delta = 2{,}6 \cdot 10^4 \omega_G$	δ cm/Mp
1	0,2	0,568	$1{,}48 \cdot 10^4$	0,0049
2	0,4	0,944	$2{,}45 \cdot 10^4$	0,0080
3	0,5	1,000	$2{,}60 \cdot 10^4$	0,0085
4	0,6	0,944	$2{,}45 \cdot 10^4$	0,0080
5	0,8	0,568	$1{,}48 \cdot 10^4$	0,0049

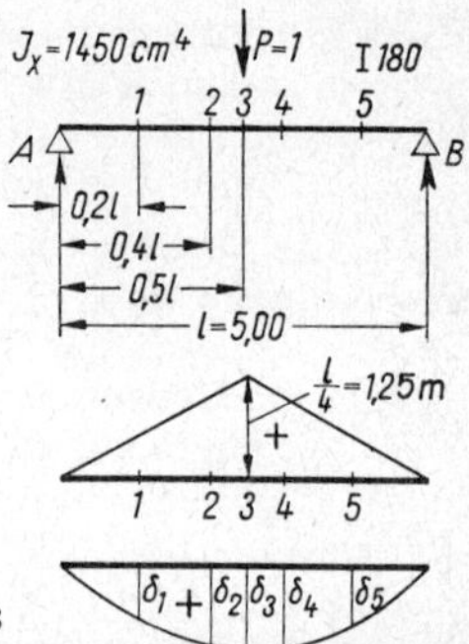

46.1 Einflußlinie für die Durchbiegung des Punktes 3

Beispiel 2: Bei dem Balken auf 3 Stützen nach Bild **47**.1, der über der mittleren Stütze ein Gelenk hat, soll die Einflußlinie für die gegenseitige Verdrehung τ_b der Balkenquerschnitte im Gelenk ermittelt werden.

Es wäre also für eine Last $P = 1$ in den Punkten 1 bis 11 die Verdrehung τ_{b1} bis τ_{b11} nacheinander zu ermitteln. Nach Maxwell ist aber $\tau_{bn} = \delta_{nb}$ $(n = 1 \cdots 11)$, wenn δ_{nb} die Durchbiegungen des Balkens infolge eines Momentenpaares $\overline{M}_b = 1$ (**47**.1b) sind. Man muß also die Biegelinie des Balkens für die Belastung mit einem Momentenpaar $\overline{M}_b = 1$ ermitteln. Diese Biegelinie ist die Einflußlinie für die gegenseitige Verdrehung τ_b infolge einer wandernden Last $P = 1$.

Zu diesem Zweck belasten wir wieder die zwei Balken mit den Stützweiten l_1 und l_2 mit der Momentenfläche aus dem Momentenpaar $\overline{M}_b = 1$ (**47**.1c und d). Mit Hilfe der ω_D-Zahlen (Taf. **33**.1) werden dann die Ordinaten der Biegelinie ermittelt.

$$EJ \cdot \tau_b = \alpha_D \cdot \omega_D$$

Für den Bereich l_1: $$\alpha_D = \frac{1 \cdot l^2}{6} = \frac{500^2}{6} = \frac{25}{6} \cdot 10^4 = 4{,}17 \cdot 10^4$$

Für den Bereich l_2: $$\alpha_D = \frac{1 \cdot l^2}{6} = \frac{400^2}{6} = \frac{16}{6} \cdot 10^4 = 2{,}67 \cdot 10^4$$

Die Ermittlung der Ordinaten erfolgt tabellarisch.

Ordinaten für Feld 1:

$l_1 = 5{,}00$ m

$EJ_1 \cdot \tau_{bl} = 2{,}1 \cdot 10^3 \cdot 1450\, \tau_{bl} = 3{,}05 \cdot 10^6\, \tau_{bl}$

Punkt	$\xi_1 = x/l_1$	ω_D	$3{,}05 \cdot 10^6\, \tau_{bl} = 4{,}17 \cdot 10^4 \omega_D$	$\tau_{bl}\ \frac{1}{\text{Mp}}$
1	0,2	0,192	$0{,}8 \cdot 10^4$	$0{,}262 \cdot 10^{-2}$
2	0,4	0,336	$1{,}4 \cdot 10^4$	$0{,}460 \cdot 10^{-2}$
3	0,5	0,375	$1{,}56 \cdot 10^4$	$0{,}512 \cdot 10^{-2}$
4	0,6	0,384	$1{,}6 \cdot 10^4$	$0{,}526 \cdot 10^{-2}$
5	0,8	0,288	$1{,}2 \cdot 10^4$	$0{,}395 \cdot 10^{-2}$

Ordinaten für Feld 2:

$l_2 = 4{,}00$ m

$EJ_2 \cdot \tau_{br} = 2{,}1 \cdot 10^3 \cdot 935\, \tau_{br} = 1{,}965 \cdot 10^6\, \tau_{br}$

Punkt	$\xi_2 = x/l_2$	ω_D	$1{,}965 \cdot 10^6\, \tau_{br} = 2{,}67 \cdot 10^4 \omega_D$	$\tau_{br}\ \frac{1}{\text{Mp}}$
11	0,2	0,192	$0{,}513 \cdot 10^4$	$0{,}261 \cdot 10^{-2}$
10	0,4	0,336	$0{,}898 \cdot 10^4$	$0{,}457 \cdot 10^{-2}$
9	0,5	0,375	$1{,}0 \cdot 10^4$	$0{,}509 \cdot 10^{-2}$
8	0,6	0,384	$1{,}023 \cdot 10^4$	$0{,}52 \cdot 10^{-2}$
7	0,8	0,288	$0{,}767 \cdot 10^4$	$0{,}396 \cdot 10^{-2}$

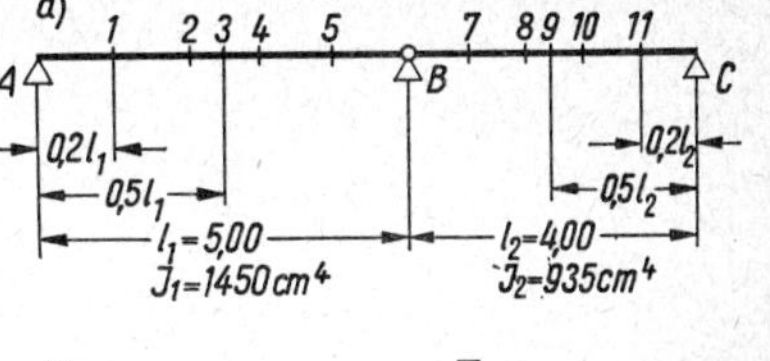

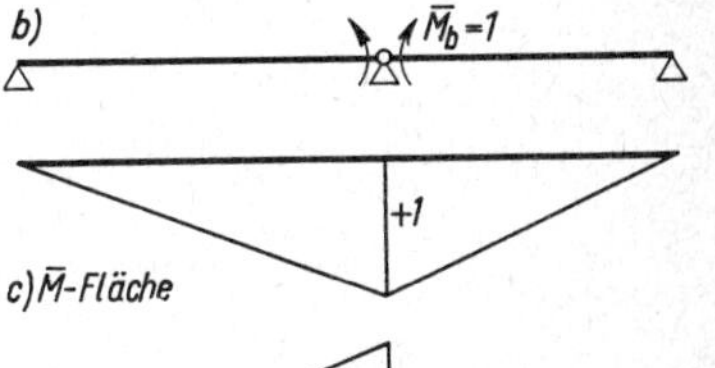

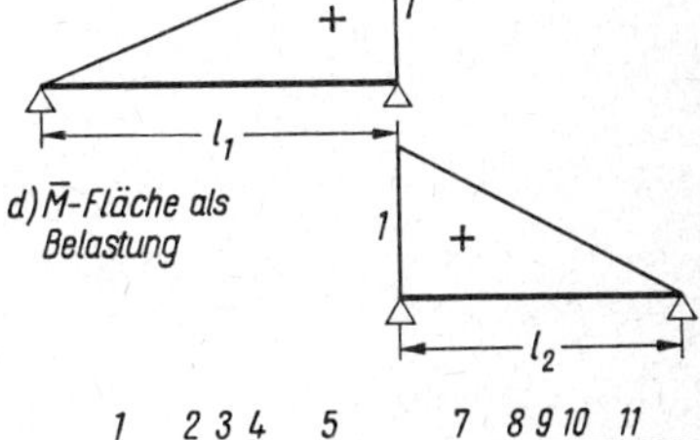

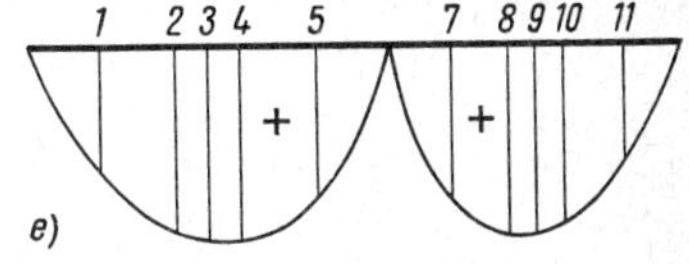

47.1 Einflußlinie zum Beispiel 2

Die Einflußlinie für τ_b zeigt Bild **47.1**e. Sie ist gleichzeitig die Biegelinie für die Belastung des Balkens durch das Momentenpaar $\overline{M}_b = 1$.

Beispiel 3: Für den Rahmen nach Bild **48.1**, dessen Auflager b horizontal verschieblich gelagert ist, soll die Einflußlinie für die horizontale Verschiebung δ_h des Punktes b infolge einer auf dem Riegel wandernden Last $P = 1$ ermittelt werden.

Gesucht ist also die horizontale Verschiebung δ_{bn} für die Last $P = 1$ in den Punkten $n = 1 \cdots 5$. Man belastet unter Beachtung des Satzes von der virtuellen Arbeit den Rahmen mit einer gedachten horizontalen Kraft $\overline{H} = 1$ im Punkt b (**48.1**b). Die Momentenfläche $\overline{M}$ infolge $\overline{H} = 1$ zeigt Bild **48.1**c.

Die äußere Arbeit der angenommenen Kraft $\overline{H} = 1$ längs der Verschiebung δ_{bn} infolge einer Last $\overline{P}_n = 1$ in dem Punkt n beträgt $A_a = 1 \cdot \delta_{bn}$

Nach Maxwell ist $1 \cdot \delta_{bn} = 1 \cdot \delta_{nb}$, wenn δ_{nb} die Durchbiegung im Punkt n infolge einer Last $H = 1$ im Punkt b ist. Damit erkennt man, daß nur die Biegelinie für den Riegel infolge der Kraft $H = 1$ im Punkt b zu bestimmen ist, um die Einflußlinie für die horizontale Verschiebung δ_b infolge einer Last $P = 1$ auf dem Riegel zu finden. Diese Biegelinie ist dann die gesuchte Einflußlinie.

Zur Ermittlung der Biegelinie belastet man einen Ersatzbalken von der Stützweite des Riegels mit der Momentenfläche $\overline{M}$ des Riegels. Diese ist ein Rechteck mit der Ordinate $1 \cdot h = 1 \cdot 300$ cm. Mit Hilfe der ω_R-Zahlen (Taf. **33.1**) werden die Ordinaten der Biegelinie ermittelt. Es ist wieder

$$EJ \cdot \delta_{nb} = \omega_R \cdot \alpha_R$$

$$\alpha_R = \frac{M \cdot l^2}{2} = \frac{300 \cdot 400^2}{2} = 24 \cdot 10^6$$

$$EJ_R \cdot \delta_{nb} = 2{,}1 \cdot 10^3 \cdot 2140 \cdot \delta_{nb} = 4{,}495 \cdot 10^6 \cdot \delta_{nb} \approx 4{,}50 \cdot 10^6\, \delta_{nb}$$

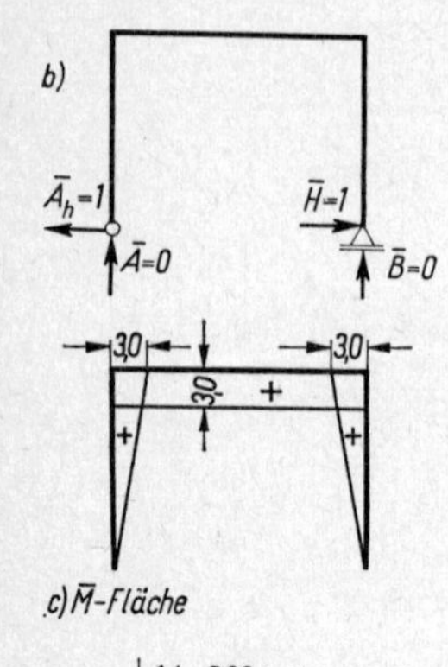

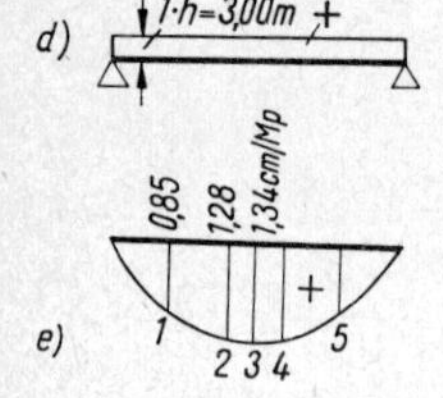

d) $1 \cdot h = 3{,}00$ m +

e) 0,85 1,28 1,34 cm/Mp + 1 2 3 4 5

Punkt	$\xi = x/l$	ω_R	$4{,}50 \cdot 10^6\, \delta_{nb}$	δ_{nb} cm/Mp
1	0,2	0,16	$3{,}84 \cdot 10^6$	0,85
2	0,4	0,24	$5{,}76 \cdot 10^6$	1.28
3	0,5	0,25	$6{,}00 \cdot 10^6$	1,34
4	0,6	0,24	$5{,}76 \cdot 10^6$	1,28
5	0,8	0,16	$3{,}84 \cdot 10^6$	0,85

Die Biegelinie für die Kraft $H = 1$ im Punkt b und damit auch die Einflußlinie für die horizontale Verschiebung δ_{bn} infolge einer auf dem Riegel wandernden Last $P_n = 1$ ist in Bild **48.1**e dargestellt.

48.1 Einflußlinie für die horizontale Verschiebung des Punktes b

5 Statisch unbestimmte Systeme

5.1 Gleichungen zur Bestimmung der Stabilität eines Tragwerkes

An jedes Tragwerk stellen wir die Forderung, daß es standsicher ist. Um die Standsicherheit zu gewährleisten, muß jedes Tragglied eine genügende Festigkeit haben. Darüber hinaus müssen die einzelnen Tragglieder innerhalb des Gesamtsystems so angeordnet sein, daß das System nicht labil, sondern stabil ist.

Das Beispiel eines instabilen, daher nicht brauchbaren Systems zeigt Bild **49.1**a Beseitigt man das Gelenk, so ist das System ein Balken auf 2 Stützen (**49.1**b) und stabil. Ebenfalls instabil ist das System nach Bild **49.2**a wegen des darin vorhandenen Gelenkvierecks. Zufügen eines Diagonalstabes verwandelt das Gelenkviereck in 2 unverschiebliche Dreiecke, wodurch das System stabil wird (**49.2**b).

An diesen Beispielen sehen wir, daß ein System stabil ist, wenn die einzelnen Tragglieder ihre Lage gegeneinander – von elastischen Formänderungen abgesehen – nicht ändern können.

Die notwendige, aber nicht hinreichende Bedingung (**50.**6) für die Stabilität läßt sich beim Fachwerk in der Ebene[1]) mit k Knotenpunkten, s Stäben und a Auflagerkräften durch die Gleichung

$$s + a \geqq 2k \qquad (49.1)$$

ausdrücken. Es müssen nämlich bestimmt werden: s Stabkräfte und a Auflegerkräfte; zur Verfügung stehen in jedem der k Knoten 2 Gleichgewichtsbedingungen.

49.1 Labiles (a) und stabiles (b) Stabwerk

Für das Fachwerk nach Bild **49.2**a gilt mit $s = 8$, $a = 3$ und $k = 6$

$$8 + 3 = 11 < 2 \cdot 6 = 12$$

Die Bedingung Gl. (49.1) ist nicht erfüllt, das System ist also instabil oder labil.

49.2 Labiles (a) und stabiles (b) Fachwerk

Bei einem Stabwerk tritt zu Gl. (49.1) noch die Zahl e der biegesteifen Ecken. Es ergibt sich als Bedingung für die Stabilität

$$s + a + e \geqq 2k \qquad (49.2)$$

Für den Dreigelenkrahmen nach Bild **49.3** wird mit $s = 4$, $a = 4$, $e = 2$ und $k = 5$ nach Gl. (49.2)

$$4 + 4 + 2 = 2 \cdot 5 = 10$$

Der Dreigelenkrahmen ist also stabil.

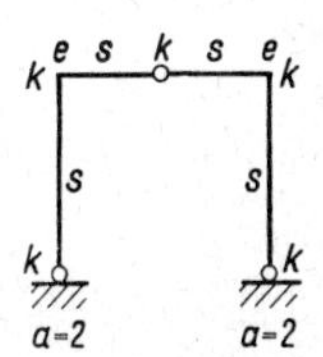

49.3 Stabiler Rahmen

---

[1]) Hier sollen nur ebene Tragwerke behandelt werden.

Für den Gerberträger nach Bild **50.1** a mit $s = 2$, $a = 4$, $e = 0$ und $k = 3$ wird mit $2 + 4 + 0 = 6 = 2 \cdot 3$ die Stabilitätsbedingung [Gl. (49.2)] erfüllt. Nach Bild **50.1** b kann man den Balken auch anders einteilen, wobei $s = 3$, $a = 4$, $e = 1$ und $k = 4$ sind. Die Stabilitätsbedingung (49.2) ist mit $3 + 4 + 1 = 8 = 2 \cdot 4$ gleichfalls erfüllt.

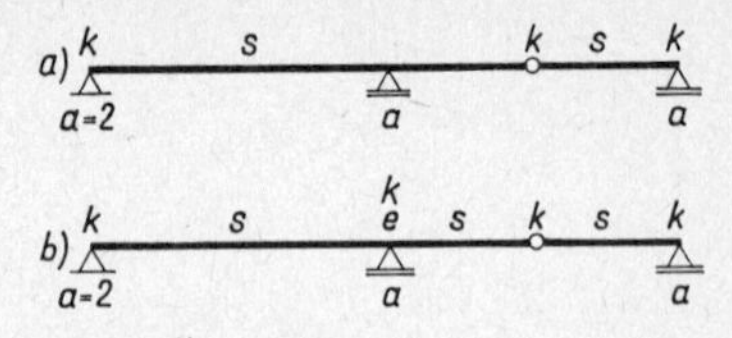

50.1 Stabile Gerberträger

Die einzelnen Tragglieder bezeichnet man auch als Scheiben. Solche sind z. B. in Bild **49.1** a die beiden durch das Gelenk verbundenen Balkenteile und in Bild **49.2** a zunächst die Stäbe des Fachwerkes. Außer Stäben werden in der Statik oft stabile Fachwerke als Scheiben aufgefaßt, wobei die einfachste Fachwerkscheibe aus 3 Stäben bestehen muß.

Die Stabilität eines Systems hängt nun auch von dem möglichen Kräftespiel zwischen solchen in sich starren Scheiben ab; und man erhält eine den Gl. (49.1) und (49.2) gleichwertige Stabilitätsbedingung für Fach- und Stabwerke mit a = Anzahl der Auflagerreaktionen, s = Anzahl der Scheiben und z = Anzahl der zwischen den einzelnen Scheiben wirkenden Reaktionen (Zwischenreaktionen) wie folgt:

$$a + z = 3s \tag{50.1}$$

In dieser Gleichung ist s also die Anzahl der Fachwerkstäbe oder der durchgehend biegungssteifen Stäbe des Stabwerkes (s. Bild **50.1** a und **50.5**).

Die Zahl der Zwischenreaktionen z bestimmt sich beim Zusammentreffen von n Stäben

in einem Gelenkpunkt zu $\quad z = 2(n - 1)$

in einem steifen Knotenpunkt zu $\quad z = 3(n - 1)$

So wird beispielsweise nach

Bild **50.2** $\quad z = 2(3 - 1) = 4$

Bild **50.3** $\quad z = 2(2 - 1) = 2$

Bild **50.4** $\quad z = 3(4 - 1) = 9$

50.2 Voller Gelenkpunkt

50.3 Gelenkig angeschlossener Stab

50.4 Biegesteifer Knoten

Für Bild **49.1** a mit $a = 3$, $z = 2$ und $s = 2$ ergibt sich aus $3 + 2 = 5 < 3 \cdot 2 = 6$ wiederum, daß dieses System instabil ist.

Die Anwendung auf den Dreigelenkrahmen nach Bild **50.5** (= Bild **49.3**) mit $a = 4$, $z = 2$ und $s = 2$ ergibt $4 + 2 = 6 = 3 \cdot 2$, d. h., wie bei Bild **49.3**, daß der Dreigelenkrahmen stabil ist.

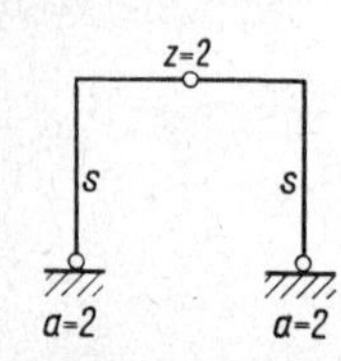

50.5 Stabiler Dreigelenkrahmen

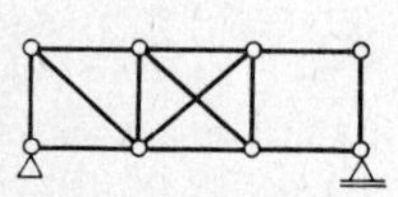

50.6 Labiles Fachwerk

Die bisher aufgeführten Bedingungen zur Bestimmung der Stabilität erweisen sich bei manchen Systemen nicht als ausreichend.

Ein Beispiel zeigt das Fachwerk **50.6**.

Es sind $\quad s = 13,\ a = 3,\ k = 8$

Es ist also $\quad s + a = 13 + 3 = 2 \cdot 8 = 16$

Die Bedingung Gl. (49.1) $s + a = 2k$ ist erfüllt. Trotzdem erkennt man sofort, daß das Fachwerk wegen des Gelenkvierecks im letzten Feld nicht stabil ist. Dieses Problem tritt bei aus Dreiecken gebildeten Fachwerken (Dreieckfachwerke) nicht auf.

In der Praxis ist also zu beachten, daß in Konstruktionen keine Gelenkvierecke vorkommen. In schwierigeren Fällen ist die Instabilität mit Hilfe der Kinematik (z. B. [7; 10; 15]) festzustellen.

5.2 Gleichungen zur Bestimmung der statischen Unbestimmtheit

In allen bisher behandelten Beispielen sind in den Stabilitätsbedingungen die linken Seiten der Gleichungen kleiner oder gleich den rechten Seiten. Es gibt aber auch Systeme, bei welchen die linken Seiten größer als die rechten sind, wie die folgenden Beispiele zeigen.

Für Bild **51.1**a erhält man mit $a = 4$, $z = 0$ und $s = 1$ aus Gl. (50.1)

$$4 + 0 = 4 > 3 \cdot 1 = 3$$

Das gleiche gilt für Bild **51.2** mit $a = 3$, $z = 10$ und $s = 4$:

$$3 + 10 = 13 > 3 \cdot 4 = 12$$

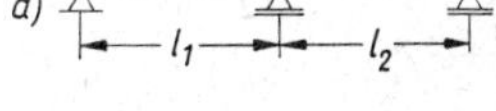

51.1 Balken
a) statisch unbestimmt
b) statisch bestimmt

In diesen Beispielen sind offensichtlich Auflagerkräfte oder Tragglieder innerhalb der Systeme vorhanden, die für die Aufrechterhaltung der Stabilität nicht erforderlich sind. Solche Tragwerke nennt man statisch unbestimmte Systeme. Sie können einfach oder auch mehrfach statisch unbestimmt sein, je nachdem man eine Scheibe oder mehrere oder eine Auflagerkraft oder mehrere entfernen kann, ohne daß die Stabilität verlorengeht. Man spricht von innerlicher statischer Unbestimmtheit, wenn ein oder auch mehrere innere Tragglieder überzählig sind, von äußerlicher statischer Unbestimmtheit, wenn eine oder auch mehrere Auflagerkräfte ohne Gefährdung der Stabilität entfernt werden können.

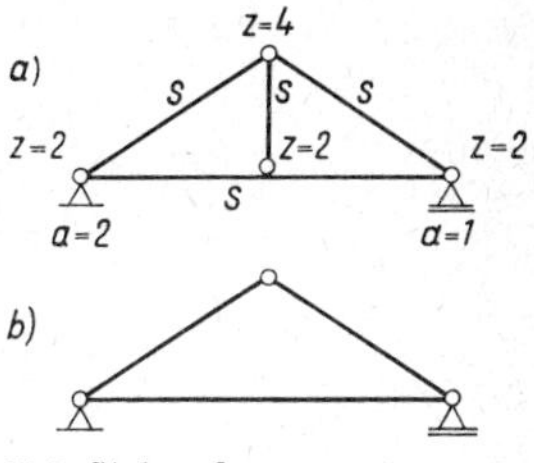

51.2 Stabwerk
a) statisch unbestimmt
b) statisch bestimmt

So ist das Beispiel **51.1**a einfach äußerlich unbestimmt. Man kann ein Auflager entfernen, wobei das System noch stabil bleibt. Nimmt man z. B. das mittlere Auflager weg, so ergibt sich ein Balken auf 2 Stützen, der stabil ist (**51.1**b). Im Beispiel eines innerlich statisch unbestimmten Systems (**51.2**a) kann man z. B. den vertikalen Stab entfernen. Das System bleibt dabei stabil (**51.2**b).

Für Fachwerke kann Gl. (49.1) die Kriterien der Stabilität liefern:

$s + a > 2k$ statisch unbestimmt (**51.3**a) } stabil
$s + a = 2k$. statisch bestimmt (**51.3**b) } stabil
$s + a < 2k$ statisch unterbestimmt (**49.2**a) labil

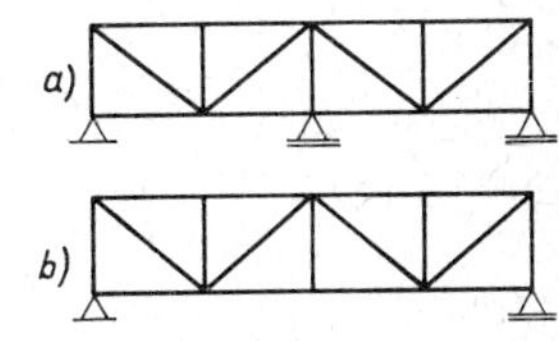

51.3 Fachwerkträger
a) statisch unbestimmt
b) statisch bestimmt

Dieses Kriterium versagt bei Konstruktionen wie z. B. **50.6**.

Um den Grad der statischen Unbestimmtheit festzustellen, bringen wir die Stabilitätsbedingungen Gl. (49.1), (49.2) und (50.1) auf die Formen

$$\boldsymbol{n = s + a - 2k} \tag{51.1}$$

$$\boldsymbol{n = s + a + e - 2k} \tag{51.2}$$

$$\boldsymbol{n = a + z - 3s} \tag{51.3}$$

In diesen Gleichungen gibt n den Grad der statischen Unbestimmtheit an.

Für den Fachwerkträger nach Bild **51.3**a erhält man mit Gl. (51.1) für $s = 17$, $a = 4$ und $k = 10$

$$n = 17 + 4 - 2 \cdot 10 = 21 - 20 = 1$$

Der Fachwerkträger auf 3 Stützen ist also 1fach statisch unbestimmt, und zwar äußerlich; denn man kann ein Auflager entfernen, wobei die Stabilität erhalten bleibt. Gemäß Bild **51.3**b ergibt sich mit $s = 17$, $a = 3$ und $k = 10$

$$n = 17 + 3 - 2 \cdot 10 = 20 - 20 = 0$$

Man erhält also ein statisch bestimmtes System.

Eine Anwendung der Gl. (51.3) zeigt der Rahmen nach Bild **52.1**. Man erhält mit $a = 6$, $z = 0$ und $s = 1$

$$n = 6 + 0 - 3 \cdot 1 = 6 - 3 = 3$$

Der beidseitig eingespannte Rahmen ist also 3fach statisch unbestimmt.

Ein weiteres Beispiel zur Bestimmung des Grades der statischen Unbestimmtheit zeigt der Durchlaufrahmen nach Bild **52.2** mit $a = 10$, $z = 12$ und $s = 5$. Aus Gl. (51.3) ergibt sich

$$n = 10 + 12 - 3 \cdot 5 = 22 - 15 = 7$$

Das System ist 7fach statisch unbestimmt.

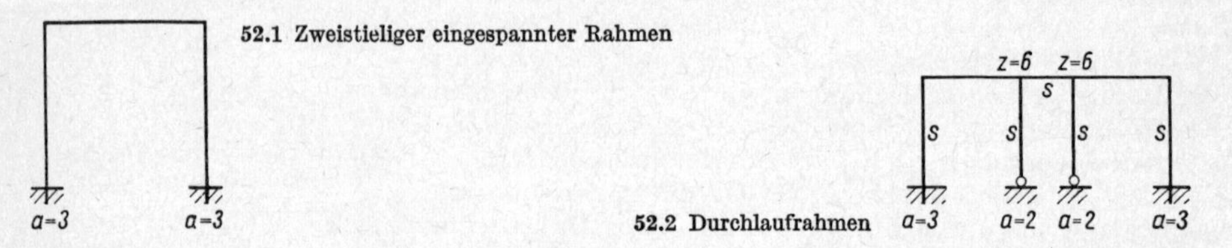

52.1 Zweistieliger eingespannter Rahmen

52.2 Durchlaufrahmen

Statisch unbestimmte Tragwerke sind demnach solche, die im Hinblick auf die Stabilität überzählige Auflagerkräfte oder Tragelemente (Scheiben) haben. Man kann sie nicht mehr allein mit den 3 Gleichgewichtsbedingungen, die uns in der Ebene zur Verfügung stehen, berechnen, wie das bei den statisch bestimmten Systemen möglich ist. Man muß vielmehr Formänderungsaussagen heranziehen. Diese verschaffen uns zu den Gleichgewichtsbedingungen weitere Bedingungen, die zur Bestimmung der überzähligen Größen erforderlich sind. Wir brauchen zu deren Bestimmung gerade so viele zusätzliche Gleichungen, wie statisch unbestimmte Größen vorhanden sind.

6 Berechnung einfach statisch unbestimmter Systeme mit Hilfe der Kraftmethode

Bei der Berechnung statisch unbestimmter Tragwerke mit der Kraftmethode denkt man sich das Tragwerk aufgelöst in ein statisch bestimmtes System, an welchem außer den gegebenen Belastungen (wozu auch Wärmewirkungen, Stützensenkung, Seitenstoß, Bremskraft usw. gehören) die statisch unbestimmten Größen als äußere Kräfte angreifen. Das gewählte statisch bestimmte System wird das statisch bestimmte Grundsystem (Hauptsystem) oder auch einfach Grundsystem (Hauptsystem) genannt. An diesem Grundsystem werden dann die Formänderungsbedingungen formuliert, wie es am Balken auf 3 Stützen gezeigt werden soll.

6.1 Balken auf 3 Stützen

6.11 Die mittlere Auflagerreaktion als statisch unbestimmte Größe X_1

Wir betrachten den Balken auf 3 Stützen unter Gleichlast q, der 1fach statisch unbestimmt ist (**53**.1).

Als Grundsystem wählen wir den Balken auf 2 Stützen mit der Stützweite $L = 2l$. Dieser Balken hat infolge der äußeren Belastung an der Stelle 1, an welcher die zunächst entfernte Stütze sich befand, die Durchbiegung δ_{10}. Der erste Index 1 bezieht sich wieder auf den Ort der Formänderung, und der zweite auf den Zustand 0, bei dem die äußere Belastung wirkt, gibt also die Ursache an (**53**.1b). Dann machen wir das Entfernen der Mittelstütze wieder rückgängig, indem wir die statisch Unbestimmte, hier mit X_1 bezeichnet, wieder anbringen. Sie muß so groß sein, daß die zunächst am Grundsystem vorhandene Durchbiegung δ_{10} im Punkt 1 zu Null wird. X_1 ersetzt nämlich das im Punkt 1 an sich vorhandene Auflager, das keine Durchbiegung zuläßt. Auf diese Weise haben wir die Möglichkeit, die statisch Unbestimmte X_1 zu berechnen. Zu diesem Zweck nehmen wir zunächst $X_1 = 1$ an (**53**.1e)[1]). Die sich daraus ergebende Durchbiegung bezeichnen wir mit δ_{11} (**53**.1g). Der erste Index gibt wieder den Ort der Formänderung an, und der zweite bezieht sich auf den Zustand 1, bei dem $X_1 = 1$ wirkt, gibt also die Ursache an. Da am Gesamtsystem bei 1 keine Durchbiegung vorhanden sein darf, muß die Durchbiegung infolge X_1 derjenigen infolge der Belastung am Grundsystem entgegengesetzt gleich groß sein. Dabei ist die Durchbiegung

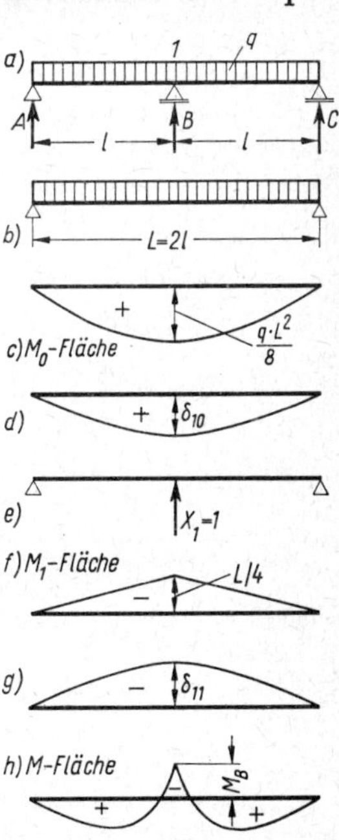

53.1 Balken auf drei Stützen mit X_1 als Auflagerkraft B

[1]) Die gedachte Kraft 1 ist einheitenlos; infolgedessen sind die Schnittgrößen N_1 und Q_1 ebenfalls einheitenlos, während M_1 die Einheit einer Länge hat (s. a. Fußnote im Abschn. 1.4, S. 7).

infolge des wirklich vorhandenen X_1 gleich dem X_1fachen Wert von δ_{11} infolge $X_1 = 1$.

Es muß also gelten
$$\delta_{10} = -X_1 \cdot \delta_{11} \tag{54.1}$$
oder
$$\boldsymbol{\delta_{10} + X_1 \cdot \delta_{11} = 0} \tag{54.2}$$
Hierin ist also δ_{10} die Durchbiegung bei 1 am Grundsystem infolge der gegebenen Belastung (Zustand 0) und δ_{11} die Durchbiegung bei 1 am Grundsystem infolge $X_1 = 1$ (Zustand 1). Löst man Gl. (54.2) nach der Unbekannten X_1 auf, erhält man
$$\boldsymbol{X_1 = -\frac{\delta_{10}}{\delta_{11}}} \tag{54.3}$$
Wir unterscheiden also am (statisch bestimmten) Grundsystem den Zustand 0, bei dem am Grundsystem nur die äußere Belastung, und den Zustand 1, bei dem am Grundsystem nur die statisch Unbestimmte $X_1 = 1$ wirkt. Da jeder Zustand ein Gleichgewichtszustand sein muß, kann man sie überlagern. Wir bezeichnen nun die Schnittgrößen und Auflagerreaktionen

im Zustand 0 mit M_0, N_0, Q_0, A_0 usw.

und entsprechend im Zustand 1 mit M_1, N_1, Q_1, A_1 usw.,

multiplizieren letztere Größen mit X_1 und addieren die Anfangsgrößen hinzu. Dann ergeben sich die endgültigen Werte zu
$$\begin{aligned} M &= M_0 + X_1 \cdot M_1 \qquad & N &= N_0 + X_1 \cdot N_1 \\ Q &= Q_0 + X_1 \cdot Q_1 \qquad & A &= A_0 + X_1 \cdot A_1 \text{ usw.} \end{aligned} \tag{54.4}$$
Wir ermitteln zunächst δ_{10}, also die Durchbiegung des Grundsystems bei 1 infolge der Belastung q mit Hilfe des Satzes der virtuellen Arbeit (s. auch Abschn. 1.42). Als $\overline{M}$-Fläche dient die M_1-Fläche infolge $X_1 = 1$ (**53**.1f), wobei man $X_1 = 1$ als die virtuelle Kraft ansieht, die allerdings im vorliegenden Fall entgegengesetzt der wirklichen Durchbiegung wirkt. Jedoch ist dies unerheblich, weil das Vorzeichen bei der Ermittlung des Wertes δ_{10} mit berücksichtigt wird.
$$\boldsymbol{\delta_{10} = \frac{1}{EJ}\int_0^L M_1 \cdot M_0 \cdot dx} \qquad \text{cm} = \frac{\text{cm} \cdot \text{Mp cm} \cdot \text{cm}}{\frac{\text{Mp}}{\text{cm}^2}\,\text{cm}^4} = \frac{\text{cm}^5}{\text{cm}^4} = \text{cm}$$
Mit Spalte h und Zeile 2 der Tafel **18**.1 erhalten wir
$$\delta_{10} = -\frac{1}{EJ}\cdot\frac{5}{12}\cdot\frac{q \cdot L^2}{8}\cdot\frac{L}{4}L = -\frac{1}{EJ}\cdot\frac{5}{384}q \cdot L^4 \qquad \text{cm}$$
wobei nur der Momenteneinfluß berücksichtigt worden ist.

Bei der Berechnung von δ_{11} mit Hilfe des Arbeitssatzes faßt man die M_1-Fläche sowohl als M-Fläche als auch als $\overline{M}$-Fläche auf, weil $X_1 = 1$ einmal als Belastung und zum andern als virtuelle Kraft aufgefaßt werden kann, so daß man erhält
$$\boldsymbol{\delta_{11} = \frac{1}{EJ}\int_0^L M_1^2 \cdot dx} \qquad \frac{\text{cm}}{\text{Mp}} = \frac{\text{cm}^2 \cdot \text{cm}}{\frac{\text{Mp}}{\text{cm}^2}\,\text{cm}^4}$$
Aus der $M\overline{M}$-Tafel **18**.1 Spalte b und Zeile 2 ergibt sich mit Bild **53**.1f
$$\delta_{11} = \frac{1}{EJ}\cdot\frac{1}{3}\left(\frac{L}{4}\right)^2 L = \frac{1}{EJ}\cdot\frac{L^3}{48} \qquad \text{cm/Mp}$$

Wir erhalten nun aus Gl. (54.3)

$$X_1 = \frac{\frac{1}{EJ} \cdot \frac{5}{12 \cdot 32} q \cdot L^4}{\frac{1}{EJ} \cdot \frac{L^3}{48}} = \frac{5 \cdot 48}{12 \cdot 32} q \cdot L = \frac{5}{8} q \cdot L = \frac{5}{4} q \cdot l \quad \text{Mp} = \frac{\text{cm}}{\frac{\text{cm}}{\text{Mp}}}$$

Die statisch Unbestimmte X_1, hier die Auflagerkraft B, ergibt sich also zu

$$B = \frac{5}{8} q \cdot L = \frac{5}{4} q \cdot l = 1{,}25\, q \cdot l \quad \text{Mp}$$

Aus Gl. (54.4) sind alle übrigen Auflagerkräfte und Schnittgrößen zu berechnen. Man erhält mit

$$A_0 = q \cdot \frac{L}{2} = q \cdot l \qquad A = A_0 + X_1 \cdot A_1 = q \cdot l + \frac{5}{4} q \cdot l \left(-\frac{1}{2}\right) = \frac{3}{8} q \cdot l$$

Für das Moment über der Mittelstütze ergibt sich mit

$$M_0 = \frac{q \cdot L^2}{8} = \frac{q \cdot l^2}{2} \quad \text{und} \quad M_1 = -\frac{L}{4} = -\frac{l}{2}$$

$$M_B = M_0 + X_1 \cdot M_1 = \frac{q \cdot l^2}{2} + \frac{5}{4} l \left(-\frac{l}{2}\right) = -\frac{q \cdot l^2}{8}$$

6.12 Das Stützmoment M_B als statisch unbestimmte Größe X_1

Eine andere Möglichkeit für die Wahl des statisch bestimmten Grundsystems soll ebenfalls am Balken auf 3 Stützen gezeigt werden (**55.1**a). Wir schalten über der Mittelstütze ein Gelenk ein und erhalten 2 nebeneinanderliegende Balken, die durch ein Gelenk verbunden sind (**55.1**b). Die Balkenenden erfahren im Gelenkpunkt 1 infolge der Belastung q eine gegenseitige Verdrehung τ, die mit δ_{10} bezeichnet wird (**55.1**d). Der erste Index gibt den Ort der Formänderung an und der zweite Index, daß die gegenseitige Verdrehung zum Zustand 0 gehört. Um den Knick in der Biegelinie des Grundsystems zu beseitigen, bringen wir im Gelenkpunkt 1 ein Momentenpaar an (**55.1**e). Das Momentenpaar ist die statisch Unbestimmte X_1. Sie wird aus der Bedingung bestimmt, daß die im Grundsystem durch das Einschalten des Gelenkes verursachte gegenseitige Verdrehung der Balkenenden wieder rückgängig gemacht wird. Wieder nehmen wir zunächst $X_1 = 1$ an und benennen die dadurch hervorgerufene gegenseitige Verdrehung der Balkenenden im Gelenkpunkt 1 mit δ_{11}. Weil jedoch beim Durchlaufbalken über der Mittelstütze keine gegenseitige Verdrehung vorhanden ist, müssen sich im Gelenkpunkt 1 die Verdrehungen infolge der äußeren Belastung einerseits und infolge X_1 andererseits aufheben.

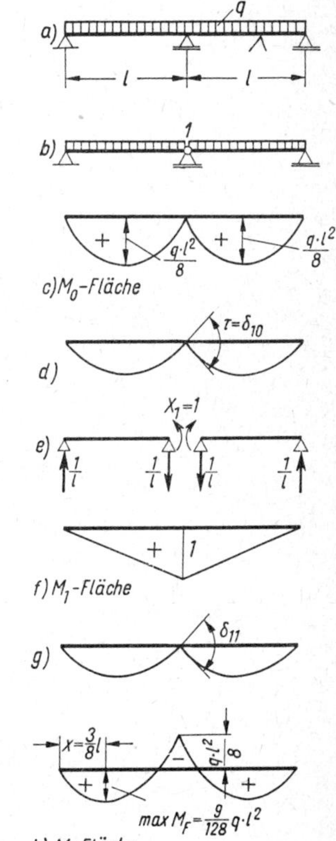

55.1 Balken auf 3 Stützen mit X_1 als Stützmoment M_B

Es ist also $\delta_{10} + X_1 \cdot \delta_{11} = 0$

Hieraus ergibt sich wieder die Gl. (54.3) $X_1 = -\dfrac{\delta_{10}}{\delta_{11}}$

Wir ermitteln zunächst die gegenseitige Verdrehung δ_{10} der Balkenenden am Grundsystem infolge der Last q und wenden die 4. Grundaufgabe an (Abschn. 1.54), wobei als $\overline{M}$-Fläche wieder die M_1-Fläche angesehen wird. Es ergibt sich

$$\delta_{10} = \frac{1}{EJ} \cdot 2 \int_0^l M_1 \cdot M_0 \cdot \mathrm{d}x$$

Mit Hilfe der $M\overline{M}$-Tafel **18.1** erhalten wir aus Zeile 2 und Spalte g

$$\delta_{10} = \frac{1}{EJ} \cdot 2 \cdot \frac{1}{3} \cdot \frac{q \cdot l^2}{8} 1 \cdot l = \frac{1}{EJ} \cdot \frac{q \cdot l^3}{12} \qquad \frac{\frac{\mathrm{Mp}}{\mathrm{cm}} \mathrm{cm}^3}{\frac{\mathrm{Mp}}{\mathrm{cm}^2} \mathrm{cm}^4} = 1$$

δ_{11} läßt sich leicht bestimmen, wenn man die M_1-Fläche sowohl als M-Fläche als auch als $\overline{M}$-Fläche ansieht. So ergibt sich

$$\delta_{11} = \frac{1}{EJ} \cdot 2 \int_0^l M_1^2 \cdot \mathrm{d}x$$

Mit Tafel **18.1** (2/b) erhält man

$$\delta_{11} = \frac{1}{EJ} \cdot 2 \cdot \frac{1}{3} l = \frac{1}{EJ} \cdot \frac{2}{3} l \qquad \frac{1}{\mathrm{Mp} \cdot \mathrm{cm}} = \frac{\mathrm{cm}}{\frac{\mathrm{Mp}}{\mathrm{cm}^2} \mathrm{cm}^4}$$

Mit Gl. (54.3) wird $$X_1 = -\frac{\frac{1}{EJ} \cdot \frac{q \cdot l^3}{12}}{\frac{1}{EJ} \cdot \frac{2}{3} l} = -\frac{1}{8} q \cdot l^2 \qquad \mathrm{Mpcm} = \frac{1}{\frac{1}{\mathrm{Mp} \cdot \mathrm{cm}}}$$

Die statisch Unbestimmte X_1 ist hierbei das Stützmoment M_B. Der hier gefundene Wert stimmt also mit dem im Abschn. 6.12 ermittelten überein.

Weiter erhält man die übrigen Schnittgrößen und Auflagerkräfte mit Hilfe von Gl. (54.4).

$$A = A_0 + X_1 \cdot A_1 \qquad A_0 = \frac{q \cdot l}{2} \qquad A_1 = \frac{1}{l}$$

$$A = \frac{q \cdot l}{2} + \frac{1}{l} X_1 = \frac{q \cdot l}{2} + \frac{1}{l}\left(-\frac{q \cdot l^2}{8}\right) = \frac{q \cdot l}{2} - \frac{q \cdot l}{8} = \frac{3}{8} q \cdot l$$

$$M_x = M_{x0} + M_{x1} \cdot X_1 \qquad M_{x0} = \frac{q \cdot l}{2} x - \frac{q \cdot x^2}{2} \qquad M_{x1} = +\frac{1}{l} x$$

$$M_x = \frac{q \cdot l}{2} x - \frac{q \cdot x^2}{2} + \frac{1}{l} x\left(-\frac{q \cdot l^2}{8}\right) = \frac{q}{2}(l \cdot x - x^2) - q \cdot \frac{l \cdot x}{8}$$

$$Q_x = Q_{x0} + Q_{x1} \cdot X_1 \qquad Q_{x0} = A_0 - q \cdot x = \frac{q \cdot l}{2} - q \cdot x \qquad Q_{x1} = \frac{1}{l}$$

$$Q_x = \frac{q \cdot l}{2} - q \cdot x + \frac{1}{l}\left(-\frac{q \cdot l^2}{8}\right) = \frac{q \cdot l}{2} - \frac{q \cdot l}{8} - q \cdot x = \frac{3}{8} q \cdot l - q \cdot x$$

Das größte Moment tritt an der Stelle x auf, an der $Q_x = 0$ ist. Setzt man also die Gleichung $Q_x = \frac{3}{8}\, q \cdot l - q \cdot x = 0$, so erhält man $x = \frac{3}{8}\, l$. Dann beträgt das Moment

$$\max M_F = \frac{q}{2}(l \cdot x - x^2) - \frac{q \cdot l \cdot x}{8} = \frac{q}{2}\left[l \cdot \frac{3}{8} l - \left(\frac{3}{8} l\right)^2\right] - \frac{q \cdot l \cdot \frac{3}{8} l}{8} = \frac{9}{128} q \cdot l^2$$

Die endgültige Momentenfläche zeigt Bild **55.1h**.

Wie wir gesehen haben, ist für die Berechnung eines 1fach statisch unbestimmten Systems, bei dem eine Größe überzählig ist, eine Bestimmungsgleichung erforderlich und auch immer vorhanden. Diese Gleichung wird Elastizitätsgleichung genannt. Man kann sie immer in der Form der Gl. (54.2) schreiben:

$$\delta_{11} \cdot X_1 + \delta_{10} = 0$$

Hierin kann X_1 sowohl eine Kraft als auch ein Moment sein. Die Formänderungsgröße δ_{11} ist von der Belastung unabhängig und nur durch das System bestimmt, während δ_{10} auch von der Belastung abhängt. Man nennt δ_{10} daher auch das Belastungsglied der Elastizitätsgleichung.

6.2 Allgemeines über Temperaturänderungen und Auflagerverschiebungen beim statisch unbestimmten System

Das Belastungsglied braucht nicht nur von einer äußeren Belastung verursacht zu sein. Auch Temperaturänderungen (über die Balkenhöhe gleichmäßig oder ungleichmäßig verteilt) und Auflagerverschiebungen (Stützensenkungen und -verdrehungen) ergeben Beanspruchungen im statisch unbestimmten System und liefern damit Belastungsglieder für die Elastizitätsgleichungen. Diejenigen aus Temperaturänderungen werden mit δ_{1t} und diejenigen infolge Auflagerverformungen werden mit δ_{1s} bezeichnet.

6.3 Stützensenkung beim Balken auf 3 Stützen

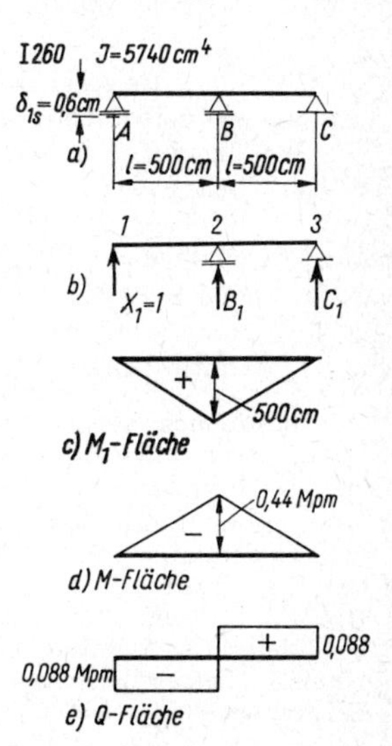

57.1 Stützensenkung beim Balken auf 3 Stützen

Es soll ein unbelasteter Balken auf drei Stützen, dessen Stütze A infolge Nachgiebigkeit des Baugrundes eine Senkung von 0,6 cm erfährt, betrachtet werden (**57.1**).

Durch Entfernen des linken Auflagers bilden wir ein Grundsystem. An diesem Punkt bringen wir $X_1 = 1$ an, erhalten die in Bild **57.1c** gezeigte M_1-Fläche und an der Stelle 2 das Moment $M_{b1} = 1 \cdot l$. Das Belastungsglied δ_{1s} ist die gegebene Stützensenkung in entgegengesetzter Richtung von X_1. Es ist also mit $\delta_{1s} = 0{,}6$ cm gegeben und braucht nicht berechnet zu werden.

Die lastunabhängige Verformungsgröße δ_{11} ergibt sich wieder mit Hilfe des Arbeitssatzes und unter Anwendung der $M\overline{M}$-Tafel **18.1**, Zeile 2 und Spalte b (2 Dreiecke mit der Ordinate l).

$$\delta_{11} = \frac{1}{EJ} \cdot 2 \cdot \frac{1}{3}\, l^3 = \frac{2 \cdot 500^3}{2{,}1 \cdot 10^6 \cdot 5740 \cdot 3} = 6{,}9 \cdot 10^{-3}\ \text{cm/kp}$$

Es ist hier zu beachten, daß die Durchbiegung im Auflager A nicht Null, sondern δ_{1s} ist. Somit lautet die Elastizitätsgleichung

$$X_1 \cdot \delta_{11} = \delta_{1s} \tag{58.1}$$

Wäre δ_{1s} gleichgerichtet wie X_1, so wäre es positiv einzusetzen. Da δ_{1s} jedoch entgegengesetzt X_1 gerichtet ist, muß das Vorzeichen negativ sein. Dadurch erhält man mit Gl. (58.1)

$$X_1 = \frac{\delta_{1s}}{\delta_{11}} = \frac{-0{,}6 \cdot 10^3}{6{,}9}\,\text{kp} = -87\,\text{kp} = -0{,}087\,\text{Mp}$$

Jetzt werden die Momente und Querkräfte sowie die Auflagerreaktionen wieder nach der Gl. (54.4) ermittelt, jedoch sind in diesem Fall die Werte M_0, Q_0 und A_0 gleich Null, weil der Balken äußerlich unbelastet ist.

$$M_x = + M_{1x} \cdot X_1$$

An der Stelle 2 ($x = l = 5{,}00$ m) ist

$$M_2 = + M_{12} \cdot X_1 = 1 \cdot 5{,}00(-0{,}087) = -0{,}440\,\text{Mpm}$$

$$A = A_1 \cdot X_1 = 1(-0{,}087) = -0{,}087\,\text{Mp}$$

$$B = B_1 \cdot X_1 \qquad B_1 = -\frac{1 \cdot 10{,}00}{5{,}00} = -2{,}00 \qquad B = (-2{,}00)(-0{,}087) = +0{,}174\,\text{Mp}$$

Ebenso ist $Q_x = Q_{1x} \cdot X_1$, z. B.

$$Q_{2l} = Q_{2l1} \cdot X_1 \qquad Q_{2l1} = +1{,}00 \qquad Q_{2l} = -1{,}00 \cdot 0{,}087 = -0{,}087\,\text{Mp}$$

Erfährt der in 1 um 0,6 cm abgesunkene Balken eine äußere Belastung, so sind die Beanspruchungen des Balkens auf 3 Stützen mit den oben berechneten zu überlagern.

6.4 Anwendungen

6.41 Zweigelenkrahmen

Im folgenden Beispiel betrachten wir einen Rahmen, der neben verschiedenen Belastungen auch einer gleichmäßigen Temperaturabnahme unterliegt.

Gegeben ist ein Zweigelenkrahmen mit den Abmessungen und Lasten nach Bild 58.1a. Die gleichmäßig verteilte Temperaturabnahme beträgt $t = -15$ °C. Gesucht sind die M-, Q- und N-Flächen.

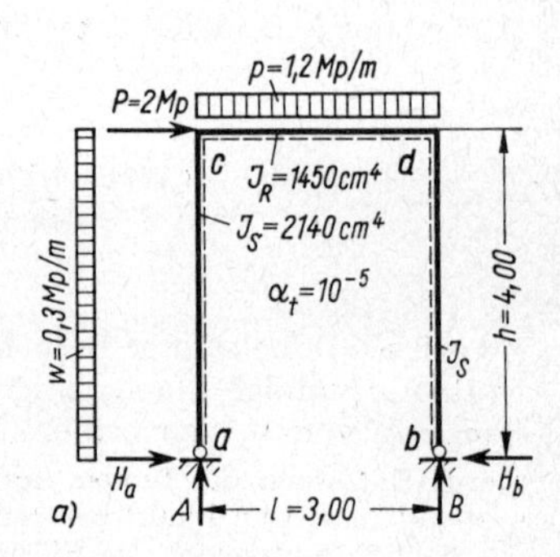

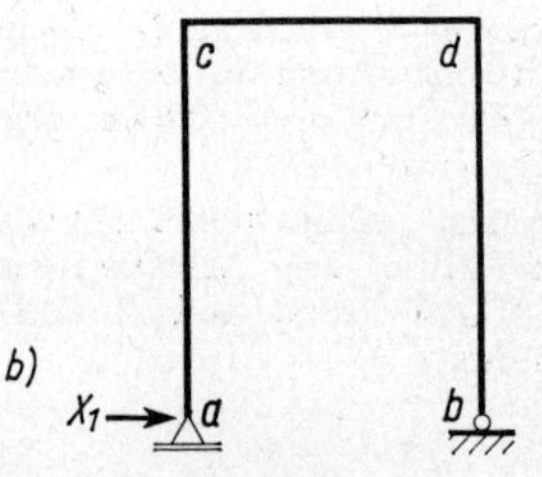

58.1 Zweigelenkrahmen

6.411 Ermittlung der Verschiebungen

Wir bestimmen zuerst den Grad der statischen Unbestimmtheit mit Hilfe von Gl. (51.3). Mit $a = 4$, $z = 0$ und $s = 1$ ergibt sich $n = 4 - 3 = 1$.

Das System ist also einfach statisch unbestimmt. Es wird statisch bestimmt gemacht durch Beseitigen der horizontalen Auflagerreaktion H_a, die als statisch unbestimmte Größe X_1 eingeführt wird. Bild 58.1b zeigt das statisch bestimmte Grundsystem mit der statisch unbestimmten Größe X_1. Diese wird im vorliegenden Fall für alle gegebenen Belastungsfälle nacheinander bestimmt mit der Gleichung

$$X_1 = -\frac{\delta_{10}}{\delta_{11}}\ \text{Mp}$$

Wie bekannt, ist δ_{10} von der Belastung im statisch bestimmten System abhängig.

Es soll δ_{10} für die gleichmäßige Belastung p des Riegels, die horizontale Kraft P im Punkt c, die Windbelastung w auf den linken Stiel und die gleichmäßige Temperaturabnahme t berechnet werden.

Dagegen ist δ_{11} unabhängig von der Belastung, also ein fester Wert, der zweckmäßig zuerst bestimmt wird.

Die δ-Werte werden in folgender Reihenfolge ermittelt:

1. δ_{11}
2. δ_{10p} aus der gleichmäßigen Belastung $p = 1{,}2$ Mp/m des Riegels
3. δ_{10P} aus der horizontalen Kraft $P = 2{,}0$ Mp im Punkte c
4. δ_{10w} aus der Windbelastung $w = 0{,}3$ Mp/m auf den linken Stiel ac
5. δ_{1t} aus der gleichmäßigen Temperaturabnahme $t = -\ 15$ °C

Bei 2. bis 5. werden die statisch Unbestimmten X_1 nach Vorliegen der δ_{10}-Werte sofort berechnet.

1. Ermittlung von δ_{11}

δ_{11} ist die Verschiebung des Punktes a infolge einer Last $X_1 = 1$ in Richtung X_1. Das statisch bestimmte Grundsystem wird daher mit $X_1 = 1$ belastet. Es ist also die M_1-Fläche mit sich selbst zu überlagern.

Ermittlung der M_1-Fläche (**59.1**)

$$A_1 = B_1 = 0 \qquad H_{b1} = 1$$

$$M_{c1} = -\ 1 \cdot h = -\ 1 \cdot 4 = -\ 4{,}0 \text{ m}$$

$$M_{d1} = -\ 1 \cdot h = -\ 4{,}0 \text{ m}$$

Im Riegel ist das Moment konstant $M_1 = -\ 4{,}0$ m.
Allgemein ist über den ganzen Rahmen:

$$\delta_{11} = \int \frac{M_1^2 \cdot ds}{EJ} \qquad \frac{\text{cm}}{\text{Mp}} = \frac{\text{cm}^2 \cdot \text{cm}}{\frac{\text{Mp}}{\text{cm}^2}\,\text{cm}^4}$$

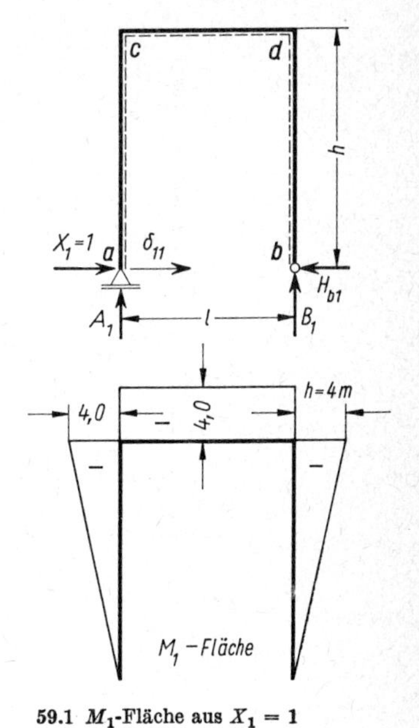

59.1 M_1-Fläche aus $X_1 = 1$

Man kann δ_{11} trennen in den Teil δ_{11R} aus der Momentenfläche M_1 des Riegels und δ_{11S} aus der Momentenfläche M_1 der Stiele.

Es ist also $\delta_{11} = \delta_{11R} + \delta_{11S}$

Multipliziert man δ_{11} mit dem Faktor EJ_S, so erhält man

$$EJ_S \cdot \delta_{11} = EJ_S \cdot \delta_{11R} + EJ_S \cdot \delta_{11S}$$

$$\text{cm}^3 = \frac{\text{cm}}{\text{Mp}} \cdot \frac{\text{Mp}}{\text{cm}^2}\,\text{cm}^4$$

a) Bestimmung von $EJ_S \cdot \delta_{11R}$

$$EJ_S \cdot \delta_{11R} = \frac{EJ_S}{EJ_R} \int_0^l M_1^2 \cdot dx$$

Mit der $M\overline{M}$-Tafel **18.1**, Zeile 1 und Spalte a, ergibt sich

$$EJ_S \cdot \delta_{11R} = \frac{EJ_S}{EJ_R}(-h)(-h)\,l = \frac{2140}{1450} \cdot 4^2 \cdot 3{,}0 = 70{,}8 \text{ m}^3$$

b) Bestimmung von $EJ_S \cdot \delta_{11S}$

$$EJ_S \cdot \delta_{11S} = 2 \cdot \frac{EJ_S}{EJ_S} \int_0^h M_1^2 \cdot dx = 2 \int_0^h M_1^2 \cdot dx$$

Mit der $M\overline{M}$-Tafel **18.1**, Zeile 2 und Spalte b, ergibt sich

$$EJ_S \cdot \delta_{11S} = 2 \cdot \frac{1}{3}(-h)(-h)\,h = \frac{2}{3}h^3 = \frac{2}{3} \cdot 4{,}0^3 = 42{,}66 \text{ m}^3$$

Damit beträgt $EJ_S \cdot \delta_{11} = 70{,}8 + 42{,}66 = 113{,}46 \text{ m}^3$

2. Ermittlung von δ_{10p} und X_{1p} (**60.1**)

δ_{10p} ist die Verschiebung des Punktes a in Richtung X_1 infolge $p = 1{,}2$ Mp/m. Um diese Verschiebung bestimmen zu können, muß man das Grundsystem in Richtung der gesuchten Verschiebung mit einer gedachten Kraft $\overline{P} = 1$ belasten. Diese Kraft $\overline{P} = 1$ entspricht aber der Kraft $X_1 = 1$, so daß die Momentenfläche $\overline{M}$ der Momentenfläche M_1 entspricht.

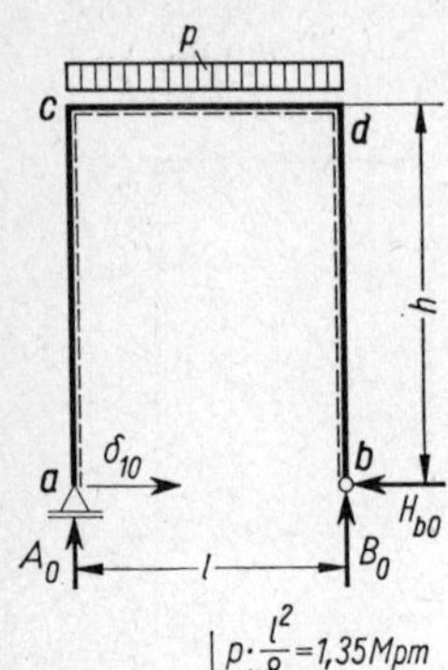

60.1 M_0-Fläche aus p

Ermittlung der M_0-Fläche

$$A_0 = B_0 = \frac{p \cdot l}{2} = 1{,}2 \cdot \frac{3{,}0}{2} = 1{,}8 \text{ Mp} \qquad H_{b0} = 0$$

$$M_{c0} = M_{d0} = 0$$

$$M_{x0} = A_0 \cdot x - \frac{p \cdot x^2}{2} = \frac{p \cdot l}{2}x - \frac{p \cdot x^2}{2} = \frac{1{,}2}{2}(3 - x^2)$$

$$M_{0l/2} = \frac{p \cdot l^2}{8} = \frac{1{,}2 \cdot 3^2}{8} = 1{,}35 \text{ Mpm}$$

Die M_0-Fläche ist also eine Parabel.

Es ist $$EJ_S \cdot \delta_{10p} = \int M_1 \cdot M_0 \cdot dx \cdot \frac{EJ_S}{EJ_R}$$

$$\text{Mp} \cdot \text{cm}^3 = \frac{\text{cm} \cdot \text{Mp} \cdot \text{cm} \cdot \text{cm} \cdot \frac{\text{Mp}}{\text{cm}^2}\,\text{cm}^4}{\frac{\text{Mp}}{\text{cm}^2}\,\text{cm}^4}$$

Man muß über dem ganzen Rahmen integrieren. Da jedoch die Momentenfläche M_0 infolge p nur im Riegel vorhanden ist, erstreckt sich das Integral nur über den Riegel. Es ist also

$$EJ_S \cdot \delta_{10p} = \int_0^l M_1 \cdot M_0 \cdot dx \cdot \frac{J_S}{J_R}$$

Mit der $M\overline{M}$-Tafel **18.1**, Zeile 1 und Spalte g, ergibt sich

$$EJ_S \cdot \delta_{10p} = \frac{2}{3}(-h)\frac{p \cdot l^2}{8}\,l \cdot \frac{J_S}{J_R} = -\frac{2}{3} \cdot 4{,}0 \cdot 1{,}35 \cdot 3{,}0 \cdot \frac{2140}{1450} = -16{,}0 \text{ Mp} \cdot \text{m}^3$$

Dann beträgt

$$X_{1p} = -\frac{\delta_{10p}}{\delta_{11}} = -\frac{EJ_S \cdot \delta_{10p}}{EJ_S \cdot \delta_{11}} = -\frac{-16{,}0}{113{,}46} \quad \frac{\text{Mp} \cdot \text{m}^3}{\text{m}^3} = +0{,}141 \text{ Mp}$$

3. Ermittlung von δ_{10P} und X_{1P} (**61.1**)

Berechnung der M_0-Fläche

$$A_0 = -B_0 = -\frac{P \cdot h}{l} = -\frac{2 \cdot 4}{3} = -2{,}66 \text{ Mp}$$

$$H_{b0} = P = 2{,}0 \text{ Mp}$$

$$M_{c0} = 0 \qquad M_{d0R} = A \cdot l = -2{,}66 \cdot 3{,}0 = -8{,}0 \text{ Mpm}$$

$$M_{d0S} = -H_{b0} \cdot h = -2{,}0 \cdot 4{,}0 = -8{,}0 \text{ Mpm}$$

$$M_{d0R} = M_{d0S}$$

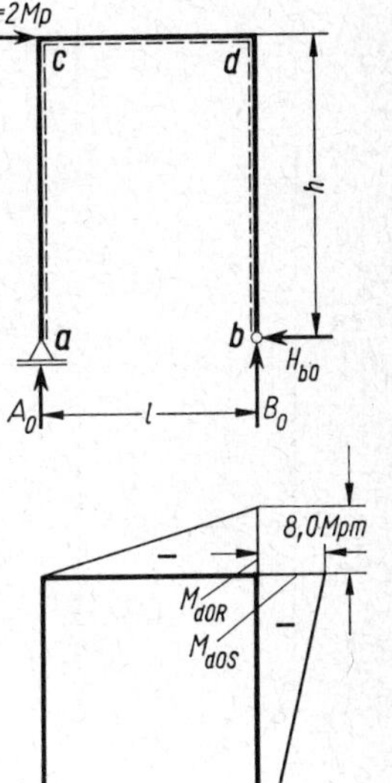

61.1 M_0-Fläche aus P

Über den ganzen Rahmen lautet das Integral

$$EJ_S \cdot \delta_{10P} = \int M_0 \cdot M_1 \cdot dx \cdot \frac{EJ_S}{EJ}$$

Da in diesem Fall in Stiel bd und im Riegel cd Momente M_0 aus der gegebenen Belastung vorhanden sind, muß sich das Integral $\int M_0 \cdot M_1 \cdot dx$ über den Stiel bd und den Riegel cd erstrecken. Es ist also

$$EJ_S \cdot \delta_{10P} = EJ_S \cdot \delta_{10R} + EJ_S \cdot \delta_{10S}$$

a) Ermittlung von δ_{10P} für den Riegel

$$EJ_S \cdot \delta_{10R} = \int_0^l M_1 \cdot M_0 \cdot dx \cdot \frac{EJ_S}{EJ_R}$$

Die Momentenfläche M_1 im Riegel ist ein Rechteck, die M_0-Fläche im Riegel ein Dreieck; so erhält man mit der $M\overline{M}$-Tafel **18.1**, Zeile 1 und Spalte b,

$$EJ_S \cdot \delta_{10R} = \frac{1}{2}(-8{,}0)(-4{,}0)\ 3{,}0 \cdot \frac{2140}{1450} = 70{,}8 \text{ Mpm}^3$$

b) Ermittlung von δ_{10P} für den Stiel

$$EJ_S \cdot \delta_{10S} = \int_0^h M_1 \cdot M_0 \cdot dx \cdot \frac{EJ_S}{EJ_S} = \int_0^h M_1 \cdot M_0 \cdot dx$$

Beide Momentenflächen M_1 und M_0 am Stiel sind Dreiecke. Mit der $M\overline{M}$-Tafel, Zeile 2 und Spalte b, errechnet sich

$$EJ_S \cdot \delta_{10S} = \frac{1}{3}(-8)(-4)\ 4 = +42{,}66 \text{ Mpm}^3$$

Damit beträgt $\quad EJ_S \cdot \delta_{10P} = 70{,}8 + 42{,}66 = 113{,}46 \text{ Mpm}^3$

und

$$X_{1P} = -\frac{EJ_S \cdot \delta_{10P}}{EJ_S \cdot \delta_{11}} = -\frac{113{,}46 \text{ Mpm}^3}{113{,}46 \text{ m}^3} = -1{,}0 \text{ Mp}$$

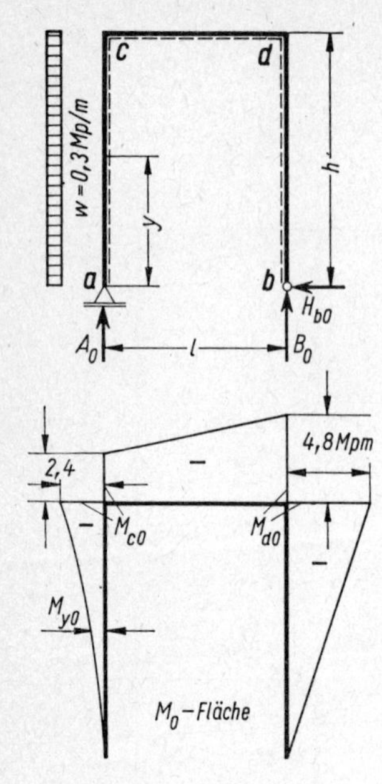

62.1 M_0-Fläche aus W

4. Ermittlung von δ_{10w} und X_{1w} (62.1)

Berechnung der M_0-Fläche

$$M_b = 0 = A_0 \cdot l + w \cdot \frac{h^2}{2}$$

$$A_0 = -\frac{w \cdot h^2}{2 \cdot l} = -\frac{0{,}3 \cdot 4^2}{2 \cdot 3} = -0{,}8 \text{ Mp}$$

$$V = 0 = A_0 + B_0 \qquad B_0 = -A_0 = +0{,}8 \text{ Mp}$$

$$H = 0 = w \cdot h - H_{b0} \qquad H_{b0} = w \cdot h = 0{,}3 \cdot 4 = 1{,}2 \text{ Mp}$$

$$M_{y0} = -w \cdot \frac{y^2}{2} = -0{,}3 \cdot \frac{y^2}{2}$$

$$M_{c0} = -0{,}3 \cdot \frac{h^2}{2} = -0{,}3 \cdot \frac{4{,}0^2}{2} = -2{,}4 \text{ Mpm}$$

$$M_{d0} = -H_{b0} \cdot h = -1{,}2 \cdot 4 = -4{,}8 \text{ Mpm}$$

Es ist wieder über den ganzen Rahmen

$$EJ_S \cdot \delta_{10w} = \int M_1 \cdot M_0 \cdot dx \cdot \frac{EJ_S}{EJ}$$

Da in diesem Fall sich die Momentenfläche M_0 über beide Stiele und den Riegel erstreckt, liefern beide Stiele und der Riegel Beiträge zu δ_{10w}.

$$EJ_S \cdot \delta_{10w} = \int\limits^{\text{Riegel}} M_1 \cdot M_0 \cdot dx \cdot \frac{EJ_S}{EJ} + \int\limits^{\text{Stiel}\,ac} M_1 \cdot M_0 \cdot dx + \int\limits^{\text{Stiel}\,bd} M_1 \cdot M_0 \cdot dx$$

a) Ermittlung von δ_{10R} für den Riegel

$$EJ_S \cdot \delta_{10R} = \int_0^l M_1 \cdot M_0 \cdot dx \cdot \frac{EJ_S}{EJ_R}$$

Da die M_0-Fläche ein Trapez mit den Ordinaten $-2{,}4$ und $-4{,}8$, die M_1-Fläche ein Rechteck mit der Ordinate $-4{,}0$ ist, erhält man mit der $M\overline{M}$-Tafel **18.1**, Zeile 1 und Spalte d,

$$EJ_S \cdot \delta_{10R} = \frac{1}{2} \cdot 3{,}0\,(-4)\,[(-2{,}4) + (-4{,}8)]\,\frac{2140}{1450} = 63{,}76 \text{ Mp} \cdot \text{m}^3$$

b) Ermittlung von δ_{10S}

Für den Stiel ac

$$EJ_S \cdot \delta_{10} = \int_0^h M_1 \cdot M_0 \cdot dx \cdot \frac{EJ_S}{EJ_S} = \int_0^h M_1 \cdot M_0 \cdot dx$$

Die M_0-Fläche ist eine Parabel entsprechend Tafel **18.1**, Spalte k. Somit beträgt $EJ_S \cdot \delta_{10}$ mit Zeile 2 und Spalte k

$$EJ_S \cdot \delta_{10} = \frac{1}{4}\,(-4)\,(-2{,}4)\,4{,}0 = 9{,}6 \text{ Mpm}^3$$

Für den Stiel *bd*

Die M_0-Fläche ist ein Dreieck. Damit ergibt sich nach Tafel **18.1**, Zeile 2 und Spalte b

$$EJ_S \cdot \delta_{10} = \frac{1}{3}(-4)(-4{,}8)\,4 = +\,25{,}6 \text{ Mpm}^3$$

Damit beträgt $$EJ_S \cdot \delta_{10w} = 63{,}76 + 9{,}60 + 25{,}6 = 98{,}96 \text{ Mpm}^3$$

und $$X_{1w} = -\frac{98{,}96}{113{,}46} = -\,0{,}87 \text{ Mp}$$

5. Ermittlung von δ_{1t} und X_{1t}

In diesem Fall wird die Verschiebung des Punktes *a* nicht durch eine Belastung hervorgerufen, sondern infolge Verkürzung des Riegels durch die Temperaturabnahme von $t = 15\,°\text{C}$. Das Belastungsglied δ_{10} wird also ersetzt durch ein Belastungsglied δ_{1t}, das gleich der Verkürzung des Riegels ist. Nach Gl. (20.1) beträgt die Verkürzung

$$\Delta l_t = \delta_{1t} = \alpha_t \cdot t \cdot l = 0{,}00001 \cdot 15 \cdot 3{,}0 = 0{,}00045 \text{ m} = 4{,}5 \cdot 10^{-4} \text{ m}$$

Die statisch Unbestimmte ist $$X_{1t} = -\frac{\delta_{1t}}{\delta_{11}}$$

Da aber nicht δ_{11} errechnet wurde, sondern $EJ_S \cdot \delta_{11}$, muß auch δ_{1t} mit EJ_S multipliziert werden, wobei E in Mp/m² und J_S in m⁴ einzuführen sind, weil bisher alle Maße in Mp und m eingesetzt wurden.

$$E = 2\,100\,000 \text{ kp/cm}^2 = 21\,000\,000 \text{ Mp/m}^2 = 2{,}1 \cdot 10^7 \text{ Mp/m}^2$$

$$J_S = 2140 \text{ cm}^4 = \frac{2140}{10^8} = 2140 \cdot 10^{-8} \text{ m}^4$$

Damit ergibt sich

$$EJ_S \cdot \delta_{1t} = 2{,}1 \cdot 10^7 \cdot 2140 \cdot 10^{-8} \cdot 4{,}5 \cdot 10^{-4} = 20{,}2 \cdot 10^{-2} \text{ Mp} \cdot \text{m}^3$$

$$X_{1t} = -\frac{EJ_S \cdot \delta_{1t}}{EJ_S \cdot \delta_{11}} \frac{\text{Mpm}^3}{\text{m}^3} = -\frac{20{,}2 \cdot 10^{-2}}{113{,}46} = -\,0{,}178 \cdot 10^{-2} \text{ Mp}$$

6.412 Ermittlung der Momente, Normalkräfte und Querkräfte am statisch unbestimmten System

a) Für die Belastung $p = 1{,}2$ Mp/m des Riegels

Allgemein ist nach Gl. (54.4)

$$A = A_0 + A_1 \cdot X_1 \qquad B = B_0 + B_1 \cdot X_1$$

$$H_b = H_{b0} + H_{b1} \cdot X_1 \qquad M = M_0 + M_1 \cdot X_1$$

$$N = N_0 + N_1 \cdot X_1 \qquad Q = Q_0 + Q_1 \cdot X_1$$

$$A_1 = 0 \qquad B_1 = 0 \qquad H_{b1} = +\,1 \text{ Mp}$$

$$X_{1p} = +\,0{,}141 \text{ Mp} \qquad H_{bp} = 0 + 1 \cdot 0{,}141 = 0{,}141 \text{ Mp}$$

$$A = B = 1{,}8 + 0 = 1{,}8 \text{ Mp}$$

Momente (**63.1**)

$$M_c = M_d = 0 - 4 \cdot 0{,}141 = -\,0{,}564 \text{ Mpm}$$

$$M_{l/2} = +\,1{,}35 - 4 \cdot 0{,}141 = +\,0{,}786 \text{ Mpm}$$

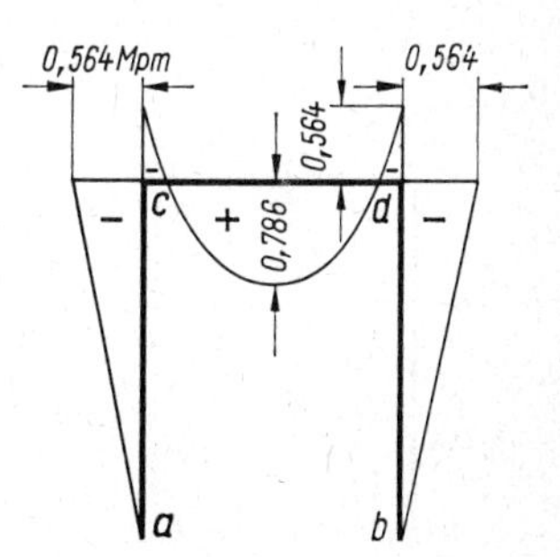

63.1 M-Fläche aus $p = 1{,}2$ Mp/m

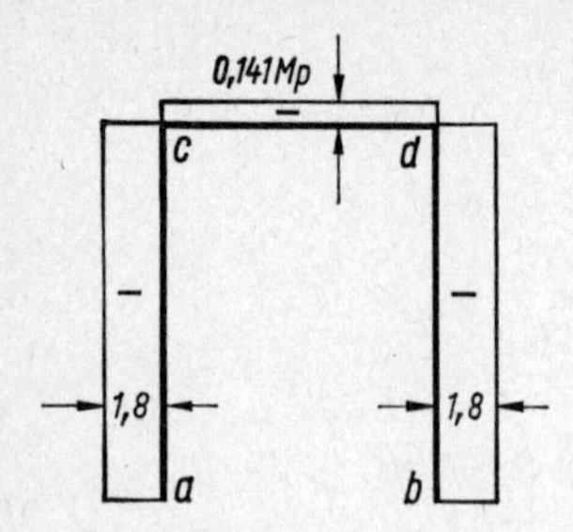

64.1 N-Fläche aus $p = 1{,}2$ Mp/m

Normalkräfte (64.1)

$$N_S = N_{S0} + N_{S1} \cdot X_1$$

$$N_{S1} = 0 \quad N_{S0} = -A_0 = -1{,}8\,\text{Mp} \quad N_S = -1{,}8\,\text{Mp}$$

$$N_R = N_{R0} + N_{R1} \cdot X_1 \quad N_{R0} = 0 \quad N_{R1} = -1$$

$$N_R = 0 - 1 \cdot 0{,}141 = -0{,}141\,\text{Mp}$$

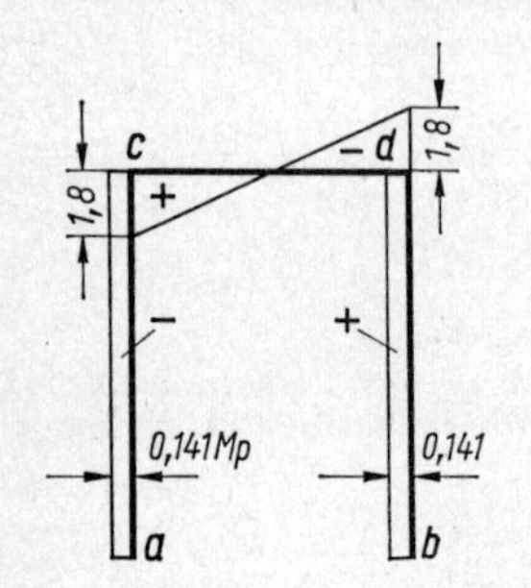

64.2 Q-Fläche aus $p = 1{,}2$ Mp/m

Querkräfte (64.2)

Stiel ac: $Q_S = Q_{S0} + Q_{S1} \cdot X_1$

$$Q_{S0} = 0 \quad Q_{S1} = -1$$

$$Q_S = -1 \cdot 0{,}141 = -0{,}141\,\text{Mp}$$

Stiel bd: $Q_{S0} = 0 \quad Q_{S1} = +1$

$$Q_S = +1 \cdot 0{,}141 = +0{,}141\,\text{Mp}$$

Riegel: $Q_c = Q_{c0} - Q_{c1} \cdot X_1 \quad Q_d = Q_{d0} - Q_{d1} \cdot X_1$

$$Q_{c0} = 1{,}8\,\text{Mp} \quad Q_{c1} = 0 \quad Q_{d0} = -1{,}8\,\text{Mp} \quad Q_{d1} = 0$$

$$Q_c = 1{,}8\,\text{Mp} \quad Q_d = -1{,}8\,\text{Mp}$$

b) Für die horizontale Last $P = 2$ Mp

$$A_0 = -2{,}66\,\text{Mp} \quad B_0 = +2{,}66\,\text{Mp} \quad H_{b0} = +2\,\text{Mp}$$

$$X_{1P} = -1\,\text{Mp}$$

$$A = -2{,}66 + 0 \cdot X_1 = -2{,}66\,\text{Mp} \quad B = +2{,}66\,\text{Mp}$$

$$H_b = 2{,}0 + 1{,}0\,(-1{,}0) = 1{,}0\,\text{Mp}$$

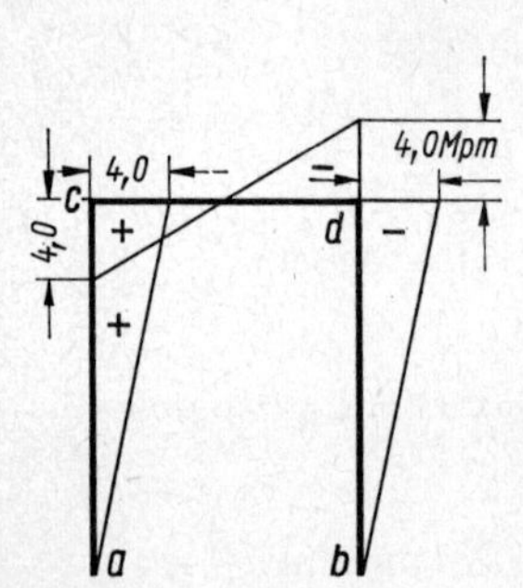

64.3 M-Fläche aus $P = 2$ Mp

Momente (64.3)

$$M_c = 0 + (-4{,}0)\,(-1{,}0) = +4{,}0\,\text{Mpm}$$

$$M_d = -8{,}0 + (-4{,}0)\,(-1{,}0) = -4{,}0\,\text{Mpm}$$

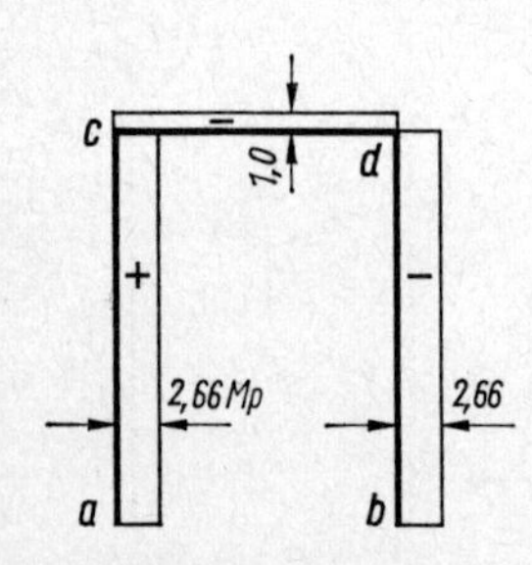

64.4 N-Fläche aus $P = 2$ Mp

Normalkräfte (64.4)

Stiel ac: $N_0 = -A_0 = +2{,}66\,\text{Mp} \quad N_1 = 0$

$$N = +2{,}66 + 0\,(-1{,}0) = +2{,}66\,\text{Mp}$$

Stiel bc: $N_0 = -B_0 = -2{,}66\,\text{Mp} \quad N_1 = 0$

$$N = -2{,}66\,\text{Mp}$$

Riegel: $N_0 = -P = -2{,}0\,\text{Mp} \quad N_1 = -1{,}0$

$$N = -2{,}0 + (-1{,}0)\,(-1{,}0) = -1{,}0\,\text{Mp}$$

Querkräfte (65.1)

Stiel ac: $Q_0 = 0 \quad Q_1 = -1{,}0$

$$Q = 0 + (-1{,}0)(-1{,}0) = +1{,}0 \text{ Mp}$$

Stiel bd: $Q_0 = +2{,}0 \text{ Mp} \quad Q_1 = +1{,}0$

$$Q = +2{,}0 + 1{,}0(-1{,}0) = +1{,}0 \text{ Mp}$$

Riegel: $Q_{c0} = -Q_{d0} = -2{,}66 \text{ Mp}$

$$Q_1 = 0 \quad Q_c = -2{,}66 \text{ Mp} \quad Q_d = +2{,}66 \text{ Mp}$$

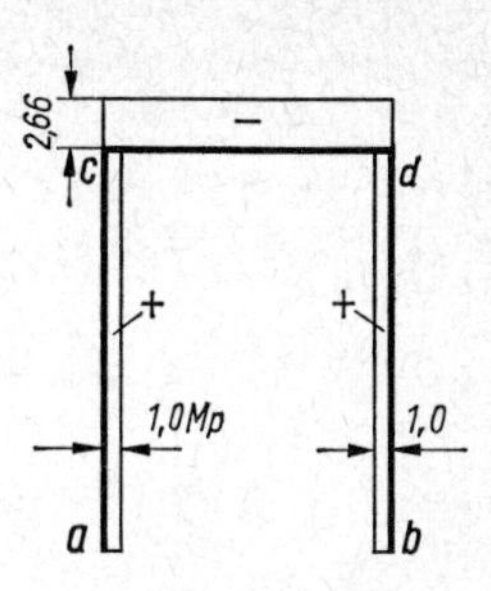

65.1 Q-Fläche aus $P = 2$ Mp

c) Für die Windbelastung $w = 0{,}3$ Mp/m

$$A_0 = -0{,}8 \text{ Mp} = -B_0 \quad H_{b0} = +1{,}2 \text{ Mp}$$

$$X_{1w} = -0{,}87 \text{ Mp}$$

$$A = -0{,}8 \text{ Mp} \quad B = +0{,}8 \text{ Mp}$$

$$H_b = +1{,}2 + (1{,}0)(-0{,}87) = +0{,}33 \text{ Mp}$$

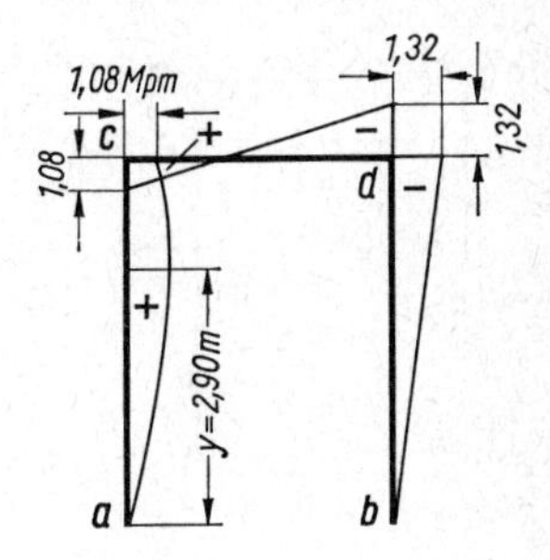

65.2 M-Fläche aus $w = 0{,}3$ Mp/m

Momente (65.2)

Stiel bd: $M_d = -4{,}8 + (-4)(-0{,}87) = -1{,}32 \text{ Mpm}$

Stiel ac: $M_y = -0{,}3y^2/2 + (-y)(-0{,}87)$

$$= -0{,}15\,y^2 + 0{,}87\,y$$

für $\quad y = h = 4{,}0$ m $\quad$ wird

$$M_c = -0{,}15 \cdot 4{,}0^2 + 0{,}87 \cdot 4{,}0$$

$$= -2{,}4 + 3{,}48 = +1{,}08 \text{ Mpm}$$

oder $\quad M_0 = M_{c0} - M_{c1} \cdot X_1$

$$M_{c0} = -2{,}4 \text{ Mpm} \quad M_{c1} = -4{,}0 \text{ m}$$

$$M_c = -2{,}4 + (-4{,}0)(-0{,}87) = +1{,}08 \text{ Mpm}$$

Riegel: $M_{cR} = M_{cS} = +1{,}08 \text{ Mpm}$

$$M_{dR} = M_{dS} = -1{,}32 \text{ Mpm}$$

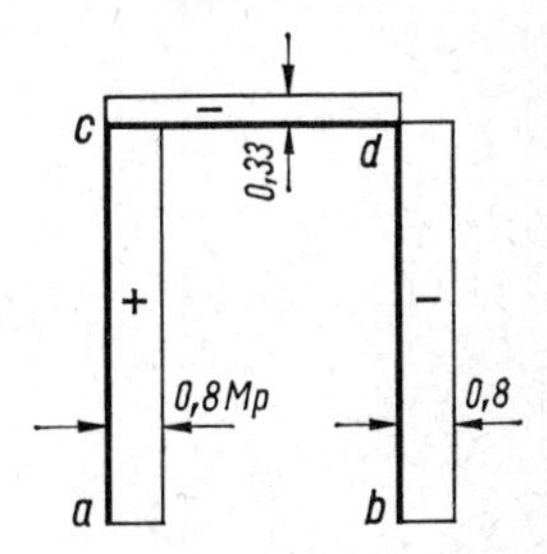

65.3 N-Fläche aus $w = 0{,}3$ Mp/m

Normalkräfte (65.3)

Stiel bd: $N_0 = -0{,}8 \text{ Mp} \quad N_1 = 0 \quad N = -0{,}8 \text{ Mp}$

Stiel ac: $N_0 = +0{,}8 \text{ Mp} \quad N_1 = 0 \quad N = +0{,}8 \text{ Mp}$

Riegel: $N_0 = -H_{b0} = -1{,}2 \text{ Mp} \quad N_1 = -1{,}0$

$$N = -1{,}2 + (-1{,}0)(-0{,}87) = -0{,}33 \text{ Mp}$$

Querkräfte (65.4)

Riegel: $Q_c = -0{,}8 \text{ Mp} \quad Q_d = -0{,}8 \text{ Mp}$

Stiel bd: $Q_0 = +1{,}2 \text{ Mp} \quad Q_1 = +1{,}0 \text{ Mp}$

$$Q = 1{,}2 + 1{,}0(-0{,}87) = +0{,}33 \text{ Mp}$$

Stiel ac: $Q_y = -0{,}3\,y + (-1{,}0)(-0{,}87)$

$$= -0{,}3\,y + 0{,}87$$

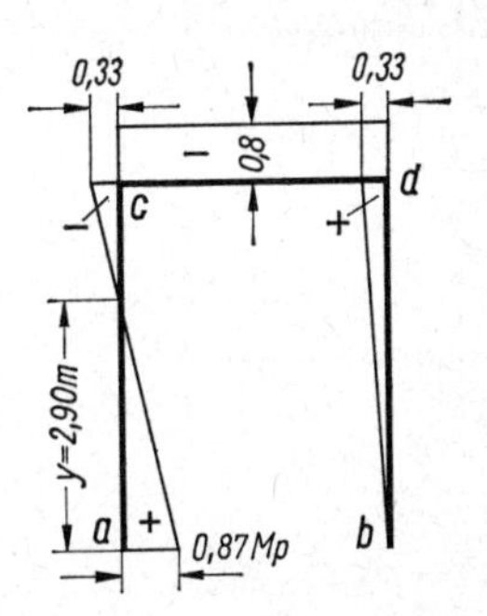

65.4 Q-Fläche aus $w = 0{,}3$ Mp/m

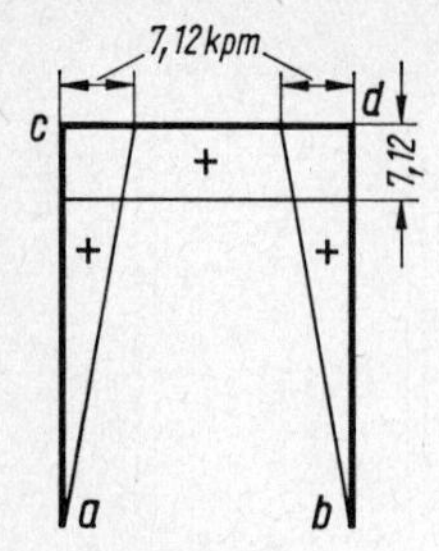

66.1 M-Fläche aus $\Delta t = -15\,°C$

$$Q = 0 \text{ bei } y: \quad 0 = -0{,}3\,y + 0{,}87$$

$$y = \frac{0{,}87}{0{,}3} = 2{,}90 \text{ m}$$

An dieser Stelle tritt auch das größte Moment im Stiel ac auf

$$\max M = -\frac{1}{2} \cdot 0{,}3 \cdot 2{,}90^2 + (-2{,}90)(-0{,}87) = +1{,}26 \text{ Mpm}$$

$$Q_c = -0{,}3 \cdot 4{,}0 + 0{,}87 = -0{,}33 \text{ Mp}$$

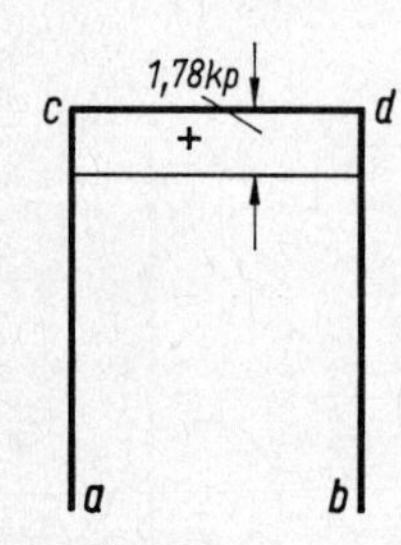

66.2 N-Fläche aus $\Delta t = -15\,°C$

d) Für die Temperaturabnahme

$$A_0 = B_0 = H_{b0} = 0 \quad X_{1t} = -0{,}178 \cdot 10^{-2}\,\text{Mp} = -1{,}78 \text{ kp}$$

Momente (**66.1**)

$$M_c = M_d = +(-4{,}0)(-1{,}78) = +7{,}12 \text{ kpm}$$

Normalkräfte (**66.2**)

$$N_S = 0 \quad N_R = +(-1)(-1{,}78) = +1{,}78 \text{ kp}$$

Querkräfte (**66.3**)

$$Q_R = 0$$

Stiel ac: $\quad Q = 0 + (-1)(-1{,}78) = +1{,}78 \text{ kp}$

Stiel bd: $\quad Q = 0 + (+1{,}0)(-8{,}8) = -1{,}78 \text{ kp}$

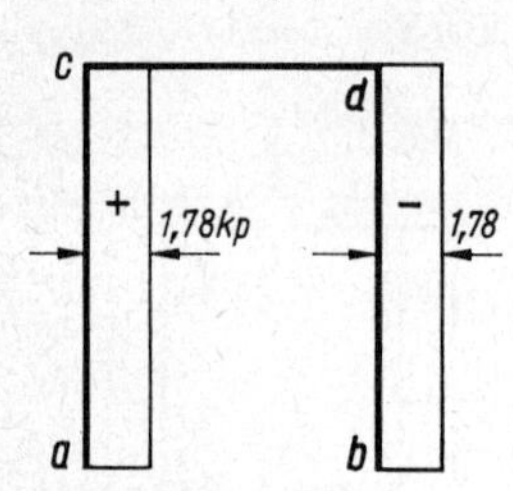

66.3 Q-Fläche aus $\Delta t = -15\,°C$

6.42 Zweigelenkrahmen mit Zugband

Es soll ein Zweigelenkrahmen behandelt werden, der an Stelle zweier horizontal unverschieblicher Auflager ein festes und ein bewegliches Auflager hat. Die beiden Auflager sind durch ein Zugband verbunden. Ein Zugband ist ein Tragglied, das nur Zugkräfte, also keine Druckkräfte, aufnehmen kann.

Gegeben ist der Rahmen nach Bild **66.4**a. Gesucht sind die M-, Q- und N-Flächen infolge der Belastung $q = 3{,}0$ Mp/m.

Das System ist einfach statisch unbestimmt, wie man mit Gl. (51.1) feststellen kann.

Wir bilden ein Grundsystem, indem wir das Zugband durchschneiden (**66.4**b). An den Schnittflächen bringen wir die statisch Unbestimmte X_1 an (**66.4**d). X_1 wird damit zu einer äußeren Belastung. Die Auflagerkräfte ergeben sich dabei zu Null, da X_1 sowohl an der linken als auch an der rechten Schnittfläche angreift. Die Momente M_1 aus $X_1 = 1$ an den Eckpunkten werden

$$M_c = M_d = -1 \cdot 4{,}0 = -4{,}0 \text{ m (\textbf{66.4}e)}$$

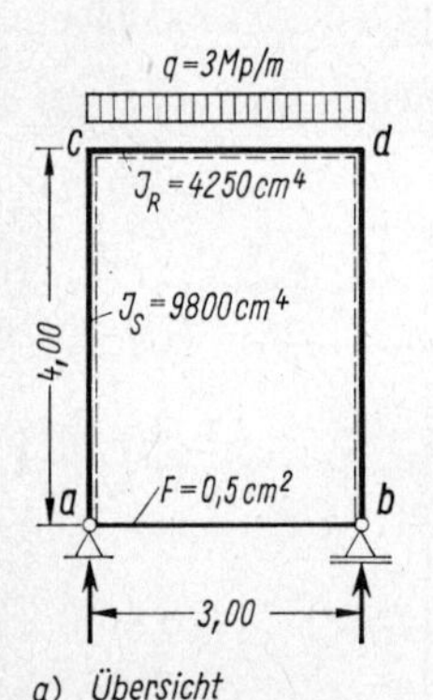

66.4 Zweigelenkrahmen mit Zugband
a) Übersicht

Die M_0-Fläche (**66.4**c), also die Momentenfläche am statisch bestimmten Grundsystem infolge der gegebenen Belastung, ist wie beim Balken auf zwei Stützen eine quadratische Parabel, die sich nur über den Riegel erstreckt.

Die max. Ordinate in Riegelmitte beträgt

$$\max M_0 = \frac{q \cdot l^2}{8} = \frac{3{,}0 \cdot 3{,}0^2}{8} = 3{,}38 \text{ Mpm}$$

Zur Bestimmung von X_1 ist die Berechnung der Verschiebungsgrößen δ_{11} und δ_{10} erforderlich. δ_{11} ist die gegenseitige Verschiebung der Schnittflächen des Zugbandes infolge $X_1 = 1$. Wir bestimmen δ_{11} wieder unter Anwendung des Satzes von der virtuellen Arbeit, wobei $X_1 = 1$ sowohl als Belastung als auch als virtuelle Kraft aufgefaßt wird. Nach Gl. (7.4) erhalten wir unter Berücksichtigung der Verformung des Zugbandes

$$\delta_{11} = \underbrace{\frac{1}{EJ}\int M_1^2 \cdot dx}_{\text{Rahmen}} + \underbrace{\frac{1}{EF_Z}\int N_1^2 \cdot dx}_{\text{Zugband}} \qquad (67.1)$$

Das erste Integral erstreckt sich über den Rahmen, also über den Riegel und die Stiele, das zweite nur über das Zugband. F_Z ist der Querschnitt des Zugbandes. Da die Trägheitsmomente vom Riegel und von den Stielen verschieden sind, führen wir als Vergleichsgröße den Faktor EJ_R ein, wobei J_R das Trägheitsmoment des Riegels ist. Man erhält nun

$$EJ_R\delta_{11} = \underbrace{\frac{J_R}{J}\int M_1^2 \cdot dx}_{\text{Rahmen}} + \underbrace{\frac{J_R}{F_Z}\int N_1^2 \cdot dx}_{\text{Zugband}} \qquad (67.2)$$

Mit der $M\overline{M}$-Tafel **18.1**, Zeile 1 und Spalte a, ergibt sich der Riegelanteil zu

$$EJ_R \cdot \delta_{11R} = 3{,}0\,(-4{,}0)\,(-4{,}0) = 48{,}0 \text{ m}^3$$

der Anteil der Stiele (Zeile 2, Spalte b) zu

$$EJ_R \cdot \delta_{11S} = 2 \cdot \frac{1}{3} \cdot 4{,}0(-4{,}0)^2 \cdot \frac{4250}{9800} = 18{,}5 \text{ m}^3$$

Der Anteil infolge Zugbandverformung (Zeile 1, Spalte a) beträgt unter Beachtung, daß $N_1 = X_1 = 1$ ist, und mit den gegebenen Querschnittswerten

$$J_R = 4250 \text{ cm}^4 = 4250 \cdot 10^{-8} \text{ m}^4$$

$$F_Z = 0{,}5 \text{ cm}^2 = 0{,}5 \cdot 10^{-4} \text{ m}^2$$

$$EJ_R \cdot \delta_{11Z} = \frac{4250 \cdot 10^{-8}}{0{,}5 \cdot 10^{-4}} \cdot 1{,}0^2 \cdot 3{,}0 = 2{,}55 \text{ m}^3$$

Damit wird

$$EJ_R \cdot \delta_{11} = 48{,}0 + 18{,}5 + 2{,}55 = 69{,}05 \text{ m}^3$$

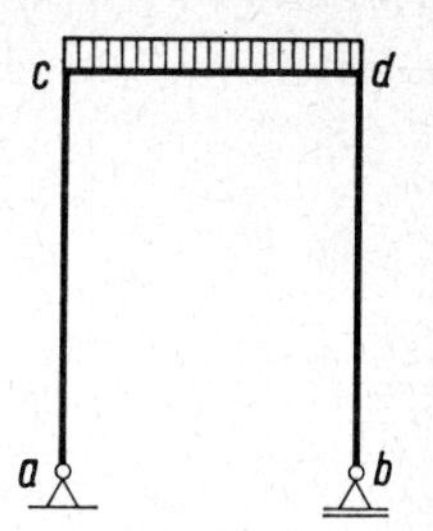

b) Grundsystem

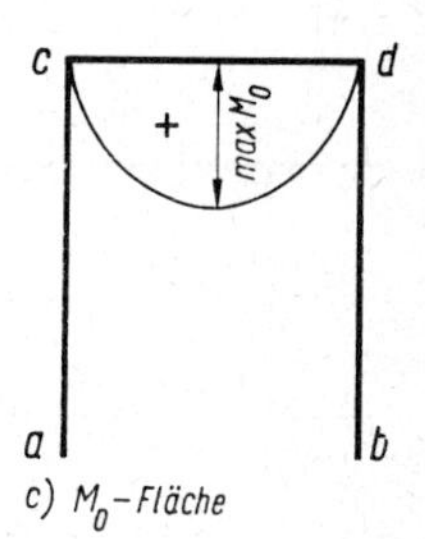

c) M_0-Fläche

c d

$X_1=1$ $X_1=1$

a b

d) Zustand $X_1=1$

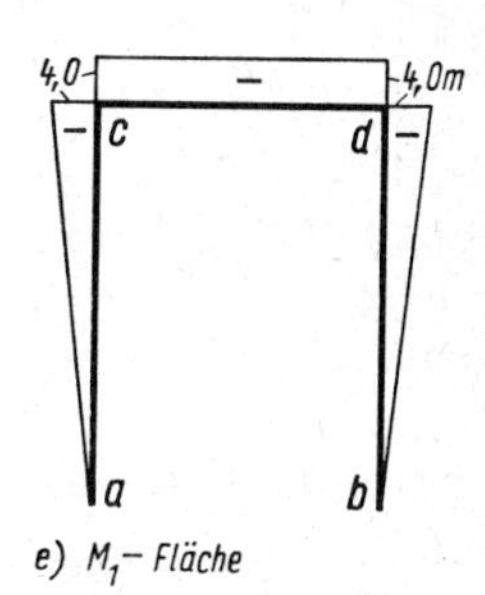

e) M_1-Fläche

Fortsetzung Bild **66.4**

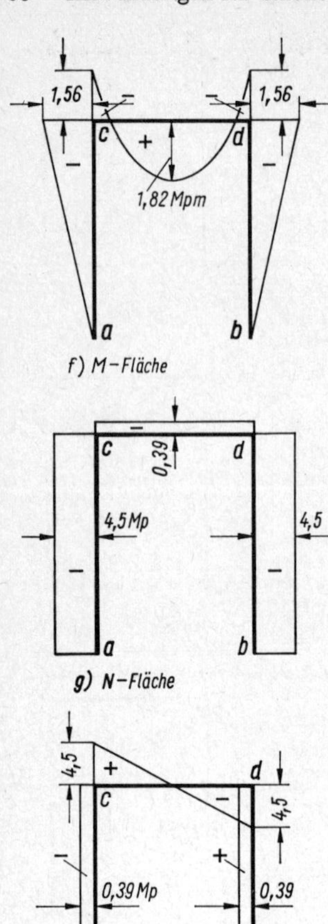

Fortsetzung Bild 66.4

Zur Berechnung der statisch Unbestimmten fehlt noch δ_{10}, d. h. die gegenseitige Verschiebung der Schnittfläche des Zugbandes a und b am Grundsystem (**66.4** b) infolge der wirkenden Belastung q. Wir ermitteln δ_{10} wieder mit Hilfe des Arbeitssatzes, wobei $X_1 = 1$ als virtuelle Kraft zu setzen ist.

$$\delta_{10} = \underbrace{\frac{1}{EJ}\int M_1 \cdot M_0 \cdot dx}_{\text{Rahmen}} + \underbrace{\frac{1}{EF_Z}\int N_1 \cdot N_0 \cdot dx}_{\text{Zugband}}$$

Das Integral ist wieder über den ganzen Rahmen einschließlich Zugband zu nehmen. Da M_0 aber nur über dem Riegel einen von Null verschiedenen Wert besitzt, liefert auch $\int M_1 \cdot M_0 \cdot dx$ nur am Riegel einen Wert. Die Normalkräfte des Zugbandes liefern keinen Beitrag, da N_0 gleich Null ist. Somit ist die Verschiebung der Schnittflächen in diesem Fall gleich der Verschiebung der Rahmenfußpunkte a und b. Weil δ_{11} EJ_R-fach ermittelt wurde, bestimmen wir die gegenseitige Verschiebung δ_{10} auch EJ_R-fach. Wir erhalten mit Tafel **18.1**, Zeile 1, Spalte g,

$$EJ_R \cdot \delta_{10} = \frac{2}{3} \cdot 3{,}38\,(-\,4{,}0) \cdot 3{,}0 = -\,27{,}0 \text{ Mpm}^3$$

Damit wird nach Gl. (54.3) die statisch Unbestimmte

$$X_1 = -\,\frac{-\,27{,}0 \text{ Mpm}^3}{69{,}05 \text{ m}^3} = 0{,}39 \text{ Mp}$$

Sie ist die Kraft im Zugband. Nun kann man alle übrigen Schnittgrößen berechnen.

M-Fläche (**66.4** f)

Es ist nach Gl. (54.4) $\quad M = M_0 + X_1 \cdot M_1$

Für die Ecken erhält man mit

$$M_{c0} = 0 \quad \text{und} \quad X_1 \cdot M_1 = 0{,}39\,(-\,4{,}0) = -\,1{,}56 \text{ Mpm}$$

$$M_c = 0 - 1{,}56 = -\,1{,}56 \text{ Mpm}$$

Für die Riegelmitte wird mit

$$\max M_0 = 3{,}38 \text{ Mpm} \qquad \text{und} \qquad X_1 \cdot M_1 = 0{,}39\,(-\,4{,}0) = -\,1{,}56$$

$$M = 3{,}38 - 1{,}56 = 1{,}82 \text{ Mpm}$$

Normalkraftfläche (**66.4** g)

Hierfür gilt allgemein nach Gl. (54.4)

$$N = N_0 + X_1 \cdot N_1$$

In den Stielen ist $\quad N_0 = -\,\frac{3{,}0 \cdot 3{,}0}{2} = -\,4{,}5 \text{ Mp} \quad$ und $\quad N_1 = 0$

Damit ist $\quad N_S = -\,4{,}5 \text{ Mp}$

Die Normalkraft im Stiel wird also von der statisch Unbestimmten X_1 nicht beeinflußt.

Für den Riegel gilt $N_0 = 0$ und $N_1 = -1$

so daß $N_R = 0{,}39\,(-1{,}0) = -0{,}39$ Mp

Querkraftfläche (**66**.4h)

Allgemein gilt auch für den Querkraftverlauf Gl. (54.4)

$$Q = Q_0 + X_1 \cdot Q_1$$

In Stiel *ac* ist $Q_0 = 0$ und $X_1 \cdot Q_1 = 0{,}39\,(-1{,}0) = -0{,}39$ Mp und damit $Q_S = -0{,}39$ Mp.

Da im Riegel $Q_1 = 0$ ist, ist der Querkraftverlauf im Riegel gleich dem eines Balkens auf 2 Stützen, wird also von der statisch Überzähligen X_1 nicht beeinflußt.

Es ergibt sich: $Q_R = Q_{R0}$

Im Stiel *bd* ist $Q_0 = 0$ und $X_1 \cdot Q_1 = +0{,}39$ Mp und damit $Q_s = +0{,}39$ Mp.

6.43 Zweigelenkrahmen mit geknicktem Riegel

Für den in Bild **69**.1 dargestellten Hallenbinder aus Stahlbeton sollen die Momenten-, die Normalkraft- und die Querkraftflächen ermittelt werden.

Die Belastungen betragen

Eigengewicht	$g = 0{,}7$	Mp/m
Schnee	$s = 0{,}4$	Mp/m
Wind	$W = 1{,}7$	Mp
Kran	$\max K = 12{,}5$	Mp
	$\min K = 4{,}5$	Mp

Gleichmäßige Temperaturänderung des Riegels

$$t = 30\,°\mathrm{C}$$

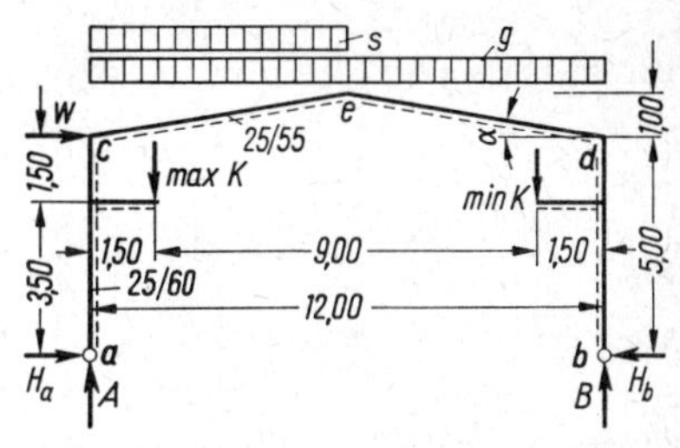

69.1 Zweigelenkrahmen mit geknicktem Riegel

Geschätzte Abmessungen

Riegel $b/d = 25/55$

$$\tan\alpha = \frac{1}{6} = 0{,}167 \qquad \sin\alpha = 0{,}164 \qquad \cos\alpha = 0{,}986$$

Stiel $b/d = 25/60$

$$J_R = \frac{2{,}5 \cdot 5{,}5^3}{12} = 34{,}8\ \mathrm{dm}^4 \approx 35\ \mathrm{dm}^4 \qquad J_S = \frac{2{,}5 \cdot 6^3}{12} = 45\ \mathrm{dm}^4$$

$$J_c = J_S = 45\ \mathrm{dm}^4 \qquad \frac{J_c}{J_R} = \frac{45}{35} = 1{,}29 \qquad \frac{J_c}{J_S} = \frac{45}{45} = 1$$

Das System ist einfach statisch unbestimmt (**69**.2). Als statisch Unbestimmte X_1 wird der Horizontalschub H_b eingeführt. Das Grundsystem entspricht dann einem Balken auf zwei Stützen (**69**.1).

Nach Gl. (54.3) ist $X_1 = -\dfrac{\delta_{10}}{\delta_{11}}$

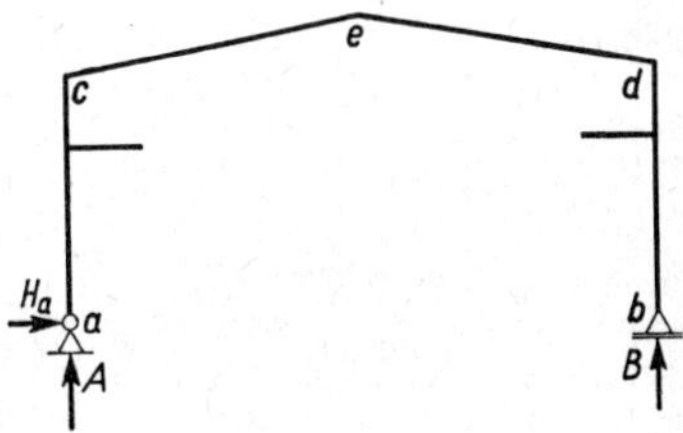

69.2 Statisch bestimmtes Grundsystem

Ermittlung von δ_{11}

Aus der Belastung $X_1 = 1$ wird die M_1-Fläche gewonnen (**70**.1).

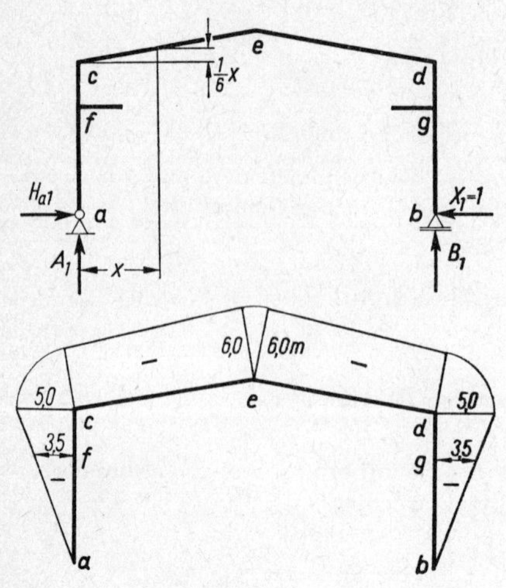

70.1 M_1-Fläche aus $X_1 = 1$

Es wird

$$A_1 = B_1 = 0$$

$$H_{a1} = 1$$

$$M_{c1} = -1 \cdot h = -1 \cdot 5{,}0 = -5{,}0 \text{ m} = M_{d1}$$

$$M_{f1} = -1 \cdot 3{,}5 = -3{,}5 \text{ m} = M_{g1}$$

$$M_{e1} = -1 \cdot 6{,}0 = -6{,}0 \text{ m}$$

$$M_{x1} = -1\left(5 + \frac{1}{6}x\right) = -5 - \frac{1}{6}x \text{ m}$$

Die Gleichung für δ_{11} wird gleich mit EJ_c multipliziert. Dann ist

$$EJ_c \cdot \delta_{11} = \delta'_{11} = \int M_1{}^2 \cdot \mathrm{d}x \cdot \frac{J_c}{J} = 2 \int\limits^{\text{Stiel}} M_1{}^2 \cdot \mathrm{d}x \cdot \frac{J_c}{J_S} + 2 \int\limits_0^{l/2} M_1{}^2 \cdot \mathrm{d}x \cdot \frac{J_c}{J_R}$$

Nach der $M\overline{M}$-Tafel **18**.1, Zeile 2, Spalte b bzw. Zeile 3, Spalte d, erhält man

$$\delta'_{11} = 2 \cdot \frac{1}{3}(-5{,}0)^2 \cdot 5{,}0 \cdot \frac{45}{45} + 2 \cdot \frac{6{,}1}{6}\left[(-5)\{2 \cdot (-5) + (-6)\} + (-6)\{2(-6) + (-5)\}\right]\frac{45}{35}$$

$$= 83{,}3 + 2{,}033[(-5)(-16) + (-6)(-17)]\ 1{,}29$$

$$= 83{,}3 + 2{,}033\ (80 + 102)\ 1{,}29 = 83{,}3 + 478 = 561{,}3 \text{ m}^3$$

Ermittlung der M_0-Flächen für die verschiedenen Lastfälle

1. Für Eigengewicht $g = 0{,}7$ Mp/m (**70**.2)

$$A_{0g} = B_{0g} = 6 \cdot 0{,}7 = 4{,}2 \text{ Mp}$$

$$H_{a0g} = 0$$

$$M_{e0g} = \frac{g \cdot l^2}{8} = \frac{0{,}7 \cdot 12^2}{8} = 12{,}6 \text{ Mpm}$$

$$M_{c0g} = 0$$

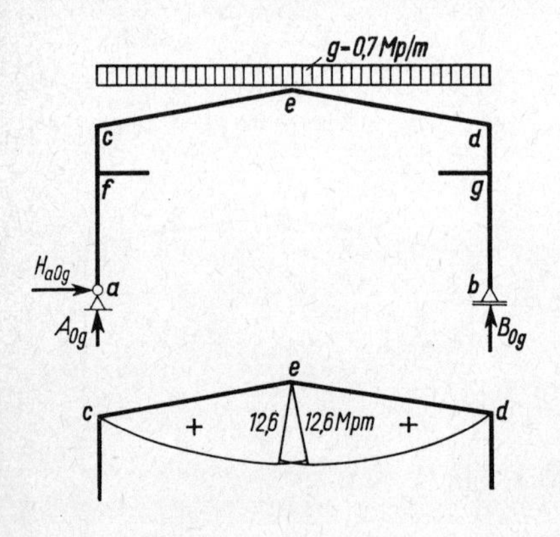

70.2 M_{0g}-Fläche aus Eigengewicht

2. Für einseitigen Schnee $s = 0{,}4$ Mp/m (**71.1**)

Das System muß mit einseitigem Schnee belastet werden, da die Querschnitte nach den ungünstigsten Momenten zu bemessen sind und eine einseitige Schneebelastung möglich ist.

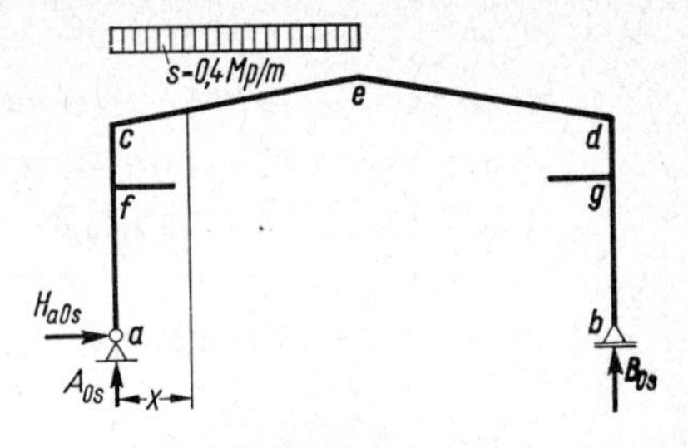

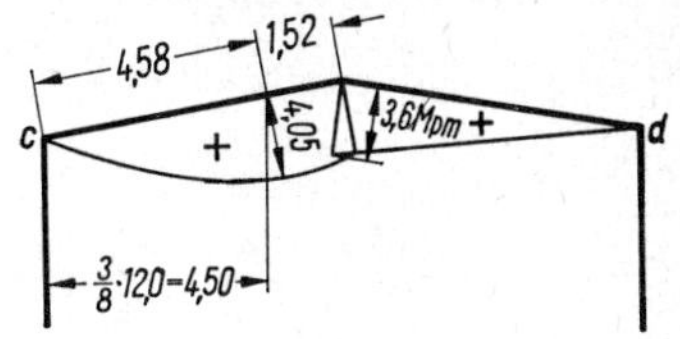

71.1 M_{0s}-Fläche aus halbseitiger Schneelast

$$A_{0s} = \frac{0{,}4 \cdot 6{,}0 \cdot 9{,}0}{12{,}0} = 1{,}8 \text{ Mp}$$

$$B_{0s} = 0{,}4 \cdot 6{,}0 - A_{0s} = 0{,}6 \text{ Mp}$$

$$H_{a0s} = 0$$

$$M_{c0s} = M_{d0s} = 0$$

$$M_{e0s} = B_{0s} \cdot \frac{l}{2} = 0{,}6 \cdot 6 = 3{,}6 \text{ Mpm}$$

$$M_{x0s} = A_{0s} \cdot x - s \cdot \frac{x^2}{2} = 1{,}8\, x - 0{,}4 \cdot \frac{x^2}{2}\, l$$

Das größte Moment tritt auf bei $Q = 0$

$$Q = \frac{3}{8}\, q \cdot l - q \cdot x = 0 \qquad x = \frac{3}{8}$$

$$\max M_{0s} = 1{,}8 \cdot \frac{3}{8} \cdot 12{,}0 - 0{,}4\left(\frac{3}{8} \cdot 12\right)^2 \cdot \frac{1}{2}$$

$$= 8{,}1 - 4{,}05 = 4{,}05 \text{ Mpm}$$

oder auch

$$\max M_{0s} = \frac{1{,}8 \cdot 4{,}5}{2} = 4{,}05 \text{ Mpm}$$

3. Für Wind $W = 1{,}7$ Mp (**71.2**)

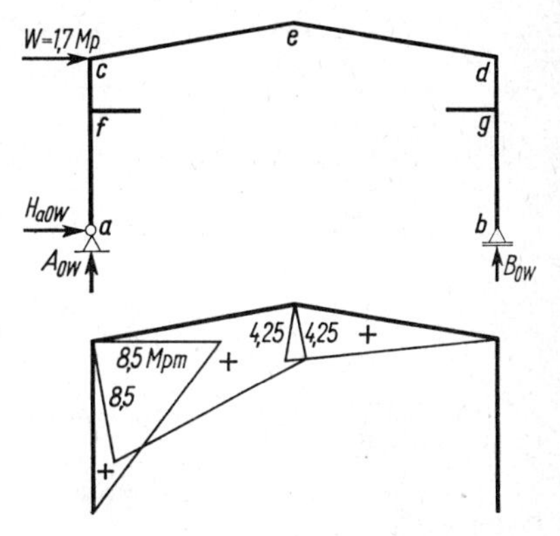

71.2 M_{0W}-Fläche aus Wind

$$A_{0W} = -\, B_{0W} = -\, \frac{1{,}7 \cdot 5{,}0}{12} = -\, 0{,}708 \text{ Mp}$$

$$H_{a0W} = -\, 1{,}7 \text{ Mp}$$

$$M_{d0W} = +\, 0{,}708 \cdot 0 = 0$$

$$M_{e0W} = +\, 0{,}708 \cdot 6{,}0 = 4{,}25 \text{ Mpm}$$

$$M_{c0W} = +\, 0{,}708 \cdot 12 = +\, 8{,}5 \text{ Mpm}$$

4. Für die Kranlasten K (**71.3**)

$$\max K = 12{,}5 \text{ Mp} \qquad \min K = 4{,}5 \text{ Mp}$$

$$A_{0K} = \frac{12{,}5 \cdot 10{,}5 + 4{,}5 \cdot 1{,}5}{12{,}00}$$

$$= \frac{131{,}25 + 6{,}75}{12{,}00} = 11{,}5 \text{ Mp}$$

$$B_{0K} = 12{,}5 + 4{,}5 - 11{,}5 = 5{,}5 \text{ Mp}$$

$$H_{a0K} = 0$$

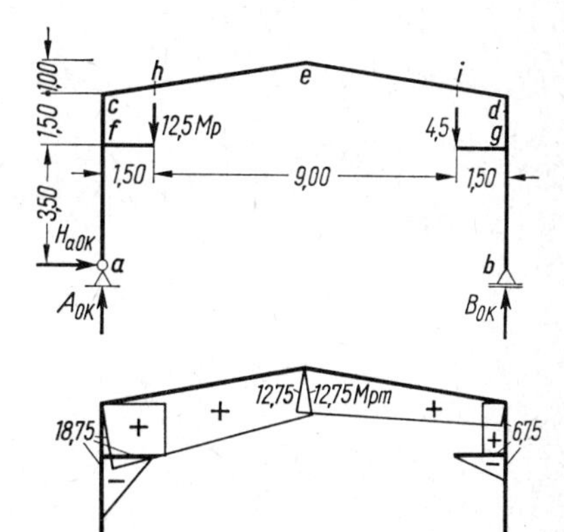

71.3 M_{0K}-Fläche aus Kranlasten

$M_{f0K} = +\,12{,}5 \cdot 1{,}5 = +\,18{,}75$ Mpm $\qquad M_{d0K} = 4{,}5 \cdot 1{,}5 = 6{,}75$ Mpm

$M_{g0K} = +\,4{,}5 \cdot 1{,}5 = +\,6{,}75$ Mpm $\qquad M_{h0K} = 11{,}5 \cdot 1{,}5 = 17{,}25$ Mpm

$M_{c0K} = 12{,}5 \cdot 1{,}5 = 18{,}75$ Mpm $\qquad M_{i0K} = 5{,}5 \cdot 1{,}5 = 8{,}25$ Mpm

$$M_{e0K} = 11{,}5 \cdot 6{,}0 - 12{,}5 \cdot 4{,}5 = 69{,}0 - 56{,}25 = 12{,}75 \text{ Mpm}$$

oder

$$M_{e0K} = 5{,}5 \cdot 6{,}0 - 4{,}5 \cdot 4{,}5 = 33{,}0 - 20{,}25 = 12{,}75 \text{ Mpm}$$

Ermittlung von $EJ_c \cdot \delta_{10} = \delta'_{10}$

1. Aus Eigengewicht $g = 0{,}7$ Mp/m

$$\delta'_{10} = 2 \int_0^{6,1} M_{0g} \cdot M_1 \cdot \mathrm{d}x \cdot \frac{J_c}{J_R}$$

Nach der $M\overline{M}$-Tafel 18.1, Reihe 3, Spalte i, ist

$$\delta'_{10g} = 2 \cdot \frac{6{,}1}{12} \cdot 12{,}6\,[3\,(-5) + 5\,(-6)]\,\frac{45}{35} = \frac{6{,}1}{6} \cdot 12{,}6\,[-15 - 30]\,1{,}29$$

$$= -\,743 \text{ Mpm}^3$$

2. Aus halbseitigem Schnee $s = 0{,}4$ Mp/m

Zu integrieren ist über den Riegel, der aus zwei gleichlangen Teilen s besteht.

$$\delta'_{10} = \int_c^e M_{0s} \cdot M_1 \cdot \mathrm{d}s \cdot \frac{J_c}{J_R} + \int_d^e M_{0s} \cdot M_1 \cdot \mathrm{d}s \cdot \frac{J_c}{J_R}$$

Die Begrenzungslinie der Momentenfläche ist im Bereich de eine Gerade, im Bereich ce eine Parabel.

1. Weg: Die Koppelung der Momentenflächen wird im Bereich de nach Tafel **18.1** (3/c) durchgeführt:

$$\delta'_{10(de)} = \frac{6{,}1}{6}\,(+\,3{,}6)\,[(-5) + 2\,(-6)]\,\frac{45}{35} = \frac{6{,}1}{6} \cdot 3{,}6\,(-5 - 12)1{,}29 = -\,80{,}3 \text{ Mpm}^3$$

Der Größenanteil von δ'_{10} im Bereich ce soll durch Integration ermittelt werden.

$$\delta'_{10(ce)} = \int_0^{l/2} M_{0s} \cdot M_1 \cdot \mathrm{d}s \cdot \frac{J_c}{J}$$

$$\mathrm{d}s = \mathrm{d}x/\cos\alpha \qquad \cos\alpha = \frac{6{,}0}{6{,}1}$$

$$M_{0sx} = 1{,}8\,x - 0{,}4 \cdot \frac{x^2}{2}$$

$$M_{1x} = -\,5 - \frac{1}{6}\,x$$

$$\frac{J_c}{J} = 1{,}29 \qquad \mathrm{d}s \cdot \frac{J_c}{J} = 1{,}29 \cdot \frac{6{,}1}{6}\,\mathrm{d}x$$

$$\delta'_{10(ce)} = 1{,}29 \cdot \frac{6{,}1}{6} \int_0^{l/2} \left(1{,}8\,x - 0{,}4 \cdot \frac{x^2}{2}\right)\left(-5 - \frac{1}{6}x\right) dx$$

$$= 1{,}29 \cdot \frac{6{,}1}{6} \int_0^{l/2} (-9{,}0\,x + 0{,}7\,x^2 + 0{,}0333\,x^3)\,dx$$

$$= 1{,}29 \cdot \frac{6{,}1}{6}\left[-\frac{9{,}0}{2}x^2 + \frac{0{,}7}{3}x^3 + \frac{0{,}0333}{4}x^4\right]_0^{l/2}$$

$$= 1{,}29 \cdot \frac{6{,}1}{6}\left[-4{,}5 \cdot \frac{l^2}{4} + \frac{0{,}7}{3} \cdot \frac{l^3}{8} + \frac{0{,}0333}{4} \cdot \frac{l^4}{16}\right]$$

$$= 1{,}29 \cdot \frac{6{,}1}{6}\left[-\frac{4{,}5}{4} \cdot 12^2 + \frac{0{,}7}{24} \cdot 12^3 + \frac{0{,}0333}{64} \cdot 12^4\right]$$

$$= 1{,}29 \cdot \frac{6{,}1}{6}\,[-162 + 50{,}4 + 10{,}8]$$

$$= 1{,}29 \cdot \frac{6{,}1}{6}(-100{,}2) = -132$$

$$\delta'_{10s} = -80{,}3 - 132 = -260{,}8 \text{ Mpm}^3$$

2. Weg: Lösung durch Aufteilen der Parabelfläche in ein Dreieck und eine Parabel (**73**.1) und Koppelung der M-Flächen mit Tafel **18**.1 (2/d und 3/g).

Es ist in $l/4$:

$$M_{0s} = 1{,}8 \cdot 3 - 0{,}4 \cdot \frac{3^2}{2} = 5{,}4 - 1{,}8 = 3{,}6 \text{ Mpm}$$

Damit beträgt der Pfeil der Parabel:

$$3{,}6 - \frac{1}{2} \cdot 3{,}6 = 1{,}8$$

$$\delta'_{10(ce)} = \frac{6{,}1}{6} \cdot 3{,}6\,[2\,(-6) - 5]\,1{,}29 + \frac{6{,}1}{3} \cdot 1{,}8\,(-5 - 6)\,1{,}29$$

$$= 1{,}29\,[-62{,}2 + (-40{,}2)] = 1{,}29\,(-102{,}4) = -132$$

$$\delta'_{10s} = -80{,}3 - 132 = -260{,}8 \text{ Mpm}^3$$

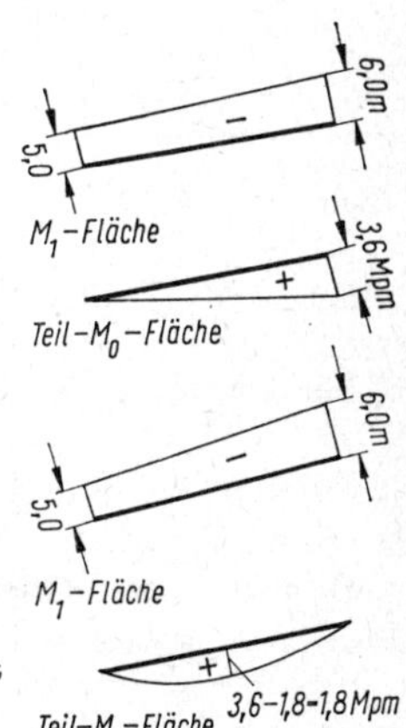

73.1 Aufgeteilte M_0-Fläche aus halbseitiger Schneelast (s. Bild 71.1) und zugehörige M_1-Fläche

3. Aus linksseitigem Wind $W = 1{,}7$ Mp

$$\delta'_{10W} = \int_c^e M_{0W} \cdot M_1 \cdot ds \cdot \frac{J_c}{J_R} + \int_d^e M_{0W} \cdot M_1 \cdot ds \cdot \frac{J_c}{J_R} + \int_a^c M_{0W} \cdot M_1 \cdot ds \cdot \frac{J_c}{J_S}$$

Mit Tafel **18**.1 (2/b) erhält man für den Stiel

$$\delta'_{10WS} = \frac{1}{3}(-5)\,8{,}5 \cdot 5 \cdot \frac{45}{45} = -70{,}9 \text{ Mpm}^3$$

Mit Tafel 18.1 (3/d bzw. 2/d) wird für den Riegel

$$\delta'_{10WR} = \frac{6,1}{6}[(-5)(2\cdot 8,5 + 4,25) + (-6)(2\cdot 4,25 + 8,5)]\frac{45}{35}$$

$$+ \frac{6,1}{6}\cdot 4,25\,[2(-6) + (-5)]\frac{45}{35}$$

$$= \frac{6,1}{6}[(-5)(17 + 4,25) + (-6)(8,5 + 8,5)]\;1,29$$

$$+ \frac{6,1}{6}[4,25(-12 - 5)]\;1,29$$

$$= \frac{6,1}{6}(-106,25 - 102)\;1,29 + \frac{6,1}{6}[4,25(-17)]\;1,29$$

$$= -274 - 95 = 369\ \text{Mpm}^3$$

insgesamt $\delta'_{10W} = -70,9 - 369 = -439,9\ \text{Mp}\cdot\text{m}^3$

4. Aus Kranlast K

$$\delta'_{10K} = \int_c^e M_{0K}\cdot M_1\cdot \mathrm{d}s\cdot\frac{J_c}{J_R} + \int_d^e M_{0K}\cdot M_1\cdot \mathrm{d}s\cdot\frac{J_c}{J_R}$$

$$+ \int_f^c M_{0K}\cdot M_1\cdot \mathrm{d}s\cdot\frac{J_c}{J_S} + \int_g^d M_{0K}\cdot M_1\cdot \mathrm{d}s\cdot\frac{J_c}{J_S}$$

a) Für den linken Pfosten

Nach Tafel 18.1, Zeile 1, Spalte d, ist

$$\delta'_{10(fc)} = \frac{1,5}{2}\cdot 18,75\,[(-3,5) + (-5)]\frac{45}{45} = 0,75\cdot 18,75\,(-8,5) = -119,6\ \text{Mpm}^3$$

b) Für den rechten Pfosten

$$\delta'_{10(dg)} = \frac{1,5}{2}\cdot 6,75\,[(-3,5) + (-5)]\frac{45}{45} = -119,6\cdot\frac{6,75}{18,75} = -43\ \text{Mpm}^3$$

c) Für den Riegelabschnitt *ce* (Zeile 3, Spalte d) ist

$$\delta'_{10(ce)} = \frac{6,1}{6}[(-5)(2\cdot 18,75 + 12,75) + (-6)(2\cdot 12,75 + 18,75)]\;1,29 = -656\ \text{Mpm}$$

d) Für den Riegelabschnitt *de*

$$\delta'_{10(de)} = \frac{6,1}{6}[(-5)(2\cdot 6,75 + 12,75) + (-6)(2\cdot 12,75 + 6,75)]\;1.29 = -412$$

$$\delta'_{10K} = -119,6 - 43 - 656 - 412 = -1230,6\ \text{Mpm}^3$$

5. Aus der gleichmäßigen Temperaturänderung des Riegels $t = 30\,°\text{C}$

$$\delta_{1t} = \alpha_t\cdot t\cdot l$$

$$\delta_{1t} = -1\cdot 10^{-5}\cdot 30\cdot 12 = -10^{-5}\cdot 3,6\cdot 10^2 = -3,6\cdot 10^{-3}$$

δ_{1t} ist negativ, weil die Verlängerung des Riegels eine Verschiebung des Lagers b entgegengesetzt dem angenommenen X_1 verursacht. Die Verschiebung, mit EJ_c multipliziert und alle Maße in Mp bzw. m eingesetzt, lautet

$$EJ_c \cdot \delta_{1t} = \delta'_{1t} = -2{,}1 \cdot 10^6 \cdot 45 \cdot 10^{-4} \cdot 3{,}6 \cdot 10^{-3} = -34\ \mathrm{Mp \cdot m^3}$$

Ermittlung von X_1

1. Aus Eigengewicht g $$X_{1g} = -\frac{\delta'_{10g}}{\delta'_{11}}\frac{\mathrm{Mpm^3}}{\mathrm{m^3}} = -\frac{-743}{561{,}3} = +1{,}32\ \mathrm{Mp}$$

2. Aus halbseitigem Schnee s $$X_{1s} = -\frac{\delta'_{10s}}{\delta'_{11}} = -\frac{-260{,}8}{561{,}3} = +0{,}465\ \mathrm{Mp}$$

3. Aus linksseitigem Wind W $$X_{1W} = -\frac{\delta'_{10W}}{\delta'_{11}} = -\frac{-439{,}9}{561{,}3} = +0{,}78\ \mathrm{Mp}$$

4. Aus Kranlast K $$X_{1K} = -\frac{\delta'_{10K}}{\delta'_{11}} = -\frac{-1230{,}6}{561{,}3} = +2{,}19\ \mathrm{Mp}$$

5. Aus Temperaturzunahme t $$X_{1t} = -\frac{\delta'_{1t}}{\delta'_{11}} = -\frac{-34{,}0}{561{,}3} = +0{,}061\ \mathrm{Mp}$$

Zu erfüllen ist die Elastizitätsgleichung $X_{1t} \cdot \delta_{11} + \delta_{1t} = 0$

Ermittlung der Momente, Normal- und Querkräfte am statisch unbestimmten System

Allgemein ist nach Gl. (54.4)

$$M = M_0 + M_1 \cdot X_1 \qquad N = N_0 + N_1 \cdot X_1 \qquad Q = Q_0 + Q_1 \cdot X_1$$

1. Aus Eigengewicht

Momente (**75.1**)

$$M_c = 0 + (-5)\,1{,}32 = -6{,}6\ \mathrm{Mpm} = M_d$$
$$M_e = +12{,}6 + (-6)\,1{,}32 = +4{,}68\ \mathrm{Mpm}$$

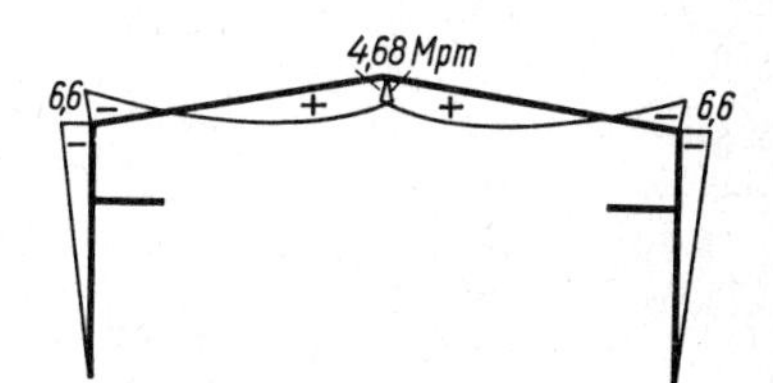

75.1 M-Fläche aus Eigengewicht

Normalkräfte (**75.2**)

im Stiel ac und Stiel bd

$$N_{ac} = N_{bd} = -4{,}2 + 0 = -4{,}2\ \mathrm{Mp}$$

im Riegel ce bzw. de

$$N_c = -(A \cdot \sin\alpha + N_1 \cdot X_1 \cdot \cos\alpha)$$
$$= -4{,}2 \cdot 0{,}164 + (-1)\,1{,}32 \cdot 0{,}986$$
$$= -1{,}988\ \mathrm{Mp}$$
$$N_{el} = -1{,}32 \cdot 0{,}986 = -1{,}30\ \mathrm{Mp}$$
$$N_{er} = -1{,}30\ \mathrm{Mp}$$
$$N_d = N_c = -1{,}988\ \mathrm{Mp}$$

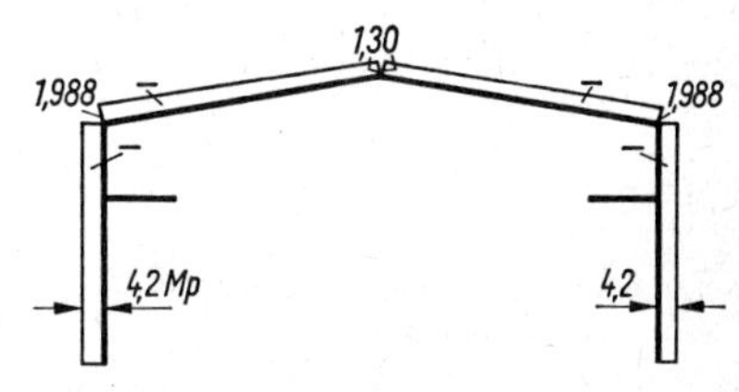

75.2 N-Fläche aus Eigengewicht

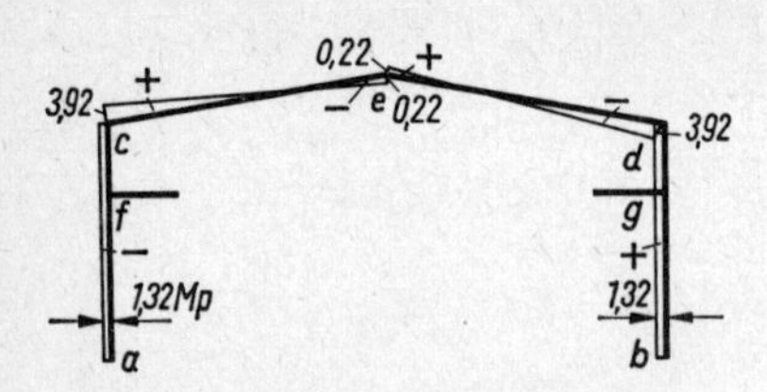

76.1 Q-Fläche aus Eigengewicht

Querkräfte (**76**.1)

in den Stielen

$$Q_{ac} = -Q_{bd} = (-1)\,1{,}32 = -1{,}32 \text{ Mp}$$

im Riegel

$$Q_c = A \cdot \cos\alpha + Q_1 \cdot X_1 \cdot \sin\alpha$$

$$= 4{,}2 \cdot 0{,}986 + (-1)\,1{,}32 \cdot 0{,}164$$

$$= 3{,}92 \text{ Mp}$$

$$Q_{el} = -1{,}32 \cdot 0{,}164 = -0{,}22 \text{ Mp}$$

$$Q_{er} = +0{,}22 \text{ Mp}$$

$$Q_d = -4{,}2 \cdot 0{,}986 + 1{,}32 \cdot 0{,}164 = -3{,}92 \text{ Mp}$$

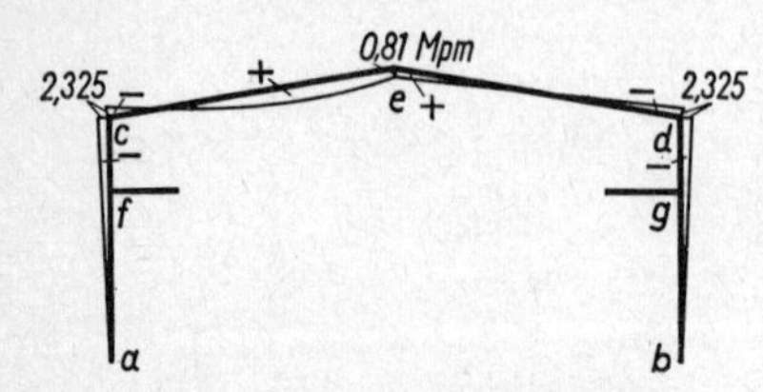

76.2 M-Fläche aus halbseitigem Schnee

2. Aus halbseitigem Schnee

Momente (**76**.2)

$$M_c = M_d = 0 + (-5{,}0)\,0{,}465 = -2{,}325 \text{ Mpm}$$

$$M_e = 3{,}6 + (-6{,}0)\,0{,}465 = 0{,}81 \text{ Mpm}$$

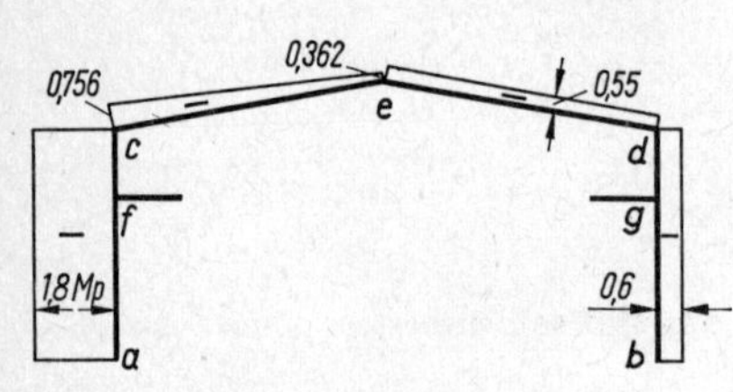

76.3 N-Fläche aus halbseitigem Schnee

Normalkräfte (**76**.3)

im Stiel ac

$$N_{ac} = -1{,}8 \text{ Mp} \qquad N_{bd} = -0{,}6 \text{ Mp}$$

im Riegel

$$N_c = -1{,}8 \cdot 0{,}164 + (-1)\,0{,}465 \cdot 0{,}986$$

$$= -0{,}756 \text{ Mp}$$

$$N_{el} = -(1{,}8 - 0{,}4 \cdot 6)\,0{,}164 - 0{,}46$$

$$= -0{,}362 \text{ Mp}$$

$$N_{er} = -(0{,}4 \cdot 6 - 1{,}8)\,0{,}164 - 0{,}46$$

$$= -0{,}55 \text{ Mp} \qquad N_d = -0{,}55 \text{ Mp}$$

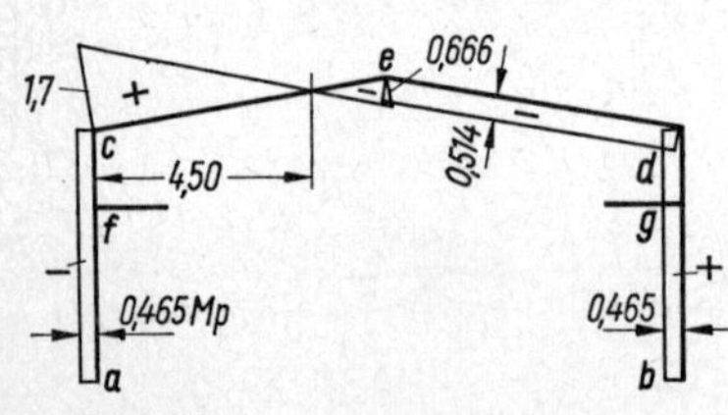

76.4 Q-Fläche aus halbseitigem Schnee

Querkräfte (**76**.4)

in den Stielen

$$Q_{ac} = (-1) \cdot 0{,}465 = -0{,}465 \text{ Mp} = -Q_{bd}$$

im Riegel

$$Q_c = 1{,}8 \cdot 0{,}986 + (-1)\,0{,}465 \cdot 0{,}164 = 1{,}7 \text{ Mp}$$

$$Q_{el} = -0{,}6 \cdot 0{,}986 - 0{,}076 = -0{,}666 \text{ Mp}$$

$$Q_{er} = -0{,}59 + 0{,}076 = -0{,}514 \text{ Mp}$$

$$Q_d = -0{,}514 \text{ Mp}$$

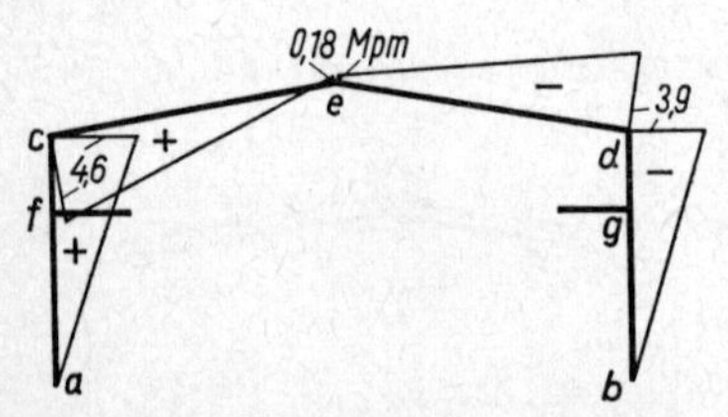

76.5 M-Fläche aus linksseitigem Wind

3. Aus linksseitigem Wind

Momente (**76**.5)

$$M_c = +8{,}5 + (-5)\,0{,}78 = +4{,}6 \text{ Mpm}$$

$$M_e = +4{,}5 + (-6)\,0{,}78 = -0{,}18 \text{ Mpm}$$

$$M_d = 0 + (-5)\,0{,}78 = -3{,}9 \text{ Mpm}$$

Normalkräfte (77.1)
in den Stielen

$$N_{ac} = - N_{ad} = + 0{,}708 \text{ Mp}$$

im Riegel

$$N_c = 0{,}708 \cdot 0{,}164 + (-1)\, 0{,}78 \cdot 0{,}986$$
$$= 0{,}116 - 0{,}77 = - 0{,}654 \approx - 0{,}65 \text{ Mp}$$
$$N_{el} = - 0{,}65 \text{ Mp}$$
$$N_{er} = - 0{,}116 - 0{,}77$$
$$= - 0{,}886 \approx - 0{,}89 \text{ Mp} = N_d$$

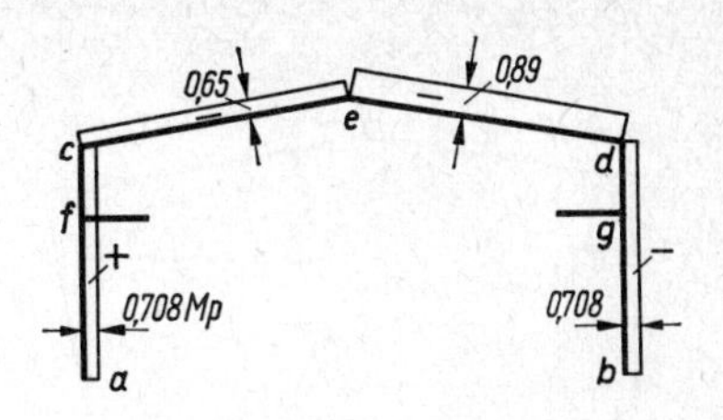

77.1 N-Fläche aus Wind

Querkräfte (77.2)
Stiel ac

$$Q_{ac} = + 1{,}7 + (-1)\, 0{,}78 = + 0{,}92 \text{ Mp}$$

Stiel bd

$$Q_{bd} = + 1 \cdot 0{,}78 = 0{,}78 \text{ Mp}$$

Riegel

$$Q_c = - 0{,}708 \cdot 0{,}986 + (-1)\, 0{,}78 \cdot 0{,}164$$
$$= - 0{,}70 - 0{,}13 = - 0{,}83 \text{ Mp} = Q_{el}$$
$$Q_{er} = - 0{,}70 + 0{,}13 = - 0{,}57 \text{ Mp} = Q_d$$

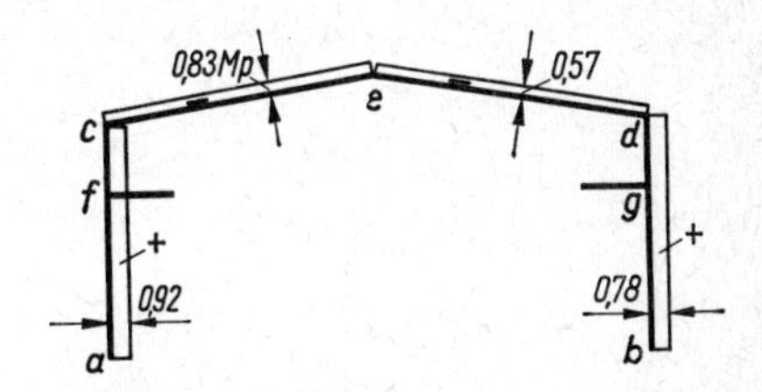

77.2 Q-Fläche aus Wind

4. **Aus Kranlast**

Momente (77.3)

$$M_{fu} = - 3{,}5 \cdot 2{,}19 = - 7{,}65 \text{ Mpm}$$
$$M_{fo} = + 18{,}75 + (-3{,}5)\, 2{,}19 = + 11{,}1 \text{ Mpm}$$
$$M_c = + 18{,}75 + (-5{,}0)\, 2{,}19 = + 7{,}7 \text{ Mpm}$$
$$M_e = + 12{,}75 + (-6{,}0)\, 2{,}19 = - 0{,}39 \text{ Mpm}$$
$$M_d = + 6{,}75 + (-5{,}0)\, 2{,}19 = - 4{,}20 \text{ Mpm}$$
$$M_{go} = + 6{,}75 + (-3{,}5)\, 2{,}19 = - 0{,}9 \text{ Mpm}$$
$$M_{gu} = - 7{,}65 \text{ Mpm}$$

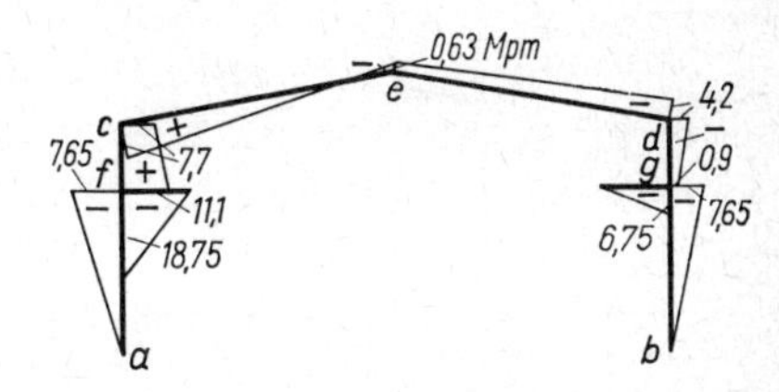

77.3 M-Fläche aus Kranlast

Normalkräfte (77.4)
in den Stielen
Stiel ac

$$N_{af} = - 11{,}5 \text{ Mp}$$
$$N_{fc} = - 11{,}5 + 12{,}5 = 1 \text{ Mp}$$

Stiel bd

$$N_{bg} = - 5{,}5 \text{ Mp}$$
$$N_{gd} = - 5{,}5 + 4{,}5 = - 1 \text{ Mp}$$

im Riegel

$$N_c = + 1{,}0 \cdot 0{,}164 + (-1)\, 2{,}19 \cdot 0{,}986$$
$$= - 2{,}00 \text{ Mp} = N_{el}$$
$$N_{er} = - 1{,}0 \cdot 0{,}164 - 2{,}16 = - 2{,}32 \text{ Mp} = N_d$$

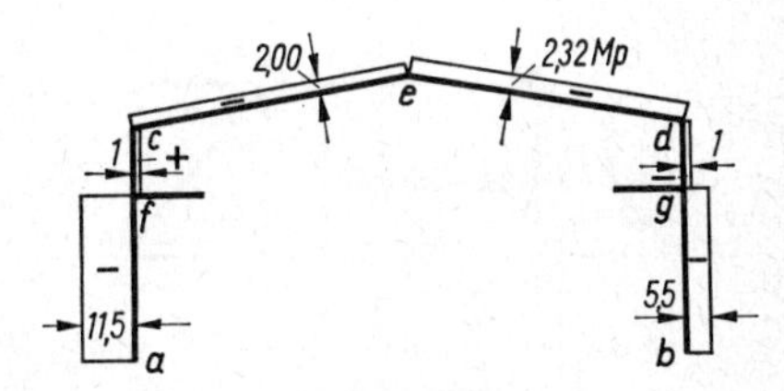

77.4 N-Fläche aus Kranlast

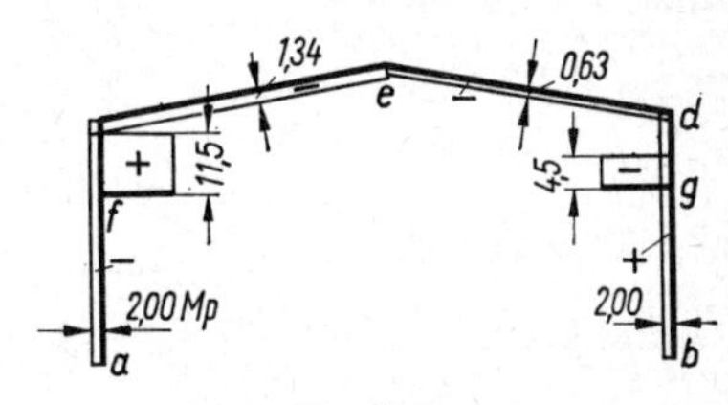

77.5 Q-Fläche aus Kranlast

Querkräfte (77.5)
in den Stielen

$$Q_{ac} = - Q_{bd} = (-1)\, 2{,}19 = - 2{,}19 \text{ Mp} \qquad Q_f = + 11{,}5 \text{ Mp} \qquad Q_g = - 4{,}5 \text{ Mp}$$

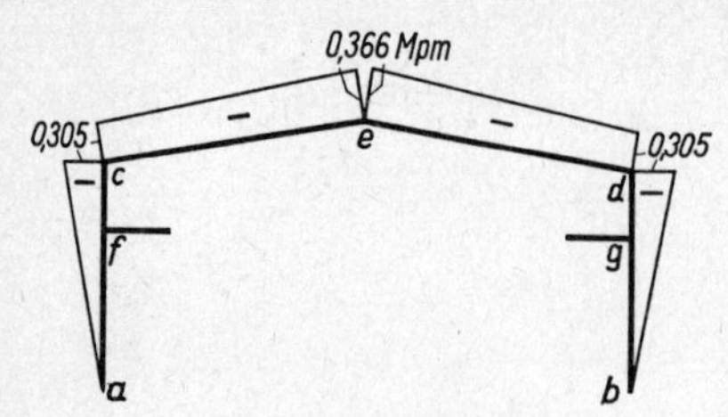

78.1 M-Fläche infolge Temperatur

im Riegel

$$Q_c = -1{,}0 \cdot 0{,}986 - 2{,}19 \cdot 0{,}164$$
$$= -0{,}986 - 0{,}36 = -1{,}34 \text{ Mp} = Q_{el}$$
$$Q_{er} = -1{,}0 \cdot 0{,}986 + 2{,}19 \cdot 0{,}164$$
$$= -0{,}63 \text{ Mp} = Q_d$$

5. Aus Temperatur $t = +30\,°\text{C}$

Momente (78.1)

$$M_c = M_d = (+0{,}061)(-5) = -0{,}305 \text{ Mpm}$$
$$M_e = (+0{,}061)(-6) = -0{,}366 \text{ Mpm}$$

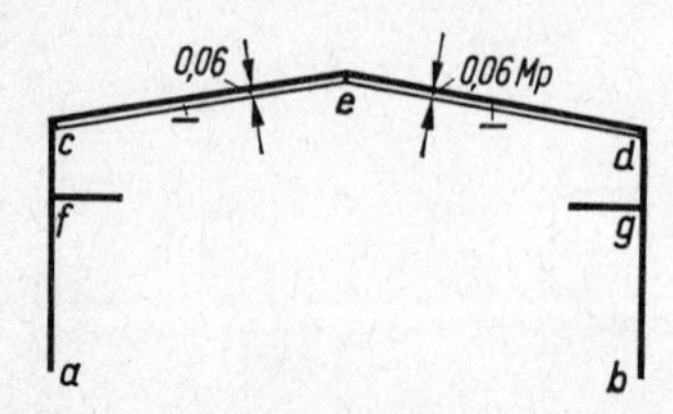

78.2 N-Fläche infolge Temperatur

Normalkräfte (78.2)
in den Stielen

$$N = 0$$

im Riegel

$$N = (-1)(+0{,}061) \cdot 0{,}986 = -0{,}06 \text{ Mp}$$

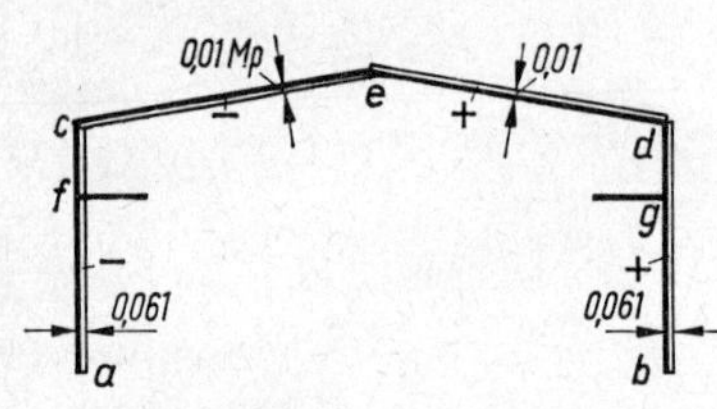

78.3 Q-Fläche infolge Temperatur

Querkräfte (78.3)
in den Stielen

$$Q_{ac} = -Q_{bd} = (+0{,}061)(-1) = -0{,}061 \text{ Mp}$$

im Riegel

$$Q_{ce} = -0{,}061 \cdot 0{,}164 = -0{,}01 \text{ Mp}$$
$$Q_{ed} = +0{,}061 \cdot 0{,}164 = +0{,}01 \text{ Mp}$$

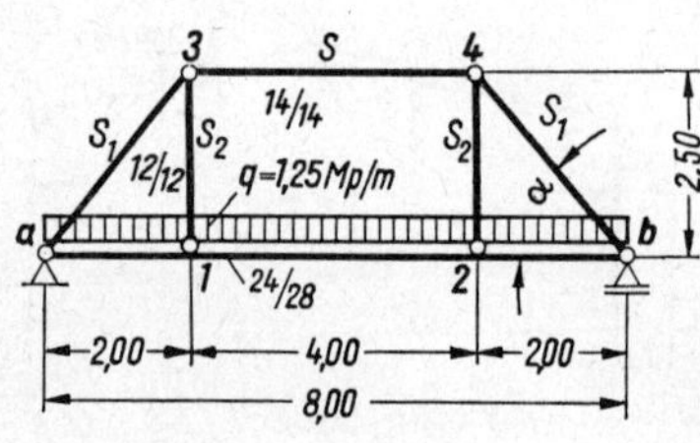

78.4 Hängewerk

6.44 Hängewerk

Das in Bild 78.4 dargestellte doppelte Hängewerk wird mit $q = 1{,}25$ Mp/m belastet. Es sind zu bestimmen die Stabkräfte der Streben, der Hängesäulen und des Spannriegels sowie das Moment, die Querkraft und die Normalkraft des Balkens in Feldmitte.

$$\tan\alpha = \frac{2{,}5}{2{,}0} = 1{,}25 \qquad \alpha = 51°\,18'$$

Querschnittswerte

Streckbalken 24/28 mit $J_x = 43\,900 \text{ cm}^4 \quad F_B = 672 \text{ cm}^2$

Spannriegel 14/14 mit $s = 4{,}0 \text{ m} \quad F = 196 \text{ cm}^2 \quad i = 4{,}05 \text{ cm}$

Streben 14/14 mit $s_1 = \sqrt{2{,}0^2 + 2{,}5^2} = 3{,}2 \text{ m} \quad F = 196 \text{ cm}^2 \quad i = 4{,}05 \text{ cm}$

Hängesäulen 12/12 mit $s_2 = 2{,}5 \text{ m} \quad F = 144 \text{ cm}^2 \quad i = 3{,}47 \text{ cm}$

Das System ist innerlich einfach statisch unbestimmt. Als statisch Unbestimmte X_1 wird die Stabkraft S des Spannriegels eingeführt (**79**.1). Das statisch bestimmte Grundsystem ist der Balken auf zwei Stützen. Aus der gegebenen Belastung sind die Stäbe S, S_1 und S_2 im Grundsystem spannungslos.

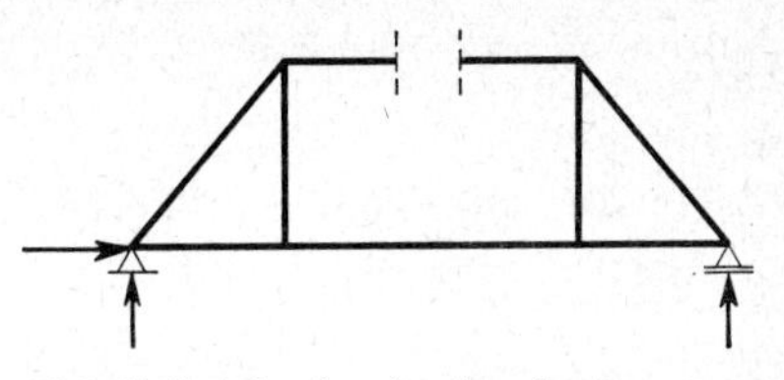

79.1 Statisch bestimmtes Grundsystem

Nach Gl. (54.3) ist

$$X_1 = -\frac{\delta_{10}}{\delta_{11}} = -\frac{EJ_c \cdot \delta_{10}}{EJ_c \cdot \delta_{11}}$$

Aus der gegebenen Belastung q am statisch bestimmten Grundsystem (**79.2**) wird

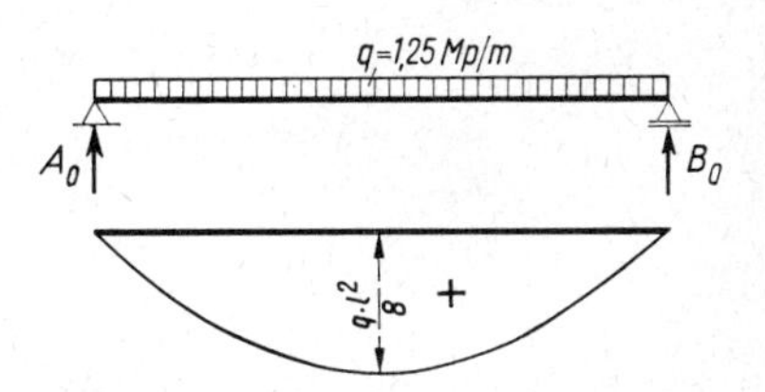

79.2 M_0-Fläche aus Streckenlast q

$$A_0 = B_0 = 1{,}25 \cdot 4 = 5{,}0 \text{ Mp}$$

$$M_1 = 5{,}0 \cdot 2{,}0 - 1{,}25 \,.\, 2^2/2$$

$$= 10 - 2{,}5 = 7{,}5 \text{ Mpm}$$

$$M_{l/2} = \frac{1{,}25 \cdot 8^2}{8} = 10{,}00 \text{ Mpm}$$

Ermittlung der inneren Kräfte aus $X_1 = 1$ (79.3)

$$S = X_1 = 1$$

$$S_1 = 1/\cos\alpha = 1/0{,}625 = 1{,}6$$

$$S_2 = -1 \cdot \tan\alpha = -1{,}25$$

$$M_{x1} = +1 \cdot y \quad \text{m} \qquad \text{von } a \text{ bis } 1$$

$$M_{11} = +1 \cdot 2{,}5 = 2{,}5 \text{ m}$$

$$M_{\frac{l}{2}1} = +1 \cdot 2{,}5 = 2{,}5 \text{ m}$$

Im Streckbalken ist $N_1 = -1$.

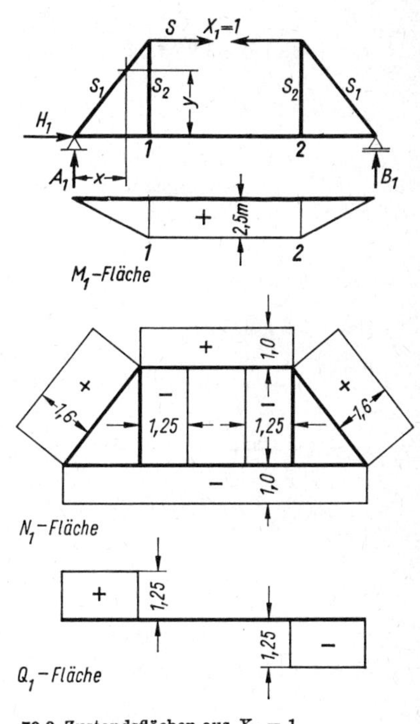

79.3 Zustandsflächen aus $X_1 = 1$

Ermittlung von δ'_{11}

Da aus $X_1 = 1$ sowohl Momente, Normalkräfte als auch Stabkräfte auftreten, sollen die Normalkräfte N_1 und Stabkräfte S_1 bei der Ermittlung von δ_{11} nicht vernachlässigt werden. Es ist

$$\delta_{11} = \int_0^l M_1^2 \cdot \frac{ds}{EJ} + \int_0^l N_1^2 \cdot \frac{ds}{EF} + \sum S_1^2 \cdot \frac{s}{EF} \quad \frac{\text{m}}{\text{Mp}}$$

Die Gleichung wird mit EJ_c multipliziert

$$EJ_c \cdot \delta_{11} = \delta'_{11} = \int_0^l M_1^2 \cdot ds \cdot \frac{J_c}{J} + \int_0^l N_1^2 \cdot ds \cdot \frac{J_c}{F} + \sum S_1^2 \cdot s \cdot \frac{J_c}{F} \quad \text{cm}^3$$

$$J_c = J_x = 43\,900 \text{ cm}^4$$

$$F_B = 672 \text{ cm}^2 \qquad F_s = F_1 = 196 \text{ cm}^2 \qquad F_2 = 144 \text{ cm}^2$$

$$\frac{J_c}{J} = 1 \qquad \frac{J_c}{F_B} = \frac{43\,900}{672} \text{ cm}^2 = 65{,}2 \text{ cm}^2 = \frac{65{,}2}{10^4} \text{ m}^2 = 0{,}652 \cdot 10^{-2} \text{ m}^2$$

$$\frac{J_c}{F_s} = \frac{43\,900}{196} = 224 \text{ cm}^2 = 2{,}24 \cdot 10^{-2} \text{ m}^2$$

$$\frac{J_c}{F_1} = 2{,}24 \cdot 10^{-2} \text{ m}^2 \qquad \frac{J_c}{F_2} = \frac{43\,900}{144} = 305 \text{ cm}^2 = 3{,}05 \cdot 10^{-2} \text{ m}^2$$

Mit Tafel **18**.1 ergibt sich aus der Koppelung der M_1-Fläche und der N_1-Flächen jeweils mit sich selbst

$$\delta'_{11} = 2 \cdot \frac{1}{3} \cdot 2{,}5^2 \cdot 2{,}0 + 2{,}5 \cdot 2{,}5 \cdot 4{,}0 + (-1)^2 \cdot 8{,}0 \cdot 0{,}652 \cdot 10^{-2} + 1^2 \cdot 4 \cdot 2{,}24 \cdot 10^{-2}$$

$$+ 2 \cdot 1{,}6^2 \cdot 3{,}2 \cdot 2{,}24 \cdot 10^{-2} + 2\,(-1{,}25)^2 \cdot 2{,}5 \cdot 3{,}05 \cdot 10^{-2}$$

$$= 8{,}33 + 25 + 10^{-2}\,(5{,}216 + 8{,}96 + 37 + 23{,}9) = 33{,}33 + \frac{75{,}08}{100} = 34{,}08 \text{ m}^3$$

Wie man sieht, ist der Beitrag aus den Normalkräften des Balkens und der Stäbe im Vergleich zur Gesamtgröße δ'_{11} mit $\approx 2\%$ sehr gering, so daß man diese Beiträge in der Regel vernachlässigen kann.

Ermittlung von δ_{10}

Wieder wird gebildet

$$EJ_c \cdot \delta_{10} = \delta'_{10} = \int M_1 \cdot M_0 \cdot ds \cdot \frac{J_c}{J} \quad \text{Mpm}^3 \quad \text{mit} \quad \frac{J_c}{J} = 1$$

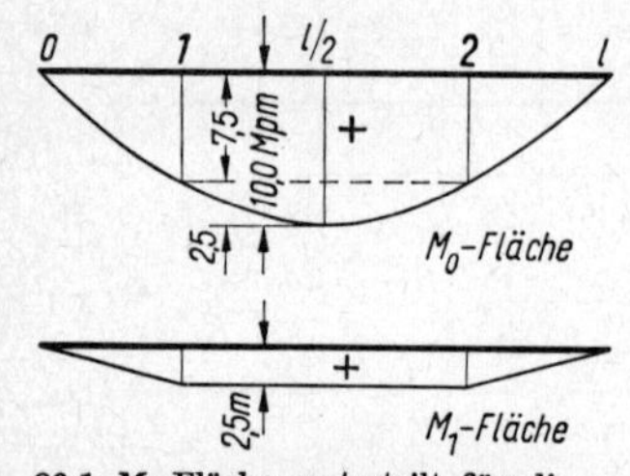

80.1 M_0-Fläche, unterteilt für die $M\overline{M}$-Tafel 18.1

Will man die $M\overline{M}$-Tafel (**18**.c) anwenden, so ergänzt man die M_1-Fläche zum Dreieck und benutzt Tafel **18**.1 (2h). Der Anteil aus dem hinzugefügten Dreieck muß wieder abgezogen werden, wobei die M_0-Fläche in Rechteck und Parabelstück zu zerlegen ist, damit Tafel **18**. (b) und (2h) benutzt werden kann. Diese Aufspaltung ist erforderlich, weil die Formeln in Tafel **18**. (Spalten h, i, k, l und Zeile 7, 8. 9) nur gelten, wenn die Parabelstücke an einer Seite den Parabelscheitel enthalten.

Man erhält

$$\delta'_{10} = 2 \cdot \frac{5}{12} \cdot 4 \cdot 10 \cdot 5 - 2 \cdot \frac{1}{2} \cdot 2 \cdot 7{,}5 \cdot 2{,}5 - 2 \cdot \frac{5}{12} \cdot 2 \cdot 2{,}5 \cdot 2{,}5 = \frac{500}{3} - \frac{112{,}50}{3} - \frac{31{,}25}{3} =$$

$$= 118{,}75 \text{ Mpm}^3$$

und $$X_1 = -\frac{118{,}75}{34{,}08}\,\frac{\text{Mp}\cdot\text{m}^3}{\text{m}^3} = -\,3{,}48\ \text{Mp}$$

Mit Gl. (54.4) sind die endgültigen Schnittgrößen durch Überlagerung zu gewinnen.

$$M = M_0 + M_1 \cdot X_1 \qquad Q = Q_0 + Q_1 \cdot X_1$$

$$N = N_0 + N_1 \cdot X_1 \qquad S = S_0 + S_1 \cdot X_1$$

So wird z. B. (**81.1**) für den Balken das Moment

in Punkt 1 $\quad M_1 = 7{,}5 + 2{,}5\,(-3{,}48)$

$= 7{,}5 - 8{,}70 = -\,1{,}20$ Mpm

und in $l/2$ $\quad M_{l/2} = 10{,}0 + 2{,}5\,(-\,3{,}48)$

$= 10{,}0 - 8{,}70 = 1{,}30$ Mpm

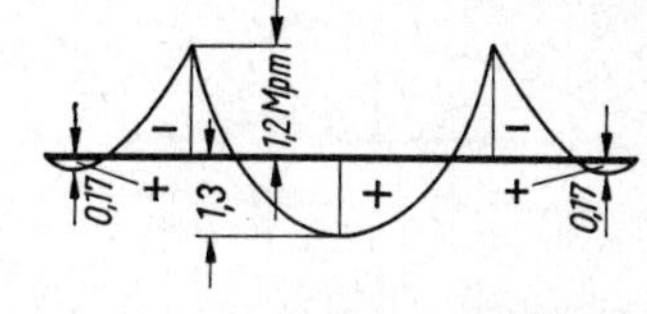

81.1 Endgültige M-Fläche des Streckbalkens

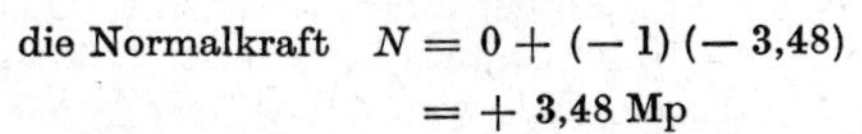

die Normalkraft $\quad N = 0 + (-\,1)\,(-\,3{,}48)$

$= +\,3{,}48$ Mp

die Querkraft an beliebiger Stelle

$$Q = Q_0 + Q_1 \cdot X_1$$

Es wird (**81.2**)

$Q_{ar} = 5{,}0 + 1{,}25(-\,3{,}48) = 5{,}0 - 4{,}35 = 0{,}65$ Mp

$= -\,Q_{bl}$

$Q_{1l} = 5{,}0 - 2\cdot 1{,}25 - 4{,}35 = -\,1{,}85$ Mp

$= -\,Q_{2r}$

$Q_{1r} = 2{,}5 + 0(-\,3{,}48) = 2{,}50\ \text{Mp} = -\,Q_{2l}$

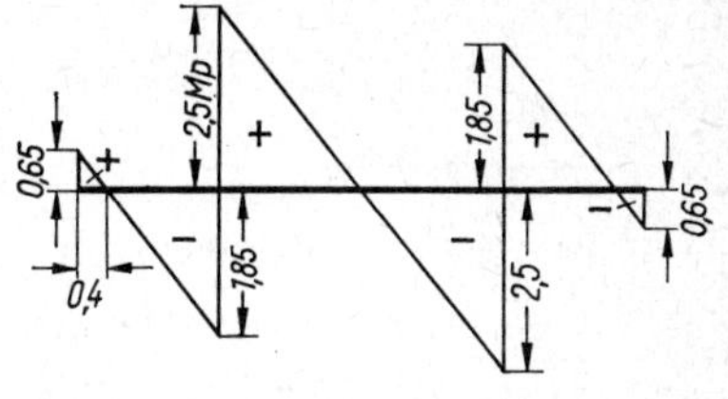

81.2 Endgültige Q-Fläche des Streckbalkens

Weiter ergibt sich für die Stabkräfte

des Spannriegels $\quad S = 0 - 1\cdot 3{,}48 = -\,3{,}48$ Mp

der Streben $\quad S_1 = 0 - 1{,}6\cdot 3{,}48 = -\,5{,}57$ Mp

der Hängesäulen $\quad S_2 = 0 + (-\,1{,}25)(-\,3{,}48) = +\,4{,}35$ Mp

6.45 Der Langersche Balken

Für den in Bild **81.3** dargestellten Langerschen Balken mit Stützweite $l = 60{,}00$ m soll für $p = 2{,}5$ Mp/m Nutzlast und $g = 2{,}0$ Mp/m Eigengewicht das Moment im Viertelspunkt und in der Mitte bestimmt werden.

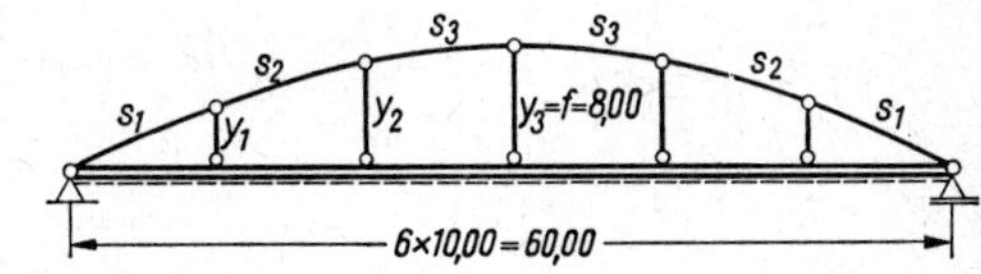

81.3 Langerscher Balken

Die Bogenpunkte liegen auf einer quadratischen Parabel, deren Pfeil $f = 8{,}00$ m ist.

$$y_1 = 4{,}45 \text{ m} \qquad y_2 = 7{,}10 \text{ m} \qquad y_3 = f = 8{,}00 \text{ m}$$

Querschnittswerte

des Balkens $\quad J_x = 500000 \text{ cm}^4 \quad F_1 = 350 \text{ cm}^2$

des Stabbogens in der Mitte $\quad F_2 = 250 \text{ cm}^2$

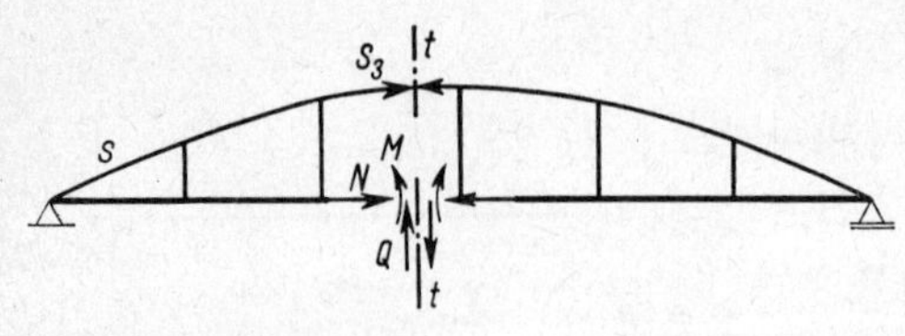

82.1 Schnittgrößen am Langerschen Balken

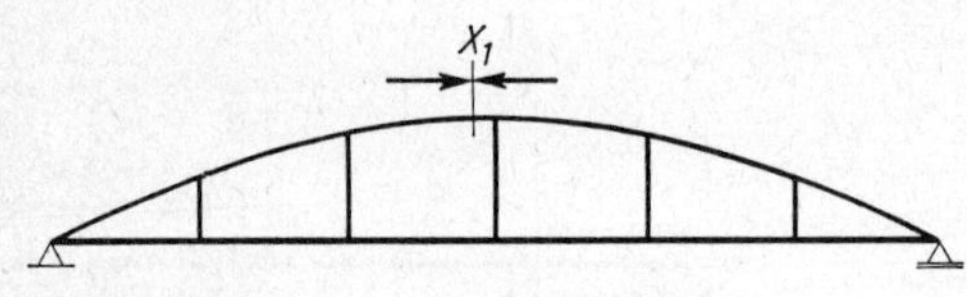

82.2 Statisch bestimmtes Grundsystem

Der Langersche Träger ist äußerlich statisch bestimmt. Durch den Schnitt t – t (**82.1**) werden jedoch dort wieder vier innere Kräfte frei: Moment M, Querkraft Q und Normalkraft N im Balken und Stabkraft S_3 im Stabbogen. Somit ist der Langersche Träger innerlich einfach statisch unbestimmt. Als statisch Unbestimmte X_1 wird die horizontale Komponente des Stabes S_3 eingeführt (**82.2**). Das statisch bestimmte Grundsystem ist der Balken auf zwei Stützen. Am statisch bestimmten System sind die Stabkräfte S_1 bis S_3 sowie die Hängestangen infolge der gegebenen Belastung also spannungslos. Zu bilden sind:

$$\delta'_{10} = EJ_c \cdot \delta_{10} = \int_0^l M_1 \cdot M_0 \cdot \mathrm{d}s \cdot \frac{J_c}{J} + \int_0^l N_1 \cdot N_0 \cdot \mathrm{d}s \cdot \frac{J_c}{F_B}$$

$$\delta'_{11} = EJ_c \cdot \delta_{11} = \int_0^l M_1^2 \cdot \mathrm{d}s \cdot \frac{J_c}{J} + \int_0^l N_1^2 \cdot \mathrm{d}s \cdot \frac{J_c}{F_B} + \sum S_1^2 \cdot s \cdot \frac{J_c}{F_s}$$

In $\sum S_1^2 \cdot s \cdot \frac{J_c}{F_s}$ sollen nur die Stäbe des Stabbogens, also nicht die Hängestangen berücksichtigt werden. Das darf ohne weiteres geschehen, weil der Beitrag aus den Hängestangen im Vergleich zu dem aus dem Stabbogen sehr gering ist.

Ermittlung von δ'_{11}

Bestimmung von M_1, N_1 und S_1

$$\tan\varphi_1 = \frac{4{,}45}{10} = 0{,}445 \qquad \varphi_1 = 24°$$

$$\tan\varphi_2 = \frac{7{,}1 - 4{,}45}{10} = 0{,}265 \qquad \varphi_2 = 14°51'$$

$$\tan\varphi_3 = \frac{8{,}0 - 7{,}1}{10} = 0{,}09 \qquad \varphi_3 = 5°9'$$

Stablängen

$$s_1 = \frac{10,00}{\cos\varphi_1} = \frac{10,00}{0,914} = 10.94\ \text{m}$$

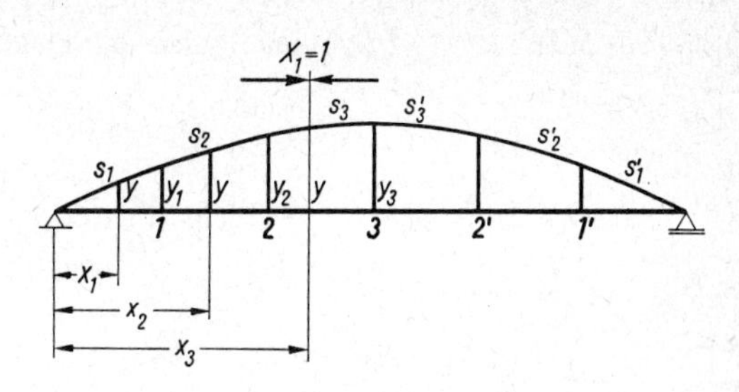

$$s_2 = \frac{10,00}{\cos\varphi_2} = \frac{10,00}{0,966} = 10,35\ \text{m}$$

$$s_3 = \frac{10,00}{\cos\varphi_3} = \frac{10,00}{0,996} = 10,04\ \text{m}$$

$$M_{11} = M'_{11} = 1 \cdot y_1 = 1 \cdot 4,45\ \text{m}$$

$$M_{21} = M'_{21} = 1 \cdot y_2 = 1 \cdot 7,10\ \text{m}$$

$$M_{31} = M'_{31} = 1 \cdot y_3 = 1 \cdot 8,0\ \text{m}$$

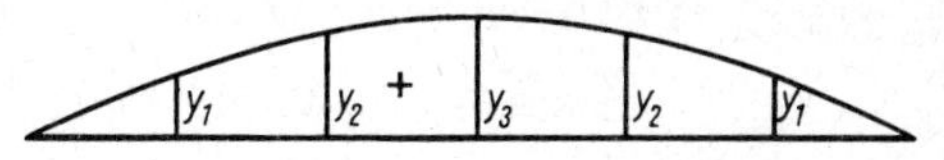

83.1 M_1-Fläche aus $X_1 = 1$

im Bereich 0 ··· 10,00 m (**83.1**)

$$M_{x_1 1} = 1 \cdot y = 1 \cdot x_1 \cdot \tan\varphi_1 = 0,445\ x_1$$

m Bereich 10,00 ··· 20,00 m

$$M_{x_2 1} = 1 \cdot y$$

$$y = y_1 + (x_2 - 10)\tan\varphi_2 = 4,45 + x_2 \cdot \tan\varphi_2 - 10\tan\varphi_2$$

$$= 4,45 - 2,65 + 0,265\,x_2 = 1,8 + 0,265\,x_2$$

im Bereich 20,0 ··· 30,0 m

$$M_{x_3 1} = 1 \cdot y$$

$$y = y_2 + (x_3 - 20)\tan\varphi_2 = 7,1 + 0,09\,x_3 - 20 \cdot 0,09 = 5,3 + 0,09\,x_3$$

Die M_1-Fläche zeigt Bild **83.1.**

$$N_1 = -1 \qquad S_{11} = S'_{11} = \frac{1}{\cos\varphi_1} = \frac{1}{0,914} = 1,094$$

$$S_{21} = S'_{21} = \frac{1}{\cos\varphi_2} = \frac{1}{0,966} = 1,03 \qquad S_{31} = S'_{31} = \frac{1}{\cos\varphi_3} = \frac{1}{0,996} \approx 1,00$$

$$\delta'_{11} = \int_0^l M_1^2 \cdot \mathrm{d}x \cdot \frac{J_c}{J} + \int_0^l N_1^2 \cdot \mathrm{d}x \cdot \frac{J_c}{F_B} + \sum S_1^2 \cdot s \cdot \frac{J_c}{F_s}$$

$$J_c = 500\,000\ \text{cm}^4 = \frac{500\,000}{100^4} = \frac{5 \cdot 10^5}{1 \cdot 10^8} = 5 \cdot 10^{-3}\ \text{m}^4$$

$$F_B = 350\ \text{cm}^2 = \frac{350}{100 \cdot 100} = \frac{3,5 \cdot 10^2}{10^4} = 3,5 \cdot 10^{-2}\ \text{m}^2$$

$$F_s = 250\ \text{cm}^2 = 2,5 \cdot 10^{-2}\ \text{m}^2$$

$$\frac{J_c}{J} = 1 \qquad \frac{J_c}{F_B} = \frac{5 \cdot 10^{-3}}{3,5 \cdot 10^{-2}} = 1,428 \cdot 10^{-1} = 0,143 \qquad \frac{J_c}{F_s} = \frac{5 \cdot 10^{-3}}{2,5 \cdot 10^{-2}} = 0,2\ \text{m}^2$$

Mit der $M\overline{M}$-Tafel **18**.1 (2/b) und (3/d) erhält man

$$\delta'_{11(M)} = \left\{\frac{1}{3} \cdot 4{,}45^2 \cdot 10{,}0 + \frac{10{,}0}{6}[4{,}45(2 \cdot 4{,}45 + 7{,}1) + 7{,}1(2 \cdot 7{,}1 + 4{,}45)]\right.$$

$$\left. + \frac{10{,}0}{6}[7{,}1(2 \cdot 7{,}1 + 8{,}0) + 8{,}0(2 \cdot 8{,}0 + 7{,}1)]\right\} 2 \cdot 1 = 2(66 + 340 + 571)$$

$$= 1954\ \mathrm{m}^3$$

$$\delta'_{11(N)} = (-1)^2 \cdot 60{,}0 \cdot 0{,}143 = 8{,}58\ \mathrm{m}^3$$

$$\delta'_{11(S)} = 1{,}1^2 \cdot 10{,}98 \cdot 0{,}2 + 1{,}03^2 \cdot 10{,}30 \cdot 0{,}2 + 1^2 \cdot 10{,}04 \cdot 0{,}2 = 6{,}85\ \mathrm{m}^3$$

$$\delta'_{11} = 1954 + 8{,}58 + 6{,}85 = 1969{,}4\ \mathrm{m}^3$$

Aus dieser Berechnung sieht man wieder, wie klein der Beitrag zu δ_{11} aus der Normalkraft im Balken und den Stabspannkräften ist ($\approx 8\,‰$). Da der Betrag aus den Hängesäulen nur $\approx 15\,\%$ des Beitrages der obigen Stabspannkräfte ausmacht, war die Vernachlässigung der Hängesäulen berechtigt.

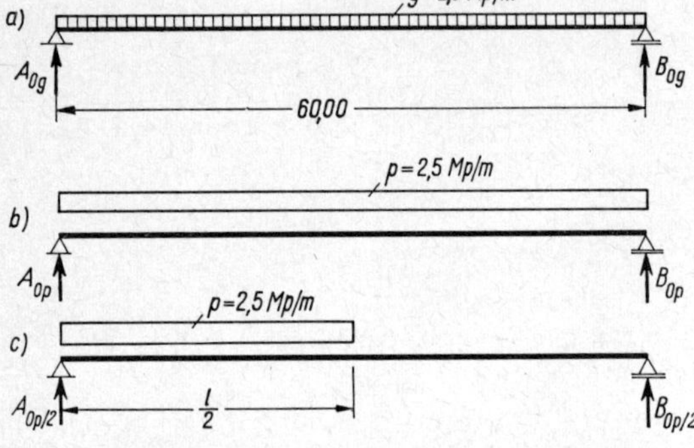

84.1 Verschiedene Lastfälle des statisch bestimmten Grundsystems

Ermittlung von δ'_{10}

1. Ermittlung von δ_{10g} für Belastung durch g (**84**.1a)

$$A_{0g} = B_{0g} = 30 \cdot 2{,}0 = 60\ \mathrm{Mp}$$

$$M_{x0g} = 60x - 2{,}00 \cdot \frac{x^2}{2}$$

$$= 60x - x^2$$

$$M_{\frac{l}{4}0g} = 60 \cdot 15 - \frac{2{,}00 \cdot 15^2}{2}$$

$$= 900 - 225 = 675\ \mathrm{Mpm}$$

$$M_{\frac{l}{2}0g} = \frac{2{,}00 \cdot 60^2}{8} = 900\ \mathrm{Mpm}$$

Es wird

$$\delta'_{10g} = \left\{\int_0^{10} M_1 \cdot M_0 \cdot \mathrm{d}x \cdot \frac{J_c}{J} + \int_{10}^{20} M_1 \cdot M_0 \cdot \mathrm{d}x \cdot \frac{J_c}{J} + \int_{20}^{30} M_1 \cdot M_0 \cdot \mathrm{d}x \cdot \frac{J_c}{J}\right\} 2$$

$$\delta'_{10g} = 2\left\{\int_0^{10} (0{,}445x)(60x - x^2)\,\mathrm{d}x + \int_{10}^{20} (1{,}8 + 0{,}265x)(60x - x^2)\,\mathrm{d}x\right.$$

$$\left. + \int_{20}^{30} (5{,}3 + 0{,}09x)(60x - x^2)\,\mathrm{d}x\right\}$$

$$= 2\left\{\int_0^{10} (26{,}7x^2 - 0{,}445x^3)\,\mathrm{d}x + \int_{10}^{20} (108x + 14{,}1x^2 - 0{,}265x^3)\,\mathrm{d}x\right.$$

$$\left. + \int_{20}^{30} (318x + 0{,}1x^2 - 0{,}09x^3)\,\mathrm{d}x\right\}$$

$$\delta'_{10g} = 2\left\{\left[\frac{26{,}7}{3}x^3 - \frac{0{,}445}{4}x^4\right]_0^{10} + \left[\frac{108}{2}x^2 + \frac{14{,}1}{3}x^3 - \frac{0{,}265}{4}x^4\right]_{10}^{20} + \left[\frac{318}{2}x^2 + \frac{0{,}1}{3}x^3 - \frac{0{,}09}{4}x^4\right]_{20}^{30}\right\}$$

$$= 2\left\{\left[\frac{26{,}7}{3}\cdot 1000 - \frac{0{,}445}{4}\,10000\right] + \left[\frac{108}{2}(400-100) + \frac{14{,}1}{3}(8000-1000)\right.\right.$$

$$\left. - \frac{0{,}265}{4}(160000-10000)\right] + \left[\frac{318}{2}(900-400) + \frac{0{,}1}{3}(27000-8000)\right.$$

$$\left.\left. - \frac{0{,}09}{4}(810000-160000)\right]\right\}$$

$$= 2\{[8900 - 1112{,}5] + [16200 + 32900 - 9937{,}5] + [79500 + 633 - 14625]\}$$

$$= 2\{7787{,}5 + 39162{,}5 + 65508\} = 2\cdot 112458 = 224916\,\mathrm{Mpm^3}$$

2. Ermittlung von δ'_{10p} für Vollbelastung durch p (**84.1b**)

Da δ'_{10g} bekannt ist und durch p dieselbe Form der Momentenfläche M_0 entsteht, dessen größte Ordinate sich nur im Verhältnis von p/g ändert, ist

$$\delta'_{10p} = \delta'_{10g}\cdot\frac{p}{g} = \delta'_{10g}\cdot\frac{2{,}5}{2{,}0} = 224916\cdot\frac{2{,}5}{2{,}0} = 281145\,\mathrm{Mpm^3}$$

3. Ermittlung von $\delta'_{10p/2}$ für halbseitige Belastung durch p (**84.1c**)

Für diese Belastung ist

$$\delta'_{10p/2} = \frac{1}{2}\cdot 281145 = 140572\,\mathrm{Mpm^3}$$

Ermittlung von X_1

1. Für Eigengewicht g $\qquad X_{1g} = -\dfrac{224916\,\mathrm{Mpm^3}}{1969{,}4\,\mathrm{m^3}} = -114{,}2\,\mathrm{Mp}$

2. Für Vollast aus p $\qquad X_{1p} = -\dfrac{281145}{1969{,}4} = -142{,}8\,\mathrm{Mp}$

3. Für halbseitige Belastung aus p $\qquad X_{1p/2} = \dfrac{1}{2}X_{1p} = -71{,}4\ \mathrm{Mp}$

Ermittlung der Momente

1. In Feldmitte

a) für Vollast aus $g + p$

$$M_{l/2} = \frac{ql^2}{8} + 8{,}0(-114{,}2 - 142{,}8) = \frac{4{,}5\cdot 60^2}{8} - 8{,}0\cdot 257{,}0$$

$$= 2025 - 2056 = -31\,\mathrm{Mpm}$$

b) für g und halbseitige Belastung aus p

$$A = 30\cdot 2{,}0 + \frac{3}{4}\cdot 30\cdot 2{,}5 = 60 + 56{,}25 = 116{,}25\,\mathrm{Mp}$$

$$B = 60 + \frac{1}{4}\cdot 30\cdot 2{,}5 = 60 + 18{,}75 = 78{,}75\,\mathrm{Mp}$$

$$M_{l/2} = 78{,}75 \cdot 30 - 2 \cdot \frac{30^2}{2} + 8{,}0\,(-114{,}2 - 71{,}4) = 2362{,}5 - 900 - 8 \cdot 185{,}6$$

$$= 1462{,}5 - 1484{,}8 = -22{,}3 \text{ Mpm}$$

2. Im Viertelspunkt für g und halbseitige Belastung durch p

In $x = l/4 = 15{,}00$ m wird

$$M_{l/4} = 116{,}25 \cdot 15 - 4{,}5 \cdot \frac{15^2}{2} + \frac{4{,}45 + 7{,}1}{2}\,(-114{,}2 - 71{,}4) = 1744 - 506 - 5{,}775 \cdot 185{,}6$$

$$= 1238 - 1072 = 166 \text{ Mpm}$$

Ermittlung der Normalkraft

$$N_0 = 0 \qquad N_1 = -1$$

a) für Vollast $g + p$

$$N = 0 + (-1)(-114{,}2 - 142{,}8) = +257{,}0 \text{ Mp (Zug)}$$

b) für g und halbseitige Belastung mit p

$$N = 0 + (-1)(-114{,}2 - 71{,}4) = +185{,}6 \text{ Mp (Zug)}$$

Ermittlung der Stabkräfte

$$S_1 = S_1 \cdot X_1 = +1{,}1\,(-114{,}2 - 142{,}8) = -283 \text{ Mp}$$

$$S_2 = +1{,}03(-257) = -265 \text{ Mp} \qquad S_3 = 1{,}0 \cdot (-257) = -257 \text{ Mp}$$

Es ergeben sich durch die Bemessung des Langerschen Trägers auf Grund der errechneten Momente, Normal- und Stabkräfte folgende Querschnittswerte, die von den angenommenen Querschnittswerten erheblich abweichen:

$$J_x = 2\,036\,000 \text{ cm}^4 \text{ statt } 500\,000 \text{ cm}^4$$

$$F_B = 444 \text{ cm}^2 \text{ statt } 350 \text{ cm}^2$$

$$F_s = 242 \cdots 281 \text{ cm}^2\text{, im Mittel} = 260 \text{ cm}^2 \text{ statt } 250 \text{ cm}^2$$

Damit ist für $J_c = 2\,036\,000 \text{ cm}^4 \quad J_c/J = 1$

$$\frac{J_c}{F_B} = \frac{2\,036\,000}{444} = \frac{2\,036\,000 \cdot 10^4}{10^8 \cdot 444} = \frac{2{,}036 \cdot 10^6 \cdot 10^4}{10^8 \cdot 4{,}44 \cdot 10^2} = 0{,}458 \text{ m}^2$$

$$\frac{J_c}{F_s} = \frac{2{,}036 \cdot 10^6 \cdot 10^4}{10^8 \cdot 2{,}6 \cdot 10^2} = 0{,}782 \text{ m}^2$$

Da $J_c/J = 1$ bleibt, ändern sich die Werte δ'_{10} und $\delta'_{11(M)}$ nicht.
Lediglich die Beiträge aus den Normalkräften $\delta'_{11(N)}$ und den Stabkräften $\delta'_{11(S)}$ ändern sich wie folgt:

$$\int N_1^2 \cdot ds \cdot \frac{J_c}{F_B} + \sum S_1^2 \cdot s \cdot \frac{J_c}{F_s}$$

$$= (-1)^2 \cdot 60 \cdot 0{,}458 + 1{,}1^2 \cdot 10{,}98 \cdot 0{,}782 + 1{,}03^2 \cdot 10{,}30 \cdot 0{,}782 + 1{,}0^2 \cdot 10{,}04 \cdot 0{,}782$$

$$= 27{,}48 + 10{,}4 + 8{,}57 + 7{,}85 = 54{,}30 \text{ m}^3 \text{ (statt } 15{,}43)$$

$$\delta'_{11} = 1954 + 54{,}30 = 2008{,}3 \text{ (statt } 1969{,}4 \text{ m}^3)$$

Der Unterschied beträgt trotz der erheblichen Querschnittsänderung nur $\approx 2\,\%$ und ist so gering, daß die Rechnung nicht wiederholt zu werden braucht. Aus diesem Beispiel ersieht man daher deutlich, wie vorteilhaft es ist, mit den Verhältniswerten J_c/J und J_c/F zu rechnen statt mit den wirklichen Trägheitsmomenten und Flächen.

6.46 Zwei durch einen Stab verbundene eingespannte Stützen

Für das in Bild **87.1** dargestellte System, bestehend aus zwei eingespannten Stützen und einem gelenkig angeschlossenen Riegel, der nur Normalkräfte aufnehmen kann, sollen für die Kraft W die Einspannmomente bestimmt werden.

$$J = J_c = 11\,690 \text{ cm}^4 = 1{,}169 \cdot 10^{-4} \text{ m}^4$$

$$F = 22 \text{ cm}^2 = 2{,}2 \cdot 10^{-3} \text{ m}^2$$

$$J_c/F = \frac{1{,}169 \cdot 10^{-4}}{2{,}2 \cdot 10^{-3}} = 0{,}053 \text{ m}^2$$

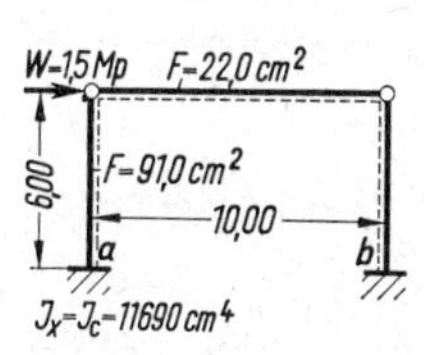

87.1 Zwei durch einen Stab verbundene eingespannte Stützen

Solche Systeme werden in der Praxis oft verwendet. Durch den Riegel wird erreicht, daß beide eingespannten Stützen zur Aufnahme von einseitig angreifenden horizontalen Kräften, z. B. aus Wind und auch Kranschub, mitwirken.

Das System ist einfach statisch unbestimmt. Schneidet man den Riegel durch, so erhält man als statisch bestimmtes Grundsystem zwei eingespannte Stützen (**87.2**).

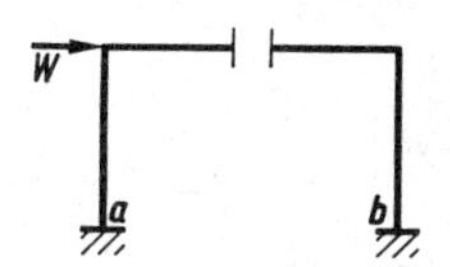

87.2 Statisch bestimmtes Grundsystem

Die Stabkraft des Riegels wird als statisch Unbestimmte X_1 eingeführt (**87.3**). Aus $X_1 = 1$ entsteht die M_1-Fläche (**87.3**).

$$M_{a1} = M_{b1} = -\,1 \cdot 6{,}0 \text{ m}$$

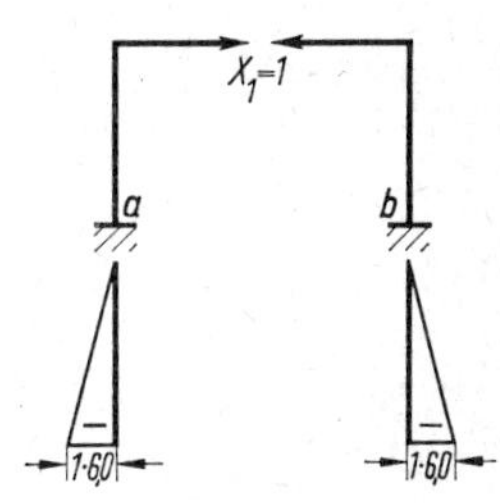

87.3 M_1-Fläche aus $X_1 = 1$

Damit ergibt sich mit der $M\overline{M}$-Tafel **18.1**, Zeile 2, Spalte b,

$$\delta'_{11} = EJ_c \cdot \delta_{11} = 2 \cdot \frac{1}{3}(-\,6{,}0)^2 \cdot 6{,}0 - 1^2 \cdot 10{,}0 \cdot \frac{J_c}{F}$$

$$= 144 + 10{,}0 \cdot 0{,}053 = 144{,}5 \text{ m}^3$$

Aus der Kraft $W = 1{,}5$ Mp entsteht die in Bild **87.4** dargestellte Momentenfläche M_0

$$M_{a0} = -\,1{,}5 \cdot 6{,}00 = -\,9{,}0 \text{ Mpm} \qquad M_{b0} = 0$$

Mit Tafel **18.1** (2/b) wird

$$\delta'_{10} = \frac{1}{3}(-\,6{,}0)(-\,9{,}0)\,6{,}0 = 108 \text{ Mpm}^3$$

$$X_1 = -\frac{\delta'_{10}}{\delta'_{11}} = -\frac{108}{144{,}5} = -\,0{,}746 \text{ Mp}$$

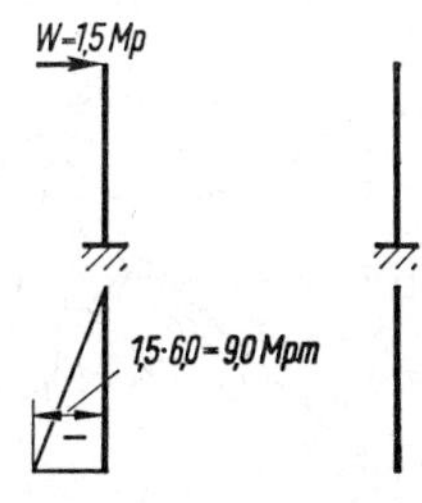

87.4 M_0-Fläche aus Wind

Damit ergeben sich folgende Momente:

$$M_a = -\,9{,}0 + (-\,6{,}0)(-\,0{,}746) = -\,9{,}0 + 4{,}476$$

$$= -\,4{,}52 \text{ Mpm}$$

$$M_b = +\,(-\,6{,}0)(-\,0{,}746) = +\,4{,}48 \text{ Mpm}$$

Alle weiteren Auflagerreaktionen und Schnittgrößen können jetzt wie bei statisch bestimmten Systemen berechnet werden.

6.47 Kehlbalkendach

Für das Kehlbalkendach nach Bild 88.1 sind die Auflagerkräfte, Momente und Normalkräfte zu ermitteln.
Die Dachneigung beträgt

$$\tan\alpha = 4{,}5/5{,}0 = 0{,}9 \qquad \alpha = 42° \qquad \cos\alpha = 0{,}74 \qquad \sin\alpha = 0{,}67$$

Belastung

Dacheigengewicht $q_1 = 80\ \mathrm{kp/m^2}$ Dachfläche

Schnee $s = 53\ \mathrm{kp/m^2}$

Wind $w = 1{,}2 \cdot \sin\alpha \cdot 80 = 64\ \mathrm{kp/m^2}$

Kehlbalkenbelastung $q = 100\ \mathrm{kp/m^2}$

1. Ermittlung von δ_{11}

δ_{11} ist die gegenseitige Verschiebung der Punkte d und e infolge $X_1 = 1$.

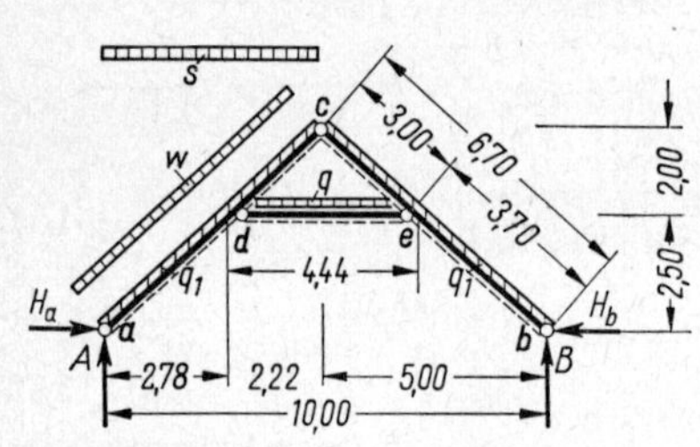

88.1 Kehlbalkendach

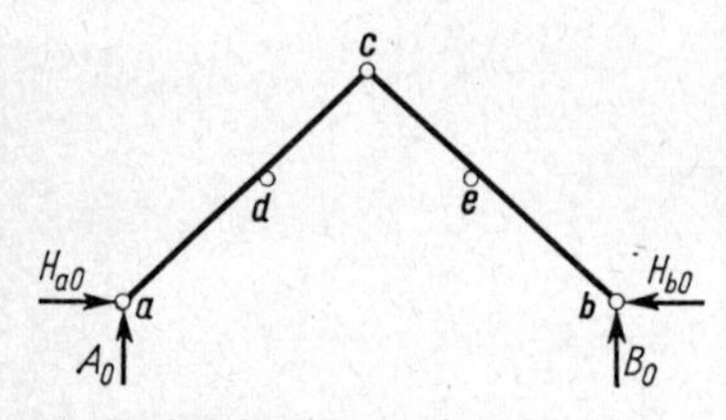

88.2 Statisch bestimmtes Grundsystem

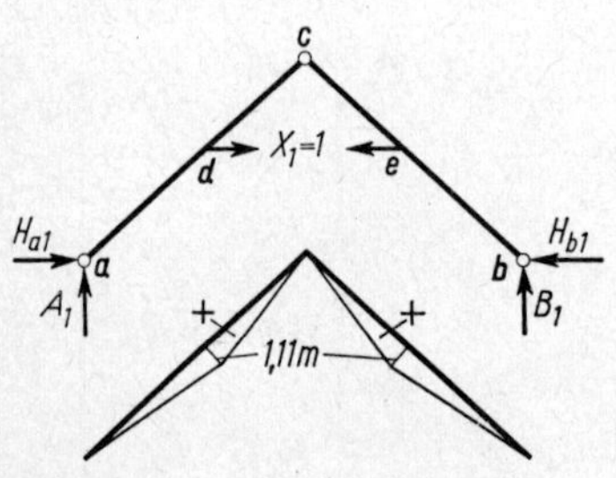

88.3 M_1-Fläche aus $X_1 = 1$

Das Kehlbalkendach ist einfach statisch unbestimmt. Schneidet man nämlich den Kehlbalken *de* durch, so erhält man als statisch bestimmtes Grundsystem einen Dreigelenkrahmen (88.2). Die Normalkraft des Kehlbalkens wird als statisch Unbestimmte $X_1 = 1$ eingeführt (88.3).

In Gl. (54.3) $\qquad X_1 = -\delta_{10}/\delta_{11}$

ist δ_{11} von der Belastung unabhängig und deshalb nur einmal zu bestimmen; jedoch ist δ_{10} für das Dacheigengewicht, für Schneebelastung, für Windbelastung und für die Belastung durch den Kehlbalken zu berechnen.

$$\delta_{11} = \int \frac{M_1^2 \cdot \mathrm{d}s}{E \cdot J} = \frac{1}{EJ}\int M_1^2 \cdot \mathrm{d}s$$

Auflagerkräfte

$$A_1 = B_1 = 0 \qquad H_{a1} = H_{b1} = -\frac{2{,}0}{4{,}5} = -\,0{,}445$$

Momente (88.3)

$$M_{d1} = M_{e1} = +\,0{,}445 \cdot 2{,}5 = 1{,}11\ \mathrm{m}$$

Nach der Tafel 18.1, Zeile 4, Spalte e, ist

$$\delta_{11} = \frac{1}{EJ} \cdot \frac{6{,}7}{6} \cdot 1{,}11^2 \cdot 2 \cdot 2 = \frac{1}{EJ} \cdot 5{,}5\ \mathrm{m^3}$$

2. Ermittlung von δ_{10q1} und X_{1q1}

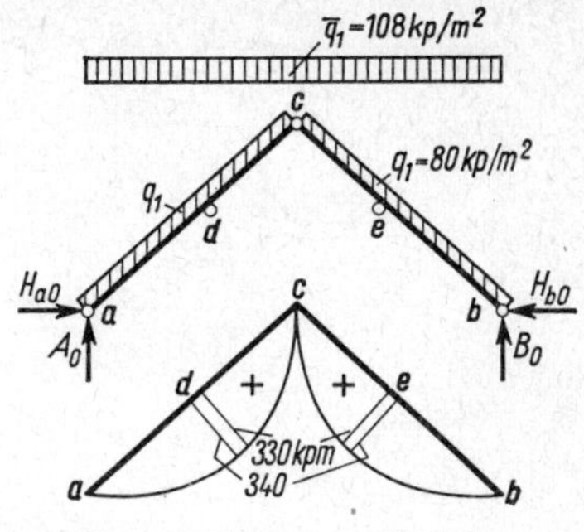

89.1 Momentenfläche aus Dacheigengewicht

Aus $q_1 = 80$ kp/m² auf die geneigte Dachfläche (89.1)

$$\overline{q}_1 = \frac{q_1}{\cos\alpha} = \frac{80}{0,74} = 108 \text{ kp/m}^2$$

$$A_0 = B_0 = \frac{108 \cdot 10,0}{2} = 540 \text{ kp}$$

$$H_{a0} = H_{b0} = \frac{108 \cdot 10,0^2}{8 \cdot 4,5} = 300 \text{ kp}$$

$$M_{d0} = M_{e0} = 540 \cdot 2,78 - 300 \cdot 2,5 - 108 \cdot \frac{2,78^2}{2}$$

$$= 330 \text{ kpm}$$

$$\max M_0 = \frac{108 \cdot 5^2}{8} = 340 \text{ kpm}$$

Nach Tafel **18.1**, Zeile 4, Spalte g, ist

$$\delta_{10q1} = \frac{1}{EJ} \cdot \frac{1}{3} \cdot 1,11 \cdot 340 \cdot 6,7 \left(1 + \frac{3,0 \cdot 3,7}{6,7^2}\right) 2 = \frac{1}{EJ} \cdot 2100 \text{ kpm}^3$$

$$X_{1q1} = -\frac{\delta_{10q1}}{\delta_{11}} = -\frac{1/EJ}{1/EJ}\,\frac{2100}{5,5} = -382 \text{ kp}$$

3. Ermittlung von δ_{10s} und X_{1s}

Aus halbseitiger Schneebelastung (**89**.2)

$$s = 53 \text{ kp/m}^2$$

$$A_{0s} = \frac{53 \cdot 5,0 \cdot 7,5}{10,00} = 199 \text{ kp} \qquad B_{0s} = 53,0 \cdot 5,0 - 199 = 66 \text{ kp}$$

$$H_{a0s} = H_{b0s} = \frac{199 \cdot 5,0 - 53 \cdot 5,0^2 \cdot 1/2}{4,5} = 74 \text{ kp}$$

$$M_{d0s} = 199 \cdot 2,78 - 74 \cdot 2,5 - 53 \cdot 2,78^2 \cdot 1/2 = 164 \text{ kpm}$$

$$\max M_{0s} = \frac{53 \cdot 5,0^2}{8} = 166 \text{ kpm}$$

Mit Tafel **18.1**, Zeile 4 und Spalte g, ergibt sich

$$\delta_{10s} = \frac{1}{EJ} \cdot \frac{1,11 \cdot 166 \cdot 6,7}{3} \left(1 + \frac{3,0 \cdot 3,7}{6,7^2}\right)$$

$$= \frac{1}{EJ} \cdot 512 \text{ kp} \cdot \text{m}^3$$

$$X_{1s} = -\frac{512/EJ}{5,5/EJ} = -93 \text{ kp}$$

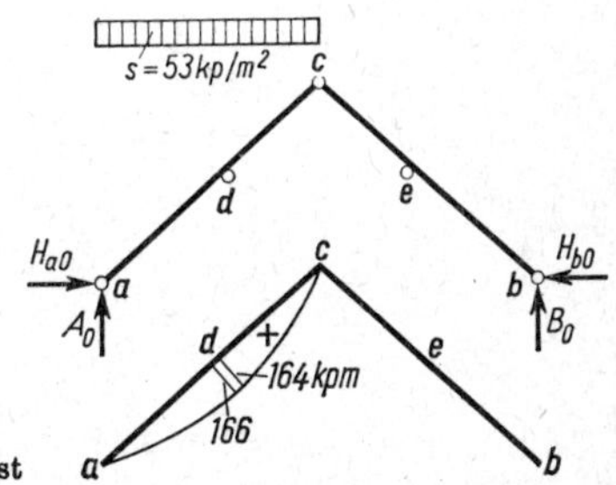

89.2 Momentenfläche aus halbseitiger Schneelast

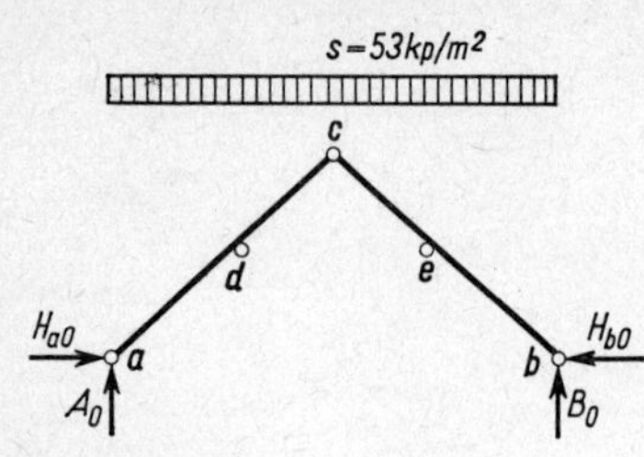

90.1 Vollschnee

4. Ermittlung von δ_{10s} und X_{1s}

Aus voller Schneebelastung (**90.1**)

Die Werte können sofort aus dem 3. Belastungsfall (Schnee halbseitig) gefunden werden.

$$A_{04} = A_{0s} + B_{0s} = 199 + 66 = 265 \text{ kp}$$

$$H_{a0s} = H_{b0s} = 148 \text{ kp}$$

$$M_{d0} = 164 \text{ kpm wie unter 3.}$$

$$\max M_0 = \frac{53 \cdot 5{,}0^2}{8} = 166 \text{ kpm} \quad \text{wie unter 3.}$$

$$X_{1s} = -2 \cdot 93 = -186 \text{ kp}$$

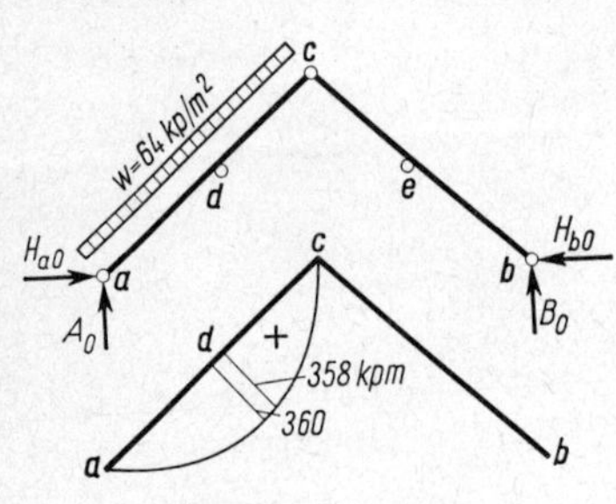

90.2 Momentenfläche aus Wind

5. Ermittlung von δ_{10w}

Aus der Windbelastung (**90.2**)

$$B_0 = \frac{64 \cdot 6{,}7^2}{2 \cdot 10{,}0} = 144 \text{ kp}$$

und mit $W_v = w \cdot \frac{l}{2}$; $W_h = w \cdot h$:

$$A_0 = \frac{64{,}0 \cdot 5{,}0 \cdot 7{,}5}{10} - \frac{64 \cdot 4{,}5^2}{2 \cdot 10{,}0} = 175 \text{ kp}$$

$$H_{b0} = \frac{144 \cdot 5{,}0}{4{,}5} = 160 \text{ kp} \qquad H_{a0} = \frac{175 \cdot 5{,}0 - 64 \cdot 6{,}7^2/2}{4{,}5} = -125 \text{ kp}$$

$$M_{d0} = 175 \cdot 2{,}78 + 125 \cdot 2{,}5 - \frac{64 \cdot 3{,}7^2}{2} = 358 \text{ kpm}$$

$$\max M_0 = \frac{64 \cdot 6{,}7^2}{8} = 360 \text{ kpm}$$

Mit Tafel **18.1**, Zeile 4 und Spalte g, erhält man

$$\delta_{10w} = \frac{1}{EJ} \cdot \frac{1}{3} \cdot 1{,}11 \cdot 360 \cdot 6{,}7 \left(1 + \frac{3{,}0 \cdot 3{,}7}{6{,}7^2}\right) = \frac{1}{EJ} \cdot 1110 \text{ kpm}^3$$

$$X_{1w} = -\frac{1110}{5{,}5} = -202 \text{ kp}$$

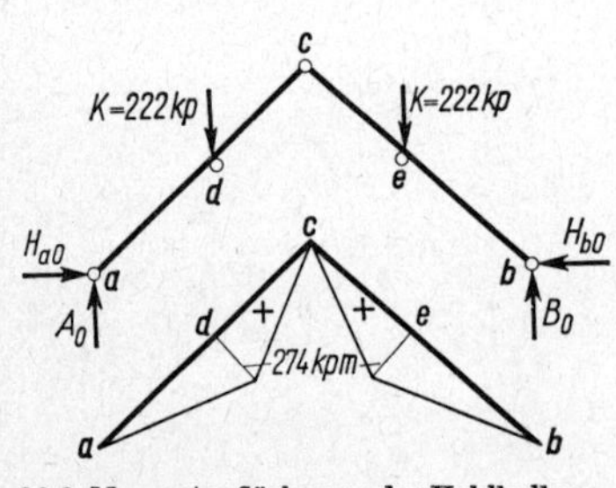

90.3 Momentenfläche aus der Kehlbalkenbelastung

6. Ermittlung von δ_{10K} und X_{1K}

Aus der Kehlbalkenbelastung (**90.3**)

$$K = 1/2 \cdot 4{,}44 \cdot 100 = 222 \text{ kp}$$

$$A_0 = B_0 = K = 222 \text{ kp}$$

$$H_{a0} = H_{b0} = \frac{222\,(5{,}0 - 2{,}22)}{4{,}5} = 137 \text{ kp}$$

$$M_{d0} = M_{e0} = 222 \cdot 2{,}78 - 137 \cdot 2{,}5 = 617 - 343$$

$$= 274 \text{ kpm}$$

Mit Tafel **18**.1 (4/e) ergibt sich

$$\delta_{10K} = \frac{1}{EJ} \cdot \frac{6{,}7}{6} \cdot 1{,}11 \cdot 274 \cdot 2 \cdot 2 = \frac{1}{EJ} \cdot 1360 \text{ kp} \cdot \text{m}^3$$

$$X_{1K} = -\frac{1360}{5{,}5} = -247 \text{ kp}$$

7. Ermittlung der endgültigen Auflagerkräfte, Momente und Normalkräfte mit Gl. (54.4)

1. Lastfall: q_1

$$A = B = 540 \text{ kp} \qquad H_a = H_b = 300 + (-0{,}445)(-382) = 470 \text{ kp}$$

Normalkräfte werden aus A und H_a zusammengesetzt.

$$S_{ad} = S_{be} = -(A \cdot \sin\alpha + H_a \cdot \cos\alpha) = -(540 \cdot 0{,}67 + 470 \cdot 0{,}74) = -710 \text{ kp}$$

Momente $\quad M_d = M_e = 330 + 1{,}11(-382) = -94 \text{ kpm}$

2. Lastfall: Schnee halbseitig

$$A = 199 \text{ kp} \qquad B = 66 \text{ kp} \qquad H_a = H_b = 74 + 0{,}445 \cdot 93 = 115 \text{ kp}$$

$$M_d = 164 - 1{,}11 \cdot 93 = 61 \text{ kpm} \qquad M_e = -1{,}11 \cdot 93 = -103 \text{ kpm}$$

$$S_{ad} = -H_a \cdot \cos\alpha - A \cdot \sin\alpha = -115 \cdot 0{,}74 - 199 \cdot 0{,}67 = -85 - 134 = -219 \text{ kp}$$

$$S_{be} = -H_b \cdot \cos\alpha - B \cdot \sin\alpha = -115 \cdot 0{,}74 - 66 \cdot 0{,}67 = -85 - 44 = -129 \text{ kp}$$

3. Lastfall: Volle Schneebelastung

$$A = B = 199 + 66 = 265 \text{ kp} \qquad H_a = H_b = 2 \cdot 115 = 230 \text{ kp}$$

$M_d = M_e = -61$ kpm wie M_d unter 2.

$$S_{ad} = S_{be} = -219 - 129 = -348 \text{ kp}$$

4. Lastfall: Wind

$$A = 175 \text{ kp} \qquad B = 144 \text{ kp} \qquad H_a = -125 + 0{,}445 \cdot 202 = -35 \text{ kp}$$

$$H_b = 160 + 0{,}445 \cdot 202 = 250 \text{ kp}$$

$$M_d = 358 - 1{,}11 \cdot 202 = 134 \text{ kpm} \qquad M_e = -1{,}11 \cdot 202 = -224 \text{ kpm}$$

$$S_{ad} = -H_a \cdot \cos\alpha - A \cdot \sin\alpha = 35 \cdot 0{,}74 - 175 \cdot 0{,}67 = 26 - 117 = -91 \text{ kp}$$

$$S_{be} = -H_b \cdot \cos\alpha - B \cdot \sin\alpha = -250 \cdot 0{,}74 - 144 \cdot 0{,}67 = -185 - 96 = -281 \text{ kp}$$

5. Lastfall: Kehlbalkenbelastung $K = 222$ kp

$$A = B = 222 \text{ kp} \qquad H_a = H_b = 137 + 0{,}445 \cdot 247 = 247 \text{ kp}$$

$$M_d = M_e = 274 - 1{,}11 \cdot 247 = 0$$

$$S_{ad} = S_{be} = -H_a \cdot \cos\alpha - A \cdot \sin\alpha$$

$$= -247 \cdot 0{,}74 - 222 \cdot 0{,}67 = -183 - 149 = -332 \text{ kp}$$

$$S_{dc} = S_{ad} + K \cdot \sin\alpha - X_a \cdot \cos\alpha$$

$$= -332 + 149 + 247 \cdot 0{,}74 = 0 \quad (\mathbf{91.1})$$

91.1 Normalkräfte am Knoten *d*

6.48 Unterspannter Fachwerkträger

Für den unterspannten Fachwerkträger sollen für die Belastung mit $P = 20$ Mp in den Punkten 3 und 3' die Stabkräfte ermittelt werden (**92**.1).

Aus einer Vorberechnung ergeben sich als Querschnittswerte für

alle Obergurtstäbe	O:	$F = 27{,}8 \text{ cm}^2$		
alle Untergurtstäbe	U:	$F = 60 \text{ cm}^2 = F_c$		
Diagonalstäbe	D_1, D_2 und D_4:	$F = 11{,}4 \text{ cm}^2$	D_3:	$F = 28{,}2 \text{ cm}^2$
Vertikalstäbe	V_0, V_1 und V_4:	$F = 11{,}4 \text{ cm}^2$	V_2 und V_3:	$F = 23 \text{ cm}^2$
Zugstäbe	Z:	$F = 35{,}2 \text{ cm}^2$	S:	$F = 45{,}4 \text{ cm}^2$
Hängestab	H:	$F = 50{,}8 \text{ cm}^2$		

$\tan\alpha = 3{,}5/5{,}0 = 0{,}7$

$\alpha = 35° \quad \cos\alpha = 0{,}8192$

$\tan\varphi = 2{,}00/2{,}50 = 0{,}8$

$\varphi = 38°\ 39{,}5'$

$\sin\varphi = 0{,}625$

$d = \sqrt{2{,}0^2 + 2{,}5^2} = 3{,}20 \text{ m}$

$s = \sqrt{5^2 + 3{,}5^2} = 6{,}10 \text{ m}$

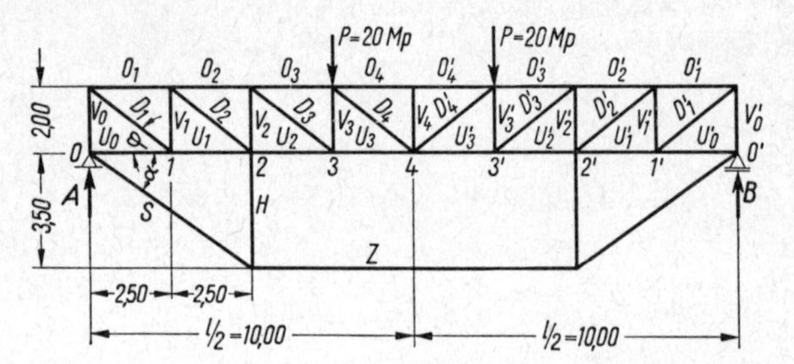

92.1 Unterspannter Fachwerkträger

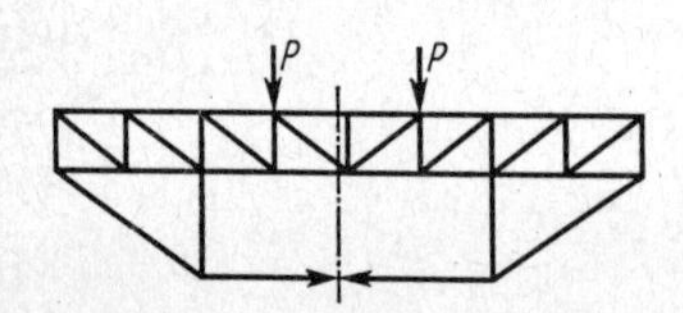

92.2 Statisch bestimmtes Grundsystem mit sämtlichen Stäben

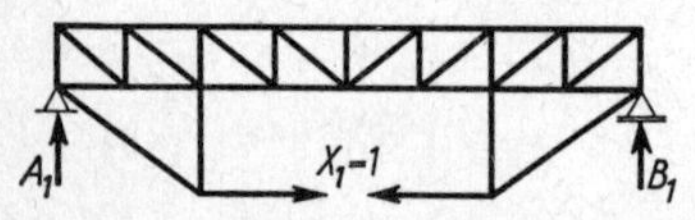

92.3 Statisch bestimmtes Grundsystem mit Belastung $X_1 = 1$

92.4 Statisch bestimmtes Grundsystem mit Lasten P

Das System ist äußerlich statisch bestimmt. Führt man jedoch einen senkrechten Schnitt (**92**.2), so schneidet man immer vier Stäbe, von denen nur drei mit den drei Gleichgewichtsbedingungen zu errechnen sind. Mit Gl. (49.1) $s + a = 2\,k$ erhält man mit $s = 38$, $a = 3$ und $k = 20$

$$3 + 38 > 2 \cdot 20$$

d. h., die zur Verfügung stehenden 40 Gleichungen reichen für die Berechnung der Auflagerkräfte und der Stabkräfte nicht aus. Das System ist innerlich einfach statisch unbestimmt.

Als statisch Unbestimmte X_1 wird die Stabkraft Z eingeführt (**92**.3).

Das statisch bestimmte Grundsystem ist ein Fachwerkbalken auf zwei Stützen (**92**.4).

Nach Gl. (54.3) ist $\quad X_1 = -\dfrac{\delta_{10}}{\delta_{11}}$

worin bedeuten

$$\delta_{10} = \sum S_1 \cdot S_0 \cdot \frac{s}{EF} \quad \text{und} \quad \delta_{11} = \sum S_1{}^2 \cdot \frac{s}{EF}$$

Zweckmäßig multipliziert man beide Elastizitätsgleichungen mit dem Faktor EF_c, wobei F_c eine beliebige Querschnittsfläche sein kann. Es ist dann

$$EF_c \cdot \delta_{10} = \delta'_{10} = \sum S_1 \cdot S_0 \cdot \frac{s \cdot EF_c}{EF}$$

und mit

$$s' = s \frac{F_c}{F}$$

$$EF_c \cdot \delta_{10} = \sum S_1 \cdot S_0 \cdot s \cdot \frac{F_c}{F} = \sum S_1 \cdot S_0 \cdot s'$$

$$EF_c \cdot \delta_{11} = \delta'_{11} = \sum S_1^2 \cdot s \cdot \frac{EF_c}{EF} = \sum S_1^2 \cdot s'$$

In diesen Gleichungen sind:

S_0 die Stabkräfte des statisch bestimmten Grundsystems infolge der gegebenen Belastung P (**92**.4)

S_1 die Stabkräfte infolge $X_1 = 1$ als Belastung des Grundsystems (**92**.3)

die Stablängen und F die Stabquerschnitte

1. Ermittlung der Stabkräfte S_0

Allgemein ist

$$O = -\frac{M_u}{h} \qquad U = +\frac{M_o}{h}$$

$$D = Q/\sin\varphi \qquad \sin\varphi = \frac{2,0}{3,2} = 0,625$$

$$-V = -Q \qquad A_0 = B_0 = 20 \text{ Mp}$$

Die Ermittlung der Stabkräfte erfolgt tabellarisch (Taf. **93**.1). Da Belastung und System symmetrisch sind, sind die Stabkräfte rechts und links von der Mittellinie gleich.

Tafel **93**.1: Stabkräfte zu Bild **92**.1

Punkt	P Mp	Q Mp	M Mpm	M/h Mp	O_0 Mp	U_0 Mp	D_0 Mp	V_0 Mp
0		20	0	0		0		− 20
1		20	50	25	− 25	25	+ 32	− 20
2		20	100	50	− 50	50	+ 32	− 20
3	20	0	150	75	− 75	75	+ 32	− 20
4		0	150	75	− 75		0	0

2. Ermittlung der Stabkräfte S_1

Die Stabkräfte S_1 werden aus $X_1 = 1$ ermittelt (**92**.3).
Auch in diesem Fall ist die Belastung symmetrisch.

$$M_{1u1} = -1 \cdot 1,75 = -1,75 \text{ m} \qquad M_{1o1} = -1\,(1,75 + 2,0) = -3,75 \text{ m}$$

$$M_{2u1} = -1 \cdot 3,50 = -3,50 \text{ m} = M_{3u1} = M_{4u1}$$

$$M_{2o1} = -1\,(3,5 + 2,0) = -5,5 \text{ m} = M_{3o1} = M_{4o1}$$

Infolge $X_1 = 1$ ergeben sich die Stabkräfte im Obergurt und Untergurt

$$O_{11} = + \frac{1,75}{2,00} = + 0,875 \qquad O_{21} = + \frac{3,50}{2,00} = + 1,75 = O_{31} = O_{41}$$

$$U_{01} = -1,00 \qquad U_{11} = - \frac{3,75}{2,00} = - 1,875 \qquad U_{21} = - \frac{5,5}{2,0} = - 2,75 = U_{31}$$

Infolge $Z_1 = X_1 = 1$ wird die Stabkraft in der

Spannstrebe $\quad S_1 = \dfrac{X_1}{\cos\alpha} = \dfrac{1}{0,8192} = 1,22$

Hängestange $\quad \sum V = 0 = H_1 + S_1 \cdot \sin\alpha$

$$H_1 = - S_1 \cdot \sin\alpha = - 1 \cdot \frac{\sin\alpha}{\cos\alpha} = - 1 \cdot \tan\alpha = - 0,7$$

Die Stabkräfte der Diagonalen infolge $X_1 = 1$ sind mit $\sum V = 0 = D_{11} \cdot \sin\varphi + S_1 \cdot \sin\alpha$ zu ermitteln.

$$D_{11} = - \frac{1}{\sin\varphi} S_1 \cdot \sin\alpha = - 1 \cdot \frac{\tan\alpha}{\sin\varphi} = - \frac{0,7}{0,625} = - 1,12$$

$$D_{21} = - 1,12 \qquad D_{31} = D_{41} = 0$$

Die Stabkräfte in den Vertikalen werden berechnet mit

$$\sum V = 0 = V_{01} - S_1 \cdot \sin\alpha$$

$$V_{01} = + S_1 \cdot \sin\alpha = 1 \cdot \tan\alpha = 0,7$$

$$V_{11} = + 0,7 \qquad V_{21} = V_{31} = V_{41} = 0$$

3. Ermittlung der statisch Unbestimmten X_1

Die Berechnung von δ'_{10} und δ'_{11} erfolgt tabellarisch (Taf. **95.1**).
Es ergibt sich

$$\delta'_{10} = - 2 \cdot 4490 + 0 = - 8980 \text{ Mpm}$$

$$\delta'_{11} = 2 \cdot 178,15 = + 356,30 \text{ m}$$

$$X_1 = - \frac{\delta'_{10}}{\delta'_{11}} = - \frac{- 8980}{356,30} = + 25,2 \text{ Mp (Zug)}$$

4. Ermittlung der endgültigen Stabkräfte

Die Stabkräfte am statisch unbestimmten System betragen

$$O = O_0 + O_1 \cdot X_1 \qquad D = D_0 + D_1 \cdot X_1$$

$$U = U_0 + U_1 \cdot X_1 \qquad V = V_0 + V_1 \cdot X_1$$

Die Werte $S_1 \cdot X_1$ stehen in Spalte 12, die Stabkräfte S in Spalte 13 der Tafel **95.1**.

Tafel **95.1**: Statische Werte zu Bild **92.1**

1	2	3	4	5	6	7	8	9	10	11	12	13
Stab	S_0 Mp	S_1	$S_0 \cdot S_1$ Mp	S_1^2	s m	F cm²	F_c/F	$s \cdot F_c/F = s'$ m	$S_0 \cdot S_1 \cdot s'$ Mpm	$S_1^2 \cdot s'$ m	$S_1 \cdot X_1$ Mp	S Mp
O_1	− 25	+ 0,875	− 21,85	+ 0,766	2,50	27,8	2,16	5,40	− 118	+ 4,13	+ 22,0	− 3,0
O_2	− 50	+ 1,75	− 87,5	+ 3,06	2,50	27,8	2,16	5,40	− 472	+ 16,52	+ 44,1	− 5,9
O_3	− 75	+ 1,75	− 131,25	+ 3,06	2,50	27,8	2,16	5,40	− 709	+ 16,52	+ 44,1	− 30,9
O_4	− 75	+ 1,75	− 131,25	+ 3,06	2,50	27,8	2,16	5,40	− 709	+ 16,52	+ 44,1	− 30,9
U_0	0	− 1,00	0	+ 1,00	2,50	60,0	1	2,50	0	2,50	25,2	− 25,2
U_1	25	− 1,875	− 46,8	+ 3,52	2,50	60,0	1	2,50	− 117	+ 8,80	− 47,2	− 22,5
U_2	50	− 2,75	− 137,5	+ 7,56	2,50	60,0	1	2,50	− 344	+ 18,95	− 69,3	− 19,3
U_3	75	− 2,75	− 214	+ 7,56	2,50	60,0	1	2,50	− 534	+ 18,95	− 69,3	+ 5,7
D_1	32	− 1,12	− 35,8	+ 1,25	3,20	11,4	5,26	16,90	− 606	+ 21,20	− 28,2	+ 3,8
D_2	32	− 1,12	− 35,8	+ 1,25	3,20	11,4	5,26	16,90	− 606	+ 21,20	− 28,2	+ 3,8
D_3	32	0	0	0	3,20	28,2	2,13	6,81	0	0	0	+ 32,0
V_0	− 20	+ 0,7	− 14,0	+ 0,49	2,00	11,4	5,26	10,52	− 147	+ 5,16	+ 17,6	− 2,4
V_1	− 20	+ 0,7	− 14,0	+ 0,49	2,00	11,4	5,26	10,52	− 147	+ 5,16	+ 17,6	− 2,4
V_2	− 20	0	0	0	2,00	23,0	2,61	5,22	0	0	0	− 20,0
V_3	− 20	0	0	0	2,00	23,0	2,61	5,22	0	0	0	− 20,0
S	0	1,22	0	1,49	6,10	45,4	1,32	8,05	0	+ 12,00	+ 30,7	+ 30,7
Z	0	+ 1,0	0	1,0	5,00	35,2	1,703	17,03	0	+ 8,52	+ 25,2	+ 25,2
H	0	− 0,7	0	+ 0,49	3,50	50,8	1,18	4,13	0	+ 2,02	− 17,6	− 17,6
								$\sum S_0 \cdot S_1 \cdot s' = -4490$		$178,15 = \sum S_1^2 \cdot s'$		

7 Mehrfach statisch unbestimmte Systeme

Mehrfach statisch unbestimmte Tragwerke werden in grundsätzlich gleicher Weise wie einfach statisch unbestimmte berechnet. Jedoch sind hier mehrere Elastizitätsgleichungen aufzustellen und zu lösen, während bei den einfach statisch unbestimmten Tragwerken nur eine Verformungsbedingung zu formulieren ist. Die Zahl der Elastizitätsgleichungen ist gleich dem Grad der statischen Unbestimmtheit.

7.1 Gleichungen für ein zweifach statisch unbestimmtes System

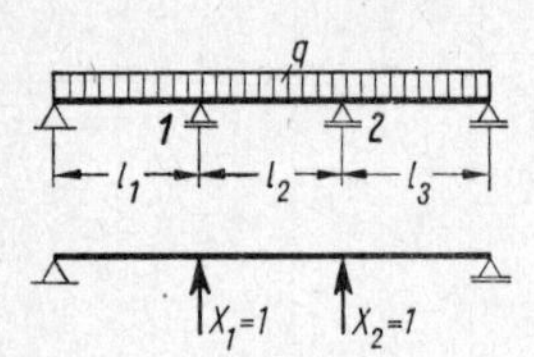

96.1 Stützdrücke als Unbestimmte

Als Beispiel betrachten wir den Balken über drei Feldern unter Gleichlast (**96.1**). Wir bestimmen den Grad n der statischen Unbestimmtheit aus der Anzahl der Zwischenstützen oder auch nach Gl. (51.3) mit

$$a = 5, z = 0 \text{ und } s = 1 \quad \text{zu} \quad n = 5 - 3 \cdot 1 = 2$$

Der Balken auf 4 Stützen ist zweifach statisch unbestimmt (vgl. Teil 2 Abschn. Durchlaufträger, Clapeyronsche Dreimomentengleichung). Zu seiner Berechnung bilden wir in gleicher Weise wie beim Beispiel nach Bild **53.1** ein Grundsystem, indem wir hier die zwei Innenstützen entfernen (**96.2**b). Das Grundsystem ist ein Balken auf zwei Stützen mit der Stützweite $L = l_1 + l_2 + l_3$.

An Stelle der entfernten Stützen bringen wir die statisch Unbestimmten X_1 bei Punkt 1 und X_2 bei Punkt 2 an.

Zur Berechnung der beiden statisch Unbestimmten sind 2 Formänderungsbedingungen erforderlich. Diese lauten:

Bei 1 und 2 dürfen im endgültigen System keine senkrechten Verschiebungen (Durchbiegungen) vorhanden sein, da ja hier starre Stützen angeordnet sind. Weil zunächst die beiden Auflager 1 und 2 am Grundsystem fehlen, werden sich in den Punkten 1 und 2 Durchbiegungen einstellen. Diese sind

$$\text{im Punkt 1:} \quad \delta_{10}$$

$$\text{im Punkt 2:} \quad \delta_{20}$$

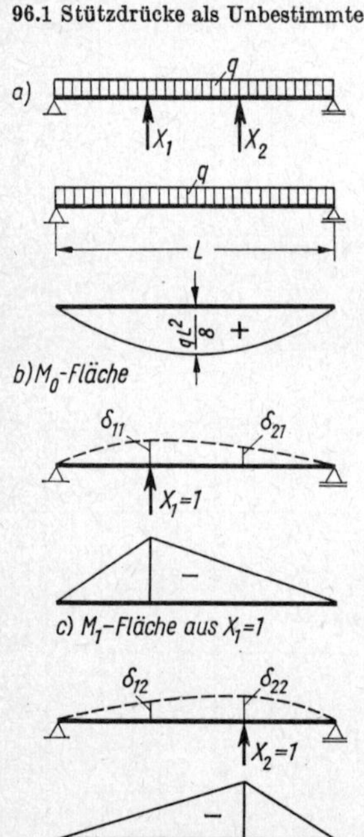

96.2 Statisch Unbestimmte des Durchlaufträgers

Der erste Index bezieht sich wieder auf den Ort (hier 1 bzw. 2) und der zweite auf die Ursache (hier Zustand 0, also infolge der Belastung). δ_{10} und δ_{20} sind also die Verschiebungen der Punkte 1 und 2 infolge der gegebenen Belastung am Grundsystem (**96**.2b).

Durch Anbringen der statisch Unbestimmten X_1 und X_2 sollen diese Verschiebungen zu Null gemacht werden. Dabei ist zu beachten, daß die Kraft $X_1 = 1$ nicht nur im Punkt 1, sondern auch im Punkt 2 eine Verschiebung verursacht, so wie die Kraft $X_2 = 1$ nicht nur den Punkt 2, sondern auch den Punkt 1 verschiebt.

Würde man die Verschiebungen der Punkte 1 und 2 infolge der Kräfte $X_1 = 1$ und $X_2 = 1$ kennen, so könnte man auch angeben, wie groß ihre wirklichen Verschiebungen aus den endgültigen Kräften X_1 und X_2 sind.

Es seien nun die Verschiebungen (**96**.2c und d) aus $X_1 = 1$ im Punkte 1: δ_{11} und im Punkte 2: δ_{21}, infolge $X_2 = 1$ im Punkte 2: δ_{22} und im Punkte 1: δ_{12}. Dann sind die wirklichen Verschiebungen aus X_1 und X_2

im Punkt 1: $X_1 \cdot \delta_{11}$ und $X_2 \cdot \delta_{12}$ im Punkt 2: $X_1 \cdot \delta_{21}$ und $X_2 \cdot \delta_{22}$

Wiederholend wird nochmals festgestellt, es ist:

δ_{11} die Verschiebung des Punktes 1 infolge $X_1 = 1$

δ_{21} die Verschiebung des Punktes 2 infolge $X_1 = 1$

δ_{22} die Verschiebung des Punktes 2 infolge $X_2 = 1$

δ_{12} die Verschiebung des Punktes 1 infolge $X_2 = 1$

Da nun, wie bereits gesagt, die Gesamtverschiebungen der Auflagerpunkte 1 und 2 am statisch unbestimmten System Null, also die Summe der Verschiebungen aus der gegebenen Belastung und die Verschiebungen infolge der statisch Unbestimmten X_1 und X_2 Null sein müssen, erhält man folgende zwei Elastizitätsgleichungen:

Für Punkt 1:
$$\delta_{10} + X_1 \cdot \delta_{11} + X_2 \cdot \delta_{12} = 0 \tag{97.1}$$

Für Punkt 2:
$$\delta_{20} + X_1 \cdot \delta_{21} + X_2 \cdot \delta_{22} = 0 \tag{97.2}$$

Aus diesen Elastizitätsgleichungen lassen sich die beiden statisch Unbestimmten X_1 und X_2 berechnen, sobald die Verschiebungswerte δ bekannt sind. Diese lassen sich aber als Verschiebung nach Abschnitt 1.4 bestimmen.

Um δ_{10} zu ermitteln, belastet man das Grundsystem mit der gegebenen Belastung q als Ursache und mißt die Durchbiegung im Punkt 1, wozu man den Balken mit der gedachten Kraft $X_1 = 1$ im Punkt 1 belastet (**96**.2c).

Es ist
$$\delta_{10} = \int M_0 \cdot M_1 \cdot \frac{\mathrm{d}x}{EJ} \tag{97.3}$$

und entsprechend (**96**.2d)
$$\delta_{20} = \int M_0 \cdot M_2 \cdot \frac{\mathrm{d}x}{EJ} \tag{97.4}$$

δ_{11} ist die Verschiebung des Punktes 1 infolge $X_1 = 1$. Man belastet also das Grundsystem mit $X_1 = 1$ als Ursache und mißt die Durchbiegung im Punkt 1, wozu man wieder den Träger mit der gedachten Kraft $X_1 = 1$ im Punkt 1 belastet. Es ist

$$\delta_{11} = \int M_1 \cdot M_1 \cdot \frac{\mathrm{d}x}{EJ} = \int M_1^2 \cdot \frac{\mathrm{d}x}{EJ} \tag{97.5}$$

δ_{21} ist die Verschiebung des Punktes 2 infolge $X_1 = 1$. Man muß das Grundsystem mit $X_1 = 1$ als Ursache belasten und die Durchbiegung im Punkt 2 messen, wozu im Punkt 2 die gedachte Kraft $X_2 = 1$ angesetzt werden muß. Es ist

$$\delta_{21} = \int M_1 \cdot M_2 \cdot \frac{dx}{EJ} \tag{98.1}$$

Entsprechend zu δ_{11} findet man δ_{22}. In diesem Fall ist $X_2 = 1$ sowohl Ursache als auch gedachte Kraft. Es ist

$$\delta_{22} = \int M_2 \cdot M_2 \cdot \frac{dx}{EJ} = \int M_2^2 \cdot \frac{dx}{EJ} \tag{98.2}$$

Endlich ist δ_{12} die Durchbiegung des Punktes 1 infolge $X_2 = 1$. Es sind also die Momentenflächen M_1 und M_2 miteinander zu „koppeln" und ist zu bilden

$$\delta_{12} = \int M_2 \cdot M_1 \cdot \frac{dx}{EJ} \tag{98.3}$$

Vergleicht man die Werte δ_{21} und δ_{12}, so sieht man, daß sie gleich sind. Es ist

$$\delta_{12} = \delta_{21} = \int M_1 \cdot M_2 \cdot \frac{dx}{EJ} \tag{98.4}$$

Dies bestätigt den Maxwellschen Satz [s. Gl. (42.3)], wonach die Durchbiegung des Punktes 2 infolge einer Kraft 1 im Punkt 1 gleich der Durchbiegung des Punktes 1 infolge einer Kraft 1 im Punkt 2 ist. Die Auswertung der Integrale läßt sich mit der $M\overline{M}$-Tafel 18.1 ausführen.

Sind sämtliche δ-Werte bekannt, können die statisch Unbestimmten aus den zwei Elastizitätsgleichungen bestimmt werden. Danach können sämtliche äußeren und inneren Kräfte an dem statisch unbestimmten System ermittelt werden. Die Formeln lauten für die

Auflagerdrücke $\quad A = A_0 + A_1 \cdot X_1 + A_2 \cdot X_2 \quad$ (98.5)

Momente $\quad M = M_0 + M_1 \cdot X_1 + M_2 \cdot X_2 \quad$ (98.6)

Querkräfte $\quad Q = Q_0 + Q_1 \cdot X_1 + Q_2 \cdot X_2 \quad$ (98.7)

Normalkräfte $\quad N = N_0 + N_1 \cdot X_1 + N_2 \cdot X_2 \quad$ (98.8)

In diesen Gleichungen sind

A_0, M_0, Q_0 und N_0 die Kräfte am Grundsystem aus der gegebenen Belastung (z. B. q)
A_1, M_1, Q_1 und N_1 die Kräfte am Grundsystem aus der Kraft $X_1 = 1$
A_2, M_2, Q_2 und N_2 die Kräfte am Grundsystem aus $X_2 = 1$. Ein Beispiel s. S. 113.

7.2 Gleichungen für ein mehrfach statisch unbestimmtes System

Die statisch Unbestimmten können entsprechend dem vorigen Abschnitt errechnet werden. Zunächst wird ihre Anzahl entweder aus der Anzahl der Unbekannten minus den Gleichgewichtsbedingungen oder nach den Gl. (51.1) bis (51.3) bestimmt und das statisch bestimmte Grundsystem gewählt. Mit dem Grundsystem liegen auch die statisch Unbestimmten bereits fest. So kann z. B. für den Durchlaufträger nach

Bild **99**.1 das Grundsystem ein Balken auf 2 Stützen von der Stützweite L sein (**99**.1b), oder als Grundsystem kann eine Reihe von Balken auf 2 Stützen gewählt werden (**99**.2b).

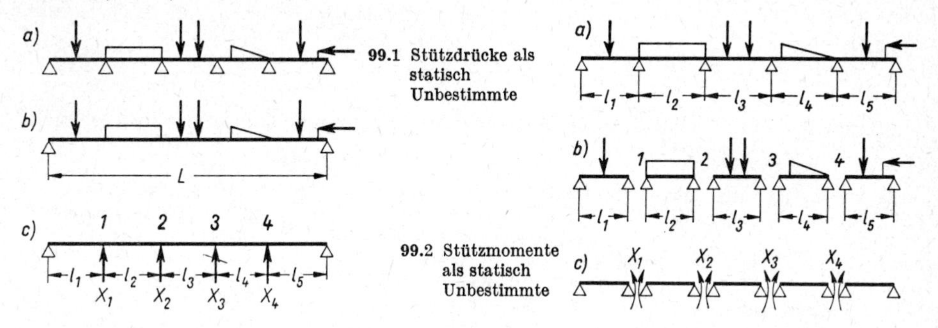

99.1 Stützdrücke als statisch Unbestimmte

99.2 Stützmomente als statisch Unbestimmte

7.21 n-gliedriges Gleichungssystem für n statisch Unbestimmte

Im ersten Fall sind die statisch unbestimmten Größen X_1, X_2, X_3 ... Auflagerdrücke, im zweiten Fall sind sie Stützmomente. Entsprechend ihrer jeweiligen Funktion sind die Elastizitätsgleichungen zu formulieren.

Wir wollen zuerst die Gleichungen für das Grundsystem nach Bild **99**.1 aufstellen. Wiederum gilt: Die endgültigen Durchbiegungen des Durchlaufträgers in den Auflagerpunkten müssen Null sein. Im vorliegenden Beispiel ist diese Forderung für die 4 Auflagerpunkte 1 bis 4 aufzustellen, und somit sind auch 4 Elastizitätsgleichungen anzuschreiben. Entsprechend den Gl. (97.1 und 2) lauten diese Elastizitätsgleichungen jetzt

$$
\begin{aligned}
&\text{Punkt 1:} \quad \delta_{10} + X_1 \cdot \delta_{11} + X_2 \cdot \delta_{12} + X_3 \cdot \delta_{13} + X_4 \cdot \delta_{14} = 0\\
&\text{Punkt 2:} \quad \delta_{20} + X_1 \cdot \delta_{21} + X_2 \cdot \delta_{22} + X_3 \cdot \delta_{23} + X_4 \cdot \delta_{24} = 0\\
&\text{Punkt 3:} \quad \delta_{30} + X_1 \cdot \delta_{31} + X_2 \cdot \delta_{32} + X_3 \cdot \delta_{33} + X_4 \cdot \delta_{34} = 0\\
&\text{Punkt 4:} \quad \delta_{40} + X_1 \cdot \delta_{41} + X_2 \cdot \delta_{42} + X_3 \cdot \delta_{43} + X_4 \cdot \delta_{44} = 0
\end{aligned}
\qquad (99.1)
$$

Wieder bedeutet der erste Index den Ort, an dem die Durchbiegung gemessen wird, und der zweite die Ursache. So ist δ_{10} die Durchbiegung im Punkt 1 infolge der tatsächlichen äußeren Belastung des Grundsystems. Und es ist δ_{32} die Durchbiegung im Punkt 3 infolge der Belastung des Grundsystems mit $X_2 = 1$.

Praktisch bedeutet das wieder, daß alle δ-Werte durch Koppelung der jeweiligen M-Flächen zu gewinnen sind. Diese Werte bezeichnet man auch als Beiwerte oder Vorzahlen, die bei X stehen. Sind diese Beiwerte ermittelt, so können die Überzähligen X_1, X_2, X_3, X_4 errechnet werden. Dazu wird in der Statik gern die Schreibweise der Matrix (s. Abschn. 7.3 Auflösen von Gleichungen) benutzt. Hierbei schreibt man die Durchbiegungen infolge der vorhandenen Belastung, auch kurz „Belastungsglieder" genannt, meist auf die rechte Seite. Die Matrix für Gl. (99.1) lautet dann mit B = belastungsabhängige Glieder oder „Belastungsglieder":

X_1	X_2	X_3	X_4	B
δ_{11}	δ_{12}	δ_{13}	δ_{14}	$-\delta_{10}$
δ_{21}	δ_{22}	δ_{23}	δ_{24}	$-\delta_{20}$
δ_{31}	δ_{32}	δ_{33}	δ_{34}	$-\delta_{30}$
δ_{41}	δ_{42}	δ_{43}	δ_{44}	$-\delta_{40}$

(99.2)

Wie man leicht feststellen kann, enthalten die Spalten unter den statisch Unbekannten X_1, X_2, X_3, X_4 die lastenunabhängigen Glieder, mit denen die statisch Unbestimmten in der Gleichung zu multiplizieren sind. Jede Reihe liefert dann wieder eine Elastizitätsgleichung, wenn man die einzelnen Produkte addiert. So lautet die erste Zeile ausgeschrieben

$$X_1 \cdot \delta_{11} + X_2 \cdot \delta_{12} + X_3 \cdot \delta_{13} + X_4 \cdot \delta_{14} = -\delta_{10}$$

Die Unbekannten X sind aus den so gefundenen linearen Gleichungen zu berechnen.

Allgemein ist über den Aufbau der Matrix folgendes zu bemerken:

Jede Matrix hat eine Diagonale, die Glieder mit jeweils gleichen Indizes enthält; z. B. in Gl. (99.2) δ_{11}, δ_{22}, δ_{33}, δ_{44}. Sie wird als Hauptdiagonale bezeichnet. Alle anderen Diagonalen sind Nebendiagonalen; so z. B. in Gl. (99.2) die mit den Gliedern δ_{31}, δ_{22}, δ_{13}. Für die Auflösung der Matrix ist es vorteilhaft, wenn die Werte der Hauptdiagonalen wesentlich größer sind als die der Nebendiagonalen. Der Rechenaufwand ist dann sehr viel kleiner, weil die Fehlerempfindlichkeit geringer ist. Bei Benutzung eines Iterationsverfahrens zum Auflösen der Matrix ist in solchen Fällen mit einer schnellen Konvergenz zu rechnen.

Beim Kraftgrößenverfahren ist ferner kennzeichnend, daß in der Matrix Symmetrie zur Hauptdiagonale herrscht; so ist z. B. $\delta_{31} = \delta_{13}$. Beim Weggrößenverfahren ist diese dagegen anfangs oft nicht vorhanden, kann aber durch Multiplikation einer Spalte mit einem Zahlenfaktor hergestellt werden.

Sind die statisch Unbestimmten bekannt, so können sämtliche äußeren und inneren Kräfte am statisch unbestimmten System bestimmt werden. Meist benutzt man zweckmäßig das Superpositionsgesetz. Es gilt dann für

Auflagerreaktionen

$$A = A_0 + A_1 \cdot X_1 + A_2 \cdot X_2 + A_3 \cdot X_3 + A_4 \cdot X_4 \tag{100.1}$$

Biegemomente

$$M_x = M_{x0} + M_{x1} \cdot X_1 + M_{x2} \cdot X_2 + M_{x3} \cdot X_3 + M_{x4} \cdot X_4 \tag{100.2}$$

Querkräfte

$$Q_x = Q_{x0} + Q_{x1} \cdot X_1 + Q_{x2} \cdot X_2 + Q_{x3} \cdot X_3 + Q_{x4} \cdot X_4 \tag{100.3}$$

Normalkräfte

$$N_x = N_{x0} + N_{x1} \cdot X_1 + N_{x2} \cdot X_2 + N_{x3} \cdot X_3 + N_{x4} \cdot X_4 \tag{100.4}$$

In diesen Gleichungen haben den Index 0 die Kräfte am Grundsystem aus der vorhandenen Belastung, die Indizes 1, 2, 3, 4 jeweils die Kräfte (Auflagerkräfte, Momente, Quer- und Normalkräfte) infolge der statisch Unbestimmten

$$X_1 = 1 \quad X_2 = 1 \quad X_3 = 1 \quad X_4 = 1$$

am Grundsystem. So ist z. B.

A_2 die Auflagerkraft A infolge $X_2 = 1$

M_{x3} das Moment im Punkt x infolge $X_3 = 1$

Q_{x4} die Querkraft im Punkt x infolge $X_4 = 1$

Bei vielen Aufgaben brauchen die Normalkräfte N_{x1}, N_{x2} usw. nicht berechnet zu werden, so auch bei dem hier gewählten Beispiel des Durchlaufträgers, weil die statisch Unbekannten X keine Normalkraft liefern.

7.22 3-gliedriges Gleichungssystem für n statisch Unbestimmte

Für die endgültig erreichbare Genauigkeit der Lösung einer Aufgabe ist die Wahl des Grundsystems nicht gleichgültig. Dies soll kurz durch einen Vergleich des Durchlaufträgers nach Bild **99.1** und 2 erläutert werden. Gerade an diesem Beispiel wird deutlich, welchen Einfluß die Wahl des Grundsystems auf die Genauigkeit und den erforderlichen Rechenaufwand hat.

Das Grundsystem nach Bild **99.2** besteht aus 5 nebeneinanderliegenden Balken, die durch Gelenke in den Auflagern verbunden gedacht werden können. In Wirklichkeit laufen die Balken aber über den Auflagern durch und übertragen Biegemomente. Deshalb werden jetzt als statisch Unbekannte die Stützmomente X_1, X_2, X_3, X_4 eingeführt. Die Elastizitätsgleichungen werden aus der Bedingung gewonnen, daß in jedem inneren Auflager der Tangentendrehwinkel (**101.1**) des Balkens links vom Auflager gleich dem negativen Tangentendrehwinkel rechts vom Auflager sein muß (s. Teil 2 Abschn. Clapeyronsche Dreimomentengleichung).

$$\tau_l = -\tau_r \quad \text{oder} \quad \tau_l + \tau_r = 0$$

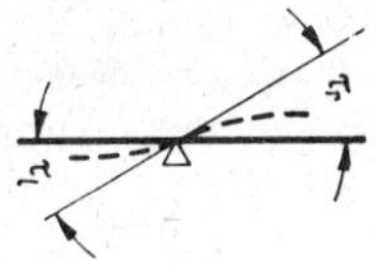

101.1 Tangentendrehwinkel

In Worten: An jedem Auflager muß die Summe der Tangentendrehwinkel verschwinden. Rein schematisch würde die Elastizitätsbedingung aus dieser Forderung für das Auflager 2 lauten

$$\tau_{20} + X_1 \cdot \tau_{21} + X_2 \cdot \tau_{22} + X_3 \cdot \tau_{23} + X_4 \cdot \tau_{24} = 0$$

oder

$$X_1 \cdot \tau_{21} + X_2 \cdot \tau_{22} + X_3 \cdot \tau_{23} + X_4 \cdot \tau_{24} = -\tau_{20}$$

Wieder bedeutet der erste Index den Ort, an dem die Tangentendrehwinkel gemessen werden, und der zweite die Ursache. So ist hier τ_{20} die Summe der Tangentendrehwinkel im Lager 2 infolge der vorhandenen äußeren Belastung des Grundsystems und τ_{23} die Summe der Tangentendrehwinkel im Lager 2 infolge der Belastung des Grundsystems mit $X_3 = 1$.

Aus den $\overline{M}$-Flächen infolge der statisch Unbestimmten X (**101.2**) ist sofort ersichtlich, daß sich nur jeweils 2 benachbarte Momentenflächen überdecken; das bedeutet: Alle anderen Koppelungen der Momentenflächen ergeben den Wert Null. In der obigen Gleichung ist also

$$\tau_{24} = \int \frac{M_2 \cdot M_4 \cdot dx}{EJ} = 0$$

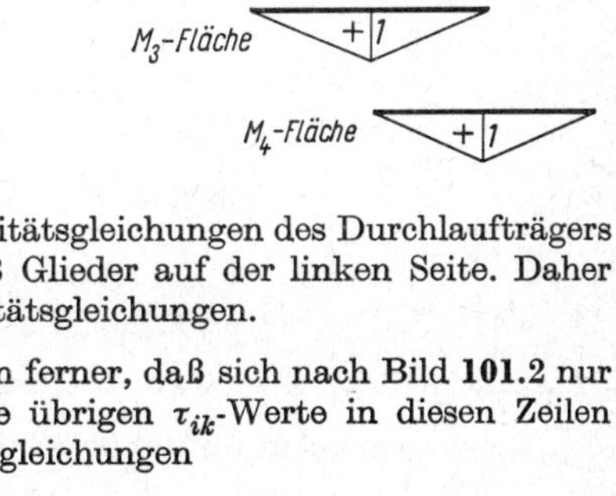

101.2 $\overline{M}$-Flächen

Somit verschwindet das vierte Glied. Die Elastizitätsgleichungen des Durchlaufträgers haben bei der Wahl dieses Grundsystems nur 3 Glieder auf der linken Seite. Daher spricht man auch von dreigliedrigen Elastizitätsgleichungen.

Für die erste und letzte Innenstütze erkennt man ferner, daß sich nach Bild **101.2** nur jeweils zwei Momentenflächen überdecken; die übrigen τ_{ik}-Werte in diesen Zeilen verschwinden. Somit lauten die vier Elastizitätsgleichungen

$$\begin{aligned}
X_1 \cdot \tau_{11} + X_2 \cdot \tau_{12} + X_3 \cdot 0 \;\; + X_4 \cdot 0 \;\; &= -\tau_{10} \\
X_1 \cdot \tau_{21} + X_2 \cdot \tau_{22} + X_3 \cdot \tau_{23} + X_4 \cdot 0 \;\; &= -\tau_{20} \\
X_1 \cdot 0 \;\; + X_2 \cdot \tau_{32} + X_3 \cdot \tau_{33} + X_4 \cdot \tau_{34} &= -\tau_{30} \\
X_1 \cdot 0 \;\; + X_2 \cdot 0 \;\; + X_3 \cdot \tau_{43} + X_4 \cdot \tau_{44} &= -\tau_{40}
\end{aligned} \tag{102.1}$$

oder in Matrixform:

X_1	X_2	X_3	X_4	B
τ_{11}	τ_{12}	0	0	$-\tau_{10}$
τ_{21}	τ_{22}	τ_{23}	0	$-\tau_{20}$
0	τ_{32}	τ_{33}	τ_{34}	$-\tau_{30}$
0	0	τ_{43}	τ_{44}	$-\tau_{40}$

(102.2)

Ein Vergleich der Matrix Gl. (99.2) mit der Matrix Gl. (102.2) zeigt, daß jetzt einige Felder unbesetzt sind; es brauchen also weniger Beiwerte berechnet zu werden, und die Auflösung der Gleichungen bereitet weniger Rechenarbeit. Zu diesem rein mathematischen Vorteil kommt für die Statik hinzu, daß das erste System infolge der größeren gegenseitigen Abhängigkeit der Unbekannten sehr viel fehlerempfindlicher ist als das zweite, d. h., eine geringe Rechenungenauigkeit oder ein Rechenfehler wirkt sich verhältnismäßig sehr viel stärker auf das Gesamtergebnis aus als beim zweiten System. Daher zieht man in der Statik auch aus praktischen Gründen das zweite Grundsystem dem ersten vor.

Zur Bestimmung der äußeren und inneren Kräfte kann auch hier wieder das Superpositionsgesetz gemäß den Gl. (100.1 bis 4) benutzt werden. Es ist jedoch günstig, daß durch die Wahl der Unbekannten eine ganze Reihe Werte verschwinden. So wird beispielsweise

$$A = A_0 + A_1 \cdot X_1 + 0 \cdot X_2 + 0 \cdot X_3 + 0 \cdot X_4 = A_0 + A_1 \cdot X_1 \tag{102.3}$$

Statt dessen kann man sich auch den Balken l_1 herausgeschnitten und mit der tatsächlichen Last und dem endgültigen Stützmoment M_1 belastet denken (s. Teil 2 Abschn. Durchlaufträger), und es ist nach Bild **102.1**

$$A = A_0 + \frac{M_1}{l_1} = A_0 + \frac{X_1}{l_1} \tag{102.4}$$

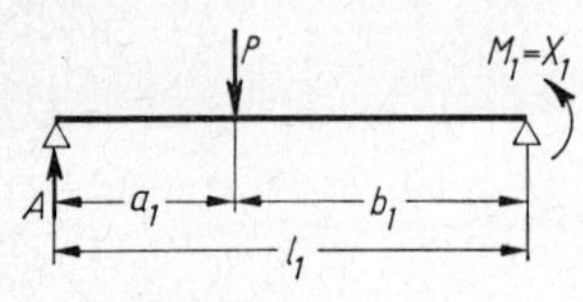

102.1 Herausgeschnittener Balken im Feld l_1

wobei das Vorzeichen von M_1 einzusetzen ist. Für ein Biegemoment im Feld l_3 ist gemäß dem Superpositionsgesetz nach Gl. (100.2) zu beachten, daß hier nur die statisch Unbekannten X_2 und X_3 Beiträge zum Moment liefern (s. Bild **101.2**). Es ist nämlich

$$\begin{aligned}
M_x &= M_{x0} + 0 \cdot X_1 + M_{x2} \cdot X_2 + M_{x3} \cdot X_3 + 0 \cdot X_4 \\
&= M_{x0} + M_{x2} \cdot X_2 + M_{x3} \cdot X_3
\end{aligned} \tag{102.5}$$

Darin ist

M_{x0} das Feldmoment im Punkt x infolge der äußeren gegebenen Last

M_{x2} das Feldmoment im Punkt x infolge der Belastung $X_2 = 1$

M_{x3} das Feldmoment im Punkt x infolge der Belastung $X_3 = 1$

Es ergibt sich unter Beachtung von Bild **103.1a** und b

$$M_x = M_{x0} + 1 \cdot \frac{x'}{l_3} X_2 + 1 \cdot \frac{x}{l_3} X_3 \qquad (103.1)$$

X_2 und X_3 sind die errechneten statisch Überzähligen, die mit Vorzeichen einzusetzen sind.

Ebensogut kann auch der nach Bild **103.2** herausgeschnittene Balken betrachtet werden, und es wird

$$M_x = M_{x0} + \frac{X_2}{l_3} x' + \frac{X_3}{l_3} x \qquad (103.2)$$

(s. Teil 2 Clapeyr. Dreimomentengleichungen). Hierin sind X_2 und X_3 wieder mit ihren errechneten Vorzeichen einzusetzen.

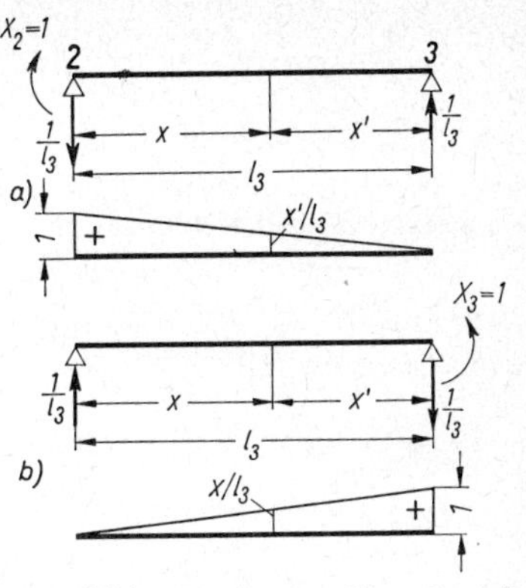

103.1 Stützmomente aus $X_2 = 1$ und $X_3 = 1$ im Feld l_3

Die Gegenüberstellung der Gleichungen aus dem Superpositionsgesetz Gl. (102.3) bzw. Gl. (103.1) mit denen aus der Betrachtung des herausgeschnittenen Balkens Gl. (102.4) bzw. Gl. (103.2) zeigt die Übereinstimmung im Ergebnis beider Betrachtungsweisen. Das gleiche gilt auch für die Ermittlung von Querkräften und ggf. von Normalkräften.

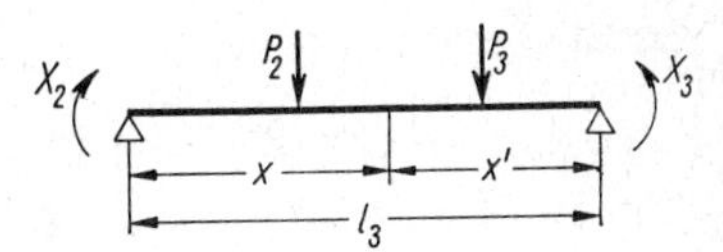

103.2 Herausgeschnittener Balken im Feld l_3

Sobald sämtliche äußeren und inneren Kräfte errechnet sind, kann man den berechneten Bauwerksteil bemessen. Anschließend muß man bei vorheriger Annahme unterschiedlicher Trägheitsmomente J oder Querschnittsflächen F noch feststellen, ob diese Werte mit den errechneten übereinstimmen. Denn man mußte ja für die Berechnung der Verformung δ_{ik} bereits Querschnittswerte zugrunde legen, ohne deren endgültige Größe zu kennen. In der Praxis geht man dabei verschiedene Wege.

Meistens kann man auf Grund von Erfahrungen oder in Anlehnung an ähnliche, bereits ausgeführte Bauwerke die ungefähren Abmessungen festlegen. Besonders günstig ist es, mit Verhältnissen von Querschnittswerten wie z. B. J_c/J zu rechnen, wobei J_c ein beliebig angenommenes Trägheitsmoment ist. Diese Verhältniswerte lassen sich nach einiger Übung ziemlich gut schätzen. Ergibt die Bemessung, daß die angenommenen Querschnittswerte ungefähr mit den errechneten übereinstimmen, dann ist die Aufgabe beendet. Sind jedoch größere Unterschiede vorhanden, so muß die Berechnung mit den neuen, evt. noch etwas korrigierten Werten wiederholt werden.

7.3 Auflösen von Gleichungen

7.31 Determinanten

7.311 Zweireihige Determinanten

Wir schreiben zunächst ein Gleichungssystem mit zwei Unbekannten in der allgemeinen Form an.

$$a_{11} \cdot X_1 + a_{12} \cdot X_2 = a_{10}$$

$$a_{21} \cdot X_1 + a_{22} \cdot X_2 = a_{20}$$

In Form der Gl. (99.2) erhält man dafür

X_1	X_2	B
a_{11}	a_{12}	a_{10}
a_{21}	a_{22}	a_{20}

(104.1)

In Spalte B stehen hierbei z. B. die Belastungsglieder δ_{10} und δ_{20}, in den Spalten mit X_1 und X_2 die lastunabhängigen Glieder.

Eine Möglichkeit zur Auflösung von Gleichungssystemen bieten Determinanten. Damit lassen sich die Unbekannten X_1 und X_2 wie folgt ausdrücken:

$$\boldsymbol{X_1 = D_1/D} \quad \textbf{und} \quad \boldsymbol{X_2 = D_2/D} \tag{104.2}$$

D_1 und D_2 nennt man die Zählerdeterminanten, D die Nennerdeterminante. Diese hat dabei folgende Form:

$$D = \begin{vmatrix} a_{11} & a_{12} \\ a_{21} & a_{22} \end{vmatrix} \tag{104.3}$$

Die Elemente der Nennerdeterminante sind dabei die Vorzahlen oder Beiwerte der Unbekannten, z. B. X_1 und X_2. Sie ist eine zweireihige Determinante, da sie aus zwei Zeilen und zwei Spalten besteht.

Z. B. bilden a_{11} und a_{12} die 1. Zeile, a_{11} und a_{21} die 1. Spalte. Ihren Wert erhält man durch kreuzweises Multiplizieren wie folgt:

$$\boldsymbol{D = \begin{vmatrix} a_{11} & a_{12} \\ a_{21} & a_{22} \end{vmatrix} = a_{11} \cdot a_{22} - a_{21} \cdot a_{12}} \tag{104.4}$$

Man hat also das Produkt der Elemente in der steigenden Diagonale von demjenigen der fallenden abzuziehen.

Die Zählerdeterminante D_1 zur Bestimmung von X_1 nimmt folgende Form an:

$$\boldsymbol{D_1 = \begin{vmatrix} a_{10} & a_{12} \\ a_{20} & a_{22} \end{vmatrix}} \tag{104.5}$$

Man erkennt, daß die 1. Spalte der Nennerdeterminante durch die Spalte B ersetzt worden ist.

Es wird bei kreuzweisem Multiplizieren

$$\boldsymbol{D_1 = a_{10} \cdot a_{22} - a_{20} \cdot a_{12}} \tag{104.6}$$

Entsprechend läßt sich D_2 wie folgt schreiben:

$$D_2 = \begin{vmatrix} a_{11} & a_{10} \\ a_{21} & a_{20} \end{vmatrix} \tag{104.7}$$

In dieser Zählerdeterminante sind die Glieder der zweiten Spalte der Nennerdeterminante durch die Glieder der rechten Seite der Gleichungen zu ersetzen, da ja X_2 gesucht wird. Für D_2 ergibt sich

$$D_2 = a_{11} \cdot a_{20} - a_{21} \cdot a_{10}$$

Zusammenfassend erhält man für ein Gleichungssystem mit zwei Unbekannten

$$X_1 = \frac{a_{10} \cdot a_{22} - a_{20} \cdot a_{12}}{a_{11} \cdot a_{22} - a_{21} \cdot a_{12}} \quad \text{und} \quad X_2 = \frac{a_{11} \cdot a_{20} - a_{21} \cdot a_{10}}{a_{11} \cdot a_{22} - a_{21} \cdot a_{12}} \tag{105.1}$$

Beispiel: Das Gleichungssystem mit zwei Unbekannten

$$X_1 \cdot 7 - X_2 \cdot 8 = -26 \qquad X_1 \cdot 9 + X_2 \cdot 10 = 68$$

schreiben wir

X_1	X_2	B
7	− 8	− 26
9	10	68

Mit Gl. (105.1) erhält man

$$X_1 = \frac{-26 \cdot 10 + 68 \cdot 8}{7 \cdot 10 + 9 \cdot 8} = \frac{-260 + 544}{70 + 72} = \frac{284}{142} = 2$$

$$X_2 = \frac{68 \cdot 7 + 26 \cdot 9}{142} = \frac{476 + 234}{142} = \frac{710}{142} = 5$$

Das Einsetzen in die Ausgangsgleichung beweist die Richtigkeit der Lösung:

$$2 \cdot 7 - 5 \cdot 8 = -26$$

7.312 Dreireihige Determinante

Für ein Gleichungssystem mit drei Unbekannten, wie es bei einem dreifach statisch unbestimmten System zu lösen ist, kann man folgende Tabelle aufstellen:

X_1	X_2	X_3	B
a_{11}	a_{12}	a_{13}	a_{10}
a_{21}	a_{22}	a_{23}	a_{20}
a_{31}	a_{32}	a_{33}	a_{30}

(105.2)

Auch hier wird unter Verwendung von Determinanten:

$$X_1 = D_1/D \qquad X_2 = D_2/D \qquad X_3 = D_3/D \tag{105.3}$$

Dabei hat die Nennerdeterminante folgende Form:

$$D = \begin{vmatrix} a_{11} & a_{12} & a_{13} \\ a_{21} & a_{22} & a_{23} \\ a_{31} & a_{32} & a_{33} \end{vmatrix} \tag{105.4}$$

Ihr Wert ergibt sich wieder durch kreuzweises Multiplizieren, wobei die Produkte aus den Elementen der fallenden Diagonale positiv und diejenigen aus den Elementen der steigenden Diagonale negativ genommen werden. Zweckmäßig ergänzt man die drei vorhandenen Spalten um die zwei ersten Spalten, und es ergibt sich dann

$$D = \left| \begin{matrix} \oplus a_{11} & \oplus a_{12} & \oplus a_{13} \\ a_{21} & a_{22} & a_{23} \\ \ominus a_{31} & \ominus a_{32} & \ominus a_{33} \end{matrix} \right| \begin{matrix} a_{11} & a_{12} \\ a_{21} & a_{22} \\ a_{31} & a_{32} \end{matrix} \tag{105.5}$$

Die Nennerdeterminante heißt

$$D = a_{11} \cdot a_{22} \cdot a_{33} + a_{12} \cdot a_{23} \cdot a_{31} + a_{13} \cdot a_{21} \cdot a_{32} \tag{106.1}$$
$$- a_{31} \cdot a_{22} \cdot a_{13} - a_{32} \cdot a_{23} \cdot a_{11} - a_{33} \cdot a_{21} \cdot a_{12}$$

Die Zählerdeterminante D_1 ergibt sich wieder, indem man die erste Spalte, also die X_1-Spalte, der Nennerdeterminante durch die Spalte B ersetzt. Man erhält

$$\boldsymbol{D_1} = \begin{vmatrix} \boldsymbol{a_{10}} & \boldsymbol{a_{12}} & \boldsymbol{a_{13}} \\ \boldsymbol{a_{20}} & \boldsymbol{a_{22}} & \boldsymbol{a_{23}} \\ \boldsymbol{a_{30}} & \boldsymbol{a_{32}} & \boldsymbol{a_{33}} \end{vmatrix} \tag{106.2}$$

Die Zählerdeterminante D_1 hat den Wert

$$D_1 = a_{10} \cdot a_{22} \cdot a_{33} + a_{12} \cdot a_{23} \cdot a_{30} + a_{13} \cdot a_{20} \cdot a_{32} \tag{106.3}$$
$$- a_{30} \cdot a_{22} \cdot a_{13} - a_{32} \cdot a_{23} \cdot a_{10} - a_{33} \cdot a_{20} \cdot a_{12}$$

Ersetzen der zweiten Spalte, der X_2-Spalte, durch Spalte B ergibt die Zählerdeterminante D_2 und entsprechend der dritten Spalte, der X_3-Spalte, durch Spalte B die Zählerdeterminante D_3.
Man erhält also

$$\boldsymbol{D_2} = \begin{vmatrix} \boldsymbol{a_{11}} & \boldsymbol{a_{10}} & \boldsymbol{a_{13}} \\ \boldsymbol{a_{21}} & \boldsymbol{a_{20}} & \boldsymbol{a_{23}} \\ \boldsymbol{a_{31}} & \boldsymbol{a_{30}} & \boldsymbol{a_{33}} \end{vmatrix} \tag{106.4}$$

$$D_2 = a_{11} \cdot a_{20} \cdot a_{33} + a_{10} \cdot a_{23} \cdot a_{31} + a_{13} \cdot a_{21} \cdot a_{30}$$
$$- a_{31} \cdot a_{20} \cdot a_{13} - a_{30} \cdot a_{23} \cdot a_{11} - a_{33} \cdot a_{21} \cdot a_{10}$$

und

$$\boldsymbol{D_3} = \begin{vmatrix} \boldsymbol{a_{11}} & \boldsymbol{a_{12}} & \boldsymbol{a_{10}} \\ \boldsymbol{a_{21}} & \boldsymbol{a_{22}} & \boldsymbol{a_{20}} \\ \boldsymbol{a_{31}} & \boldsymbol{a_{32}} & \boldsymbol{a_{30}} \end{vmatrix} \tag{106.5}$$

$$D_3 = a_{11} \cdot a_{22} \cdot a_{30} + a_{12} \cdot a_{20} \cdot a_{31} + a_{10} \cdot a_{21} \cdot a_{32}$$
$$- a_{31} \cdot a_{22} \cdot a_{10} - a_{32} \cdot a_{20} \cdot a_{11} - a_{30} \cdot a_{21} \cdot a_{12}$$

Bei der Auflösung eines Gleichungssystems mit drei Unbekannten berechnet man zweckmäßig die Nennerdeterminante und die einzelnen Zählerdeterminanten und setzt die gefundenen Werte in Gl. (105.3) ein, womit dann die drei Unbekannten berechnet sind.
Das kreuzweise Multiplizieren der Elemente der Determinanten nach der Regel von Sarrus läßt sich nur bei zwei- und dreireihigen Determinanten anwenden.

Beispiel: Ein Gleichungssystem mit drei Unbekannten

$$X_1 \cdot 2 - X_2 \cdot 1 + X_3 \cdot 4 = 17$$
$$- X_1 \cdot 1 + X_2 \cdot 4 - X_3 \cdot 2 = 2$$
$$X_1 \cdot 4 - X_2 \cdot 2 + X_3 \cdot 6 = 26$$

hat die Matrixform

X_1	X_2	X_3	B
2	−1	4	17
−1	4	−2	2
4	−2	6	26

Wir erhalten zunächst als Nennerdeterminante nach Gl. (105.4)

$$D = \begin{vmatrix} 2 & -1 & 4 \\ -1 & 4 & -2 \\ 4 & -2 & 6 \end{vmatrix}$$

Deren Auflösung ergibt nach Gl. (105.5 und 106.1)

$$D = 2 \cdot 4 \cdot 6 + (-1)(-2)4 + 4(-1)(-2) - 4 \cdot 4 \cdot 4 - (-2)(-2)2 - 6(-1)(-1)$$
$$= 48 + 8 + 8 - 64 - 8 - 6 = 64 - 78 = -14$$

Nach den Gl. (106.2), (106.4 und 5) erhält man die Zählerdeterminanten

$$D_1 = \begin{vmatrix} 17 & -1 & 4 \\ 2 & 4 & -2 \\ 26 & -2 & 6 \end{vmatrix} \qquad D_2 = \begin{vmatrix} 2 & 17 & 4 \\ -1 & 2 & -2 \\ 4 & 26 & 6 \end{vmatrix} \qquad D_3 = \begin{vmatrix} 2 & -1 & 17 \\ -1 & 4 & 2 \\ 4 & -2 & 26 \end{vmatrix}$$

Deren Auflösungen ergeben nach Gl. (106.3)

$$D_1 = 17 \cdot 4 \cdot 6 + (-1)(-2)(+26) + 4 \cdot 2(-2) - 26 \cdot 4 \cdot 4 - (-2)(-2)17 - 6 \cdot 2(-1) = -28$$

nach Gl. (106.4)

$$D_2 = 2 \cdot 2 \cdot 6 + 17(-2)4 + 4(-1)26 - 4 \cdot 2 \cdot 4 - 26(-2)2 - 6(-1)17 = -42$$

nach Gl. (106.5)

$$D_3 = 2 \cdot 4 \cdot 26 + (-1)2 \cdot 4 + 17(-1)(-2) - 4 \cdot 4 \cdot 17 - (-2)2 \cdot 2 - 26(-1)(-1) = -56$$

Mit Gl. (105.3) erhält man die Unbekannten

$$X_1 = \frac{-28}{-14} = 2 \qquad X_2 = \frac{-42}{-14} = 3 \qquad X_3 = \frac{-56}{-14} = 4$$

Die Kontrolle mit den gefundenen Werten in der ersten Gleichung der 3 Ausgangsgleichungen: $2 \cdot 2 - 3 \cdot 1 + 4 \cdot 4 = 17$ zeigt, daß das Gleichungssystem richtig aufgelöst worden ist.

Bei mehr als drei Unbekannten muß man die Determinante in Unterdeterminanten entwickeln (s. z. B. [1; 6]). Wegen des zu großen Arbeitsumfanges löst man jedoch zweckmäßig ein Gleichungssystem mit vier und mehr Unbekannten nach einem anderen Verfahren, z. B. nach dem allgemeinen Eliminationsverfahren oder nach dem Eliminationsverfahren von Gauß. Das gilt auch für ein Gleichungssystem mit drei Unbekannten, das mehrere Spalten Belastungsglieder besetzt, also bei einem dreifach statisch unbestimmten System mit mehreren Lastfällen.

7.32 Das Eliminationsverfahren von Gauß

7.321 Allgemeiner Gaußscher Algorithmus

Beim Eliminationsverfahren von Gauß wird das Gleichungssystem mit jedem Schritt um eine Gleichung und auch um eine Unbekannte reduziert. Dabei wird jeweils nur eine Gleichung, die sog. Eliminationsgleichung, umgeformt. Das Verfahren soll am Beispiel eines allgemeinen Gleichungssystems mit vier Unbekannten erläutert werden:

$$\begin{aligned} a_{11} \cdot X_1 + a_{12} \cdot X_2 + a_{13} \cdot X_3 + a_{14} \cdot X_4 &= a_{10} \\ a_{21} \cdot X_1 + a_{22} \cdot X_2 + a_{23} \cdot X_3 + a_{24} \cdot X_4 &= a_{20} \\ a_{31} \cdot X_1 + a_{32} \cdot X_2 + a_{33} \cdot X_3 + a_{34} \cdot X_4 &= a_{30} \\ a_{41} \cdot X_1 + a_{42} \cdot X_2 + a_{43} \cdot X_3 + a_{44} \cdot X_4 &= a_{40} \end{aligned} \qquad (108.1)$$

Die Vorzahlen a_{ik} entsprechen hierin den Verformungsgrößen δ_{ik} und die Unbekannten X_k den statisch Unbestimmten X_1, X_2, X_3 und X_4.

Als Eliminationsgleichung wählen wir jeweils die 1. Gleichung. Diese wird nun zunächst der Reihe nach mit a_{21}/a_{11}, a_{31}/a_{11} und a_{41}/a_{11} multipliziert und von der zweiten, dritten und vierten Reihe subtrahiert.

$$1.\quad \left(a_{21} - \frac{a_{21} \cdot a_{11}}{a_{11}}\right) X_1 + \left(a_{22} - \frac{a_{21} \cdot a_{12}}{a_{11}}\right) X_2 + \left(a_{23} - \frac{a_{21} \cdot a_{13}}{a_{11}}\right) X_3 + \left(a_{24} - \frac{a_{21} \cdot a_{14}}{a_{11}}\right) X_4$$
$$= a_{20} - \frac{a_{21} \cdot a_{10}}{a_{11}}$$

$$2.\quad \left(a_{31} - \frac{a_{31} \cdot a_{11}}{a_{11}}\right) X_1 + \left(a_{32} - \frac{a_{31} \cdot a_{12}}{a_{11}}\right) X_2 + \left(a_{33} - \frac{a_{31} \cdot a_{13}}{a_{11}}\right) X_3 + \left(a_{34} - \frac{a_{31} \cdot a_{14}}{a_{11}}\right) X_4$$
$$= a_{30} - \frac{a_{31} \cdot a_{10}}{a_{11}}$$

$$3.\quad \left(a_{41} - \frac{a_{41} \cdot a_{11}}{a_{11}}\right) X_1 + \left(a_{42} - \frac{a_{41} \cdot a_{12}}{a_{11}}\right) X_2 + \left(a_{43} - \frac{a_{41} \cdot a_{13}}{a_{11}}\right) X_3 + \left(a_{44} - \frac{a_{41} \cdot a_{14}}{a_{11}}\right) X_4$$
$$= a_{40} - \frac{a_{41} \cdot a_{10}}{a_{11}}$$

Wie man gleich erkennt, fallen die Produkte mit X_1 heraus, da die Faktoren vor X_1 Null werden. Wir haben damit das Gleichungssystem um eine Gleichung reduziert. Für die verbleibenden Glieder schreiben wir

$$\begin{aligned} 1.\quad b_{22} \cdot X_2 + b_{23} \cdot X_3 + b_{24} \cdot X_4 &= b_{20} \\ 2.\quad b_{32} \cdot X_2 + b_{33} \cdot X_3 + b_{34} \cdot X_4 &= b_{30} \\ 3.\quad b_{42} \cdot X_2 + b_{43} \cdot X_3 + b_{44} \cdot X_4 &= b_{40} \end{aligned} \qquad (108.2)$$

Es bedeuten z. B. $b_{22} = a_{22} - \frac{a_{21} \cdot a_{12}}{a_{11}}$ $\quad b_{23} = a_{23} - \frac{a_{21} \cdot a_{13}}{a_{11}}$

$$b_{32} = a_{32} - \frac{a_{31} \cdot a_{12}}{a_{11}} \qquad b_{20} = a_{20} - \frac{a_{21} \cdot a_{10}}{a_{11}}$$

allgemein also
$$b_{ik} = a_{ik} - \frac{a_{i1} \cdot a_{1k}}{a_{11}} \qquad (108.3)$$

Das verbleibende System mit drei Unbekannten wird nun genau so behandelt wie das Ausgangssystem, d. h., Eliminationsgleichung ist die 1. Gleichung (108.2), die nun der Reihe nach mit b_{32}/b_{22} und b_{42}/b_{22} multipliziert und von der zweiten und dritten verbleibenden Gleichung subtrahiert wird. Man erhält

$$\left(b_{32} - \frac{b_{32} \cdot b_{22}}{b_{22}}\right) X_2 + \left(b_{33} - \frac{b_{32} \cdot b_{23}}{b_{22}}\right) X_3 + \left(b_{34} - \frac{b_{32} \cdot b_{24}}{b_{22}}\right) X_4 = b_{30} - \frac{b_{32} \cdot b_{20}}{b_{22}}$$

$$\left(b_{42} - \frac{b_{42} \cdot b_{22}}{b_{22}}\right) X_2 + \left(b_{43} - \frac{b_{42} \cdot b_{23}}{b_{22}}\right) X_3 + \left(b_{44} - \frac{b_{42} \cdot b_{24}}{b_{22}}\right) X_4 = b_{40} - \frac{b_{42} \cdot b_{20}}{b_{22}}$$

Auch hier wird das jeweils erste Produkt wieder zu Null, und das verbleibende System schreiben wir in folgender Form:

$$1. \quad c_{33} \cdot X_3 + c_{34} \cdot X_4 = c_{30} \qquad 2. \quad c_{43} \cdot X_3 + c_{44} \cdot X_4 = c_{40} \tag{109.1}$$

Darin bedeuten z. B.

$$c_{33} = b_{33} - \frac{b_{32} \cdot b_{23}}{b_{22}} \qquad c_{43} = b_{43} - \frac{b_{42} \cdot b_{23}}{b_{22}} \qquad c_{40} = b_{40} - \frac{b_{42} \cdot b_{20}}{b_{22}}$$

allgemein also

$$c_{ik} = b_{ik} - \frac{b_{i2} \cdot b_{2k}}{b_{22}} \tag{109.2}$$

Um das Gleichungssystem (109.1) in eine Gleichung mit einer Unbekannten zu verwandeln, wird wieder die erste Gleichung als Eliminationsgleichung mit c_{43}/c_{33} multipliziert und von der 2. Gleichung subtrahiert.

$$\left(c_{43} - \frac{c_{43} \cdot c_{33}}{c_{33}}\right) X_3 + \left(c_{44} - \frac{c_{43} \cdot c_{34}}{c_{33}}\right) X_4 = c_{40} - \frac{c_{43} \cdot c_{30}}{c_{33}}$$

bzw.

$$d_{44} \cdot X_4 = d_{40} \tag{109.3}$$

mit

$$d_{44} = c_{44} - \frac{c_{43} \cdot c_{34}}{c_{33}} \quad \text{und} \quad d_{40} = c_{40} - \frac{c_{43} \cdot c_{30}}{c_{33}}$$

oder allgemein

$$d_{ik} = c_{ik} - \frac{c_{i3} \cdot c_{3k}}{c_{33}} \tag{109.4}$$

Die letzte verbleibende Unbekannte wird damit

$$X_4 = d_{40}/d_{44} \tag{109.5}$$

Beim Reduzieren der Gleichungssysteme sollte man noch versuchen, die Reihenfolge der Gleichungen und Spalten so zu verändern, daß die Werte a_{21}/a_{11} bzw. b_{32}/b_{22} usw. möglichst klein werden. Damit bleiben dann die im folgenden Schritt auftretenden b_{ik}- bzw. c_{ik}-Werte von derselben Größenordnung, wodurch die Genauigkeit der Auflösung erhöht wird.

Zur Berechnung der anderen Unbekannten setzen wir X_4 in die erste Gleichung des vorletzten Systems (109.1) ein. Wir erhalten dann aus $c_{33} \cdot X_3 + c_{34} \cdot X_4 = c_{30}$ nach X_3 aufgelöst

$$X_3 = \frac{c_{30} - c_{34} \cdot X_4}{c_{33}} \tag{109.6}$$

Weiter setzen wir zur Bestimmung von X_2 die Werte X_3 und X_4 in die erste Gleichung des zweiten Gleichungssystems (108.2) ein, womit sich ergibt

$$X_2 = \frac{b_{20} - b_{23} \cdot X_3 - b_{24} \cdot X_4}{b_{22}} \tag{109.7}$$

Schließlich erhält man durch Einsetzen aller bisher bekannten Größen X_4 bis X_2 in die erste Gleichung des Ausgangssystems (108.1) und nach Umformen

$$X_1 = \frac{a_{10} - a_{12} \cdot X_2 - a_{13} \cdot X_3 - a_{14} \cdot X_4}{a_{11}} \tag{109.8}$$

Wir haben damit durch die Rückwärtsauflösung alle Unbekannten gefunden.

Das Gaußsche Eliminationsverfahren wendet man zweckmäßig in Tabellenform an. Um nach jedem Schritt eine Rechenkontrolle zu haben, werden dabei noch die Spaltensummen und Zeilensummen gebildet.

Beispiel: Gegeben ist ein Gleichungssystem mit vier Unbekannten

$$X_1 \cdot 4 + X_2 \cdot 2 - X_3 \cdot 1 + X_4 \cdot 4 = 24$$

$$X_1 \cdot 3 + X_2 \cdot 6 - X_3 \cdot 2 + X_4 \cdot 1 = 27$$

$$X_1 \cdot 1 + X_2 \cdot 2 + X_3 \cdot 5 - X_4 \cdot 3 = 17$$

$$-X_1 \cdot 2 + X_2 \cdot 4 - X_3 \cdot 3 + X_4 \cdot 7 = 5$$

Zeile	Rechenschritt	X_1	X_2	X_3	X_4	B	Summe
1		4	2	− 1	4	24	33
2		3	6	− 2	1	27	35
3		1	2	5	− 3	17	22
4		− 2	4	− 3	7	5	11
5	(1) + (2) + (3) + (4)	6	14	− 1	9	73	101
6	$\frac{3}{4} \cdot (1)$	3,00	1,50	− 0,75	3,00	18,00	24,75
7	$\frac{1}{4} \cdot (1)$	1,00	0,50	− 0,25	1,00	6,00	8,25
8	$-\frac{2}{4} \cdot (1)$	− 2,00	− 1,00	0,50	− 2,00	− 12,00	− 16,50
9	(6) + (7) + (8)	2,00	1,00	− 0,50	2,00	12,00	16,50
10	(2) − (6)	0,00	4,50	− 1,25	− 2,00	9,00	10,25
11	(3) − (7)	0,00	1,50	5,25	− 4,00	11,00	13,75
12	(4) − (8)	0,00	5,00	− 3,50	9,00	17,00	27,50
13	(10) + (11) + (12)	0,00	11,00	0,50	3,00	37,00	51,50
14	$\frac{1,5}{4,5} \cdot (10)$		1,500	− 0,417	− 0,667	3,000	3,416
15	$\frac{5,0}{4,5} \cdot (10)$		5,000	− 1,389	− 2,220	10,000	11,391
16	(14) + (15)		6,500	− 1,806	− 2,887	13,000	14,807
17	(11) − (14)		0,00	5,667	− 3,333	8,000	10,334
18	(12) − (15)		0,00	− 2,111	11,220	7,000	16,109
19	(17) + (18)		0,00	3,556	7,887	15,000	26,443
20	$\frac{-2,111}{5,667} \cdot (17)$			− 2,111	1,240	− 2,980	− 3,851
21	(18) − (20)			0,000	9,980	9,980	19,960
22	$\frac{(21)}{9,98}$				1,000	1,000	2,000

Auch für die Rückwärtsauflösung ist die Tabelle am zweckmäßigsten.

Zeile	Rechenschritt	X_1	X_2	X_3	X_4	B	Summe
23	aus (20)			– 2,111	1,240	– 2,980	– 3,851
24	X_4 eingesetzt			– 2,111		– 4,220	– 6,331
25	$\frac{1}{-2{,}111} \cdot (24)$			1,000		2,000	3,000
26	(23) + (24) + (25)			– 3,222	1,240	– 5,200	– 7,180
27	aus (14)		1,500	– 0,834	– 0,667	3,000	3,000
28			1,500			4,500	6,000
29	$\frac{1}{1{,}5} \cdot (28)$		1,000			3,000	4,000
30	(27) + (28) + (29)		4,000	– 8,340	– 0,667	10,500	13,000
31	aus (6)	3,0	4,5	– 1,5	3,0	18,0	27,0
32		3,0				12,0	15,0
33	$\frac{1}{3} \cdot (32)$	1,0				4,0	5,0
	(31) + (32) + (33)	7,0	4,5	– 1,5	3,0	34,0	47,0

Die Unbekannten ergeben sich also zu

$$X_4 = 1 \text{ (Zeile 22)} \qquad X_3 = 2 \text{ (Zeile 25)}$$

$$X_2 = 3 \text{ (Zeile 29)} \qquad X_1 = 4 \text{ (Zeile 33)}$$

7.322 Verkürzter Gaußscher Algorithmus beim zur Hauptdiagonale symmetrischen Gleichungssystem

Wir betrachten wieder ein Gleichungssystem nach Art der Gl. (108.1) aus vier Gleichungen, die jedoch unter Berücksichtigung des Maxwellschen Satzes symmetrische Werte zur Hauptdiagonale haben sollen. Es ist also

$$a_{12} = a_{21} \qquad a_{13} = a_{31}$$

$$a_{14} = a_{41} \qquad a_{23} = a_{32} \qquad \text{usw.}$$

Beim Kraftgrößenverfahren sind die Beiwerte immer spiegelbildlich zur Hauptdiagonalen. Damit vereinfacht sich die Auflösung des Systems. Der Vorteil gegenüber dem vorher gezeigten Verfahren besteht darin, daß die Beiwerte unterhalb der Hauptdiagonalen nicht mit durchgeschleppt zu werden brauchen. Es ist dann sehr viel rascher möglich, die Eliminationsgleichung so umzuformen, daß die gesuchte Unbekannte isoliert erscheint (abgekürztes Gaußsches Verfahren).

Beispiel: Gegeben ist das Gleichungssystem

$$X_1 \cdot 4 + X_2 \cdot 2 - X_3 \cdot 1 + X_4 \cdot 4 = 24$$

$$X_1 \cdot 2 + X_2 \cdot 6 - X_3 \cdot 2 + X_4 \cdot 1 = 23$$

$$-X_1 \cdot 1 - X_2 \cdot 2 + X_3 \cdot 5 - X_4 \cdot 3 = -3$$

$$X_1 \cdot 4 + X_2 \cdot 1 - X_3 \cdot 3 + X_4 \cdot 7 = 20$$

Zeile	Rechenschritt	X_1	X_2	X_3	X_4	B	Summe
1		4,0	2,0	− 1,0	4,0	24,0	33,0
2			6,0	− 2,0	1,0	23,0	28,0
3				5,0	− 3,0	− 3,0	− 1,0
4					7,0	20,0	27,0
5	$\frac{2}{4} \cdot (1)$		1,00	−0,50	2,00	12,00	14,50
6	$\frac{-1}{4} \cdot (1)$			0,25	− 1,00	− 6,00	− 6,75
7	$\frac{4}{4} \cdot (1)$				4,00	24,00	28,00
8	(2) − (5)		5,00	− 1,50	− 1,00	11,00	13,50
9	$\frac{-1,5}{5} \cdot (8)$			0,45	0,30	− 3,30	− 2,55
10	$\frac{-1}{5} \cdot (8)$				0,20	− 2,20	− 2,00
11	(3) − (6) − (9)			4,30	− 2,30	6,30	8,30
12	$\frac{-2,3}{4,3} \cdot (11)$				1,23	− 3,37	− 2,14
13	(4) − (7) − (10)				1,57	1,57	3,14
14	$\frac{1}{1,57} \cdot (13)$				1,00	1,00	2,00

Die Rückwärtsauflösung, die entsprechend der auf S. 111 aufgebaut ist, ergibt folgende Tabelle:

Zeile	Rechenschritt	X_1	X_2	X_3	X_4	B	Summe
15	aus (11)			4,3	− 2,3	6,3	8,3
16	(X_4 eingesetzt)			4,3		8,6	12,9
17	$\frac{1}{4,3} \cdot (16)$			1,0		2,0	3,0
18	(15) + (16) + (17)			9,6	− 2,3	16,9	24,2
19	aus (8) (Werte von X_3 u. X_4 eingesetzt)		5,0	− 3,0	− 1,0	11,0	12,0
20			5,0			15,0	20,0
21	$\frac{1}{5} \cdot (19)$		1,0			3,0	4,0
22	(19) + (20) + (21)		11,0	− 3,0	− 1,0	29,0	36,0
23	aus (1)	4	6	− 2	4	24	36
24		4				16	20
25	$\frac{1}{4} \cdot (24)$	1				4	5
26	(23) + (24) + (25)	9	6	− 2	4	44	61

Die Unbekannten sind $X_4 = 1 \quad X_3 = 2 \quad X_2 = 3 \quad X_1 = 4$

7.4 Anwendungen

7.41 Zweifach statisch unbestimmter Rahmen

Für den in Bild **113.1** dargestellten Rahmen mit den angegebenen Belastungen sind die Momente, Normal- und Querkräfte zu bestimmen.

Den Grad der statischen Unbestimmtheit erhalten wir nach Gl. (51.3) mit

$$a = 3 + 2 = 5 \qquad z = 0 \qquad \text{und} \qquad s = 1$$

zu $\quad n = 5 + 0 - 3 \cdot 1 = 2$

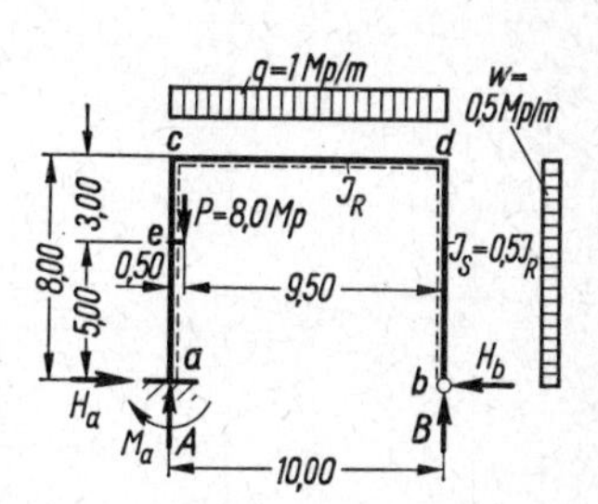

113.1 Rahmen mit Dachlast, Wind- und Kranlast

Also ist der Rahmen zweifach statisch unbestimmt.

Als statisch Unbestimmte führen wir ein
das Einspannmoment M_a am Auflager a als X_1
den Horizontalschub H_a als X_2

Im statisch bestimmten Grundsystem (**113.2**) greifen also im Punkte a die Unbestimmten X_1 und X_2 an. Nach Gl. (97.1 und 2) sind

$$\begin{aligned} \delta_{10} + X_1 \cdot \delta_{11} + X_2 \cdot \delta_{12} &= 0 \\ \delta_{20} + X_1 \cdot \delta_{21} + X_2 \cdot \delta_{22} &= 0 \end{aligned} \qquad (113.1)$$

oder

$$\begin{aligned} X_1 \cdot \delta_{11} + X_2 \cdot \delta_{12} &= -\,\delta_{10} \\ X_1 \cdot \delta_{21} + X_2 \cdot \delta_{22} &= -\,\delta_{20} \end{aligned}$$

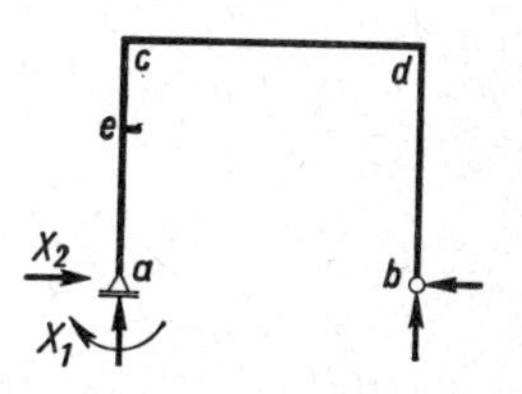

113.2 Statisch Überzählige

In diesen Gleichungen sind die Beiwerte der statisch Unbestimmten X_1 und X_2, nämlich δ_{11}, $\delta_{12} = \delta_{21}$ und δ_{22} von der Belastung unabhängig. Dagegen sind die Verschiebungswerte δ_{10} und δ_{20} für die gegebenen Belastungen q, P und w zu bestimmen.

δ_{11} ist die Verdrehung im Punkt a, in dem die statisch Unbestimmte X_1 angreift, infolge der statisch Unbestimmten X_1

δ_{12} ist die Verschiebung des Punktes a, in dem die statisch Unbestimmte X_1 angreift, infolge der statisch Unbestimmten X_2

δ_{21} ist die Verdrehung des Punktes a, in dem die statisch Unbestimmte X_2 angreift, infolge der statisch Unbestimmten X_1

δ_{22} ist die Verschiebung des Punktes a, in dem die statisch Unbestimmte X_2 angreift, infolge der statisch Unbestimmten X_2

Von den Zahlen-Indizes der δ-Werte gibt also wieder die erste Zahl den Ort an, in dem die statisch Unbestimmte X mit dieser 1. Zahl als Index angreift, während die 2. Zahl die Unbestimmte X mit dieser 2. Zahl als Index als Ursache kennzeichnet. Allgemein gilt also mit m und n als Indizes: δ_{mn} ist die Verschiebung des Punktes, in dem X_m angreift, während die Ursache die statisch Unbestimmte X_n ist.

1. Ermittlung von δ_{11}

Diese Verdrehung des Punktes a infolge $X_1 = 1$ beträgt

$$\delta_{11} = \int \frac{M_1{}^2 \cdot ds}{EJ} \qquad\qquad \frac{1}{\text{Mp} \cdot \text{m}} = \frac{\text{m}}{\frac{\text{Mp}}{\text{m}^2}\,\text{m}^4}$$

$$EJ_c \cdot \delta_{11} = \delta'_{11} = \int M_1^2 \cdot ds \cdot \frac{J_c}{J} \qquad m = m \cdot \frac{m^4}{m^4}$$

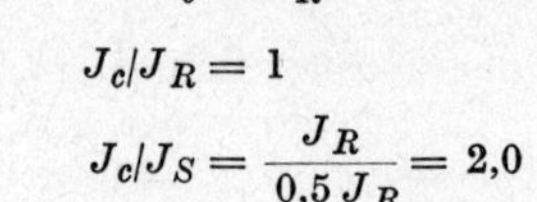

Mit $\qquad J_c = J_R \quad$ ist

für den Riegel $\qquad J_c/J_R = 1$

für den Stiel $\qquad J_c/J_S = \dfrac{J_R}{0{,}5\,J_R} = 2{,}0$

Ermittlung der M_1-Fläche (**114.1**)

Auflagerkräfte

$$A_{a1} = -B_{b1} = -\frac{1}{l} = -\frac{1}{10{,}0} = -0{,}1\ m^{-1} \qquad H_{b1} = 0$$

Momente

$$M_{a1} = +1 \qquad M_{c1} = +1 \qquad M_{d1} = 0$$

Normalkräfte

Stiel ac $\quad N_{ac1} = +0{,}1 \quad$ Riegel $\quad N_{cd1} = 0$

Stiel bd $\quad N_{bd1} = -0{,}1$

Querkräfte

Stiele $\quad Q_1 = 0 \quad$ Riegel $\quad Q_{cd1} = -0{,}1$

114.1 M_1-Fläche aus $X_1 = 1$

Mit der Tafel **18.1**, Zeile 1 und Spalte a, für den Stiel und Zeile 2, Spalte b, für den Riegel erhält man unter Beachtung der angenommenen Verhältnisse der Trägheitsmomente

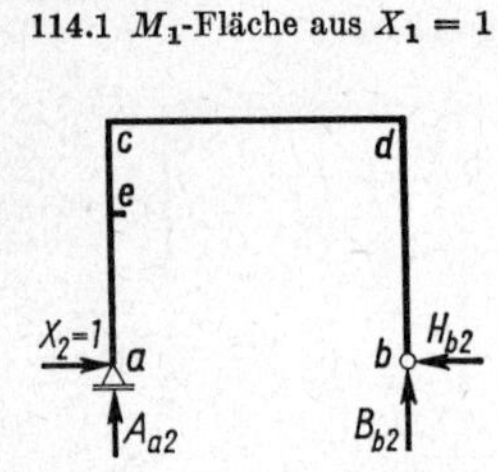

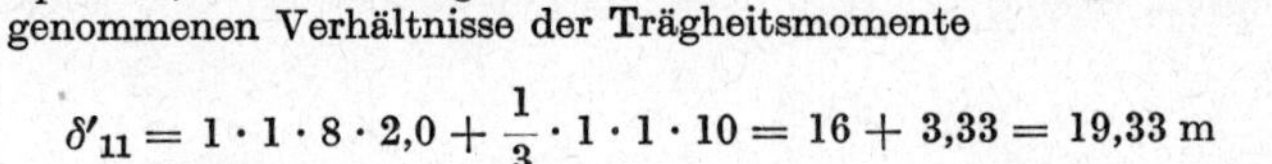

$$\delta'_{11} = 1 \cdot 1 \cdot 8 \cdot 2{,}0 + \frac{1}{3} \cdot 1 \cdot 1 \cdot 10 = 16 + 3{,}33 = 19{,}33\ m$$

2. Ermittlung von δ_{22}

Diese Verschiebung des Punktes a infolge $X_2 = 1$ beträgt

$$\delta_{22} = \int \frac{M_2^2 \cdot ds}{EJ} \qquad \frac{m}{Mp} = \frac{m^2 \cdot m}{\frac{Mp}{m^2}\, m^4}$$

$$EJ_c\,\delta_{22} = \delta'_{22} = \int M_2^2 \cdot ds \cdot \frac{J_c}{J} \qquad m^3 = m^2 \cdot m \cdot \frac{m^4}{m^4}$$

114.2 M_2-Fläche aus $X_2 = 1$

Ermittlung der M_2-Fläche (**114.2**)

Auflagerkräfte $\quad A_{a2} = B_{b2} = 0 \qquad H_{b2} = X_2 = 1$

Momente $\quad M_{c2} = -1 \cdot 8{,}0 \qquad M_{d2} = -1 \cdot 8{,}0$

Normalkräfte $\quad$ Stiele $\quad N_{ac2} = N_{bd2} = 0 \quad$ Riegel $\quad N_{cd2} = -1$

Querkräfte

Riegel $\quad Q_{cd2} = 0 \quad$ linker Stiel $\quad Q_{ac2} = -1 \quad$ rechter Stiel $\quad Q_{db2} = +1$

Mit Tafel **18.1** (1/a) für den Riegel und (2/b) für den Stiel erhält man

$$\delta'_{22} = 2 \cdot \frac{1}{3} \cdot 8{,}0^2 \cdot 8{,}0 \cdot 2 + 8{,}0 \cdot 8{,}0 \cdot 10{,}0 \cdot 1{,}0$$

$$= 682{,}67 + 640 = 1322{,}67 \qquad m^3 = m^2 \cdot m \cdot \frac{m^4}{m^4}$$

3. Ermittlung von $\delta_{12} = \delta_{21}$

δ_{12} ist die Verschiebung des Punktes a infolge $X_2 = 1$ und δ_{21} ist die Verdrehung des Punktes a infolge $X_1 = 1$.

$$\delta_{12} = \int \frac{M_1 \cdot M_2 \cdot ds}{EJ} \qquad \frac{1}{\text{Mp}} = \frac{\text{m} \cdot \text{m}}{\frac{\text{Mp}}{\text{m}^2}\,\text{m}^4}$$

$$EJ_c \cdot \delta_{12} = \delta'_{12} = \int M_1 \cdot M_2 \cdot ds \cdot \frac{J_c}{J} \qquad \text{m}^2 = \text{m} \cdot \text{m} \cdot \frac{\text{m}^4}{\text{m}^4}$$

Es sind also die M_1- und die M_2-Fläche miteinander zu überlagern. Mit Tafel **18.1** (1/b) erhält man

$$\delta'_{12} = \frac{1}{2} \cdot 1\,(-\,8{,}0)\;8{,}0 \cdot 2 + \frac{1}{2}\,1\,(-\,8{,}0)\;10{,}0$$

$$= -\,64{,}0 - 40{,}0 = -\,104{,}0 \qquad \text{m}^2 = \text{m} \cdot \text{m} \cdot \frac{\text{m}^4}{\text{m}^4}$$

4. Ermittlung von δ_{10} und δ_{20} infolge q

δ_{10} ist die Verdrehung des Punktes a infolge der gegebenen Belastung q in der Drehrichtung von X_1

δ_{20} ist die Verschiebung des Punktes a infolge der gegebenen Belastung q in Richtung X_2

Allgemein ist

$$\delta_{10} = \int \frac{M_1 \cdot M_0 \cdot ds}{EJ} \qquad EJ_c \cdot \delta_{10} = \delta'_{10} = \int M_1 \cdot M_0 \cdot ds \cdot \frac{J_c}{J} \quad \text{Mpm}^2 = \text{Mpm} \cdot \text{m} \cdot \frac{\text{m}^4}{\text{m}^4}$$

$$\delta_{20} = \int \frac{M_2 \cdot M_0 \cdot ds}{EJ} \qquad EJ_c \cdot \delta_{20} = \delta'_{20} = \int M_2 \cdot M_0 \cdot ds \cdot \frac{J_c}{J} \quad \text{Mpm}^3 = \text{Mpm} \cdot \text{m} \cdot \text{m} \cdot \frac{\text{m}^4}{\text{m}^4}$$

Infolge $q = 1$ Mp/m erhält man:

Auflager

$$A_0 = B_0 = \frac{1{,}0 \cdot 10{,}0}{2} = 5{,}0 \text{ Mp} \qquad H_{b0} = 0$$

Momente (**115.1**)

$$M_{c0} = M_{d0} = 0 \qquad M_R = \frac{q \cdot l^2}{8} = \frac{1{,}0 \cdot 10^2}{8} = 12{,}5 \text{ Mpm}$$

Normalkräfte

Stiele $N_0 = -\,5{,}0$ Mp Riegel $N_0 = 0$

Querkräfte

Stiele $Q_0 = 0$ Riegel $Q_{c0} = +\,5{,}0$ Mp $Q_{d0} = -\,5{,}0$ Mp

Die Überlagerung der M_0- mit der M_1-Fläche ergibt mit Tafel **18.1** (2/g)

$$\delta'_{10} = \frac{1}{3} \cdot 1{,}0 \cdot 12{,}5 \cdot 10{,}0 \cdot 1{,}0 = 41{,}7 \text{ Mpm}^2$$

die der M_0- mit der M_2-Fläche mit Tafel **18.1** (1/g)

$$\delta'_{20} = \frac{2}{3}\,(-\,8{,}0)\;12{,}5 \cdot 10{,}0 \cdot 1{,}0 = -\,666{,}7 \text{ Mpm}^3$$

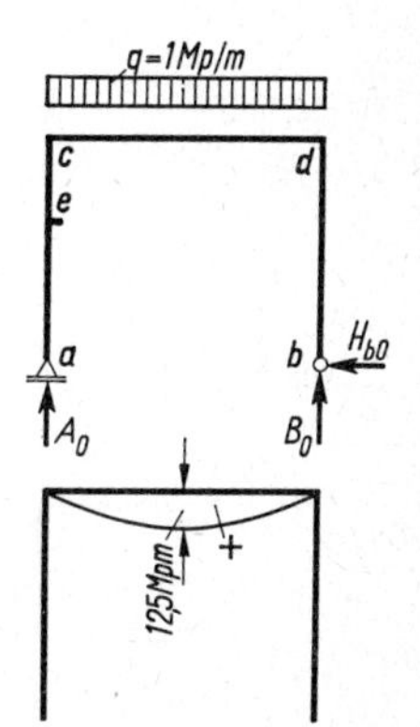

115.1 M_0-Fläche aus $q = 1$ Mp/m

5. Ermittlung von δ_{10} und δ_{20} infolge w (116.1)

Auflagerkräfte $A_0 = -B_0 = \dfrac{0{,}5 \cdot 8{,}0^2}{2 \cdot 10{,}0} = 1{,}6$ Mp $\quad H_{b0} = -0{,}5 \cdot 8 = -4{,}0$ Mp

Momente $M_{c0} = 0 \quad M_{d0} = +1{,}6 \cdot 10{,}0 = 16{,}0$ Mpm

$$M_{y0} = -H_{b0} \cdot y - \frac{w \cdot y^2}{2} = +4{,}0\,y - \frac{0{,}5y^2}{2}$$

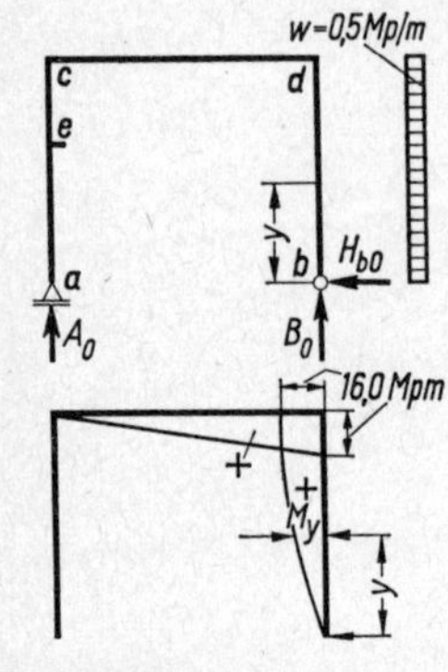

116.1 M_0-Fläche aus $w = 0{,}5$ Mp/m

Die M_0-Fläche im Stiel ist also eine quadratische Parabel mit dem Scheitel bei d.

Normalkräfte

Stiel ac $N_0 = -1{,}6$ Mp $\qquad$ Stiel bd $N_0 = +1{,}6$ Mp

Riegel $N_0 = 0$

Querkräfte

Stiel ac $Q_0 = 0$ $\quad$ Stiel bd $Q_{y0} = H_{b0} + w \cdot y = -4{,}0 + 0{,}5\,y$

Riegel $Q_0 = +1{,}6$ Mp

Mit Tafel **18.1** (2/c) erhält man

$$\delta'_{10} = \frac{1}{6} \cdot 1{,}0 \cdot 16{,}0 \cdot 10{,}0 \cdot \frac{1{,}0}{1{,}0} = 26{,}67 \text{ Mpm}^2$$

Mit Tafel **18.1** (1/b) für den Riegel und (2/h) für den Stiel ergibt sich

$$\delta'_{20} = \frac{1}{2}(-8{,}0)\,16{,}0 \cdot 10{,}0 \cdot 1{,}0 + \frac{5}{12}(-8)\,16{,}0 \cdot 8{,}0 \cdot 2{,}0$$

$$= -640 - 853 = -1493{,}0 \text{ Mpm}^3$$

6. Ermittlung von δ_{10} und δ_{20} infolge $P = 8{,}0$ Mp (116.2)

Auflagerkräfte $A_0 = \dfrac{8{,}0 \cdot (10{,}0 - 0{,}5)}{10{,}0} = 7{,}6$ Mp $\quad B_0 = 8{,}0 - 7{,}6 = 0{,}4$ Mp $\quad H_{b0} = 0$

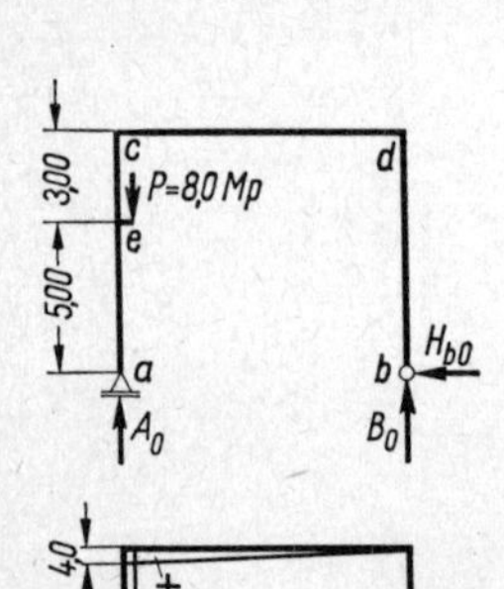

116.2 M_0-Fläche aus $P = 8{,}0$ Mp

Momente

$M_{eu0} = 0 \qquad M_{eo0} = +8{,}0 \cdot 0{,}5 = 4{,}0$ Mpm

$M_{c0} = 4{,}0$ Mpm $\qquad M_{d0} = 0$

Normalkräfte

Riegel $N_0 = 0$ $\qquad$ Stiel bd $N_{bd0} = -0{,}4$ Mp

Stiel ac $N_{ae0} = -7{,}6$ Mp $\qquad N_{ec0} = +0{,}4$ Mp

Querkräfte

Riegel $Q_{d0} = Q_{c0} = -0{,}4$ Mp $\quad$ Stiele $Q_0 = 0$

Nach Tafel **18.1** (2/b) für den Riegel und (1/a) für den Stiel ergibt sich

$$\delta'_{10} = \frac{1}{3} \cdot 1 \cdot 4{,}0 \cdot 10{,}0 \cdot 1{,}0 + 1 \cdot 4{,}0 \cdot 3{,}0 \cdot 2$$

$$= 13{,}33 + 24{,}0 = 37{,}3 \text{ Mpm}^2$$

Mit Tafel 18.1 (1/b) für den Riegel und (1/d) für den Stiel erhält man

$$\delta'_{20} = \frac{1}{2}(-8{,}0)\,4{,}0 \cdot 10{,}0 \cdot 1{,}0 + \frac{1}{2} \cdot 4{,}0\,(-8{,}0 - 5{,}0)\,3{,}0 \cdot 2{,}0$$

$$= -160 - 156 = -316 \text{ Mpm}^3$$

7. Ermittlung der statisch Unbestimmten X_1 und X_2

Hierzu ist für jeden Lastfall ein Gleichungssystem mit zwei Unbekannten gegeben. Wir wollen die Aufgabe mittels Determinanten lösen.

Nach Gl. (104.2) ist

$$X_1 = D_1/D \qquad X_2 = D_2/D \qquad D = \begin{vmatrix} \delta_{11} & \delta_{12} \\ \delta_{21} & \delta_{22} \end{vmatrix}$$

Multipliziert ergibt sich nach Gl. (104.4)

$$D = \delta_{11} \cdot \delta_{22} - \delta_{12}^2 = 19{,}33 \cdot 1322{,}7 - 104^2 = 25\,550 - 10\,820 = 14\,730$$

Die lastabhängigen Zählerdeterminanten werden für jeden Lastfall getrennt berechnet. Nach Gl. (104.5) lauten sie

$$D_1 = \begin{vmatrix} -\delta_{10} & \delta_{12} \\ -\delta_{20} & \delta_{22} \end{vmatrix} = -\delta_{10} \cdot \delta_{22} + \delta_{20} \cdot \delta_{12}$$

$$D_2 = \begin{vmatrix} \delta_{11} & -\delta_{10} \\ \delta_{21} & -\delta_{20} \end{vmatrix} = \delta_{10} \cdot \delta_{12} - \delta_{20} \cdot \delta_{11}$$

Man erhält für

Lastfall q

$$D_1 = -41{,}7 \cdot 1322{,}7 - 666{,}7\,(-104) = -55\,200 + 69\,300 = +14\,100$$

$$D_2 = 41{,}7\,(-104{,}0) - (-666{,}7)\,(19{,}33) = -4330 + 12\,900 = +8570$$

Lastfall w

$$D_1 = -26{,}67 \cdot 1322{,}7 + (-1493)\,(-104) = -35\,300 + 155\,300 = +120\,000$$

$$D_2 = 26{,}67\,(-104{,}0) - (-1493)\,19{,}33 = -2780 + 28\,800 = +26\,020$$

Lastfall P

$$D_1 = -37{,}3 \cdot 1322{,}7 + (-316)\,(-104) = -49\,400 + 32\,800 = -16\,600$$

$$D_2 = 37{,}3\,(-104{,}0) - (-316)\,19{,}33 = -3880 + 6100 = +2220$$

Und damit weiter für

Lastfall q $\quad X_1 = \dfrac{14\,100}{14\,730} = 0{,}96 \text{ Mpm} \qquad X_2 = \dfrac{8570}{14\,730} = 0{,}58 \text{ Mp}$

Lastfall w $\quad X_1 = \dfrac{120000}{14\,730} = 8{,}14 \text{ Mpm} \qquad X_2 = \dfrac{26\,020}{14\,730} = 1{,}76 \text{ Mp}$

Lastfall P $\quad X_1 = -\dfrac{16\,600}{14\,730} = -1{,}13 \text{ Mpm} \qquad X_2 = \dfrac{2220}{14\,730} = 0{,}15 \text{ Mp}$

Nachdem die statisch Unbestimmten X_1 und X_2 bekannt sind, können alle endgültigen äußeren und inneren Kräfte nach den Gl. (98.5 bis 8) wie folgt bestimmt werden:

$$A = A_0 + A_1 \cdot X_1 + A_2 \cdot X_2 \qquad N = N_0 + N_1 \cdot X_1 + N_2 \cdot X_2$$

$$M = M_0 + M_1 \cdot X_1 + M_2 \cdot X_2 \qquad Q = Q_0 + Q_1 \cdot X_1 + Q_2 \cdot X_2$$

Lastfall *q*

Auflagerkräfte $A = 5{,}0 - 0{,}1 \cdot 0{,}96 - 0 \cdot 0{,}58 = 4{,}9$ Mp

$B = 5{,}0 + 0{,}1 \cdot 0{,}96 + 0 = 5{,}1$ Mp

$H_a = X_2 = 0{,}58$ Mp $\qquad H_b = 0 + 0 + 1 \cdot 0{,}58 = 0{,}58$ Mp

Momente $M_c = 0 + 0{,}96 \cdot 1{,}0 - 8{,}0 \cdot 0{,}58 = -3{,}68$ Mpm

$M_d = 0 + 0{,}96 \cdot 0 - 8{,}0 \cdot 0{,}58 = -4{,}64$ Mpm

$M_a = X_1 = 0{,}96$ Mpm

Normalkräfte Stiel *ac* $N = -5{,}0 + 0{,}1 \cdot 0{,}96 + 0 \cdot 0{,}58 = -4{,}9$ Mp

Stiel *bd* $N = -5{,}0 - 0{,}1 \cdot 0{,}96 + 0 = -5{,}1$ Mp

Riegel $N = 0 \cdot 0{,}96 - 1 \cdot 0{,}58 = -0{,}58$ Mp

Querkräfte Stiel *ac* $Q = 0 \cdot 0{,}96 - 1 \cdot 0{,}58 = -0{,}58$ Mp

Stiel *bd* $Q = 0 + 0 + 1 \cdot 0{,}58 = +0{,}58$ Mp

Lastfall *w*

Auflagerkräfte $A = 1{,}6 - 0{,}1 \cdot 8{,}14 + 0 \cdot 1{,}76 = +0{,}8$ Mp

$B = -1{,}6 + 0{,}1 \cdot 8{,}14 + 0 = -0{,}8$ Mp

$H_a = X_2 = 1{,}76$ Mp $\quad H_b = -4{,}0 - 0 + 1 \cdot 1{,}76 = -2{,}24$ Mp

Momente $M_a = 0 + 1 \cdot 8{,}14 + 0 \cdot 1{,}76 = +8{,}14$ Mpm

$M_c = 0 + 1 \cdot 8{,}14 - 8 \cdot 1{,}76 = -5{,}96$ Mpm

$M_d = 16{,}0 + 0 \cdot 8{,}14 - 8 \cdot 1{,}76 = +1{,}92$ Mpm

$$M_y = 4{,}0\, y - \frac{0{,}5\, y^2}{2} - 0 \cdot 8{,}14 - 1 \cdot y \cdot 1{,}76 = 2{,}24\, y - 0{,}25\, y^2$$

$Q_y = 0$ für $y = 4{,}48$ m

$\max M = 2{,}24 \cdot 4{,}48 - 0{,}25 \cdot 4{,}48^2 = 10{,}0 - 5{,}00 = 5{,}00$ Mpm

Normalkräfte Stiel *ac* $N = -1{,}6 + 0{,}1 \cdot 8{,}14 - 0 = -0{,}8$ Mp

Stiel *bd* $N = 1{,}6 - 0{,}1 \cdot 8{,}14 = +0{,}8$ Mp

Riegel $N = 0 - 1 \cdot 1{,}76 = -1{,}76$ Mp

Querkräfte Stiel *ac* $Q = 0 + 0 - 1 \cdot 1{,}76 = -1{,}76$ Mp

Stiel *bd* $Q_y = -4{,}0 + 0{,}5\, y - 0 + 1{,}0 \cdot 1{,}76 = -2{,}24 + 0{,}5\, y$

Riegel $Q_c = +1{,}6 - 0{,}1 \cdot 8{,}14 + 0 = +0{,}8$ Mp $\qquad Q_d = 0{,}8$ Mp

Lastfall *P*

Auflagerkräfte

$$A = 7{,}6 - 0{,}1\,(-\,1{,}13) + 0 \cdot 0{,}15 = 7{,}713 \text{ Mp}$$

$$B = 0{,}4 + 0{,}1\,(-\,1{,}13) + 0 = 0{,}287 \text{ Mp}$$

$$H_a = 0 + 0\,(-\,1{,}13) + 1 \cdot 0{,}15 = 0{,}15 \text{ Mp}$$

$$H_b = 0 + 0 + 1 \cdot 0{,}15 = 0{,}15 \text{ Mp}$$

Momente

$$M_a = 0 + 1{,}0\,(-\,1{,}13) + 0 = -\,1{,}13 \text{ Mpm}$$

$$M_{eu} = 0 + 1{,}0\,(-\,1{,}13) + (-\,5{,}0)\,0{,}15 = -\,1{,}88 \text{ Mpm}$$

$$M_{eo} = 4{,}0 + 1{,}0\,(-\,1{,}13) + (-\,5{,}0)\,0{,}15 = 2{,}12 \text{ Mpm}$$

$$M_c = 4{,}0 + 1{,}0\,(-\,1{,}13) + (-\,8{,}0)\,0{,}15$$
$$= +\,1{,}67 \text{ Mpm}$$

$$M_d = 0 + 0 + (-\,8)\,0{,}15 = -\,1{,}2 \text{ Mpm}$$

Normalkräfte Stiel *ac* Abschnitt *ae*

$$N = -\,7{,}6 + 0{,}1\,(-\,1{,}13) + 0 = -\,7{,}713 \text{ Mp}$$

Stiel *ac* Abschnitt *ec*

$$N = +\,0{,}4 + 0{,}1\,(-\,1{,}13) + 0 = +\,0{,}287 \text{ Mp}$$

Stiel *bd*

$$N = -\,0{,}4 - 0{,}1\,(-\,1{,}13) = -\,0{,}287 \text{ Mp}$$

Riegel

$$N = 0 + 0\,(-\,1{,}13) - 1 \cdot 0{,}15 = -\,0{,}15 \text{ Mp}$$

Querkräfte Stiel

$$Q = 0 + 0 - 1 \cdot 0{,}15 = -\,0{,}15 \text{ Mp}$$

Riegel

$$Q_c = -\,0{,}4 - 0{,}1\,(-\,1{,}13) + 0 = -\,0{,}287 \text{ Mp}$$

$$Q_d = -\,0{,}287 \text{ Mp}$$

Die Gesamtbeanspruchungsflächen sind in Abschn. 8.45 Beispiel 2 enthalten.

7.42 Eingespannter Rahmen

7.421 Allgemeiner Rechnungsgang und elastischer Schwerpunkt

Bei mehrfach statisch unbestimmten Systemen mit mindestens einer Symmetrieachse ist es oft zweckmäßig, die statisch unbestimmten Größen X so zu wählen, daß sie symmetrische und antimetrische Momentenflächen hervorrufen. Symmetrische Flächen haben in symmetrischen Punkten gleiche Ordinaten, antimetrische Flächen haben in symmetrischen Punkten absolut genommen ebenfalls gleiche Ordinaten, jedoch entgegengesetzte Vorzeichen (s. Bild **120.**2a und b). Hierdurch erzielt man, daß ein Teil der Beiwerte δ_{ik} mit $i \neq k$ Null wird.

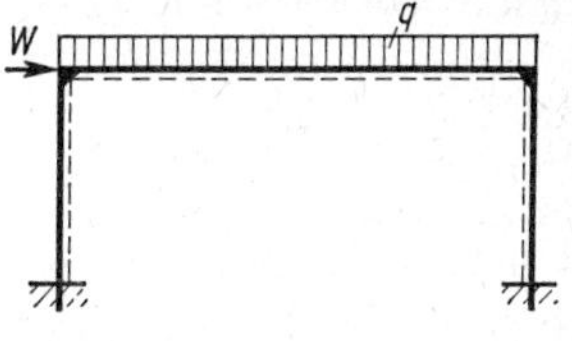

119.1 Eingespannter Rahmen

Im folgenden Beispiel soll erreicht werden, daß sämtliche Beiwerte δ_{ik} mit $i \neq k$ verschwinden.

Der eingespannte Rahmen (**119.**1) ist dreifach statisch unbestimmt, denn mit $a = 6$ und $s = 1$ wird $n = 6 - 3 = 3$.

Der Rahmen wird statisch bestimmt gemacht, indem man den Riegel durchschneidet. Die dadurch frei werdenden inneren Kräfte M, N und Q werden aber nicht unmittelbar als statisch Unbestimmte X eingeführt. Man bringt vielmehr im Schnittpunkt starre unverformbare Stäbe von der Länge e an, die mit dem Riegel biegefest verbunden sind. Im Endpunkt 0 dieser Stäbe wirken die statisch Unbestimmten X_1, X_2 und X_3 (**120.**1). Die Momentenflächen aus den statisch Unbestimmten $X_1 = 1$, $X_2 = 1$ und

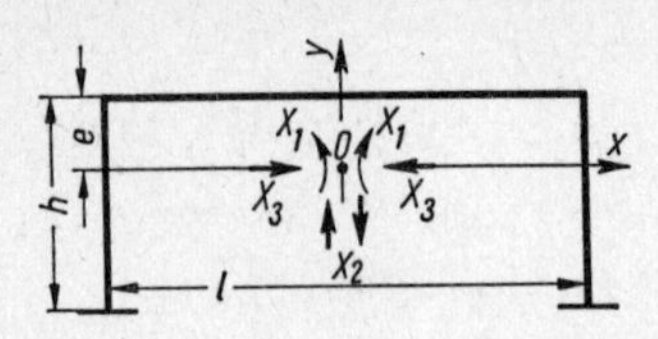

120.1 Rahmen mit elastischem Schwerpunkt

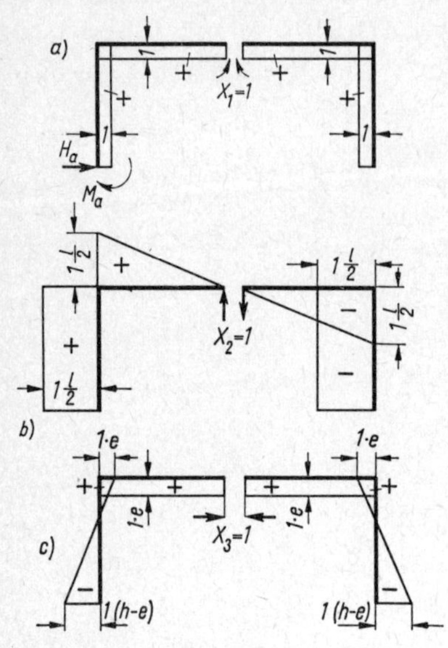

120.2 Momentenflächen infolge $X_1 = X_2 = X_3 = 1$

$X_3 = 1$ sind in Bild **120.2** dargestellt. Man erkennt, daß die Momentenflächen M_1 und M_3 zur y-Achse symmetrisch liegen. Dagegen ist die M_2-Fläche antimetrisch; den absoluten Werten nach liegt sie zwar ebenfalls symmetrisch, wird jedoch durch die Vorzeichen antimetrisch zur y-Achse.

Bildet man das Integral $\int M \cdot \overline{M} \cdot dx$ über eine symmetrische und antimetrische Momentenfläche, so ist der Wert dieses Integrales Null. Z. B. ist

$$\delta_{12} \cdot \frac{J_c}{J} = \int M_1 \cdot M_2 \cdot ds \cdot \frac{J_c}{J}$$

$$= (+1)\frac{l}{2} h \cdot \frac{J_c}{J_s} + (+1)\frac{1}{2} \cdot \frac{l}{2} \cdot \frac{J_c}{J_R}$$

$$+ (+1)\frac{1}{2}\left(-\frac{l}{2}\right)\frac{l}{2} \cdot \frac{J_c}{J_R}$$

$$+ (+1)\left(-\frac{l}{2}\right) h \cdot \frac{J_c}{J_S} = 0$$

Die Elastizitätsgleichungen zur Berechnung der statisch Unbestimmten lauten nach Gl. (99.1)

$$\delta_{10} + X_1 \cdot \delta_{11} + X_2 \cdot \delta_{12} + X_3 \cdot \delta_{13} = 0$$

$$\delta_{20} + X_1 \cdot \delta_{21} + X_2 \cdot \delta_{22} + X_3 \cdot \delta_{23} = 0$$

$$\delta_{30} + X_1 \cdot \delta_{31} + X_2 \cdot \delta_{32} + X_3 \cdot \delta_{33} = 0$$

Da die M_2-Fläche antimetrisch ist, sind die Werte $\delta_{12} = \delta_{21}$ und $\delta_{23} = \delta_{32}$ Null. Gelingt es, die Lage des Punktes 0 so zu wählen, daß auch $\delta_{13} = \delta_{31} = 0$ wird, so hätte man drei Gleichungen mit je einer Unbekannten X, da alle „gemischten" Vorzahlen verschwunden wären. Für die Festlegung des Punktes 0 hätte man also eine Gleichung, nämlich $\delta_{13} = 0$, zur Verfügung. Da aber auch nur eine Unbekannte, nämlich der Abstand e des Punktes 0 vom Riegel, unbekannt ist, genügt die Gleichung $\delta_{13} = 0$ zur Festlegung des Punktes 0. Den Punkt 0 bezeichnet man als „elastischen Schwerpunkt" oder als „elastischen Pol". Greifen also die statisch Unbestimmten X im elastischen Schwerpunkt eines statischen Systemes an, so werden alle lastunabhängigen Glieder $\delta_{ik} = \delta_{ki} = 0$, sofern $i \neq k$; im vorliegenden Fall verschwinden also δ_{12}, δ_{13} und δ_{23}.

Allgemein kann man sagen: Für die Bestimmung der Lage der elastischen Schwerpunkte stehen die Gleichungen $\delta_{ik} = 0$ zur Verfügung.

Hier genügt die Gleichung δ_{13} zur Festlegung der endgültigen Lage des elastischen Schwerpunktes, da er infolge der Symmetrie des Systems ja auf der senkrechten Symmetrieachse y liegen und der Winkel zwischen den Achsen x und y ein rechter sein muß. Wäre der Rahmen unsymmetrisch, so würden alle drei Gleichungen zur Festlegung benötigt:

$$\delta_{12} = 0 \qquad \delta_{13} = 0 \quad \text{und} \quad \delta_{23} = 0$$

Sobald der elastische Schwerpunkt festliegt, können die statisch Unbestimmten ermittelt werden. Da nur die lastunabhängigen Glieder δ_{11}, δ_{22}, δ_{33} und die lastabhängigen Glieder δ_{10}, δ_{20}, δ_{30} verbleiben, erhält man also Elastizitätsgleichungen, die je Gleichung nur eine Unbekannte X enthalten.

$$\delta_{10} + X_1 \cdot \delta_{11} = 0 \qquad \delta_{20} + X_2 \cdot \delta_{22} = 0 \qquad \delta_{30} + X_3 \cdot \delta_{33} = 0$$

Aus diesen Gleichungen können sofort die statisch Unbestimmten X angegeben werden

$$X_1 = -\frac{\delta_{10}}{\delta_{11}} \qquad X_2 = -\frac{\delta_{20}}{\delta_{22}} \qquad X_3 = -\frac{\delta_{30}}{\delta_{33}}$$

Der Rechnungsgang soll an einem Beispiel gezeigt werden.

7.422 Beispiel für einen eingespannten Rahmen

Gegeben ist der Rahmen nach Bild **121.1**. Gesucht sind die Momenten-, Normalkraft- und Querkraftflächen.

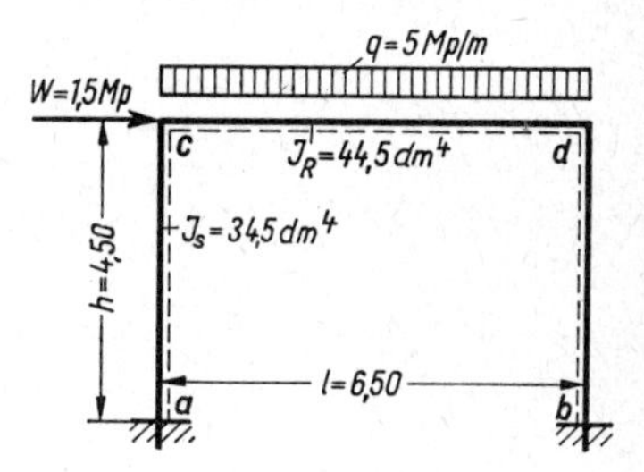

121.1 Eingespannter Rahmen mit Streckenlast und Windlast

Auf Grund einer Vorrechnung werden nachstehende Querschnittswerte festgelegt:

Riegel	$d_0 = 50$ cm	$b_0 = 25$ cm
	$d = 12$ cm	$J_R = 44{,}5$ dm^4
Stiele	$d = 55$ cm	$b = 25$ cm
	$J_S = 34{,}5$ dm^4	

Das System wird durch einen Schnitt in Riegelmitte statisch bestimmt gemacht. Dadurch werden die inneren Kräfte M, N und Q frei (**121.2**). Als statisch Unbestimmte werden aber nicht diese Kräfte eingeführt, sondern die statisch Unbestimmten X_1, X_2 und X_3, die im elastischen Schwerpunkt 0 angreifen, der durch starre unverformbare Stäbe an den Riegel angeschlossen ist (**121.3**). Der Abstand e des elastischen Schwerpunktes vom Riegel ist zunächst noch unbekannt.

M-Fläche aus

$X_1 = 1$ (**121.4**)

$A_1 = B_1 = 0$

$H_{a1} = H_{b1} = 0$

$M_{a1} = M_{b1} = +1$

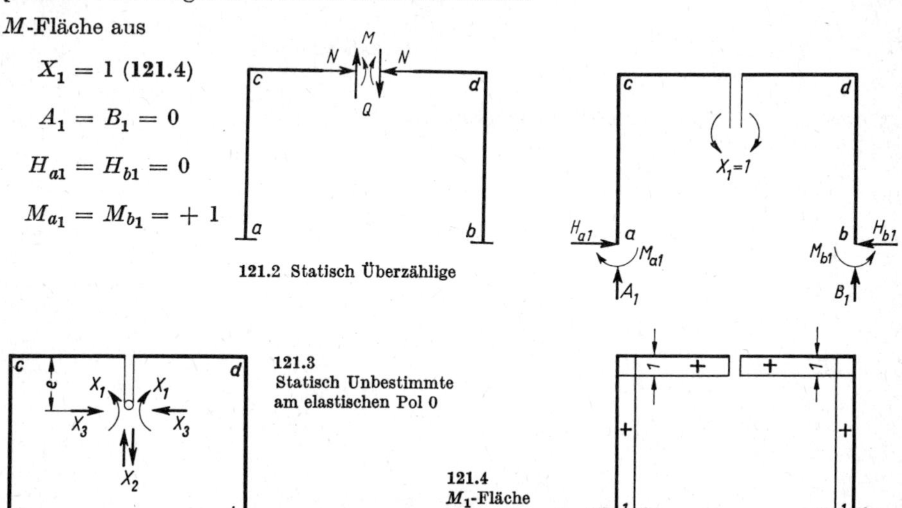

121.2 Statisch Überzählige

121.3 Statisch Unbestimmte am elastischen Pol 0

121.4 M_1-Fläche infolge $X_1 = 1$

M-Fläche aus $X_2 = +1$ (**122.1**)

$$A_2 = -1 \qquad B_2 = +1 \qquad H_{a2} = H_{b2} = 0$$

$$M_{a2} = +1 \cdot \frac{l}{2}\,\mathrm{m} \qquad M_{b2} = -1 \cdot \frac{l}{2}\,\mathrm{m} \qquad M_{c2} = +1 \cdot \frac{l}{2}\,\mathrm{m} \qquad M_{d2} = -1 \cdot \frac{l}{2}\,\mathrm{m}$$

M-Fläche aus $X_3 = +1$ (**122.2**)

$$A_3 = 0 \qquad B_3 = 0 \qquad H_{a3} = -1 \qquad H_{b3} = -1$$

$$M_{a3} = -1\,(h-e)\,\mathrm{m} \qquad M_{b3} = -1\,(h-e)\,\mathrm{m} \qquad M_{c3} = +1 \cdot e\,\mathrm{m}$$

$$M_{d3} = +1 \cdot e\,\mathrm{m}$$

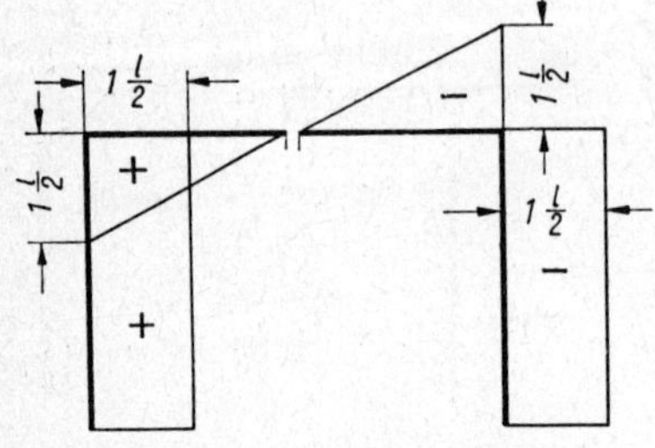

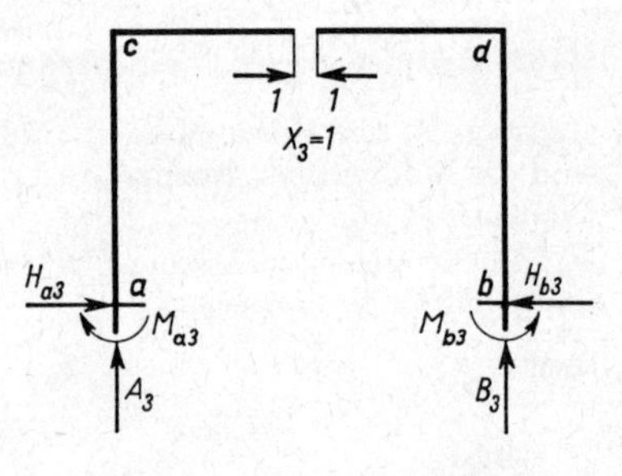

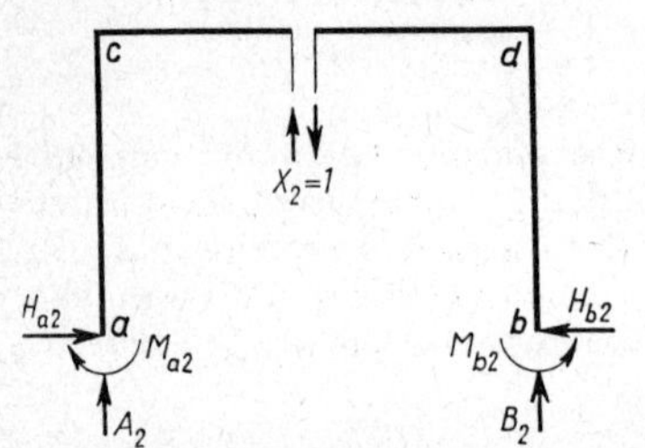
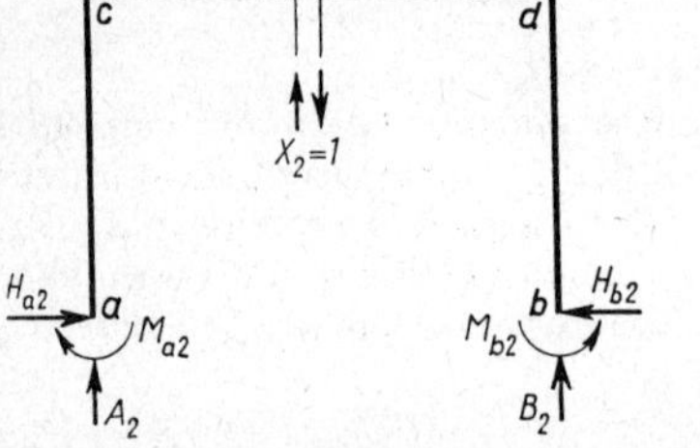

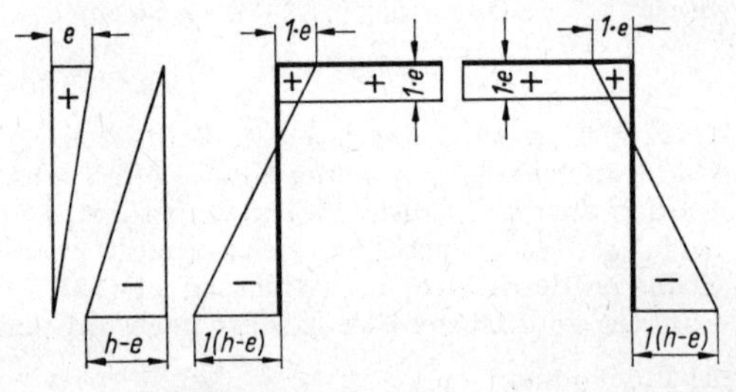

122.1 M_2-Fläche infolge $X_2 = 1$

122.2 M_3-Fläche infolge $X_3 = 1$

Bestimmung des elastischen Schwerpunktes

$$EJ_c \cdot \delta_{13} = \int M_1 \cdot M_3 \cdot \mathrm{d}s \cdot \frac{J_c}{J} \qquad J_c = J_R = 44{,}5\ \mathrm{dm}^4$$

über den Riegel

$$EJ_c \cdot \delta_{13R} = \int M_1 \cdot M_3 \cdot \mathrm{d}x \cdot \frac{J_c}{J_R} = +1 \cdot e \cdot l \cdot \frac{J_c}{J_R} = 1 \cdot e \cdot l \qquad \mathrm{m} \cdot \mathrm{m} \cdot \frac{\mathrm{m}^4}{\mathrm{m}^4} = \mathrm{m}^2$$

über die Stiele

$$EJ_c \cdot \delta_{13S} = 2 \int M_1 \cdot M_3 \cdot \mathrm{d}s \cdot \frac{J_c}{J_S} = 2 \cdot \frac{J_c}{J_S} \cdot 1\,[e - (h-e)]\,\frac{h}{2}$$

$$= 2 \cdot \frac{J_c}{J_S}\left(e \cdot h - \frac{h^2}{2}\right) \qquad \text{(vgl. Taf. **18.1** (1/f))}$$

oder integriert

$$EJ_c \cdot \delta'_{13S} = 2 \cdot \frac{J_c}{J_S} \int_0^h 1\,(y - h + e)\,dy = 2 \cdot \frac{J_c}{J_S} \left[\frac{y^2}{2} - h \cdot y + e \cdot y \right]_0^h$$

$$= 2 \cdot \frac{J_c}{J_S} \left(\frac{h^2}{2} - h^2 + e \cdot h \right) = 2 \cdot \frac{J_c}{J_S} \left(e \cdot h - \frac{h^2}{2} \right)$$

$$EJ_c \cdot \delta_{13} = \delta_{13R} \cdot \frac{J_c}{J_R} + \delta_{13S} \cdot \frac{J_c}{J_S} = 0$$

mit $\quad J_c = J_R$

$$EJ_c \cdot \delta_{13} = 1 \cdot e \cdot l + 2 \cdot \frac{J_R}{J_S} \left(e \cdot h - \frac{1}{2} h^2 \right) = 0$$

$$1 \cdot e \cdot l + 2e \cdot h \cdot \frac{J_R}{J_S} - 2 \cdot \frac{h^2}{2} \cdot \frac{J_R}{J_S} = 0 \qquad e \left(l + 2h \cdot \frac{J_R}{J_S} \right) - h^2 \cdot \frac{J_R}{J_S} = 0$$

$$e = \frac{h^2 \cdot \dfrac{J_R}{J_S}}{l + 2h \cdot \dfrac{J_R}{J_S}} = \frac{4{,}5^2 \cdot \dfrac{44{,}5}{34{,}5}}{6{,}5 + 2 \cdot 4{,}5 \cdot \dfrac{44{,}5}{34{,}5}} = \frac{4{,}5^2 \cdot \dfrac{44{,}5}{34{,}5}}{6{,}5 + 11{,}6} = 1{,}442\,\text{m}$$

$$h - e = 4{,}5 - 1{,}44 = 3{,}06\,\text{m}$$

Ermittlung der Werte δ_{11}, δ_{22} und δ_{33}

$$EJ_c \cdot \delta_{11} = \int M_1^2 \cdot ds \cdot \frac{J_c}{J} \qquad \text{m} \cdot \frac{\text{m}^4}{\text{m}^4} = \text{m} \qquad J_c = J_R = 44{,}5\,\text{dm}^4$$

$$EJ_c \cdot \delta_{11} = 1 \cdot 1 \cdot l \cdot \frac{44{,}5}{44{,}5} + 2 \cdot 1 \cdot 1 \cdot h \cdot \frac{44{,}5}{34{,}5} = 6{,}5 + 2 \cdot 4{,}5 \cdot \frac{44{,}5}{34{,}5} = 6{,}5 + 11{,}6 = 18{,}1\,\text{m}$$

$$EJ_c \cdot \delta_{22} = \int M_2^2 \cdot ds \cdot \frac{J_c}{J} \qquad \text{m}^2 \cdot \text{m} \cdot \frac{\text{m}^4}{\text{m}^4} = \text{m}^3$$

$$EJ_c \cdot \delta_{22} = 2 \cdot \frac{1}{3} \cdot \frac{l}{2} \left(1 \cdot \frac{l}{2} \right)^2 \frac{J_c}{J_R} + 2 \cdot 1 \cdot \frac{l}{2} \cdot 1 \, \frac{l}{2} \, h \cdot \frac{J_c}{J_S}$$

$$= \frac{1}{12} l^3 + \frac{l^2}{2} h \cdot \frac{J_c}{J_S} = \frac{1}{12} \cdot 6{,}5^3 + \frac{6{,}5^2 \cdot 4{,}5}{2} \cdot \frac{44{,}5}{34{,}5} = 22{,}85 + 122{,}5 = 145{,}35\,\text{m}^3$$

Zur Ermittlung von δ_{33} wird die M_3-Fläche im Stiel in 2 Dreiecke zerlegt (**122**.2) und nach Tafel **18**.1 (2/b) und (2/c) berechnet. Dabei ist zu beachten, daß $(a - b)^2 = a^2 + b^2 - 2ab$ ist.

$$EJ_c \cdot \delta_{33} = \int M_3^2 \cdot ds \cdot \frac{J_c}{J} \qquad \text{m}^2 \cdot \text{m} \cdot \frac{\text{m}^4}{\text{m}^4} = \text{m}^3$$

$$= e \cdot e \cdot l \cdot \frac{J_c}{J_R} + \left[\frac{1}{3} e \cdot e \cdot h \cdot \frac{J_c}{J_S} + \frac{1}{3} (h - e)(h - e)\, h \cdot \frac{J_c}{J_S} - 2 \cdot \frac{1}{6} h \cdot e\,(h - e) \frac{J_c}{J_S} \right] 2$$

$$= e^2 \cdot l + \left[\frac{1}{3} e^2 \cdot h \cdot \frac{J_R}{J_S} + \frac{1}{3} (h - e)^2 \cdot h \cdot \frac{J_R}{J_S} - \frac{1}{3} h \cdot e\,(h - e) \frac{J_R}{J_S} \right] 2$$

$$EJ_c \cdot \delta_{33} = 1{,}44^2 \cdot 6{,}5 + \left[\frac{1}{3} \cdot 1{,}44^2 \cdot 4{,}5 \cdot \frac{44{,}5}{34{,}5} + \frac{1}{3} \cdot 3{,}06^2 \cdot 4{,}5 \cdot \frac{44{,}5}{34{,}5} - \frac{1}{3} \cdot 4{,}5 \cdot 1{,}44 \cdot 3{,}06 \cdot \frac{44{,}5}{34{,}5}\right] 2$$

$$= 13{,}54 + 27{,}17 = 40{,}71 \text{ m}^3$$

Ermittlung der Werte δ_{10}, δ_{20} und δ_{30}

Aus der Belastung $q = 5$ Mp/m (**124.1**)

$$A_{0q} = B_{0q} = \frac{q \cdot l}{2} = \frac{5 \cdot 6{,}5}{2} = 16{,}25 \text{ Mp} \qquad H_{a0q} = H_{b0q} = 0$$

$$M_{a0q} = \frac{-q \cdot l}{2} \cdot \frac{l}{4} = \frac{-q \cdot l^2}{8} = \frac{-5 \cdot 6{,}5^2}{8} = -26{,}4 \text{ Mpm} = M_{b0q}$$

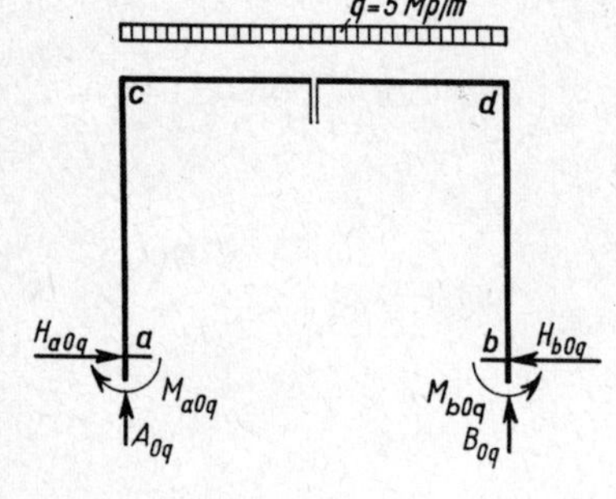

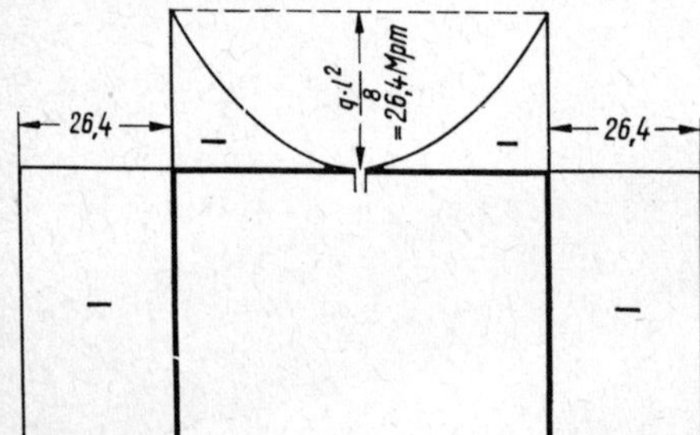

124.1 M_0-Fläche infolge q

$$M_{c0q} = M_{d0q} = -\frac{q \cdot l^2}{8}$$

$$= -26{,}4 \text{ Mpm}$$

$$EJ_c \cdot \delta_{10q} = \int M_1 \cdot M_0 \cdot ds \cdot \frac{J_c}{J}$$

$$\text{Mpm}^2 = \text{Mpm} \cdot \text{m} \cdot \frac{\text{m}^4}{\text{m}^4}$$

$$EJ_c \cdot \delta_{10q} = +1 \cdot \frac{1}{3}(-26{,}4)\, 6{,}5$$

$$+ 2 \cdot 1(-26{,}4) \cdot 4{,}5 \cdot \frac{44{,}5}{34{,}5}$$

$$= -57{,}2 - 306 = -363{,}2 \text{ Mpm}^2$$

$$EJ_c \cdot \delta_{20q} = \int M_2 \cdot M_0 \cdot ds \cdot \frac{J_c}{J} = 0$$

weil die M_2-Fläche antimetrisch und die M_0-Fläche symmetrisch ist.

$$EJ_c \cdot \delta_{30q} = \int M_3 \cdot M_0 \cdot ds \cdot \frac{J_c}{J}$$

$$\text{Mpm}^3 = \text{m} \cdot \text{Mpm} \cdot \text{m} \cdot \frac{\text{m}^4}{\text{m}^4}$$

$$EJ_c \cdot \delta_{30q} = +\frac{1}{3} \cdot 1{,}44(-26{,}4)\, 6{,}50 + 2(-26{,}4)(+1{,}44 - 3{,}06)\frac{1}{2} \cdot 4{,}5 \cdot \frac{44{,}5}{34{,}5}$$

$$= -83 + 246 = +163 \text{ Mp} \cdot \text{m}^3$$

Aus der Belastung $W = 1{,}5$ Mp (**125.1**)

$$A_{0W} = B_{0W} = 0 \qquad H_{a0W} = -1{,}5 \text{ Mp} \qquad H_{b0W} = 0$$

$$M_{a0W} = -1{,}5 \cdot 4{,}5 = -6{,}75 \text{ Mpm}$$

$$EJ_c \cdot \delta_{10W} = \int M_1 \cdot M_0 \cdot ds \cdot \frac{J_c}{J} \qquad \text{Mpm}^2 = \text{Mpm} \cdot \text{m} \cdot \frac{\text{m}^4}{\text{m}^4}$$

$$EJ_c \cdot \delta_{10W} = 1 \cdot \frac{1}{2}(-6{,}75)\, 4{,}5 \cdot \frac{44{,}5}{34{,}5} = -19{,}6 \text{ Mp} \cdot \text{m}^2$$

$$EJ_c \cdot \delta_{20W} = \int M_2 \cdot M_0 \cdot ds \cdot \frac{J_c}{J}$$

$$\text{Mpm}^3 = \text{m} \cdot \text{Mpm} \cdot \text{m} \cdot \frac{\text{m}^4}{\text{m}^4}$$

$$EJ_c \cdot \delta_{20W} = 1 \cdot \frac{6{,}5}{2} \cdot \frac{1}{2}(-6{,}75) \cdot 4{,}5 \cdot \frac{44{,}5}{34{,}5}$$

$$= -64 \text{ Mpm}^3$$

$$EJ_c \cdot \delta_{30W} = \int M_3 \cdot M_0 \cdot ds \cdot \frac{J_c}{J}$$

$$\text{Mpm}^3 = \text{m} \cdot \text{Mpm} \cdot \text{m} \cdot \frac{\text{m}^4}{\text{m}^4}$$

$$EJ_c \cdot \delta_{30W} = \frac{1}{6} \cdot 1{,}44\,(-6{,}75)\,4{,}5 \cdot \frac{44{,}5}{34{,}5}$$

$$+ \frac{1}{3}(-3{,}06)(-6{,}75)\,4{,}5 \cdot \frac{44{,}5}{34{,}5}$$

$$= -9{,}46 + 39{,}9 = +30{,}44 \text{ Mpm}^3$$

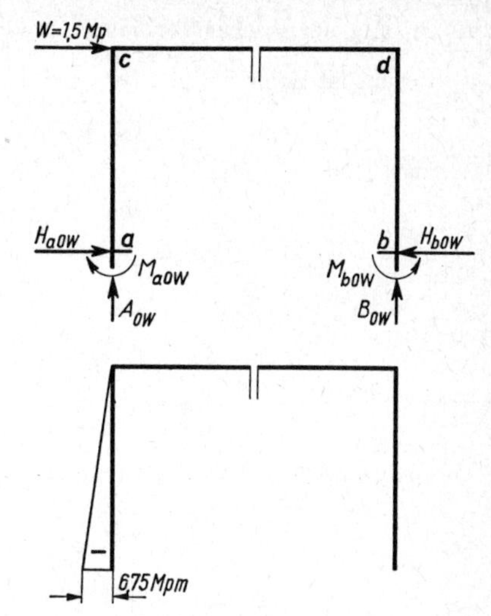

125.1 M_0-Fläche infolge W

Ermittlung der statisch Unbestimmten

Für $q = 5$ Mp/m

$$X_{1q} = -\frac{\delta_{10}}{\delta_{11}} = -\frac{\delta_{10} \cdot EJ_c}{\delta_{11} \cdot EJ_c} = -\frac{-363{,}2}{+18{,}1} = +20{,}2 \text{ Mpm}$$

$$X_{2q} = -\frac{\delta_{20}}{\delta_{22}} = \frac{-\delta_{20} \cdot EJ_c}{\delta_{22} \cdot EJ_c} = -\frac{0}{\delta_{22} \cdot EJ_c} = 0$$

$$X_{3q} = -\frac{\delta_{30}}{\delta_{33}} = -\frac{\delta_{30} \cdot EJ_c}{\delta_{33} \cdot EJ_c} = -\frac{163}{40{,}71} = -4{,}00 \text{ Mp}$$

Für $W = 1{,}5$ Mp

$$X_{1W} = -\frac{\delta_{10} \cdot EJ_c}{\delta_{11} \cdot EJ_c} = -\frac{-19{,}6}{18{,}1} = +1{,}08 \text{ Mpm}$$

$$X_{2W} = -\frac{\delta_{20} \cdot EJ_c}{\delta_{22} \cdot EJ_c} = -\frac{-64}{145{,}35} = +0{,}44 \text{ Mp}$$

$$X_{3W} = -\frac{\delta_{30} \cdot EJ_c}{\delta_{33} \cdot EJ_c} = -\frac{+30{,}44}{40{,}71} = -0{,}748 \text{ Mp}$$

Ermittlung der Momente aus q (125.2)

Allgemein ist nach Gl. (98.6)

$$M = M_0 + M_1 \cdot X_1 + M_2 \cdot X_2 + M_3 \cdot X_3$$

$$M_{aq} = -26{,}4 + 1 \cdot 20{,}2 + l/2 \cdot 0 + (-h - e)(-4{,}00)$$

$$= -26{,}4 + 20{,}2 + 3{,}25 \cdot 0 + 3{,}06 \cdot 4{,}00$$

$$= -26{,}4 + 20{,}2 + 12{,}24 = +6{,}04 \text{ Mpm}$$

$$M_{cq} = -26{,}4 + 1 \cdot 20{,}2 + 0 + 1{,}44\,(-4{,}00)$$

$$= -26{,}4 + 20{,}2 - 5{,}8 = -12{,}0 \text{ Mpm}$$

$$M_{l/2q} = 0 + 20{,}2 - 1{,}44 \cdot 4{,}00 = 20{,}2 - 5{,}8 = 14{,}4 \text{ Mpm}$$

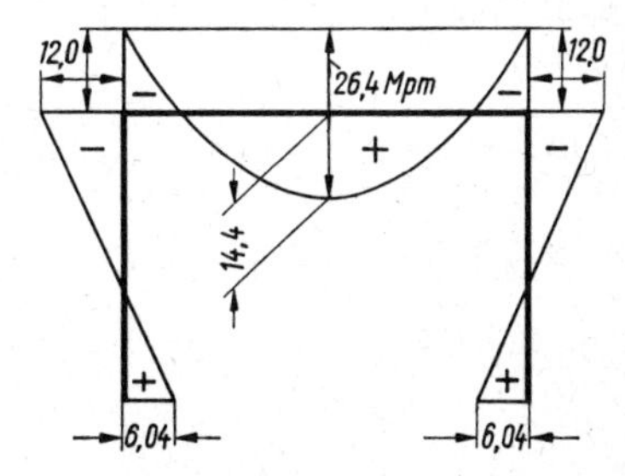

125.2 M-Fläche infolge q

Ermittlung der Querkräfte aus q (126.1)

Allgemein ist nach Gl. (98.7)

$$Q = Q_0 + Q_1 \cdot X_1 + Q_2 \cdot X_2 + Q_3 \cdot X_3$$

Für den Stiel

$$Q_{0q} = 0 \qquad Q_1 = 0 \qquad Q_2 = 0 \qquad Q_3 = +1{,}0$$

$$Q_q = +1\,(-4{,}00) = -4{,}00\ \mathrm{Mp}$$

Für den Riegel im Punkt c (**126.1**)

$$Q_{0q} = 16{,}25\ \mathrm{Mp} \qquad Q_1 = 0 \qquad Q_2 = -1 \qquad Q_3 = 0$$

$$Q_q = 16{,}25 + (-1)\,0 = 16{,}25\ \mathrm{Mp}$$

Ermittlung der Normalkräfte aus q (126.2)

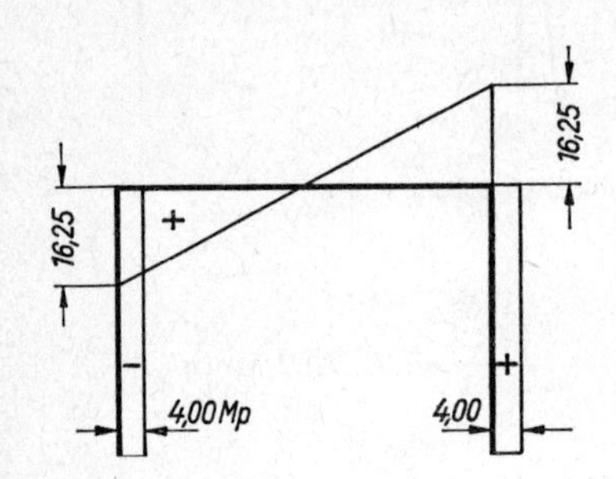

126.1 Q-Fläche infolge q

Allgemein ist entsprechend Gl. (98.8)

$$N = N_0 + N_1 \cdot X_1 + N_2 \cdot X_2 + N_3 \cdot X_3$$

Im Stiel

$$N_{0q} = -16{,}25\ \mathrm{Mp} \qquad N_1 = 0$$

$$N_2 = \pm 1 \qquad N_3 = 0$$

$$N_q = -16{,}25 + (\pm 1 \cdot 0) = -16{,}25\ \mathrm{Mp}\ \text{(Druck)}$$

Im Riegel

$$N_{0q} = 0 \qquad N_1 = 0$$

$$N_2 = 0 \qquad N_3 = +1$$

$$N_q = 0 + (+1)(-4{,}00) = -4{,}00\ \mathrm{Mp}\ \text{(Druck)}$$

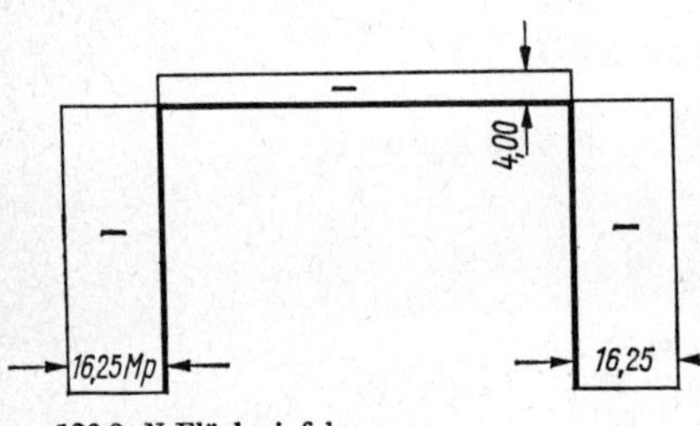

126.2 N-Fläche infolge q

Ermittlung der Momente aus W (126.3)

$$M_{aW} = -6{,}75 + 1 \cdot 1{,}08 + 3{,}25 \cdot 0{,}44 + (-3{,}06)(-0{,}748) = -6{,}75 + 1{,}08 + 1{,}44 + 2{,}29 = -1{,}94\ \mathrm{Mpm}$$

$$M_{bW} = 0 + 1 \cdot 1{,}08 - 3{,}25 \cdot 0{,}44 + (-3{,}06)(-0{,}748) = 1{,}08 - 1{,}44 + 2{,}29 = 3{,}37 - 1{,}44 = +1{,}94\ \mathrm{Mp}$$

$$M_{cW} = 0 + 1 \cdot 1{,}08 + 3{,}25 \cdot 0{,}44 + 1{,}44\,(-0{,}748) = 1{,}08 + 1{,}44 - 1{,}08 = +1{,}44\ \mathrm{Mpm}$$

$$M_{dW} = 0 + 1 \cdot 1{,}08 - 3{,}25 \cdot 0{,}44 + 1{,}44\,(-0{,}748) = 1{,}08 - 1{,}44 - 1{,}08 = -1{,}44\ \mathrm{Mpm}$$

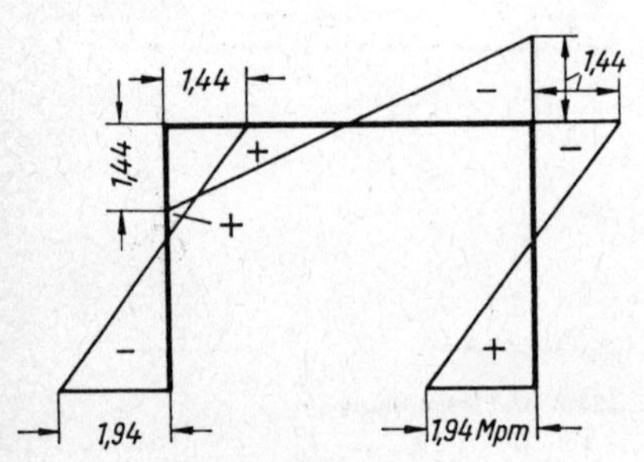

126.3 M-Fläche infolge W

Ermittlung der Normalkräfte aus W (127.1)

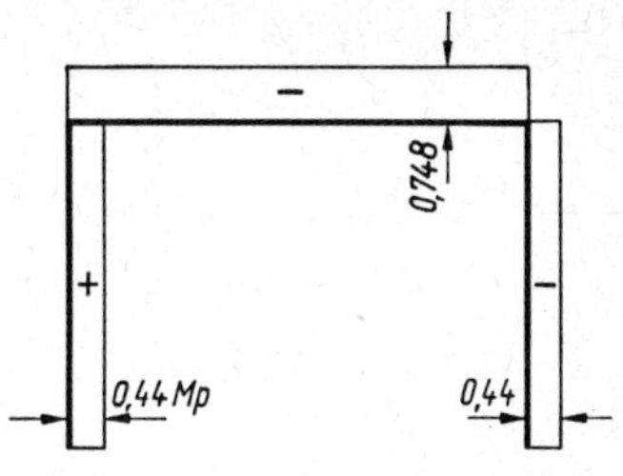

127.1 N-Fläche infolge W

Stiel ac

$$N_{0W} = 0 \qquad N_1 = 0 \qquad N_2 = +1 \qquad N_3 = 0$$

$$N_{acW} = +1 \cdot 0{,}44 = 0{,}44 \text{ Mp (Zug)}$$

Stiel bd

$$N_{0W} = 0 \qquad N_1 = 0 \qquad N_2 = -1 \qquad N_3 = 0$$

$$N_{bdW} = (-1)(0{,}44) = -0{,}44 \text{ Mp (Druck)}$$

Riegel

$$N_0 = 0 \qquad N_1 = 0 \qquad N_2 = 0 \qquad N_{cd} = +1$$

$$N_{RW} = +1(-0{,}748) = -0{,}748 \text{ Mp (Druck)}$$

Ermittlung der Querkräfte aus W (127.2)

127.2 Q-Fläche infolge W

Stiel ac

$$Q_{0W} = +1{,}5 \qquad Q_1 = 0 \qquad Q_2 = 0 \qquad Q_3 = +1$$

$$Q_W = 1{,}5 + 1(-0{,}748) = 0{,}752 \text{ Mp}$$

Stiel bd

$$Q_{0W} = 0 \quad Q_1 = 0 \quad Q_2 = 0 \quad Q_3 = -1 \quad Q_{bdW} = -1(-0{,}748) = +0{,}748 \text{ Mp}$$

Riegel

in c $\quad Q_{0W} = 0 \quad Q_1 = 0 \quad Q_2 = -1 \quad Q_3 = 0 \quad Q_{cW} = (-1)\, 0{,}44 = -0{,}44$ Mp

in d $\quad Q_{0W} = 0 \quad Q_1 = 0 \quad Q_2 = -1 \quad Q_3 = 0 \quad Q_{dW} = (-1)(0{,}44) = -0{,}44$ Mp

Die Momenten-, Normalkraft- und Querkraftflächen sind in den Bildern **125.2** bis **127.2** dargestellt.

7.43 Der geschlossene Rahmen

Der geschlossene Rahmen (**127.3**) ist wiederum dreifach statisch unbestimmt. Allerdings ist dieses System äußerlich statisch bestimmt gelagert. Es gelingt nämlich mit Hilfe der drei Gleichgewichtsbedingungen, die Auflagerreaktionen zu bestimmen. Es ist z. B. für die Belastung q_S am Stiel bd

$$\sum M_b = 0 = A \cdot l - \frac{q_S \cdot h^2}{2} \qquad A = \frac{q_S \cdot h^2}{2l}$$

$$\sum V = 0 = A + B \qquad B = -A$$

$$\sum H = 0 = H_a - q_S \cdot h \qquad H_a = q_S \cdot h$$

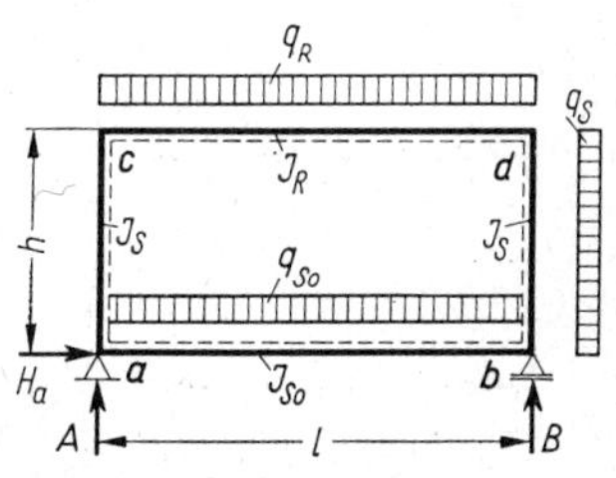

127.3 Geschlossener Rahmen

Zur Bestimmung der statisch Überzähligen führen wir den Schnitt t — t nach Bild **128.1**. Durch ihn werden im Stab cd das Moment M, die Querkraft Q sowie die Normalkraft N frei. Gleichzeitig wurde das System statisch bestimmt. Die drei frei gewordenen Größen M, N und Q zeigen, daß der betrachtete geschlossene Rahmen dreifach statisch unbestimmt ist. Die drei

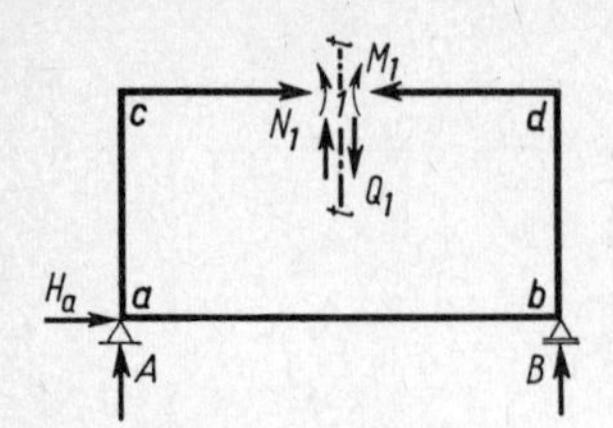

128.1 Statisch Überzählige

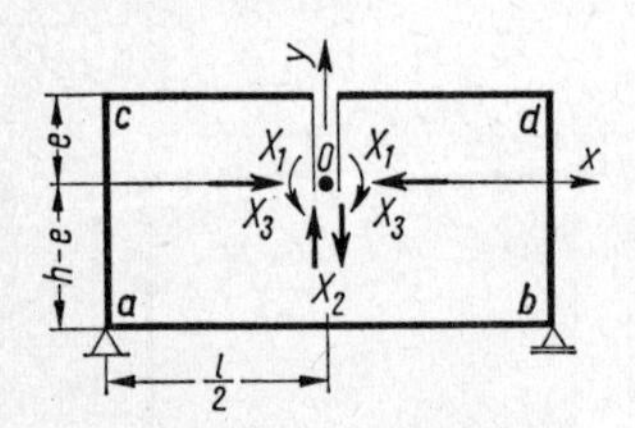

128.2 Statisch Überzählige am elastischen Schwerpunkt

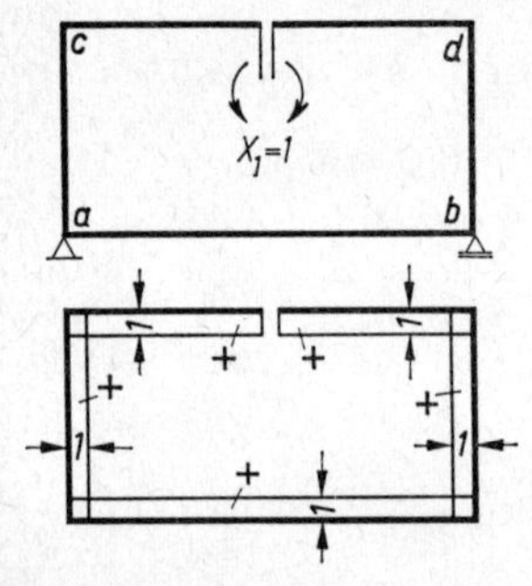

128.3 M_1-Fläche infolge $X_1 = 1$

Unbekannten sind aus Formänderungsbedingungen zu ermitteln. Es sollen die Momente positiv sein, die an der gestrichelten Stabseite Zugspannungen hervorrufen.

Im statisch bestimmten Grundsystem (**128**.2) lassen wir die statisch Unbestimmten X_1, X_2, X_3 nicht im Riegel, sondern im elastischen Schwerpunkt 0 angreifen. Der elastische Schwerpunkt sei mit dem Riegel durch starre unverformbare Stäbe von der Länge e biegefest verbunden gedacht.

Zuerst ist der elastische Schwerpunkt festzulegen. Für die Bestimmung seiner Lage stehen die folgenden drei Bedingungen zur Verfügung:

1. $\delta_{12} = \delta_{21} = 0$ 2. $\delta_{13} = \delta_{31} = 0$ 3. $\delta_{23} = \delta_{32} = 0$

Es sind
$$\delta_{12} = \delta_{21} = \int M_1 \cdot M_2 \cdot \frac{\mathrm{d}s}{EJ}$$

$$\delta_{13} = \delta_{31} = \int M_1 \cdot M_3 \cdot \frac{\mathrm{d}s}{EJ}$$

$$\delta_{23} = \delta_{32} = \int M_2 \cdot M_3 \cdot \frac{\mathrm{d}s}{EJ}$$

M_1 ist das Moment aus $X_1 = 1$ (**128.3**)

M_2 ist das Moment aus $X_2 = 1$ (**128.4**)

M_3 ist das Moment aus $X_3 = 1$ (**128.5**)

Wie man aus den Bildern erkennt, sind die M_1- und M_3-Flächen symmetrisch zur Mittelachse y, während die M_2-Fläche antimetrisch ist. Aus diesem Grunde werden die Verschiebungswerte δ_{12} und δ_{23} Null. Die Bedingung $\delta_{12} = \delta_{23} = 0$ wurde nämlich schon dadurch erfüllt, daß der elastische Schwerpunkt auf die lotrechte Symmetrieachse gelegt und die Richtung von X_3 waagerecht angenommen wurde. Es bleibt nur die Bedingung $\delta_{13} = 0$. Da nur eine Größe, nämlich der Abstand e

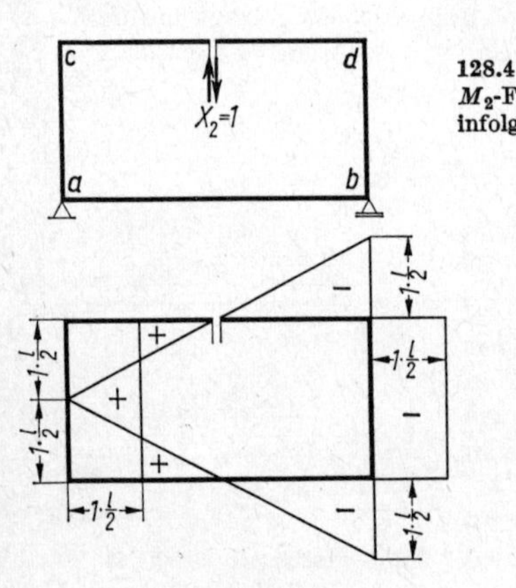

128.4 M_2-Fläche infolge $X_2 = 1$

128.5 M_3-Fläche infolge $X_3 = 1$

des elastischen Schwerpunktes 0 von der Mitte des Riegels unbekannt ist, genügt aber auch die eine Gleichung $\delta_{13} = 0$ zu dessen endgültiger Festlegung. Wollte man den Einfluß von Moment und Normalkraft berücksichtigen, so lautet die Bedingung

$$\delta_{13} = 0 = \int M_1 \cdot M_3 \cdot \frac{ds}{EJ} + \int N_1 \cdot N_3 \cdot \frac{ds}{EF}$$

Dieses Integral hat sich über den ganzen Rahmen zu erstrecken. Da die Querschnittswerte J und F für die Stäbe, den Riegel und die Sohle meistens verschieden sind, soll die Gleichung mit dem Wert EJ_c multipliziert werden, wobei J_c ein beliebig angenommenes Trägheitsmoment ist. Es ist dann

$$EJ_c \cdot \delta_{13} = \delta'_{13} = 0 = \int M_1 \cdot M_3 \cdot ds \cdot \frac{J_c}{J} + \int N_1 \cdot N_3 \cdot ds \cdot \frac{J_c}{F} \quad \mathrm{m}^2 = \mathrm{m} \cdot \mathrm{m} \cdot \frac{\mathrm{m}^4}{\mathrm{m}^4} + \frac{1}{\mathrm{m}} \mathrm{m} \cdot \frac{\mathrm{m}^4}{\mathrm{m}^2}$$

Für die weitere Rechnung soll $\int N_1 \cdot N_3 \cdot ds \cdot \frac{J_c}{F}$ wegen seines kleinen Wertes vernachlässigt werden. Unter Beachtung der $M\overline{M}$-Tafel **18.1** ist dann für δ'_{13}

für den Riegel

$$\delta'_{13R} = 1 \cdot 1 \cdot e \cdot l \cdot \frac{J_c}{J_R} \qquad \mathrm{m}^2 = \mathrm{m} \cdot \mathrm{m} \cdot \frac{\mathrm{m}^4}{\mathrm{m}^4}$$

für die Stiele

$$\delta'_{13S} = 2 \cdot 1\,[1 \cdot e - 1\,(h - e)]\,\frac{1}{2}\,h \cdot \frac{J_c}{J_S}$$

$$= \frac{2}{2} e \cdot h \cdot \frac{J_c}{J_S} - \frac{2}{2} h^2 \cdot \frac{J_c}{J_S} + \frac{2}{2} e \cdot h \cdot \frac{J_c}{J_S} = 2\,h \cdot e \cdot \frac{J_c}{J_S} - h^2 \cdot \frac{J_c}{J_S} \qquad \mathrm{m}^2$$

für die Sohle

$$\delta'_{13So} = 1\,[-1\,(h - e)]\,l \cdot \frac{J_c}{J_{So}} \qquad \mathrm{m}^2$$

Also ist

$$\delta'_{13} = \delta'_{13R} + \delta'_{13S} + \delta'_{13So} = 0$$

$$\delta'_{13} = e \cdot l \cdot \frac{J_c}{J_R} + 2\,h \cdot e \cdot \frac{J_c}{J_S} - h^2 \cdot \frac{J_c}{J_S} - h \cdot l \cdot \frac{J_c}{J_{So}} + e \cdot l \cdot \frac{J_c}{J_{So}}$$

$$= e\left[l \cdot \frac{J_c}{J_R} + 2\,h \cdot \frac{J_c}{J_S} + l \cdot \frac{J_c}{J_{So}}\right] - h^2 \cdot \frac{J_c}{J_S} - h \cdot l \cdot \frac{J_c}{J_{So}} = 0$$

$$e = \frac{h^2 \cdot \frac{J_c}{J_S} + h \cdot l \cdot \frac{J_c}{J_{So}}}{l \cdot \frac{J_c}{J_R} + 2h \cdot \frac{J_c}{J_S} + l \cdot \frac{J_c}{J_{So}}} \qquad (129.1)$$

Die Werte im Nenner $l \cdot \frac{J_c}{J_R}$, $h \cdot \frac{J_c}{J_S}$ und $l \cdot \frac{J_c}{J_{So}}$ bezeichnet man als die elastischen Gewichte des Systems. Es ist also das elastische Gewicht

des Riegels $cd = l \cdot \frac{J_c}{J_R}$, eines Stieles $= h \cdot \frac{J_c}{J_S}$ und der Sohle $ab = l \cdot \frac{J_c}{J_{So}}$

Demnach stellt der Zähler das statische Moment der elastischen Gewichte, bezogen auf den Riegel, dar. Der Abstand des elastischen Schwerpunktes 0 von einem beliebigen Punkt ist also gleich dem statischen Moment der elastischen Gewichte für diesen Punkt, dividiert durch die Summe aller elastischen Gewichte eines Systems. Nachdem die Lage des elastischen Schwerpunktes festgelegt ist, können jetzt die drei statisch Unbestimmten ermittelt werden aus den Gleichungen

$$\delta_{10} + X_1 \cdot \delta_{11} = 0 \qquad \delta_{20} + X_2 \cdot \delta_{22} = 0 \qquad \delta_{30} + X_3 \cdot \delta_{33} = 0$$

Es ist dann $$X_1 = -\frac{\delta_{10}}{\delta_{11}} \qquad X_2 = -\frac{\delta_{20}}{\delta_{22}} \qquad X_3 = -\frac{\delta_{30}}{\delta_{33}}$$

Werden diese Gleichungen wiederum mit EJ_c multipliziert und die Beiträge aus den Normalkräften vernachlässigt, erhält man

$$EJ_c \cdot \delta_{10} = \delta'_{10} = \int M_1 \cdot M_0 \cdot ds \cdot \frac{J_c}{J} \qquad \text{Mpm}^2 = \text{Mpm} \cdot \text{m} \cdot \frac{\text{m}^4}{\text{m}^4}$$

$$= \int_0^l M_1 \cdot M_0 \cdot ds \cdot \frac{J_c}{J_R} + 2\int_0^h M_1 \cdot M_0 \cdot ds \cdot \frac{J_c}{J_S} + \int_0^l M_1 \cdot M_0 \cdot ds \cdot \frac{J_c}{J_{So}}$$

Das erste Glied dieser Gleichung ist der Beitrag aus dem Riegel mit seinem Trägheitsmoment J_R, das zweite Glied der Beitrag aus den Stielen mit dem Trägheitsmoment J_S und das letzte der Beitrag aus der Sohle mit dem Trägheitsmoment J_{So}. Das Moment M_0 stammt aus der gegebenen Belastung. M_1 ist wieder das Moment aus $X_1 = 1$.

Ebenso sind

$$EJ_c \cdot \delta_{20} = \delta'_{20} = \int M_2 \cdot M_0 \cdot ds \cdot \frac{J_c}{J_R} \qquad \text{Mpm}^3 = \text{m} \cdot \text{Mpm} \cdot \text{m} \cdot \frac{\text{m}^4}{\text{m}^4}$$

$$\delta'_{20} = \int_0^l M_2 \cdot M_0 \cdot ds \cdot \frac{J_c}{J_R} + 2\int_0^h M_2 \cdot M_0 \cdot ds \cdot \frac{J_c}{J_S} + \int_0^l M_2 \cdot M_0 \cdot ds \cdot \frac{J_c}{J_{So}}$$

$$EJ_c \cdot \delta_{30} = \delta'_{30} = \int M_3 \cdot M_0 \cdot ds \cdot \frac{J_c}{J} \qquad \text{Mpm}^3$$

$$= \int_0 M_3 \cdot M_0 \cdot ds \cdot \frac{J_c}{J_R} + 2\int_0^h M_3 \cdot M_0 \cdot ds \cdot \frac{J_c}{J_S} + \int_0^l M_3 \cdot M_0 \cdot ds \cdot \frac{J_c}{J_{So}}$$

Bestimmung der Werte δ_{11}, δ_{22} und δ_{33}

$$EJ_c \cdot \delta_{11} = \int M_1^2 \cdot ds \cdot \frac{J_c}{J} \qquad \text{m} = \text{m} \cdot \frac{\text{m}^4}{\text{m}^4}$$

$$= \int_0 M_1^2 \cdot ds \cdot \frac{J_c}{J_R} + 2\int_0^h M_1^2 \cdot ds \cdot \frac{J_c}{J_S} + \int_0 M_1^2 \cdot ds \cdot \frac{J_c}{J_{So}}$$

$$EJ_c \cdot \delta_{22} = \int M_2^2 \cdot ds \cdot \frac{J_c}{J} = \int_0^l M_2^2 \cdot ds \cdot \frac{J_c}{J_R} + 2\int_0^h M_2^2 \cdot ds \cdot \frac{J_c}{J_S} + \int_0^l M_2^2 \cdot ds \cdot \frac{J_c}{J_{So}}$$

$$EJ_c \cdot \delta_{33} = \int M_3^2 \cdot ds \cdot \frac{J_c}{J} = \int_0^l M_3^2 \cdot ds \cdot \frac{J_c}{J_R} + 2\int_0^h M_3^2 \cdot ds \cdot \frac{J_c}{J_S} + \int_0^l M_3^2 \cdot ds \cdot \frac{J_c}{J_{So}}$$

Die Auswertung der Integrale erfolgt wieder mit der $M\overline{M}$-Tafel **18.1.** So ergeben sich dann

1. $$\delta'_{11} = 1 \cdot 1 \cdot l \cdot \frac{J_c}{J_R} + 2 \cdot 1 \cdot 1 \cdot h \cdot \frac{J_c}{J_S} + 1 \cdot 1 \cdot l \cdot \frac{J_c}{J_{So}} \qquad \mathrm{m \cdot m \cdot \frac{m^4}{m^4}}$$

Dieser Ausdruck ist aber gleich der Summe der elastischen Gewichte G_e (s. Nenner der Gl. (129.1)), also ist $\delta'_{11} = \sum G_e$

2. $$\delta'_{22} = 2 \cdot \frac{1}{3}\left(\frac{l}{2}\right)^2 \frac{l}{2} \cdot \frac{J_c}{J_R} + 2h\left(\frac{l}{2}\right)^2 \frac{J_c}{J_S} + 2 \cdot \frac{1}{3}\left(\frac{l}{2}\right)^2 \frac{l}{2} \cdot \frac{J_c}{J_{So}}$$

$$= \frac{l^3}{12} \cdot \frac{J_c}{J_R} + 2h\left(\frac{l}{2}\right)^2 \frac{J_c}{J_S} + \frac{l^3}{12} \cdot \frac{J_c}{J_{So}} = J_{ey} \qquad \mathrm{m^3}$$

δ'_{22} ist das „Trägheitsmoment" des mit dem Wert J_c/J_i erweiterten Linienzuges für die y-Achse, wobei als „Teilflächen" Riegel, Stiele und Sohle mit ihrer Länge und der Breite Null angesetzt werden. Für die Stiele entfällt dadurch bei J_{ey} das Trägheitsmoment für die eigene Schwerachse; es bleibt nur der Steinersche Anteil.

3. $$\delta'_{33} = e \cdot e \cdot l \cdot \frac{J_c}{J_R} + 2\left[\frac{1}{3} e^2 \cdot e + \frac{1}{3}(h-e)^2 (h-e)\right] \frac{J_c}{J_S} + (h-e)^2 l \cdot \frac{J_c}{J_{So}}$$

$$= e^2 \cdot l \cdot \frac{J_c}{J_R} + 2\left[\frac{h^3}{12} + h\left(\frac{h}{2} - e\right)^2\right] \frac{J_c}{J_S} + (h-e)^2 l \cdot \frac{J_c}{J_{So}} = J_{ex}$$

δ'_{33} ist das „Trägheitsmoment" des mit dem Wert J_c/J_i erweiterten Linienzuges für die x-Achse.

Bestimmung der lastabhängigen Glieder δ_{10}, δ_{20} und δ_{30}

1. Für eine Last q_R im Riegel (131.1)

$$A_0 = B_0 = \frac{q_R \cdot l}{2}$$

Ermittlung der Momente M_0

$$M_{c0R} = -q_R \cdot \frac{l}{2} \cdot \frac{l}{4} = -q_R \cdot \frac{l^2}{8}$$

$$M_{c0S} = M_{c0R} = -q_R \cdot \frac{l^2}{8}$$

$$M_{d0S} = M_{c0S} = -q_R \cdot \frac{l^2}{8}$$

$$M_{a0So} = M_{a0S} = -q_R \cdot \frac{l^2}{8}$$

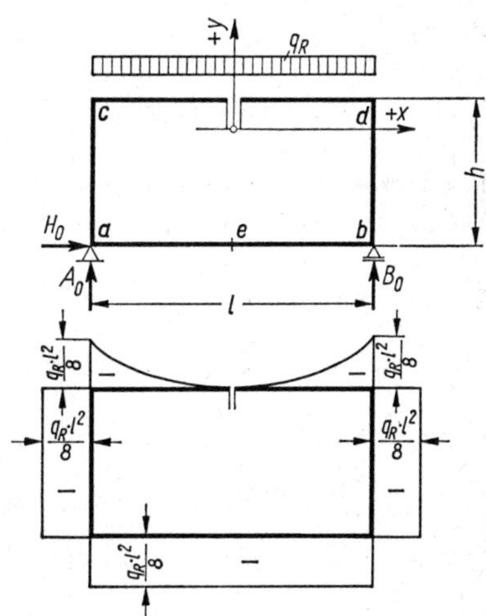

131.1 M_0-Fläche infolge q_R

Da das System und auch die Belastung symmetrisch sind, sind die Momente

$$M_d = M_c = -q_R \cdot \frac{l^2}{8} \qquad M_b = M_a = -q_R \cdot \frac{l^2}{8}$$

Bestimmung von δ'_{10}

$\delta'_{10} = EJ_c \cdot \delta_{10} = \int M_1 \cdot M_0 \cdot ds \cdot \frac{J_c}{J}$ $\quad \text{Mpm}^2 = \text{Mpm} \cdot \text{m} \cdot \frac{\text{m}^4}{\text{m}^4}$, wobei das Integral sich über den ganzen Rahmen zu erstrecken hat. Es ist also

$$\delta'_{10} = \delta'_{10R} + \delta'_{10S} + \delta'_{10So}$$

Mit der $M\overline{M}$-Tafel **18.1** erhält man

für die Stiele $\quad \delta'_{10S} = 2 \cdot 1 \left(-q_R \frac{l^2}{8}\right) h \cdot \frac{J_c}{J_R} = 1 \cdot F_{0S} \cdot \frac{J_c}{J_S} 2$

mit $\quad F_{0S} = \left(-q_R \cdot \frac{l^2}{8}\right) h = M_0$-Fläche des Stiels

für die Sohle $\quad \delta'_{10So} = 1 \left(-\frac{q_R \cdot l^2}{8}\right) l \frac{J_c}{J_{So}} = 1 \cdot F_{0So} \cdot \frac{J_c}{J_{So}}$

mit $\quad F_{0So} = \left(-\frac{q_R \cdot l^2}{8}\right) l = M_0$-Fläche der Sohle

für den Riegel $\quad \delta'_{10R} = 1 \cdot \frac{1}{3} \left(-\frac{q_R \cdot l^2}{8}\right) l \cdot \frac{J_c}{J_R} = F_{M0R} \cdot \frac{J_c}{J_R}$

mit $\quad F_{M0R} = \frac{1}{3} l \left(-\frac{q_R \cdot l^2}{8}\right) l =$ Summe der Momentenflächen M_0 im Riegel

$$\delta'_{10} = \delta'_{10R} + \delta'_{10S} + \delta'_{10So} = F_{M0R} \cdot \frac{J_c}{J_R} + F_{M0S} \cdot \frac{J_c}{J_S} + F_{M0So} \cdot \frac{J_c}{J_{So}} = \sum F_{M0} \cdot \frac{J_c}{J}$$

Bestimmung von δ'_{20}

$$\delta'_{20} = EJ_c \cdot \delta_{20} = \int M_0 \cdot M_2 \cdot ds \cdot \frac{J_c}{J} \qquad \text{Mpm}^3 = \text{Mpm} \cdot \text{m} \cdot \text{m} \cdot \frac{\text{m}^4}{\text{m}^4}$$

Wiederum hat sich das Integral über den ganzen Rahmen zu erstrecken.
Da die M_0-Fläche symmetrisch, die M_2-Fläche antimetrisch ist, ist $\delta'_{20} = 0$.

Bestimmung von δ'_{30}

$$\delta'_{30} = EJ_c \cdot \delta_{30} = \int M_0 \cdot M_3 \cdot ds \cdot \frac{J_c}{J} \qquad \text{Mpm}^3 = \text{Mpm} \cdot \text{m} \cdot \text{m} \cdot \frac{\text{m}^4}{\text{m}^4}$$

Auch hier muß sich das Integral über den ganzen Rahmen erstrecken. Also ist

$$\delta'_{30} = \delta'_{30R} + \delta'_{30S} + \delta'_{30So}$$

Mit der $M\overline{M}$-Tafel **18.1** ergeben sich

für den Riegel $\quad \delta'_{30R} = +\frac{1}{3} e \left(\frac{-q_R \cdot l^2}{8}\right) l \cdot \frac{J_c}{J_R}$

Es ist $\frac{1}{3}\left(-\frac{q_R \cdot l^2}{8}\right) l$ die Fläche F_{M0} der Momentenfläche M_0 im Riegel und e der Abstand des Riegels von der x-Achse. Damit wird

$$\delta'_{30R} = F_{M0R} \cdot y_R \cdot \frac{J_c}{J_R}$$

für die Stiele $\quad \delta'_{30S} = 2\left(-\frac{q_R \cdot l^2}{8}\right) \frac{h}{2} [e - (h - e)] \frac{J_c}{J_S}$

$$= 2\left(-q_R \frac{l^2}{8}\right) h \left(e - \frac{h}{2}\right) \frac{J_c}{J_S} = 2\left(-q_R \frac{l^2}{8}\right) h \left[-\left(\frac{h}{2} - e\right)\right] \frac{J_c}{J_S}$$

Es ist $\left(-q_R \frac{l^2}{8}\right) h$ die Fläche F_{M0} der M_0-Fläche eines Stiels und $-\left(\frac{h}{2} - e\right)$ ihr Schwerpunktabstand y_S von der x-Achse. Dieser Abstand ist negativ, da der Schwerpunkt unterhalb der x-Achse liegt. Es ist also auch

$$\delta'_{30S} = F_{M0S} \cdot y_S \cdot \frac{J_c}{J_S}$$

Für die Sohle $\quad \delta'_{30So} = [-1\,(h - e)] \left(-q_R \frac{l^2}{8}\right) l \cdot \frac{J_c}{J_{So}}$

In diesem Fall ist $\left(-q_R \cdot \frac{l^2}{8}\right) l$ die Fläche F_{M0} der M_0-Fläche der Sohle und $-(h - e)$ ihr Abstand y_S von der x-Achse. Dieser Abstand ist wieder negativ, da die Fläche unterhalb der x-Achse liegt.

Es ist also $\left(-q_R \cdot \frac{l^2}{8}\right) l\,[-(h - e)]$ das statische Moment $\mathfrak{M}$ der Momentenfläche M_0 für die x-Achse. Damit ergibt sich

$$\delta'_{30So} = F_{M0So} \cdot y_S \cdot \frac{J_c}{J_{So}}$$

Man erhält $\quad \delta'_{30} = F_{MR} \cdot y_R \cdot \frac{J_c}{J_R} + F_{MS} \cdot y_S \cdot \frac{J_c}{J_S} + F_{MSo} \cdot y_S \cdot \frac{J_c}{J_{So}} = \sum F_{M0} \cdot y \cdot \frac{J_c}{J}$

2. Für eine Last q_S am Stiel cb (133.1)

$$A = -B = +\frac{q_S \cdot h^2}{2l} \qquad H_a = q_S \cdot h$$

$$M_{b0S} = -\frac{q_S \cdot h^2}{2}$$

$$M_{b0So} = -\frac{q_S \cdot h^2}{2}$$

$$M_{d0S} = M_{c0S} = 0$$

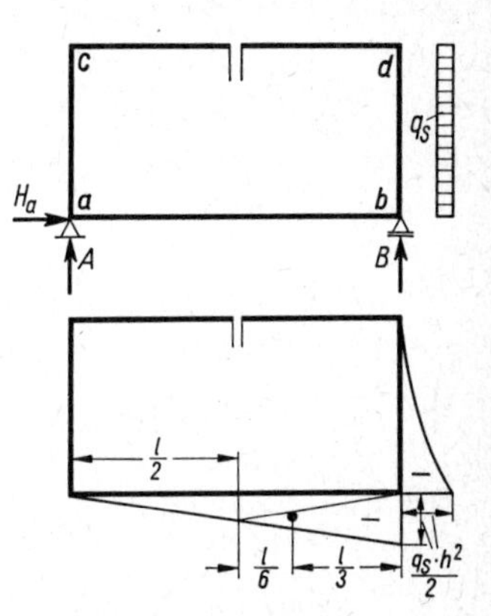

133.1 M_0-Fläche infolge q_{St}

Ermittlung von δ'_{10}

$$\delta'_{10} = \int M_1 \cdot M_0 \cdot \mathrm{d}s \cdot \frac{J_c}{J} \qquad \mathrm{Mpm}^2 = \mathrm{Mpm} \cdot \mathrm{m} \cdot \frac{\mathrm{m}^4}{\mathrm{m}^4}$$

für den Riegel $\delta'_{10R} = 0$

für den rechten Stiel $\delta'_{10S} = \frac{1}{3}(+1)\left(-\frac{q_S \cdot h^2}{2}\right) h \cdot \frac{J_c}{J_S} = F_{M0S} \cdot \frac{J_c}{J_S}$

mit $\frac{1}{3}\left(-q_S \cdot \frac{h^2}{2}\right) h$ = Fläche F_{M0S} der M_0-Fläche des Stiels;

für die Sohle $\delta'_{10So} = \frac{1}{2}(+1)\left(-q_S \cdot \frac{h^2}{2}\right) l \cdot \frac{J_c}{J_{So}} = F_{M0So} \cdot \frac{J_c}{J_{So}}$

Es ist also $\delta'_{10} = 0 + F_{M0S} \cdot \frac{J_c}{J_S} + F_{M0So} \cdot \frac{J_c}{J_{So}} = \sum F_{M0} \cdot \frac{J_c}{J}$

Ermittlung von δ'_{20}

$$\delta'_{20} = \int M_2 \cdot M_0 \cdot ds \cdot \frac{J_c}{J} \qquad \text{Mpm}^3 = \text{m} \cdot \text{Mpm} \cdot \text{m} \cdot \frac{\text{m}^4}{\text{m}^4}$$

für den Riegel $\delta'_{20} = 0$

für den rechten Stiel $\delta'_{20S} = \frac{1}{3}\left(-1 \frac{l}{2}\right)\left(-q_S \frac{h^2}{2}\right) h \cdot \frac{J_c}{J_S} = F_{M0S}(-x_S) \cdot \frac{J_c}{J_S}$

mit $\frac{1}{3}\left(-q_S \cdot \frac{h^2}{2}\right) h$ = Fläche F_{M0} der Momentenfläche M_0 und $\frac{l}{2}$ = Abstand x_S von der y-Achse;

für die Sohle $\delta'_{20So} = -\frac{l}{6} \cdot \frac{q_S \cdot h^2}{2}\left(\frac{l}{2} - 2 \cdot \frac{l}{2}\right)\frac{J_c}{J_{So}} = -\frac{l}{6} \cdot \frac{q_S \cdot h^2}{2}\left(-\frac{l}{2}\right)\frac{J_c}{J_{So}}$

$$= \left[-\frac{q_S \cdot h^2}{2} \cdot \frac{l}{2}\right]\left(-\frac{l}{6}\right)\frac{J_c}{J_{So}} = F_{M0So}(-x_S)\frac{J_c}{J_{So}}$$

Der Ausdruck in der eckigen Klammer ist der Inhalt der Momentenfläche M_0 und $-\frac{l}{6}$ der negative Schwerpunktabstand der M_0-Fläche von der y-Achse. Es ist

$$\delta'_{20} = 0 + F_{M0S}(-x_S)\frac{J_c}{J_S} + F_{M0So}(-x_S)\frac{J_c}{J_{So}} = \sum F_{M0}(-x)\frac{J_c}{J}$$

Ermittlung von δ'_{30}

$$\delta'_{30} = \int M_3 \cdot M_0 \cdot ds \cdot \frac{J_c}{J} \qquad \text{Mpm}^3 = \text{m} \cdot \text{Mpm} \cdot \text{m} \cdot \frac{\text{m}^4}{\text{m}^4}$$

für den Riegel $\delta'_{30R} = 0$

für den Stiel $\delta'_{30S} = \frac{1}{12}\frac{-q_S \cdot h^2}{2}[e - 3(h - e)]\, h \cdot \frac{J_c}{J_S} = \frac{-q_S \cdot h^3}{2 \cdot 3} \cdot \frac{1}{4}(-3h + 4e)\frac{J_c}{J_S}$

$$= \frac{-q_S \cdot h^3}{2 \cdot 3}\left(-\frac{3}{4}h + e\right)\frac{J_c}{J_S} = F_{M0S} \cdot y_S \cdot \frac{J_c}{J_S}$$

für die Sohle $\delta'_{30So} = \frac{l}{2} \cdot \frac{-q_S \cdot h^2}{2} [-(h-e)] \frac{J_c}{J_{So}}$

$$= \frac{-q_S \cdot h^2 \cdot l}{4} [-(h-e)] \frac{J_c}{J_{So}} = F_{M0So} \cdot y_S \cdot \frac{J_c}{J_{So}}$$

Folglich ist $\quad \delta'_{30} = 0 + F_{M0S} \cdot y_S \cdot \frac{J_c}{J_S} + F_{M0So} \cdot y_S \cdot \frac{J_c}{J_{So}} = \sum F_{M0} \cdot y \cdot \frac{J_c}{J}$

3. Für eine Last q_{So} auf der Sohle (135.1)

$$A = B = q_{So} \cdot \frac{l}{2}$$

$$M_{a0} = M_{b0} = M_{c0} = M_{d0} = 0 \qquad M_{F0} = -\frac{q_{So} \cdot l^2}{8}$$

Ermittlung von δ'_{10}

$$\delta'_{10} = \delta'_{10\,So} = \frac{2}{3}\,l\left(-q_{So} \cdot \frac{l^2}{8}\right) l \frac{J_c}{J_{So}} = F_{M0} \cdot \frac{J_c}{J_{So}}$$

Ermittlung von δ'_{20}

Da die M_0-Fläche symmetrisch und die M_2-Fläche antimetrisch ist, wird $\delta_{20} = 0$.

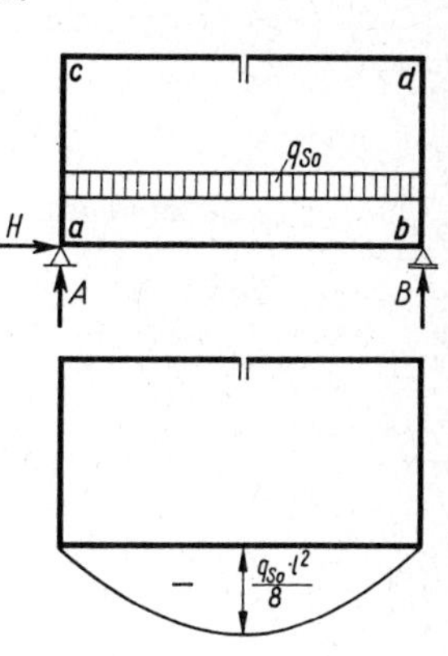

135.1 M_0-Fläche infolge q_{So}

Ermittlung von δ'_{30}

$$\delta'_{30} = \delta'_{30So} = \frac{2}{3} [-1\,(h-e)] \left(-\frac{q_{So} \cdot l^2}{8}\right) l \cdot \frac{J_c}{J_{So}}$$

Da $\frac{2}{3}\left(-q_{So} \cdot \frac{l^2}{8}\right) l$ = Fläche F_{M0} der M_0-Fläche und $-(h-e)$ = Abstand y_S von der x-Achse ist, stellt der Ausdruck für δ'_{30} wieder das statische Moment der M_0-Fläche F_{M0} in Bezug auf die x-Achse dar.

Es ist also $\quad \delta'_{30} = F_{M0So} \cdot y_S \cdot \frac{J_c}{J}$

Ermittlung der statischen Unbestimmten

Allgemein ist $\quad X_1 = -\frac{\delta_{10}}{\delta_{11}} = -\frac{\delta'_{10}}{\delta'_{11}} = -\frac{F_{M0} \cdot J_c/J}{G_e}$

$$X_2 = -\frac{\delta_{20}}{\delta_{22}} = -\frac{\delta'_{20}}{\delta'_{22}} = -\frac{F_{M0}\,(-x) \cdot J_c/J}{J_{ey}}$$

$$X_3 = -\frac{\delta_{30}}{\delta_{33}} = -\frac{\delta'_{30}}{\delta'_{33}} = -\frac{F_{M0} \cdot y \cdot J_c/J}{J_{ex}}$$

Nach Berechnung der statisch Überzähligen können die Kräfte am statisch unbestimmten System bestimmt werden.

Es sind die Auflagerdrücke

$$A = A_0 + A_1 \cdot X_1 + A_2 \cdot X_2 + A_3 \cdot X_3 = A_0$$

da A_1, A_2 und A_3 aus jeweils $X_1 = 1$, $X_2 = 1$ und $X_3 = 1$ Null sind.

Ebenso ist $$B = B_0 \text{ und } H_a = H_0$$

Daß die Auflagerdrücke am statisch unbestimmten System gleich denen am statisch bestimmten Grundsystem sind, ist darin begründet, daß das vorliegende System ja äußerlich statisch bestimmt ist. Mit drei Gleichgewichtsbedingungen sind also, wie anfangs bereits ausgeführt, die Auflagerdrücke sofort zu ermitteln. Weiter ist

$$M = M_0 + M_1 \cdot X_1 + M_2 \cdot X_2 + M_3 \cdot X_3$$
$$N = N_0 + N_1 \cdot X_1 + N_2 \cdot X_2 + N_3 \cdot X_3$$
$$Q = Q_0 + Q_1 \cdot X_1 + Q_2 \cdot X_2 + Q_3 \cdot X_3$$

Sobald alle äußeren und inneren Kräfte am System bekannt sind, ist die statische Untersuchung beendet, wenn die Bemessung zeigt, daß die angenommenen Querschnittswerte F und J zutreffen. Andernfalls ist die Berechnung des Systems mit verbesserten Werten F und J zu wiederholen.

7.44 Stockwerkrahmen

Der Stockwerkrahmen nach Bild **136.1** ist statisch unbestimmt, und zwar sowohl äußerlich als auch innerlich. Nach Gl. (51.2) ist

$$n = s + a + e - 2k = 9 + 4 + 10 - 2 \cdot 8 = 7$$

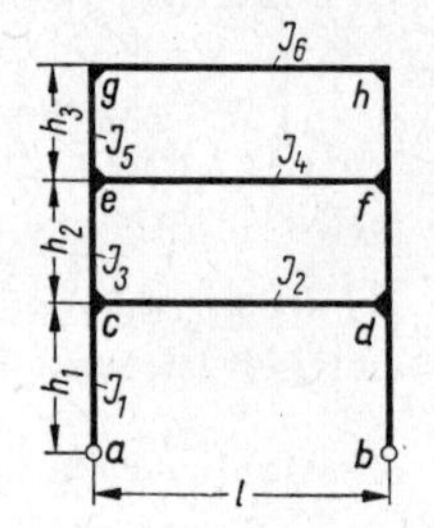

136.1 Dreigeschossiger Stockwerkrahmen

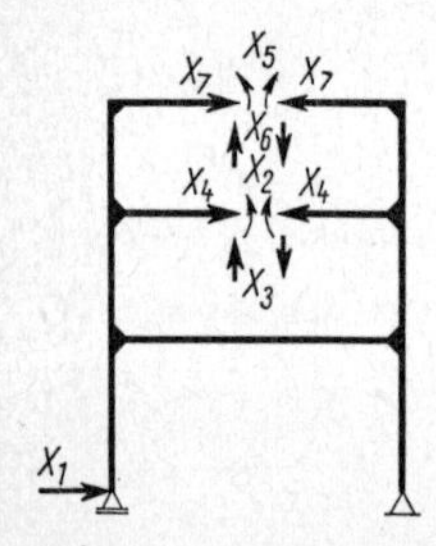

136.2 Statisch bestimmtes Grundsystem eines Stockwerkrahmens

Das System ist also 7fach statisch unbestimmt. Als statisch bestimmtes Grundsystem sei das System nach Bild **136.2** gewählt.

Das Auflager a ist beweglich gemacht, die beiden oberen Riegel sind durchschnitten. Das bedeutet: Der Rahmen ist äußerlich einfach statisch unbestimmt (X_1), innerlich ist das System 6fach statisch unbestimmt (2 · 3 innere Größen), insgesamt also 7fach statisch unbestimmt. Bei einem zweigeschossigen Rahmen würden 3 Unbekannte weniger vorhanden sein. Bei 4 Geschossen kämen aus dem geschnittenen Riegel des vierten Geschosses 3 Unbekannte dazu.

Als Regel kann man also sagen: Jedes Geschoß eines zweistieligen eingespannten Stockwerkrahmens über dem Erdgeschoß bringt drei statisch Unbestimmte; dazu kommen die statisch Unbestimmten des Erdgeschosses (**136.3**).

4
3
2
1
E

136.3 Fünfgeschossiger Stockwerkrahmen

Die genaue Berechnung eines Stockwerkrahmens erfordert demnach sehr viel Rechenarbeit, die man deshalb nur selten ohne zusätzliche Hilfsmittel durchführt. Solche Hilfsmittel sind Rahmenformeln [8] und vereinfachende Rechenmethoden. Die heute gebräuchlichsten Berechnungsverfahren von Cross und Kani sind im Teil 3 der „Praktischen Baustatik" und im Abschn. 9 von Teil 4 behandelt. Die Berechnung des Stockwerkrahmens nach der Kraftgrößenmethode soll an einem zweigeschossigen Rahmen gezeigt werden.

Beispiel: Für den Stockwerkrahmen nach Bild **137.1** sollen für die Belastungen $q_1 = 5$ Mp/m und $q_2 = 4$ Mp/m, $W_1 = 2{,}5$ Mp und $W_2 = 2{,}5$ Mp die Momente, Normalkräfte und Querkräfte in einzelnen Punkten bestimmt werden.

$$J_1 = 35 \text{ dm}^4 \qquad J_2 = 78{,}2 \text{ dm}^4$$

$$J_3 = 26 \text{ dm}^4 \qquad J_4 = 45{,}5 \text{ dm}^4$$

Nach Gl. (51.2) ist mit $s = 6$, $a = 4$, $e = 6$ und $k = 6$

$$n = 6 + 4 + 6 - 2 \cdot 6 = 4$$

Das System ist also 4fach statisch unbestimmt, und zwar $4 - 3 = 1$fach äußerlich und 3fach innerlich. Als statisch Unbestimmte werden eingeführt (**137.2**)

X_1 = horizontale Auflagerreaktion im Auflager b

X_2 = bei Durchschneiden des Riegels ef frei werdendes Moment

X_3 = frei werdende Querkraft

X_4 = frei werdende Normalkraft

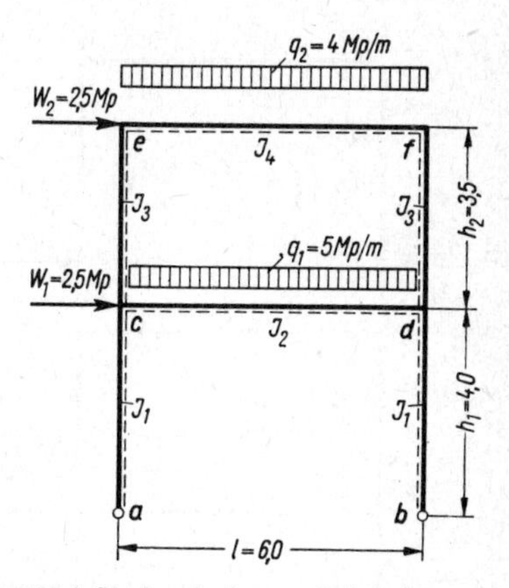

137.1 Stockwerkrahmen mit Belastung

Gleichungen für die Berechnung der statisch Unbestimmten

X_1	X_2	X_3	X_4	$-\delta_{k0}$
δ_{11}	δ_{12}	δ_{13}	δ_{14}	$-\delta_{10}$
δ_{21}	δ_{22}	δ_{23}	δ_{24}	$-\delta_{20}$
δ_{31}	δ_{32}	δ_{33}	δ_{34}	$-\delta_{30}$
δ_{41}	δ_{42}	δ_{43}	δ_{44}	$-\delta_{40}$

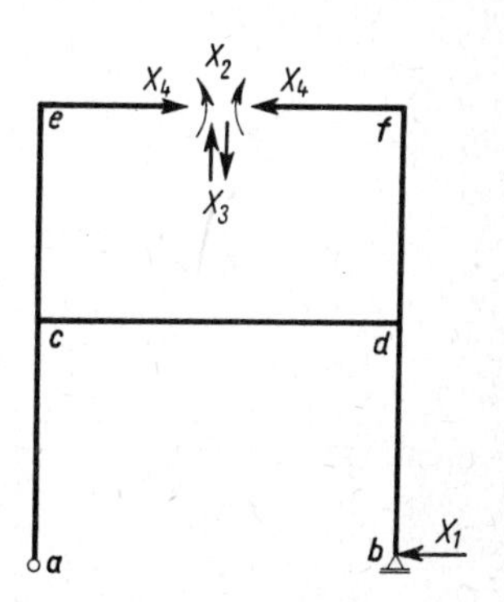

137.2 Statisch bestimmtes Grundsystem mit den gewählten statisch Unbestimmten X_1, X_2, X_3 und X_4

In Spalte 1 bis 4 stehen unter den statisch Unbestimmten die lastunabhängigen Verschiebungen infolge $X_1 = 1$, $X_2 = 1$, $X_3 = 1$ und $X_4 = 1$, in Spalte 5 die lastabhängigen Verschiebungen δ_{10}, δ_{20}, δ_{30} und δ_{40} infolge der gegebenen Belastungen. Zur Berechnung aller Verschiebungsgrößen benötigt man die Momentenflächen aus den statisch Unbestimmten $X = 1$ und der gegebenen Belastung q und W. Die Beiträge aus den Normal- und Querkräften sollen vernachlässigt werden.

Ermittlung der Momentenflächen

1. aus $X_1 = 1$ (**138.1**)

$$H_{a1} = 1$$

$$M_{c1} = M_{d1} = -1 \cdot h_1 = -1 \cdot 4 = -4 \text{ m} \qquad M_{e1} = M_{f1} = 0$$

Die M_1-Fläche ist symmetrisch.

2. aus $X_2 = 1$ (**138.2**)

$$A_2 = B_2 = H_{a2} = 0$$

$$M_{e2} = M_{f2} = +1 \qquad M_{co2} = M_{do2} = +1$$

$$M_{cR2} = -1 \qquad M_{cu2} = M_{du2} = 0$$

Die M_2-Fläche ist symmetrisch.

3. aus $X_3 = 1$ (**138.3**)

$$A_3 = B_3 = H_{a3} = 0$$

$$M_{e3} = +1 \cdot \frac{l}{2} = +3{,}0\,\text{m}$$

$$M_{f3} = -1 \cdot \frac{l}{2} = -3{,}0\,\text{m}$$

$$M_{co3} = +1 \cdot \frac{l}{2} = +3{,}0\,\text{m}$$

$$M_{do3} = -1 \cdot \frac{l}{2} = -3{,}0\,\text{m}$$

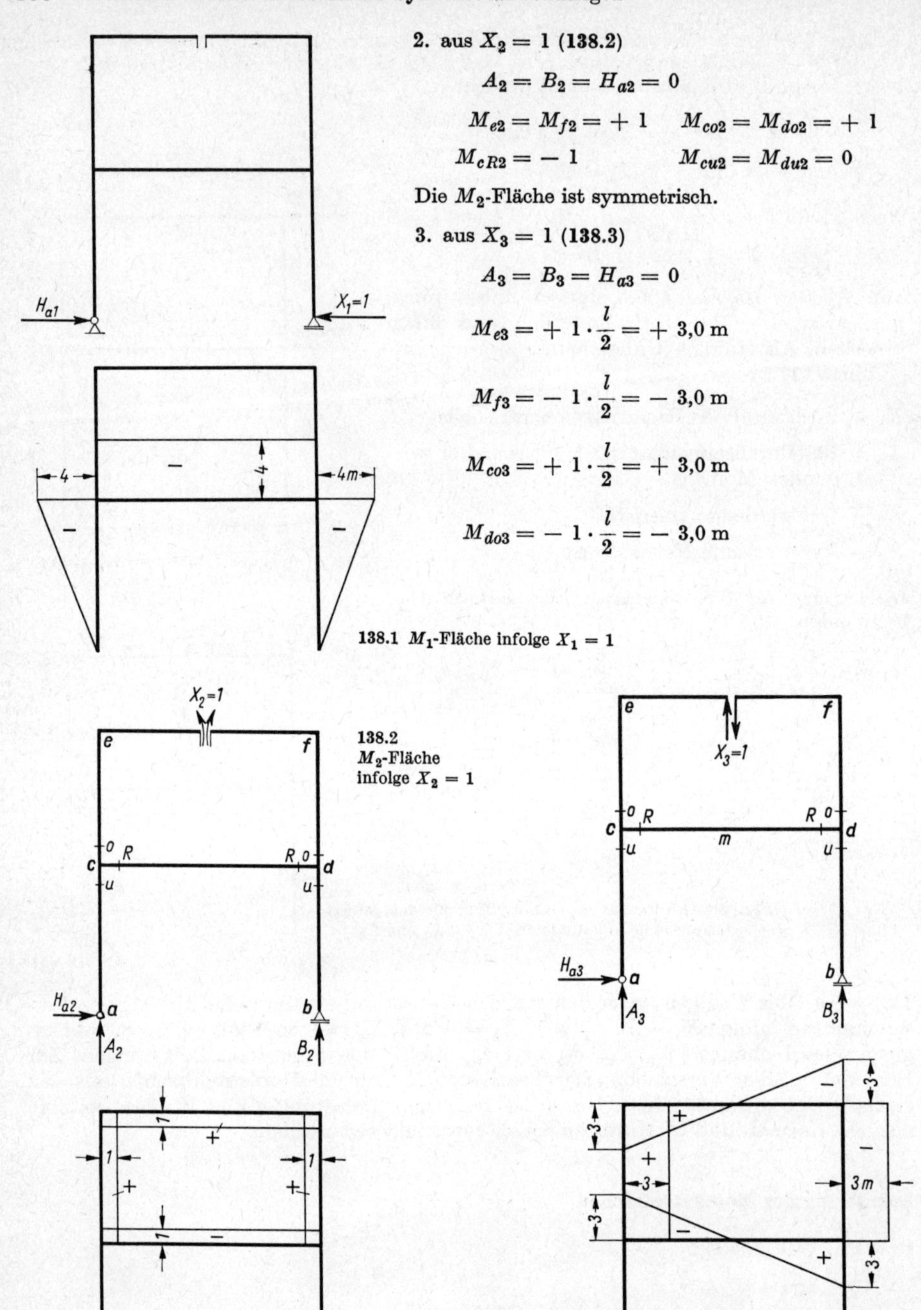

138.1 M_1-Fläche infolge $X_1 = 1$

138.2 M_2-Fläche infolge $X_2 = 1$

138.3 M_3-Fläche infolge $X_3 = 1$

$$M_{cR3} = -1 \cdot \frac{l}{2} = -3{,}0\ \text{m}$$

$$M_{dR3} = +1 \cdot \frac{l}{2} = +3{,}0\ \text{m}$$

$$M_{m3} = 0 \qquad M_{cu3} = M_{du3} = 0$$

Die M_3-Fläche ist antimetrisch.

4. aus $X_4 = 1$ (**139.**1)

$$A_4 = B_4 = H_{a4} = 0$$

$$M_{e4} = M_{f4} = 0$$

$$M_{co4} = -1 \cdot h_2 = -3{,}5\ \text{m}$$

$$M_{do4} = -1 \cdot h_2 = -3{,}5\ \text{m}$$

$$M_{cR4} = +1 \cdot h_2 = +3{,}5\ \text{m}$$

$$M_{dR4} = +3{,}5\ \text{m}$$

$$M_{cu4} = M_{du4} = 0$$

Die M_4-Fläche ist wiederum symmetrisch.

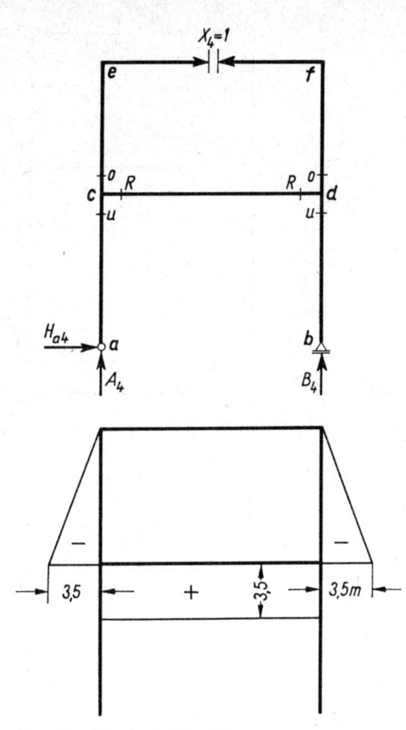

139.1 M_4-Fläche infolge $X_4 = 1$

5. aus $q_2 = 4{,}0$ Mp/m (**139.**2)

$$A_{0q2} = B_{0q2} = \frac{q_2 \cdot l}{2} = 4{,}0 \cdot 3 = 12{,}0\ \text{Mp}$$

$$H_{a0q2} = 0$$

$$M_{e0q2} = M_{f0q2} = -\frac{q_2\,(l/2)^2}{2} = -q_2 \cdot \frac{l^2}{8}$$

$$= -4 \cdot \frac{l^2}{8} = -18{,}0\ \text{Mpm}$$

$$M_{co0q2} = M_{do0q2} = -18{,}00\ \text{Mpm}$$

$$M_{cR0q2} = M_{dR0q2} = +\frac{q_2 \cdot l^2}{8} = +18{,}00\ \text{Mpm}$$

Die M_{0q2}-Fläche ist symmetrisch.

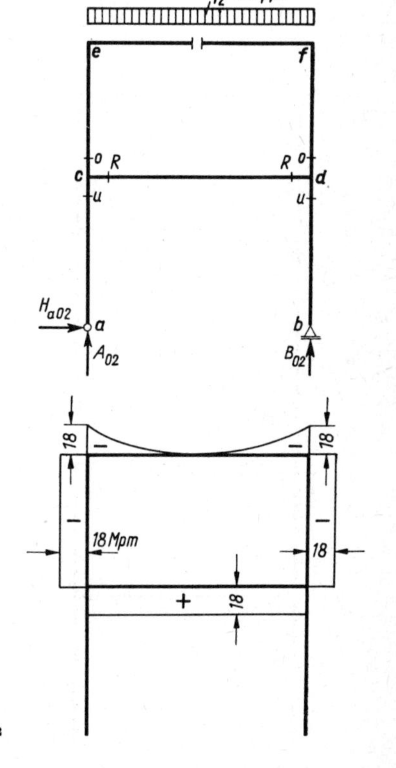

139.2 M_{0q2}-Fläche aus q_2

6. aus $q_1 = 5{,}0$ Mp/m (**140.1**)

$$A_{0q1} = B_{0q1} = \frac{5 \cdot 6{,}0}{2} = 15{,}0 \text{ Mp} \qquad H_{a0q1} = 0$$

$$M_{e0q1} = M_{f0q1} = M_{co0q1} = M_{cu0q1} = M_{do0q1} = M_{du0q1} = 0$$

$$M_{m0q1} = \frac{q_1 \cdot l^2}{8} = \frac{5{,}0 \cdot 6^2}{8} = 22{,}5 \text{ Mpm}$$

Die M_{0q1}-Fläche ist ebenfalls symmetrisch.

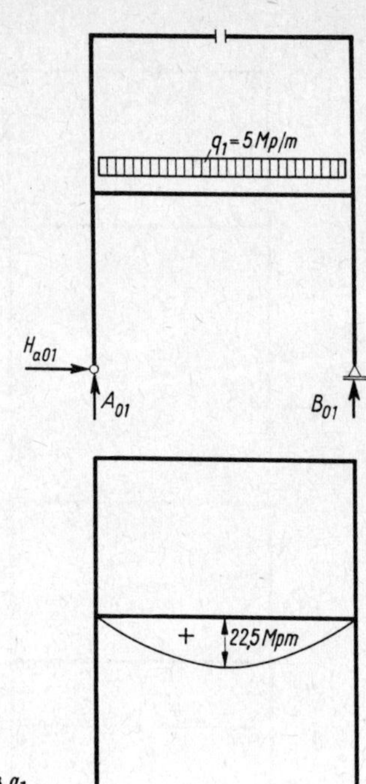

140.1 M_{0q1}-Fläche aus q_1

7. aus $W_2 = 2{,}5$ Mp (**140.2**)

$$A_{0W2} = -B_{0W2} = -\frac{2{,}5\,(3{,}5 + 4)}{6{,}0} = -3{,}125 \text{ Mp}$$

$$H_{a0W2} = -2{,}5 \text{ Mp}$$

$$M_{f0W2} = M_{do0W2} = M_{du0W2} = M_{dR0W2} = M_{e0W2} = 0$$

$$M_{co0W2} = -2{,}5 \cdot 3{,}5 = -8{,}75 \text{ Mpm}$$

$$M_{cu0W2} = -H_{a0W2} \cdot h_1 = +2{,}5 \cdot 4{,}0 = +10{,}0 \text{ Mpm}$$

$$M_{cR0W2} = +B_{0W2} \cdot l = +3{,}125 \cdot 6{,}0 = +18{,}75 \text{ Mpm}$$

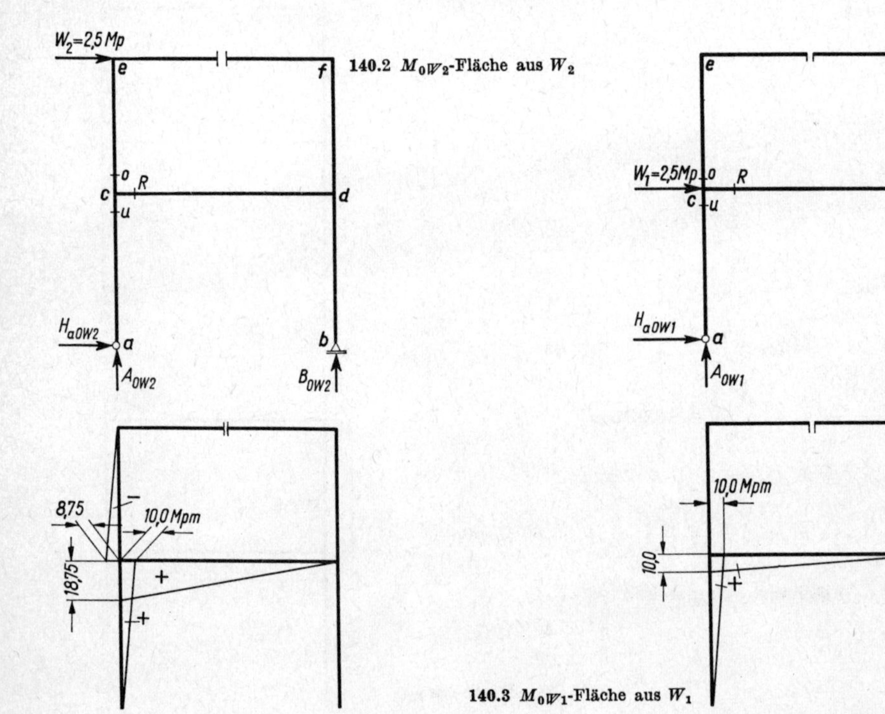

140.2 M_{0W2}-Fläche aus W_2

140.3 M_{0W1}-Fläche aus W_1

8. aus $W_1 = 2{,}5$ Mp (**140.3**)

$$A_{0W1} = -B_{0W1} = -\frac{2{,}5 \cdot 4{,}0}{6{,}0} = -10/6 = -1{,}667 \text{ Mp} \qquad H_{a0W1} = -2{,}5 \text{ Mp}$$

$$M_{e0W1} = M_{f0W1} = M_{co0W1} = M_{do0W1} = 0$$

$$M_{du0W1} = M_{dR0W1} = 0$$

$$M_{cu0W1} = -H_{a0W1} \cdot h_1 = +2{,}5 \cdot 4{,}0 = 10{,}0 \text{ Mpm}$$

$$M_{cR0W1} = +2{,}5 \cdot 4{,}0 = +1{,}667 \cdot 6 = 10{,}0 \text{ Mpm}$$

Ermittlung der Verschiebungswerte

Lastunabhängige Beiwerte

$$\delta'_{11} = EJ_c \cdot \delta_{11} = \int M_1{}^2 \cdot \mathrm{d}s \cdot \frac{J_c}{J} = \int_0^l M_1{}^2 \cdot \mathrm{d}s \cdot \frac{J_c}{J_2} + 2\int_0^h M_1{}^2 \cdot \mathrm{d}s \cdot \frac{J_c}{J_1} \qquad \mathrm{m}^3 = \mathrm{m}^2 \cdot \mathrm{m} \cdot \frac{\mathrm{m}^4}{\mathrm{m}^4}$$

$$J_c = J_2 = 78{,}2 \text{ dm}^4$$

Mit der $M\overline{M}$-Tafel **18**.1 ergibt sich

$$\delta'_{11} = (-4)^2 \cdot 6 \cdot \frac{78{,}2}{78{,}2} + 2 \cdot \frac{1}{3}(-4)^2 \cdot 4 \cdot \frac{78{,}2}{35} = 96 + 95 = 191 \text{ m}^3$$

$$\delta'_{22} = EJ_c \cdot \delta_{22} = \int_0^l M_2{}^2 \cdot \mathrm{d}s \left(\frac{J_c}{J_4} + \frac{J_c}{J_2}\right) + 2\int_0^h M_2{}^2 \cdot \mathrm{d}s \cdot \frac{J_c}{J_3} \qquad \mathrm{m} = \mathrm{m}\frac{\mathrm{m}^4}{\mathrm{m}^4}$$

$$\delta'_{22} = 1 \cdot 6{,}0\left(\frac{78{,}2}{45{,}5} + \frac{78{,}2}{78{,}2}\right) + 2 \cdot 1 \cdot 3{,}5 \cdot \frac{78{,}2}{26} = 16{,}3 + 21{,}1 = 37{,}4 \text{ m}$$

$$\delta'_{33} = \int_0^l M_3{}^2 \cdot \mathrm{d}s \left(\frac{J_c}{J_4} + \frac{J_c}{J_2}\right) + 2\int_0^h M_3{}^2 \cdot \mathrm{d}s \cdot \frac{J_c}{J_3} \qquad \mathrm{m}^3 = \mathrm{m}^2 \cdot \mathrm{m} \cdot \frac{\mathrm{m}^4}{\mathrm{m}^4}$$

$$\delta'_{33} = 2 \cdot \frac{1}{3} \cdot 3^2 \cdot 3{,}0\left(\frac{78{,}2}{45{,}5} + \frac{78{,}2}{78{,}2}\right) + 2 \cdot 3^2 \cdot 3{,}5 \cdot \frac{78{,}2}{26} = 49 + 190 = 239 \text{ m}^3$$

$$\delta'_{44} = \int_0^l M_4{}^2 \cdot \mathrm{d}s \cdot \frac{J_c}{J_2} + 2\int_0^h M_4{}^2 \cdot \mathrm{d}s \cdot \frac{J_c}{J_3} \qquad \mathrm{m}^3 = \mathrm{m}^2 \cdot \mathrm{m} \cdot \frac{\mathrm{m}^4}{\mathrm{m}^4}$$

$$\delta'_{44} = 3{,}5^2 \cdot 6 \cdot \frac{78{,}2}{78{,}2} + 2 \cdot \frac{1}{3} \cdot 3{,}5^2 \cdot 3{,}5 \cdot \frac{78{,}2}{26} = 73{,}5 + 86 = 159{,}5 \text{ m}^3$$

$$\delta'_{12} = \int_0^l M_1 \cdot M_2 \cdot \mathrm{d}s \cdot \frac{J_c}{J_2} \qquad \mathrm{m}^2 = \mathrm{m} \cdot \mathrm{m} \cdot \frac{\mathrm{m}^4}{\mathrm{m}^4}$$

$$\delta'_{12} = (-4)(-1)\,6 \cdot \frac{78{,}2}{78{,}2} = 24{,}0 \text{ m}^2 = \delta'_{21}$$

$\delta'_{13} = 0$, da die M_1-Fläche symmetrisch und die M_3-Fläche antimetrisch ist.

$$\delta'_{14} = \int_0^l M_1 \cdot M_4 \cdot ds \cdot \frac{J_c}{J_2} \qquad \text{m}^3 = \text{m} \cdot \text{m} \cdot \text{m} \cdot \frac{\text{m}^4}{\text{m}^4}$$

$$\delta'_{14} = (-4)(3{,}5)\,6{,}0 \cdot \frac{78{,}2}{78{,}2} = 84{,}0 \text{ m}^3 = \delta'_{41}$$

$\delta'_{23} = 0$, da die M_2-Fläche symmetrisch und die M_3-Fläche antimetrisch ist.

$$\delta'_{24} = \int_0^l M_2 \cdot M_4 \cdot ds \cdot \frac{J_c}{J_2} + 2\int_0^h M_2 \cdot M_4 \cdot ds \cdot \frac{J_c}{J_3} \qquad \text{m}^2 = \text{m} \cdot \text{m} \cdot \frac{\text{m}^4}{\text{m}^4}$$

$$\delta'_{24} = (-1)(+3{,}5)\,6{,}0 \cdot \frac{78{,}2}{78{,}2} + 2\left(\frac{1}{2} \cdot 1\right)(-3{,}5)\,3{,}5 \cdot \frac{78{,}2}{26}$$

$$= -21{,}0 - 37 = -58 \text{ m}^2 = \delta'_{42}$$

$\delta'_{34} = 0$, da die M_4-Fläche symmetrisch und die M_3-Fläche antimetrisch ist.

Lastabhängige Beiwerte

aus q_2 und q_1

$$EJ_c \cdot \delta_{10q2} = \delta'_{10q2} = \int_0^l M_{0q2} \cdot M_1 \cdot ds \cdot \frac{J_c}{J_2} \qquad \text{Mpm}^3 = \text{Mpm} \cdot \text{m} \cdot \text{m} \cdot \frac{\text{m}^4}{\text{m}^4}$$

$$\delta'_{10q2} = (+18)(-4)\,6{,}0 \cdot \frac{78{,}2}{78{,}2} = -432 \text{ Mpm}^3$$

$$EJ_c \cdot \delta_{10q1} = \delta'_{10q1} = \int_0^l M_{0q1} \cdot M_1 \cdot ds \cdot \frac{J_c}{J_2} \qquad \text{Mpm}^3 = \text{Mpm} \cdot \text{m} \cdot \text{m} \cdot \frac{\text{m}^4}{\text{m}^4}$$

$$\delta'_{10q1} = \frac{2}{3} \cdot 22{,}5\,(-4)\,6{,}0 \cdot \frac{78{,}2}{78{,}2} = -360 \text{ Mpm}^3$$

$$\delta'_{10q} = -432 - 360 = -792 \text{ Mpm}^3$$

$$\delta'_{20q2} = \int_0^l M_{0q2} \cdot M_2 \cdot ds \cdot \frac{J_c}{J_4} + \int_0^l M_{0q2} \cdot M_2 \cdot ds \cdot \frac{J_c}{J_2}$$

$$+ 2\int_0^h M_{0q2} \cdot M_2 \cdot ds \cdot \frac{J_c}{J_3} \qquad \text{Mpm}^2 = \text{Mpm} \cdot \text{m} \cdot \frac{\text{m}^4}{\text{m}^4}$$

$$\delta'_{20q2} = 2 \cdot \frac{1}{3}(-18)(+1)\,3{,}0 \cdot \frac{78{,}2}{45{,}5} + 18\,(-1)\,6 \cdot \frac{78{,}2}{78{,}2}$$

$$+ 2\,(-18)(+1)\,3{,}5 \cdot \frac{78{,}2}{26}$$

$$= -62 - 108 - 379 = -549 \text{ Mpm}^2$$

$$\delta'_{20q1} = \int_0 M_{0q1} \cdot M_2 \cdot ds \cdot \frac{J_c}{J_2} \qquad \text{Mpm}^2 = \text{Mpm} \cdot \text{m} \cdot \frac{\text{m}^4}{\text{m}^4}$$

$$\delta'_{20q1} = \frac{2}{3} \cdot 22{,}5\,(-1)\,6{,}0 \cdot \frac{78{,}2}{78{,}2} = -90$$

$$\delta'_{20q} = -549 - 90 = -639 \text{ Mpm}^2$$

$\delta'_{30q} = 0$, da die M_0-Fläche symmetrisch und die M_3-Fläche antimetrisch ist.

$$\delta'_{40q2} = \int_0^l M_{0q2} \cdot M_4 \cdot ds \cdot \frac{J_c}{J_2} + 2\int_0^h M_{0q2} \cdot M_4 \cdot ds \cdot \frac{J_c}{J_3} \qquad \text{Mpm}^3 = \text{Mpm} \cdot \text{m} \cdot \text{m} \cdot \frac{\text{m}^4}{\text{m}^4}$$

$$\delta'_{40q2} = (+18)\,(+3{,}5)\,6{,}0 \cdot \frac{78{,}2}{78{,}2} + 2 \cdot \frac{1}{2}\,(-18)\,(-3{,}5)\,3{,}5 \cdot \frac{78{,}2}{26}$$

$$= 378 + 664 = 1042 \text{ Mpm}^3$$

$$\delta'_{40q1} = \int_0^l M_{0q1} \cdot M_4 \cdot ds \cdot \frac{J_c}{J_2} \qquad \text{Mpm}^3 = \text{Mpm} \cdot \text{m} \cdot \text{m} \cdot \frac{\text{m}^4}{\text{m}^4}$$

$$\delta'_{40q1} = \frac{2}{3} \cdot 22{,}5 \cdot 3{,}5 \cdot 6 \cdot \frac{78{,}2}{78{,}2} = +315 \text{ Mpm}^3$$

$$\delta'_{40q} = 1042 + 315 = 1357 \text{ Mpm}^3$$

aus W_1 und W_2

$$\delta'_{10W1} = \int_0^l M_{0W1} \cdot M_1 \cdot ds \cdot \frac{J_c}{J_2} + \int_0^h M_{0W1} \cdot M_1 \cdot ds \cdot \frac{J_c}{J_1} \qquad \text{Mpm}^3 = \text{Mpm} \cdot \text{m} \cdot \text{m} \cdot \frac{\text{m}^4}{\text{m}^4}$$

$$\delta'_{10W1} = \frac{1}{2}\,(+10)\,(-4)\,6 \cdot \frac{78{,}2}{78{,}2} + \frac{1}{3} \cdot 10\,(-4)\,4{,}0 \cdot \frac{78{,}2}{35}$$

$$= -120 - 119 = -239 \text{ Mpm}^3$$

$$\delta'_{10W2} = \int_0^l M_{0W2} \cdot M_1 \cdot ds \cdot \frac{J_c}{J_2} + \int_0^h M_{0W2} \cdot M_1 \cdot ds \cdot \frac{J_c}{J_1}$$

$$\delta'_{10W2} = \frac{1}{2} \cdot 18{,}75\,(-4)\,6 \cdot \frac{78{,}2}{78{,}2} + \frac{1}{3}\,(10{,}0)\,(-4)\,4{,}0 \cdot \frac{78{,}2}{35}$$

$$= -225 - 119 = -344 \text{ Mpm}^3$$

$$\delta'_{10W} = -239 - 344 = -583 \text{ Mpm}^3$$

$$\delta'_{20W1} = \int_0^l M_{0W1} \cdot M_2 \cdot ds \cdot \frac{J_c}{J_2} \qquad \text{Mpm}^2 = \text{Mpm} \cdot \text{m} \cdot \frac{\text{m}^4}{\text{m}^4}$$

$$\delta'_{20W1} = \frac{1}{2} \cdot 10{,}0\,(-1)\,6{,}0 \cdot \frac{78{,}2}{78{,}2} = -30 \text{ Mpm}^2$$

$$\delta'_{20W2} = \int_0^l M_{0W2} \cdot M_2 \cdot ds \cdot \frac{J_c}{J_2} + \int_0^h M_{0W2} \cdot M_2 \cdot ds \cdot \frac{J_c}{J_3}$$

$$\delta'_{20W2} = \frac{1}{2} \cdot 18{,}75\,(-1)\,6{,}0 \cdot \frac{78{,}2}{78{,}2} + \frac{1}{2}(-8{,}75)\,1 \cdot 3{,}5 \cdot \frac{78{,}2}{26}$$

$$= -56{,}25 - 46{,}11 = -102{,}4 \text{ Mpm}^2$$

$$\delta'_{20W} = -30 - 102{,}4 = -132{,}4 \text{ Mpm}^2$$

$$\delta'_{30W1} = \int_0^l M_{0W1} \cdot M_3 \cdot ds \cdot \frac{J_c}{J_2} \qquad \text{Mpm}^3 = \text{Mpm} \cdot \text{m} \cdot \text{m} \cdot \frac{\text{m}^4}{\text{m}^4}$$

$$\delta'_{30W1} = \frac{6{,}0}{6}(+10)\,[2\,(-3) + 3]\,\frac{78{,}2}{78{,}2} = -30 \text{ Mpm}^3$$

$$\delta'_{30W2} = \int_0^l M_{0W2} \cdot M_3 \cdot ds \cdot \frac{J_c}{J_2} + \int_0^h M_{0W2} \cdot M_3 \cdot ds \cdot \frac{J_c}{J_3}$$

$$\delta'_{30W2} = \frac{6{,}0}{6} \cdot 18{,}75\,[2\,(-3) + 3]\,\frac{78{,}2}{78{,}2} + \frac{1}{2}(-8{,}75)\,3 \cdot 3{,}5 \cdot \frac{78{,}2}{26}$$

$$= -56{,}25 - 138 = -194{,}25 \text{ Mpm}^3$$

$$\delta'_{30W} = -30 - 194{,}25 = -224{,}25 \text{ Mpm}^3$$

$$\delta'_{40W1} = \int_0^l M_{0W1} \cdot M_4 \cdot ds \cdot \frac{J_c}{J_2} \qquad \text{Mpm}^3 = \text{Mpm} \cdot \text{m} \cdot \text{m} \cdot \frac{\text{m}^4}{\text{m}^4}$$

$$\delta'_{40W1} = \frac{1}{2}(+10)\,(+3{,}5)\,6{,}0 \cdot \frac{78{,}2}{78{,}2} = +105 \text{ Mpm}^3$$

$$\delta'_{40W2} = \int_0^l M_{0W2} \cdot M_4 \cdot ds \cdot \frac{J_c}{J_2} + \int_0^h M_{0W2} \cdot M_4 \cdot ds \cdot \frac{J_c}{J_3}$$

$$\delta'_{40W2} = \frac{1}{2} \cdot 18{,}75 \cdot 3{,}5 \cdot 6 \cdot \frac{78{,}2}{78{,}2} + \frac{1}{3}(-8{,}75)(-3{,}5)\,3{,}5 \cdot \frac{78{,}2}{26}$$

$$= 196{,}88 + 107{,}2 = +304 \text{ Mpm}^3$$

$$\delta'_{40W} = 105 + 304 = 409 \text{ Mpm}^3$$

Ermittlung der statisch Unbestimmten

X_1	X_2	X_3	X_4	$-\delta_{k0}$
191	24	0	− 84	$-\delta_{10}$
24	37,4	0	− 58	$-\delta_{20}$
0	0	239	0	$-\delta_{30}$
− 84	− 58	0	159,5	$-\delta_{40}$

Diese Gleichungen werden mit Hilfe des Eliminationsverfahrens von Gauß (vgl. Abschn. 7.32) aufgelöst, und zwar in Form der Tafel auf S. 112.

1. Aus q_1 und q_2

Zeile	Rechenschritt	X_1	X_2	X_3	X_4	B
1		191	24	0	− 84	+ 792
2		24	37,4	0	− 58	+ 639
3		0	0	239	0	0
4		− 84	− 58	0	+ 159,5	− 1357
5	$\frac{24}{191}\cdot(1)$	24	3,02	0	− 10,57	99,5
6	$\frac{0}{191}\cdot(1)$	0	0	0	0	0
7	$\frac{-84}{191}\cdot(1)$	− 84	− 10,57	0	+ 37	− 348,5
8	(2) − (5)	0	34,38	0	− 47,43	539,5
9	(3) − (6)	0	0	239	0	0
10	(4) − (7)	0	− 47,43	0	+ 122,5	− 1008,5
11	$\frac{0}{34,38}\cdot(8)$	0	0	0	0	0
12	$\frac{-47,43}{34,38}\cdot(8)$	0	− 47,43	0	+ 65,4	− 744
13	(9) − (11)	0	0	239	0	0
14	(10) − (12)	0	0	0	+ 57,1	− 264,5

Aus Zeile 14 ergibt sich

$$+57,1\cdot X_{4q} = -264,5 \quad \text{bzw.} \quad X_{4q} = \frac{-264,5}{57,1} = -4,63\ \text{Mp}$$

Aus Zeile 13 ergibt sich $\quad 239\cdot X_{3q} = 0$ bzw. $X_{3q} = 0$

Aus Zeile 10 erhält man mit den für X_{3q} und X_{4q} ermittelten Werten

$$-47,43\,X_{2q} + 0\cdot X_{3q} + 122,5\,(-4,63) = -1008,5$$

$$-47,43\,X_{2q} = -1008,5 + 567 \quad \text{bzw.} \quad X_{2q} = +\frac{441,5}{47,43} = 9,32\ \text{Mpm}$$

Aus Zeile 1 erhält man schließlich

$$191\,X_{1q} + 24\cdot 9,32 + 0,0 - 84\,(-4,63) = 792$$

$$191,0\,X_{1q} = 792 - 224 - 389 \quad \text{bzw.} \quad X_{1q} = \frac{179}{191} = 0,937\ \text{Mp}$$

2. Aus W_1 und W_2

Zeile	Rechenschritt	X_1	X_2	X_3	X_4	B
1		191	24	0	− 84	+ 583
2		24	37,4	0	− 58	+ 132,4
3		0	0	239	0	+ 224,25
4		− 84	− 58	0	159,5	− 409
5	$\frac{24}{191} \cdot (1)$	24	3,02	0	− 10,57	+ 73,3
6	$\frac{0}{191} \cdot (1)$	0	0	0	0	0
7	$-\frac{84}{191} \cdot (1)$	− 84	− 10,57	0	+ 37	− 256,5
8	(2) − (5)	0	34,38	0	− 47,43	+ 59,1
9	(3) − (6)	0	0	239	0	+ 224,25
10	(4) − (7)	0	− 47,43	0	+ 122,5	− 152,5
11	$\frac{0}{34,38} \cdot (8)$	0	0	0	0	0
12	$-\frac{47,43}{34,38} \cdot (8)$	0	− 47,43	0	+ 65,4	+ 81,5
13	(9) − (11)	0	0	239	0	+ 224,25
14	(10) − (12)	0	0	0	+ 57,1	− 71,0

Aus Zeile 14: $+ 57,1 X_{4W} = - 71,0$ bzw. $X_{4W} = -\frac{71,0}{57,1} = - 1,24 \text{ Mp}$

Aus Zeile 13: $239 X_{3W} = + 224,25$ bzw. $X_{3W} = +\frac{224,25}{239} = + 0,9385 \approx 0,94 \text{ Mp}$

Aus Zeile 10: $- 47,43 X_{2W} + 122,5 (- 1,241) = - 152,5$

$$- 47,43 X_{2W} = - 152,5 + 152,0 = - 0,5 \text{ bzw. } X_{2W} = +\frac{0,5}{47,43} = + 0,0105 \text{ Mpm}$$

Aus Zeile 1:

$$191 X_{1W} + 24 (+ 0,0105) - 84 \, (-1,241) = 191 X_{1W} + 0,253 + 104,2 = + 583$$

$$191 X_{1W} = + 583 - 104,453 = + 478,547 \text{ bzw. } X_{1W} = \frac{478,5}{191} = 2,506 \text{ Mp}$$

Ermittlung der Momente, Normalkräfte und Querkräfte

1. Aus q_1 und q_2

$$X_{1q} = 0,937 \text{ Mp} \quad X_{2q} = 9,32 \text{ Mpm} \quad X_{3q} = 0 \quad X_{4q} = - 4,63 \text{ Mp}$$

Momente. Allgemein ist für das Moment

$$M_x = M_0 + M_1 \cdot X_1 + M_2 \cdot X_2 + M_3 \cdot X_3 + M_4 \cdot X_4$$

$$M_{cu} = M_{du} = 0 + (- 4) \, 0,937 + 0 + 0 = - 3,75 \text{ Mpm}$$

$$M_{cR} = M_{dR} = +\,18{,}0 + (-\,4)\,0{,}937 + (-\,1)\,9{,}32 + 3{,}5\,(-\,4{,}63)$$

$$= 18{,}0 - 3{,}75 - 9{,}32 - 16{,}2 = 18{,}0 - 29{,}27 = -\,11{,}27 \text{ Mpm}$$

$$M_{co} = M_{do} = -\,18{,}0 + 1{,}0 \cdot 9{,}32 + (-\,3{,}5)\,(-\,4{,}63)$$

$$= -\,18{,}0 + 9{,}32 + 16{,}2 = +\,7{,}52 \text{ Mpm}$$

$$M_e = M_f = -\,18{,}0 + 1 \cdot 9{,}32 = -\,8{,}68 \text{ Mpm}$$

Moment in der Mitte des Riegels *ef*

$$M = 0{,}00 + 1 \cdot 9{,}32 = 9{,}32 \text{ Mpm}$$

Moment in der Mitte des Riegels *cd*

$$M = 22{,}50 + 18{,}0 - 4 \cdot 0{,}937 - 1 \cdot 9{,}32 + 3{,}5\,(-\,4{,}63)$$

$$= 40{,}5 - 3{,}75 - 9{,}32 - 16{,}2 = 40{,}5 - 29{,}27 = +\,11{,}23 \text{ Mp}$$

Die M-Fläche ist in Bild **147.1** dargestellt.

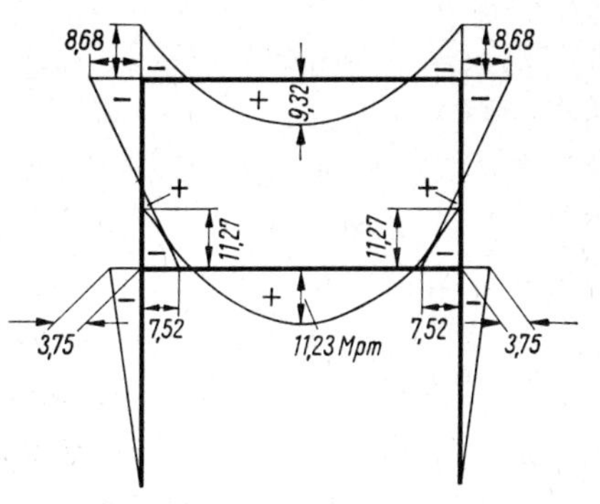

147.1 Momentenfläche aus q

Normalkräfte

in den Stielen *ac* und *bd*

$$N_0 = -\,(12{,}0 + 15{,}0) = -\,27{,}00 \text{ Mp}$$

$$N_1 = 0 \quad N_2 = 0 \quad N_3 = 0 \quad N_4 = 0$$

$$N = -\,27{,}00 \text{ Mp (Druck)}$$

in den Stielen *ce* und *df*

$$N_0 = -\,12{,}00 \text{ Mp} \quad N_1 = 0 \quad N_2 = 0$$

$$N_3 = \pm\,1 \quad N_4 = 0$$

$$N = -\,12{,}0 + (\pm\,1) \cdot 0 = -\,12{,}00 \text{ Mp (Druck)}$$

im Riegel *cd*

$$N_0 = 0 \quad N_1 = -\,1 \quad N_2 = 0 \quad N_3 = 0 \quad N_4 = -\,1$$

$$N = (-\,1)\,0{,}937 + (-\,1)\,(-\,4{,}63) = -\,0{,}937 + 4{,}63 = +\,3{,}693 \text{ Mp (Zug)}$$

im Riegel *ef*

$$N_4 = +\,1$$

$$N = 1\,(-\,4{,}63) = -\,4{,}63 \text{ Mp (Druck)}$$

Die Normalkraftfläche ist in Bild **147.2** dargestellt.

Querkräfte

in den Stielen *ac* und *bd*

$$Q_0 = 0 \qquad Q_{ac1} = -\,1$$

$$Q_{bd1} = +\,1 \qquad Q_2 = Q_3 = Q_4 = 0$$

$$Q_{ac} = -\,Q_{bd} = (-\,1)\,(0{,}937) = -\,0{,}937 \text{ Mp}$$

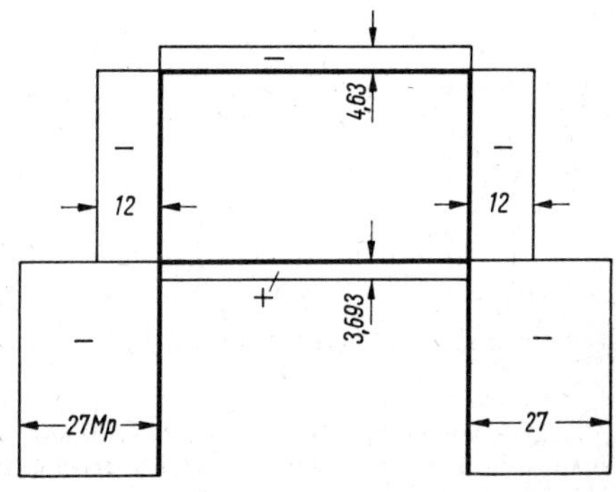

147.2 Normalkraftfläche aus q

in den Stielen *ce* und *df*

$$Q_0 = 0 \quad Q_1 = 0 \quad Q_2 = 0 \quad Q_3 = 0 \quad Q_{ce4} = +1 \quad Q_{df4} = -1$$

$$Q_{ce} = (+1)(-4{,}63) = -4{,}63 \text{ Mp} = -Q_{df}$$

im Riegel *cd*

$$Q_{c0} = +15{,}0 \text{ Mp} \quad Q_{c1} = 0 \quad Q_{c2} = 0 \quad Q_{c3} = 1 \quad Q_{c4} = 0$$

$$Q_c = -Q_d = +15{,}00 + 1 \cdot 0 = +15{,}00 \text{ Mp}$$

im Riegel *ef*

$$Q_{e0} = 12{,}0 \text{ Mp} \quad Q_{e1} = 0 \quad Q_{e2} = 0 \quad Q_{e3} = -1 \quad Q_{e4} = 0$$

$$Q_e = 12 + (-1)\,0 = 12{,}0 \text{ Mp} \quad Q_d = -12 \text{ Mp}$$

Die Querkraftfläche ist in Bild **148.1** dargestellt.

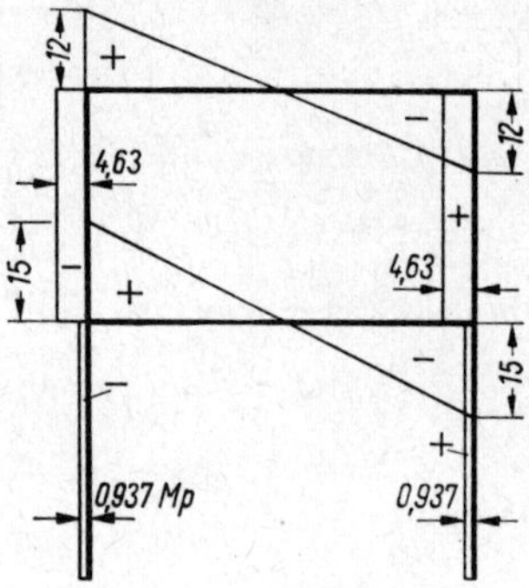

148.1 Querkraftfläche aus q

2. Aus W_1 und W_2

$$X_{1W} = 2{,}50 \text{ Mp} \quad X_{2W} = 0$$

$$X_{3W} = +0{,}94 \text{ Mp} \quad X_{4W} = -1{,}25 \text{ Mp}[1]$$

Momente

$$M_{cu} = +10{,}0 + 10{,}0 + (-4)\,2{,}50$$
$$= 20{,}00 - 10{,}00 = +10{,}00 \text{ Mpm}$$

$$M_{cR} = +10{,}00 + 18{,}75 + (-4)\,2{,}50$$
$$+ (-1)(0{,}00) + (-3)\,0{,}94 + 3{,}5\,(-1{,}25)$$
$$= 28{,}75 - 10{,}00 - 2{,}82 - 4{,}37$$
$$= 28{,}75 - 17{,}19 = +11{,}56 \text{ Mpm}$$

$$M_{co} = -8{,}75 + 1\,(0{,}00) + 3 \cdot 0{,}94 - 3{,}5\,(-1{,}25)$$
$$= -8{,}75 + 2{,}82 + 4{,}37 = -8{,}75 + 7{,}19 = -1{,}56 \text{ Mpm}$$

$$M_e = +3{,}0 \cdot 0{,}94 = +2{,}82 \text{ Mpm}$$

$$M_{du} = (-4)(2{,}50) = -10{,}00 \text{ Mpm}$$

$$M_{dR} = (-4)\,2{,}50 + 3 \cdot 0{,}94$$
$$+ 3{,}5\,(-1{,}25)$$
$$= -10{,}00 + 2{,}82$$
$$-4{,}37 = -11{,}55 \text{ Mpm}$$

$$M_{do} = -3 \cdot 0{,}94 - 3{,}5\,(-1{,}25)$$
$$= -2{,}82 + 4{,}38 = +1{,}56 \text{ Mpm}$$

$$M_f = -3 \cdot 0{,}94 = -2{,}82 \text{ Mpm}$$

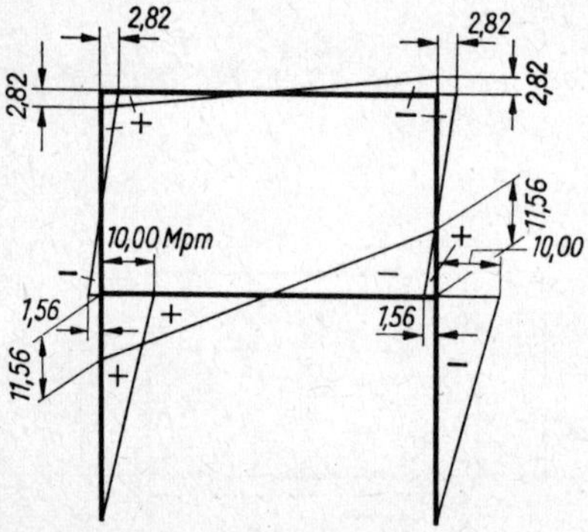

148.2 Momentenfläche aus Wind W_1 und W_2

Die Momentenfläche zeigt Bild **148.2**.

[1] Diese Werte sind genau; sie ergeben sich aus der Symmetrie des Tragwerks. Die auf S. 146 ermittelten Werte enthalten kleine Rechenungenauigkeiten.

Normalkräfte

Stiel *ac* $N_0 = +3{,}125 + 1{,}667 = 4{,}79$ Mp (Zug) $N_1 = 0$ $N_2 = 0$ $N_3 = 0$ $N_4 = 0$

$N = 4{,}79$ Mp (Zug)

Stiel *bd* $N_0 = -4{,}79$ Mp (Druck) $N_1 = N_2 = N_3 = N_4 = 0$ $N = -4{,}79$ Mp (Druck)

Riegel *cd* $N_0 = 0$ $N_1 = -1$ $N_2 = 0$ $N_3 = 0$ $N_4 = -1$

$N = (-1)(2{,}50) + (-1)(-1{,}25) = -2{,}50 + 1{,}25 = -1{,}25$ Mp (Druck)

Riegel *ef* $N_0 = 0$ $N_1 = 0$ $N_2 = 0$ $N_3 = 0$ $N_4 = +1$

$N = 1(-1{,}25) = -1{,}25$ Mp

Stiel *ce* $N_0 = 0$ $N_1 = 0$ $N_2 = 0$ $N_3 = +1$ $N_4 = 0$

$N = +1 \cdot 0{,}94 = 0{,}94$ Mp

Stiel *df* $N = -0{,}94$ Mp

Die Normalkraftfläche zeigt Bild **149.1**.

149.1 Normalkraftfläche aus Wind

Querkräfte

Stiel *ac* $Q_0 = +5{,}0$ $Q_1 = -1$ $Q_2 = 0$ $Q_3 = 0$

$Q_4 = 0$

$Q_c = +5{,}0 + (-1)\,2{,}50 = 2{,}50$ Mp

Stiel *bd* $Q_0 = 0$ $Q_1 = +1$ $Q_2 = Q_3 = Q_4 = 0$

$Q = 1 \cdot 2{,}50 = 2{,}50$ Mp

Riegel *cd* $Q_{c0} = -3{,}125 - 1{,}667 = -4{,}79$ Mp

$Q_{c1} = 0$ $Q_{c2} = 0$ $Q_{c3} = +1$ $Q_{c4} = 0$

$Q_c = -4{,}79 + 1 \cdot 0{,}94 = -3{,}85$ Mp

$Q_{d0} = -4{,}79$ Mp $Q_{d1} = 0$ $Q_{d2} = 0$ $Q_{d3} = +1$ $Q_{d4} = 0$

$Q_d = -4{,}79 + 1 \cdot 0{,}94 = -3{,}85$ Mp

Stiel *ce* $Q_0 = 2{,}5$ Mp $Q_1 = 0$ $Q_2 = 0$ $Q_3 = 0$ $Q_4 = 1$

$Q = 2{,}5 + 1(-1{,}25) = +1{,}25$ Mp

Stiel *df* $Q_0 = 0$ $Q_1 = 0$ $Q_2 = 0$

$Q_3 = 0$ $Q_4 = -1$

$Q = (-1)(-1{,}25) = +1{,}25$ Mp

Riegel *ef* $Q_{e0} = Q_{d0} = 0$ $Q_1 = 0$ $Q_2 = 0$

$Q_3 = -1$ $Q_4 = 0$

$Q_e = (-1)\,0{,}94 = -0{,}94$ Mp $= Q_f$

Die Querkraftfläche zeigt Bild **149.2**.

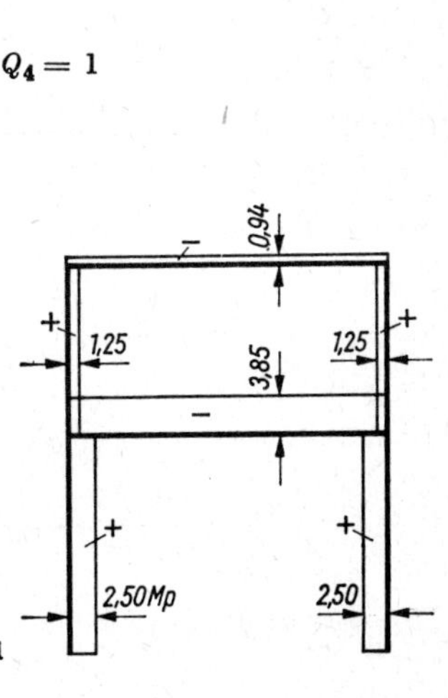

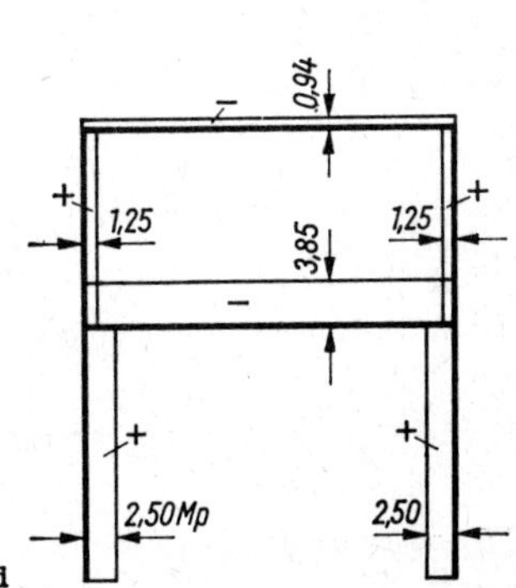

149.2 Querkraftfläche aus Wind

7.45 Bogentragwerke

Die Bogentragwerke gehören zu den Systemen, bei welchen, ähnlich wie bei Rahmen, auch bei vertikaler Belastung eine horizontale Kraft in den Auflagern wirkt (s. Teil 2, Abschn. Gewölbe und Bogen). Dieser Horizontalschub entsteht dadurch, daß sich das Tragwerk spreizen möchte, dabei jedoch in den Auflagerpunkten, den Kämpfern, festgehalten wird. So wirken z. B. bei dem Zweigelenkbogen nach Bild **150**.1 neben den senkrechten Auflagerdrücken A und B auch noch die Horizontalschübe H_a und H_b als Auflagerreaktionen.

Der Horizontalschub, meist mit H bezeichnet, wirkt insofern günstig, als er das Moment M_B eines Balkens an der Stelle x

$$M_B = A \cdot x - \frac{p \cdot x^2}{2}$$

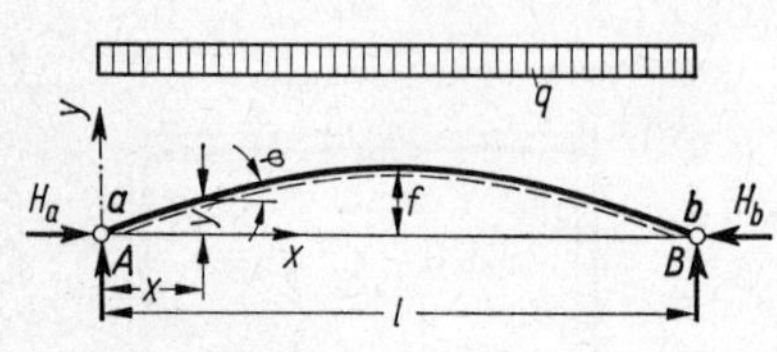

150.1 Zweigelenkbogen

das sog. Balkenmoment, vermindert um den Betrag aus dem Horizontalschub H, multipliziert mit seinem Hebelarm y

$$M_H = -H \cdot y$$

Damit ergibt sich als endgültiges Moment

$$M = M_B + M_H = A \cdot x - p \cdot \frac{x_2}{2} - H \cdot y \qquad (150.1)$$

7.451 Der Zweigelenkbogen

Der Zweigelenkbogen ist die häufigste Bogenart. Mit Gl. (51.3) kann man leicht fest stellen, daß er einfach statisch unbestimmt ist.

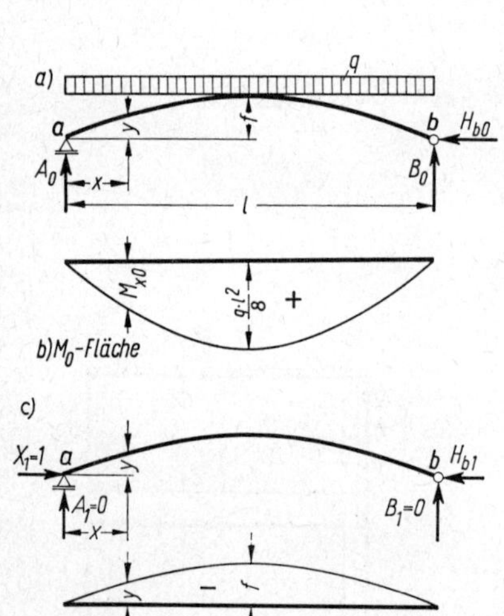

150.2 Zweigelenkbogen mit den M_0- und M_1-Flächen

Um ihn zu berechnen, beseitigen wir im Punkt a den Horizontalschub H_a (**150**.1) und erhalten damit als statisch bestimmtes Grundsystem einen gekrümmten Balken (**150**.2a).

Das Moment aus der Belastung an der Stelle x dieses Grundsystems beträgt

$$M_{x0} = A \cdot x - \frac{q \cdot x^2}{2} = \frac{q \cdot l}{2} x - \frac{q \cdot x^2}{2}$$

Die im Punkt a eingeführte statisch Unbestimmte $X_1 = 1$ liefert an der Stelle x das Moment

$$M_{x1} = -X_1 \cdot y = -1 \cdot y \qquad (\mathbf{150}.2\text{c})$$

Die M_0-Fläche ist eine Parabel mit dem Pfeil $\frac{q \cdot l^2}{8}$ (**150**.2b).

Die M_1-Fläche (**150**.2d) hat die Form des Bogens, und ihre größte Ordinate ist gleich dem Pfeil f des Bogens.

Die statisch Unbestimmte können wir nach Gl. (54.3) berechnen zu $X_1 = -\dfrac{\delta_{10}}{\delta_{11}}$

Wir müssen die Formänderungsgrößen δ_{a0} und δ_{a1} ermitteln. Sie sind Verschiebungen des Rollenlagers bei a infolge der Belastung q bzw. $X_1 = 1$. Allgemein ist nach Gl. (7.4)

$$\delta_{10} = \frac{1}{EJ}\int_0^l M_1 \cdot M_0 \cdot \mathrm{d}s + \frac{1}{EF}\int_0^l N_1 \cdot N_0 \cdot \mathrm{d}s + \frac{1}{GF}\int_0^l Q_1 \cdot Q_0 \cdot \mathrm{d}s \tag{151.1}$$

$$\delta_{11} = \frac{1}{EJ}\int_0^l M_1^2 \cdot \mathrm{d}s + \frac{1}{EF}\int_0^l N_1^2 \cdot \mathrm{d}s + \frac{1}{GF}\int_0^l Q_1^2 \cdot \mathrm{d}s \tag{151.2}$$

Die Integrale müssen sich hierbei über den Bogen erstrecken. Aus diesem Grund wurde $\mathrm{d}x$ durch $\mathrm{d}s$ ersetzt.

Den Einfluß der Querkraft kann man wie beim Balken praktisch vernachlässigen, jedoch ist die Normalkraft unter Umständen von Bedeutung und deshalb zu berücksichtigen, und zwar um so mehr, je flacher der Bogen ist.

Bei der Berechnung von δ_{10} und δ_{11} ist zu beachten, daß wir M_0 und M_1 in Abhängigkeit von x kennen. Daher wollen wir nun in den Integralen $\mathrm{d}s$ wieder durch $\mathrm{d}x$ ersetzen. Aus Bild **151.1** lesen wir für ein unendlich kleines Bogenstück von der Länge $\mathrm{d}s$ die Beziehung ab

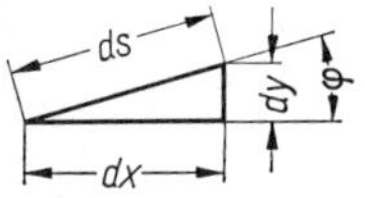

$$\mathrm{d}s = \frac{\mathrm{d}x}{\cos\varphi} \tag{151.3}$$

151.1 Unendlich kleines Bogenstück

wobei φ die Neigung der Bogenachse an der jeweiligen Stelle ist. Diese Neigung ist also in jedem Bogenpunkt verschieden.

Setzt man $\mathrm{d}s = \dfrac{\mathrm{d}x}{\cos\varphi}$ in Gl. (151.1 und 2) ein und nimmt man noch das Trägheitsmoment J und die Fläche F unter das Integral, so erhält man, wenn der Querkraftbeitrag vernachlässigt wird,

$$\delta_{10} = \frac{1}{E}\int_0 \frac{M_1 \cdot M_0}{J} \cdot \frac{\mathrm{d}x}{\cos\varphi} + \frac{1}{E}\int_0 \frac{N_1 \cdot N_0}{F} \cdot \frac{\mathrm{d}x}{\cos\varphi} \tag{151.4}$$

$$\delta_{11} = \frac{1}{E}\int_0^l \frac{M_1^2}{J} \cdot \frac{\mathrm{d}x}{\cos\varphi} + \frac{1}{E}\int_0^l \frac{N_1^2}{F} \cdot \frac{\mathrm{d}x}{\cos\varphi} \tag{151.5}$$

Wir führen nun wieder ein Vergleichsträgheitsmoment J_c ein; dann lauten die Gl. (151.4 und 5)

$$EJ_c \cdot \delta_{10} = \int_0^l M_1 \cdot M_0 \cdot \frac{J_c}{J} \cdot \frac{\mathrm{d}x}{\cos\varphi} + \int_0^l N_1 \cdot N_0 \cdot \frac{J_c}{F} \cdot \frac{\mathrm{d}x}{\cos\varphi} \tag{151.6}$$

$$EJ_c \cdot \delta_{11} = \int_0^l M_1^2 \cdot \frac{J_c}{J} \cdot \frac{\mathrm{d}x}{\cos\varphi} + \int_0^l N_1^2 \cdot \frac{J_c}{F} \cdot \frac{\mathrm{d}x}{\cos\varphi} \tag{151.7}$$

Die Gl. (151.6 und 7) sind die gesuchten Verschiebungsgleichungen am statisch bestimmten Grundsystem aus der gegebenen Belastung q und der angenommenen Belastung $X_1 = 1$.

Berücksichtigt man nun, daß

$$N_0 = -A_0 \cdot \sin\varphi \qquad N_1 = -1 \cdot \cos\varphi$$

und die Neigung der Bogenachse im allgemeinen gering ist, also $\sin\varphi$ klein ist und gegen Null und $\cos\varphi$ gegen 1 geht, so wird

$$\int_0^l N_1 \cdot N_0 \cdot \frac{J_c}{F} \cdot \frac{dx}{\cos\varphi} = 0 \tag{152.1}$$

$$\int_0^l N_1^2 \cdot \frac{J_c}{F} \cdot \frac{dx}{\cos\varphi} = \int_0 \frac{J_c}{F} \cdot \frac{dx}{\cos\varphi} \tag{152.2}$$

Damit lauten die Gl. (151.6 und 7)

$$EJ_c \cdot \delta_{10} = \int_0^l M_1 \cdot M_0 \cdot \frac{J_c}{J} \cdot \frac{dx}{\cos\varphi} \tag{152.3}$$

$$EJ_c \cdot \delta_{11} = \int_0^l M_1^2 \cdot \frac{J_c}{J} \cdot \frac{dx}{\cos\varphi} + \int_0^l \frac{J_c}{F} \cdot \frac{dx}{\cos\varphi} \tag{152.4}$$

Meistens kann man als weitere Vereinfachung das Trägheitsmoment über den Bogen als

$$J = \frac{J_c}{\cos\varphi}$$

und damit $J_c = J \cdot \cos\varphi$ in Gl. (152.3) sowie den Wert $F \cdot \cos\varphi = F_c$ in Gl. (152.4) einführen. Dann erhalten wir schließlich

$$EJ_c \cdot \delta_{10} = \int_0^l M_1 \cdot M_0 \cdot dx \tag{152.5}$$

$$EJ_c \cdot \delta_{11} = \int_0^l M_1^2 \cdot dx + \int_0^l \frac{J_c}{F_c} dx \tag{152.6}$$

Damit läßt sich jetzt die statisch Unbestimmte X_1 ermitteln.

$$X_1 = -\frac{\delta'_{10}}{\delta'_{11}} = -\frac{EJ_c \cdot \delta_{10}}{EJ_c \cdot \delta_{11}}$$

Ist X_1 bekannt, finden wir wieder mit Gl. (54.4)

die Momente $\quad M = M_0 + M_1 \cdot X_1$

die Normalkräfte $\quad N = N_0 + N_1 \cdot X_1$

die Querkräfte $\quad Q = Q_0 + Q_1 \cdot X_1$

Beispiel: Wir betrachten den Zweigelenkbogen unter der Gleichlast $p = 2$ Mp/m nach Bild **153.1**. Seine Bogenachse ist parabelförmig gekrümmt nach der Gleichung

$$y = \frac{4f}{l^2}(l - x)\,x \qquad (153.1)$$

Mit der Stützweite $l = 30{,}0$ m und dem Pfeil $f = 3{,}3$ m wird

$$y = \frac{4 \cdot 3{,}3}{30^2}(30 - x)\,x$$

$$= 0{,}0147\,(30 - x)\,x$$

Trägheitsmoment und Querschnittsfläche sind gegeben zu

$$J_c = 30\,000 \text{ cm}^4 \quad \text{und}$$
$$F_c = 100 \text{ cm}^2$$

so daß

$$J_c/F_c = \frac{30\,000}{100} = 300 \text{ cm}^2$$

$$= 0{,}03 \text{ m}^2$$

beträgt.

Das Grundsystem habe ein Rollenlager bei a (**153.1** b).

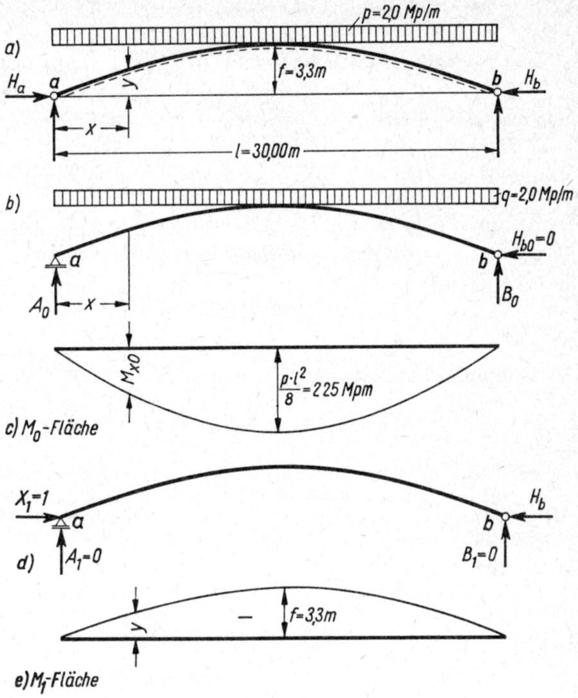

153.1 Zweigelenkbogen mit Streckenlast

Gleichstreckenlast

Die Momentenfläche M_0 (**153.1** c) am Grundsystem infolge der Belastung verläuft parabolisch nach der Gleichung

$$M_0 = A_0 \cdot x - p \cdot \frac{x^2}{2} = \frac{p \cdot l}{2} x - \frac{p \cdot x^2}{2}$$

Mit $\quad A_0 = \frac{p \cdot l}{2} = \frac{2 \cdot 30}{2} = 30$ Mp und $p = 2$ Mp/m wird $M_0 = 30x - \frac{2}{2}x^2$

und ergibt bei $l/2$ den Größtwert zu $M_0 = 30 \cdot 15 - 1 \cdot 15^2 = 225$ Mpm

Belastet man das Grundsystem im Punkt a mit $X_1 = 1$ (**153.1** d), so erhält man die M_1-Fläche (**153.1** e), die in ihrer Form dem Bogen entspricht. Es ist

an der Stelle x: $\qquad M_{x1} = -1 \cdot y$ m

und in $l/2$: $\qquad M_1 = -1 \cdot f = -3{,}3$ m

Mit Gl. (152.5 und 6) können wir die Formänderungsgrößen ermitteln, die zur Berechnung von X_1 erforderlich sind.

Mit der $M\overline{M}$-Tafel **18.1**, Zeile 6, Spalte g, wird

$$EJ_c \cdot \delta_{10} = -\frac{8}{15} \cdot 3{,}3 \cdot 225 \cdot 30 = -11\,900 \quad \text{Mpm}^3 = \text{m} \cdot \text{Mpm} \cdot \text{m}$$

und aus der gleichen Zeile und Spalte unter Berücksichtigung des Einflusses der Normalkraft

$$EJ_c \cdot \delta_{11} = \frac{8}{15} \cdot 3{,}3^2 \cdot 30 + 0{,}03 \cdot 30 = 174{,}4 + 0{,}9 = 175 \qquad \mathrm{m^3} = \frac{\mathrm{m^4}}{\mathrm{m^2}}\,\mathrm{m}$$

Wie man sieht, hätte man auch hierbei den Einfluß der Normalkraft vernachlässigen können.

Wir erhalten $$X_1 = -\frac{-11900}{175} = 68\ \mathrm{Mp}$$

X_1 ist gleich dem Horizontalschub H und beeinflußt die senkrechten Auflagerdrücke nicht. Es ist also $A = A_0$ und $B = B_0$; damit wird das Moment

$$M_x = M_0 + M_1 \cdot X_1 = A_0 \cdot x - p \cdot \frac{x^2}{2} - y \cdot X_1 \tag{154.1}$$

bzw. für unser Beispiel $$M_x = 30 \cdot x - 2 \cdot \frac{x^2}{2} - 68y\ \mathrm{Mpm}$$

und bei $x = l/2$ $$M = 225 - 68 \cdot 3{,}3 = 225 - 225 = 0$$

Da sich die Momentenfläche M aus zwei parabolischen Anteilen M_0 und $X_1 \cdot M_1$ zusammensetzt und im Scheitel $M = 0$ ist, ist auch die Momentenfläche im gesamten übrigen Bereich $M = 0$. Das muß auch sein, weil wir als Systemlinie die Parabel gewählt haben, die für den Bogen die Stützlinie ist, wenn er längs der Horizontalen (x-Richtung) gleichmäßig belastet wird (vgl. Teil 2 Abschn. Dreigelenkbogen, und Teil 3 Abschn. Gewölbe).

Wir können nun die Quer- und Normalkräfte ermitteln.

Es ist $$Q_x = A \cdot \cos\varphi - H \cdot \sin\varphi - p \cdot x \cdot \cos\varphi \tag{154.2}$$

$$N_x = -A \cdot \sin\varphi - H \cdot \cos\varphi + p \cdot x \cdot \sin\varphi \tag{154.3}$$

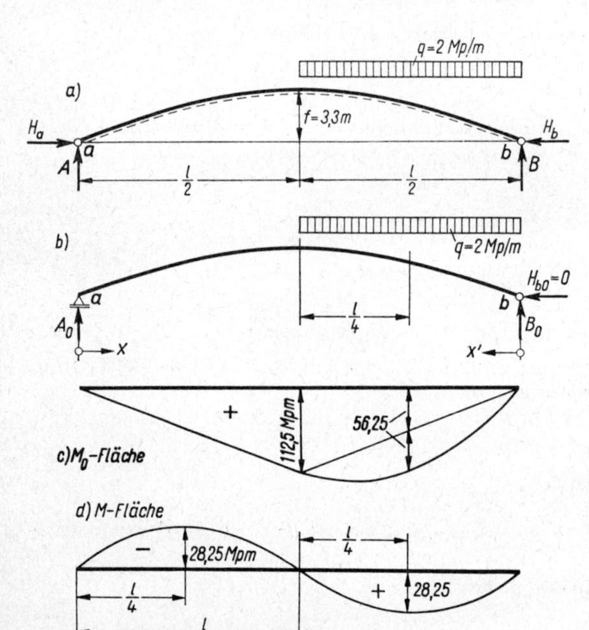

154.1 Zweigelenkbogen mit halbseitiger Streckenlast

Halbseitige Gleichstreckenlast (154.1)

Sie ist eine ungünstigere Belastung für einen Stützlinienbogen. Die Auflagerkräfte am statisch bestimmten Grundsystem sind

$$A_0 = p \cdot \frac{l}{2} \cdot \frac{1}{4} = 2 \cdot \frac{30}{2} \cdot \frac{1}{4} = 7{,}5\ \mathrm{Mp}$$

$$B_0 = p \cdot \frac{l}{2} \cdot \frac{3}{4} = 22{,}5\ \mathrm{Mp}$$

Die M_0-Fläche (154.1c) hat die Gleichung

für den linken Teil

$$M_x = A_0 \cdot x$$

für $x = l/2$ wird

$$M = 7{,}5 \cdot \frac{30}{2} = 112{,}5\ \mathrm{Mpm}$$

für den rechten Teil

$$M'_x = B \cdot x' - p \cdot \frac{x'^2}{2}$$

für $\qquad x' = l/4 = 7{,}5\text{ m}$ wird

$$M = 22{,}5 \cdot 7{,}5 - 2{,}0 \cdot \frac{7{,}5^2}{2} = 168{,}75 - 56{,}25 = 112{,}5\text{ Mpm}$$

Sie besteht also aus einem Dreieck mit $\max M = 112{,}5$ Mpm und einem parabolischen Teil mit dem Größtwert 56,25 Mpm. Es ist

$$EJ_c \cdot \delta_{10} = -\frac{5}{12} \cdot 112{,}5 \cdot 3{,}3 \cdot 30 - \frac{7}{15} \cdot 56{,}25 \cdot 3{,}3 \cdot \frac{30}{2} = -4640 - 1310 = -5950\text{ Mpm}^3$$

$$EJ_c \cdot \delta_{11} = \int M_1^2 \cdot dx \cdot \frac{J_c}{J} = 175 \qquad \text{m}^3 = \text{m}^2 \cdot \text{m} \cdot \frac{\text{m}^4}{\text{m}^4}$$

$$X_1 = -\frac{-5950}{175} = 34\text{ Mp}$$

Der Momentenverlauf gehorcht der Gleichung

$$M = M_0 + X_1 \cdot M_1 = M_0 + X_1 \cdot y$$

mit

$$y = \frac{4f}{l^2}(l - x)\,x = 0{,}0147\,(30 - x)\,x$$

Die Werte der Momente betragen

bei $x = \frac{l}{4}$ $\quad M = \frac{112{,}5}{2} - 34 \cdot 0{,}0147\,(30 - 7{,}5)\,7{,}5 = 56{,}25 - 84{,}50 = -28{,}25\text{ Mpm}$

bei $x = \frac{l}{2}$ $\quad M = 112{,}5 - 34 \cdot 3{,}3 = 112{,}5 - 112{,}5 = 0$

bei $x = \frac{3}{4}l$ $\quad M = 112{,}5 - 84{,}25 = +28{,}25\text{ Mpm}$ $\qquad$ (**154.1**d)

Für die Berechnung der Q- und N-Flächen gelten die Gl. (154.2 und 3).

7.452 Der eingespannte Bogen

Der eingespannte Bogen (**155.1**) ohne Gelenke ist wie der eingespannte zweistielige Rahmen dreifach statisch unbestimmt. Zu seiner Berechnung mit der Kraftmethode wählen wir wieder ein statisch bestimmtes Grundsystem. Als Möglichkeiten sind gegeben wie beim Zweigelenkbogen der gekrümmte Balken auf zwei Stützen (**155.1**b), bei dem die drei statisch Unbestimmten X_1 und X_2 die beiden

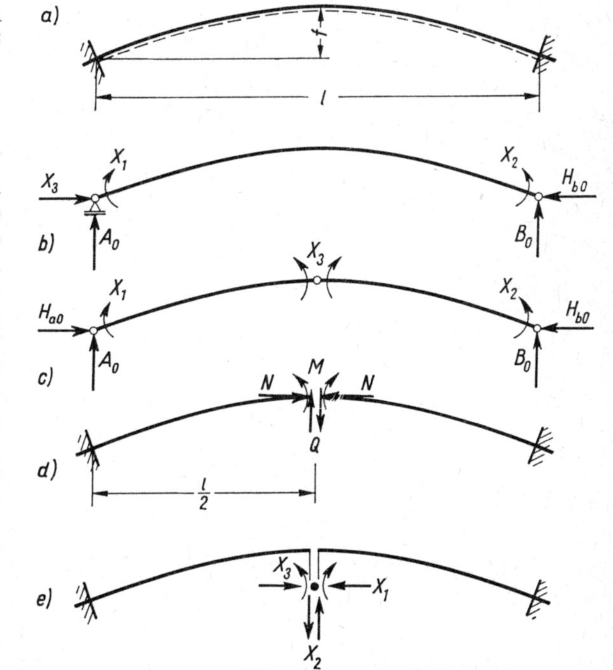

155.1 Eingespannter Bogen und mögliche statisch bestimmte Grundsysteme

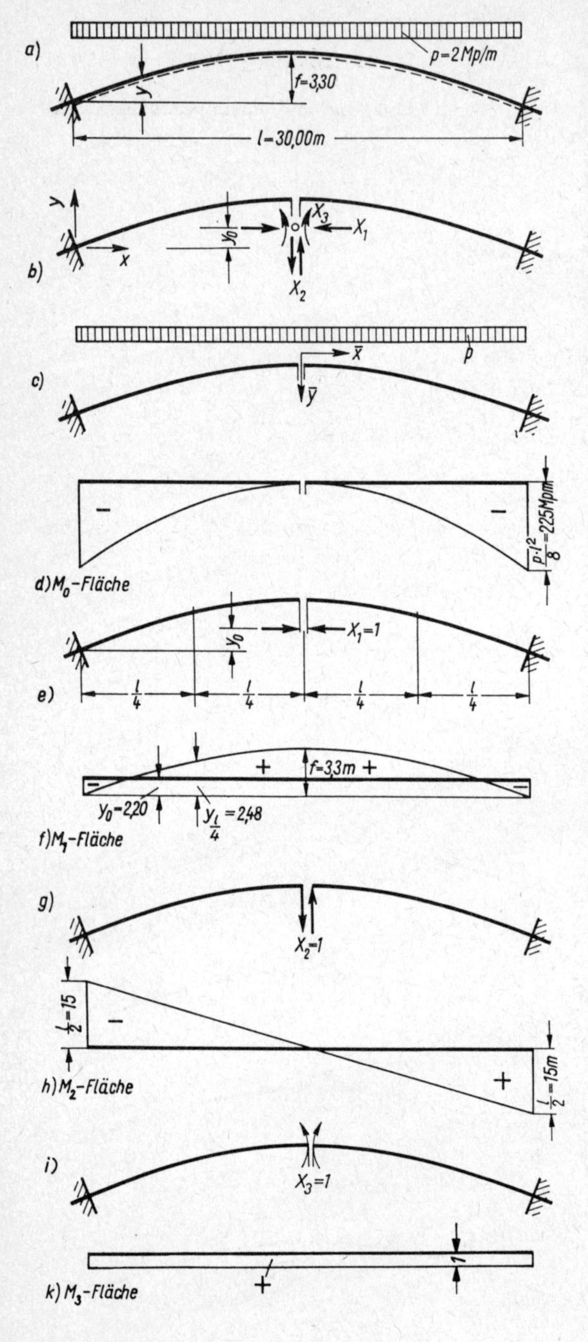

156.1 Eingespannter Bogen mit Streckenlast

Einspannmomente und X_3 der Horizontalschub sind, oder der Dreigelenkbogen (**155**.1c), bei welchem alle drei statisch Unbestimmten Momente sind. Als weitere Möglichkeit kann man den Bogen im Scheitel durchtrennen und hier die Schnittkräfte M, N und Q als statisch Unbestimmte einführen (**155**.1d).

Bringt man nun noch (**155**.1e) die drei statisch Unbestimmten X_1, X_2 und X_3 im elastischen Schwerpunkt (s. Abschn. 7.421) an, so haben wir die gleiche Vereinfachung in der Berechnung erlangt, wie sie beim Rahmen gezeigt wurde.

Beispiel: Wir betrachten den eingespannten Bogen nach Bild **156**.1, der die gleichen Abmessungen und die gleiche Belastung wie der Zweigelenkbogen nach Bild **153**.1 hat. Als statisch bestimmtes Grundsystem wählen wir das System mit den Schnittkräften im elastischen Schwerpunkt (**156**.1b).

Die Bilder **156**.1f, h und k zeigen die Momentenflächen aus $X_1 = 1$, $X_2 = 1$ und $X_3 = 1$.

Als erstes muß die Lage des elastischen Schwerpunktes bestimmt werden; sie ist dadurch gegeben, daß die Formänderungsgrößen δ_{12}, δ_{13} und δ_{23} Null werden müssen, damit man die statisch Überzähligen aus den einfachen Beziehungen

$$X_1 = -\frac{\delta_{10}}{\delta_{11}}$$

$$X_2 = -\frac{\delta_{20}}{\delta_{22}}$$

$$X_3 = -\frac{\delta_{30}}{\delta_{33}}$$

erhält. Bei Wahl des elastischen Schwerpunktes auf der Symmetrieachse des Bogens sind

δ_{12} und δ_{23} von vornherein Null, da die M_2-Fläche antimetrisch ist, während die Flächen M_1 und M_3 symmetrisch sind. Die Bestimmungsgleichung für die Lage des elastischen Schwerpunktes lautet damit $\delta_{13} = 0$. Es ist

$$\delta_{13} = \frac{1}{E} \int_0^l \frac{M_1 \cdot M_3}{J} \, ds$$

und nach Umformen unter Berücksichtigung von Gl. (151.3)

$$EJ_c \cdot \delta_{13} = \int_0^l M_1 \cdot M_3 \cdot \frac{J_c}{J} \cdot \frac{dx}{\cos\varphi} \qquad m^2 = m \cdot \frac{m^4}{m^4} \, m$$

Mit $\qquad M_3 = 1 \quad$ und $\quad M_1 = 1\,(y - y_0)$ wird

$$EJ_c \cdot \delta_{13} = \int_0^l (y - y_0) \frac{J_c}{J} \cdot \frac{dx}{\cos\varphi} \tag{157.1}$$

Setzen wir wieder $J \cdot \cos\varphi = J_c$, dann ergibt sich

$$EJ_c \cdot \delta_{13} = \int_0^l (y - y_0)\, dx = \int_0^l y \cdot dx - \int_0^l y_0 \cdot dx = 0$$

$$\int_0^l y_0 \cdot dx = \int_0^l y \cdot dx \qquad m^2$$

Mit Gl. (153.1) für die Systemlinie erhält man

$$y_0 \int_0^l dx = \frac{4f}{l^2} \int_0^l (l - x)\, x \cdot dx$$

Die Auflösung der Integrale ergibt

$$y_0 \cdot x \Big|_0^l = \frac{4f}{l^2} \left(\frac{l \cdot x^2}{2} - \frac{x^3}{3} \right) \Big|_0^l$$

und nach Einsetzen der Integralgrenzen erhalten wir

$$y_0 \cdot l = \frac{4f}{l^2} \left(\frac{l^3}{2} - \frac{l^3}{3} \right) = \frac{4f \cdot l}{6}$$

Damit wird die Lage des elastischen Schwerpunktes

$$y_0 = \frac{2}{3} f = \frac{2}{3} \cdot 3{,}3 = 2{,}2 \text{ m}$$

Gleichstreckenlast (156.1)

Wir berechnen zuerst die lastabhängigen Verformungsgrößen δ_{10}, δ_{20}, δ_{30}, dann die lastunabhängigen Werte δ_{11}, δ_{22} und δ_{33}. Nach Gl. (152.5) ist mit $J_c = J \cdot \cos\varphi$

$$EJ_c \cdot \delta_{10} = \int M_1 \cdot M_0 \cdot \mathrm{d}x \qquad \mathrm{Mpm}^3 = \mathrm{m} \cdot \mathrm{Mpm} \cdot \mathrm{m}$$

Wir wenden wieder die $M\overline{M}$-Tafel **18.1** an, wobei wir berücksichtigen, daß sich die M_1-Fläche aus einem rechteckigen Teil mit $y_0 = -2{,}2$ m und aus einem parabelförmigen Teil mit $\max M_1 = f = 3{,}3$ m zusammensetzt, daß ferner die M_0-Fläche aus zwei quadratischen Parabeln mit der Gleichung $\bar{y} = \dfrac{p \cdot \bar{x}^2}{2}$ besteht und den Wert $\max M_0 = p\left(\dfrac{l}{2}\right)^2 \cdot \dfrac{1}{2} = 225$ Mpm hat.

Wir erhalten aus Tafel **18.1** (1/k und (7/l))

$$EJ_c \cdot \delta_{10} = \frac{1}{3} \cdot 225 \cdot 2{,}2 \cdot 30 - \frac{2}{15} \cdot 225 \cdot 3{,}3 \cdot 30 = 4950 - 2970 = 1980 \text{ Mpm}^3$$

Weil die M_0-Fläche symmetrisch und die M_2-Fläche antimetrisch ist, wird

$$EJ_c \cdot \delta_{20} = 0$$

$$EJ_c \cdot \delta_{30} = \int_0^l M_3 \cdot M_0 \cdot \mathrm{d}x \qquad \mathrm{Mpm}^2 = \mathrm{Mpm} \cdot \mathrm{m} \qquad \text{bzw. mit Tafel 18.1 (1/k)}$$

$$EJ_c \cdot \delta_{30} = -\frac{1}{3} \cdot 225 \cdot 1 \cdot 30 = -2250 \text{ Mpm}^2$$

Unter Vernachlässigung des Normalkraftanteiles ist nach Gl. (152.6)

$$EJ_c \cdot \delta_{11} = \int_0^l M_1^2 \cdot \mathrm{d}x \qquad \mathrm{m}^3 = \mathrm{m}^2 \cdot \mathrm{m}$$

Mit Tafel **18.1** (1/a), (1/g) und (6/g) wird unter Beachtung des Binoms $(a - b)^2$

$$EJ_c \cdot \delta_{11} = 30\,(2{,}2^2 - 2 \cdot \frac{2}{3} \cdot 3{,}3 \cdot 2{,}2 + \frac{8}{15} \cdot 3{,}3^2) = 30\,(4{,}84 - 9{,}68 + 5{,}81) = 29{,}1 \text{ m}^3$$

Nach Tafel **18.1** (2/b) wird

$$EJ_c \cdot \delta_{22} = \frac{1}{3} \cdot 30 \cdot 15^2 = 2250 \text{ m}^3$$

und schließlich mit (1/a)

$$EJ_c \cdot \delta_{33} = 30 \cdot 1{,}0^2 = 30 \text{ m}$$

Nun können wir die statisch Unbestimmten berechnen. Wir erhalten

$$X_1 = -\frac{1980}{29{,}1} = -68{,}2 \text{ Mp} \qquad X_2 = -\frac{0}{2250} = 0 \qquad X_3 = \frac{2250}{30} = 75 \text{ Mpm}$$

Nach Gl. (100.2) ergibt sich das Moment zu $\quad M = M_0 + M_1 \cdot X_1 + M_3 \cdot X_3$

Es wird im Scheitel für $x = l/2$ $\quad M = 0 - (3{,}3 - 2{,}2)\,68{,}2 + 75 = 0$

und im Kämpfer

$$M = -225 + 2{,}2 \cdot 68{,}2 + 75 = -225 + 150 + 75 = 0$$

Die Biegemomente infolge Gleichstreckenlast sind an jeder Stelle des Bogens Null, da wir als Bogenform die Stützlinie gewählt haben.

Die Quer- und Normalkraftflächen ergeben sich nach den Gl. (100.3 und 4).

$$Q = Q_0 + Q_1 \cdot X_1 + Q_3 \cdot X_3 \qquad N = N_0 + N_1 \cdot X_1 + N_3 \cdot X_3$$

Ihre Werte betragen

im Scheitel $Q_s = 0 + 0 \cdot 68{,}2 + 0 \cdot 75 = 0$

$$N_s = 0 - 1 \cdot 68{,}2 + 0 = -\ 68{,}2 \text{ Mp}$$

im Kämpfer $Q_k = A_0 \cdot \cos\varphi + \sin\varphi\,(-\ 68{,}2) + 0 \cdot 75$

$$N_k = -\ A_0 \cdot \sin\varphi + \cos\varphi\,(-\ 68{,}2) + 0 \cdot 75$$

Zunächst ist der Winkel φ zu berechnen. Dazu ist der Differentialquotient der Gleichung für den Bogen zu bestimmen.

$$\frac{dy}{dx} = y' = \tan\varphi$$

Mit $\qquad y = 0{,}0147\,(30 - x)\,x = 0{,}0147\,(30x - x^2)$

wird $\qquad \dfrac{dy}{dx} = y' = \tan\varphi = 0{,}0147\,(30 - 2x)$

Im Kämpfer, also bei $x = 0$, wird $\quad y' = \tan\varphi = 0{,}0147 \cdot 30 = 0{,}44$

$$\varphi = 23{,}8° \qquad \cos\varphi = 0{,}915 \qquad \sin\varphi = 0{,}404$$

$$Q_k = \frac{2 \cdot 30}{2}\,0{,}915 + 0{,}404\,(-\ 68{,}2) = 27{,}5 - 27{,}5 = 0$$

$$N_k = \frac{-\ 2 \cdot 30}{2} \cdot 0{,}404 + 0{,}915\,(-\ 68{,}2) = -\ 12{,}1 - 62{,}5 = -\ 74{,}6 \text{ Mp}$$

Halbseitige Streckenlast (159.1)

Die M_0-Fläche können wir aus Bild **156.1**d übernehmen unter der Beachtung, daß nur eine Seite belastet ist (**159.1**c).

Damit errechnen sich die lastabhängigen Verformungswerte wie folgt:

$$EJ_c \cdot \delta_{10} = \frac{1}{2} \cdot 1980$$

$$= 990 \text{ Mpm}^3$$

$$EJ_c \cdot \delta_{30} = -\ \frac{1}{2} \cdot 2250$$

$$= -\ 1125 \text{ Mpm}^2$$

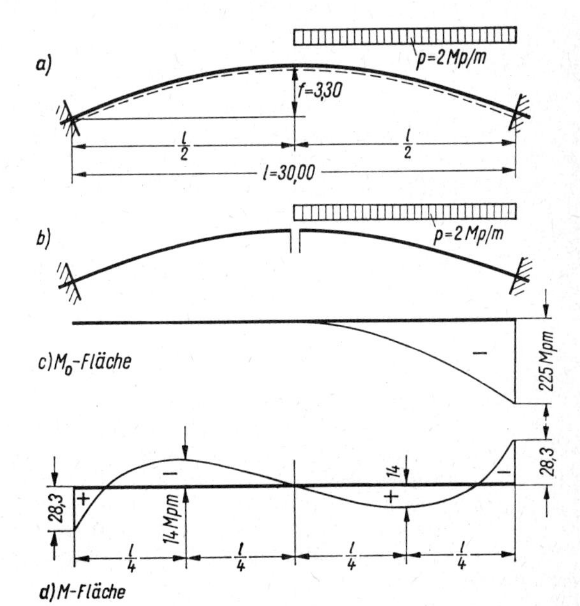

159.1 Eingespannter Bogen mit halbseitiger Streckenlast

Während $EJ_c \cdot \delta_{20}$ im vorigen Beispiel aus Symmetriegründen Null wurde, erhalten wir jetzt mit Tafel **18.1** (2/k)

$$EJ_c \cdot \delta_{20} = -\frac{1}{4} \cdot 225 \cdot 15 \cdot \frac{30}{2} = -12650 \text{ Mpm}^3$$

Die statisch Unbestimmten ergeben sich dann zu

$$X_1 = -\frac{990}{29{,}1} = -34 \text{ Mp} \qquad X_2 = -\frac{-12650}{2250} = 5{,}6 \text{ Mp} \qquad X_3 = -\frac{-1125}{30} = 37{,}5 \text{ Mpm}$$

Die Momente berechnen wir mit

$$M = M_0 + M_1 \cdot X_1 + M_2 \cdot X_2 + M_3 \cdot X_3$$

Ihre Werte betragen

im Kämpfer $a\,(x = 0)$

$$M = 0 - (-2{,}2)\,34 + (-15)\,5{,}6 + 37{,}5 = 74{,}8 - 84 + 37{,}5 = 28{,}3 \text{ Mp}$$

bei $x = l/4 = 7{,}5$ m

$$M = 0 - (2{,}48 - 2{,}2)\,34 - \frac{15}{2}\,5{,}6 + 37{,}5 = -9{,}5 - 42{,}0 + 37{,}5 = -14{,}0 \text{ Mpm}$$

im Scheitel $(x = l/2)$

$$M = 0 - 34 \cdot 1{,}1 + 5{,}6 \cdot 0 + 37{,}5 = 0$$

bei $x = \frac{3}{4}\,l = 22{,}5$ m

$$M = -56 - 34\,(2{,}48 - 2{,}2) + 5{,}6 \cdot \frac{15}{2} + 37{,}5$$
$$= -56 - 9{,}5 + 42 + 37{,}5 = -65{,}5 + 79{,}5 = 14{,}0 \text{ Mpm}$$

im Kämpfer $b\,(x = l)$

$$M = -225 + 34 \cdot 2{,}2 + 5{,}6 \cdot 15 + 37{,}5 = -28{,}5 \text{ Mpm}$$

Bei der Berechnung der Verschiebungswerte δ_{ik} ist zu beachten, daß die $M\overline{M}$-Tafel **18.1** nur anwendbar ist, wenn das Trägheitsmoment nach dem Gesetz $J_c = J \cdot \cos\varphi$ verläuft oder man J_c als einen Mittelwert ansieht, der noch zu berechnen ist.

Ist die Anwendung dieses Trägheitsgesetzes nicht möglich, so versucht man, die Verschiebungswerte δ_{ik} durch Auflösen der Integrale zu berechnen. Macht das große Schwierigkeiten, so löst man die Integrale angenähert mit der Simpsonschen Regel.

7.5 Einflußlinien bei statisch unbestimmten Systemen

7.51 Allgemeines

Im Teil 3 wurde im Abschn. „Wesen und Zweck der Einflußlinien" deren Gegensatz zu den Zustandsflächen (Momenten-, Querkraft- und Normalkraftflächen) gezeigt. Bei den Zustandsflächen betrachtet man jeweils nur eine Laststellung, aber alle Querschnitte eines Tragwerkes. Bei den Einflußlinien dagegen ist die Last beweglich, und man betrachtet nur den einen feststehenden Querschnitt, für den die E-Linie gezeichnet wird, gleichsam wie einen Meßpunkt zum Messen verschiedener Größen während der Lastbewegung. Man kann also eine Einflußlinie jeweils nur für einen Querschnitt angeben.

7.511 Punktweise Ermittlung der Einflußlinie

Eine Methode zur Ermittlung von Einflußlinien ist die punktweise Berechnung. Hierbei wird die Last $P =$ als wandernde Last in die Punkte gestellt, für die die Einflußordinaten bestimmt werden sollen, und für die einzelnen Laststellungen wird die Schnittgröße (Moment, Querkraft oder Normalkraft) des betrachteten Querschnittes berechnet.

Beispielsweise wird bei einem einfach statisch unbestimmten System die Ordinate η_1 des Punktes einer Momenteneinflußlinie

$$\boldsymbol{\eta_1 = M_1 = M_{10} + X_1 \cdot M_{11}} \tag{161.1}$$

Der erste Index bezieht sich hierbei wieder auf den Ort, und der zweite gibt die Ursache an.

Man muß hierbei für jede Laststellung, also für jeden Punkt, für den man die Einflußlinie berechnet, ein Gleichungssystem zur Bestimmung von X_1 lösen und ebenso M_{10} und M_{11} ermitteln. Das gleiche gilt z. B. bei der Einflußlinie für eine Quer- oder eine Auflagerkraft.

Für diese wird die Ordinate η_1 des Punktes

$$\boldsymbol{\eta_1 = Q_1 = Q_{10} + X_1 \cdot Q_{11}} \tag{161.2}$$

$$\boldsymbol{\eta_1 = A_1 = A_{10} + X_1 \cdot A_{11}} \tag{161.3}$$

Bei einem mehrfach statisch unbestimmten System wird die Einflußlinienordinate für das Biegemoment im Punkt 1

$$\eta_1 = M_1 = M_{10} + X_1 \cdot M_{11} + X_2 \cdot M_{12} + X_3 \cdot M_{13} + \cdots \tag{161.4}$$

allgemein $$\boldsymbol{\eta_m = M_m = M_{m0} + X_1 \cdot M_{m1} + X_2 \cdot M_{m2} + X_3 \cdot M_{m3} + \cdots} \tag{161.5}$$

Damit ist die Ermittlung von Einflußlinien auf ein schon bekanntes Berechnungsverfahren für statisch unbestimmte Tragwerke zurückgeführt (s. Abschn. 7.).

Die punktweise Berechnung von Einflußlinien entspricht der punktweisen Ermittlung von Biegelinien, bei der die Last $\bar{P} = 1$ auch in jeden Berechnungspunkt gestellt wird.

7.512 Einflußlinie als Biegelinie

Wie man erkennt, ist der Arbeitsaufwand bei der punktweisen Ermittlung von Einflußlinien relativ groß. Eine bedeutend elegantere Methode ergibt sich mit Hilfe der Biegelinie unter Berücksichtigung des Satzes von Maxwell (s. Abschn. 3.2).

Er besagt, daß man den Kraftangriffspunkt und den Punkt, an dem man die Formänderung mißt, vertauschen kann:

$$\delta_{nm} = \delta_{mn}$$

Für ein einfach statisch unbestimmtes System wird nach Gl. (54.3) allgemein

$$X_1 = -\frac{\delta_{10}}{\delta_{11}}$$

δ_{10} bedeutet hierin die Formänderung an der Stelle 1 infolge der wirkenden Last. Da für die Einflußlinien die Last $P = 1$ an jeder Stelle m wirken soll, also wandert, schreiben wir für δ_{10} die Bezeichnung δ_{1m}.

δ_{1m} ist also die Formänderung bei 1 für jede Stellung der Last $P = 1$. Damit wird

$$\boldsymbol{X_1 = -\frac{\delta_{1m}}{\delta_{11}}} \tag{161.6}$$

Danach wäre X_1 für jede Laststellung zu berechnen. Jedoch bei Berücksichtigung des Satzes von Maxwell gilt $\delta_{1m} = \delta_{m1}$.

δ_{m1} ist dabei die Durchbiegung an jeder Stelle m infolge der örtlich festen Größe $X_1 = 1$, also die Biegelinie infolge $X_1 = 1$. Damit wird die statisch Unbestimmte X_1 in einem einfach statisch unbestimmten System

$$X_1 = -\frac{\delta_{m1}}{\delta_{11}} \tag{162.1}$$

Die Gl. (162.1) stellt also die Einflußlinie für die statisch Unbestimmte X_1 dar.

Die Einflußlinie für X_1 ist damit die Biegelinie infolge $X_1 = 1$, multipliziert mit $\frac{-1}{\delta_{11}}$, wobei δ_{11} die Formänderung bei Punkt 1 infolge $X_1 = 1$ ist.

Man erkennt die wichtige Tatsache, daß Einflußlinien als Biegelinien dargestellt werden können.

Wie man bei der Berechnung von Zustandsflächen (Momenten-, Querkraft-, Normalkraftlinien) unter Berücksichtigung des Superpositionsprinzips die Schnittgrößen berechnet [s. Gl. (54.4)], so werden auch die Ordinaten der Einflußlinien bei einem einfach statisch unbestimmten System für die Stelle n ermittelt. So wird

1. für ein Moment $\eta_n = \eta_{n0} + \eta_1 \cdot M_{n1}$
2. für eine Querkraft $\eta_n = \eta_{n0} + \eta_1 \cdot Q_{n1}$
3. für eine Normalkraft $\eta_n = \eta_{n0} + \eta_1 \cdot N_{n1}$ **(162.2)**
4. für eine Stabkraft $\eta_n = \eta_{n0} + \eta_1 \cdot S_{n1}$
5. für einen Auflagerdruck $\eta_n = \eta_0 + \eta_1 \cdot A_1$

Die Glieder η_n mit dem Index 0 bedeuten die Ordinaten der Einflußlinien am statisch bestimmten Grundsystem für die Stelle n; die Glieder η_1 stellen die Ordinaten der Einflußlinie für die statisch Unbestimmte X_1 dar.

M_{n1}, Q_{n1}, N_{n1} usw. sind feste Werte und stellen das Moment, die Querkraft, die Längskraft usw. an der Stelle n infolge $X_1 = 1$ dar.

Für ein mehrfach statisch unbestimmtes System erweitern sich die Gleichungen um die Anteile der zusätzlichen statisch Unbestimmten. Es ergibt sich dann beispielsweise für die Einflußlinie des Momentes an der Stelle n bei einem 3fach statisch unbestimmten System

$$\eta_n = \eta_{n0} + \eta_1 \cdot M_{n1} + \eta_2 \cdot M_{n2} + \eta_3 \cdot M_{n3} \tag{162.3}$$

η_{n0} sind die Ordinaten der Einflußlinie am statisch bestimmten Grundsystem; η_1, η_2 und η_3 die Ordinaten der Einflußlinien für die statisch Unbestimmten X_1, X_2 und X_3; M_{n1}, M_{n2} und M_{n3} sind die Momentenwerte bei n infolge $X_1 = 1$, $X_2 = 1$ und $X_3 = 1$.

7.52 Anwendungen

7.521 Durchlaufträger auf 3 Stützen

Für den Durchlaufträger nach Bild **163.**1 sind die Einflußlinien für A, M_n und Q_n zu berechnen. Wir teilen jedes Feld in 5 gleiche Abschnitte und bezeichnen die Zwischenpunkte mit 0 bis 10 (**163.**1b).

Wir wählen das Grundsystem (**163.**1c) durch Einschalten eines Gelenkes über der Mittelstütze und bringen das Momentenpaar $X_1 = 1$ an. Dadurch ergibt sich die Momentenfläche M_1 mit der größten Ordinate 1 (**163.**1d).

Einflußlinie für X_1

Gemäß Gl. (162.1) gehört zu deren Berechnung die Biegelinie δ_{m1} infolge $X_1 = 1$ und der Wert δ_{11}, der hier die gegenseitige Verdrehung des Punktes 1 infolge $X_1 = 1$ bedeutet.

Der EJ-fache Wert von δ_{11} ergibt sich mit Hilfe des Satzes von der virtuellen Arbeit zu

$$EJ \cdot \delta_{11} = \int M_1^2 \cdot dx \quad \text{m}$$

Mit der $M\overline{M}$-Tafel **18**.1, Zeile **2**, Spalte b, wird

$$EJ \cdot \delta_{11} = \frac{1}{3} \cdot 1{,}0^2 \cdot 8{,}0 + \frac{1}{3} \cdot 1{,}0^2 \cdot 10{,}0 = 6{,}0 \text{ m}$$

Die Biegelinie δ_{m1} wollen wir mit Hilfe von ω-Zahlen (s. Abschn. 2.3 Taf. **33**.1) berechnen. Wir fassen dabei das Moment M_1 als Belastung auf. In der Gleichung

$$EJ \cdot \delta_{m1} = \omega_D \cdot \alpha \quad \text{ist} \quad \alpha = \frac{M \cdot l^2}{6} = \frac{1 \cdot l^2}{6} \quad \text{m}^2$$

Danach ist einzusetzen für die Punkte 1, 2, 3 und 4 mit $l_1 = 8{,}0$ m

$$\alpha_1 = \frac{l^2}{6} = \frac{8{,}0^2}{6} = 10{,}7 \text{ m}^2$$

und für die Punkte 6, 7, 8 und 9 mit $l_2 = 10{,}0$ m

$$\alpha_2 = \frac{10{,}0^2}{6} = 16{,}7 \text{ m}^2$$

Mit den Werten für ω_D aus Tafel **33**.1 werden die EJ-fachen Ordinaten δ_{m1} der Biegelinie für $X_1 = 1$ berechnet. Sie sind in Spalte 3 der Tafel **164**.1 angegeben. Aus ihnen lassen sich sofort die Ordinaten η_1 der Einflußlinie für X_1 bestimmen, wenn man die Ordinaten δ_{m1} der Spalte 3 durch $(EJ \cdot \delta_{11})$ dividiert. Sie sind in Spalte 4 eingetragen.

Da in unserem Beispiel die statisch Unbestimmte X_1 das Biegemoment über der Mittelstütze bedeutet, haben wir mit der Einflußlinie X_1 zugleich die Einflußlinie M_5 gefunden (**163**.1e).

Einflußlinie für A

Gemäß Gleichung (161.3) wird

$$A = A_0 + X_1 \cdot A_1 \quad \text{bzw.} \quad \eta = \eta_0 + \eta_1 \cdot A_1$$

Die Einflußlinie für die Auflagerkraft A setzt sich zusammen aus der Einflußlinie für A_0 am statisch bestimmten Grundsystem (**163**.1f) und der mit A_1 multiplizierten Einflußlinie für X_1.

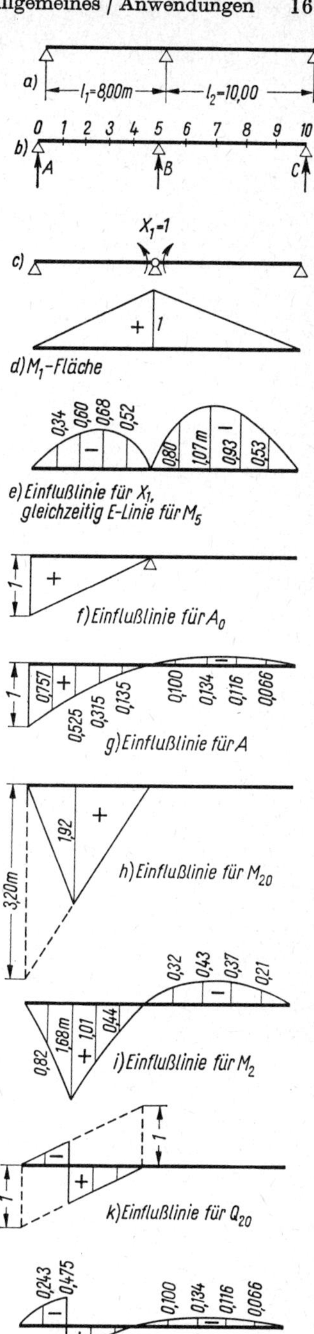

163.1 E-Linien des Trägers auf 3 Stützen

Die Einflußlinie für A_0 ist eine Gerade, die sich wegen des Gelenkes in B nur über das linke Feld erstreckt und ihren Größtwert 1 über der Stütze A hat. (S. Teil 3 Abschn. Einflußlinien für die Auflagerkräfte.)

Die Ordinaten der Einflußlinie für X_1 sind mit A_1 zu multiplizieren. A_1 ist der Auflagerdruck A infolge $X_1 = 1$.

Er beträgt

$$A_1 = \frac{1}{l_1} = \frac{1}{8,0} = 0,125\,\frac{1}{\text{m}}$$

Damit lassen sich die Werte $A_1 \cdot X_1$ berechnen. In Spalte 6 der Tafel **164.1** sind sie eingeschrieben. In Spalte 7 sind die Ordinaten für $A = A_0 + A_1 \cdot X_1$ eingetragen (**163.1**g).

Einflußlinie für $M_n = M_2$

Nach Gl. (162.2) ist

$$\eta_2 = \eta_{20} + \eta_1 \cdot M_{21}$$

η_{20} ist die Ordinate der Einflußlinie für das Moment im Punkt 2 am statisch bestimmten Grundsystem. $\eta_1 \cdot M_{21}$ ist die mit M_{21} multiplizierte Ordinate η_1 der Einflußlinie X_1, wobei M_{21} den Wert des Momentes infolge $X_1 = 1$ an der Stelle 2 bedeutet (**163.1**d). Es ist $M_{21} = 0,4$. Die Ordinaten η_0 der Einflußlinie M_{20} stehen in Spalte 8 der Tafel **164.1**, den Verlauf zeigt Bild **163.1**h. Sie erstreckt sich wieder nur über das linke Feld.

In Spalte 9 sind die Ordinaten η_1 der Einflußlinie X_1 mit M_{21} multipliziert. Die Ordinaten η_2 stehen in Spalte 10. Die Einflußlinie M_2 ist in Bild **163.1**i dargestellt.

Einflußlinie für $Q_n = Q_2$

Es ist

$$\eta_2 = \eta_{20} + \eta_1 \cdot Q_{21} \qquad (164.1)$$

η_{20} ist die Ordinate der Einflußlinie für die Querkraft am statisch bestimmten

Tafel **164.1**: Statische Werte für Einflußlinien eines Durchlaufträgers auf 3 Stützen nach Bild **163.1**

0	1	2	3	4	5	6	7	8	9	10	11	12	13
	Punkt	ω_D	$EJ \cdot \delta_{m1}$	$X_1 = \eta_1 = -\frac{EJ \cdot \delta_{m1}}{EJ \cdot \delta_{11}}$ m	A_0 η_0	$A_1 \cdot X_1 = A_1 \cdot \eta_1$	A η	M_{20} η_{20}	$M_{21} \cdot X_1 = M_{21} \cdot \eta_1$	M_2 η_2 in m	Q_{20} η_{20}	$Q_{21} \cdot X_1 = Q_{21} \cdot \eta_1$	Q_2 η_2
Feld 1	0	0	0	0	1	0	1	0	0	0	0	0	0
	1	0,192	2,05	− 0,34	0,8	− 0,043	0,757	0,96	− 0,14	0,82	− 0,2	− 0,043	− 0,243
	2	0,336	3,58	− 0,6	0,6	− 0,075	0,525	1,92	− 0,24	1,68	− 0,4	− 0,075	− 0,475
											0,6		0,525
	3	0,384	4,1	− 0,68	0,4	− 0,085	0,315	1,28	− 0,27	1,01	0,4	− 0,085	0,315
	4	0,288	3,07	− 0,52	0,2	− 0,064	0,136	0,64	− 0,20	0,44	0,2	− 0,064	0,136
	5	0	0	0	0	0	0	0	0	0	0	0	0
Feld 2	6	0,288	4,8	− 0,8	0	− 0,1	− 0,1	0	− 0,32	− 0,32	0	− 0,1	− 0,1
	7	0,384	6,4	− 1,07	0	− 0,134	− 0,134	0	− 0,43	− 0,43	0	− 0,134	− 0,134
	8	0,336	5,6	− 0,93	0	− 0,116	− 0,116	0	− 0,37	− 0,37	0	− 0,116	− 0,116
	9	0,192	3,2	− 0,53	0	− 0,066	− 0,066	0	− 0,21	− 0,21	0	− 0,066	− 0,066
	10	0	0	0	0	0	0	0	0	0	0	0	0

Grundsystem, während $\eta_1 \cdot Q_{21}$ die mit Q_{21} multiplizierte Ordinate η_1 der Einflußlinie X_1 ist. Q_{21} ist der Wert der Querkraft an der Stelle 2 infolge $X_1 = 1$.

Er beträgt

$$Q_{21} = \frac{1}{l_1} = \frac{1}{8,0} = 0,125 \frac{1}{\mathrm{m}}$$

Die Berechnung der Einflußlinie erfolgt entsprechend in den Spalten 11, 12 (= Spalte 6, weil $Q_{21} = A_1$) und 13 der Tafel **164.**1.

Das Bild **163.**1k zeigt die Einflußlinie für Q_{20}, Bild **163.**1l die Einflußlinie für die Querkraft Q an der Stelle 2 des Balkens auf 3 Stützen.

7.522 Durchlaufträger auf 5 Stützen

Für den Träger nach Bild **165.**1a sind die Einflußlinien für B, M_n und Q_{Br} gesucht. Q_{Br} ist die Querkraft rechts vom Auflager B. Wir teilen jedes Feld in 5 gleiche Teile und bezeichnen die Zwischenpunkte mit 0 bis 20 (**165.**1b).

Für das Grundsystem werden Gelenke über den Innenstützen vorgesehen (**165.**1c). Da sich hier 3 Gelenke ergeben, ist das System 3fach statisch unbestimmt. In den Gelenkpunkten lassen wir die 3 statisch Unbestimmten $X_1 = X_2 = X_3 = 1$ wirken.

Aus ihnen entstehen die Momentenflächen M_1, M_2 und M_3 (**165.**1d, e und f).

Nun werden die drei Einflußlinien für X_1, X_2 und X_3 ermittelt.

Da die drei statisch Unbestimmten voneinander abhängig sind, müssen wir ein Gleichungssystem mit drei Unbekannten lösen. Die Belastungswerte δ_{10}, δ_{20} und δ_{30} werden dabei ersetzt durch die Ordinaten der Biegelinie δ_{m1}, δ_{m2} und δ_{m3}.

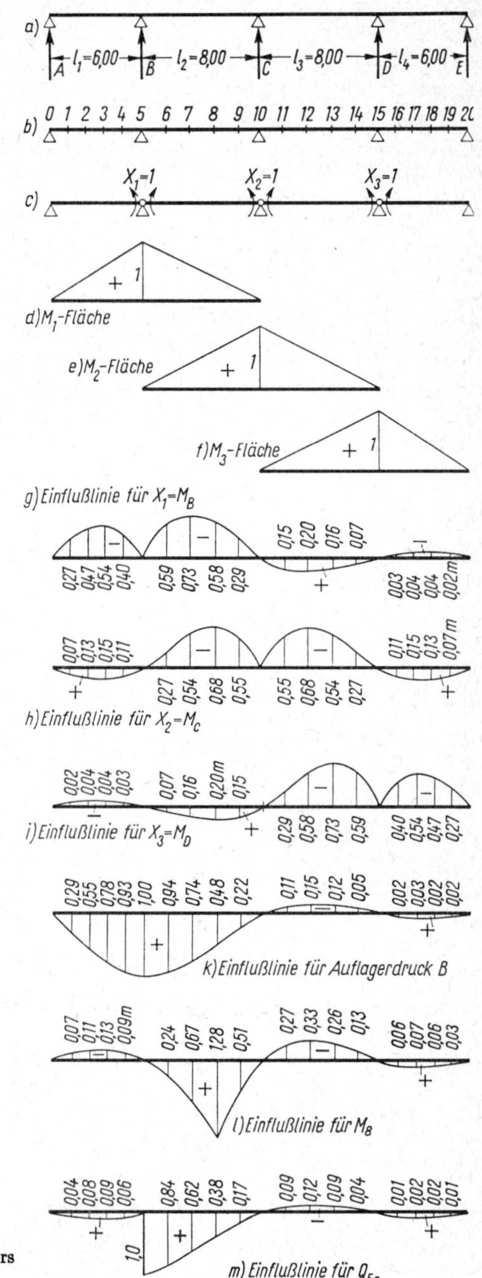

165.1 Einflußlinien des Durchlaufträgers auf 5 Stützen

Nach Gl. (99.1) ist $X_1 \cdot \delta_{11} + X_2 \cdot \delta_{12} + X_3 \cdot \delta_{13} = - \delta_{10} = - \delta_{m1}$

$X_1 \cdot \delta_{21} + X_2 \cdot \delta_{22} + X_3 \cdot \delta_{23} = - \delta_{20} = - \delta_{m2}$

$X_1 \cdot \delta_{31} + X_2 \cdot \delta_{32} + X_3 \cdot \delta_{33} = - \delta_{30} = - \delta_{m3}$

Es ist $\delta_{11} = \int \frac{M_1^2 \cdot ds}{EJ} \qquad EJ_c \cdot \delta_{11} = \int M_1^2 \cdot ds \cdot \frac{J_c}{J}$

Mit der $M\overline{M}$-Tafel **18.1** (2/b) ergibt sich bei konstantem Trägheitsmoment über alle Felder

$$EJ_c \cdot \delta_{11} = \frac{1}{3} \cdot 1{,}0^2\,(6 + 8) = 4{,}67\,\text{m}$$

$$EJ_c \cdot \delta_{22} = \frac{1}{3} \cdot 1{,}0^2\,(8 + 8) = 5{,}33\,\text{m}$$

$$EJ_c \cdot \delta_{33} = \frac{1}{3} \cdot 1{,}0\,(8 + 6) = 4{,}67\,\text{m} = EJ_c \cdot \delta_{11}$$

$$EJ_c \cdot \delta_{12} = EJ_c \cdot \delta_{21} = \frac{1}{6} \cdot 1{,}0 \cdot 1{,}0 \cdot 8{,}0 = 1{,}33\,\text{m}$$

$$EJ_c \cdot \delta_{13} = EJ_c \cdot \delta_{31} = \frac{1}{6} \cdot 1{,}0 \cdot 0 \cdot 8{,}0 = 0\,\text{m}$$

$$EJ_c \cdot \delta_{23} = EJ_c \cdot \delta_{32} = \frac{1}{6} \cdot 1{,}0 \cdot 1{,}0 \cdot 8{,}0 = 1{,}33\,\text{m} = EJ_c \cdot \delta_{12}$$

Damit erhält man

$$4{,}67\,X_1 + 1{,}33\,X_2 = - EJ_c \cdot \delta_{m1} = - \delta'_{m1}$$

$$1{,}33\,X_1 + 5{,}33\,X_2 + 1{,}33\,X_3 = - EJ_c \cdot \delta_{m2} = - \delta'_{m2}$$

$$1{,}33\,X_2 + 4{,}67\,X_3 = - EJ_c \cdot \delta_{m3} = - \delta'_{m3}$$

Bei der Lösung des Gleichungssystems mit Determinanten (s. Abschn. 7.312) erhält man die Nennerdeterminante zu

$$D = \begin{vmatrix} 4{,}67 & 1{,}33 & 0 \\ 1{,}33 & 5{,}33 & 1{,}33 \\ 0 & 1{,}33 & 4{,}67 \end{vmatrix}$$

$$D = 4{,}67^2 \cdot 5{,}33 + 1{,}33^2 \cdot 0 + 0 \cdot 1{,}33^2 - 0{,}533 \cdot 0 - 1{,}33^2 \cdot 4{,}67 - 4{,}67 \cdot 1{,}33^2$$

$$= 4{,}67^2 \cdot 5{,}33 - 2 \cdot 1{,}33^2 \cdot 4{,}67 = 99$$

Die Zählerdeterminanten ergeben sich zu

$$D_1 = \begin{vmatrix} \delta'_{m1} & 1{,}33 & 0 \\ \delta'_{m2} & 5{,}33 & 1{,}33 \\ \delta'_{m3} & 1{,}33 & 4{,}67 \end{vmatrix}$$

$$D_1 = \delta'_{m1}\,5{,}33 \cdot 4{,}67 + 1{,}33^2\,\delta'_{m3} - 1{,}33^2\,\delta'_{m1} - 4{,}67\,\delta'_{m2} \cdot 1{,}33$$

$$= \delta'_{m1}\,(5{,}33 \cdot 4{,}67 - 1{,}33^2) - \delta'_{m2} \cdot 4{,}67 \cdot 1{,}33 + \delta'_{m3} \cdot 1{,}33^2$$

$$= 23{,}1\,\delta'_{m1} - 6{,}2\,\delta'_{m2} + 1{,}77\,\delta'_{m3}$$

$$D_2 = \begin{vmatrix} 4{,}67 & \delta'_{m1} & 0 \\ 1{,}33 & \delta'_{m2} & 1{,}33 \\ 0 & \delta'_{m3} & 4{,}67 \end{vmatrix}$$

$$D_2 = 4{,}67^2\,\delta'_{m2} - 1{,}33 \cdot 4{,}67\,\delta'_{m3} - 4{,}67 \cdot 1{,}33\,\delta'_{m1}$$
$$= -\,6{,}2\,\delta'_{m1} + 21{,}9\,\delta'_{m2} - 6{,}2\,\delta'_{m3}$$

$$D_3 = \begin{vmatrix} 4{,}67 & 1{,}33 & \delta'_{m1} \\ 1{,}33 & 5{,}33 & \delta'_{m2} \\ 0 & 1{,}33 & \delta'_{m3} \end{vmatrix}$$

$$D_3 = 4{,}67 \cdot 5{,}33\,\delta'_{m3} + 1{,}33^2\,\delta'_{m1} - 1{,}33 \cdot 4{,}67\,\delta'_{m2} - 1{,}33^2\,\delta'_{m3}$$
$$= 1{,}77\,\delta'_{m1} - 6{,}2\,\delta'_{m2} + 23{,}1\,\delta'_{m3}$$

Die Gleichungen der Einflußlinien für die drei statisch Unbestimmten lauten nun[1])

$$-\,X_1 = D_1/D \qquad -\,X_2 = D_2/D \qquad -\,X_3 = D_3/D$$

Man erkennt, daß D_1 und D_3 symmetrisch zur Mittellinie sind, daher wird X_1 gleich X_3. Deshalb werden nur die Ordinaten der Einflußlinien für die statisch Unbestimmten X_1 und X_2 berechnet.

$$-\,X_1 = \frac{23{,}1\,\delta'_{m1} - 6{,}2\,\delta'_{m2} + 1{,}77\,\delta'_{m3}}{99} = \delta'_{m1} \cdot \frac{23{,}1}{99} - \delta'_{m2} \cdot \frac{6{,}2}{99} + \delta'_{m3} \cdot \frac{1{,}77}{99}$$

$$= \delta'_{m1} \cdot 0{,}233 - \delta'_{m2} \cdot 0{,}063 + \delta'_{m3} \cdot 0{,}018 \qquad \text{(I)}$$

$$-\,X_2 = \frac{-\,6{,}2\,\delta'_{m1} + 21{,}9\,\delta'_{m2} - 6{,}2\,\delta'_{m3}}{99} = -\,\delta'_{m1} \cdot \frac{6{,}2}{99} + \delta'_{m2} \cdot \frac{21{,}9}{99} - \delta'_{m3} \cdot \frac{6{,}2}{99}$$

$$= -\,\delta'_{m1} \cdot 0{,}063 + \delta'_{m2} \cdot 0{,}221 - \delta'_{m3} \cdot 0{,}063 \qquad \text{(II)}$$

Damit sind die Gleichungen für die Einflußlinien der statisch Unbestimmten ermittelt. Nun müssen nur noch die Ordinaten der Biegelinie δ_{m1}, δ_{m2} und δ_{m3} infolge $X_1 = 1$, $X_2 = 1$ bzw. $X_3 = 1$ berechnet werden. Dies soll unter Anwendung des Satzes von Mohr mit Hilfe der ω-Zahlen geschehen. Auch hierbei kann man berücksichtigen, daß die Biegelinien infolge $X_1 = 1$ und $X_3 = 1$ spiegelbildlich zur Mittellinie sind.

Die weitere Rechnung erfolgt in der Tafel **168.1**, in deren Spalten 2 und 3 die ω-Werte eingetragen sind.

Nach Abschn. 2,3 ergeben sich die Werte α_D zu

$$\alpha_{D1} = \frac{6{,}0^2}{6} = 6{,}0\ \text{m}^2 \ \text{für Feld 1 und 4} \qquad \alpha_{D2} = \frac{8{,}0^2}{6} = 10{,}7\ \text{m}^2 \ \text{für Feld 2 und 3}$$

In den Spalten 4, 5 und 6 sind die Ordinaten der Biegelinie $EJ \cdot \delta_{m1}$, $EJ \cdot \delta_{m2}$ und $EJ \cdot \delta_{m3}$ gemäß

$$EJ \cdot \delta_m = \omega_D \cdot \alpha_D \quad \text{(Taf. } \mathbf{33.1}\text{)}$$

aufgeführt. Weiterhin sind in die Spalten 7, 8, 9, 11, 12, 13 die mit den angegebenen Faktoren multiplizierten Biegelinien eingetragen, und in den Spalten 10, 14 und 15 stehen die mit den obigen Gl. (I) und (II) ermittelten Einflußlinienordinaten für X_1, X_2 und X_3.

---

[1]) Die Vorzeichen kehren sich gegenüber dem Abschnitt 7.312 um, da die Belastungsglieder δ'_{mi} in die Zählerdeterminante mit umgekehrtem (positivem) Vorzeichen eingeführt wurden.

Tafel **168.1**: Statische Werte für die Einflußlinien der statisch Unbestimmten X_1, X_2 und X_3

0	1	2	3	4	5	6	7	8
	Punkt	ω_D inf. M_1	ω_D inf. M_2	$EJ \cdot \delta_{m1}$	$EJ \cdot \delta_{m2}$	$EJ \cdot \delta_{m3}$	$-0{,}233\,\delta'_{m1}$	$+0{,}063\,\delta'_{m2}$
Feld 1	0	0	—	0	0	0	0	0
	1	0,192	—	1,15	0	0	— 0,27	0
	2	0,336	—	2,02	0	0	— 0,47	0
	3	0,384	—	2,30	0	0	— 0,54	0
	4	0,288	—	1,73	0	0	— 0,40	0
Feld 2	5	0	0	0	0	0	0	0
	6	0,288	0,192	3,08	2,06	0	— 0,72	0,13
	7	0,384	0,336	4,11	3,60	0	— 0,96	0,23
	8	0,336	0,384	3,60	4,11	0	— 0,84	0,26
	9	0,192	0,288	2,06	3,08	0	— 0,48	0,19
Feld 3	10	0	0	0	0	0	0	0
	11	0,192	0,288	0	3,08	2,06	0	0,19
	12	0,336	0,384	0	4,11	3,60	0	0,26
	13	0,384	0,336	0	3,60	4,11	0	0,23
	14	0,288	0,192	0	2,06	3,08	0	0,13
Feld 4	15	0	—	0	0	0	0	0
	16	0,288 *)	—	0	0	1,73	0	0
	17	0,384	—	0	0	2,30	0	0
	18	0,336	—	0	0	2,02	0	0
	19	0,192	—	0	0	1,15	0	0
	20	0	—	0	0	0	0	0

*) ω_D infolge M_3 (sind infolge Symmetrie gleich den Werten ω_D infolge M_1)

Für die Einflußlinien von B, $M_n = M_8$ und $Q_m = Q_{5r}$ gelten nun folgende Gleichungen [s. Gl. (162.3)]:

für den Auflagerdruck B $\quad \eta_B = \eta_{B0} + \eta_1 \cdot B_1 + \eta_2 \cdot B_2 + \eta_3 \cdot B_3$

für das Moment im Punkt 8 $\quad \eta_8 = \eta_{80} + \eta_1 \cdot M_{81} + \eta_2 \cdot M_{82} + \eta_3 \cdot M_{83}$

für die Querkraft im Punkt 5 $\quad \eta_5 = \eta_{50} + \eta_1 \cdot Q_{51} + \eta_2 \cdot Q_{52} + \eta_3 \cdot Q_{53}$

Hierin bedeuten η_{B0}, η_{80} und η_{50} die Ordinaten der Einflußlinien am statisch bestimmten Grundsystem. Die Faktoren B_1, B_2, B_3, M_{81}, M_{82}, M_{83} und Q_{51}, Q_{52}, Q_{53} sind Festwerte, während die Ordinaten η_1, η_2 und η_3 der Tafel **168.1** entnommen werden.

Im einzelnen ist der Wert der Auflagerkraft B infolge $X_1 = 1$

$$B_1 = -\frac{1}{l_1} - \frac{1}{l_2} = -\frac{1}{6{,}0} - \frac{1}{8{,}0} = -0{,}292\ \mathrm{m}^{-1}$$

und die Auflagerkraft B infolge $X_2 = 1$

$$B_2 = \frac{1}{l_2} = \frac{1}{8{,}0} = 0{,}125\ \mathrm{m}^{-1}$$

Infolge $X_3 = 1$ ist $B_3 = 0$.

eines Balkens auf 5 Stützen

9	10	11	12	13	14	15
$-0{,}018\,\delta'_{m3}$	$X_1 = \eta_1$ in m	$+0{,}063\,\delta'_{m1}$	$-0{,}221\,\delta'_{m2}$	$+0{,}063\,\delta'_{m3}$	$X_2 = \eta_2$ in m	$X_3 = \eta_3$ in m
0	0	0	0	0	0	0
0	− 0,27	0,07	0	0	0,07	− 0,02
0	− 0,47	0,13	0	0	0,13	− 0,04
0	− 0,54	0,15	0	0	0,15	− 0,04
0	− 0,40	0,11	0	0	0,11	− 0,03
0	0	0	0	0	0	0
0	− 0,59	0,19	− 0,46	0	− 0,27	0,07
0	− 0,73	0,26	− 0,80	0	− 0,54	0,16
0	− 0,58	0,23	− 0,91	0	− 0,68	0,2
0	− 0,29	0,13	− 0,68	0	− 0,55	0,15
0	0	0	0	0	0	0
− 0,04	0,15	0	− 0,68	0,13	− 0,55	− 0,29
− 0,06	0,20	0	− 0,91	0,23	− 0,68	− 0,58
− 0,07	0,16	0	− 0,80	0,26	− 0,54	− 0,73
− 0,06	0,07	0	− 0,46	0,19	− 0,27	− 0,59
0	0	0	0	0	0	0
− 0,03	− 0,03	0	0	0,11	0,11	− 0,4
− 0,04	− 0,04	0	0	0,15	0,15	− 0,54
− 0,04	− 0,04	0	0	0,13	0,13	− 0,47
− 0,02	− 0,02	0	0	0,07	0,07	− 0,27
0	0	0	0	0	0	0

Das Moment im Punkt 8 ist

infolge $X_1 = 1 \quad M_{81} = \frac{1}{8{,}0} \cdot 3{,}2 = 0{,}4; \quad X_2 = 1 \quad M_{82} = \frac{1}{8{,}0} \cdot 4{,}8 = 0{,}6; \quad X_3 = 1 \quad M_{83} = 0$

Der Wert der Querkraft rechts vom Punkt 5

infolge $X_1 = 1$ $\qquad Q_{51} = -\frac{1}{l_2} = -\frac{1}{8{,}0} = -0{,}125\ \text{m}^{-1}$

infolge $X_2 = 1$ $\qquad Q_{52} = \frac{1}{l_2} = \frac{1}{8{,}0} = 0{,}125\ \text{m}^{-1}$

und schließlich infolge $X_3 = 1$ $\qquad Q_{53} = 0$

In Tafel **170.1** sind dann die Ordinaten der gesuchten Einflußlinien berechnet.

7.523 Der Zweigelenkbogen (171.1)

Für den in Bild **153.1** dargestellten Zweigelenkbogen mit der Stützweite $l = 30{,}0$ m und dem Pfeil $f = 3{,}30$ m sollen die Einflußlinien für das Moment, die Querkraft und die Normalkraft im Viertelspunkt berechnet werden.

Die Bogenachse ist eine Parabel nach der Gleichung $y = \frac{4f}{l^2}(l - x)\,x$

$$J_c = 30\,000\ \text{cm}^4 \qquad F_c = 100\ \text{cm}^2 \qquad J_c/F_c = 0{,}03\ \text{m}^2$$

Tafel 170.1: Statische Werte für die Einflußlinien von Auflagerdruck, Moment und Querkraft eines Balkens auf 5 Stützen

0	1	2	3	4	5	6	7	8	9	10	11	12	13
	Punkt	B_0 η_0	$B_1 \cdot X_1$ $= B_1 \cdot \eta_1$	$B_2 \cdot X_2$ $= B_2 \cdot \eta_2$	B η	M_{80} η_{80}	$M_{81} \cdot X_1$ $= M_{81} \cdot \eta_1$	$M_{82} \cdot X_2$ $= M_{82} \cdot \eta_2$	M_8 η_8 in m	Q_{50} η_{50}	$Q_{51} \cdot X_1$ $= Q_{51} \cdot \eta_1$	$Q_{52} \cdot X_2$ $= Q_{52} \cdot \eta_2$	Q_5 η_5
Feld 1	0	0	0	0	0	0	0	0	0	0	0	0	0
	1	0,2	0,08	0,01	0,29	0	— 0,11	0,04	— 0,07	0	0,03	0,01	0,04
	2	0,4	0,14	0,01	0,55	0	— 0,19	0,08	— 0,11	0	0,06	0,02	0,08
	3	0,6	0,16	0,02	0,78	0	— 0,22	0,09	— 0,13	0	0,07	0,02	0,09
	4	0,8	0,12	0,01	0,93	0	— 0,16	0,07	— 0,09	0	0,05	0,01	0,06
	5	1	0	0	1	0	0	0	0	0 1	0	0	0 1
Feld 2	6	0,8	0,17	— 0,03	0,94	0,64	— 0,24	— 0,16	0,24	0,8	0,07	— 0,03	0,84
	7	0,6	0,21	— 0,07	0,74	1,28	— 0,29	— 0,32	0,67	0,6	0,09	— 0,07	0,62
	8	0,4	0,17	— 0,09	0,48	1,92	— 0,23	— 0,41	1,28	0,4	0,07	— 0,09	0,38
	9	0,2	0,09	— 0,07	0,22	0,96	— 0,12	— 0,33	0,51	0,2	0,04	— 0,07	0,17
	10	0	0	0	0	0	0	0	0	0	0	0	0
Feld 3	11	0	— 0,04	— 0,07	— 0,11	0	0,06	— 0,33	— 0,27	0	— 0,02	— 0,07	— 0,09
	12	0	— 0,06	— 0,09	— 0,15	0	0,08	— 0,41	— 0,33	0	— 0,03	— 0,09	— 0,12
	13	0	— 0,05	— 0,07	— 0,12	0	0,06	— 0,32	— 0,26	0	— 0,02	— 0,07	— 0,09
	14	0	— 0,02	— 0,03	— 0,05	0	0,03	— 0,16	— 0,13	0	— 0,01	— 0,03	— 0,04
	15	0	0	0	0	0	0	0	0	0	0	0	0
Feld 4	16	0	0,01	0,01	0,02	0	— 0,01	0,07	0,06	0	0,00	+ 0,01	0,01
	17	0	0,01	0,02	0,03	0	— 0,02	0,09	0,07	0	0,00	+ 0,02	0,02
	18	0	0,01	0,01	0,02	0	— 0,02	0,08	0,06	0	0,00	+ 0,02	0,02
	19	0	0,01	0,01	0,02	0	— 0,01	0,04	0,03	0	0,00	+ 0,01	0,01
	20	0	0	0	0	0	0	0	0	0	0	0	0

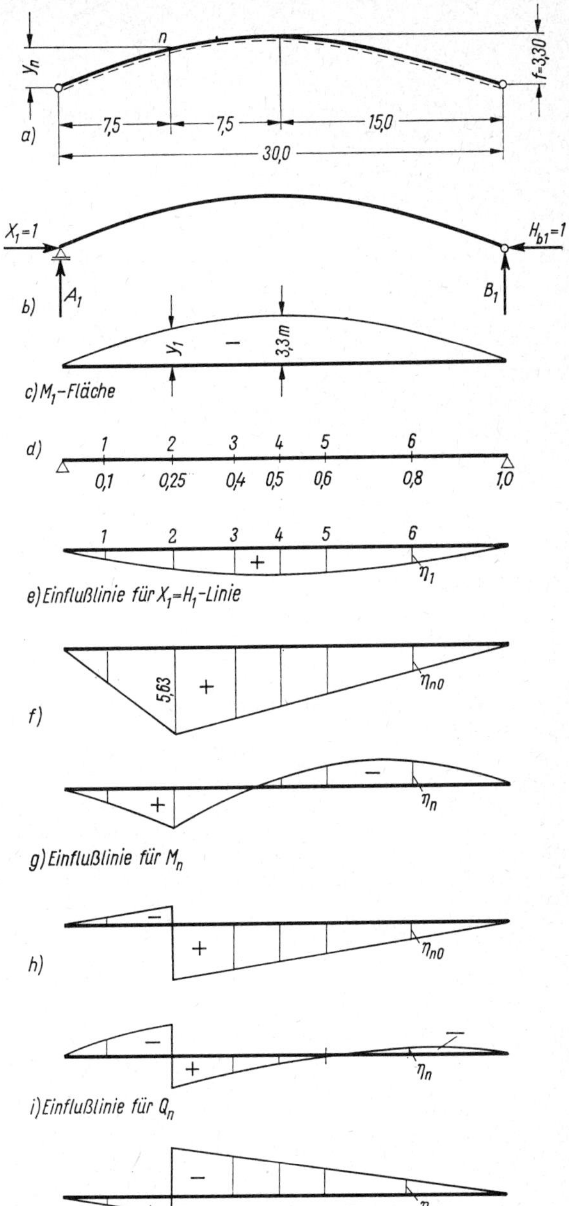

Nach Gl. (162.2) ist allgemein

für das Moment

$$\eta_n = \eta_{n0} + \eta_1 \cdot M_{n1}$$

für die Querkraft

$$\eta_n = \eta_{n0} + \eta_1 \cdot Q_{n1}$$

für die Normalkraft

$$\eta_n = \eta_{n0} + \eta_1 \cdot N_{n1}$$

In diesen Gleichungen sind bekanntlich die Ordinaten mit dem Index 0 die Ordinaten der Einflußlinien am statisch bestimmten Grundsystem für die Stelle n, η_1 die der Einflußlinie für X_1. Dagegen sind M_{n1}, Q_{n1} und N_{n1} feste Werte und stellen das Moment, die Querkraft und die Normalkraft an der Stelle n infolge $X_1 = 1$ dar.

Einflußlinie für X_1

Nach Gl. (162.1) ist

$$X_1 = -\frac{\delta_{m1}}{\delta_{11}}$$

$$= -\frac{EJ_c \cdot \delta_{m1}}{EJ_c \cdot \delta_{11}} = \eta_1$$

In dieser Gleichung sind δ_{m1} bekanntlich die Ordinaten der Biegelinie infolge $X_1 = 1$.

Als Grundsystem wählen wir wieder den gekrümmten Balken auf zwei Stützen. Statisch Unbestimmte X_1 ist der Horizontalschub am Auflager (**171.1** b).

Die Ordinate im Viertelspunkt ist

$$y_n = \frac{4 \cdot 3{,}3}{30^2}\,(30 - 7{,}5)\;7{,}5$$

$$= 2{,}48 \text{ m}$$

171.1 Einflußlinien des Zweigelenkbogens

Dann ermitteln wir die Einflußlinie η_1, die wir für alle drei gesuchten Einflußlinien benötigen.

Die Ordinaten δ_{m1} bestimmen wir unter Anwendung des Satzes von Mohr, nach welchem die Momentenfläche M_1 als Belastung des geraden Balkens aufgefaßt wird. Mit dieser Belastung ermitteln wir die Momentenfläche mit Hilfe der ω-Zahlen. Diese „zweite" Momentenfläche ist der gesuchten Biegelinie proportional (s. Abschn. 2.3). Voraussetzung für die Anwendbarkeit der ω-Zahlen bei Bogentragwerken ist nach Abschn. 7.451

$$J_c = J \cdot \cos\varphi$$

Darin bedeutet J_c irgendein beliebiges Vergleichsträgheitsmoment, z. B. $J_c = 30000\ \text{cm}^4$.

Wir wollen die gesuchten Einflußlinien für die Punkte $\xi = x/l = 0{,}1;\ 0{,}25;\ 0{,}4;\ 0{,}5;\ 0{,}6$ und 0,8 berechnen.

Die ω-Zahlen und die α-Werte entnehmen wir der Tafel **33**.1.

Die ω-Werte für die Zwischenpunkte ergeben sich durch Interpolieren.

Nach Abschn. 2.3 wird

$$\alpha_B = M \cdot \frac{l^2}{3} = 3{,}3 \cdot \frac{30^2}{3} = 990\ \text{m}^3 \qquad EJ_c \cdot \delta_{m1} = \alpha_B \cdot \omega_B$$

Die EJ_c-fache Biegelinie ist in der Tafel **173**.2, Spalte 4, ausgerechnet. In Spalte 5 sind die Ordinaten der Einflußlinie für X_1 aufgeführt, die durch Division der Spalte 4 durch

$$-EJ_c \cdot \delta_{11} = -175\ \text{m}^3$$

(vgl. S. 154 oben: $EJ_c \cdot \delta_{11} = 175$) berechnet worden sind.

Die Einflußlinie für X_1 ist im Bild **171**.1e dargestellt.

Da X_1 den Horizontalschub H bedeutet, ist die Einflußlinie für X_1 auch die Einflußlinie für H.

Einflußlinie für das Biegemoment

Nun berechnen wir nach Gl. (162.2) die Einflußlinie für das Moment des Viertelspunktes. Die Ordinaten η_{n0} der Einflußlinie am statisch bestimmten Grundsystem sind denjenigen des Balkens auf zwei Stützen gleich.

Sie stehen in der Spalte 6 der Tafel **173**.2. Die Einflußlinie ist im Bild **171**.1f dargestellt. Ihre größte Ordinate beträgt

$$\max \eta_{n0} = \frac{7{,}5 \cdot 22{,}5}{30} = 5{,}63\ \text{m}$$

In Spalte 7 sind die mit M_{n1} multiplizierten Ordinaten der Einflußlinie für X_1 ausgerechnet. M_{n1} ist dabei der Wert des Momentes M_1 im Viertelspunkt. Er beträgt

$$M_{n1} = -1 \cdot y_n = -2{,}48\ \text{m}$$

Schließlich ist in Spalte 8 die Summe aus den Spalten 6 und 7 aufgeführt. Es sind die Ordinaten der Einflußlinie η_n für das Biegemoment. Bild **171**.1g zeigt die Einflußlinie für das Moment.

Einflußlinie für die Querkraft

Sie hat die Form

$$\eta_n = \eta_{n0} + \eta_1 \cdot Q_{n1}$$

Zur Berechnung der Ordinaten der Einflußlinie η_{n0} müssen wir die Neigung der Bogenachse im Viertelspunkt kennen; denn es ist für die Querkraft bei Last rechts von n

$$\eta_{n0} = A \cdot \cos\varphi \quad (\mathbf{173.1a})$$

und bei Last links von n

$$\eta_{n0} = -B \cdot \cos\varphi \quad (\mathbf{173.1b})$$

A und B sind dabei die Ordinaten der Einflußlinien der Auflagerkräfte.

Nach S. 159 ist

$dy/dx = y' = \tan\varphi = 0{,}0147\,(30 - 2x)$.

Für $x = 7{,}5$ m (Viertelspunkt) wird

$\tan\varphi = 0{,}22$, damit $\varphi = 12{,}4°$,

$\cos\varphi = 0{,}977$, $\sin\varphi = 0{,}215$.

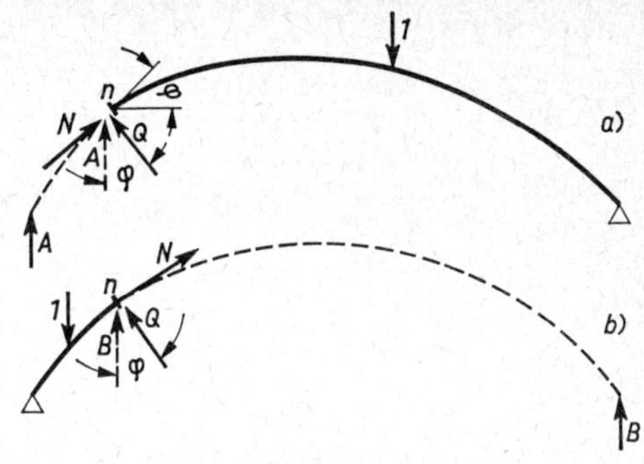

173.1 Ermittlung von Q und N im Punkt n

Die Ordinaten der Einflußlinie η_{n0} stehen in Spalte 9 der Tafel **173.2**.

Bild **171.1**h stellt die Einflußlinie für die Querkraft am Grundsystem dar. Die Werte für den Einfluß aus dem Horizontalschub $\eta_1 \cdot Q_{n1}$ mit $Q_{n1} = -1 \cdot \sin\varphi$ sind in Spalte 10 ausgerechnet, während in Sp. 11 die Ordinaten für die Einflußlinie der Querkraft aufgeführt sind.

Einflußlinie für die Normalkraft

Für die Normalkraft lautet die Gl. (162.2) $\quad \eta_n = \eta_{n0} + \eta_1 \cdot N_{n1}$

Sie hat wieder die gleiche Form wie die der Einflußlinie für die Querkraft. Im Unterschied zu letzterer bedeuten hierin η_{n0} die Ordinaten der Einflußlinie für die Normalkraft am statisch bestimmten Grundsystem und N_{n1} den Wert der Normalkraft im Viertelspunkt infolge $X_1 = 1$. Dabei ist $N_{n1} = -1 \cdot \cos\varphi$

Es ist bei Last

rechts von $n \quad \eta_{n0} = -A \cdot \sin\varphi \qquad$ und links von $n \quad \eta_{n0} = +B \cdot \sin\varphi$

A und B sind darin die Ordinaten der Einflußlinien der Auflagerkräfte.

Die Ordinaten für die Einflußlinie der Normalkraft sind in den Spalten 12, 13 und 14 der Tafel **173.2** berechnet. Spalte 12 gibt die Ordinaten $\eta_{n0} = -Q_{n0} \cdot \sin\varphi$ (**171.1**k), Spalte 13 die Ordinaten $\eta_1(-1 \cdot \cos\varphi)$ und endlich Spalte 14 die Ordinaten der Einflußlinie für die Normalkraft im Punkt n des Bogens an (**171.1**l).

Tafel **173.2**: Statische Werte für Einflußlinien eines Zweigelenkbogens nach Bild **171.1**

					Moment			Querkraft			Normalkraft		
1	2	3	4	5	6	7	8	9	10	11	12	13	14
Punkt	$\xi = \frac{x'}{l}$	ω_B	$EJ_c \cdot \delta_{m1}$	η_1	η_{n0}	$\eta_1 \cdot M_{n1}$	η_n in m	η_{n0}	$\eta_1 \cdot Q_{n1}$	η_n	η_{n0}	$\eta_1 \cdot N_{n1}$	η_n
1	0,1	0,0981	− 97,2	0,56	2,26	− 1,39	0,87	− 0,10	− 0,12	− 0,22	0,02	− 0,55	− 0,53
2 links	0,25	0,2227	− 221	1,26	5,63	− 3,12	2,51	− 0,24	− 0,27	− 0,51	0,05	− 1,23	− 1,18
2 rechts								0,73	− 0,27	0,46	− 0,16	− 1,23	− 1,39
3	0,4	0,2976	− 294	1,68	4,5	− 4,16	0,34	0,59	− 0,36	0,23	− 0,13	− 1,64	− 1,77
4	0,5	0,3125	− 310	1,77	3,76	− 4,39	− 0,63	0,49	− 0,38	0,11	− 0,11	− 1,73	− 1,84
5	0,6	0,2976	− 294	1,68	3,0	− 4,16	− 1,16	0,39	− 0,36	0,03	− 0,09	− 1,64	− 1,73
6	0,8	0,1856	− 184	1,05	1,5	− 2,60	− 1,10	0,20	− 0,23	− 0,03	− 0,04	− 1,03	− 1,07

7.524 Der eingespannte Bogen (174.1)

Wie im Abschn. 7.452 gezeigt, ist der eingespannte Bogen dreifach statisch unbestimmt. Es sind die Einflußlinien für die drei statisch unbestimmten Größen X_1, X_2 und X_3 zu ermitteln. Kennt man deren Einflußlinien, dann kann man mit ihnen nach Gl. (162.3) alle anderen Einflußlinien berechnen. Die Ordinaten der Einflußlinien für die statisch Unbestimmten X_1, X_2 und X_3, also η_1, η_2 und η_3, erhalten wir mit Hilfe des Grundsystems nach Bild **174.1**b.

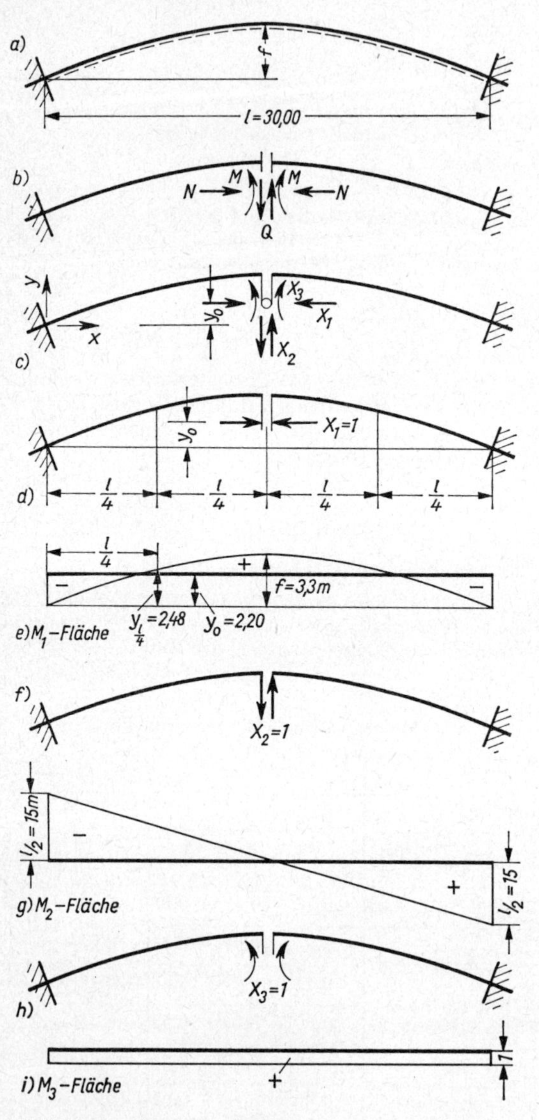

174.1 Eingespannter Bogen mit Momentenflächen aus den statisch Unbestimmten $X_1 = 1$, $X_2 = 1$ und $X_3 = 1$

Nach S. 162 läßt sich mit Hilfe des Satzes von Maxwell schreiben

$$X_1 = \eta_1 = -\frac{\delta_{m1}}{\delta_{11}}$$

$$X_2 = \eta_2 = -\frac{\delta_{m2}}{\delta_{22}}$$

$$X_3 = \eta_3 = -\frac{\delta_{m3}}{\delta_{33}}$$

δ_{m1}, δ_{m2} und δ_{m3} sind die Biegelinien infolge $X_1 = 1$, $X_2 = 1$ und $X_3 = 1$, die wir mit dem Satz von Mohr und dem Satz von der virtuellen Arbeit ermitteln.

δ_{11}, δ_{22} und δ_{33} sind die infolge $X_1 = 1$, $X_2 = 1$ und $X_3 = 1$ entstehenden Formänderungen des Grundsystems am jeweiligen Angriffspunkt bzw. hier am elastischen Schwerpunkt.

Das Grundsystem besteht aus zwei Kragarmen, die an den Einspannstellen keine Verdrehung und keine Durchbiegung, an den freien Enden Verdrehung und Durchbiegung aufweisen. Demgegenüber gelten die ω-Zahlen für Balken auf zwei Stützen, welche an jedem Auflager eine Verdrehung und keine Durchbiegung erfahren. Trotzdem können auch hier die ω-Zahlen benutzt werden, wenn man zunächst die Lage des Punktes 5 (freies Ende) in durchgebogenem Zustand ermittelt (= Punkt c in Bild **175.**1a) und von der Sehne $\overline{ac}$ (Durchbiegungen δ'_{m1}) aus die mit den ω-Zahlen berechneten Ordinaten $\delta''_{m1} + \delta'''_{m1}$ anträgt. Als Kontrolle kann dienen, daß die endgültige Biegelinie im Punkt a keine Auflagerverdrehung aufweisen darf.

Weil auf der S. 158 auch die Formänderungsgrößen δ_{11}, δ_{22} und δ_{33} EJ_c-fach berechnet worden sind, ermitteln wir alle Biegelinien ebenfalls EJ_c-fach, und zwar in den Punkten $\xi = x/l = 0{,}1;\ 0{,}2;\ 0{,}3;\ 0{,}4$ und $0{,}5$.

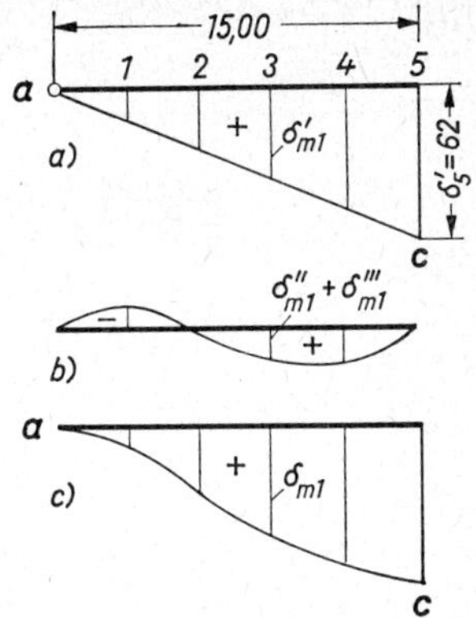

175.1 Überlagerung der Verschiebungsordinaten zur Gewinnung der Biegelinie $X_1 = 1$

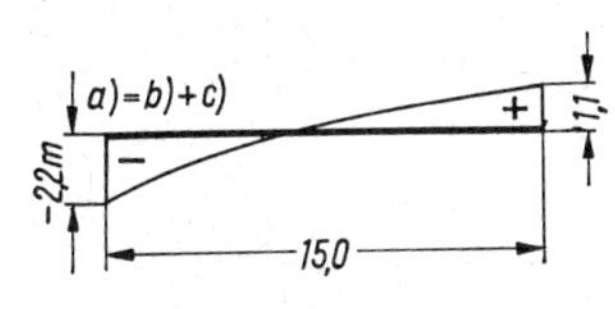

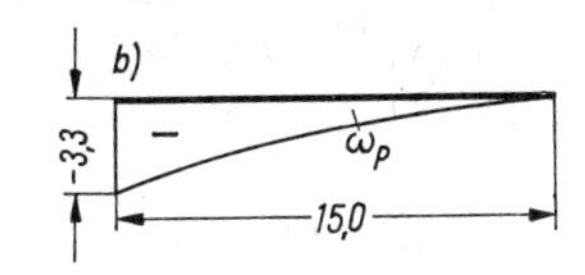

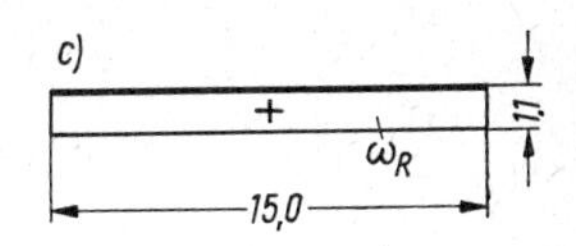

175.2 Belastung aus der M_1-Fläche für eine Bogenhälfte

Biegelinie δ_{m1} und Einflußlinie η_1

Die Ordinate der Biegelinie δ_{m1} des Punktes 5 berechnen wir mit Hilfe des Satzes von der virtuellen Arbeit, indem wir an dieser Stelle $\bar{P} = 1$ anbringen. Dadurch ergibt sich eine Momentenfläche, die der in Bild **174.1** g dargestellten Momentenfläche M_2 im linken Teil gleich ist. Auch die M_1-Fläche entnehmen wir diesem Bild (**174.1** e).

Mit der $M\bar{M}$-Tafel **18.1** (2/k und 1/b) wird

$$EJ_c \cdot \delta_5 = +\frac{1}{4} \cdot 3{,}3 \cdot 15 \cdot 15 - \frac{1}{2} \cdot 1{,}1 \cdot 15 \cdot 15 = +186 - 124 = 62 \text{ m}^3$$

Die Ordinaten $EJ_c \cdot \delta'_{m1}$ hieraus für die Zwischenpunkte 1 bis 4 stehen in Spalte 4 der Tafel **176.2**.

Bei der Berechnung der Ordinaten der Zwischenpunkte 1 bis 4 infolge der M_1-Fläche benutzen wir die ω-Zahlen. Die M_1-Fläche setzt sich zusammen aus einer quadratischen Parabel mit der max. Ordinate $-3{,}3$ m bei 0 und einem Rechteck mit der Ordinate $+1{,}1$ m (**175.2**).

Nach Tafel **33.1** wird für

den Parabelteil $$\alpha_P = \frac{M \cdot l^2}{12} = -\frac{3{,}3 \cdot 15{,}0^2}{12} = -62 \text{ m}^3$$

den Rechteckteil $$\alpha_R = \frac{M \cdot l^2}{2} = \frac{1{,}1 \cdot 15{,}0^2}{2} = 124 \text{ m}^3$$

Damit werden die Anteile für

die Parabel $$EJ_c \cdot \delta''_{m1} = \alpha_p \cdot \omega_p$$

das Rechteck $$EJ_c \cdot \delta'''_{m1} = \alpha_R \cdot \omega_R$$

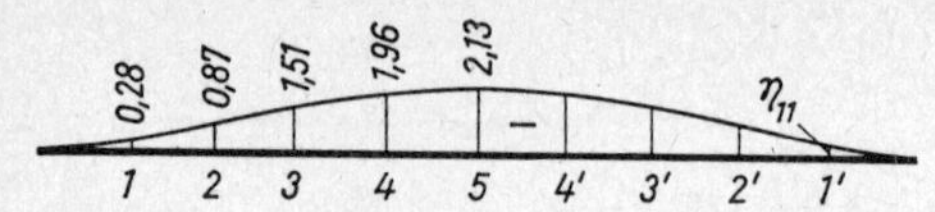

a) Einflußlinie für X_1, auch Einflußlinie für Normalkraft im Scheitel

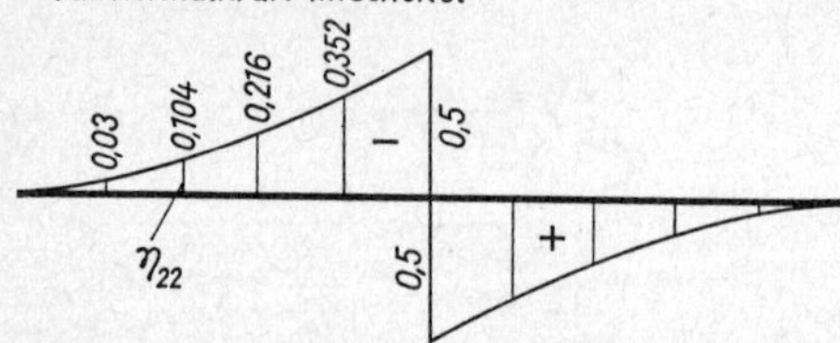

b) Einflußlinie für X_2, auch Einflußlinie für Querkraft im Scheitel

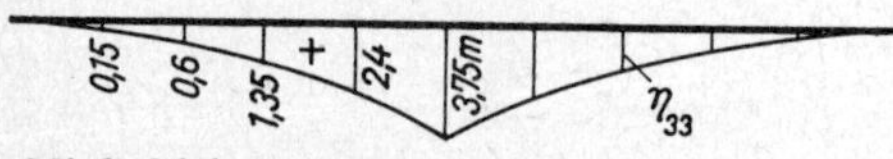

c) Einflußlinie für X_3, auch Einflußlinie für Moment im Scheitel

176.1 Einflußlinien für die statisch Unbestimmten

Die Berechnung erfolgt in den Spalten 5 bis 8 der Tafel **176**.2. In Spalte 9 stehen schließlich die Ordinaten der EJ_c-fachen Biegelinie infolge $X_1 = 1$, die durch Summieren der Spalten 4, 6 und 8 entstanden sind.

Nach Division der Spalte 9 durch $-EJ_c \cdot \delta_{11} = -29{,}1$ (vgl. S. 158) erhalten wir dann in Spalte 10 die gesuchten Ordinaten η_1 der Einflußlinie für X_1.

Es ist noch zu bemerken, daß aus Symmetriegründen nur eine Hälfte der Einflußlinie zu berechnen ist (**176**.1a).

Biegelinie δ_{m2} und Einflußlinie η_2 (176.1)

Auch hierbei muß zunächst die Ordinate des Punktes 5 der Biegelinie berechnet werden. Wieder wird am Kragarmende die gedachte Kraft $\bar{P} = 1$ angebracht. Dadurch ergibt sich die im Bild **174**.1g dargestellte Momentenfläche M_2 (im linken Teil).

Mit der $M\bar{M}$-Tafel **18**.1 (2/b) wird die Durchbiegung eines Kragarmendes

$$EJ_c \cdot \delta_5' = \frac{1}{3} \cdot 15^2 \cdot 15 = 1125 \text{ m}^3$$

Die sich aus dieser Enddurchbiegung ergebenden Zwischenordinaten $EJ_c \cdot \delta_{m2}$ sind in Spalte 11 der Tafel **176**.2 aufgeführt. Die Berechnung der Zwischenordinaten 1 bis 4 infolge der M_2-Fläche erfolgt mit ω-Zahlen. Da die M_2-Fläche dreieckförmig ist, wird (s. Taf. **33**.1)

$$\alpha_D = \frac{M \cdot l^2}{6} = -\frac{15 \cdot 15^2}{6} = -564 \text{ m}^3$$

Tafel **176.2**: Statische Werte für die Einflußlinien der statisch Unbestimmten eines

1	2	3	4	5	6	7	8	9	10
Punkt	$\varphi' = \frac{x}{l'}$	$\varphi = \frac{x}{l}$	$EJ_c \cdot \delta'_{m1}$	ω_P	$EJ_c \cdot \delta''_{m1}$	ω_R	$EJ_c \cdot \delta'''_{m1}$	$EJ_c \cdot \delta_{m1}$	η_1
1	0,2	0,1	12,4	0,3904	– 24,2	0,16	19,8	8,0	– 0,28
2	0,4	0,2	24,8	0,4704	– 29,2	0,24	29,8	25,4	– 0,87
3	0,6	0,3	37,2	0,3744	– 23,2	0,24	29,8	43,9	– 1,51
4	0,8	0,4	49,6	0,1984	– 12,3	0,16	19,8	57,1	– 1,96
5	1	0,5	62	0	0	0	0	62	– 2,13

die Ordinaten sind ermittelt nach

$$EJ_c \cdot \delta''_{m2} = \alpha_D \cdot \omega_D$$

Die Berechnung dieses Anteiles erfolgt in Spalte 13. In Spalte 14 steht dann die Summe aus beiden Anteilen. Schließlich sind in Spalte 15 durch Division der Spalte 14 durch $-EJ_c \cdot \delta_{22} = -2250$ die Ordinaten η_2 der Einflußlinie für X_2 berechnet (vgl. S. 158; δ_{22} ist die gegenseitige Verschiebung der beiden Kragarmenden infolge der Kräfte X_2).

Wie man an der Momentenfläche M_2 erkennen kann, ist auch die Einflußlinie antimetrisch. In Tafel **176.**2 ist nur ihr linker Teil berechnet. Der rechte Teil hat umgekehrte Vorzeichen (**176.**1b).

Biegelinie δ_{m3} und Einflußlinie η_3

Der Rechnungsgang ist hierbei genau der gleiche wie vorher. Im Bild **174.**1i ist die M_3-Fläche aus $X_3 = 1$ dargestellt.

Für den Punkt 5 der Biegelinie wird mit Tafel **18.**1 (1/b)

$$EJ_c \cdot \delta_5 = -\frac{1}{2} \cdot 15 \cdot 1 \cdot 15 = -112{,}5$$

Die sich ergebenden Zwischenordinaten $EJ_c \cdot \delta'_{m3}$ stehen in Spalte 16. In Spalte 18 sind die mit $EJ_c \cdot \delta''_{m3} = \alpha_R \cdot \omega_R$ ermittelten Ordinaten aufgeführt; darin ist

$$\alpha_R = \frac{M \cdot l^2}{2} = \frac{1 \cdot 15{,}0^2}{2} = 112{,}5$$

In Spalte 19 steht die Summe der Spalten 16 und 18. Durch Dividieren der Spalte 19 durch $-EJ_c \cdot \delta_{33} = -30$ (s. S. 158) ergeben sich dann in Spalte 20 die Ordinaten η_3 der Einflußlinie für X_3.

Aus Symmetriegründen ist auch hierbei nur eine Hälfte der Einflußlinie berechnet. Die Einflußlinie ist in Bild **176.**1c dargestellt.

eingespannten Bogens nach Bild **174.**1

11	12	13	14	15	16	17	18	19	20
$EJ_c \cdot \delta'_{m2}$	ω_D	$EJ_c \cdot \delta''_{m2}$	$EJ_c \cdot \delta_{m2}$	η_2	$EJ_c \cdot \delta'_{m3}$	ω_R	$EJ_c \cdot \delta''_{m3}$	$EJ_c \cdot \delta_{m3}$	η_3 m
225	0,288	− 163	62	− 0,03	− 22,5	0,16	18	− 4,5	0,15
450	0,384	− 216	234	− 0,104	− 45	0,24	27	− 18	0,6
675	0,336	− 190	485	− 0,216	− 67,5	0,24	27	− 40,5	1,35
900	0,192	− 108	792	− 0,352	− 90	0,16	18	− 72	2,4
1125	0	0	1125	− 0,5	− 112,5	0	0	− 112,5	3,75

7.53 Ermittlung der Einflußlinien mit Hilfe des $(n-1)$-fach statisch unbestimmten Systems (Satz von Land)

Bei dieser anschaulichen Methode zur Bestimmung von Einflußlinien wird der Grad der statischen Unbestimmtheit dadurch um 1 herabgesetzt, daß man an der Stelle n, für die man die Einflußlinie berechnen will, eine Bewegungsmöglichkeit schafft. Sie muß für die einzelnen Arten von Einflußlinien folgende Eigenschaften haben:

Für eine Momenteneinflußlinie ist eine gegenseitige Verdrehungsmöglichkeit erforderlich („M-Gelenk", Bild **178.1**)

178.1 M-Gelenk: $Q \neq 0$ $N \neq 0$ $M = 0$

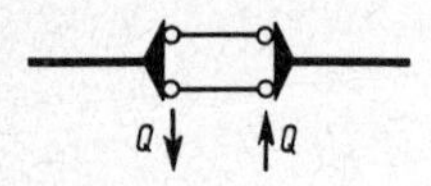

für eine Querkrafteinflußlinie eine gegenseitige Verschiebungsmöglichkeit quer zur Balkenachse („Q-Gelenk", Bild **178.2**)

178.2 Q-Gelenk: $M \neq 0$ $N \neq 0$ $Q = 0$

für eine Normalkrafteinflußlinie eine gegenseitige Verschiebungsmöglichkeit in Balkenachse („N-Gelenk", Bild **178.3**)

178.3 N-Gelenk: $M \neq 0$ $Q \neq 0$ $N = 0$

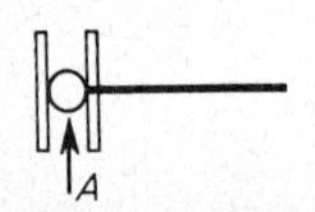

für eine Auflagerkrafteinflußlinie eine Verschiebungsmöglichkeit in Richtung der Auflagerkraft (**178.4**).

178.4 Verschiebungsmöglichkeit für Auflagerkraft A

Der wichtige Satz von Land besagt nun:
Die Einflußlinie einer statischen Größe ist gleich der Biegelinie eines Systems, in dem die gefragte statische Größe beseitigt und durch eine entsprechende Formänderung von der Größe „1" im entgegengesetzten Sinn ersetzt wird.

Das bedeutet z. B. für einige Einflußlinien eines Balkens auf zwei Stützen:

1. Für die Bestimmung der A-Linie wird das Auflager A beseitigt gedacht; stattdessen verschiebt man entgegengesetzt A (**178.5**a) den Balken um $\delta = 1$ nach unten (**178.5**b). Die durch den Weg der „Kinematischen Kette" (einfach statisch unterbestimmtes System) beschriebene Figur ist die Einflußlinie für den Auflagerdruck A (**178.5**c).

178.5 Einflußlinie für A

2. Für die Momenteneinflußlinie im Punkt m wird die Wirkung des Momentes in diesem Punkt durch ein „M-Gelenk" beseitigt gedacht (**179.1**a) und an dieser Stelle eine Drehung 1 in entgegengesetzter Richtung eines positiven Momentes ausgeführt (**179.1**b). Dadurch entsteht die in Bild **179.1**c dargestellte Figur, die gleich der bekannten M_m-Linie ist.

3. Für die **Querkrafteinflußlinie** im Punkt m läßt man entsprechend obigem an dem „Q-Gelenk" die der positiven Querkraft entgegengesetzte Verschiebung $\delta = 1$ wirken (**179.**2b) und erhält die Einflußlinie für Q_m (**179.**2c).

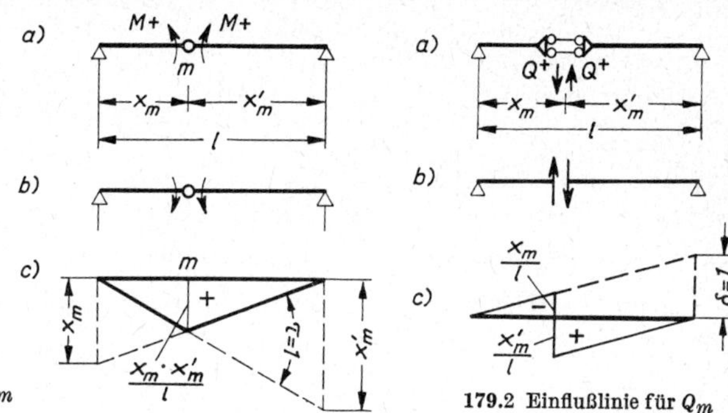

179.1 Einflußlinie für M_m

179.2 Einflußlinie für Q_m

Wie hier beim statisch bestimmten Balken das System durch Beseitigen einer statischen Größe einfach statisch unterbestimmt wird, so wird jedes n-fach statisch unbestimmte System durch Beseitigung einer statischen Größe zu einem $(n-1)$-fach statisch unbestimmten System. So liefert die am $(n-1)$-fach statisch unbestimmten System gewonnene Biegelinie zugleich die Einflußlinie am n-fach statisch unbestimmten System. Wir wollen uns dies am Durchlaufträger auf 5 Stützen verdeutlichen (**179.**3a).

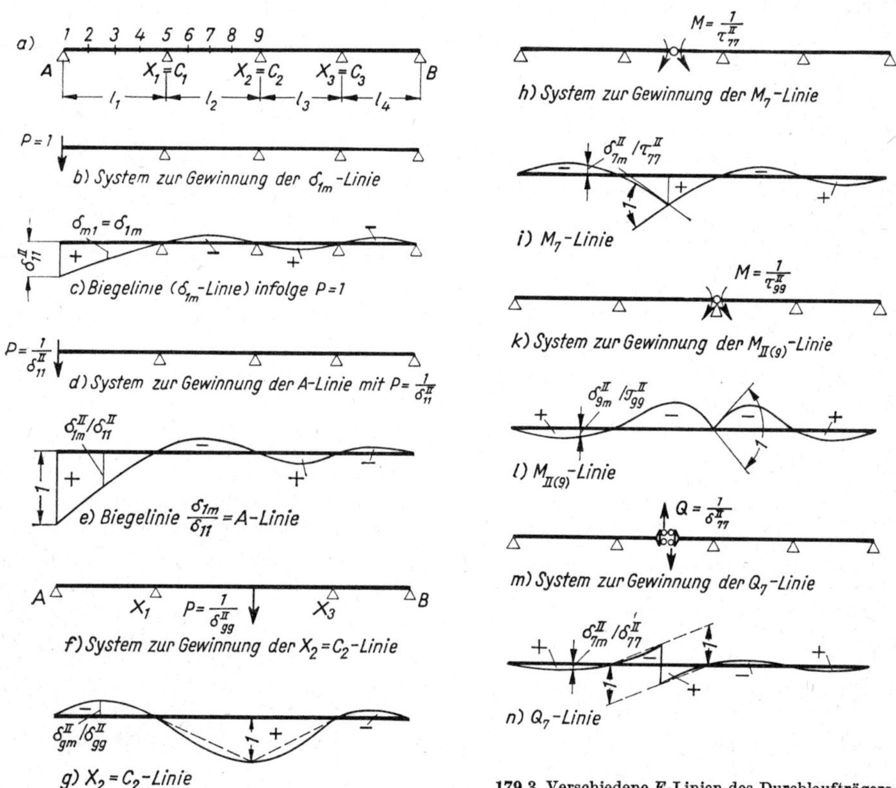

179.3 Verschiedene E-Linien des Durchlaufträgers

Um die Einflußlinie für den Auflagerdruck A zu gewinnen, lassen wir nach dem Satz von Land nach Beseitigen des Auflagers A im Punkt 1 eine Kraft $P = 1$ nach unten angreifen. Es liegt jetzt nicht mehr ein dreifach (n-fach), sondern ein zweifach [$(n-1)$-fach] statisch unbestimmtes System vor (**179.3**b). $P = 1$ bewirkt eine Biegelinie (δ_{1m}-Linie) mit der Durchbiegung $\delta_{m1} = \delta_{1m}$ im beliebigen Punkt m und δ_{11} im Punkt 1 (**179.3**c). Diese Ordinaten liegen im zweifach statisch unbestimmten System vor. Wenn wir die statische Unbestimmtheit mit hochgestellter römischer Ziffer kennzeichnen, so lauten die Biegeordinaten an beliebiger Stelle m: $\overset{\text{II}}{\delta_{1m}}$ und im Punkt 1: $\overset{\text{II}}{\delta_{11}}$

Nach dem Satz von Land und der Elastizitätsgleichung (54.3) sind die Ordinaten der A-Linie nun gegeben durch die Gleichung

$$\overset{\text{III}}{\eta_m} = \frac{\overset{\text{II}}{\delta_{1m}}}{\overset{\text{II}}{\delta_{11}}} \tag{180.1}$$

Hierin sind $\overset{\text{III}}{\eta_m}$ die Ordinaten der A-Linie im dreifach statisch unbestimmten System, $\overset{\text{II}}{\delta_{1m}}$ die der Biegelinie im zweifach statisch unbestimmten System infolge Last $P = 1$ nach unten und $\overset{\text{II}}{\delta_{11}}$ die Biegeordinate im Punkt 1 infolge $P = 1$. Das negative Vorzeichen von Gl. (54.3) entfällt hier, weil $P = 1$ bereits entgegengesetzt A, also $P = -1$, eingeführt war.

Für die weitere Betrachtung am Bild **179.3** gehen wir folgendermaßen vor:
Damit nicht nachträglich alle Ordinaten der Biegelinie $\overset{\text{II}}{\delta_{1m}}$ mit dem Faktor $\frac{1}{\overset{\text{II}}{\delta_{11}}}$ zu multiplizieren sind, wird im Punkt 1 nicht die Last $P = 1$, sondern die Last $P = \frac{1}{\overset{\text{II}}{\delta_{11}}}$ angebracht (**179.3**d). Damit stellt die so erhaltene Biegelinie $= \overset{\text{II}}{\delta_{1m}}$-Linie bereits die gesuchte A-Linie dar (**179.3**e). Weil die Ordinate im Punkt 1 infolge $P = 1$ den Wert $\overset{\text{II}}{\delta_{11}}$ hatte (**179.3**c), ist die Ordinate an dieser Stelle infolge

$$P = \frac{1}{\overset{\text{II}}{\delta_{11}}} \quad \text{jetzt} \quad \eta_1 = \frac{\overset{\text{II}}{\delta_{11}}}{\overset{\text{II}}{\delta_{11}}} = 1$$

Es ist eine wichtige Erkenntnis, daß die Verschiebungs- oder Verdrehungsordinate an der Stelle der gesuchten statischen Größe immer die Größe 1 hat. Auch kann die Form der Einflußlinie aus der Biegelinie sofort gewonnen werden. Dagegen kann die Angabe der übrigen Ordinaten bei mehrfach statisch unbestimmten Systemen einigen Rechenaufwand erfordern. Dabei soll an dieser Stelle auf das Rechnen mit statisch unbestimmten Hauptsystemen und die große Bedeutung des Reduktionssatzes (vgl. Abschn. 7.61) gerade in diesem Zusammenhang hingewiesen werden. I. allg. ist nämlich die Ermittlung der Verschiebungsgröße $\overset{(n-1)}{\delta_{11}}$ durch die Kombination der $M^{(n-1)}$- und der $M^{(0)}$-Flächen einfacher als die Koppelung der $M^{(n-1)}$-Flächen mit sich selbst (vgl. Abschn. 7.61 und 7.7).

Im Bild **179.3** ist die Gewinnung einiger Einflußlinien am Balken auf 5 Stützen gezeigt. In Bild **179.3**f und g wird an der Stelle des Lagers X_2 die Kraft $P = \frac{1}{\overset{\text{II}}{\delta_{99}}}$ nach unten angebracht und damit die Biegelinie $\eta_m = \frac{\overset{\text{II}}{\delta_{9m}}}{\overset{\text{II}}{\delta_{99}}}$ und im Punkt 9 die Ordinate 1 gewonnen. Diese Biegelinie ist die Einflußlinie für den Auflagerdruck C_2. In Bild **179.3**h und i greift ein Momentenpaar $M = \frac{1}{\tau_{77}^{\mathrm{II}}}$ im Punkt 7 am „M-Gelenk" an und verursacht die Biegelinie, die zugleich die Einflußlinie für das Biegemoment im Feldpunkt 7 ist. Entsprechend zeigen die Bilder **179.3**k und l, wie die Einflußlinie für das Stützmoment M_{II} gewonnen wird. Schließlich greift am „Q-Gelenk" ein Querkraftpaar $Q = \frac{1}{\delta_{77}^{\mathrm{II}}}$ an (**179.3**m), das eine Biegelinie mit den Ordinaten $\eta_m = \frac{\delta_{7m}^{\mathrm{II}}}{\delta_{77}^{\mathrm{II}}}$ bewirkt. Diese Biegelinie ist zugleich Einflußlinie für die Querkraft im Punkt 7(**179.3**n).

Beispiel: Für den in Bild **181.1**a dargestellten Balken auf 3 Stützen soll die Einflußlinie für das Moment im Punkt 2 mit Hilfe des $(n-1)$-fach statisch unbestimmten Systems bestimmt werden. Da das System einfach statisch unbestimmt ist, ist das $(n-1)$-fach statisch unbestimmte System hier statisch bestimmt.

Zur Berechnung der gesuchten Einflußlinie teilen wir jedes Feld in fünf gleiche Teile und bezeichnen die Grenzpunkte mit $0 \cdots 10$ (**181.1**b). Wir gehen nach dem zuerst geschilderten Verfahren vor und ermitteln die Ordinaten nach Gl. (180.1). Wir bringen im Punkt 2 ein M-Gelenk und das Momentenpaar $\overline{M} = -1$ an (**181.1**c), wodurch sich die Momentenfläche M_n nach Bild **181.1**d ergibt. Nun berechnen wir τ_{22}, die gegenseitige Verdrehung des Punktes 2 infolge $\overline{M}_2 = -1$, mit Hilfe der $M\overline{M}$-Tafel **18.1**, und zwar EJ-fach. Es ergibt sich

$$EJ \cdot \tau_{22} = \frac{2{,}5^2}{3}(8{,}0 + 10{,}0) = 37{,}5$$

Als nächstes bestimmen wir die Biegelinie, die sich infolge $\overline{M}_2 = -1$ ergibt. Wir könnten sie punktweise ermitteln, wollen jedoch wieder die ω-Zahlen benutzen. Weil hier der Balken wegen des angenommenen Gelenkes in seiner Durchlaufwirkung gestört ist, ist jedoch zu berücksichtigen, daß der Gelenkpunkt 2 die Verschiebung δ_{22} erfährt, die wir gesondert berechnen müssen. Dazu bringen wir die virtuelle Kraft $\overline{P} = 1$ an (**181.1**e). Sie ergibt die Momentenfläche $\overline{M}_2$ nach Bild **181.1**f.

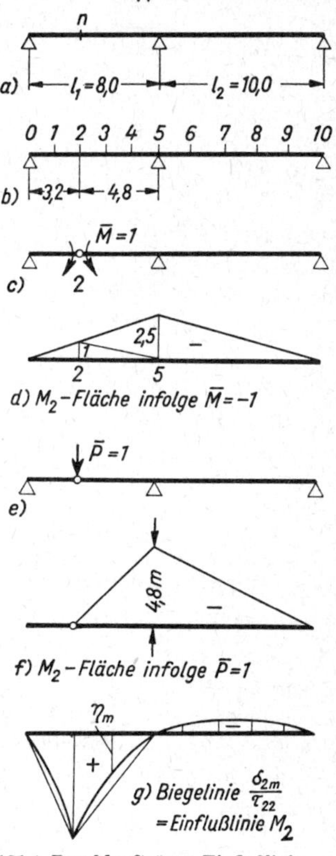

181.1 Durchlaufträger, Einflußlinie für M_2

Mit der $M\overline{M}$-Tafel **18.1** wird

$$EJ \cdot \delta_{22} = +\frac{1}{3} \cdot 4{,}8 \cdot 2{,}5 \cdot 4{,}8 + \frac{1}{6} \cdot 4{,}8 \cdot 1{,}0 \cdot 4{,}8 + \frac{1}{3} \cdot 4{,}8 \cdot 2{,}5 \cdot 10{,}0$$

$$= +\,19{,}2 + 3{,}8 + 40{,}0 = +\,63{,}0$$

Damit haben wir die Ordinate der Biegelinie unter dem „M-Gelenk", also dem „Meßpunkt" für die Einflußlinie, gewonnen. Zur weiteren Ermittlung der δ_{2m}-Linie verbinden wir den Endpunkt dieser Ordinate mit den Auflagern 0 und 5. Von dieser geradlinigen Verbindung müssen im Feld 1 die mit den ω-Zahlen ermittelten Ordinaten abgezogen werden.

Nach Abschn. 2.3 wird für den Teil des Feldes 1 links vom M-Gelenk

$$\alpha_1'' = \frac{-1 \cdot 3{,}2^2}{6} = -1{,}7$$

für den Teil des Feldes 1 rechts vom M-Gelenk

$$\alpha_1''' = \frac{-1 \cdot 4{,}8^2}{6} = -3{,}84 \quad \text{und} \quad \alpha_1'' = \frac{-2{,}5 \cdot 4{,}8^2}{6} = -9{,}6$$

und für das Feld 2 $\alpha_2'' = \dfrac{-2{,}5 \cdot l_2^2}{6} = \dfrac{-2{,}5 \cdot 10{,}0^2}{6} = -41{,}7$

Die weitere Rechnung wird in Tabellenform durchgeführt.

Tafel **182.1**: Statische Werte für die Einflußlinie von X_1 eines Balkens auf 3 Stützen

0	1	2	3	4	5	6	7	8
	Punkt	ω_D	ω'_D	$EJ \cdot \delta'_{m2}$	$EJ \cdot \delta''_{m2}$	$EJ \cdot \delta'''_{m2}$	$EJ \cdot \delta_{m2}$	$\eta_m = \dfrac{\delta_{m2}}{\tau_{22}} = X_1$ m
	0	0	0	0	0	0	0	0
	1	0,375	—	+ 31,5	− 0,6	—	+ 30,9	0,82
Feld 1	2	0	0	+ 63,0	0	0	+ 63,0	1,68
	3	0,2958	0,369	+ 42,0	− 2,8	− 1,4	+ 37,8	1,01
	4	0,369	0,2958	+ 21,0	− 3,5	− 1,1	+ 16,4	0,43
	5	0	0	0	0	0	0	0
	6	0,288	—	0	− 12,0	—	− 12,0	− 0,32
	7	0,384	—	0	− 16,0	—	− 16,0	− 0,43
Feld 2	8	0,336	—	0	− 14,0	—	− 14,0	− 0,37
	9	0,192	—	0	− 8,0	—	− 8,0	− 0,21
	10	0	—	0	0	0	0	0

In Spalte 2 und 3 stehen die ω-Zahlen, wobei zu beachten ist, daß die zwischen den Punkten 2 und 5 liegende trapezförmige Momentenfläche in Bild **181.1**d durch zwei dreieckförmige Momentenflächen ersetzt wurde. In Spalte 4 ist der Anteil der EJ-fachen Biegelinie, die sich infolge der Durchbiegung des Gelenkpunktes ergibt (z. B. $\delta'_{e2} = +63$; $\delta'_{12} = +\frac{1}{2} \cdot 63 = 31{,}5$) aufgeführt, und in den Spalten 5 und 6 stehen die EJ-fachen Anteile, die mit ω-Zahlen ermittelt wurden.

Schließlich sind in Spalte 7 durch Summieren der Spalten 4, 5 und 6 die Ordinaten der endgültigen EJ-fachen Biegelinie angeschrieben, aus denen dann in der Spalte 8 durch Multiplikation mit $\dfrac{1}{EJ \cdot \tau_{22}} = \dfrac{1}{37{,}5} = +0{,}0267$ die Ordinaten der gesuchten Einflußlinie ermittelt wurden.

Vergleicht man diese Ordinaten der Momenteneinflußlinie mit denen der Spalte 10 der Tafel **164.1**, erkennt man, daß sie übereinstimmen.

7.6 Formänderung an statisch unbestimmten Systemen

7.61 Reduktionssatz

Gesucht wird bei einem Balken auf drei Stützen (**183.1**) die Durchbiegung δ_m im Punkt m.

Allgemein ist nach Abschn. 1.4 die Durchbiegung

$$\delta_m = \int \overline{M} \, \frac{M \cdot \mathrm{d}x}{EJ} \tag{182.1}$$

mit M = Moment aus der gegebenen Belastung q und $\overline{M}$ = Moment aus der gedachten Last $\overline{P} = 1$ im Punkt m am statisch unbestimmten System.

Es ist nun nach Gl. (54.4)

$$M = M_0 + M_1 \cdot X_1 \tag{183.1}$$

Nach Gl. (54.2) ist $\delta_{10} + X_1 \cdot \delta_{11} = 0$

$$\delta_{10} = \int \frac{M_0 \cdot M_1 \cdot dx}{EJ} \qquad \delta_{11} = \int \frac{M_1^2 \cdot dx}{EJ}$$

Es ist also auch

$$\int \frac{M_0 \cdot M_1 \cdot dx}{EJ} + X_1 \int \frac{M_1^2 \cdot dx}{EJ} = 0 \tag{183.2}$$

mit M_0 = Moment aus der gegebenen Belastung q und M_1 = Moment aus der statisch Unbestimmten $X_1 = 1$ am Grundsystem (**183.**1b). Die Momentenflächen M_0 und M_1 zeigt Bild **183.**1d und f.

Ebenso ist das Moment infolge der virtuellen Last $\overline{P}$

$$\overline{M} = \overline{M}^0 + M_1 \cdot \overline{X}_1 \tag{183.3}$$

Auch hier gilt $\quad \overline{\delta}_{10} + \overline{X}_1 \cdot \delta_{11} = 0$

$$\overline{\delta}_{10} = \int \frac{\overline{M}^0 \cdot M_1 \cdot dx}{EJ}$$

$$\delta_{11} = \int \frac{M_1^2 \cdot dx}{EJ}$$

Es ist dann

$$\int \frac{\overline{M}^0 \cdot M_1 \cdot dx}{EJ} + \overline{X}_1 \int \frac{M_1^2 \cdot dx}{EJ} = 0 \tag{183.4}$$

mit $\overline{M}^0$ = Moment am statisch bestimmten Grundsystem aus $\overline{P} = 1$ und, wie vorher, M_1 = Moment aus $X_1 = 1$. Die $\overline{M}^0$-Fläche aus $\overline{P} = 1$ ist in Bild **183.**1i dargestellt.

Bild **183.**1g und k zeigen die Momentenflächen M aus q und $\overline{M}$ aus $\overline{P} = 1$ am statisch unbestimmten System.

Setzt man in Gl. (182.1) die Werte für M und $\overline{M}$ aus den Gl. (183.1) bzw. (183.3) ein, so ist

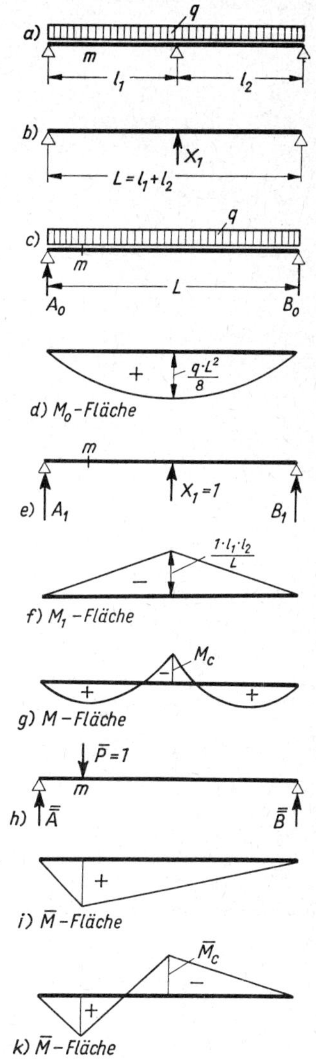

183.1 Durchbiegung im Punkt m

$$\begin{aligned} EJ \cdot \delta_m &= \int (M_0 + M_1 \cdot X_1)(\overline{M}^0 + M_1 \cdot \overline{X}_1)\,dx \\ &= \int (M_0 \cdot \overline{M}^0 + M_1 \cdot \overline{M}^0 \cdot X_1 + M_0 \cdot M_1 \cdot \overline{X}_1 + M_1^2 \cdot X_1 \cdot \overline{X}_1)\,dx \\ &= \int \overline{M}^0 (M_0 + M_1 \cdot X_1)\,dx + \overline{X}_1 \int (M_0 \cdot M_1 + M_1^2 \cdot X_1)\,dx \end{aligned} \tag{183.5}$$

Nach Gl. (183.2) ist der Integralwert des zweiten Ausdruckes

$$\int (M_0 \cdot M_1 + M_1^2 \cdot X_1)\,dx = 0$$

Damit erhält man (**183.**1g und i)

$$\boldsymbol{EJ \cdot \delta_m} = \int \overline{M}^0 (M_0 + M_1 \cdot X_1)\,dx = \int \boldsymbol{\overline{M}^0 \cdot M \cdot dx} \tag{183.6}$$

Formt man Gl. (183.5) anders um, so erhält man unter Ausnutzung der Gl. (183.4)

$$EJ \cdot \delta_m = \int M_0 \cdot \overline{M} \cdot dx \tag{184.1}$$

Wie man sofort erkennt, braucht bei der Berechnung einer Formänderung an einem statisch unbestimmten System nur eine der Momentenflächen in der Gleichung $\int M \cdot \overline{M} \cdot dx$ am statisch unbestimmten System ermittelt zu werden, während die andere an einem (beliebigen!) statisch bestimmten System berechnet werden kann. In Gl. (183.6) ist die Momentenfläche M aus der Belastung q am statisch unbestimmten System (**183.**1g) und $\overline{M}^0$ die aus $\overline{P} = 1$ am statisch bestimmten System (**183.**1i) ermittelt. Umgekehrt ist in Gl. (184.1) $\overline{M}$ die Momentenfläche aus $\overline{P} = 1$ am statisch unbestimmten System (**183.**1k) und M_0 die Momentenfläche aus der Belastung q am statisch bestimmten System (**183.**1d) gewonnen.

Man kann auch sehr schnell zu diesem Ergebnis kommen, wenn man sich die Bedeutung der einzelnen Integrale klarmacht. Dazu wird wieder vom Grundintegral ausgegangen:

$$1 \cdot \delta_m = \int \frac{\overline{M} \cdot M \cdot dx}{EJ}$$

Mit $\overline{M} = \overline{M}^0 + M_1 \overline{X}_1$ nach Gl. (183.3) erhält man

$$1 \cdot \delta_m = \int \frac{(\overline{M}^0 + M_1 \cdot \overline{X}_1)\, M \cdot dx}{EJ} = \frac{1}{EJ}\left(\int \overline{M}^0 \cdot M \cdot dx + \int M_1 \cdot \overline{X}_1 \cdot M \cdot dx\right)$$

Das Integral $M_1 \cdot \overline{X}_1 \cdot M \cdot dx$ stellt die virtuelle Arbeit dar, die auf dem Verformungsweg der statisch Unbestimmten X_1 geleistet wird. Da die Verschiebung am statisch unbestimmten System im Angriffspunkt der statisch Unbestimmten Null ist, ist auch diese Arbeit Null. Also ist das zweite Integral $\int M_1 \cdot \overline{X}_1 \cdot M \cdot dx = 0$, und die Durchbiegung δ_m am statisch unbestimmten System beträgt wiederum

$$1 \cdot \delta_m = \int \frac{\overline{M}^0 \cdot M \cdot dx}{EJ} \tag{184.2}$$

7.62 Anwendungen

7.621 Balken auf 3 Stützen (185.1)

Gesucht ist die EJ-fache Durchbiegung in Feldmitte, und zwar soll sie berechnet werden 1. ohne und 2. mit Berücksichtigung des Reduktionssatzes.

Als statisch Unbestimmte X_1 wird das Stützmoment M_b eingeführt (**185.**1b). Dann ergeben sich die in Bild **185.**1d, f, g, i und k dargestellten Momentenflächen aus der gegebenen Belastung q, aus $X_1 = 1$ und aus $\overline{P} = 1$ am statisch bestimmten Grundsystem und am statisch unbestimmten System.

Die ausführliche Berechnung der statisch Unbestimmten X_1 und $\overline{X}_1$ sowie der Momentenflächen am statisch unbestimmten System soll hier nicht durchgeführt werden.

Es ist (s. [16]):

$$M_B = X_1 = -\frac{1}{8} q \cdot l^2 = -\frac{1}{8} \cdot 2 \cdot 8^2 = -16 \text{ Mpm}$$

$$\overline{M}_B = \overline{X}_1 = -0{,}094\, \overline{P} \cdot l = -0{,}094 \cdot 8 = -0{,}752$$

Mit diesen Werten für X_1 bzw. $\overline{X}_1$ können die Momente M und $\overline{M}$ an jeder Stelle berechnet werden.

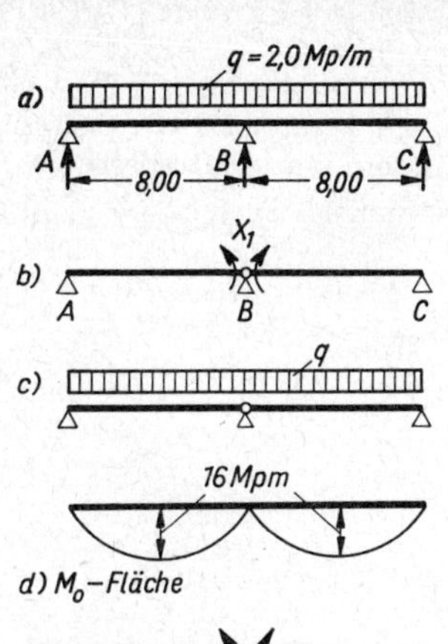

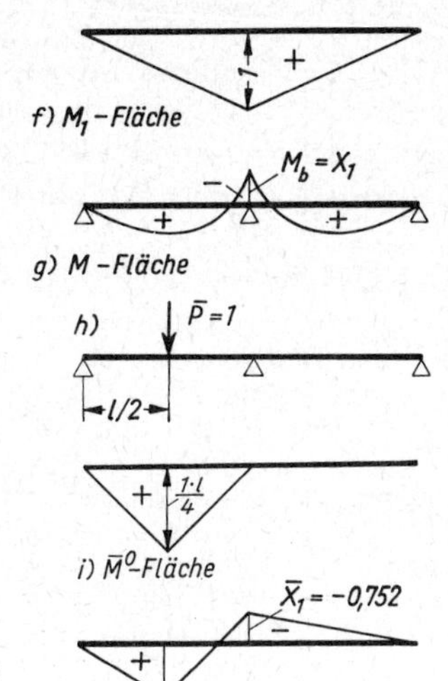

185.1 Ermittlung der Durchbiegung

1. Ermittlung von δ_m ohne Berücksichtigung des Reduktionssatzes

Die Gleichung

$$EJ \cdot \delta = \int_0^{l_1} \overline{M} \cdot M \cdot dx + \int_0^{l_2} \overline{M} \cdot M \cdot dx$$

besagt, daß die Momentenflächen M und $\overline{M}$ (**185**.1g und k) zu überlagern sind. Diese Momentenflächen lassen sich zerlegen in die M_0-Flächen bzw. $\overline{M}^0$-Flächen und die $M_1 \cdot X_1$- bzw. $M_1 \cdot \overline{X}_1$-Flächen (**185**.2b bis f). Es ist nun

$$EJ \cdot \delta = \int M_0 \cdot \overline{M}^0 \cdot dx + \int M_1 \cdot X_1 \cdot \overline{M}^0 \cdot dx + \int M_0 \cdot M_1 \cdot \overline{X}_1 \cdot dx + \int M_1^2 \cdot X_1 \cdot \overline{X}_1 \cdot dx$$

$$= \int (M_0 + M_1 X_1) \overline{M}^0 \cdot dx + \int M_1 \overline{X}_1 (M_0 + M_1 \cdot X_1)\, dx$$

Der erste Ausdruck $\qquad (M_0 + M_1 X_1)\, \overline{M}^0 \cdot dx = \int M \cdot \overline{M}^0 \cdot dx$

liefert nach Tafel **18**.1 (2/e) und (4/g)

$$\frac{8{,}0}{6}(+\,2)(-\,16)\left(1+\frac{1}{2}\right) + \frac{8{,}0}{3}(+\,2)(+\,16)\left(1+\frac{1}{4}\right)$$

$$= \frac{8{,}0}{6}(-\,32)\,1{,}5 + \frac{8{,}0}{3} \cdot 32 \cdot 1{,}25 = \frac{256}{6}\ \text{Mpm}^3$$

Der zweite Ausdruck

$$\int M_1 \cdot \overline{X}_1 \cdot (M_0 + M_1 \cdot X_1)\, dx = \int M_1 \cdot \overline{X}_1 \cdot M \cdot dx$$

liefert nach Tafel **18**.1 (2/g) und (2/b)

$$= +\frac{8{,}0}{3}(+\,16)(-\,0{,}752)\,2 + \frac{8{,}0}{3}(-\,16)(-\,0{,}752)\,2 = 0$$

Also ist

$$EJ \cdot \delta_m = \int M \cdot \overline{M}^0 \cdot dx + \int M_1 \cdot \overline{X}_1 \cdot M \cdot dx$$

$$= \frac{256}{6} + 0 = 42{,}67\ \text{Mpm}^3$$

Bei diesem Rechnungsgang ersieht man, daß das $\int M_1 \cdot \overline{X}_1 \cdot M \cdot dx$, der Verschiebungsweg von X_1, Null ist. Der Grund wurde auf S. 184 bereits angegeben.

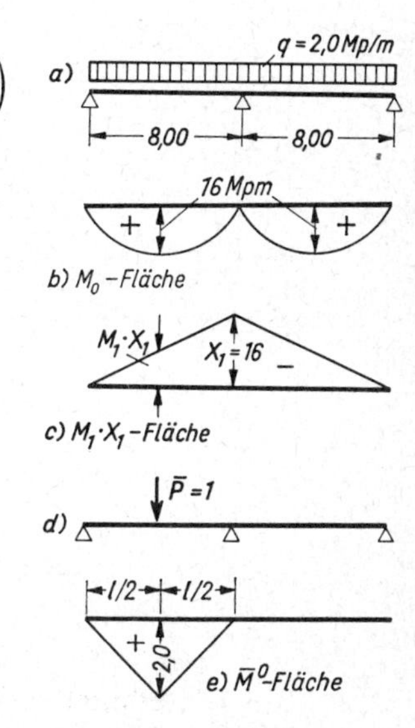

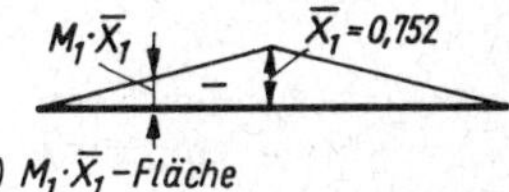

185.2 M-Flächen zur Ermittlung der Durchbiegung

2. Ermittlung von δ_m mit dem Reduktionssatz

Das erste Integral $\int M \cdot \overline{M}^0 \cdot dx$ des Resultates unter 1. stellt bereits die Gl. (183.6) dar. Darin sind M = Moment aus der gegebenen Belastung am statisch unbestimmten System und $\overline{M}^0$ = Moment aus $\overline{P} = 1$ am statisch bestimmten System.
Bei Berücksichtigung des Reduktionssatzes ist also sofort

$$EJ \cdot \delta_m = \int \overline{M}^0 \cdot M \cdot dx = \frac{256}{6} = 42{,}67 \text{ Mpm}^3$$

Dieses Beispiel bestätigt somit den Reduktionssatz.

7.622 Eingespannter Rahmen

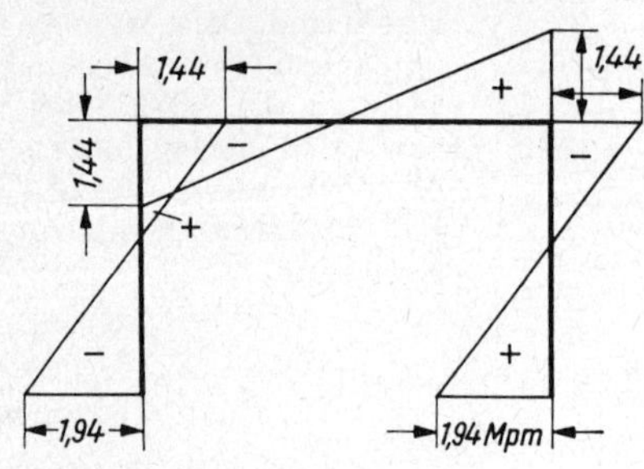

186.1 Eingespannter Rahmen

Bei dem eingespannten Rahmen aus Abschn. 7.422, der nochmals in Bild **186.1** dargestellt ist, soll die horizontale Verschiebung des Punktes d infolge der Windkraft $W = 1{,}5$ Mp berechnet werden.

Die Momentenfläche infolge der Windkraft $W = 1{,}5$ Mp (**126.3**) wird aus dem Beispiel des Abschn. 7.422 übernommen (**186.1**).

Nach Gl. (183.6) ist $EJ_c \cdot \delta_d = \int M \cdot \overline{M}^0 \cdot dx$

$$\text{Mpm}^3 = \text{Mpm} \cdot \text{m} \cdot \text{m}$$

Hierin ist M = Moment der gegebenen Belastung am statisch unbestimmten System und $\overline{M}^0$ = Moment an irgendeinem beliebigen statisch bestimmten Grundsystem infolge $\overline{P} = 1$, z. B. auch an dem in Bild **186.2** a dargestellten Rahmenteil, der im Punkt d mit $\overline{P} = 1$ belastet wird. Die Momentenfläche $\overline{M}^0$ zeigt Bild **186.2** b.

Mit der $M\overline{M}$-Tafel **18.1** (Zeile 2, Spalte f) erhält man

$$EJ_c \cdot \delta_d = \frac{4{,}5}{6} \cdot 4{,}5\,(2 \cdot 1{,}94 - 1{,}44)\,\frac{44{,}5}{34{,}6}$$

$$= \frac{4{,}5^2}{6} \cdot 2{,}44 \cdot \frac{44{,}5}{34{,}5} = 10{,}6 \text{ Mpm}^3$$

$$E = 210\,000 \text{ kp/cm}^2 = 2{,}1 \cdot 10^6 \text{ Mp/m}^2$$

$$J_c = 44{,}5 \text{ dm}^4 = 44{,}5 \cdot 10^{-4} \text{ m}^4$$

$$\delta_d = \frac{10{,}6}{EJ_c} = \frac{10{,}6}{2{,}1 \cdot 10^6 \cdot 44{,}5 \cdot 10^{-4}}$$

$$= 0{,}113 \cdot 10^{-2} \text{ m} = 0{,}113 \text{ cm}$$

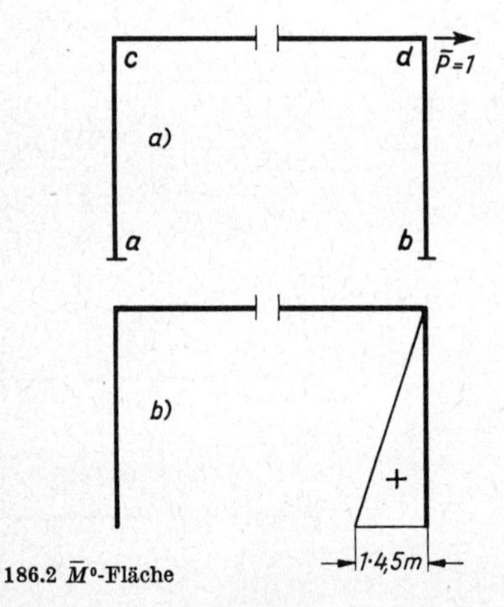

186.2 $\overline{M}^0$-Fläche

7.7 Statisch unbestimmte Hauptsysteme

Bisher wurde der Berechnung mehrfach statisch unbestimmter Systeme immer ein Grundsystem zugrunde gelegt, das statisch bestimmt war. Es ist nun manchmal zweckmäßig, die Berechnung des statisch unbestimmten Systems zu unterteilen, indem zunächst ein statisch unbestimmtes System berechnet wird, das nur eine beschränkte Anzahl von Unbekannten enthält. Nach Lösung dieses Systems berechnet man die restlichen Unbekannten, indem man das bereits errechnete System als statisch unbestimmtes Grundsystem statt eines statisch bestimmten Grundsystems zugrunde legt.

Beispiel: Der Rechnungsgang soll an dem Rahmen nach Bild **187.1** gezeigt werden. Mit Gl. (51.2) ergibt sich mit $s = 5$; $a = 8$; $e = 4$; $k = 6$

$$n = 5 + 8 + 4 - 2 \cdot 6 = 5$$

oder mit Gl. (51.3) mit

$$z = 2[3(3 - 1)] = 12$$

$$n = 8 + 12 - 3 \cdot 5 = 5$$

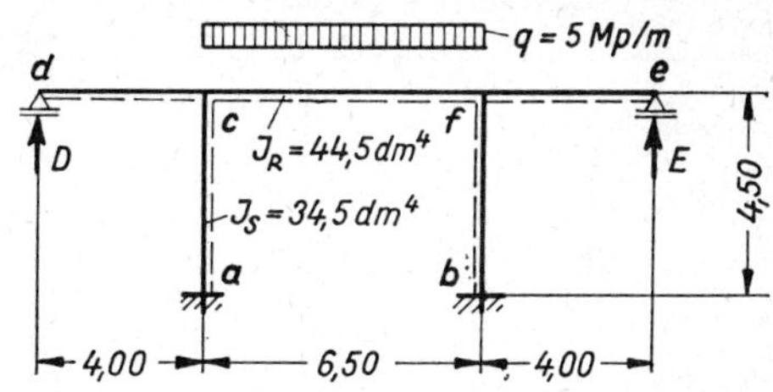

187.1 Rahmensystem

Das System ist also 5fach statisch unbestimmt, was sich auch aus der Differenz der unbekannten Auflagerkräfte und der verfügbaren Gleichgewichtsbedingungen bestätigen läßt. Statisch bestimmt kann das System gemacht werden durch Entfernen der Auflager D und E sowie durch einen Schnitt in Feldmitte, wodurch das Moment, die Normal- und die Querkraft des Querschnittes frei werden (**187**.2).

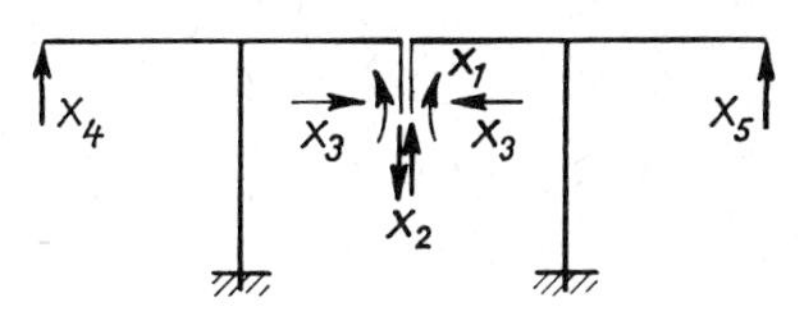

187.2 Rahmen mit statisch Überzähligen

Behandelt man zunächst den Rahmen nach Bild **187.3**, in dem die Auflager D und E außen fehlen, so muß man ein dreifach statisch unbestimmtes System berechnen, nämlich den eingespannten Rahmen mit zwei Kragarmen. Als statisch Unbestimmte werden eingeführt das Moment X_1, die Querkraft X_2 und die Normalkraft X_3, die im elastischen Schwerpunkt angreifen sollen (**187.4**).

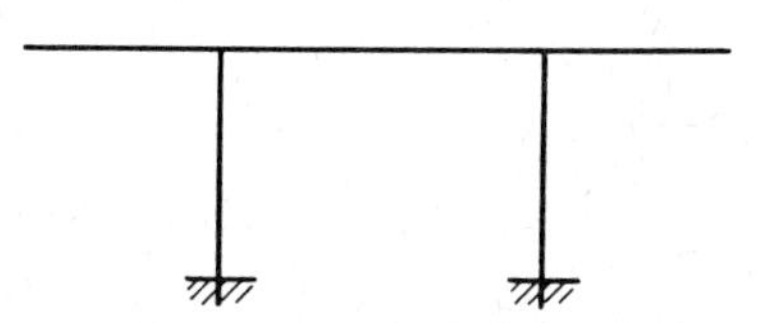

187.3 Dreifach statisch unbestimmter Rahmen

Im Anschluß an die Berechnung dieser Unbekannten infolge der Belastung werden dann die weiteren statisch Unbestimmten X_4 und X_5 ermittelt. Das Vorgehen erläutert das folgende Zahlenbeispiel.

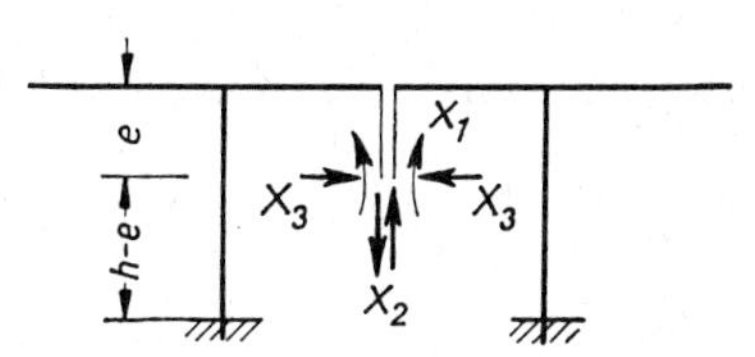

187.4 Drei Überzählige im elastischen Schwerpunkt

Die Abmessungen werden gleich denen des Beispiels in Abschn. 7.422 gewählt. Es ist also $J_R = 44{,}5\ \text{dm}^4$, $J_S = 34{,}5\ \text{dm}^4$. Es sei wieder $J_c = J_R$.

Es ist klar, daß bei gleichen Querschnitten, gleichen Stablängen und gleicher Belastung die statisch Unbestimmten X_1, X_2 und X_3 dieselben Werte haben wie im Beispiel des Abschn. 7.422. Damit ist auch die Momentenfläche am 3fach statisch unbestimmten System bekannt (**187.5**).

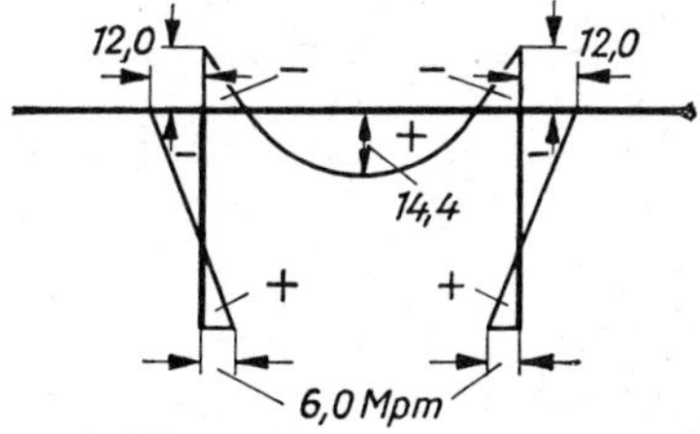

187.5 M_q^{III}-Fläche

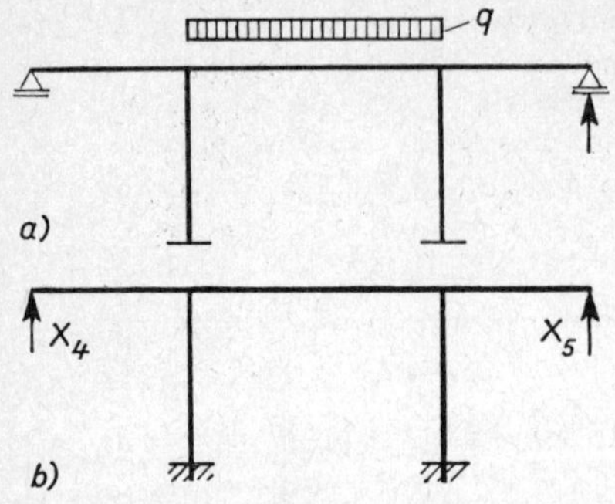

188.1 Statisch Unbestimmte X_4 und X_5

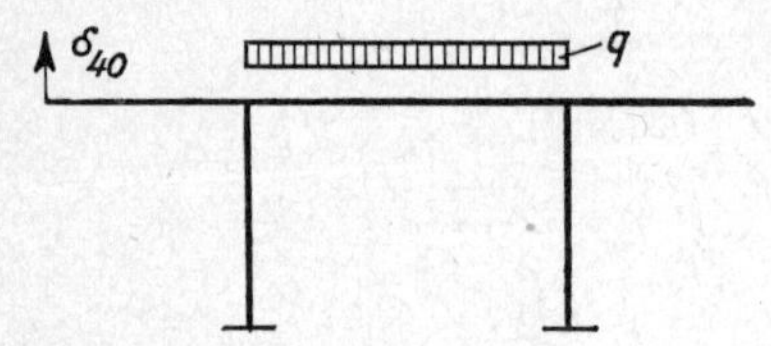

188.2 Durchbiegung in d infolge q

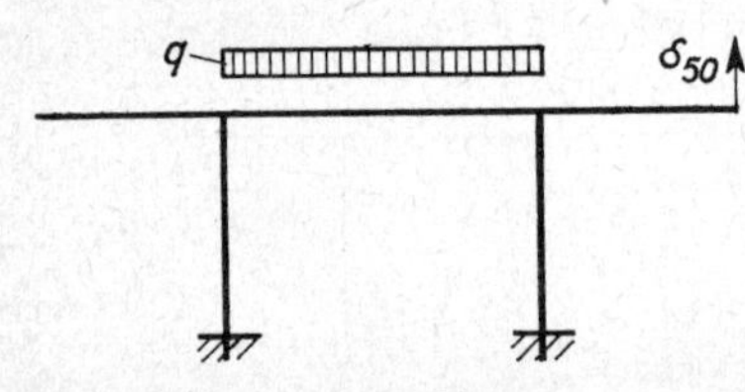

188.3 Durchbiegung in e infolge q

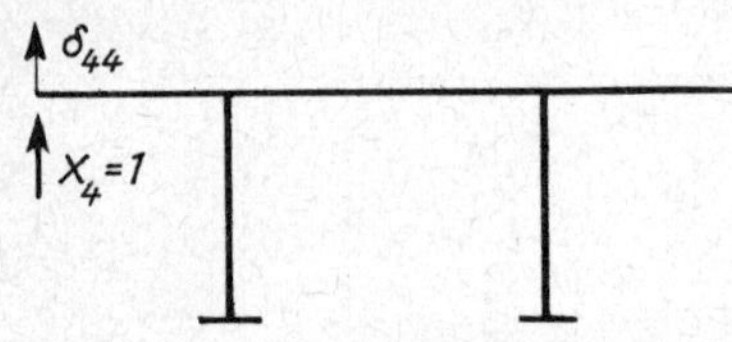

188.4 Durchbiegung in d infolge $X_4 = 1$

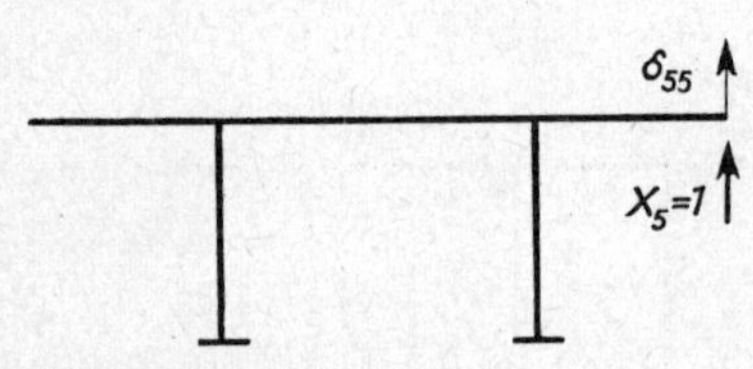

188.5 Durchbiegung in e infolge $X_5 = 1$

Jetzt sind noch die statisch Unbestimmten X_4 und X_5, die als Ersatz für die Auflagerreaktion D und E eingeführt wurden, zu berechnen. Als statisch unbestimmtes Grundsystem wählen wir den Rahmen mit Kragarmen nach Bild **187.3**. Bild **188.1**b zeigt das Grundsystem mit den statisch Unbestimmten X_4 und X_5. Allgemein ist

$$\begin{aligned} \delta_{40} + X_4 \cdot \delta_{44} + X_5 \cdot \delta_{45} &= 0 \\ \delta_{50} + X_4 \cdot \delta_{45} + X_5 \cdot \delta_{55} &= 0 \end{aligned} \qquad (188.1)$$

Im Gegensatz zu den früheren Beispielen sind jetzt aber die Verschiebungswerte nicht an einem statisch bestimmten, sondern an dem gewählten statisch unbestimmten Grundsystem zu ermitteln, Sie sind deswegen noch mit dem Kopfzeiger III zu versehen. Es ist also

δ_{40}^{III} die Verschiebung des Punktes d infolge der gegebenen Belastung am statisch unbestimmten Grundsystem (**188.2**)

δ_{50}^{III} die Verschiebung des Punktes e infolge der gegebenen Belastung an demselben Grundsystem (**188.3**)

δ_{44}^{III} die Verschiebung des Punktes d infolge $X_4 = 1$ am in Bild **188.1**b dargestellten Grundsystem (**188.4**)

δ_{55}^{III} die Verschiebung des Punktes e infolge $X_5 = 1$, ebenfalls am gewählten Grundsystem (**188.5**)

δ_{45}^{III} die Verschiebung des Punktes d infolge $X_5 = 1$

δ_{54}^{III} die Verschiebung des Punktes e infolge $X_4 = 1$ (**188.6**)

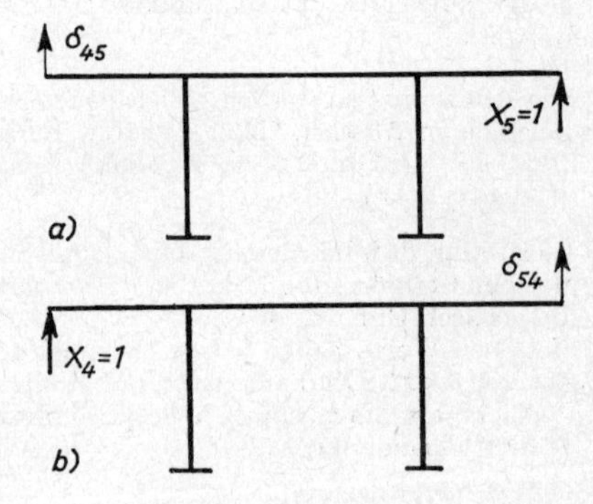

188.6 Durchbiegung am Kragende infolge $X = 1$ am entgegengesetzten Kragende

Nach Abschn. 7.6 ist zur Berechnung der Verschiebungswerte δ_{40}^{III} und δ_{50}^{III} das statisch unbestimmte Grundsystem mit der gegebenen Belastung $q = 5{,}0$ Mp/m zu belasten, während ein beliebiges System, z. B. auch das in Bild **189.**1 bzw. 2 dargestellte, mit $X_4 = 1$ und $X_5 = 1$ belastet werden kann. Die Momentenflächen $\overline{M}^0$ aus $X_4 = 1$ und $X_5 = 1$ stellen die Bilder **189.**1b und **189.**2b dar.

Nach Gl. (182.1) ist

1. $$\delta_{40}^{\text{III}} = \int \frac{\overline{M}_4{}^0 \cdot M_0^{\text{III}} \cdot ds}{EJ}$$

$$EJ_c \cdot \delta_{40}^{\text{III}} = \int \overline{M}_4{}^0 \cdot M_0^{\text{III}} \cdot ds \cdot \frac{J_c}{J}$$

$$\text{Mpm}^3 = \text{m} \cdot \text{Mpm} \cdot \text{m} \cdot \frac{\text{m}^4}{\text{m}^4} \qquad (189.1)$$

2. $$\delta_{50}^{\text{III}} = \int \frac{\overline{M}_5{}^0 \cdot M_0^{\text{III}} \cdot ds}{EJ}$$

$$EJ_c \cdot \delta_{50}^{\text{III}} = \int \overline{M}_5{}^0 \cdot M_0^{\text{III}} \cdot ds \cdot \frac{J_c}{J} \text{ Mpm}^3$$

189.1 $\overline{M}_4^0$-Fläche aus $X_4 = 1$

Ebenso erhält man

1. $$\delta_{44}^{\text{III}} = \int \frac{\overline{M}_4{}^0 \cdot M_4^{\text{III}} \cdot ds}{EJ}$$

$$EJ_c \cdot \delta_{44}^{\text{III}} = \int \overline{M}_4{}^0 \cdot M_4^{\text{III}} \cdot ds \cdot \frac{J_c}{J}$$

$$\text{m}^3 = \text{m} \cdot \text{m} \cdot \text{m} \cdot \frac{\text{m}^4}{\text{m}^4}$$

2. $$\delta_{55}^{\text{III}} = \int \frac{\overline{M}_5{}^0 \cdot M_5^{\text{III}} \cdot ds}{EJ}$$

$$EJ_c \cdot \delta_{55}^{\text{III}} = \int \overline{M}_5{}^0 \cdot M_5^{\text{III}} \cdot ds \cdot \frac{J_c}{J} \text{ m}^3 \qquad (189.2)$$

3. $$\delta_{45}^{\text{III}} = \delta_{54}^{\text{III}} = \int \frac{\overline{M}_4{}^0 \cdot M_5^{\text{III}} \cdot ds}{EJ}$$

$$EJ_c \cdot \delta_{45}^{\text{III}} = \int \overline{M}_4{}^0 \cdot M_5^{\text{III}} \cdot ds \cdot \frac{J_c}{J} \text{ m}^3$$

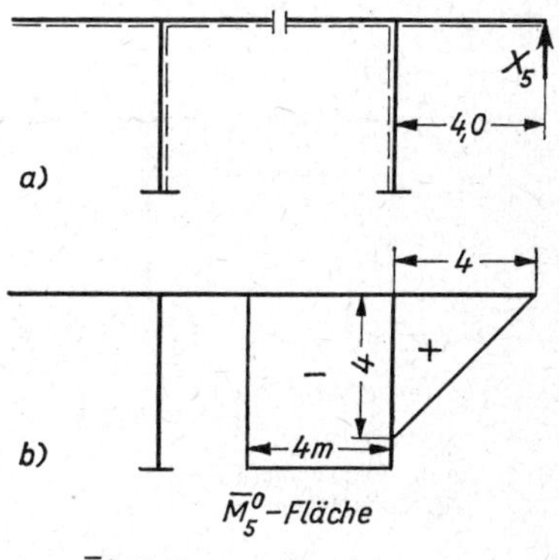

189.2 $\overline{M}_5^0$-Fläche aus $X_5 = 1$

Um die Verschiebungswerte δ_{44}^{III}, δ_{55}^{III} und δ_{45}^{III} ermitteln zu können, muß man bereits die Momentenflächen M_4^{III} und M_5^{III} aus der Belastung $X_4 = 1$ und $X_5 = 1$ am dreifach statisch unbestimmten Grundsystem kennen. Diese Momentenflächen sind also zuerst zu bestimmen. Sie entstehen, wie bereits geschildert wurde, aus der Belastung des Grundsystems mit $X_4 = 1$ (**188.**4) und mit $X_5 = 1$ (**188.**5).

Ermittlung von M_4^{III}

Das dreifach statisch unbestimmte Grundsystem wird mit $X_4 = 1$ belastet (**188.**4). Für diese Belastung sind die statisch Unbestimmten X_{14}, X_{24} und X_{34} (**187.**4) zu bestimmen. Die Momentenflächen M_1 aus $X_1 = 1$, M_2 aus $X_2 = 1$ und M_3 aus $X_3 = 1$ werden dem Beispiel S. 121 entnommen (**121.4**, **122.1** und **122.2**). Sie sind nochmals wiedergegeben durch Bild **190.1**. Die $\overline{M}_4{}^0$-Fläche zeigt Bild **189.1** b.

Dann ist (vgl. auch Beisp. in Abschn. 7.422)

$$X_{14} = -\frac{\delta'_{14}}{\delta'_{11}} \qquad X_{24} = -\frac{\delta'_{24}}{\delta'_{22}} \qquad X_{34} = -\frac{\delta'_{34}}{\delta'_{33}}$$

a) M_1-Fläche aus $X_1 = 1$

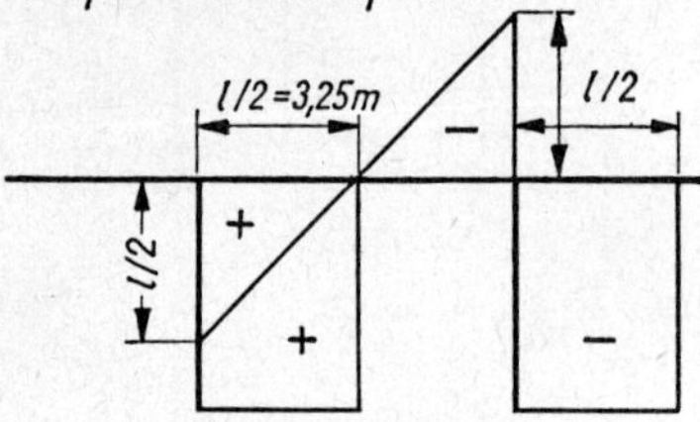

b) M_2-Fläche aus $X_2 = 1$

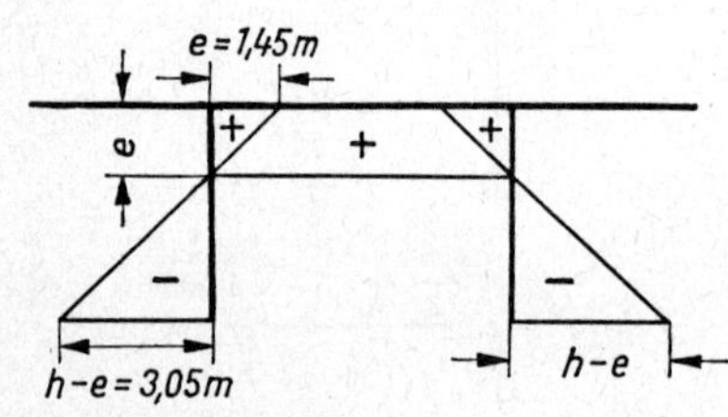

c) M_3-Fläche aus $X_3 = 1$

190.1 a) M_1-Fläche aus $X_1 = 1$
b) M_2-Fläche aus $X_2 = 1$
c) M_3-Fläche aus $X_3 = 1$

$$\delta'_{14} = EJ_c \cdot \delta_{14} = \int M_1{}^0 \cdot \overline{M}_4{}^0 \cdot ds \cdot \frac{J_c}{J}$$

$$\delta'_{11} = EJ_c \cdot \delta_{11} = \int M_1{}^{0^2} \cdot ds \cdot \frac{J_c}{J} = 18{,}1 \text{ m}$$

$$\delta'_{24} = EJ_c \cdot \delta'_{24} = \int M_2{}^0 \cdot \overline{M}_4{}^0 \cdot ds \cdot \frac{J_c}{J}$$

$$\delta'_{22} = EJ_c \cdot \delta_{22} = \int M_2{}^{0^2} \cdot ds \cdot \frac{J_c}{J} = 145{,}35 \text{ m}^3$$

$$\delta'_{34} = EJ_c \cdot \delta_{34} = \int M_3{}^0 \cdot \overline{M}_4{}^0 \cdot ds \cdot \frac{J_c}{J}$$

$$\delta'_{33} = EJ_c \cdot \delta_{33} = \int M_3{}^{0^2} \cdot ds \cdot \frac{J_c}{J} = 40{,}71 \text{ m}^3$$

Mit der $M\overline{M}$-Tafel **18.1** (1/a) ergibt sich

$$\delta'_{14} = (+\,1)\,(-\,4)\;4{,}5 \cdot \frac{44{,}5}{34{,}5} = -\,23{,}2 \text{ m}^2$$

$$\delta'_{24} = \frac{6{,}5}{2}\,(-\,4)\;4{,}5 \cdot \frac{44{,}5}{34{,}5} = -\,75{,}5 \text{ m}^3$$

und nach Zeile 1, Spalte f

$$\delta'_{34} = \frac{4{,}5}{2}\,(-\,4)\,[+\,1{,}45 - 3{,}05]\,\frac{44{,}5}{34{,}5} = 18{,}6 \text{ m}^3$$

$$X_{14} = -\frac{-\,23{,}2}{18{,}1} = 1{,}28 \text{ m} \qquad X_{24} = -\frac{-\,75{,}5}{145{,}35} = 0{,}519 \qquad X_{34} = -\frac{18{,}6}{40{,}71} = -\,0{,}457$$

Die Momente werden nach dem Überlagerungsgesetz [Gl. (100.2)] in den Knoten des Rahmens ermittelt.

$$M_{a4}^{\text{III}} = -\,4 + 1\,(+\,1{,}28) + \frac{6{,}5}{2} \cdot 0{,}519 + (-\,3{,}05)\,(-\,0{,}457)$$

$$= -\,4 + 1{,}28 + 1{,}685 + 1{,}393 = 0{,}358 \text{ m}$$

$$M_{b4}^{\text{III}} = 0 + 1 \cdot 1{,}28 + (-\,3{,}25)\,0{,}519 + (-\,3{,}05)\,(-\,0{,}457)$$

$$= 1{,}28 - 1{,}685 + 1{,}393 = 0{,}988 \text{ m}$$

$$M_{c4S}^{III} = -4{,}0 + 1 \cdot 1{,}28 + 3{,}25 \cdot 0{,}519 + 1{,}45\,(-0{,}457)$$

$$= -4{,}0 + 1{,}28 + 1{,}685 - 0{,}663 = -1{,}698 \text{ m}$$

$$M_{c4R}^{III} = 1{,}28 + 1{,}685 - 0{,}663 = +2{,}302 \text{ m}$$

$$M_{f4S} = M_{f4R} = 0 + 1 \cdot 1{,}28 - 3{,}25 \cdot 0{,}519 + 1{,}45\,(-0{,}457)$$

$$= 1{,}28 - 1{,}685 - 0{,}663 = -1{,}068 \text{ m}$$

Bild **191.1** zeigt die M_4^{III}-Fläche.

Ermittlung von M_5^{III}

Es ist

$$X_{15} = -\frac{\delta_{15}'}{\delta_{11}'} \qquad X_{25} = -\frac{\delta_{25}'}{\delta_{22}'} \qquad X_{35} = -\frac{\delta_{35}'}{\delta_{33}'}$$

191.1 M_4^{III}-Fläche

$$\delta_{15}' = EJ_c \cdot \delta_{15} = \int M_1{}^0 \cdot \overline{M}_5{}^0 \cdot ds \cdot \frac{J_c}{J} = -23{,}2 \text{ m}^2$$

$$\delta_{25}' = EJ_c \cdot \delta_{25} = \int M_2{}^0 \cdot \overline{M}_5{}^0 \cdot ds \cdot \frac{J_c}{J} = 75{,}5 \text{ m}^3$$

$$\delta_{35}' = EJ_c \cdot \delta_{35} = \int M_3{}^0 \cdot \overline{M}_5{}^0 \cdot ds \cdot \frac{J_c}{J} = 18{,}6 \text{ m}^3$$

$$X_{15} = -\frac{-23{,}2}{18{,}1} = 1{,}28 \text{ m} \quad X_{25} = -\frac{+75{,}5}{145{,}35} = -0{,}519 \quad X_{35} = -\frac{18{,}6}{40{,}71} = -0{,}457$$

$$M_{a5}^{III} = 0 + 1{,}0 \cdot 1{,}28 + 3{,}25\,(-0{,}519) + (-3{,}05)\,(-0{,}457) = 0{,}988 \text{ m}$$

$$M_{b5}^{III} = -4{,}0 + (1{,}0) \cdot 1{,}28 + (-3{,}25)\,(-0{,}519) + (-3{,}05)\,(-0{,}457) = 0{,}358 \text{ m}$$

$$M_{c5S}^{III} = M_{c5R}^{III} = +1{,}0 \cdot 1{,}28 + 3{,}25\,(-0{,}519) + 1{,}145\,(-0{,}457) = -1{,}068 \text{ m}$$

$$M_{f5S}^{III} = -4{,}0 + 1{,}0 \cdot 1{,}28 + (-3{,}25)\,(-0{,}519) + 1{,}45\,(-0{,}457) = -1{,}698 \text{ m}$$

$$M_{f5R}^{III} = 0 + 1{,}0 \cdot 1{,}28 + (-3{,}25)\,(-0{,}519) + 1{,}45\,(-0{,}457) = -2{,}302 \text{ m}$$

Bild **191.2** zeigt die M_5^{III}-Fläche, die, wie es zu erwarten war, spiegelbildlich der M_4^{III}-Fläche gleich ist. Der erfahrene Statiker nutzt die Symmetrie voll zur Rechnungsvereinfachung aus. Hier wird die Rechnung übungshalber ganz durchgeführt.

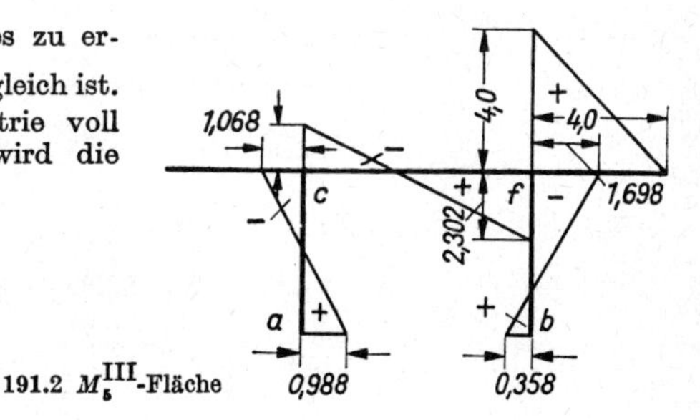

191.2 M_5^{III}-Fläche

Verschiebungswerte δ^{III}

Nachdem jetzt auch die Momentenflächen M_4^{III} und M_5^{III} aus $X_4 = 1$ und $X_5 = 1$ bekannt sind, können die Verschiebungswerte δ^{III} am dreifach statisch unbestimmten System mit den Gl. (189.1 und 2) berechnet werden.

Es ist bei Beachtung der $M\overline{M}$-Tafel **18.1**

$$\delta_{40}^{\prime III} = EJ_c \cdot \delta_{40}^{III} = \int \overline{M}_4{}^0 \cdot M_o^{III} \cdot \mathrm{d}s \cdot \frac{J_c}{J} = -4\,(6 - 12{,}0)\frac{4{,}5}{2} \cdot \frac{44{,}5}{34{,}5} = 69{,}6\ \mathrm{Mpm}^3$$

(vgl. Bild **187.**5 und **189.**1 sowie Zeile 1 und Spalte f der Tafel **18.**1)

$$\delta_{50}^{\prime III} = EJ_c \cdot \delta_{50}^{III} = \int \overline{M}_5{}^0 \cdot M_0^{III} \cdot \mathrm{d}s \cdot \frac{J_c}{J} = (-4)\,(6 - 12{,}0)\,\frac{4{,}5}{2} \cdot \frac{44{,}5}{34{,}5} = 69{,}6\ \mathrm{Mpm}^3$$

$$\delta_{44}^{\prime III} = EJ_c \cdot \delta_{44}^{III} = \int \overline{M}_4{}^0 \cdot M_4^{III} \cdot \mathrm{d}s \cdot \frac{J_c}{J}$$

$$= (-4)\,(0{,}358 - 1{,}698)\,\frac{4{,}5}{2} \cdot \frac{44{,}5}{34{,}5} + \frac{1}{3}\,(+4)\,(+4)\,4$$

$$= +15{,}55 + 21{,}33 = 36{,}88\ \mathrm{m}^3$$

(vgl. Bild **189.**1b und **191.**1 sowie (1/f) und (2/b) der Tafel **18.**1)

$$\delta_{55}^{\prime III} = EJ_c \cdot \delta_{55}^{III} = \int \overline{M}_5{}^0 \cdot M_5^{III} \cdot \mathrm{d}s \cdot \frac{J_c}{J}$$

$$= (-4)\,(0{,}358 - 1{,}698)\,\frac{4{,}5}{2} \cdot \frac{44{,}5}{34{,}5} + 21{,}33 = +15{,}55 + 21{,}33 = 36{,}88\ \mathrm{m}^3$$

(vgl. Bild **189.**2b und **191.**2 sowie (1/f) und (2/b) der Tafel **18.**1)

$$\delta_{45}^{\prime III} = EJ_c \cdot \delta_{45}^{III} = \int \overline{M}_4{}^0 \cdot M_5^{III} \cdot \mathrm{d}s \cdot \frac{J_c}{J}$$

$$= (-4{,}0)\,(-1{,}068 + 0{,}988)\,\frac{4{,}5}{2} \cdot \frac{44{,}5}{34{,}5} = 0{,}928\ \mathrm{m}^3$$

$$\delta_{54}^{\prime III} = \delta_{45}^{\prime III} = 0{,}928\ \mathrm{m}^3$$

(vgl. Bild **189.**1b und **191.**2 sowie (1/f) der Tafel **18.**1)

Ermittlung der Schnittgrößen

Nach Gl. (188.1) ist jetzt

$$69{,}6 + X_4 \cdot 36{,}88 + X_5 \cdot 0{,}928 = 0$$

$$69{,}6 + X_4 \cdot 0{,}928 + X_5 \cdot 36{,}88 = 0$$

Infolge Symmetrie ist $X_4 = X_5$, deshalb

$$69{,}6 + X_4 \cdot 36{,}88 + X_4 \cdot 0{,}928 = 0$$

$$X_4 = -\frac{69{,}6}{36{,}88 + 0{,}928} = -\frac{69{,}6}{37{,}81} = -1{,}84\ \mathrm{Mp}$$

Sind X_4 und X_5 bekannt, so können alle inneren und äußeren Kräfte am fünffach statisch unbestimmten System angegeben werden. Allgemein ist entsprechend den Gl. (100.2 bis 4)

$$M^{\mathrm{V}} = M_0^{\mathrm{III}} + M_4^{\mathrm{III}} \cdot X_4 + M_5^{\mathrm{III}} \cdot X_5$$

$$Q^{\mathrm{V}} = Q_0^{\mathrm{III}} + Q_4^{\mathrm{III}} \cdot X_4 + Q_5^{\mathrm{III}} \cdot X_5$$

$$N = N_0^{\mathrm{III}} + N_4^{\mathrm{III}} \cdot X_4 + N_5^{\mathrm{III}} \cdot X_5$$

So ist z. B.

$$M_a^{\mathrm{V}} = +\,6{,}0 + 0{,}358\,(-\,1{,}84) + 0{,}998\,(-\,1{,}84) = 6{,}00 - 0{,}66 - 1{,}84$$

$$= 3{,}50\ \mathrm{Mpm}$$

$$M_{cS}^{\mathrm{V}} = -\,12{,}0 + (-\,1{,}698)\,(-\,1{,}84) + (-\,1{,}068)\,(-\,1{,}84)$$

$$= -\,12{,}0 + 3{,}12 + 1{,}97 = -\,6{,}91\ \mathrm{Mpm}$$

$$M_{cR}^{\mathrm{V}} = -\,12{,}0 + 2{,}302\,(-\,1{,}84) + (-\,1{,}068)\,(-\,1{,}84)$$

$$= -\,12{,}0 - 4{,}23 + 1{,}97 = -\,14{,}26\ \mathrm{Mpm}$$

$$M_{dR}^{\mathrm{V}} = -\,14{,}26\ \mathrm{Mpm}$$

in Feldmitte

$$M_F^{\mathrm{V}} = +\,26{,}4 - 14{,}26 = +\,12{,}14\ \mathrm{Mpm}$$

am Anschnitt des Kragarms

$$M_{ck}^{\mathrm{V}} = 4 \cdot (-\,1{,}84) = -\,7{,}36\ \mathrm{Mpm}$$

Bild **193.1** zeigt die Momentenfläche aus der Belastung $q = 5{,}0$ Mp/m.

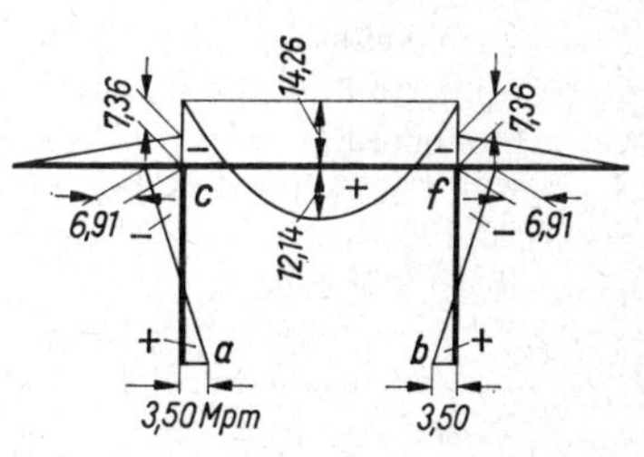

193.1 Momentenfläche aus $q = 5$ Mp/m

8 Weggrößenverfahren

8.1 Einführung

8.11 Begriffe und Formelzeichen

$\mathfrak{A}$, $\mathfrak{B}$	Auflagerreaktionen der M-Fläche
F	Flächeninhalt der M-Fläche aus gegebener Belastung
M_{JK}	Volleinspannmoment im Punkt i beim beiderseits biegesteif gelagerten Stab ik
M'_{JK}	Volleinspannmoment im Punkt i eines Stabes, der im Punkt i voll eingespannt und im Punkt k gelenkig gelagert ist. Als Indizes können große Buchstaben (J, K) oder römische Ziffern gewählt werden.
M_{ik}	Endgültiges Moment im Punkt i eines biegesteif drehbar gelagerten Stabes ik. Als Indizes können kleine Buchstaben (i, k) oder arabische Ziffern gewählt werden. Die Bezeichnung der Stablagerung zeigt Bild **194.1**.
k^*	Steifigkeitszahl
k, k'	verzerrte Steifigkeitszahlen
$\sum_d$	Summierung über die am abgelegenen Stabende drehbar biegesteif angeschlossenen Stäbe (s. Bild **201.1**)
$\sum_n$	Summierung über alle in einem Knoten drehbar biegesteif angeschlossenen Stäbe (s. Bild **201.1**)
u, v	Verschiebungen eines Stabes
z	Entzerrungsfaktor
α, β	Tangentendrehwinkel
Δv	gegenseitige Verschiebung der Stabenden
ψ	Stabdrehwinkel
φ	Knotendrehwinkel
φ_a^*	wirklicher Knotendrehwinkel
φ_a	verzerrter Knotendrehwinkel

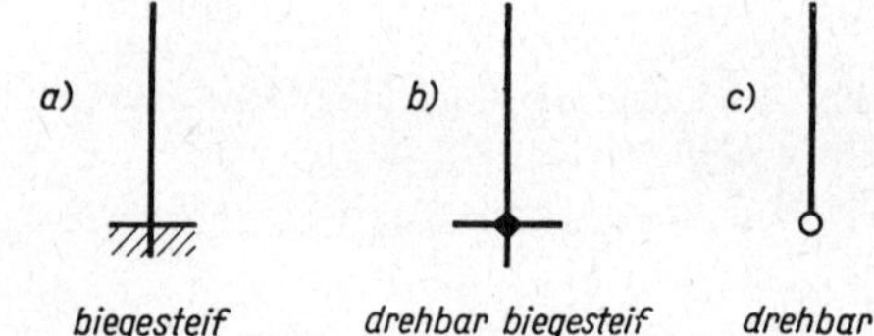

194.1 Bezeichnung der Stablagerung

8.12 Allgemeines

Die Berechnung statisch unbestimmter Systeme mit Hilfe von Formänderungen als unbekannten Größen bezeichnet man als Formänderungsgrößenverfahren und neuerdings als Weggrößen-Verfahren, weiterhin auch als Deformationsmethode und als Drehwinkelverfahren. Die ersten Buchveröffentlichungen dieser Verfahren stammen von Ostenfeld [12] und Mann [11].

L. Mann schrieb 1927: „Neben den physikalischen Gesetzen der Formänderungen enthält jede Theorie statisch unbestimmter Systeme nur geometrische oder statische Aussagen. Sie dienen dazu, die Gleichungen zu formulieren, deren Lösung zur Kenntnis der Kräfte und Formänderungen führt."

Bisher wurden zur Lösung der statisch unbestimmten Aufgaben Kraftgrößen (äußere und innere Kräfte bzw. Momente) als Unbekannte eingeführt. Die Lösungsmethode wird als Kraftgrößenverfahren oder Kraftmethode bezeichnet. Bei sehr hochgradig statisch unbestimmten Tragwerken bedingt das Kraftgrößenverfahren viele Unbekannte und damit viele Elastizitätsgleichungen. Die geschlossene Lösung dieser Gleichungen verursacht einen beträchtlichen Rechenaufwand. In derartigen Fällen kann es zweckmäßig sein, nicht Kräfte, sondern Formänderungen als Unbekannte einzusetzen. Diese Formänderungen können als Verdrehungen oder Verschiebungen der Knoten von Stabwerken auftreten. Die Zahl der erforderlichen Gleichungen ist dabei von der Anzahl der Knotenpunkte und deren geometrischen Bedingungen (starr, drehbar oder verschieblich) abhängig.

Die Lösung der Gleichungen liefert Formänderungsgrößen oder anders ausgedrückt: vom System zurückgelegte Wege (Drehwinkel und Verschiebungen). Aus diesen Größen müssen anschließend sowohl die zugehörigen Momente als auch die weiteren Schnittgrößen und äußeren Kräfte ermittelt werden. Da in erster Linie fast immer die Schnittkräfte eines Tragwerks und nur in wenigen Fällen besondere Formänderungen des Systems gesucht werden, bedeutet die Berechnung der Momente aus den Formänderungsgrößen im Vergleich zum Kraftgrößenverfahren eine zusätzliche Arbeit. Deshalb ist die Anwendung des Weggrößenverfahrens in der Regel nur dann sinnvoll, wenn die Anzahl der unbekannten geometrischen Größen kleiner ist als die der unbekannten statischen Größen beim Kraftgrößenverfahren.

8.2 Die Weggrößen

8.21 Bezeichnungen

Grundlage des Weggrößenverfahrens ist der Kirchhoffsche Eindeutigkeitssatz:

Zu bestimmten Kraftgrößen eines Systems gehören eindeutige Formänderungen (Verdrehungen und Verschiebungen), und umgekehrt zu bestimmten Formänderungen eindeutige Kraftgrößen (Kräfte und Momente).

Die Formänderungsgrößen können somit als Unbekannte eingeführt und mit später zu besprechenden Gleichungen gelöst werden. Aus diesen Formänderungen sind die Kraftgrößen dann eindeutig zu bestimmen.

Zunächst soll die Bezeichnung der am Stab (Biegestab) allgemein auftretenden Formänderungsgrößen geklärt werden. Bei allen diesen folgenden Betrachtungen wird der Einfluß der Querkräfte und Normalkräfte auf die Formänderung vernachlässigt, weil dieser Einfluß meistens von höherer Ordnung klein ist.

Betrachtet wird als Stab der Riegel ab eines Rahmens für zwei verschiedene Lastfälle. Im ersten Fall ist der Riegel selbst unbelastet, jedoch verursachen in den Festpunkten a und b angreifende Kraftgrößen die Formänderungen des Stabes ab (**195.1**). Im zweiten Fall ist der Riegel selbst belastet; außerdem wirken wieder in den Ecken angreifende Kraftgrößen an den Formänderungen mit (**195.2**).

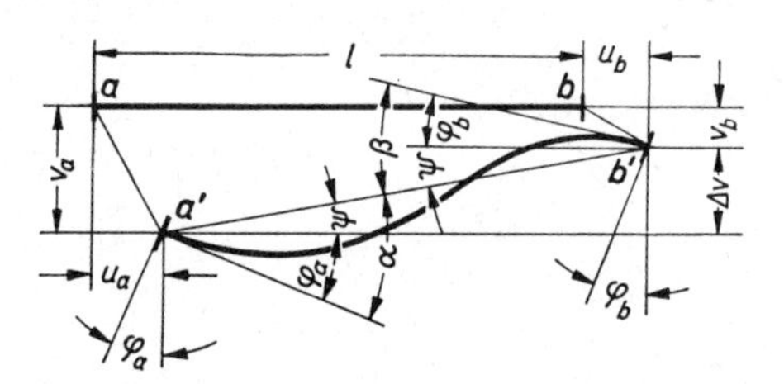

195.1 Unbelasteter Riegel, infolge Nachbarbelastungen verformt

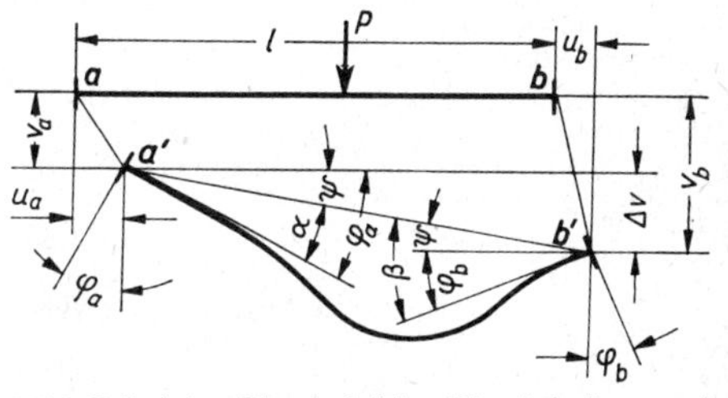

195.2 Belasteter Riegel, infolge Eigenbelastung und Nachbarbelastung verformt

Folgende Bezeichnungen werden gewählt:

φ = Winkel, um den der betrachtete Knotenpunkt verdreht wird = Knotendrehwinkel

ψ = Winkel, um den sich die Stabachse verdreht = Stabdrehwinkel

α, β = Tangentendrehwinkel, Winkel zwischen Stabsehne und Endtangente (vgl. Teil 2 Abschn. Formänderungen)

u, v sind die Verschiebungen der Stabenden von der ursprünglichen unverformten bis zur verformten Lage

Δv, (Δu) ist die gegenseitige Verschiebung der verformten Stabenden, senkrecht (waagrecht) zur ursprünglichen Stabrichtung

8.22 Vorzeichenregeln

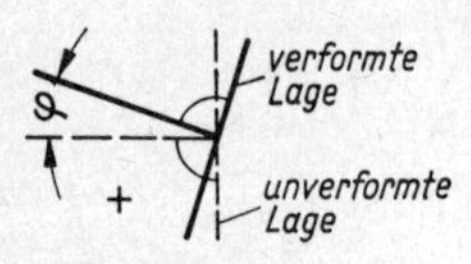

196.1 Vorzeichen für Knotendrehwinkel φ

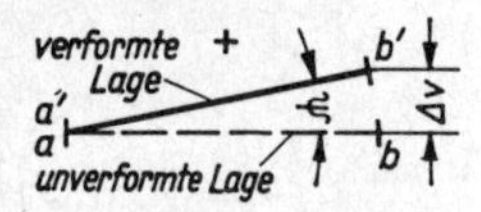

196.2 Vorzeichen für Stabdrehwinkel ψ und gegenseitige Verschiebung Δv

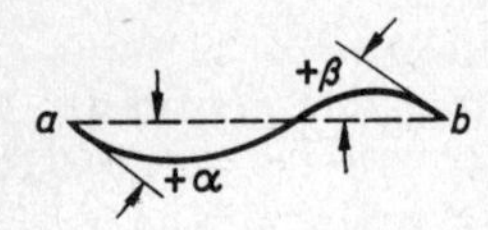

196.3 Vorzeichen für Tangentendrehwinkel

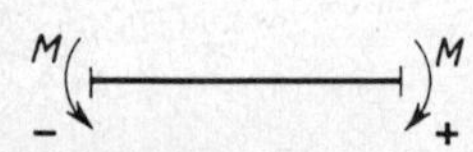

196.4 Vorzeichen für Momente am Stabende

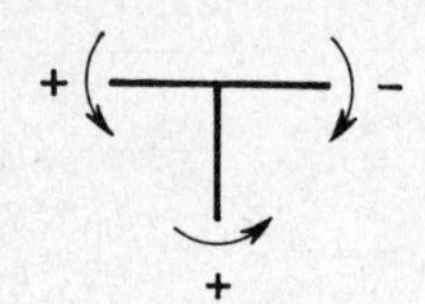

196.5 Vorzeichen für Momente am Knoten

Für das Weggrößenverfahren sollen die folgenden Vorzeichenregeln gelten:

1. Der Knotendrehwinkel φ ist positiv, wenn sich der Knoten im Uhrzeigersinn dreht (**196.**1)

2. Der Stabdrehwinkel ψ ist positiv, wenn der Stab sich gegen den Uhrzeigersinn dreht (**196.**2)

3. Die Tangentendrehwinkel α, β sind positiv, wenn sie von der unverformten in die verformte Lage im Uhrzeigersinn drehen (**196.**3)

4. Gegenseitige Verschiebungen Δu, Δv zwischen den Stabenden sind positiv, wenn sie positive Stabdrehwinkel ψ erzeugen, d. h. bei Drehung des Stabes gegen den Uhrzeigersinn (**196.**2)

5. Momente am Stabende sind positiv, wenn sie im Uhrzeigersinn drehen (**196.**4)

Daraus folgt

6. Momente am Knoten sind positiv, wenn sie gegen den Uhrzeigersinn drehen (**196.**5). Das bedeutet, daß für den Drehsinn der Momente umgekehrte Vorzeichen wie beim Cross-Verfahren gelten (vgl. Teil 2 Abschn. Durchlaufträger).

Nach diesen Vorzeichenregeln wird z. B. für den Riegel nach Bild **195.**1

$$\alpha = \varphi_a + \psi \qquad \varphi_a = \alpha - \psi \tag{196.1}$$

$$\beta = \varphi_b + \psi \qquad \varphi_b = \beta - \psi \tag{196.2}$$

Beispiel: Bei Annahme von

$$\alpha = 2^\circ\,10' \qquad \beta = -\,3^\circ\,30' \qquad \text{und} \qquad \psi = -\,55'$$

wird in Bild **195.2**

$$\varphi_a = 2^\circ\,10' - (-\,55') = 3^\circ\,05'$$

$$\varphi_b = -\,3^\circ\,30' - (-\,55') = -\,2^\circ\,35'$$

8.3 Tragsysteme mit unverschieblichen Knoten

8.31 Gleichungen für Stabendmomente

8.311 Allgemeines

Die Stabendmomente M_a und M_b sollen in Abhängigkeit von der Belastung und den Drehwinkeln ausgedrückt werden. Zum leichteren Verständnis werden zuerst Systeme betrachtet, deren Knoten unverschieblich sind.

Die unverschiebliche Lage der Knoten kann durch die Konstruktion selbst (s. Bild **200.2**, **202.1**, **210.3** und Teil 3 Abschn. „Rahmen") und auch bei einem an sich verschieblichen System durch einen besonderen Lastfall (s. Bild **216.3**) gegeben sein.

Wenn die Knotenpunkte sich nicht aus ihrer ursprünglichen Lage verschieben, wird der Stabdrehwinkel ψ zu Null. Die Gl. (196.1 und 2) vereinfachen sich zu

$$\varphi_a = \alpha \quad \text{und} \quad \varphi_b = \beta \qquad (197.1 \text{ und } 2)$$

d. h. Knotendrehwinkel = Tangentendrehwinkel.

Damit können die statischen Beziehungen zwischen den Momenten und Tangentendrehwinkeln eingesetzt werden (vgl. Teil 2 Abschn. „Formänderungen" und „Durchlaufträger"). Hierbei sind die Unterschiede in der Vorzeichenfestlegung beim Kraftgrößen- und Weggrößenverfahren zu beachten. Sie sind in Bild **197.1** nochmals gegenübergestellt.

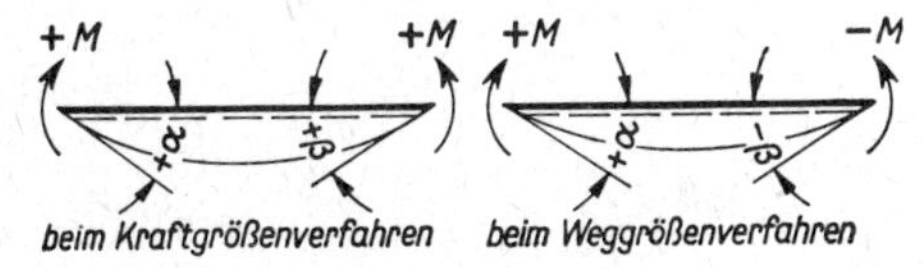

197.1 Drehsinn und Vorzeichen

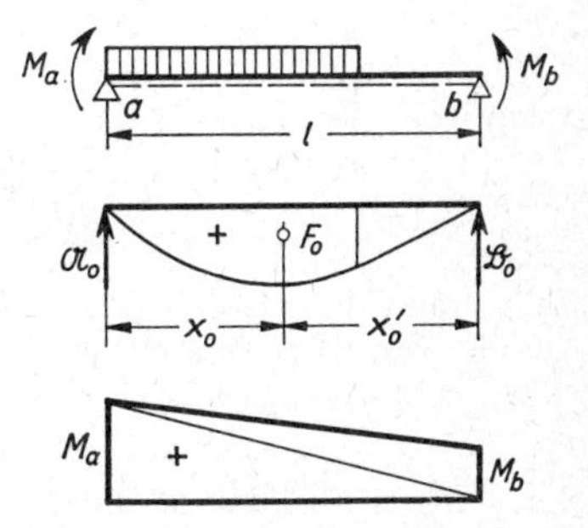

197.2 Beliebige Belastung eines Balkens mit positiven Stützmomenten

8.312 An beiden Enden elastisch eingespannter Stab

Wir betrachten den Balken nach Bild **197.2**. Die Belastung ist beliebig, die Stützmomente M_a und M_b werden nach der Vorzeichenregel für das Kraftgrößenverfahren positiv zur Bezugsfaser oder gestrichelten Linie (unterer Rand) angebracht. Die Tangentendrehwinkel α und β werden für die gegebene Belastung im Bogenmaß errechnet. Führt man nun in die ermittelten Gleichungen für α und β die Vorzeichenregeln des Weggrößenverfahrens ein, wodurch β sein Vorzeichen ändert, so ergibt sich nach Mohr (vgl. Teil 2, Formänderung bei Biegung) mit $EJ\alpha_0 = \mathfrak{A}_0 = \frac{F_0 \cdot x'_0}{l}$ und $-EJ\beta_0 = \mathfrak{B}_0 = \frac{F_0 \cdot x_0}{l}$

$$EJ \cdot \alpha = EJ\alpha_0 + (M_a)\frac{l}{2} \cdot \frac{2}{3} + (-M_b)\frac{l}{2} \cdot \frac{1}{3} = EJ\alpha_0 + M_a \cdot \frac{l}{3} - M_b \cdot \frac{l}{6}$$

$$-EJ \cdot \beta = -EJ\beta_0 + M_a \cdot \frac{l}{6} + (-M_b)\frac{l}{3} = -EJ\beta_0 + M_a \cdot \frac{l}{6} - M_b \cdot \frac{l}{3}$$

Wir führen die Knotendrehwinkel ein. Es wird mit Gl. (197.1 und 2)

$$EJ \cdot \alpha = EJ \cdot \varphi_a \qquad EJ \cdot \beta = EJ \cdot \varphi_b$$

und damit

$$EJ \cdot \varphi_a = EJ \cdot \alpha = EJ \cdot \alpha_0 + M_a \cdot \frac{l}{3} - M_b \cdot \frac{l}{6} \tag{198.1}$$

$$EJ \cdot \varphi_b = EJ \cdot \beta = EJ \cdot \beta_0 - M_a \cdot \frac{l}{6} + M_b \cdot \frac{l}{3} \tag{198.2}$$

Aus diesen beiden Gleichungen ergeben sich durch Umformung die Momente zu

$$M_a = \frac{EJ}{l}(4\varphi_a + 2\varphi_b) - \frac{EJ}{l}(4\alpha_0 + 2\beta_0) \tag{198.3}$$

$$M_b = \frac{EJ}{l}(2\varphi_a + 4\varphi_b) - \frac{EJ}{l}(2\alpha_0 + 4\beta_0) \tag{198.4}$$

Falls die Stabenden **voll eingespannt** sind, werden die Tangentendrehwinkel α, β und damit auch die Knotendrehwinkel φ zu Null. An den Stabenden greifen dann die Volleinspannmomente M_A und M_B an. Für die **Bezeichnung** wird in diesem Abschnitt festgesetzt: Volleinspannmomente werden mit großen Buchstaben oder römischen Ziffern als Indizes versehen. Die endgültigen Stabendmomente bei teilweiser Einspannung dagegen erhalten als Indizes kleine Buchstaben oder arabische Ziffern. Für Volleinspannung lauten die Gl. (198.1 und 2)

$$0 = EJ \cdot \alpha_0 + M_A \cdot \frac{l}{3} - M_B \cdot \frac{l}{6} \qquad 0 = EJ \cdot \beta_0 - M_A \cdot \frac{l}{6} + M_B \cdot \frac{l}{3}$$

nach M_A und M_B aufgelöst

$$M_A = -\frac{EJ}{l}(4\alpha_0 + 2\beta_0) \qquad M_B = -\frac{EJ}{l}(2\alpha_0 + 4\beta_0) \tag{198.5 und 6}$$

Setzt man diese Ausdrücke in die Gl. (198.3 und 4) ein, so erhält man die Formeln für die Stabendmomente in Abhängigkeit von den Volleinspannmomenten und den Knotendrehwinkeln.

$$\boldsymbol{M_a = \frac{EJ}{l}(4\varphi_a + 2\varphi_b) + M_A \qquad M_b = \frac{EJ}{l}(4\varphi_b + 2\varphi_a) + M_B} \tag{198.7 und 8}$$

Diese Gleichungen werden als **Stabendmomentengleichungen** für Tragwerke mit unverschieblichen Knotenpunkten bezeichnet. Die Werte für die Volleinspannmomente M_A und M_B können für die verschiedenen Belastungsfälle aus Tafeln (s. Teil 2 Abschn. „Durchlaufträger") entnommen werden.

Bei Einführung in die Gl. (198.7 und 8) sind für die Vorzeichen der aus den Tafeln entnommenen Werte die oben angeführten Vorzeichenregeln für das Weggrößenverfahren zu beachten: Am Stabende rechtsdrehende Einspannmomente erhalten ein positives, linksdrehende ein negatives Vorzeichen (**198.1**).

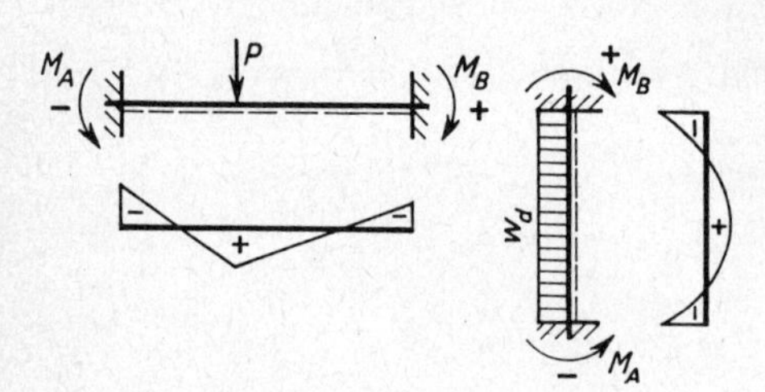

198.1 Beispiele eingespannter Balken mit den einzuführenden Vorzeichen der Einspannmomente

8.313 Steifigkeitszahlen

Wir führen zunächst als Steifigkeitszahl ein

$$k^* = \frac{2\,EJ}{l} \tag{199.1}$$

Damit lauten die Stabendmomentengleichungen

$$M_a = k^*(2\varphi_a + \varphi_b) + M_A \qquad M_b = k^*(2\varphi_b + \varphi_a) + M_B \qquad (199.2 \text{ und } 3)$$

Meistens wird jedoch statt der Steifigkeitszahl k^* die verzerrte Steifigkeitszahl k benutzt, weil es bei der Berechnung der Schnittgrößen nur auf das Verhältnis der Steifigkeiten der einzelnen Stäbe zueinander ankommt; dabei spielen konstante Werte (wie „$2E$") keine Rolle. Mit dem bereits früher (vgl. Teil 2 Abschn. „Durchlaufträger" und Teil 3 Abschn. „Rahmen") gebrauchten Wert $k = J/l$ wird

$$\boldsymbol{M_a = k(2\varphi_a + \varphi_b) + M_A \qquad M_b = k(2\varphi_b + \varphi_a) + M_B} \qquad (199.4 \text{ und } 5)$$

Meist wird diese letzte Form der Stabendmomentengleichungen für das praktische Rechnen benutzt.

Im Unterschied zum Vorhergehenden muß beim Bestimmen von Formänderungen die tatsächliche Steifigkeitszahl $k^* = 2\,EJ/l$ in die Rechnung eingeführt werden. Beim Durchführen der Berechnung mit den aus dieser Gleichung gewonnenen Steifigkeitswerten erhält man die Formänderungen oder Wege (Drehwinkel, Verschiebungen) sofort in richtiger Größe.

Arbeitet man jedoch wie bei den Gl. (199.4 und 5) mit der verzerrten Steifigkeitszahl

$$k = J/l \tag{199.6}$$

so erhält man die Knotendrehwinkel verzerrt. Falls ihre richtige Größe berechnet werden soll, muß man die Drehwinkel entzerren mit

$$z = \frac{k}{k^*} = \frac{J}{l} \cdot \frac{l}{2\,EJ} = \frac{1}{2E} \tag{199.7}$$

Um den Knotendrehwinkel in a, also in wahrer Größe zu bestimmen, schreibt man

$$\varphi_a^* = \varphi_a \cdot z \tag{199.8}$$

Für die Berechnung der Stabendmomente ist es also gleich, ob man k^* oder k benutzt. Für die Ermittlung der Drehwinkel aber sind die wirklichen Steifigkeitswerte maßgebend. Deshalb rechnet man zur Bestimmung der Drehwinkel entweder mit k^* oder man korrigiert die mit k berechneten Werte gemäß Gl. (199.8).

8.314 An einem Ende gelenkig angeschlossener Stab

Es soll geklärt werden, in welcher Weise sich ein einseitiger gelenkiger Stabanschluß auf die Knotengleichungen auswirkt. Der Stab ist dabei am betrachteten Knoten drehbar biegesteif angeschlossen, am anderen Ende hat er aber einen Gelenkanschluß (**199.1**). Im Gelenk b kann kein Moment übertragen werden (vgl. „M-Gelenk" im Abschn. „Einflußlinien mittels des $n - 1$fach statisch unbestimmten Systems"), folglich ist im Stab nach Bild **199.1** $M_b = 0$.

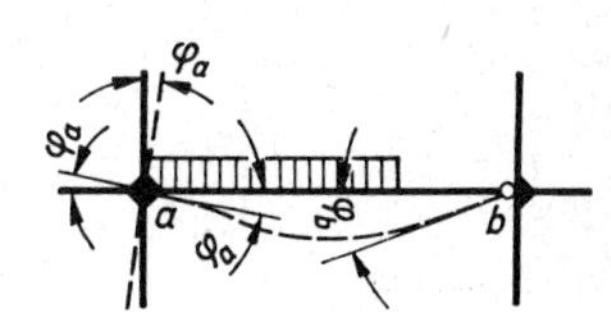

199.1 Rahmenstab ab, in a drehbar biegesteif, in b drehbar angeschlossen

und ebenfalls das Volleinspannmoment $M_B = 0$

Die Gl. (199.5) für Punkt b lautet $0 = k(2\varphi_b + \varphi_a) + 0$

daraus $2\varphi_b = -\varphi_a \qquad \varphi_b = -\frac{\varphi_a}{2}$

Die Stabendmomentengleichung (199.4) für Punkt a lautet

$$M_a = k(2\varphi_a + \varphi_b) + M'_A$$

mit M'_A = Volleinspannmoment nach Bild **200.1**. Wir setzen den obigen Wert φ_b in die Gleichung ein

$$M_a = k\left(2\varphi_a - \frac{\varphi_a}{2}\right) + M'_A = k \cdot \frac{3}{2}\varphi_a + M'_A$$

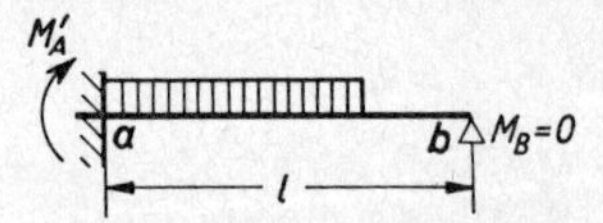

200.1 Träger in a biegesteif angeschlossen

Wenn wir jetzt wie früher beim Balken, der auf einer Seite elastisch eingespannt und auf der anderen Seite gelenkig angeschlossen ist, den Wert

$$k' = 3/4k \tag{200.1}$$

einführen (s. Teil 2 Abschn. „Momentenverfahren nach Cross"), so wird

$$M_a = \frac{4}{3}k' \cdot \frac{3}{2}\varphi_a + M'_A = \boldsymbol{k' \cdot 2\varphi_a + M'_A} \tag{200.2}$$

Durch Einführen der Steifigkeit k' ist es also gelungen, den Faktor 2 bei φ_a entsprechend der Gl. (199.4) zu erhalten. Durch Substitution der Stabendmomentengleichung für b ist an diesem Stab nur ein Knotendrehwinkel, nämlich φ_a, zu berechnen. Für solche Stäbe ist also für die Seite des gelenkigen Anschlusses, den Punkt b, keine Stabendmomentengleichung aufzustellen, weil φ_b bereits in der Gleichung für Punkt a enthalten ist.

8.32 Aufstellen der Knotengleichungen

Zur Berechnung eines Rahmens mit unverschieblichen Knoten ist für jeden elastisch eingespannten Knoten des Systems eine Knotengleichung aufzustellen. Da sich in einem solchen Knoten mindestens zwei oder mehr Stäbe treffen, sind die Gleichungen der Stabendmomente nicht nur für einen, sondern für alle in diesem Knoten ankommenden Stäbe anzuschreiben. Aus der Gleichgewichtsbedingung, daß die Summe aller am Knoten angreifenden Stabendmomente gleich Null sein muß, erhält man die Knotengleichung. Sie ist somit eine Summengleichung der am Knoten angreifenden Stabendmomente.

Für das in Bild **200.2** dargestellte Rahmensystem sollen die Knotengleichungen angeschrieben werden. Zum besseren Verständnis werden die elastisch eingespannten Knoten zunächst mit Buchstaben und die übrigen Knoten mit Zahlen bezeichnet. In der Praxis werden selbstverständlich sämtliche Knoten durchnumeriert. Für den Knoten a sind die Momente ohne Rücksicht auf die Belastung des Tragwerks positiv eingetragen (**200.3**).

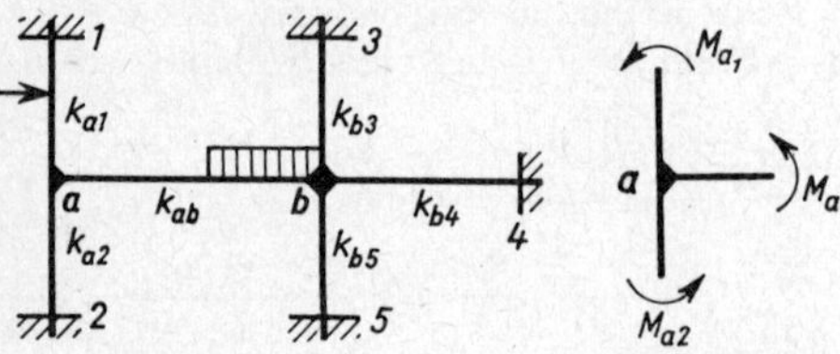

200.2 Rahmen

200.3 Knoten a mit positiv eingetragenen Momenten

Es ist $\sum M_a = M_{ab} + M_{a1} + M_{a2} = 0$

Mit Gl. (199.4) wird

$$\sum M_a = k_{ab}(2\varphi_a + \varphi_b) + M_{AB} + k_{a1}(2\varphi_a + 0) + M_{A\mathrm{I}} + k_{a2}(2\varphi_a + 0) + M_{A\mathrm{II}} = 0$$

oder einfacher und übersichtlicher

$$\sum M_a = \varphi_a \cdot 2(k_{ab} + k_{a1} + k_{a2}) + k_{ab} \cdot \varphi_b + \sum M_A = 0 \qquad (201.1)$$

Im ersten Term der rechten Seite sind die Steifigkeiten aller im Knoten a drehbar biegesteif angeschlossenen Stäbe enthalten. Der zweite Ausdruck bringt den Einfluß der Drehwinkel an den abgelegenen Stabenden (hier dreht sich davon nur das Stabende des Knotens b). Der dritte Term ist die Summe der Volleinspannmomente im Punkt a. Wir wollen die Gleichung allgemeiner für einen Punkt i anschreiben. In diesem Punkt i seien n Stäbe drehbar biegesteif angeschlossen. Am abgelegenen Stabende k sollen davon nur d Stäbe drehbar biegesteif angeschlossen sein. Dafür lautet die Knotengleichung

$$\sum \boldsymbol{M_i} = \boldsymbol{\varphi_i \cdot 2 \sum_n k_i + \sum_d \varphi_k \cdot k_i + \sum_n M_J = 0} \qquad (201.2)$$

Zum besseren Verständnis dieses auf den ersten Blick vielleicht etwas schwierig erscheinenden Ausdrucks sollen die Knotengleichungen für das in Bild **201.1** dargestellte Rahmensystem aufgestellt werden. Elastisch eingespannte Knoten, für die jeweils die Knotengleichung aufzustellen ist, sind die Knoten a, i und k. Für den Knoten a lautet die Gl. (201.2)

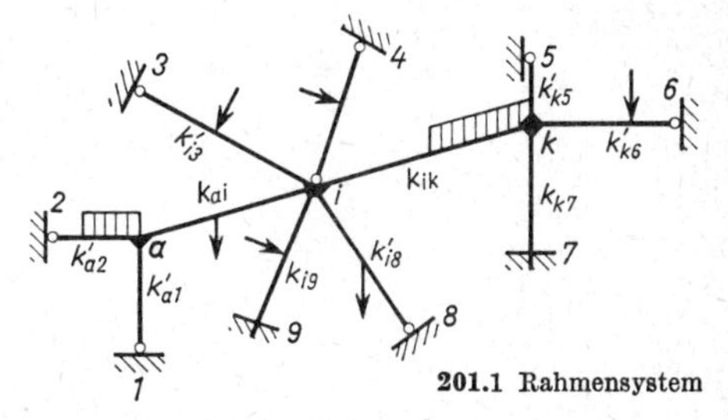

201.1 Rahmensystem

$$\sum M_a = \varphi_a \cdot 2(k'_{a1} + k'_{a2} + k_{ai}) + \varphi_i \cdot k_{ai} + \sum M_A = 0$$

Hier tritt im zweiten Ausdruck der Gl. (201.1) nur φ_i auf; es ist nämlich von den abgelegenen Stabenden lediglich der Stab ai im Knoten i drehbar biegesteif angeschlossen.

Die Knotengleichung für i lautet

$$\sum M_i = \varphi_i \cdot 2(k_{ai} + k'_{i3} + k_{ik} + k'_{i8} + k_{i9}) + \varphi_a \cdot k_{ai} + \varphi_k \cdot k_{ik} + \sum M_J = 0$$

Im ersten Ausdruck ist der Stab $i\,4$ nicht vertreten, weil er im Punkt i gelenkig angeschlossen ist und somit keinen Anteil des Momentes aufnehmen kann; der Ausdruck $\sum_d (\varphi_k \cdot k_i)$ bringt hier die beiden Knotenwinkel φ_a und φ_k mit den Steifigkeiten der zugehörigen Stäbe herein, weil diese beiden Stäbe an den von i abgelegenen Stabenden drehbar biegesteif angeschlossen sind.

Die Knotengleichung für k wird angeschrieben mit

$$\sum M_k = \varphi_k \cdot 2(k_{ik} + k'_{k5} + k'_{k6} + k_{k7}) + \varphi_i \cdot k_{ik} + \sum M_k = 0$$

In den obigen Knotengleichungen sind $\sum M_A$, $\sum M_J$ und $\sum M_K$ die Summen der am betreffenden Knoten infolge der gegebenen Belastung angreifenden Volleinspannmomente.

Wie früher beim Cross-Verfahren (vgl. Teil 2 Abschn. „Durchlaufträger") werden zuerst die Steifigkeitszahlen aus gegebenen Abmessungen oder geschätzten Steifigkeitsverhältnissen und die Volleinspannmomente aus der Belastung berechnet. Durch

Einsetzen dieser Werte in die Knotengleichungen können dann die unbekannten Knotendrehwinkel, hier φ_a, φ_i und φ_k, errechnet werden. Mit den so gefundenen Knotendrehwinkeln sind dann nach Gl. (199.4 und 5) bzw. bei Stäben mit Gelenken nach Gl. (200.2) die endgültigen Momente M_{a1}, M_{a2}, M_{ai} usw. zu bestimmen.

8.33 Anwendungen

Beispiel 1: Für den einhüftigen Rahmenbinder nach Bild **202**.1 sind die M-, Q- und N-Flächen infolge der gegebenen Belastung zu bestimmen.

Bei Behandlung der Aufgabe nach dem Kraftgrößenverfahren wäre das System, falls im Lager 3 nur Querkräfte übertragen werden, 4fach statisch unbestimmt; mit $a = 7$, $s = 3$, $e = 2$, $k = 4$ ist

$$n = 7 + 3 + 2 - 2 \cdot 4 = 4$$

202.1 Einhüftiger Rahmen

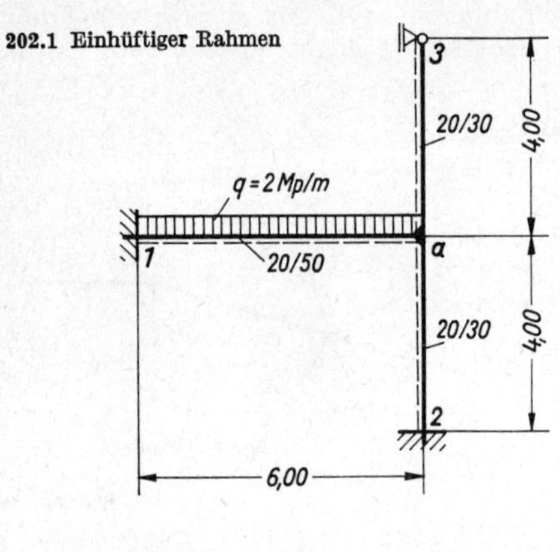

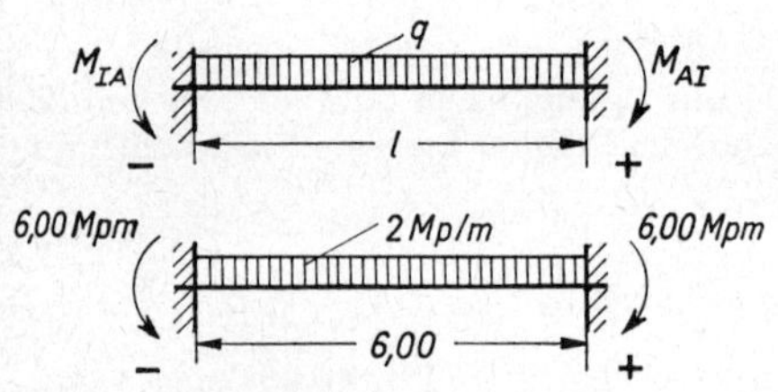

202.2 Volleinspannmoment

Dagegen ist beim Weggrößenverfahren nur eine Knotengleichung zu lösen. Der Vergleich fällt also in diesem Beispiel sehr zugunsten der Formänderungsmethode aus.

Die Trägheitsmomente und die Steifigkeitszahlen werden hier zu Übungszwecken in den Einheiten dm^4 und dm^3 angeschrieben.

Für die gegebenen Querschnitte betragen die

Trägheitsmomente

$$J_{a1} = \frac{2,0 \cdot 5,0^3}{12} = 20,83 \text{ dm}^4$$

$$J_{a2} = J_{a3} = \frac{2,0 \cdot 3,0^3}{12} = 4,5 \text{ dm}^4$$

Steifigkeitszahlen

$$k_{a1} = \frac{20,83}{60} = 0,347 \quad \text{dm}^3 = \frac{\text{dm}^4}{\text{dm}}$$

$$k_{a2} = \frac{4,5}{40} = 0,1125 \text{ dm}^3$$

$$k'_{a3} = 0,75 \cdot \frac{4,5}{40} = 0,0843 \text{ dm}^3$$

Gemäß Bild **202**.2 dreht das Volleinspannmoment M_{AI} am rechten Stabende rechts herum, folglich ist das Moment nach der oben aufgestellten Vorzeichenregel positiv.

$$M_{AI} = \frac{2,0 \cdot 6,0^2}{12} = 6,00 \text{ Mpm} = 600 \text{ Mpcm}$$

Nach Gl. (201.1) lautet die Knotengleichung

$$\varphi_a \cdot 2(k_{a1} + k_{a2} + k'_{a3}) + M_{AI} = 0$$

$$\varphi_a \cdot 2\,(0,347 + 0,1125 + 0,0843) + 600 = 0$$

$$1,0876\, \varphi_a = -\,600$$

$$\varphi_a = -\,552 \;\frac{\text{Mpcm}}{\text{dm}^3} = -\,552 \cdot 10^{-3}\,\frac{\text{Mp}}{\text{cm}^2}$$

Für die Berechnung der Stabendmomente ist zu beachten, daß beim Einsetzen der Steifigkeitszahlen in dm³ die Einheit der Drehwinkel φ Moment/dm³ sein muß; daher ist der erste Wert für φ_a zu nehmen. Mit Gl. (199.4 und 5) und (200.2) ergeben sich dann die Stabendmomente

$$M_1 = k_{1a}(2\varphi_1 + \varphi_a) + M_{\mathrm{I}} \qquad \text{Mpcm} = \text{dm}^3 \cdot \frac{\text{Mpcm}}{\text{dm}^3}$$

$$M_1 = 0{,}347\,(2 \cdot 0 - 552) - 600 = -191 - 600 = -791 \text{ Mpcm}$$

$$M_{a1} = 0{,}347\,[2\,(-552) + 0] + 600 = -383 + 600 = +217 \text{ Mpcm}$$

$$M_{a2} = 0{,}1125\,[2\,(-552) + 0] + 0 = -124 \text{ Mpcm}$$

$$M_{a3} = 0{,}0843 \cdot 2\,(-552) + 0 = -93 \text{ Mpcm}$$

$$M_2 = 0{,}1125\,[2 \cdot 0 + (-552)] + 0 = -62 \text{ Mpcm}$$

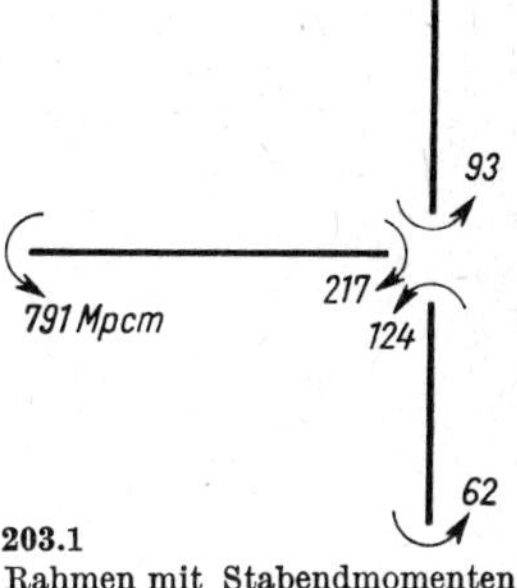

203.1 Rahmen mit Stabendmomenten

Die Stabendmomente sind in Bild **203.1** eingetragen. Damit kann die Biegemomentenfläche unmittelbar gewonnen werden. Die Ordinaten der Biegemomente werden auf der Seite des Stabes aufgetragen, an der sie Zugspannungen erzeugen. Stimmt diese Seite mit der vorher frei gewählten Bezugsfaser (gestrichelte Linie) überein, so sind die Momente nach den Vorzeichenregeln des Kraftgrößen-Verfahrens positiv, im anderen Fall negativ (**203.2**).

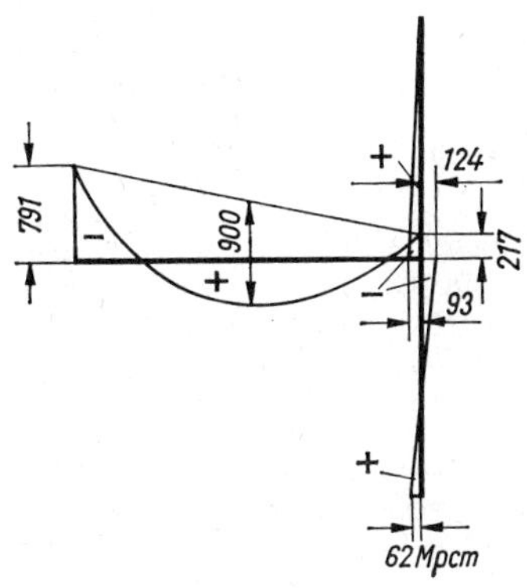

203.2 Biegemomentenfläche

So verursacht das Stabendmoment M_2 Zugkräfte an der linken Seite des Stabes $2a$. Das Moment $= -62$ Mpcm wird also in 2 nach links angetragen; das Stabendmoment M_{a2} dagegen erzeugt Zugkräfte auf der rechten Seite des Stabes $a2$; wir tragen das Moment $= -124$ Mpcm auf der rechten Seite in a an. Infolge der gewählten Bezugsfaser ist das Moment M_2 positiv und M_{a2} negativ.

Eine wichtige Kontrolle besteht darin, daß die Summe der Momente um die Knotenpunkte Null ist. In Bild **203.3** sind die Knotenmomente in ihrer Wirkung auf den Knoten eingetragen. Es ist $217 - 124 - 93 = 0$.

Vergleich mit der Lösung nach Cross

Zur Wiederholung und Kontrolle wird die Aufgabe der Momentenermittlung nach Cross zwischengeschaltet (**203.4**). Die Steifigkeitszahlen von oben können benutzt werden.

Es ist $\sum k = 0{,}5438$

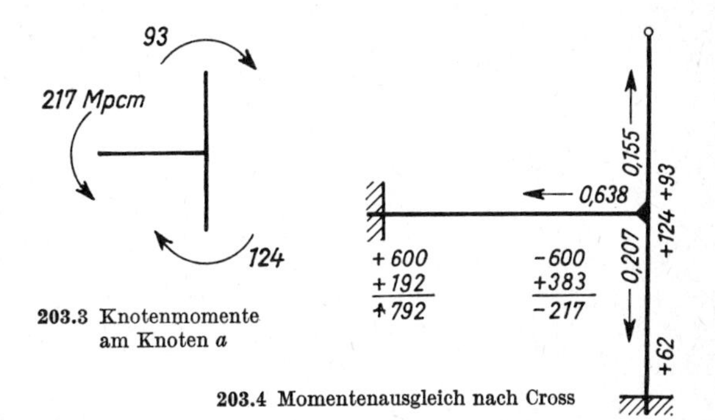

203.3 Knotenmomente am Knoten a

203.4 Momentenausgleich nach Cross

Verteilungszahlen

$$\alpha_{a1} = \frac{0{,}347}{0{,}5438} = 0{,}638 \qquad \alpha_{a2} = \frac{0{,}1125}{0{,}5438} = 0{,}207 \qquad \alpha_{a3} = \frac{0{,}0843}{0{,}5438} = 0{,}155$$

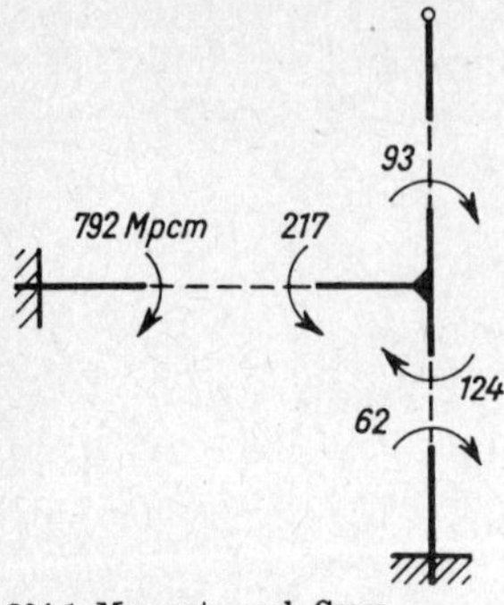

204.1 Momente nach Cross

Wegen der anderen Vorzeichenregel beim Cross-Verfahren — positiv ist ein um den Knoten rechtsdrehendes Moment — ergibt sich Bild **204.1** und wiederum die gleiche Momentenfläche wie in Bild **203.2**.

Knotendrehwinkel

Soll der wahre Knotendrehwinkel bestimmt werden, so muß φ_a entzerrt werden.

Mit $E = 210$ Mp/cm² für Beton wird

$$z = \frac{1}{2 \cdot 210} = \frac{1}{420} \text{ cm}^2/\text{Mp}]$$

Weil die Steifigkeitszahlen in dm³ ausgedrückt waren, muß dies bei der Umwandlung der Angaben in cm berücksichtigt werden.

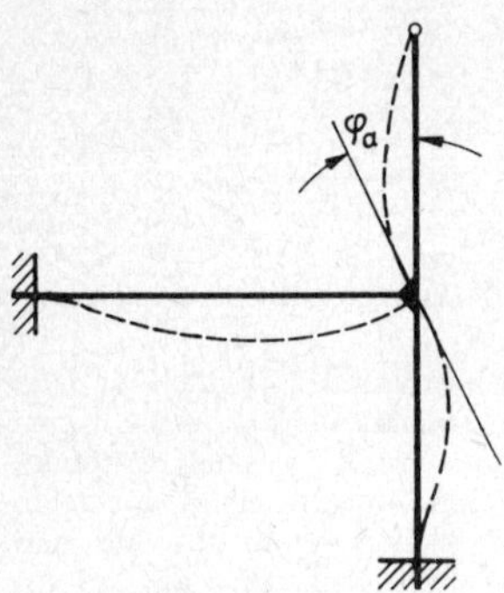

204.2 Verformungsfigur

Im Bogenmaß ist

$$\varphi_a^* = \varphi_a \cdot z = \frac{-552}{420 \cdot 10^3} = -1{,}31 \cdot 10^{-3}$$

$$= -0{,}00131 \qquad \frac{\text{Mp}}{\text{cm}^2} \cdot \frac{\text{cm}^2}{\text{Mp}} = 1$$

und in Grad (Altgrad) umgerechnet

$$\varphi_a^* = \frac{-0{,}00131}{0{,}01745} = -0{,}075° = -4{,}5'$$

Der Knotendrehwinkel verdreht den Knoten a also links herum; φ_a^* ist sehr klein. Die Verformungsfigur kann bereits mit dem vorher errechneten φ_a (ohne Maßstabstreue) gezeichnet werden (**204**.2).

Querkräfte

Aus den Biegemomenten werden die Querkräfte gewonnen mit der allgemeinen Beziehung

$$Q = A_0 + \frac{M_2 - M_1}{\Delta x}$$

Da hier nur eine Gleichstreckenlast im Riegel angreift, brauchen zur Ermittlung der Querkraftfläche (**205.1**) lediglich die Auflagerkräfte nach Bild **204.3** ermittelt zu werden (s. dazu Bild **202**.1 und **203**.1).

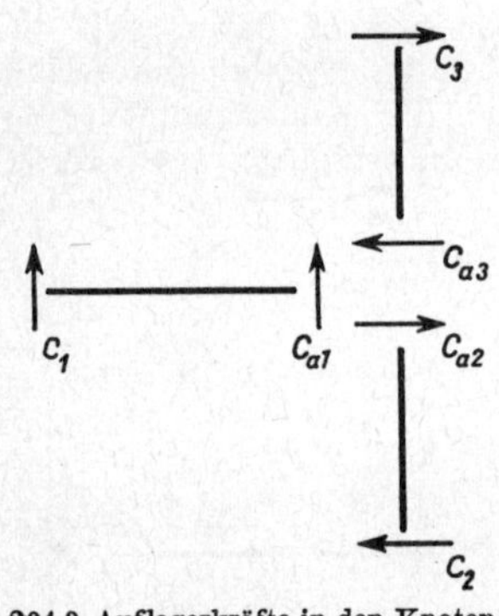

204.3 Auflagerkräfte in den Knoten

$$C_1 = \frac{2 \cdot 6}{2} + \frac{7{,}91 - 2{,}17}{6} = 6 + 0{,}957 = 6{,}957 \text{ Mp} \uparrow \qquad C_2 = = 0{,}465 \text{ Mp} \leftarrow$$

$$C_{a1} = 6 - 0{,}957 = 5{,}043 \text{ Mp} \uparrow \qquad C_{a3} = \frac{0{,}93}{4} = 0{,}232 \text{ Mp} \leftarrow$$

$$C_{a2} = \frac{1{,}24 + 0{,}62}{4} = 0{,}465 \text{ Mp} \rightarrow \qquad C_3 = 0{,}232 \text{ Mp} \rightarrow$$

Bemerkung: Wenn man die Ordinaten der Biegemomente auf der Stabseite anträgt, auf der sie Zug erzeugen (**203.2**), so ist bei Fortschreiten der x-Richtung von links nach rechts (**205.2**) und bei Neigung der Momentenfläche von links oben nach rechts unten (\) die Querkraft positiv, dagegen ist bei Neigung der M-Fläche von links unten nach rechts oben (/) die Querkraft negativ. Die Bilder **203.2** und **205.1** veranschaulichen diese Gesetzmäßigkeit, die sich unmittelbar aus der Differentialbeziehung zwischen Moment und Querkraft ableitet.

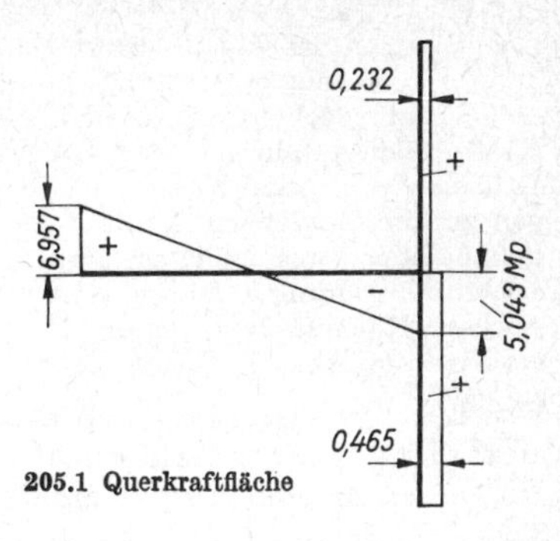

205.1 Querkraftfläche

Normalkräfte

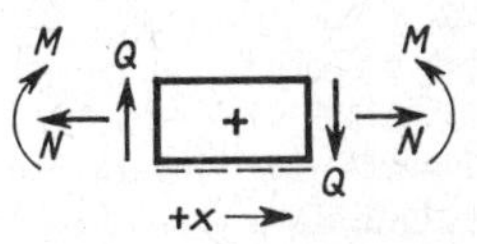

205.2 Positive Schnittgrößen

Die Normal- oder Längskräfte können aus Bild **204.3** auch sofort gefunden werden. Da keine anderen Kräfte in Stabrichtung vorhanden sind, brauchen nur die Querkräfte im Knotenpunkt a in Normalkräfte umgesetzt werden. Dabei ist zu bedenken, daß die Kräfte C als Auflagerreaktionen auf die einzelnen Rahmenstäbe gewonnen wurden. Die Abstützungen der Kräfte — die Aktionen — wirken jedoch in entgegengesetzter Richtung, wie Bild **205.3** für den Knoten a zeigt. Es wird

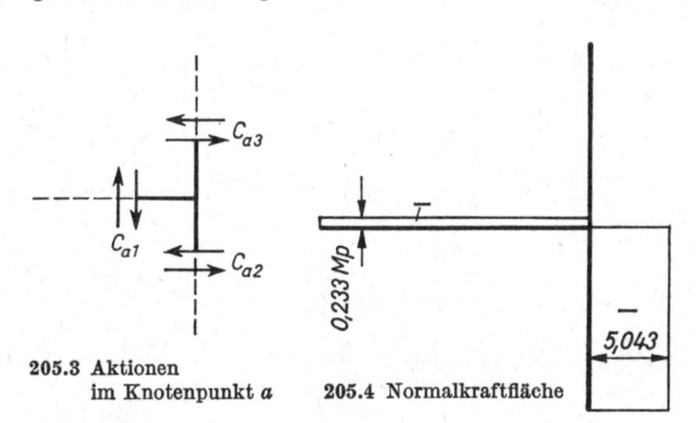

205.3 Aktionen im Knotenpunkt a

205.4 Normalkraftfläche

$$N_{a1} = C_{a3} - C_{a2}$$
$$= 0{,}232 - 0{,}465$$
$$= -0{,}233 \text{ Mp}$$
$$N_{a2} = -C_{a1} = -5{,}043 \text{ Mp}$$

Die Kenntnis der Normalkraftfläche (**205.4**) kann für den Spannungsnachweis (bei Biegung und Normalkraft) sehr wesentlich sein.

Beispiel 2: Für den Rahmen nach Bild **205.5** sollen die Biegemomenten-, Querkraft- und Normalkraftflächen bestimmt werden.

Der Rahmen sei seitlich unverschieblich. Dies kann durch eine seitliche Anlehnung (wie in Bild **205.5**) oder etwa durch eine steife Decke, die sich gegen eine starre Giebelwand abstützt, erreicht werden.

Die auf der Konsole der linken Stütze angreifende Einzellast von 8 Mp entsteht durch einen in der Halle laufenden Halbportalkran. Für die Berechnung wird das Verhältnis der Trägheitsmomente Stiel zu Riegel mit 1 : 2 angenommen.

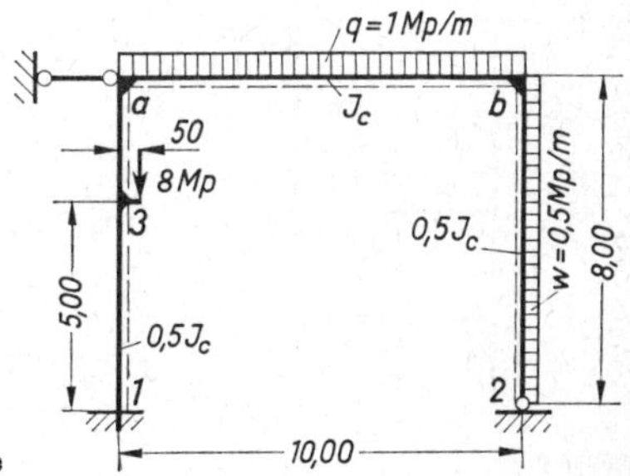

205.5 Rahmen einer Werkhalle

Der Rahmen ist 3fach statisch unbestimmt. Man könnte z. B. ein statisch bestimmtes Hauptsystem nach Bild **206.1** wählen; dann wären nach dem Kraftgrößenverfahren die 3 statisch unbestimmten Größen X_1, X_2 und X_3 mit drei Elastizitätsgleichungen zu lösen. Oder wir könnten den im Abschn. 7.41 behandelten verschieblichen Rahmen (**113.1**) als statisch unbestimmtes Hauptsystem wählen und die seitliche Haltung des Riegels als neue Unbestimmte einführen (s. Abschn. 7.7).

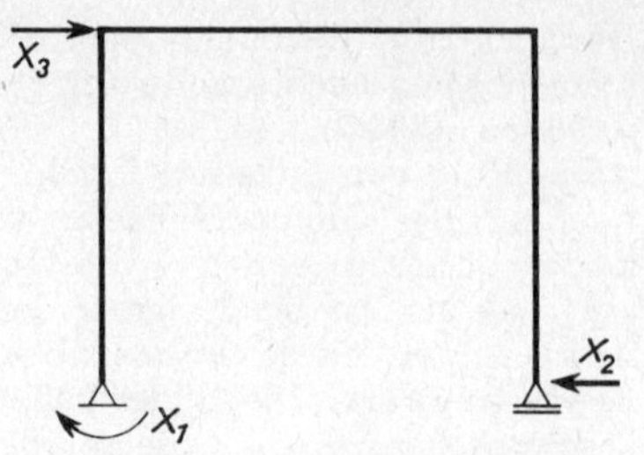

206.1 Statisch bestimmtes Hauptsystem beim Kraftgrößen-Verfahren

Zur Lösung der Aufgabe mit dem Weggrößenverfahren sind zwei Gleichungen für die beiden drehbaren Knoten a und b aufzustellen.

Zuerst werden die Steifigkeitszahlen angeschrieben. Dabei kann ein beliebiger, passend erscheinender Wert für J_c (hier z. B. $J_c = 6000$ cm⁴) angenommen werden. Dieser Wert ist ohne praktische Bedeutung für das Ergebnis der Momente. Lediglich die gewählten Verhältniswerte der Trägheitsmomente müssen später bei der Dimensionierung annähernd eingehalten werden, andernfalls kann eine Verbesserung der Rechnung notwendig werden.

Steifigkeitszahlen

$$k_{a1} = \frac{3000}{800} = 3{,}75 \text{ cm}^3 = \frac{\text{cm}^4}{\text{cm}} \qquad k_{ab} = \frac{6000}{1000} = 6{,}00 \text{ cm}^3 \qquad k'_{b2} = 0{,}75 \cdot \frac{3000}{800} = 2{,}81 \text{ cm}^3$$

Die Volleinspannmomente werden nach Teil 2, Tafel **54.1**, mit den dort angegebenen Biegemomentenvorzeichen ermittelt (**206.2**).

$$M_{IA} = 8 \cdot 0{,}5 \cdot \frac{3}{8}\left(2 - 3 \cdot \frac{3}{8}\right) = 4 \cdot \frac{3}{8} \cdot \frac{7}{8} = \frac{21}{16} = 1{,}31 \text{ Mpm}$$

$$M_{AI} = -\,8 \cdot 0{,}5 \cdot \frac{5}{8}\left(2 - 3 \cdot \frac{5}{8}\right) = -\,\frac{5}{2} \cdot \frac{1}{8} = -\,\frac{5}{16} = -\,0{,}312 \text{ Mpm}$$

$$M_{AB} = M_{BA} = -\,\frac{1 \cdot 10^2}{12} = -\,8{,}33 \text{ Mpm}$$

$$M'_{BII} = -\,\frac{0{,}5 \cdot 8^2}{8} = -\,4{,}0 \text{ Mpm}$$

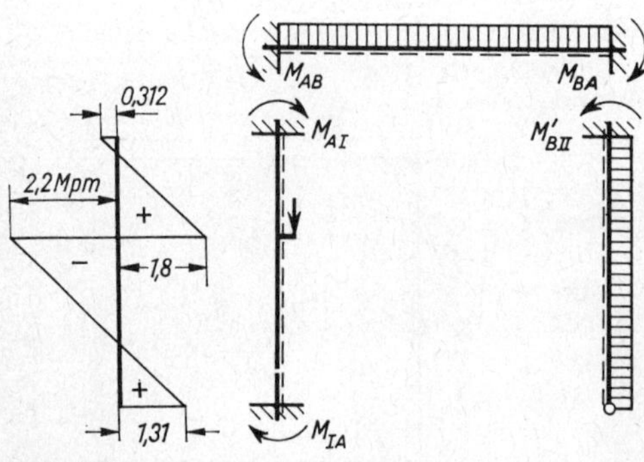

206.2 Volleinspannmomente in den Knoten

Wie bereits erwähnt, bedeuten große Buchstaben oder römische Ziffern als Indizes Volleinspannung des Stabendes. Ein Moment mit Strich bedeutet, daß das andere Ende des Stabes gelenkig gelagert ist. Der erste Index gibt jeweils das betrachtete Ende des Stabes an, während der zweite Index das andere Ende des Stabes kennzeichnet.

Beim Drehwinkelverfahren sind nun zum Aufstellen der Knotengleichungen die Vorzeichen der Volleinspannmomente nach den im Abschn. 8.22 gegebenen Regeln und der

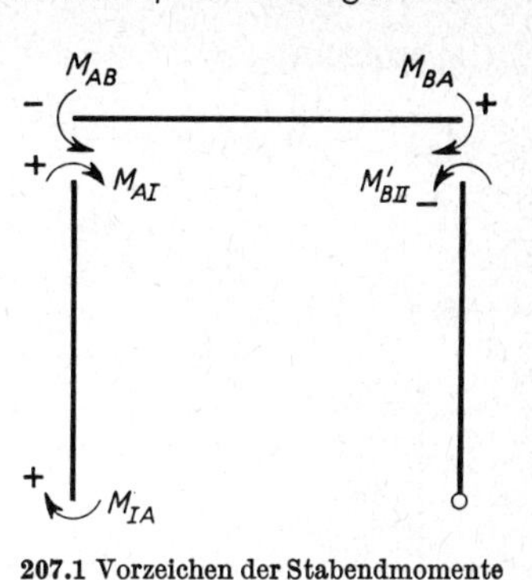

207.1 Vorzeichen der Stabendmomente beim Drehwinkelverfahren

Darstellung im Bild **207.1** einzuführen. Damit lauten die Knotengleichungen, wenn wir die Vorzeichen der Volleinspannmomente den Zahlen zuweisen, wie folgt:

Knoten a:

$$2\varphi_a(k_{a1} + k_{ab}) + \varphi_b \cdot k_{ba} + M_{AI} + M_{AB} = 0$$

Knoten b:

$$2\varphi_b(k_{ba} + k'_{b2}) + \varphi_a \cdot k_{ab} + M_{BA} + M'_{BII} = 0$$

in Zahlen:

Knoten a: $2\,\varphi_a\,(3{,}75 + 6{,}00) + 6{,}0\,\varphi_b + 31{,}2 - 833 = 0$

$$19{,}5\,\varphi_a + 6{,}0\,\varphi_b = 802$$

Knoten b: $2\,\varphi_b\,(6{,}00 + 2{,}81) + 6{,}0\,\varphi_a + 833 - 400 = 0$

$$17{,}62\,\varphi_b + 6{,}00\,\varphi_a = -\,433$$

Die Determinante

φ_a	φ_b	
19,5	6,0	802
6,0	17,62	− 433

liefert

$$\varphi_a = \frac{802 \cdot 17{,}62 - (-\,433)\,6{,}0}{19{,}5 \cdot 17{,}62 - 6{,}0^2} = \frac{14\,130 + 2600}{344 - 36} = \frac{16\,730}{308} = 54{,}3 \quad \frac{\text{Mp}}{\text{cm}^2} = \frac{\text{Mpcm}}{\text{cm}^3}$$

$$\varphi_b = \frac{19{,}5\,(-\,433) - 6{,}0 \cdot 802}{308} = \frac{-\,8450 - 4810}{308} = \frac{-\,13\,260}{308} = -\,43\,\frac{\text{Mp}}{\text{cm}^2}$$

Damit werden die Stabendmomente nach Gl. (199.4 und 5) und (200.2) ermittelt.

$$M_1 = k_{1a}\,(2\,\varphi_1 + \varphi_a) + M_{IA}$$

$$M_1 = 3{,}75\,(2 \cdot 0 + 54{,}3) + 131 = 204 + 131 = +\,335 \text{ Mpcm}$$

$$M_{a1} = 3{,}75\,(2 \cdot 54{,}3 + 0) + 31 = 407 + 31 = +\,438 \text{ Mpcm}$$

$$M_{ab} = 6{,}0\,(2 \cdot 54{,}3 - 43) - 833 = 394 - 833 = -\,439 \text{ Mpcm}$$

$$M_{ba} = 6{,}0\,[2\,(-\,43) + 54{,}3] + 833 = -\,190 + 833 = +\,643 \text{ Mpcm}$$

$$M_{b2} = 2{,}81 \cdot 2\,(-\,43) - 400 = -\,242 - 400 = -\,642 \text{ Mpcm}$$

Die kleinen Differenzen der Momente in den Rahmenecken sind auf Rechenungenauigkeiten zurückzuführen und werden ausgeglichen. Die Stabendmomente sind mit ihrem Drehsinn an den Stabenden in Bild **207.2** eingetragen. Mit den Stabendmomenten werden die Reaktionen am Riegel und an den Stielen ermittelt.

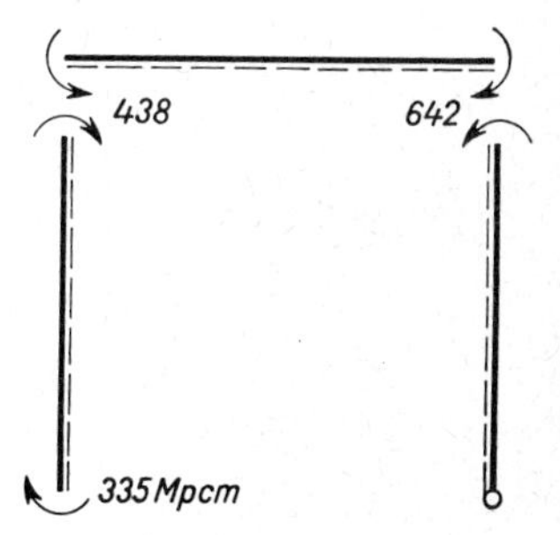

207.2 Stabendmomente

Riegel (208.1)

$$A_a = \frac{1 \cdot 10}{2} + \frac{4{,}38 - 6{,}42}{10} = 5{,}0 - 0{,}20 = 4{,}8 \text{ Mp}$$

$$B_b = 5{,}0 + 0{,}2 = 5{,}2 \text{ Mp}$$

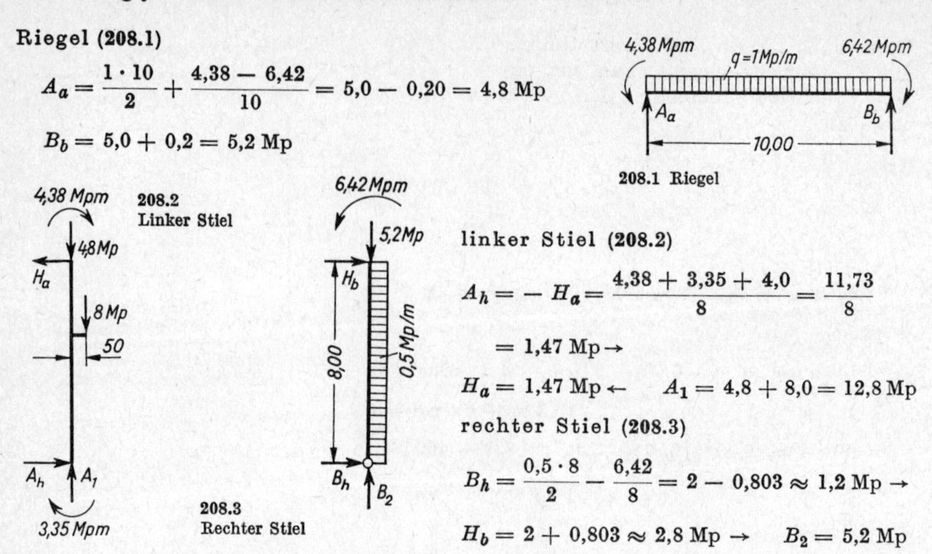

208.1 Riegel

208.2 Linker Stiel

208.3 Rechter Stiel

linker Stiel (**208.2**)

$$A_h = -H_a = \frac{4{,}38 + 3{,}35 + 4{,}0}{8} = \frac{11{,}73}{8}$$

$$= 1{,}47 \text{ Mp} \rightarrow$$

$$H_a = 1{,}47 \text{ Mp} \leftarrow \qquad A_1 = 4{,}8 + 8{,}0 = 12{,}8 \text{ Mp}$$

rechter Stiel (**208.3**)

$$B_h = \frac{0{,}5 \cdot 8}{2} - \frac{6{,}42}{8} = 2 - 0{,}803 \approx 1{,}2 \text{ Mp} \rightarrow$$

$$H_b = 2 + 0{,}803 \approx 2{,}8 \text{ Mp} \rightarrow \qquad B_2 = 5{,}2 \text{ Mp}$$

Festhaltekraft am Riegel

Da die horizontalen Reaktionen an den oberen Stielenden sich nicht gegenseitig aufheben, ist eine Festhaltekraft zur seitlichen Unverschieblichkeit des Rahmens in dem am Beginn der Aufgabe dargestellten Sinn notwendig (vgl. Teil 3 Abschn. „Rahmen mit verschieblichen Knotenpunkten").

Die horizontalen Reaktionen H_a und H_b aus den Stielen wirken als **Aktionen** auf den Riegel (**208.4**). Bei Annahme der Festhaltekraft D als Zugkraft wird

$$-D + 1{,}47 - 2{,}803 = 0$$

$$D = -1{,}333 \text{ Mp}$$

Riegel — D — $H_a = 1{,}47$ Mp — $H_b = 2{,}803$ Mp

208.4 Festhaltekraft D am Riegel

d. h., als Festhaltekraft zur Unverschieblichkeit des Riegels und damit des Rahmens ist nötig eine **Druckkraft**

$$D = 1{,}33 \text{ Mp}$$

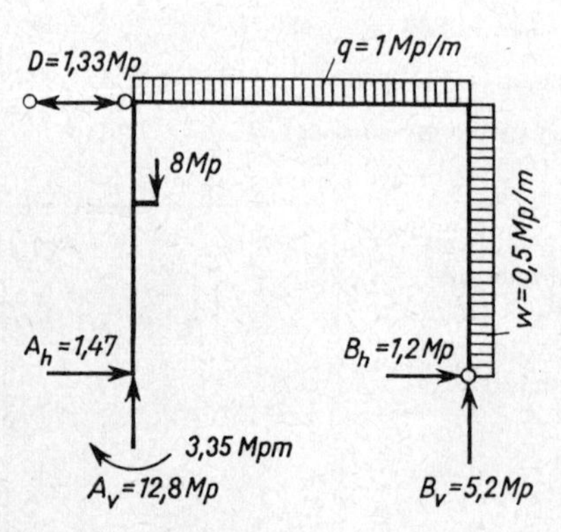

208.5 Reaktionen am Rahmen

Im Bild **208.5** sind sämtliche Auflagerkräfte des Rahmens eingetragen.

Kontrollen

$$\sum V = 0 = 10 - 8 - 12{,}8 - 5{,}2$$

$$= 18 - 18$$

$$\sum H = 0 = -4{,}0 + 1{,}47 + 1{,}33 + 1{,}2$$

$$= -4 + 4$$

Da jetzt alle Unbekannten gelöst sind, können die Beanspruchungsflächen gewonnen werden.

Querkräfte (**209.1**)

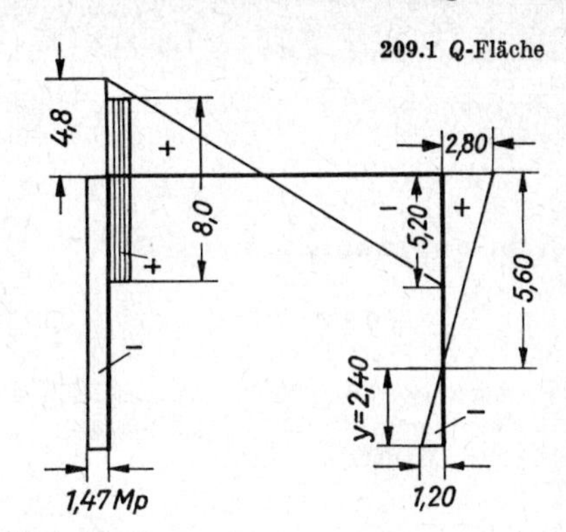

209.1 Q-Fläche

$$Q_1 = Q_{au} = -1{,}47 \text{ Mp}$$

$$Q_{ar} = 12{,}8 - 8 = +4{,}8 \text{ Mp}$$

$$Q_{be} = 4{,}8 - 1 \cdot 10 = -5{,}2 \text{ Mp}$$

$$Q_{bu} = 1{,}47 + 1{,}33 = 2{,}80 \text{ Mp}$$

$$Q_2 = 2{,}8 - 0{,}5 \cdot 8 = -1{,}2 \text{ Mp}$$

$$Q_{3r} = +8{,}0 \text{ Mp}$$

Die Nullpunkte der Querkraft sind bei

$$x = \frac{4{,}80}{1{,}0} = 4{,}80 \text{ m}$$

$$y = \frac{1{,}20}{0{,}5} = 2{,}40 \text{ m}$$

Biegemomente (**209.2**)

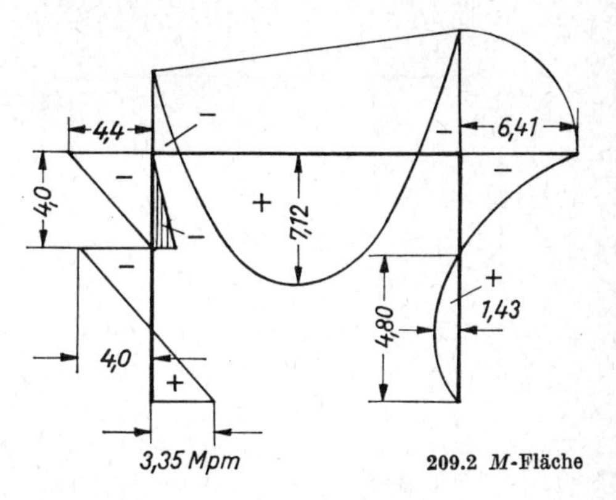

209.2 M-Fläche

$$M_1 = 3{,}35 \text{ Mpm}$$

$$M_{3u} = 3{,}35 - 1{,}47 \cdot 5 = -4{,}0 \text{ Mpm}$$

$$M_{3r} = -8 \cdot 0{,}5 = -4{,}0 \text{ Mpm}$$

$$M_{3o} = -4{,}0 + 4{,}0 = 0$$

$$M_{au} = 3{,}35 + 4 - 1{,}47 \cdot 8$$

$$= -4{,}40 \text{ Mpm}$$

$$M_{ab} = -4{,}40 \text{ Mpm}$$

$$\max M_{\text{Riegel}} = -4{,}40 + \frac{4{,}8 \cdot 4{,}8}{2} = -4{,}40 + 11{,}52 = +7{,}12 \text{ Mpm}$$

$$M_b = 7{,}12 - \frac{5{,}2 \cdot 5{,}2}{2} = 7{,}12 - 13{,}53 = -6{,}41 \text{ Mpm}$$

$$M_{\text{Stiel}} = -6{,}41 + \frac{2{,}8 \cdot 5{,}6}{2} = -6{,}41 + 7{,}84 = 1{,}43 \text{ Mpm} \qquad \text{oder auch}$$

$$M_{\text{Stiel}} = -\frac{-1{,}2 \cdot 2{,}4}{2} = +1{,}44 \text{ Mpm}$$

Normalkräfte (**209.3**)

$$N_1 = N_{3u} = -12{,}8 \text{ Mp}$$

$$N_{3o} = N_{au} = -12{,}8 + 8 = -4{,}8 \text{ Mp}$$

$$N_{al} = -1{,}33 \text{ Mp}$$

$$N_{ar} = N_{b1} = -1{,}33 - 1{,}47 = -2{,}80 \text{ Mp}$$

$$N_{bu} = N_2 = -5{,}2 \text{ Mp}$$

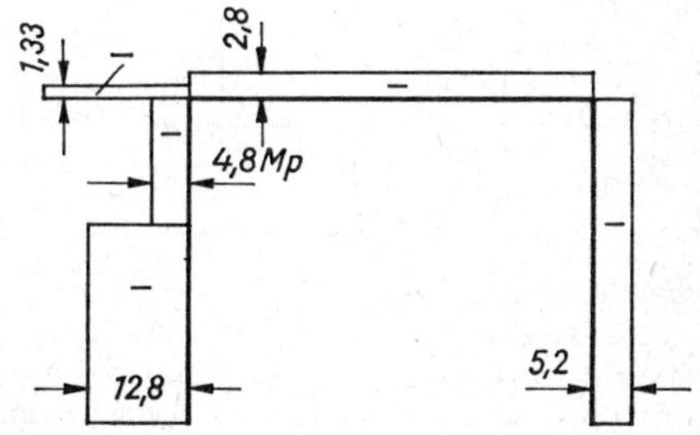

209.3 N-Fläche

Vergleich mit der Lösung nach Cross

Hierbei erhalten die Volleinspannmomente, die auf die Knoten wirkend gedacht werden, umgekehrte Vorzeichen; die Steifigkeitszahlen sind die gleichen wie oben. Es ist

$$\sum k_a = 9{,}75 \qquad \sum k_b = 8{,}81$$

Verteilungszahlen

$$\alpha_{a1} = \frac{3{,}75}{9{,}75} = 0{,}385 \qquad \alpha_{ab} = \frac{6{,}00}{9{,}75} = 0{,}615 \qquad \alpha_{ba} = \frac{6{,}00}{8{,}81} = 0{,}682 \qquad \alpha_{b2} = \frac{2{,}81}{8{,}81} = 0{,}318$$

Bild **210.1** zeigt den Momentenausgleich nach Cross bei Beachtung der hierbei üblichen Vorzeichenregeln, Bild **210.2** die Verformungsfigur des Rahmens infolge der Biegemomente in verzerrtem Maßstab.

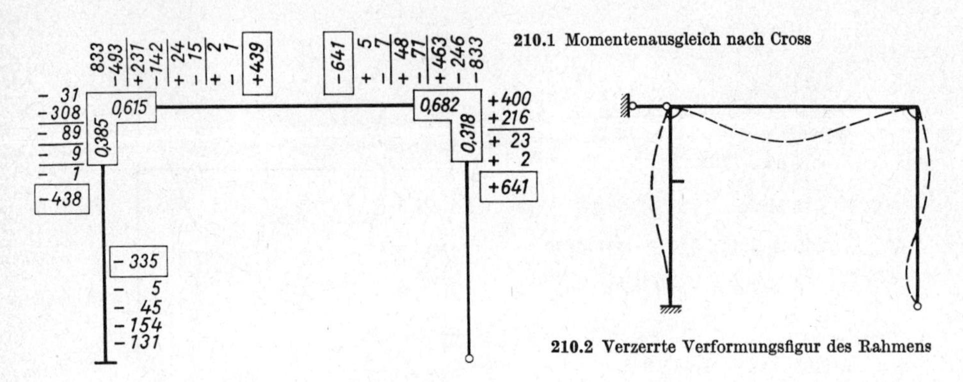

210.1 Momentenausgleich nach Cross

210.2 Verzerrte Verformungsfigur des Rahmens

Beispiel 3: Die Rahmenkonstruktion nach Bild **210.3** sei bereits vordimensioniert. Von den verschiedenen in der Halle möglichen Lastfällen sollen nur für den angegebenen die M-, N- und Q-Flächen ermittelt werden.

Der Rahmen ist nach der Kraftgrößenmethode 9fach statisch unbestimmt, denn 12 Unbekannten[1]) stehen nur 3 Gleichgewichtsbedingungen gegenüber; oder mit $a = 12$, $s = 7$, $e = 6$, $k = 8$ wird nach Gl. (51.3)

$$n = 12 + 7 + 6 - 16 = 9$$

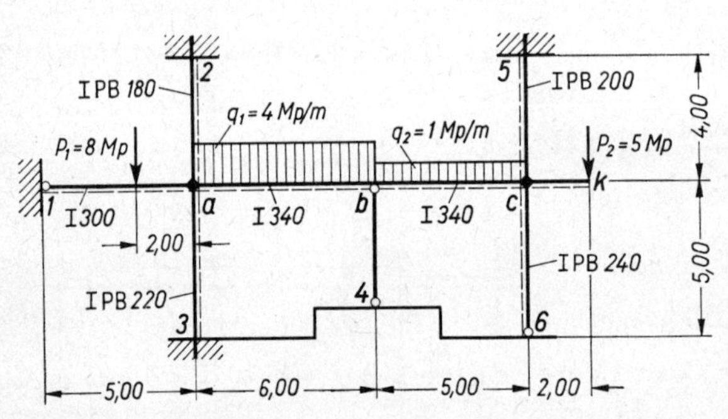

210.3 Rahmenkonstruktion

Mit dem Weggrößen-Verfahren brauchen an dem seitlich unverschieblichen System lediglich 3 Knotengleichungen für die Knoten a, b und c aufgestellt zu werden. Die Pendelstütze $b4$ geht dabei in die Knotengleichung für b nicht ein. Die Steifigkeitszahlen werden in cm³ errechnet (Taf. **211.1**). Sie werden in eine Systemskizze eingetragen (**211.2**).

[1]) In den Einspannpunkten 2 und 5 sollen keine Längskräfte aufgenommen werden, daher sind dort nur jeweils 2 Unbekannte vorhanden.

Tafel **211.1**: Steifigkeiten k

Stab	Trägheits-moment J_x cm⁴	Länge cm	Steifigkeit k cm³
$a1$	9800	500	$\frac{3}{4} \cdot 19{,}6 = 14{,}7$
$a2$	3830	400	9,6
$a3$	8050	500	16,1
ab	15700	600	26,2
bc	15700	500	31,4
$c5$	5950	400	14,9
$c6$	11690	500	$\frac{3}{4} \cdot 23{,}4 = 17{,}5$

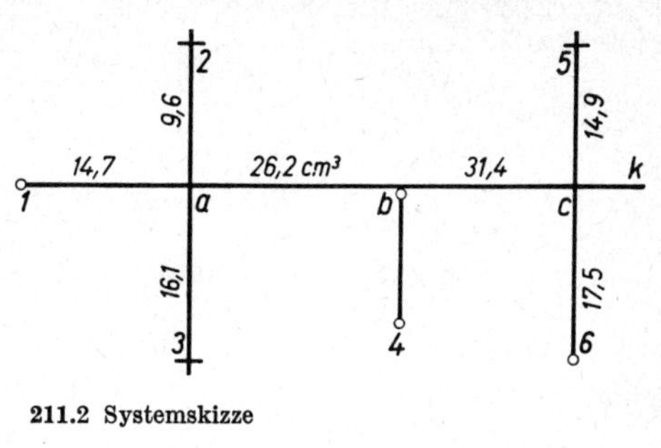

211.2 Systemskizze

Die Einspannmomente bei Annahme von Volleinspannung in den Knoten lauten infolge der gegebenen Belastung (gemäß Teil 2 Taf. **54**.1) und mit der Vorzeichenregel nach Abschn. 8.22

$$M'_{A1} = \frac{8 \cdot 3 \cdot 2}{2 \cdot 5^2}(5 + 3) = 7{,}68 \text{ Mpm} = 768 \text{ Mpcm}$$

$$M_{AB} = -\frac{4 \cdot 6^2}{12} = -12 \text{ Mpm} = -1200 \text{ Mpcm} \qquad M_{BA} = +1200 \text{ Mpcm}$$

$$M_{BC} = -\frac{1 \cdot 5^2}{12} = -2{,}08 \text{ Mpm} = -208 \text{ Mpcm} \qquad M_{CB} = +208 \text{ Mpcm}$$

$$M'_{CK} = -5 \cdot 2 = -10 \text{ Mpm} = -1000 \text{ Mpcm}$$

Die Knotengleichungen lauten

Knoten a:

$$\varphi_a \cdot 2\,(14{,}7 + 9{,}6 + 16{,}1 + 26{,}2) + \varphi_b \cdot 26{,}2 + 768 - 1200 = 0$$

$$\varphi_a \cdot 133{,}2 + \varphi_b \cdot 26{,}2 - 432 = 0$$

$$\varphi_a \cdot 133{,}2 + \varphi_b \cdot 26{,}2 = 432$$

Knoten b:

$$\varphi_b \cdot 2\,(26{,}2 + 31{,}4) + \varphi_a \cdot 26{,}2 + \varphi_c \cdot 31{,}4 + 1200 - 208 = 0$$

$$\varphi_a \cdot 26{,}2 + \varphi_b \cdot 115{,}2 + \varphi_c \cdot 31{,}4 + 992 = 0$$

$$\varphi_a \cdot 26{,}2 + \varphi_b \cdot 115{,}2 + \varphi_c \cdot 31{,}4 = -992$$

Knoten c:

$$\varphi_c \cdot 2\,(31{,}4 + 14{,}9 + 17{,}5) + \varphi_b \cdot 31{,}4 + 208 - 1000 = 0$$

$$\varphi_b \cdot 31{,}4 + \varphi_c \cdot 127{,}6 - 792 = 0$$

$$\varphi_b \cdot 31{,}4 + \varphi_c \cdot 127{,}6 = 792$$

Diese drei Gleichungen mit drei Unbekannten von der allgemeinen Form

$$a_{11} \cdot \varphi_a + a_{12} \cdot \varphi_b + a_{13} \cdot \varphi_c = a_{10}$$

$$a_{21} \cdot \varphi_a + a_{22} \cdot \varphi_b + a_{23} \cdot \varphi_c = a_{20}$$

$$a_{31} \cdot \varphi_a + a_{32} \cdot \varphi_b + a_{33} \cdot \varphi_c = a_{30}$$

sollen unter Verwendung von Determinanten gelöst werden.

Der Raster lautet

φ_a	φ_b	φ_c	
a_{11}	a_{12}	a_{13}	a_{10}
a_{21}	a_{22}	a_{23}	a_{20}
a_{31}	a_{32}	a_{33}	a_{30}

Die Determinante vereinfacht sich dadurch, daß Symmetrie zur Diagonalen herrscht

$$(a_{21} = a_{12} \qquad a_{31} = a_{13} \qquad a_{32} = a_{23})$$

und $\qquad a_{31} = a_{13} = 0$ wird.

Die Determinante lautet

φ_a	φ_b	φ_c	
133,2	26,2	—	432
26,2	115,2	31,4	— 992
—	31,4	127,6	792

Während die Nennerdeterminante D von den Belastungsgliedern a_{10} unabhängig ist, müssen die Zählerdeterminanten D_1, D_2 und D_3 für jeden anderen Lastfall durch Einführen der zugehörigen Belastungsglieder a_{10} neu berechnet werden.

Die Nennerdeterminante D lautet

$$D = 133{,}2\,(115{,}2 \cdot 127{,}6 - 31{,}4^2) - 26{,}2^2 \cdot 127{,}6$$

$$= 1\,830\,000 - 87\,500 = 1\,742\,000$$

Als Zählerdeterminanten ergeben sich für den behandelten Lastfall

$$D_1 = 432\,(115{,}2 \cdot 127{,}6 - 31{,}4^2) + 26{,}2 \cdot 31{,}4 \cdot 792 - (-\,992)\,26{,}2 \cdot 127{,}6$$

$$= 432 \cdot 13\,710 + 792 \cdot 823 - (-\,992)\,3340$$

$$= 5\,930\,000 + 3\,310\,000 + 652\,000 = 9\,892\,000$$

$$D_2 = 133{,}2\,(-\,992)\,127{,}6 - 127{,}6 \cdot 26{,}2 \cdot 432 - 792 \cdot 31{,}4 \cdot 133{,}2$$

$$= (-\,992)\,17\,000 - 432 \cdot 3340 - 792 \cdot 4190$$

$$= -\,16\,850\,000 - 3\,310\,000 - 1\,442\,000 = -\,21\,602\,000$$

$$D_3 = 792\,(133{,}2 \cdot 115{,}2 - 26{,}2^2) + 432 \cdot 26{,}2 \cdot 31{,}4 - (-\,992)\,31{,}4 \cdot 133{,}2$$

$$= 792 \cdot 14\,710 + 432 \cdot 823 - (-\,992)\,4190$$

$$= 11\,650\,000 + 356\,000 + 4\,150\,000 = 16\,156\,000$$

Die Berechnung ist so aufgestellt, daß für einen anderen Lastfall nur jeweils in die zweitletzte Zeile unter D_1, D_2, D_3 die neuen Belastungsglieder eingesetzt zu werden brauchen. Damit können neue Zählerglieder auch sehr rasch bestimmt werden.

In vorliegendem Fall ergibt sich

$$\varphi_a = \frac{9\,882\,000}{1\,742\,500} = 5{,}67 \qquad \varphi_b = \frac{-\,21\,602\,000}{1\,742\,500} = -\,12{,}40 \qquad \varphi_c = \frac{16\,156\,000}{1\,742\,500} = +\,9{,}27$$

Die **Stabendmomente** werden

$$M_{a1} = 14{,}7 \cdot 2 \cdot 5{,}67 + 768 = 167 + 768 = 935 \text{ Mpcm}$$

$$M_{a2} = 9{,}6 \cdot 2 \cdot 5{,}67 = 109 \text{ Mpcm}$$

$$M_{ab} = 26{,}2\,(2 \cdot 5{,}67 - 12{,}40) - 1200 = -\ 1227 \text{ Mpcm}$$

$$M_{a3} = 16{,}1 \cdot 2 \cdot 5{,}67 = 183 \text{ Mpcm}$$

$$M_{2a} = 9{,}6\,(2 \cdot 0 + 5{,}67) + 0 = 54 \text{ Mpcm}$$

$$M_{3a} = 16{,}1\,(2 \cdot 0 + 5{,}67) + 0 = 91 \text{ Mpcm}$$

$$M_{ba} = 26{,}2\,(-\ 2 \cdot 12{,}4 + 5{,}67) + 1200 = -\ 502 + 1200 = 698 \text{ Mpcm}$$

$$M_{bc} = 31{,}4\,(-\ 2 \cdot 12{,}4 + 9{,}27) - 208 = -\ 490 - 208 = -\ 698 \text{ Mpcm}$$

$$M_{cb} = 31{,}4\,(2 \cdot 9{,}27 - 12{,}4) + 208 = 192 + 208 = +\ 400 \text{ Mpcm}$$

$$M_{c5} = 14{,}9 \cdot 2 \cdot 9{,}27 = +\ 276 \text{ Mpcm}$$

$$M_{c6} = 17{,}5 \cdot 2 \cdot 9{,}27 = +\ 324 \text{ Mpcm}$$

$$M_{5c} = 14{,}9\,(0 + 9{,}27) = +\ 138 \text{ Mpcm}$$

In Bild **213.**1 sind die errechneten Stabendmomente in ihrem richtigen Drehsinn eingetragen. Bild **213.**2 zeigt die Wirkung der Momente auf die Knoten a und c.

Die Kontrollen für die Knoten a, b und c lauten

$$\sum M_a = 935 + 109 - 1227 + 183$$
$$= 1227 - 1227 = 0$$

$$\sum M_b = 698 - 698 = 0$$

$$\sum M_c = 400 + 276 - 1000 + 324$$
$$= 1000 - 1000 = 0$$

Die Biegemomentenfläche ist in Bild **214.**1 dargestellt.

Die **Knotendrehwinkel** betragen mit $E = 2100$ Mp/cm²

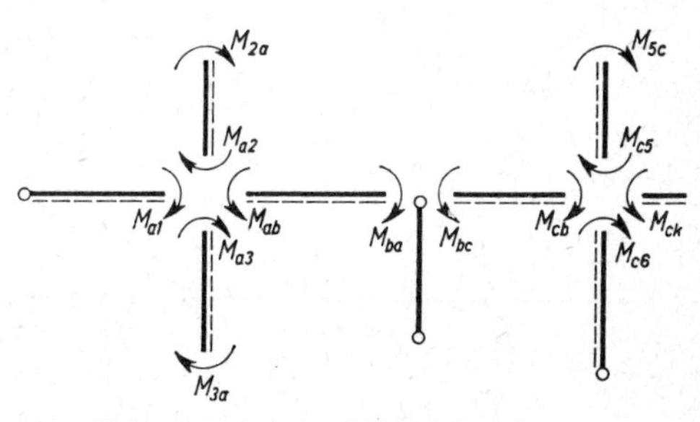

213.1 Stabendmomente im richtigen Drehsinn

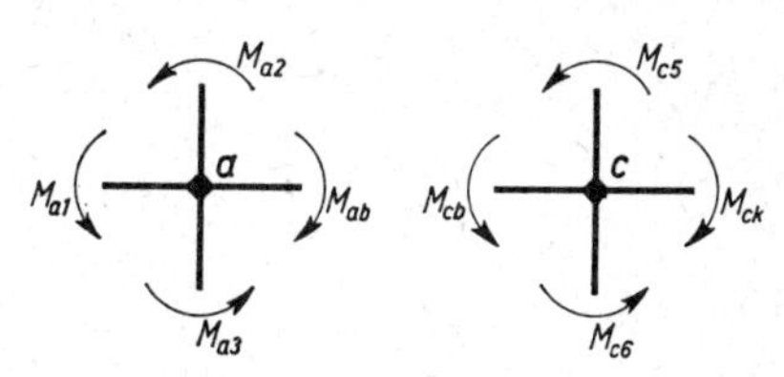

213.2 Knotenmomente in a und c

im Bogenmaß $$\varphi_a^* = \frac{5{,}67}{2 \cdot 2100} = 0{,}00135$$

in Altgrad $$\varphi_a^* = \frac{0{,}00135}{0{,}01745} = 0{,}0774° = 4{,}65'$$

$$\varphi_b^* = -\frac{12{,}4}{4200} = -\ 0{,}00295 = -\ 0{,}169° = -\ 10{,}15'$$

$$\varphi_c^* = \frac{9{,}27}{4200} = 0{,}0022 = 0{,}126° = 7{,}56'$$

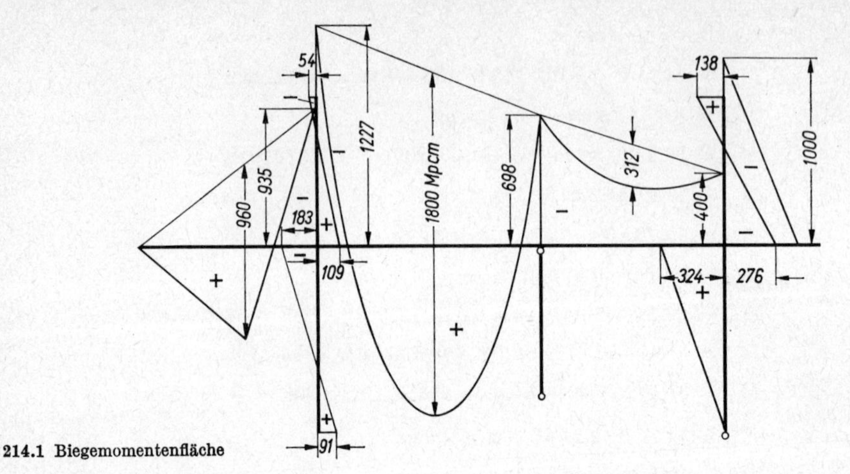

214.1 Biegemomentenfläche

Mit den Knotendrehwinkeln und der Biegemomentenfläche kann die Verformungsfigur (**214**.2) gezeichnet werden.

Der Wert für die Durchbiegung am Kragarmende k kann rasch aus den beiden Anteilen f_1 und f_2 ermittelt werden (**214**.3).

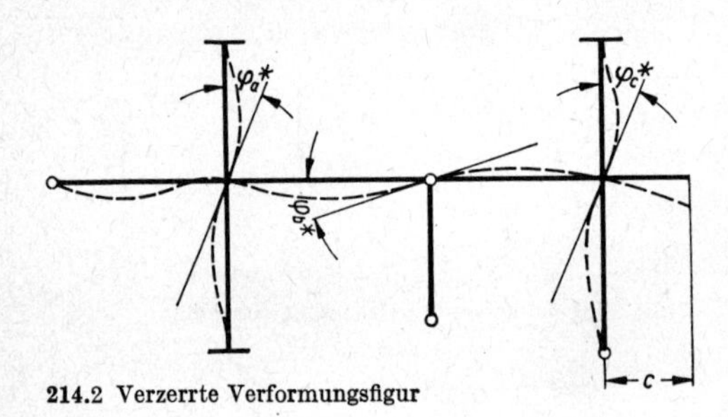

214.2 Verzerrte Verformungsfigur

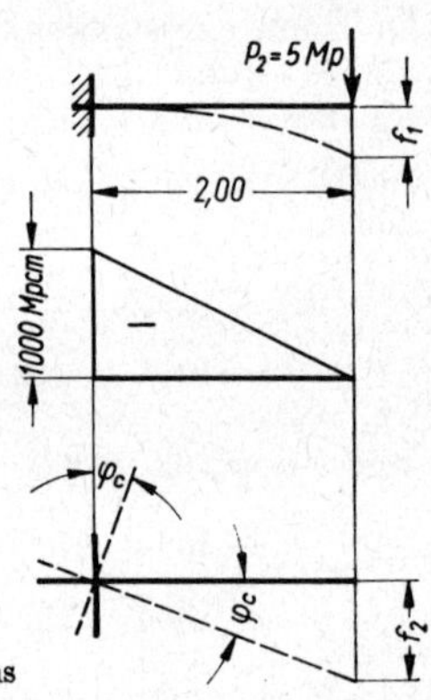

214.3 Formänderungen des Kragarms

Es ist

$$f_1 = \frac{1}{EJ} \int M\overline{M}\, dx = \frac{1000 \cdot 200 \cdot 2 \cdot 200}{2 \cdot 3 \cdot EJ}$$

$$= \frac{4 \cdot 10^7}{3 \cdot 2100 \cdot 15700} = \frac{4 \cdot 10^7}{9{,}9 \cdot 10^7} = 0{,}248 \text{ cm}$$

$$f_2 = \varphi_c^* \cdot c = 0{,}0022 \cdot 200 = 0{,}44 \text{ cm}$$

$$\text{ges} f = f_1 + f_2 = 0{,}688 \text{ cm}$$

Querkräfte (**215**.1)

$$Q_1 = \frac{8 \cdot 2}{5} - \frac{9{,}35}{5} = 3{,}2 - 1{,}87 = 1{,}33 \text{ Mp}$$

$$Q_{a1} = 1{,}33 - 8{,}0 = -6{,}67 \text{ Mp}$$

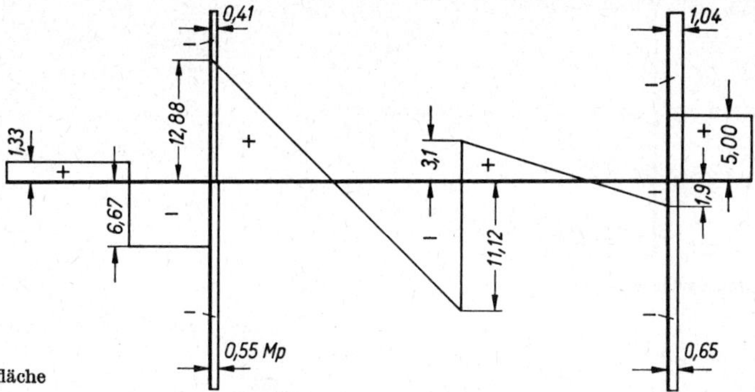

215.1 Querkraftfläche

$$Q_2 = Q_{a2} = -\frac{1{,}09 + 0{,}54}{4{,}0} = -0{,}41 \text{ Mp}$$

$$Q_{ab} = \frac{4 \cdot 6}{2} + \frac{12{,}27 - 6{,}98}{6} = 12 + 0{,}88 = 12{,}88 \text{ Mp}$$

$$Q_3 = Q_{a3} = -\frac{1{,}83 + 0{,}91}{5} = -0{,}55 \text{ Mp}$$

$$Q_{ba} = 12{,}88 - 4 \cdot 6 = -11{,}12 \text{ Mp}$$

$$Q_{bc} = \frac{1 \cdot 5}{2} + \frac{6{,}98 - 4{,}0}{5} = 2{,}5 + 0{,}6 = 3{,}1 \text{ Mp}$$

$$Q_{cb} = 3{,}1 - 5 \cdot 1 = -1{,}9 \text{ Mp}$$

$$Q_5 = Q_{c5} = -\frac{2{,}76 + 1{,}38}{4} = -1{,}04 \text{ Mp}$$

$$Q_{ck} = +5{,}0 \text{ Mp}$$

$$Q_6 = Q_{c6} = -\frac{3{,}24}{5{,}0} = -0{,}65 \text{ Mp}$$

Zur weiteren Ermittlung der Normalkräfte und Auflagerreaktionen ist es zweckmäßig, die als Querkräfte errechneten Reaktionen an den Stabenden einzutragen (**215.2**).

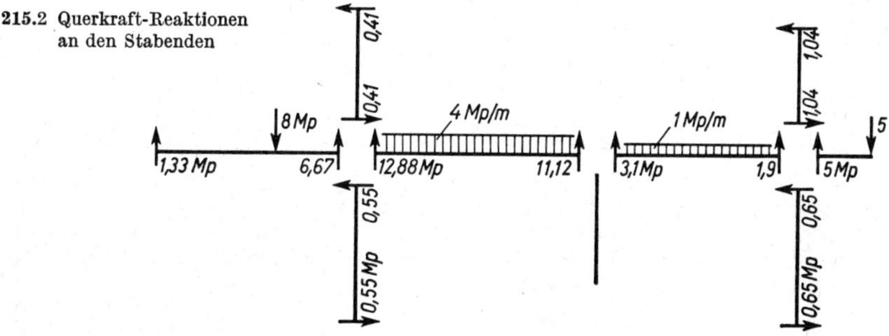

215.2 Querkraft-Reaktionen an den Stabenden

Normalkräfte

Zunächst wird der waagerechte Riegel betrachtet, und zwar von rechts nach links, weil das linke Riegelende die horizontale Reaktion aufnehmen muß. Dabei ist zu beachten:

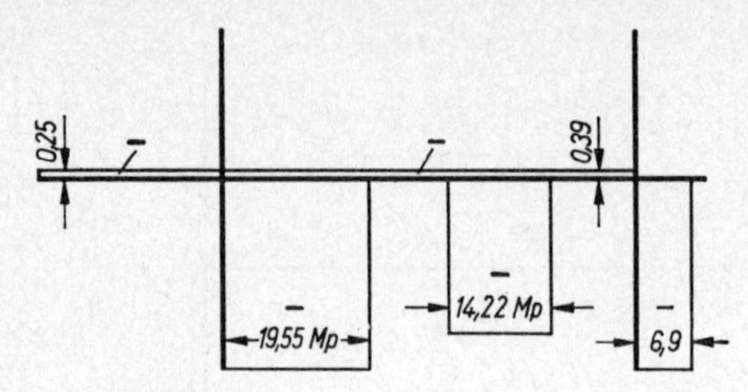

216.1 Normalkraftfläche

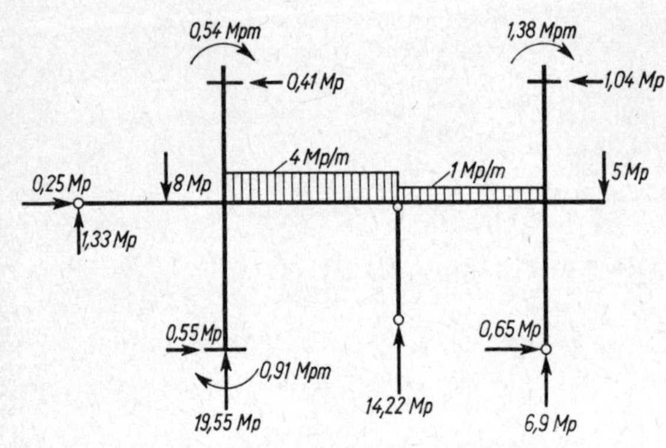

216.2 Auflagerreaktionen am Rahmen

Die Aktionen sind den Reaktionen entgegengesetzt gerichtet.

$$N_{cb} = N_{bc} = -1{,}04 + 0{,}65 = -0{,}39 \text{ Mp}$$

$$N_{ba} = N_{ab} = -0{,}39 \text{ Mp}$$

$$N_{a1} = N_{1a} = -0{,}39 - 0{,}41 + 0{,}55 = -0{,}25 \text{ Mp}$$

Die Normalkräfte in den unteren Stielen sind

$$N_{a3} = N_{3a} = -6{,}67 - 12{,}88 = -19{,}55 \text{ Mp}$$

$$N_{b4} = N_{4b} = -11{,}12 - 3{,}1 = -14{,}22 \text{ Mp}$$

$$N_{c6} = N_{6c} = -1{,}9 - 5{,}0 = -6{,}9 \text{ Mp}$$

Die Normalkräftfläche zeigt Bild **216.1**. In Bild **216.2** sind die 12 Auflagerreaktionen des Rahmens eingetragen.

Die Kontrolle der vertikalen und horizontalen Kräfte liefert

$$\sum V = 8 + 4 \cdot 6 + 1 \cdot 5 + 5 - 1{,}33 - 19{,}55 - 14{,}22 - 6{,}9 = 42{,}00 - 42{,}00 = 0$$

$$\sum H = 0{,}25 + 0{,}55 + 0{,}65 - 1{,}04 - 0{,}41 = 1{,}45 - 1{,}45 = 0$$

Für andere Belastungsfälle sind zuerst die zugehörigen Volleinspannmomente zu ermitteln, mit ihnen die Zählerdeterminanten D_1, D_2, D_3 und daraus die Knotendrehwinkel φ_a, φ_b, φ_c zu errechnen. Die Beanspruchungsgrößen des Rahmens sind dann entsprechend dem gezeigten Beispiel zu bestimmen. Für größere Berechnungen empfiehlt sich eine gute tabellarische Vorbereitung der Aufgabe (s. [13]; dort ist $k = 2EJ/l$ gesetzt).

Beispiel 4: Für den durch Eigengewicht und Nutzlast belasteten zweistöckigen Rahmen nach Bild **216.3** sollen die Momente berechnet werden.

Es ist zu beachten, daß der Rahmen für allgemeine Lasten verschiebliche Knoten hat. Dies wird besonders deutlich, wenn man sich den Rahmen durch waagerechte Kräfte belastet denkt. Der gegebene Lastfall stellt jedoch einen Sonderfall dar; denn infolge der völlig symmetrischen Last und der Symmetrie des Systems verdrehen sich die Knoten zwar, bleiben aber an ihrem ursprünglichen Ort; sie werden seitlich nicht verschoben (**217.1**). Deshalb darf bei symmetrischen Systemen mit symmetrischer Belastung mit den Gleichungen für unverschiebliche Knoten gearbeitet werden.

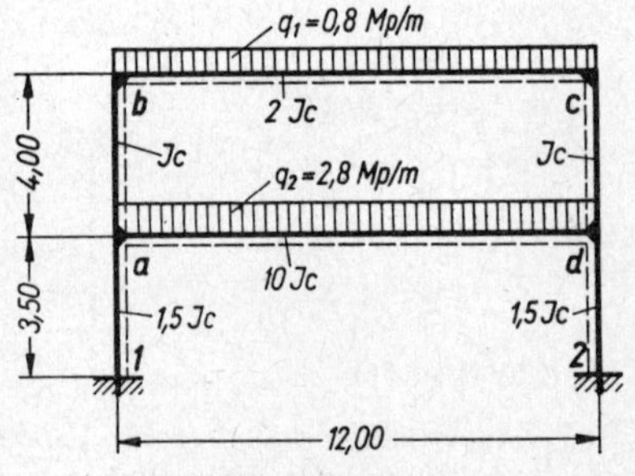

216.3 Zweistöckiger Rahmen

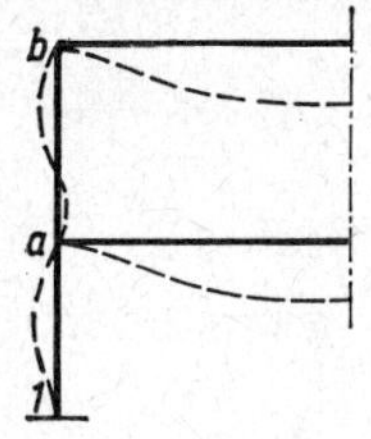

217.1 Verformungsfigur des halben Rahmens bei symmetrischer Gleichstreckenlast

Wegen Symmetrie des Tragwerks **und** der Belastung sind die Beanspruchungen in den beiden Tragwerkshälften gleich. Deshalb braucht nur eine Hälfte durchgerechnet zu werden. Für die Zahlenrechnung wird das Vergleichsträgheitsmoment für die oberen Stützen zu $J_c = 24\ \mathrm{dm}^4$ gewählt. Diese Größe kann später bei der Bemessung beliebig geändert werden, aber das Verhältnis der Trägheitsmomente muß annähernd gewahrt bleiben, wenn die Rechnung nicht wiederholt werden soll.

Steifigkeitszahlen

$$k_{a1} = \frac{1{,}5 \cdot 24}{35} = 1{,}03 \qquad \frac{1}{2} k_{ad} = \frac{2{,}0}{2} = 1{,}0$$

$$k_{ab} = \frac{24}{40} = 0{,}60 \qquad k_{bc} = \frac{2 \cdot 24}{120} = 0{,}40$$

$$k_{ad} = \frac{10 \cdot 24}{120} = 2{,}0 \qquad \frac{1}{2} k_{bc} = \frac{0{,}4}{2} = 0{,}20$$

In den Beiwertskizzen **217**.2 sind die Steifigkeitszahlen eingetragen; links ist der ganze Rahmen mit 4 Knoten und den gewohnten Steifigkeiten gezeichnet.

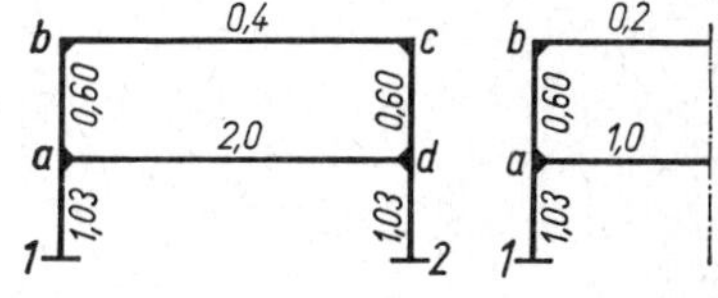

217.2 Beiwertskizzen für den ganzen und halben Rahmen

Wegen der Symmetrie ist

$$\varphi_a = -\varphi_d \quad \text{und} \quad \varphi_b = -\varphi_c$$

Deshalb sind statt 4 nur 2 Unbekannte zu berechnen. Zweckmäßig kann der Einfluß von φ_d und φ_c auf die Knotengleichungen für a und b sofort dadurch berücksichtigt werden, daß nur der halbe Rahmen betrachtet wird, wobei die Steifigkeitszahlen für die Riegel in halber Größe eingesetzt werden (**217**.2 rechts).

Die Volleinspannmomente sind

$$M_{AD} = -\frac{2{,}8 \cdot 12^2}{12} = -33{,}6\ \mathrm{Mpm} = -3360\ \mathrm{Mpcm}$$

$$M_{BC} = -\frac{0{,}8 \cdot 12^2}{12} = -9{,}6\ \mathrm{Mpm} = -960\ \mathrm{Mpcm}$$

und damit die Knotengleichungen

Knoten a: $\quad \varphi_a \cdot 2(1{,}03 + 0{,}60 + 1{,}0) + \varphi_b \cdot 0{,}60 - 3360 = 0$

$$\varphi_a \cdot 5{,}26 + \varphi_b \cdot 0{,}6 = 3360$$

Knoten b: $\quad \varphi_a \cdot 0{,}6 + \varphi_b \cdot 2(0{,}60 + 0{,}20) - 960 = 0$

$$\varphi_a \cdot 0{,}6 + \varphi_b \cdot 1{,}6 = 960$$

In Determinantenform

φ_a	φ_b	
5,26	0,6	3360
0,6	1,6	960

$$\varphi_a = \frac{3360 \cdot 1{,}6 - 960 \cdot 0{,}6}{5{,}26 \cdot 1{,}6 - 0{,}6^2} = 596$$

$$\varphi_b = \frac{5{,}26 \cdot 960 - 0{,}6 \cdot 3360}{8{,}06} = 376$$

Die Stabendmomente lauten

$$M_{1a} = k_{a1} \cdot \varphi_a = 1{,}03 \cdot 596 = +\,613 \text{ Mpcm}$$

$$M_{a1} = k_{a1} \cdot 2\varphi_a = 1{,}03 \cdot 2 \cdot 596 = +\,1226 \text{ Mpcm}$$

$$M_{ad} = k_{ad}(2\varphi_a + \varphi_d) + M_{AD} = 2{,}0[2 \cdot 596 + (-596)] - 3360$$

$$= -\,2168 \text{ Mpcm}$$

$$M_{ab} = 0{,}6(2 \cdot 596 + 376) = +\,942 \text{ Mpcm}$$

$$M_{ba} = 0{,}6(2 \cdot 376 + 596) = +\,809 \text{ Mpcm}$$

$$M_{bc} = 0{,}4(2 \cdot 376 - 376) - 960 = -\,809 \text{ Mpcm}$$

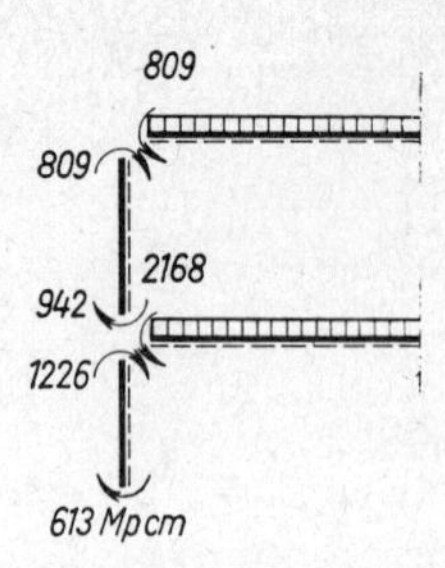

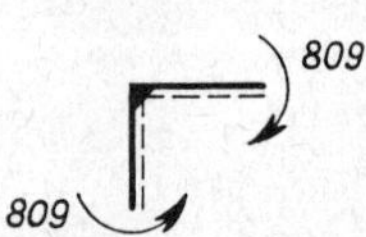

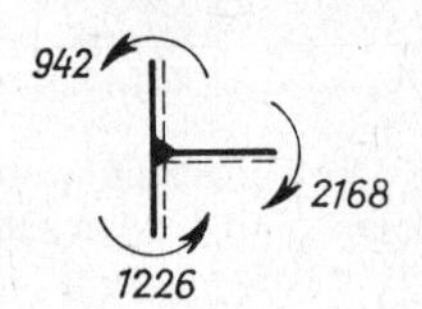

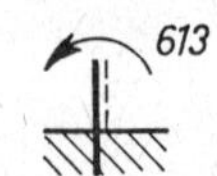

218.1 Stabendmomente und Knotenmomente des halben Rahmens

Die Stabendmomente auf der rechten Seite des Rahmens sind symmetrisch zu denen der linken Seite; wegen der eingeführten Vorzeichenregeln sind die Vorzeichen umgekehrt. Dies sei an dem Moment M_{bc} gezeigt.

Mit $\varphi_c = -\,\varphi_b = -\,376$

wird $M_{cb} = 0{,}4[2(-376) + 376] + 960 = +\,809$ Mpcm

In Bild **218.1** sind die Stabendmomente und Knotenmomente für die Knoten a und b eingetragen.

Die Biegemomente, bezogen auf die angegebenen Bezugsfasern, lauten (**218.2**)

$M_{1a} = +\;\;613$ Mpcm	$M_{ab} = +\;\;942$ Mpcm
$M_{a1} = -\,1226$ Mpcm	$M_{ba} = -\;\;809$ Mpcm
$M_{ad} = -\,2168$ Mpcm	$M_{bc} = -\;\;809$ Mpcm

In der Mitte des unteren Riegels wird

$$M = -\,21{,}68 + \frac{2{,}8 \cdot 12^2}{8} = -\,21{,}68 + 50{,}45 = +\,28{,}77 \text{ Mpm} = +\,2877 \text{ Mpcm}$$

und in der Mitte des oberen Riegels

$$M = -\,8{,}09 + \frac{0{,}8 \cdot 12^2}{8} = -\,8{,}09 + 14{,}4 = +\,6{,}31 \text{ Mpm} = +\,631 \text{ Mpcm}$$

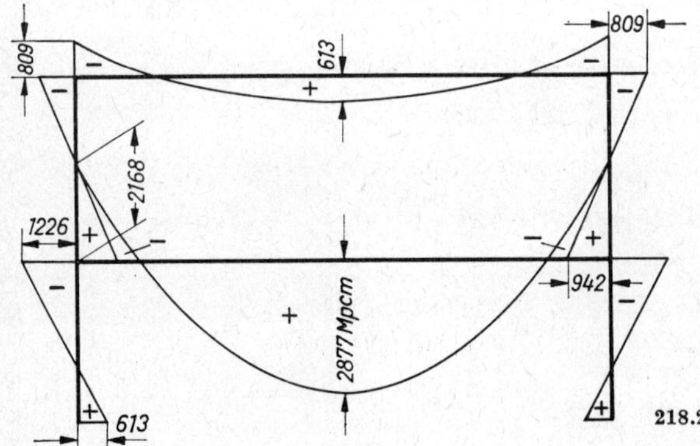

218.2 Momentenfläche des Rahmens nach Bild 216.3

Betrachtung zu den Trägheitsmomenten

Der in Bild **218.2** ermittelten Biegemomentenfläche lag die angenommene Verteilung der Trägheitsmomente zugrunde. Nach Bestimmen der Momentenfläche ist es nun möglich, die Spannungen überschläglich zu berechnen und gegebenenfalls Änderungen in der Verteilung der

Trägheitsmomente vorzunehmen. Dabei ist man zunächst in der Annahme der absoluten Größe des Vergleichsträgheitsmomentes J_c völlig frei.

Für das vorliegende Beispiel sei eine durchgehende Rahmenbreite $b = 4{,}5$ dm und das Vergleichsträgheitsmoment $J_c = 24\ \text{dm}^4$ gewählt. Dann ergeben sich die Balkendicken gemäß Tafel **219**.1.

Werden die in der letzten Spalte angegebenen Balkenhöhen für die Ausführung benutzt, so ist für den untersuchten Lastfall keine weitere Rechnung nötig. Wählt man jedoch abweichende Querschnitte, so kann ein zweiter Rechnungsgang erforderlich werden.

Tafel **219**.1: Balkendicken

Stab	$c = \frac{J}{J_c}$	$J = c \cdot J_c$ dm⁴	$d^3 = \frac{12}{b} J = \frac{12}{4{,}5} J$ dm³	d dm	d cm
$1a$	1,5	36	95,8	4,58	45,8
ad	10	240	638	8,61	86,1
ab	1,0	24	63,8	4,0	40
bc	2,0	48	127,6	5,03	50,3

Im folgenden wird gezeigt, wie sich die Berechnung für Querschnitte nach Beiwertsskizze **219**.2 gestaltet.

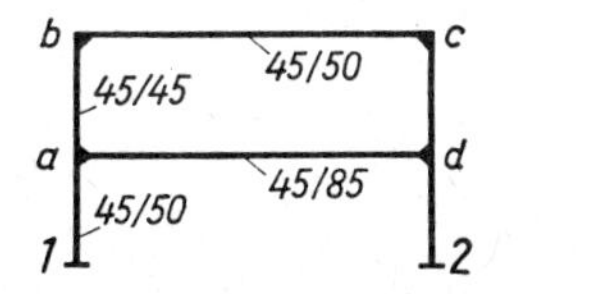

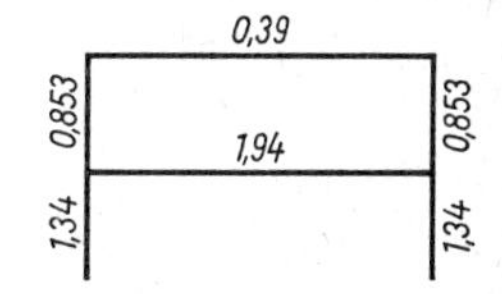

219.2 Neu gewählte Querschnitte und Steifigkeiten

Tafel **219**.3 liefert die Steifigkeitszahlen zu den endgültig gewählten Querschnitten.

Tafel **219**.3: Steifigkeiten

Stab	b/d cm/cm	J dm⁴	Stablänge dm	k dm³
$1a$	45/50	46,875	35	1,34
ad	45/85	230,30	120	1,94
ab	45/45	34,172	40	0,853
bc	45/50	46,875	120	0,39

Der Vergleich mit Tafel **219**.1 und Bild **217**.2 zeigt die Änderungen infolge der Wahl der neuen Querschnitte.

Die Knotengleichungen lauten

Knoten a: $\varphi_a \cdot 2\left(1{,}34 + \frac{1{,}94}{2} + 0{,}853\right) + \varphi_b \cdot 0{,}853 = \varphi_a \cdot 6{,}326 + \varphi_b \cdot 0{,}853 = 3360$

Knoten b: $\varphi_a \cdot 0{,}853 + \varphi_b \cdot 2\left(0{,}853 + \frac{0{,}39}{2}\right) = \varphi_a \cdot 0{,}853 + \varphi_b \cdot 2{,}096 = 960$

φ_a	φ_b	
6,326	0,853	3360
0,853	2,096	960

$$\varphi_a = \frac{3360 \cdot 2{,}096 - 960 \cdot 0{,}853}{6{,}326 \cdot 2{,}096 - 0{,}853^2} = \frac{7040 - 819}{13{,}25 - 0{,}73} = 497$$

$$\varphi_b = \frac{6{,}326 \cdot 960 - 0{,}853 \cdot 3360}{12{,}52} = \frac{6060 - 2865}{12{,}52} = 256$$

Stabendmomente (**220**.1)

$$M_{1a} = 1{,}34 \cdot 497 = +\ 665 \text{ Mpcm}$$

$$M_{a1} = 1{,}34 \cdot 2 \cdot 497 = +\ 1330 \text{ Mpcm}$$

$$M_{ad} = 1{,}94\,(2 \cdot 497 - 497) - 3360 = -\ 2395 \text{ Mpcm}$$

$$M_{ab} = 0{,}853\,(2 \cdot 497 + 256) = +\ 1065 \text{ Mpcm}$$

$$M_{ba} = 0{,}853\,(2 \cdot 256 + 497) = +\ 860 \text{ Mpcm}$$

$$M_{bc} = 0{,}39\,(2 \cdot 256 - 256) - 960 = -\ 860 \text{ Mpcm}$$

Normalkräfte

Mit den Stabendmomenten aus Bild **220**.1 ergeben sich sofort die Normalkräfte in den Riegeln.

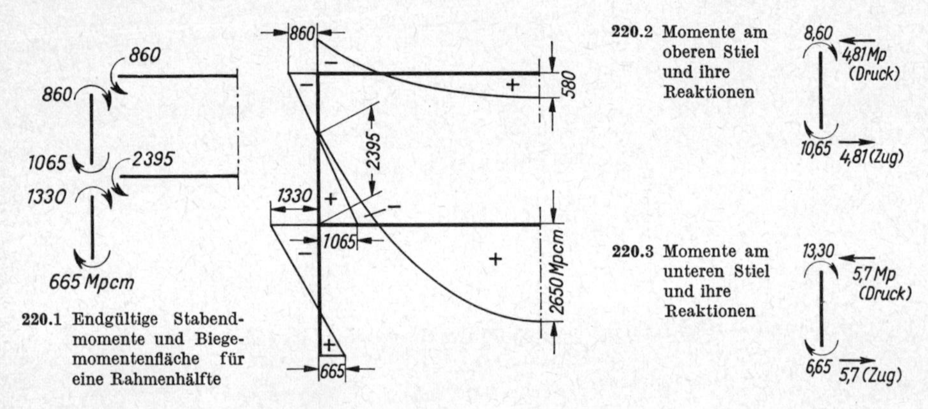

220.1 Endgültige Stabendmomente und Biegemomentenfläche für eine Rahmenhälfte

220.2 Momente am oberen Stiel und ihre Reaktionen

220.3 Momente am unteren Stiel und ihre Reaktionen

Für Stab bc wird nach Bild **220**.2

$$N_{bc} = -\ \frac{8{,}6 + 10{,}65}{4} = -\ 4{,}81 \text{ Mp}$$

Aus Bild **220**.2 und **220**.3 erhält man

$$N_{ad} = 4{,}81 - \frac{13{,}3 + 6{,}65}{3{,}5} = 4{,}81 - 5{,}70 = -\ 0{,}89 \text{ Mp}$$

Da die Momente an den Riegeln symmetrisch sind, ergeben sich die Normalkräfte in den Stielen unmittelbar aus der äußeren Belastung (**220**.4).

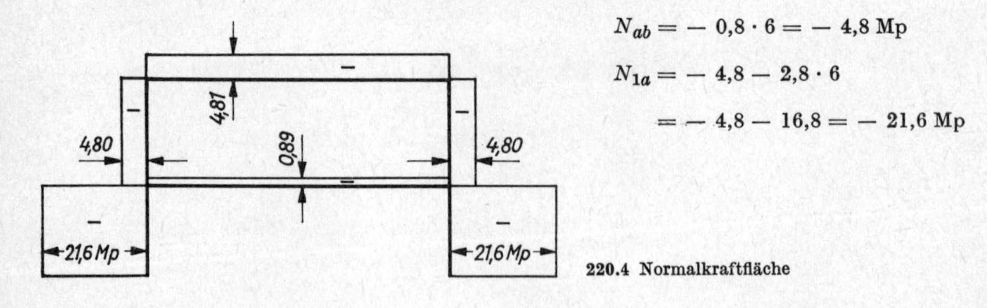

$$N_{ab} = -\ 0{,}8 \cdot 6 = -\ 4{,}8 \text{ Mp}$$

$$N_{1a} = -\ 4{,}8 - 2{,}8 \cdot 6$$

$$= -\ 4{,}8 - 16{,}8 = -\ 21{,}6 \text{ Mp}$$

220.4 Normalkraftfläche

Querkräfte

Aus der äußeren Belastung und den Reaktionen an den Stielenden (**220**.2 und 3) werden die Querkräfte aufgestellt.

$$Q_{1a} = Q_{a1} = -\ 5{,}7\ \text{Mp} \qquad Q_{ab} = Q_{ba} = -\ 4{,}81\ \text{Mp}$$

$$Q_{ad} = +\ 2{,}8 \cdot 6 = +\ 16{,}8\ \text{Mp} \qquad Q_{bc} = +\ 0{,}8 \cdot 6 = 4{,}8\ \text{Mp}$$

Bild **221**.1 zeigt die Querkraftfläche, Bild **221**.2 die Auflagerreaktionen.

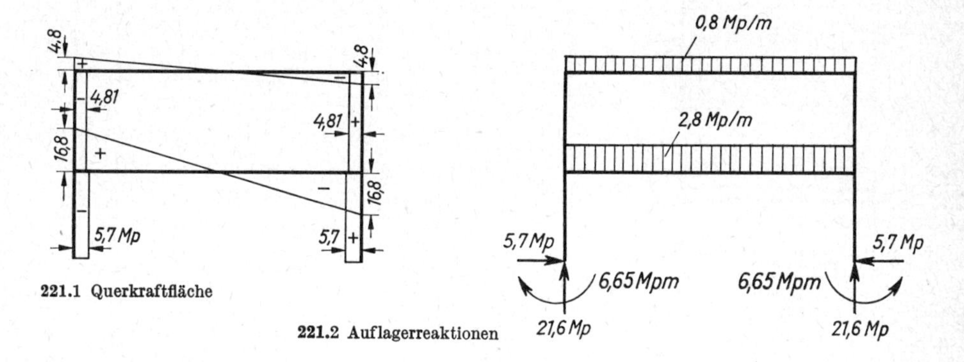

221.1 Querkraftfläche

221.2 Auflagerreaktionen

8.4 Tragsysteme mit verschieblichen Knoten

8.41 Allgemeines

8.411 Betrachtungen über Verschieblichkeit

Im vorigen Abschnitt wurden Systeme behandelt, in denen nur Knotenverdrehungen, aber keine Knotenverschiebungen auftraten. In der Praxis gibt es jedoch zahlreiche Fälle, in denen die Voraussetzung unverschieblicher Knotenpunkte, mit der wir in den Anwendungsbeispielen des Abschn. 8.3 rechnen konnten, nicht mehr erfüllt ist.

Bild **222**.1 bringt einige Beispiele verschieblicher Rahmen. Während symmetrische lotrechte Lasten in zweihüftigen oder mehrhüftigen symmetrischen Rahmen (**222**.1a bis c) keine Knotenverschiebung verursachen, erzeugen horizontale Lasten waagerechte Knotenverschiebungen, deren Einfluß verfolgt werden muß. In einem Stockwerkrahmen nach Bild **222**.1d werden sich die Knoten infolge der Unsymmetrie des Rahmens bereits bei senkrechter Belastung ein wenig seitlich verschieben. Diese Verschieblichkeit infolge lotrechter Last ist oft so gering, daß sie vernachlässigt werden darf und dann angenähert statt des verschieblichen mit dem unverschieblichen System gerechnet werden kann. Die horizontal angreifenden Kräfte beeinflussen jedoch in der Regel die Verschieblichkeit eines solchen Systems sehr viel stärker und rufen damit meist eine erhebliche Änderung des Kraftverlaufs im Vergleich zum System mit unverschieblichen Knoten hervor. Deshalb darf bei derartigen Systemen mit seitlich verschieblichen Knoten die Berechnung infolge Wind und sonstiger horizontaler Lasten keinesfalls ersatzweise mit dem unverschieblichen System durchgeführt werden, wenn man den Kraftverlauf hinreichend genau verfolgen will.

Bild **222**.1e zeigt einen auch im Hochbau häufiger vorkommenden Rahmentyp, den „Vierendeel-Rahmen“. Er vertritt in unserer Betrachtung zugleich diejenigen Rahmen, deren Pfosten nicht alle bis zur Erdscheibe durchgeführt sind. Man erkennt, daß in dem gewählten Beispiel die mittleren Knoten 1 und 2 bereits infolge lotrechter Belastung eine nicht zu vernachlässigende, vertikale Verschiebung erleiden. Außerdem werden der untere und obere Riegel infolge der horizontalen Lasten und gegebenenfalls unsymmetrischer lotrechter Lasten waagerecht verschoben. Bei diesem Rahmentyp ist also eine lotrechte und waagerechte Verschieblichkeit vorhanden.

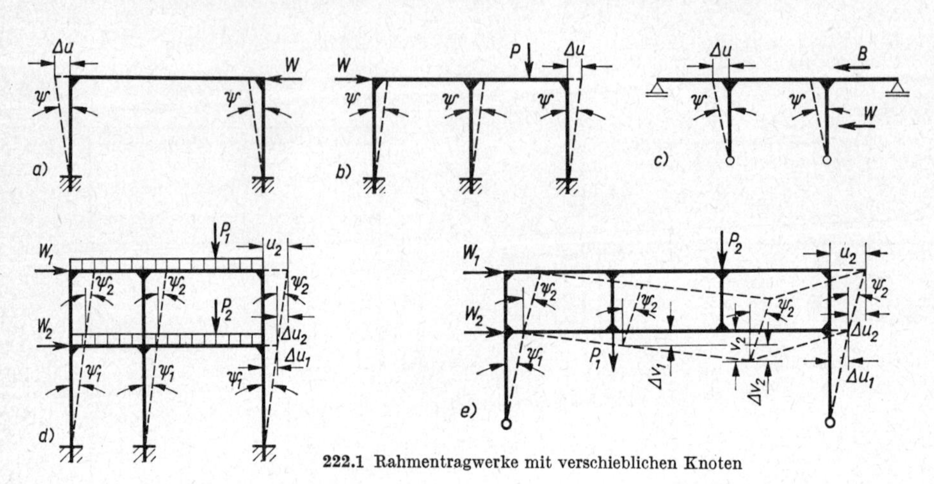

222.1 Rahmentragwerke mit verschieblichen Knoten

8.412 Aufzustellende Gleichungen

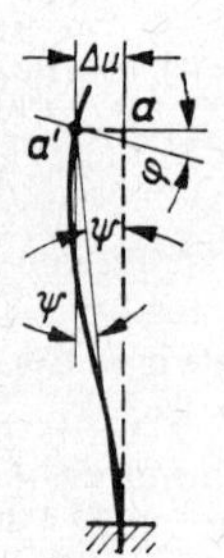

222.2 Knoten a verdreht und verschoben

Für die Berechnung von Systemen mit verschieblichen Knoten reichen die in Abschn. 8.3 benutzten, verhältnismäßig einfachen Gleichungen nicht mehr aus. Werden Knoten aus ihrer ursprünglichen Lage verschoben, so stellt sich gegenüber einem benachbarten unverschobenen Knoten ein Stabdrehwinkel ψ ein. Bei einem waagerechten Riegel würde eine senkrechte und positive Verschiebung Δv des Knotens b nach b' (vgl. Bild **196.2**) einen Stabdrehwinkel ψ verursachen. Bei einer senkrechten Stütze würde eine waagerechte und positive Verschiebung Δu ebenfalls den Stabdrehwinkel ψ erzeugen (**222.2**).

Im folgenden sollen nur Rahmensysteme mit senkrecht und waagerecht liegenden Stäben behandelt werden. Systeme mit gebrochenen, gekrümmten oder schräggeneigten Stabzügen werden hier nicht besprochen, weil derartige Tragwerke meist vorteilhafter mit der Kraftgrößenmethode als mit dem Weggrößenverfahren berechnet werden; s. hierfür [2; 3; 4; 5].

In den Rahmenbeispielen des Bildes **222.1** a$\cdots$d können in den Riegeln waagerechte Verschiebungen Δu auftreten; die Stabdrehwinkel ψ erscheinen also an den Stielen. Die Verschiebungsfigur, die über den Grad der Verschieblichkeit eines Systems Aufschluß gibt, wird dadurch gewonnen, daß man die steifen Ecken des Systems durch Gelenke ersetzt und dadurch eine kinematische Kette erhält; die jeweilige Verschiebungsfigur kann mit den angenommenen Verschiebungskräften gezeichnet werden (**222.1** a bis e). In den einstöckigen Rahmen mit gleich langen Stützen ist somit der Grad der Verschieblichkeit gleich eins, weil eine zusätzliche Unbekannte (Δu oder ψ) vorhanden (**222.1**a bis c) ist. Der zweistöckige Rahmen nach Bild **222.1**d weist zwei zusätzliche Unbekannte (Δu_1 und Δu_2 oder ψ_1 und ψ_2) auf, der Grad der Verschieblichkeit ist also zwei. Das Vierendeel-Tragwerk nach Bild **222.1**e kann die waagerechten Verschiebungen Δu_1 und Δu_2 sowie die lotrechten Verschiebungen Δv_1 und Δv_2 erleiden; durch die Verschieblichkeit der Knoten treten hier also im allgemeinen Lastfall zusätzlich vier unbekannte geometrische Größen auf. Um diese zusätzlichen geometrischen Größen zu bestimmen, benötigen wir zusätzliche Gleichungen, die wir, da sie wegen der Verschieblichkeit der Knoten erforderlich sind, als Verschiebungsgleichungen bezeichnen.

Bei den Rahmen mit verschieblichen Knoten treten somit zwei Gruppen von Gleichungen auf, nämlich Knotengleichungen und Verschiebungsgleichungen.

Zur Bestimmung der Anzahl der aufzustellenden Knotengleichungen gelten die gleichen Grundsätze wie bei den Tragwerken mit unverschieblichen Knoten (vgl. Abschn. 8.32 und 8.33).

Die Zahl der Verschiebungsgleichungen bestimmt sich aus dem Grad der Verschieblichkeit, also aus der Betrachtung, wie viele voneinander unabhängige Verschiebungen der Knoten (Δu oder Δv) oder auch wie viele voneinander unabhängige Stabdrehwinkel ψ in dem Rahmen auftreten. Die Zahl der unabhängigen Verschiebungsgrößen (Δu oder ψ) läßt sich im allgemeinen leicht feststellen: So viele Lagerungen (Gelenkstäbe) äußerlich oder innerlich an dem Rahmensystem angebracht werden müssen, um alle Knoten unverschieblich zu machen, so viele Verschiebungsgrößen (Verschiebungen Δu, Δv) sind zu berechnen.

Für den dreistöckigen Rahmen nach Bild **223.1** sind drei „Lagerungen" nötig, um die waagerechte Verschieblichkeit unmöglich zu machen. In Bild **223.1**b sind die Lagerungen als äußere, in Bild **223.1**c als innere Gelenkstäbe angebracht. Folglich sind an diesem Rahmen drei Verschiebungsgrößen zu bestimmen. Da die Längenänderungen der Stäbe (s. Abschn. 8.21), die als Größen von höherer Ordnung klein sind, verabredungsgemäß vernachlässigt werden, erfahren alle Riegel und damit alle Knoten desselben Stockwerks die gleiche Verschiebung; somit ist für ein solches System für jedes Stockwerk eine Verschiebung Δu oder bei gleich langen Stielen ein Stabdrehwinkel ψ zu bestimmen.

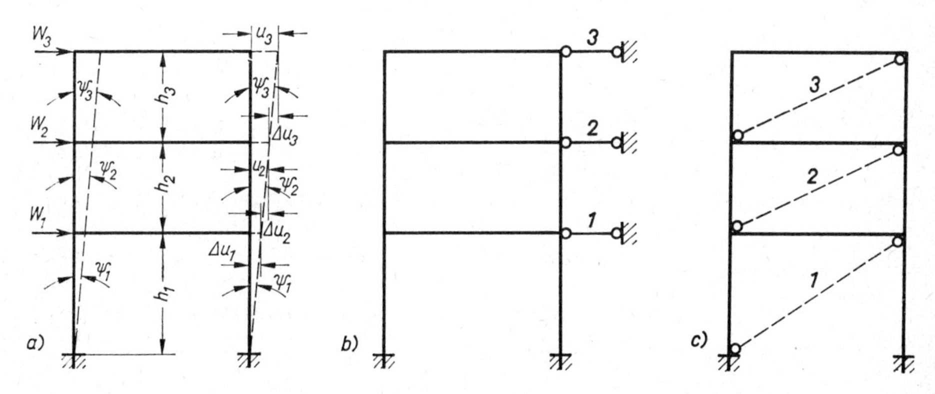

223.1 Dreistöckiger Rahmen

a) mit Verschiebungsgrößen und als unverschieblicher Rahmen
b) mit äußerer Lagerung
c) mit innerer Lagerung

8.42 Gleichungen für Stabendmomente

8.421 An beiden Enden elastisch eingespannter Stab

Die Stabendmomente M_a und M_b sind wiederum in Abhängigkeit von der gegebenen Belastung und den verschiedenen am Stab *ab* auftretenden Drehwinkeln auszudrücken. Wegen der Verschieblichkeit der Knoten wird nun in vielen Fällen der Stabdrehwinkel ψ gemäß den Ausgangsgleichungen (196.1 und 2) auftreten. Die Gleichungen lauteten

$$\varphi_a = \alpha - \psi \qquad \varphi_b = \beta - \psi$$

und mit Gl. (198.1 und 2) wird

$$EJ \cdot \varphi_a = EJ \cdot \alpha - EJ \cdot \psi$$

$$EJ \cdot \varphi_a = EJ \cdot \alpha_0 + M_a \cdot \frac{l}{3} - M_b \cdot \frac{l}{6} - EJ \cdot \psi \tag{224.1}$$

$$EJ \cdot \varphi_b = EJ \cdot \beta - EJ \cdot \psi$$

$$EJ \cdot \varphi_b = -EJ \cdot \beta_0 - M_a \cdot \frac{l}{6} + M_b \cdot \frac{l}{3} - EJ \cdot \psi \tag{224.2}$$

Auflösung dieser Gleichungen nach M_a und M_b und Einführung der Volleinspannmomente M_A und M_B [s. Gl. (198.5 und 6)] liefern

$$M_a = \frac{EJ}{l}(4\,\varphi_a + 2\,\varphi_b + 6\,\psi) + M_A \tag{224.3}$$

$$M_b = \frac{EJ}{l}(4\,\varphi_b + 2\,\varphi_a + 6\,\psi) + M_B \tag{224.4}$$

Mit der in Abschn. 8.313 eingeführten wahren Steifigkeitszahl $k^* = \frac{2EJ}{l}$ lauten die Gleichungen für die Stabendmomente

$$\boldsymbol{M_a = k^*(2\varphi_a + \varphi_b + 3\,\psi) + M_A} \tag{224.5}$$

$$\boldsymbol{M_b = k^*(2\varphi_b + \varphi_a + 3\psi) + M_B} \tag{224.6}$$

Es ist zu beachten, daß wir diese Gleichungen immer benutzen müssen, wenn wir mit wirklichen Verschiebungsgrößen rechnen, wie es z. B. bei Lagerverschiebungen oder Temperaturwirkungen vorkommt.

Wir betrachten beispielsweise den beidseitig eingespannten, äußerlich unbelasteten Stab (**224.**) . Er erleidet im Auflager *b* eine lotrechte Verschiebung *c* nach unten, d. h., Δv ist negativ. Wie groß werden M_a und M_b?

Ohne äußere Last ist $M_A = M_B = 0$. Bei voller Einspannung werden $\varphi_a = \varphi_b = 0$

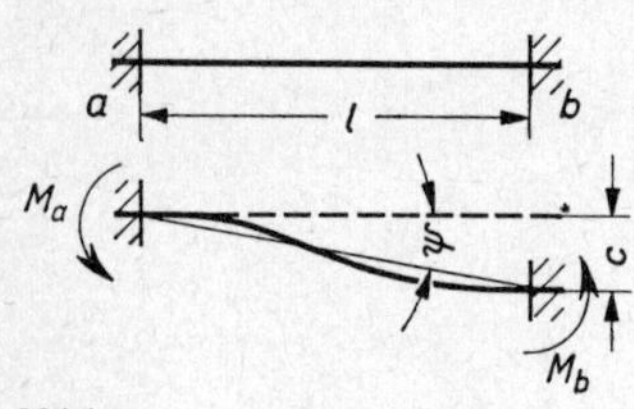

224.1
Verschiebung des Auflagers *b* um *c*

und $$M_a = M_b = k^* \cdot 3\,\psi = \frac{6\,EJ}{l}\,\psi \tag{224.7}$$

Mit $\psi = \frac{\Delta v}{l} = -\frac{c}{l}$ (da ψ nach Abschn. 8.22 negativ dreht) wird

$$M_a = M_b = -\frac{6\,EJ \cdot c}{l^2}$$

Die Einspannmomente drehen also an den Stabenden gegen den Uhrzeigersinn [s. auch Teil 3 Gl. (221.1)].

Hier soll noch die Addition der beiden Stabendmomente, die später gebraucht wird, aufgeführt werden

$$M_a + M_b = 3\,k^* (\varphi_a + \varphi_b + 2\,\psi) + M_A + M_B \tag{225.1}$$

Führen wir keine absoluten Werte von Verschiebungsgrößen in die Gleichungen für die Stabendmomente ein und wollen wir in erster Linie die Schnittgrößen M_a und M_b berechnen, so können wir wie früher (s. Abschn. 8.313) mit der Steifigkeitszahl $k = J/l$ arbeiten. Dann sind die Drehwinkel um den Faktor $2\,E$ verzerrt. Falls eine Verschiebung oder ein Drehwinkel in richtiger Größe ermittelt werden soll, müssen die Winkel nach Gl. (199.8) entzerrt werden.

Die Gleichungen für die Stabendmomente lauten

$$\boldsymbol{M_a = k\,(2\varphi_a + \varphi_b + 3\,\psi) + M_A} \tag{225.2}$$

$$\boldsymbol{M_b = k\,(2\varphi_b + \varphi_a + 3\,\psi) + M_B} \tag{225.3}$$

und die Summe der Stabendmomente

$$\boldsymbol{M_a + M_b = k\,(3\varphi_a + 3\varphi_b + 6\,\psi) + M_A + M_B} \tag{225.4}$$

8.422 An einem Ende gelenkig angeschlossener Stab

Wir schreiben die Gl. (224.3 und 4) für den an einem Ende biegesteif drehbar und am anderen Ende drehbar angeschlossenen Stab nach Bild **225.1** an

$$M_a = k^* (2\,\varphi_a + \varphi_b + 3\,\psi) + M'_A$$

$$M_b = k^* (2\,\varphi_b + \varphi_a + 3\,\psi) + 0 = 0$$

Aus der letzten Gleichung ergibt sich

$$2\,\varphi_b = -\,\varphi_a - 3\,\psi$$

225.1 Einseitig gelenkig gelagerter Stab

und damit lautet die erste Gleichung

$$M_a = k^* (2\,\varphi_a - 0{,}5\,\varphi_a - 1{,}5\,\psi + 3\,\psi) + M'_A = k^* (1{,}5\,\varphi_a + 1{,}5\,\psi) + M'_A$$

Mit der Steifigkeitszahl für den an einem Ende drehbar gelagerten Stab

$$k^{*\prime} = 0{,}75\,k^* = \frac{1{,}5\,EJ}{l} \tag{225.5}$$

wird nun

$$\boldsymbol{M_a = k^{*\prime}\,(2\varphi_a + 2\,\psi) + M'_A} \tag{225.6}$$

Auch diese Gleichung mit der wahren Steifigkeitszahl $k^{*\prime}$ müssen wir wieder beim Einsetzen wirklicher Verschiebungsgrößen benutzen.

Zur Erläuterung betrachten wir den in a biegesteif und in b drehbar gelagerten Stab (**225.2**). Das Auflager b soll eine lotrechte Verschiebung c nach unten erfahren. Wie groß wird das Einspannmoment in a infolge dieser Verschiebung?

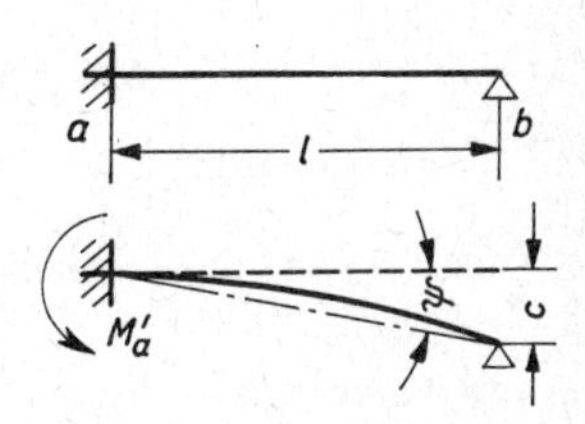

225.2 Auflager b um c gesenkt

In Gl. (225.6) ist wieder $M'_A = 0$, da keine äußere Belastung angreift, und $\varphi_a = 0$, weil der Stab in a voll eingespannt ist. Wir erhalten

$$M_a = k^{*\prime} \cdot 2\psi = \frac{3\,EJ}{l}\,\psi \tag{225.7}$$

und mit $\psi = -\frac{c}{l}$ $\quad M_a = -3 \cdot \frac{EJ \cdot c}{l^2}$

Das am Stabende auftretende Einspannmoment dreht also gegen den Uhrzeigersinn [vgl. Teil 3 Gl. (221.2)].

Wenn keine absoluten Werte von Verschiebungsgrößen in die Gleichung für das Stabendmoment eingesetzt werden, darf wieder mit der verzerrten Steifigkeit gerechnet werden. Dann lautet die Gleichung für das Stabendmoment

$$\boldsymbol{M_a = k' (2\varphi_a + 2\psi) + M'_A} \tag{226.1}$$

8.43 Aufstellen der Knotengleichungen

Auch bei verschieblichen Systemen ist für jeden elastisch eingespannten Knoten des Tragwerks eine Knotengleichung aufzustellen. Die Gleichgewichtsbedingung, daß die Summe aller an einem Knoten angreifenden Stabendmomente gleich Null sein muß, liefert wiederum die Knotengleichung als eine Summengleichung der an diesem Knoten angreifenden Stabendmomente.

Wegen der besseren Schreibweise bedienen wir uns in diesem und im folgenden Abschnitt der in den Gl. (225.2 und 3) und (226.1) gebrauchten Formulierung; wir benutzen also die verzerrte Steifigkeitszahl k, die gegebenenfalls nur durch k^* zu ersetzen ist.

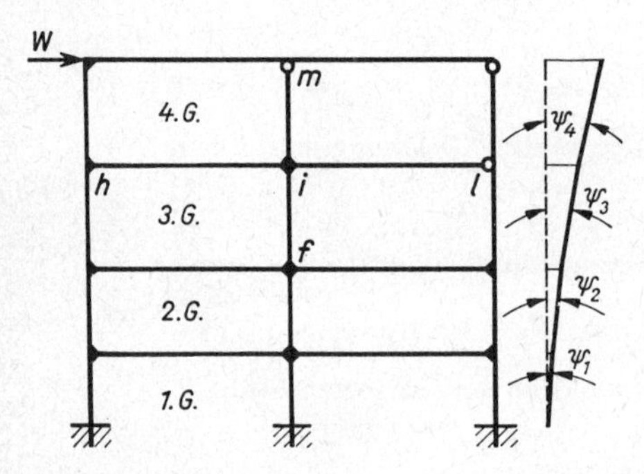

226.1 Stockwerkrahmen

Zum besseren Verständnis des allgemeinen Aufbaus der Knotengleichung für verschiebliche Systeme schreiben wir zunächst die Stabendmomente für den Knotenpunkt i eines Stockwerkrahmens nach Bild **226.1** an:

$$M_{if} = k_{if} (2 \varphi_i + \varphi_f + 3 \psi_3) + M_{JF}$$

$$M_{ih} = k_{ih} (2 \varphi_i + \varphi_h) + M_{JH}$$

$$M_{im} = k'_{im} (2 \varphi_i + 2 \psi_4) + M'_{JM}$$

$$M_{il} = k'_{il} \cdot 2 \varphi_i + M'_{JL}$$

Da die Summe der Momente um jeden Knoten Null werden muß, lautet die Knotengleichung für den Punkt i

$$\sum M_i = 0 = \varphi_i \cdot 2 (k_{if} + k_{ih} + k'_{im} + k'_{il}) + \varphi_f \cdot k_{if} + \varphi_h \cdot k_{ih} + \psi_3 \cdot 3 \cdot k_{if} + \psi_4 \cdot 2 \cdot k'_{im} + M_{JF} + M_{JH} + M'_{JM} + M'_{JL}$$

oder in Summenform geschrieben

$$\boldsymbol{\sum M_i = \varphi_i \cdot 2 \sum_n k_i + \sum_d \varphi_k \cdot k_i + \psi_3 \cdot 3 k_{if} + \psi_4 \cdot 2 k'_{im} + \sum_n M_J = 0} \tag{226.2}$$

Diese Knotengleichung für den Knoten eines verschieblichen Systems unterscheidet sich von der entsprechenden eines unverschieblichen Systems [s. Gl. (201.2)] durch das 3. und 4. Glied, in denen die Stabdrehwinkel ψ auftreten.

In jeder Knotengleichung sind immer so viele Glieder dieser Art vorhanden, wie in den betrachteten Knotenpunkt Stäbe mit Stabdrehwinkeln einmünden.

Ist ein Stab auf der abgelegenen Seite drehbar biegesteif gelagert (wie hier der Stab *if*), so ist das betreffende Glied $\psi \cdot k$ mit „3“, bei drehbarer Lagerung dagegen, wie Stab *im*, mit „2“ zu multiplizieren. Es sei hier nochmals wiederholt, daß die $\sum\limits_d$ sich nur über diejenigen Stäbe erstreckt, die auch am abgelegenen Stabende drehbar biegesteif angeschlossen sind.

8.44 Verschiebungsgleichungen

8.441 Allgemeines zum Aufstellen der Verschiebungsgleichungen

Schreiben wir für einen Stockwerkrahmen, wie ihn Bild **226.1** darstellt, sämtliche Knotengleichungen an, so sind wir doch nicht in der Lage, die auftretenden unbekannten Drehwinkel zu bestimmen, weil die Anzahl der unbekannten Winkel (φ und ψ) größer ist als die Anzahl der vorhandenen Knotengleichungen. Bei Systemen mit unverschieblichen Knoten war die Anzahl der unbekannten Knotendrehwinkel φ und die der Knotengleichungen gleich groß, die Aufgabe war somit mathematisch lösbar. Bei Systemen mit verschieblichen Knoten ist die Lösung infolge der hinzukommenden unbekannten Stabdrehwinkel ψ mit den Knotengleichungen allein nicht möglich. Wir benötigen noch zusätzliche Gleichungen, die sog. Verschiebungsgleichungen, und zwar so viele, wie in dem Tragwerk Stabverschiebungsgrößen Δu, Δv oder Stabdrehwinkel ψ als unbekannte geometrische Größen vorliegen.

Eine solche Verschiebungsgleichung kann durch eine Gleichgewichtsbetrachtung am passend herausgeschnittenen Tragwerksteil gewonnen werden; meist wird dabei die Gleichgewichtsbedingung $\sum H = 0$ oder $\sum V = 0$ benutzt, und die Schnittgrößen M, N, Q werden als Funktionen der Drehwinkel ausgedrückt. Wegen der Verschiedenheit der Systeme kann jedoch die Form der Verschiebungsgleichungen nicht allgemeingültig angegeben werden, wie das bei den Knotengleichungen möglich war. Jedoch lassen sich für gewisse Systemtypen, wie z. B. Stockwerkrahmen, bestimmte Formen der Verschiebungsgleichungen entwickeln

8.442 Aufstellen der Verschiebungsgleichungen für den Stockwerkrahmen

Wir betrachten zunächst einen Stockwerkrahmen mit lotrechten Stielen und waagerechten Riegeln nach Bild **227.1**, dessen Stielfüße voll in den Fundamenten eingespannt seien. Bei der Unsymmetrie der Konstruktion und der äußeren Lasten ist leicht einzusehen, daß die Knotenpunkte neben den Verdrehungen auch noch horizontale Verschiebungen erleiden. Das Aufstellen der Knotengleichungen nach Gl. (226.2) bereitet keine Schwierigkeiten. Sie enthalten neben den Knotendrehwinkeln φ noch die Stabdrehwinkel ψ infolge der Horizontalverschiebungen der Stiele. Auf Grund einer geometrischen Überlegung kann nun die Anzahl der Stabdrehwinkel wesentlich reduziert werden. Unter der Bedingung, daß die Formänderungen aus Normalkraft vernachlässigbar klein sind, ergibt sich, daß alle Punkte längs eines Riegels die gleiche Horizontalverschiebung erleiden müssen. Damit führen auch alle Stiele, die an diesen Riegel anschließen,

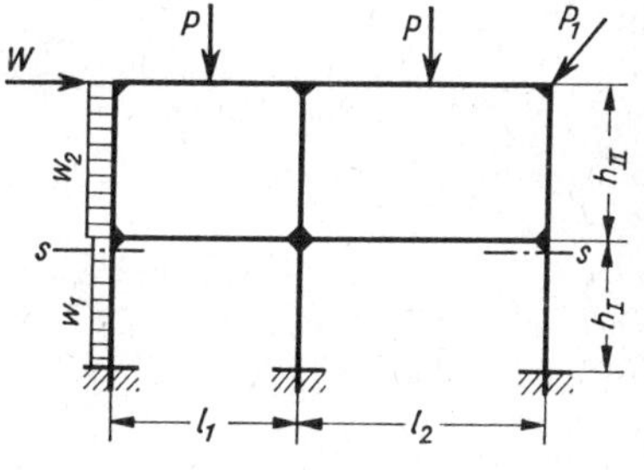

227.1 Stockwerkrahmen mit eingespannten Stielfüßen

im Anschlußpunkt die gleiche Verschiebung aus, d. h., die horizontale Verschiebung Δu aller Stiele eines Stockwerkes ist gleich groß. Bei gleich langen Stielen haben damit auch die Stabdrehwinkel ψ aller Stiele eines Stockwerkes gleiche Größe. In den Knotengleichungen treten infolge der beiden Stockwerke daher nur zwei unbekannte Stabdrehwinkel ψ_1 und ψ_2 auf. Zur Lösung der Aufgabe sind somit neben den Knotengleichungen noch zusätzlich zwei Verschiebungsgleichungen aufzustellen. Hierfür führt man zweckmäßig einen waagerechten Schnitt durch das gefragte Stockwerk (**227.**) und stellt für diesen Schnitt die Gleichgewichtsbedingung $\sum H = 0$ auf.

Der Schnitt s — s wird am oberen Stielrand des Stockwerks geführt, dessen Stabdrehwinkel ψ gesucht wird. Die Schnittkräfte an den kurzen Stielenden unterhalb der Knoten (oberhalb s — s) sind in den folgenden Überlegungen maßgebend. Gleichgewichtsbetrachtungen an den durch den Schnitt s — s voneinander getrennten Rahmenteilen sollen zu der gesuchten Verschiebungsgleichung führen. Wir betrachten zunächst den oberen abgeschnittenen Rahmenteil, für den die Schnittkräfte M, Q, N im Schnitt s — s im Bild **228.1** eingetragen sind. Da wir die Gleichgewichtsbedingung $\sum H = 0$ ausnutzen, interessieren nur die horizontalen Kräfte Q_{I}, die positiv eingezeichnet sind.

Als Vorzeichenregel gilt: Von links nach rechts wirkende Kräfte sind positiv (**228.2**).

228.1 Oberer abgeschnittener Rahmenteil

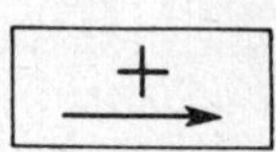

228.2 Positives Vorzeichen für horizontale Lasten und Schnittkräfte oberhalb des Schnittes s — s

Für Kräfte und Schnittkräfte oberhalb des Schnittes s — s wird

$$\sum H = 0 = W + w_{\mathrm{II}} \cdot h_{\mathrm{II}} - P_{1h} + Q_{\mathrm{I}l} + Q_{\mathrm{I}m} + Q_{\mathrm{I}r} = 0 = \sum_{\text{oberh.}} P_h + \sum Q_{\mathrm{I}} = 0 \qquad (228.)$$

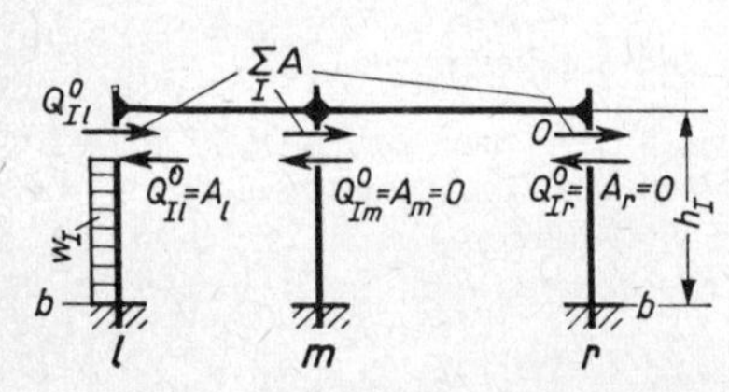

228.3 Unterer Rahmenteil. Quergerichtete Kräfte an den Stielenden des Schnittes s — s aus der äußeren Belastung mit Wirkung auf den oberen Rahmenteil

mit

$\sum_{\text{oberh.}} P_h$ = Summe aller äußeren Horizontalkräfte oberhalb des Schnittes s — s

$\sum Q_{\mathrm{I}}$ = Summe aller Querkräfte an den geschnittenen Stielenden des I. Stockwerks

Die Querkräfte Q_{I} können wir durch Betrachtung des unteren Rahmenteils aus den jeweiligen Stabendmomenten (**228.4**) und der äußeren Belastung (**228.3**) ermitteln. Mit den Vorzeichenregeln des Drehwinkelverfahrens ergibt sich in der Achse b — b mit der Gleichgewichtsbedingung $\sum M_b = 0$

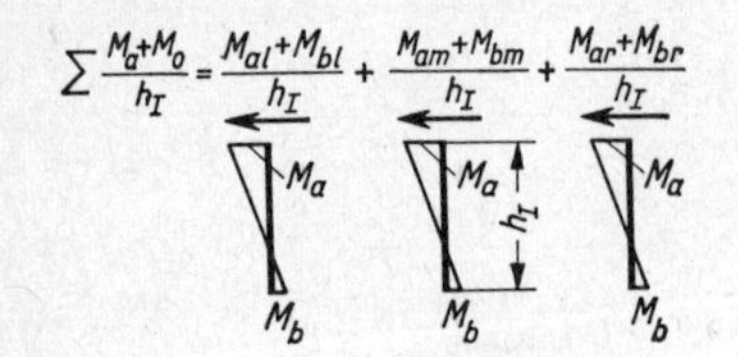

228.4 Quergerichtete Kräfte an den Stielenden aus den Stabendmomenten

für den linken Stiel

$$-Q_{Il} \cdot h_I + w_I \cdot \frac{h_I^2}{2} + M_{al} + M_{bl} = 0$$

$$Q_{Il} = w_I \frac{h_I}{2} + \frac{M_{al} + M_{bl}}{h_I} = Q_{Il}^0 + \frac{M_{al} + M_{bl}}{h_I} = A_l + \frac{M_{al} + M_{bl}}{h_I}$$

für den mittleren und rechten Stiel

$$Q_{Im} = 0 + \frac{M_{am} + M_{bm}}{h_I} \qquad Q_{Ir} = 0 + \frac{M_{ar} + M_{br}}{h_I}$$

Die Summierung lautet

bei gleicher Stielhöhe h_I (**228**.3 und 4)

$$\sum Q_I = \sum_{(I)} A + \sum_{(I)} \frac{M_a + M_b}{h_I} \tag{229.1}$$

und bei ungleicher Stielhöhe h (**229**.1)

$$\sum Q_I = \sum_{(I)} A + \sum_{(I)} \frac{M_a + M_b}{h} \tag{229.2}$$

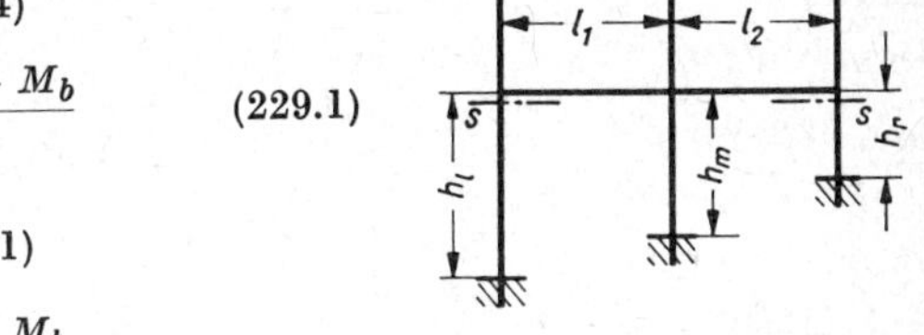

229.1 Stockwerkrahmen mit verschieden langen Stielen

Darin bedeutet $\sum\limits_{(I)}$ die Summierung über die entsprechenden Schnittgrößen über alle Stiele des Stockwerks I. Mit (I) wird also die Anzahl der Stiele im Stockwerk I gekennzeichnet. So ist $\sum\limits_{(I)} A$ die Summe der Auflagerdrücke aller Stiele am oberen Ende des Stockwerks I aus der Balkenbetrachtung der Stiele. Und es ist $\sum\limits_{(I)} (M_a + M_b)$ die Summe sämtlicher Stabendmomente der Stiele des Stockwerks I. Bei gleicher Stielhöhe kann die konstante Höhe h_I eingesetzt werden; bei ungleichen Stielhöhen sind diese Höhen h bei der Summierung zu beachten.

Gl. (229.1) in Gl. (228.1) eingesetzt ergibt

bei gleicher Stielhöhe h_I

$$\sum H = 0 = \sum_{\text{oberh.}} P_h + \sum_{(I)} A + \sum_{(I)} \frac{M_a + M_b}{h_I} = 0$$

$$(\sum_{\text{oberh. I}} P_h + \sum_{(I)} A)\, h_I + \sum_{(I)} (M_a + M_b) = 0 \tag{229.3}$$

und bei ungleichen Stielhöhen h

$$\sum H = 0 = \sum_{\text{oberh. I}} P_h + \sum_{(I)} A + \sum_{(I)} \frac{M_a + M_b}{h} = 0 \tag{229.4}$$

Hierin sind die Stielhöhen h nicht konstant, weshalb die Summenbildung über die Stiele durchzuführen ist.

Die Stabendmomente M_a und M_b sind unbekannte Schnittgrößen. Mit Gl. (225.4) können wir sie in Abhängigkeit von den Knoten- und Stabdrehwinkeln sowie den Volleinspannmomenten ausdrücken. Wir erhalten zur Verwendung in Gl. (229.3) bei gleichen Stielhöhen

$$\sum_{(I)} (M_o + M_u) = \sum_{(I)} 3\,k \cdot \varphi_o + \sum_{(I)} 3\,k \cdot \varphi_u + \sum_{(I)} 6\,k \cdot \psi + \sum_{(I)} (M_O + M_U) \qquad (230.1)$$

und zur Verwendung in Gl. (229.4) bei ungleichen Stielhöhen

$$\sum_{(I)} \frac{M_o + M_u}{h} = \sum_{(I)} 3 \cdot \frac{k}{h}\varphi_o + \sum_{(I)} 3 \cdot \frac{k}{h}\varphi_u + \sum_{(I)} 6 \cdot \frac{k}{h}\psi + \sum_{(I)} \frac{M_O + M_U}{h} \qquad (230.2)$$

In diesen Gleichungen sind φ_o die Knotendrehwinkel an den oberen Stielenden und φ_u die an den unteren Stielenden. Die Summen sind über alle im betrachteten Stockwerk vorkommenden Stiele zu bilden.

Die Gl. (229.3 und 230.1) liefern für das Stockwerk I nun die Verschiebungsgleichung

bei gleichen Stielhöhen

$$\mathbf{3\sum_{(I)} k \cdot \varphi_o + 3\sum_{(I)} k \cdot \varphi_u + 6\sum_{(I)} k \cdot \psi + (\sum_{\text{oberh. I}} P_h + \sum_{(I)} A)\, h_I + \sum_{(I)} (M_O + M_U) = 0} \qquad (230.3)$$

und bei ungleichen Stielhöhen

$$3\sum_{(I)} \frac{k}{h}\varphi_o + 3\sum_{(I)} \frac{k}{h}\varphi_u + 6\sum_{(I)} \frac{k}{h}\psi + \sum_{\text{oberh. I}} P_h + \sum_{(I)} A + \sum_{(I)} \frac{M_O + M_U}{h} = 0 \qquad (230.4)$$

Sind in dem betrachteten Stockwerk m Stiele vorhanden, so kann die Verschiebungsgleichung bei gleichen Stielhöhen für dieses Stockwerk auch geschrieben werden

$$\mathbf{3\sum_{m} k \cdot \varphi_o + 3\sum_{m} k \cdot \varphi_u + 6\sum_{m} k \cdot \psi + (\sum_{\text{oberh.}} P_h + \sum_{m} A)\, h + \sum_{m} (M_O + M_U) = 0} \qquad (230.5)$$

Diese Schreibweise der Summierung über m Stiele eines Stockwerks kann natürlich für Gl. (230.4) ebenfalls sinngemäß benutzt werden.

M_O und M_U sind die Volleinspannmomente der m Stiele im Stockwerk infolge deren äußerer Belastung. Die Vorzeichen sind wie in Abschn. 8.312 zu bestimmen.

Erhält ein Stiel keine waagerechte Belastung, so ist für ihn $M_O + M_U = 0$.

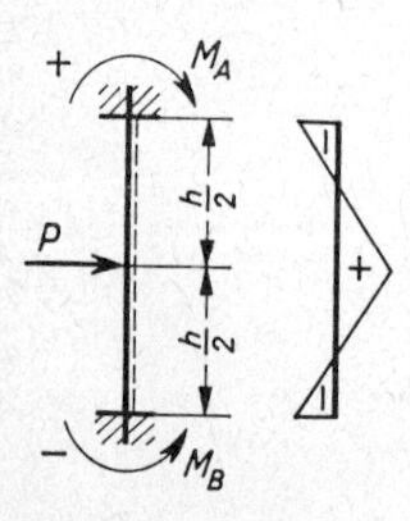

230.1 Mit Einzellast symmetrisch belasteter Stiel

Ist der Stiel symmetrisch, etwa durch eine Gleichstreckenlast (**198.1**b) oder durch eine Einzellast in der halben Höhe (**230.1**) belastet, so ist gemäß der beim Weggrößenverfahren eingeführten Vorzeichenregel infolge der Symmetrie

$$M_U = -M_O$$

Folglich ist $M_O + M_U = 0$.

Die Summen $\sum_{\text{Stiele}} (M_O + M_U)$ über ein Stockwerk liefern also bei beidseits eingespannten Stielen nur dann einen Beitrag, wenn die Stiele unsymmetrisch belastet sind.

Für jedes Stockwerk eines seitlich nicht gehaltenen Rahmens ist eine entsprechende Verschiebungsgleichung aufzustellen. Diese Gleichungen enthalten als unbekannte geometrische Größen nicht nur ψ, sondern auch φ_o und φ_u. Das bedeutet: Verschiebungsgleichungen und Knotengleichungen sind nicht voneinander unabhängig, sondern miteinander gekoppelt. Falls mehrere Verschiebungsgleichungen aufgestellt werden müssen, erfordert die Lösung der Aufgabe einen beträchtlich ansteigenden Rechenaufwand. Man ist dann bemüht, alle möglichen Vorteile voll auszunutzen, wie Symmetrie des Tragwerks und Aufgliedern einer unsymmetrischen Belastung in eine symmetrische und antimetrische (Verfahren der „Belastungs-Umordnung").

Im folgenden soll der Stockwerkrahmen mit gleichen Stielhöhen nach Bild **231.1**, dessen Stielfüße gelenkig gelagert sind, kurz betrachtet werden. Grundsätzlich gilt bezüglich der Schnittführung s — s und der Aufstellung der Gleichgewichtsbedingung $\sum H = 0$ das gleiche wie vorher. Jedoch drücken wir jetzt für Gl. (229.1) die Abhängigkeit von den Drehwinkeln und den Volleinspannmomenten mit Gl. (226.1) aus, die hier lautet

$$\sum_{(I)} M_a = \sum_{(I)} 2\,k' \cdot \varphi'_a + \sum_{(I)} 2\,k' \cdot \psi + \sum_{(I)} M'_A$$

Da $\sum_{(I)} M_b = 0$ (**231.2**), erhalten wir mit Gl. (229.3) für m Stiele des Stockwerks in allgemeiner Form bei gleichen Stielhöhen

$$\mathbf{2\sum_{m} k' \cdot \varphi_o + 2\sum_{m} k' \cdot \psi + (\sum_{\text{oberh.}} P_h + \sum_{m} A)\,h + \sum_{m} M'_O = 0} \qquad (231.1)$$

Diese Verschiebungsgleichung ist somit für Stiele einzusetzen, deren eines Ende elastisch eingespannt und deren anderes gelenkig gelagert ist.

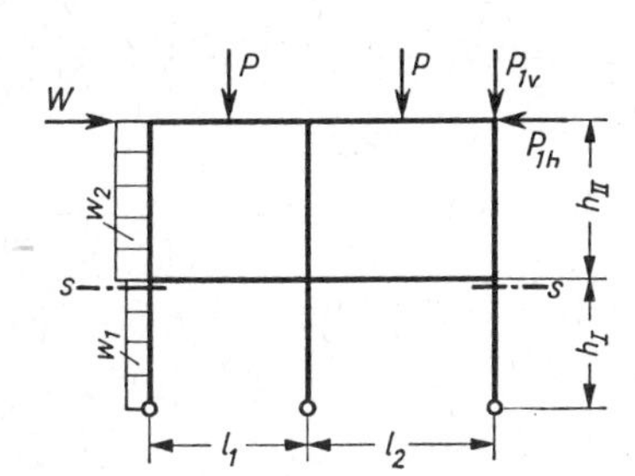

231.1 Stockwerkrahmen mit gelenkig gelagerten Stielfüßen

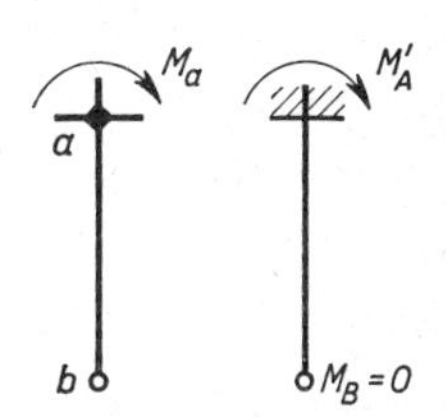

231.2 An einem Ende eingespannter Stiel

8.45 Anwendungen

Beispiel 1: Für einen einhüftigen Rahmen, der ein bewegliches Auflager hat, soll für die in Bild **231.3** angegebene Belastung die horizontale Verschiebung des Eckpunktes 2 bestimmt werden.

Infolge des beweglichen Auflagers in 1 liegt ein Rahmen mit horizontal verschieblichen Knoten vor. Weil die Stäbe nur im Knoten 2 elastisch eingespannt sind, ist eine Knotengleichung nur für diesen Knoten aufzustellen. Ein in Knoten 2 als horizontale Lagerung angebrachter Gelenkstab würde das System unverschieblich machen; folglich muß ein Stabdrehwinkel ψ vorhanden sein.

Es ist also noch zusätzlich eine Verschiebungsgleichung aufzustellen. Weil nach dem absoluten Wert der Verschiebung gefragt ist, werden die Drehwinkel gemäß Gl. (199.8) entzerrt.

$$J_{12} = \frac{2{,}0 \cdot 5{,}0^3}{12} = 20{,}83\ \text{dm}^4 \qquad J_{23} = \frac{2{,}0 \cdot 3{,}0^3}{12} = 4{,}5\ \text{dm}^4$$

Für Beton $\quad E = 210\,\dfrac{\text{Mp}}{\text{cm}^2} = 210 \cdot 10^2 = 2{,}1 \cdot 10^4\,\dfrac{\text{Mp}}{\text{dm}^2}$

Entzerrungsfaktor $\quad z = \dfrac{1}{2E} = \dfrac{1}{2 \cdot 210 \cdot 10^2} = \dfrac{1}{420 \cdot 10^2}\,\dfrac{\text{dm}^2}{\text{Mp}}$

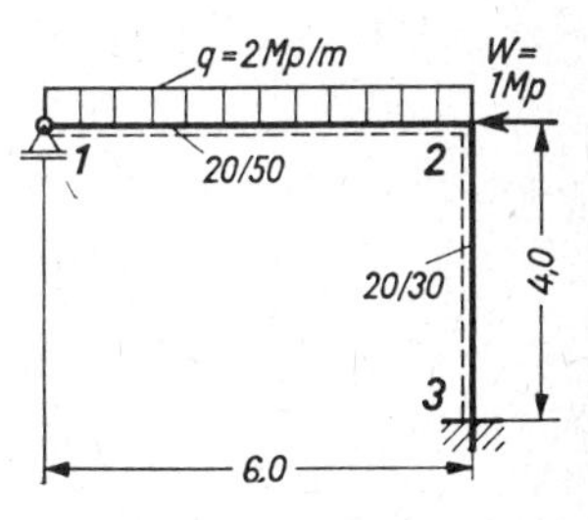

231.3 Einhüftiger Rahmen

Steifigkeitszahlen

$$k'_{12} = 0{,}75 \cdot \frac{20{,}83}{60} = 0{,}26 \qquad k_{23} = \frac{4{,}5}{40} = 0{,}1125$$

Das Volleinspannmoment des Stabes 2 am Stabende 2 ist positiv und beträgt

$$M'_{\text{II,I}} = \frac{2 \cdot 6^2}{8} = 9{,}0 \text{ Mpm} = 90 \text{ Mpdm}$$

Die Knotengleichung (226.2) lautet

$$\sum M_2 = \varphi_2 \cdot 2\,(k'_{12} + k_{23}) + \varphi_3 \cdot k_{23} + \psi \cdot 3\,k_{23} + M'_{\text{II,I}} = 0$$

Mit $\varphi_3 = 0$ und $\varphi_2 \cdot 2\,(0{,}26 + 0{,}1125) + 0 + 3\psi \cdot 0{,}1125 + 90 = 0$

erhalten wir

$$0{,}7450\,\varphi_2 + 0{,}3375\,\psi = -\,90 \qquad \text{(I)}$$

Die Verschiebungsgleichung wird aus der Gleichgewichtsbedingung $\sum H = 0$ für den einstöckigen Rahmen gewonnen.

Für die am Rahmen quergerichteten Kräfte schreiben wir, da W nach links gerichtet ist (**232.**),

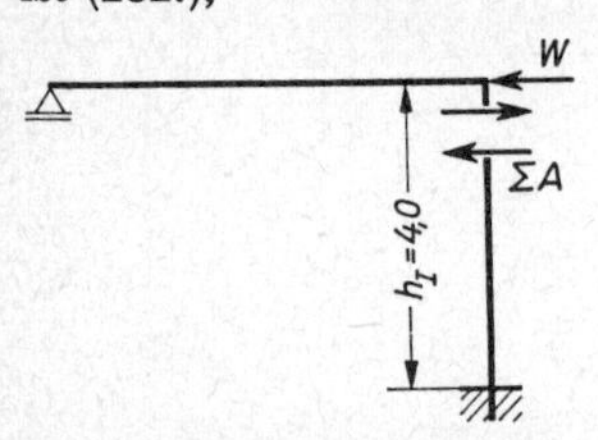

232.1 Quergerichtete Aktion am Stielende

$$\sum P_h = -\,W = -\,,0 \text{ Mp}$$

Da am Stiel keine Kraft angreift, ist $\sum A = 0$ und außerdem $M_A + M_B = 0$.

Somit lautet die Verschiebungsgleichung (230.5)

$$3\,(k_{23} \cdot \varphi_2) + 3\,(k_{23} \cdot \varphi_3) + 6\,k_{23} \cdot \psi$$
$$+ (-\,W) \cdot h_{\text{I}} + 0 = 0$$

Da $\varphi_3 = 0$ ist, wird

$$3 \cdot 0{,}1125\,\varphi_2 + 6 \cdot 0{,}1125\,\psi - 1{,}0 \cdot 40 = 0$$

$$0{,}3375\,\varphi_2 + 0{,}675\,\psi = 40 \qquad \text{(II)}$$

Wir subtrahieren diese Gl. (II) von der mit 2 multiplizierten Gl. (I):

$$2\,(0{,}745\,\varphi_2 + 0{,}3375\,\psi) = 1{,}49\,\varphi_2 + 0{,}675\,\psi = -\,180$$
$$-\,0{,}3375\,\varphi_2 - 0{,}675\,\psi = -\,\;40$$
$$1{,}1525\,\varphi_2 = -\,220$$
$$\varphi_2 = -\,191 \text{ Mp/dm}^2$$

Wirklicher Knotendrehwinkel

$$\varphi_2^* = -\,\frac{191}{420 \cdot 10^2} = -\,0{,}455 \cdot 10^2 = -\,0{,}00455\,\frac{\text{Mp}}{\text{dm}^2} \cdot \frac{\text{dm}^2}{\text{Mp}} \,\widehat{=}\, -\,0{,}26°$$

Nun subtrahieren wir Gl. (I) von der mit 2,2 multiplizierten Gl. (II):

$$2{,}2\,(0{,}3375\,\varphi_2 + 0{,}675\,\psi) = 0{,}745\,\varphi_2 + 1{,}49\,\psi = 88{,}2$$
$$-\,0{,}745\,\varphi_2 - 0{,}3375\,\psi = 90$$
$$1{,}1525\,\psi = 178{,}2$$
$$\psi = 154{,}5 \text{ Mp/dm}^2$$

233.1
Verzerrte Verformungsfigur

Wirklicher Stabdrehwinkel

$$\psi^* = \frac{154,5}{420 \cdot 10^2} = 0,368 \cdot 10^{-2} = 0,00368 \mathrel{\hat{=}} +\,0,211°$$

Somit wird die horizontale Verschiebung des Knotens 2 und damit des ganzen Riegels aus dem Produkt Stabdrehwinkel × Stiellänge berechnet

$$\Delta u = \psi \cdot h = 0,00368 \cdot 400 = 1,47 \text{ cm}$$

Da der Stabdrehwinkel ψ positiv ist, wird der Stab 23 gegen den Uhrzeigersinn verdreht; folglich verschiebt sich der Riegel um $\Delta u = 1,47$ cm nach links. Die verzerrte Verformungsfigur zeigt Bild **233.1**.

Es sollen die Stabendmomente des Rahmens berechnet werden. Es wird

mit Gl. (**226.1**)

$$M_{21} = 0,26\,[2\,(-\,191) + 2 \cdot 0] + 90 = -\,99,2 + 90 = -\,9,2 \text{ Mpdm} = -\,92 \text{ Mpcm}$$

mit Gl. (225.2)

$$M_{23} = 0,1125\,[2\,(-\,191) + 0 + 3 \cdot 154,5] + 0 = +\,9,2 \text{ Mpdm} = 92 \text{ Mpcm}$$

mit Gl. (225.3)

$$M_{32} = 0,1125\,[2 \cdot 0 + (-\,191) + 3 \cdot 154,5] + 0 = 30,7 \text{ Mpdm} = 307 \text{ Mpcm}$$

Bild **233.2** zeigt die Stabendmomente und die Momentenfläche. Bemerkenswert ist das positive Biegemoment in der Rahmenecke 2, das seine Ursache in der Verschiebung des beweglichen Auflagers bei 1 hat. Dadurch tritt eine Verminderung des Feldmomentes infolge eines negativen Eckmomentes nicht auf.

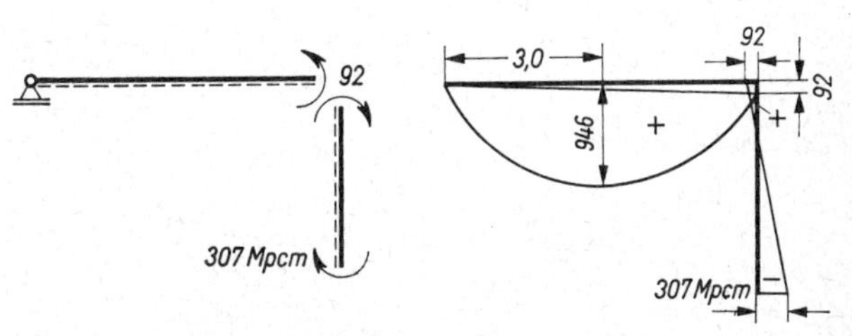

233.2 Stabendmomente und Momentenfläche

233.3
Rahmen mit festem Auflager in 1

Zum Vergleich sind für den gleich belasteten, aber in 1 mit einem festen Auflager versehenen Rahmen (**233.3**) der Knotendrehwinkel φ_2 und die Stabendmomente berechnet. Durch die Ausbildung des Punktes 1 als festes Auflager wird der Knotenpunkt 2 unverschieblich.

Die Knotengleichung lautet

$$0,745\,\varphi_2 = -\;\;90$$

$$\varphi_2 = -\;120,8 \text{ Mp/dm}^2$$

$$\varphi_2^* = -\;0,00287$$

damit die Stabendmomente

$$M_{21} = 0,26\,[2\,(-\,120,8)] + 90 = 27,2 \text{ Mpdm} = 272 \text{ Mpcm}$$

$$M_{23} = 0,1125\,[2\,(-\,120,8)] = -\,27,2 \text{ Mpdm} = -\,272 \text{ Mpcm}$$

$$M_{32} = 0,1125\,(-\,120,8) = -\,13,6 \text{ Mpdm} = -\,136 \text{ Mpcm}$$

Bild **234**.1 zeigt die Stabendmomente und die Momentenfläche. Beim Vergleich beider Momentenflächen wird besonders deutlich, daß eine horizontale Verschieblichkeit der Knoten bei waagerecht angreifenden Lasten nicht vernachlässigt werden darf.

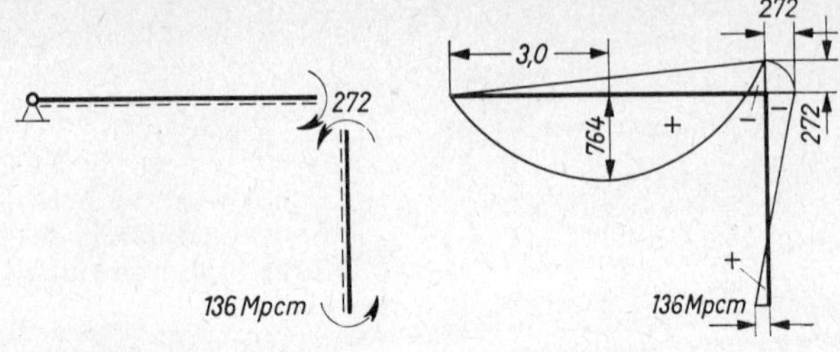

234.1 Momente des Rahmens mit festem Auflager in 1

Beispiel 2: Der im 2. Beispiel des Abschn. 8.33 behandelte Rahmen mit unverschieblichen Knoten soll für dieselbe Belastung als Rahmen mit verschieblichen Knoten a und b berechnet werden (**234**.2).

Zuerst werden die erforderlichen Gleichungen in allgemeiner Form angeschrieben.

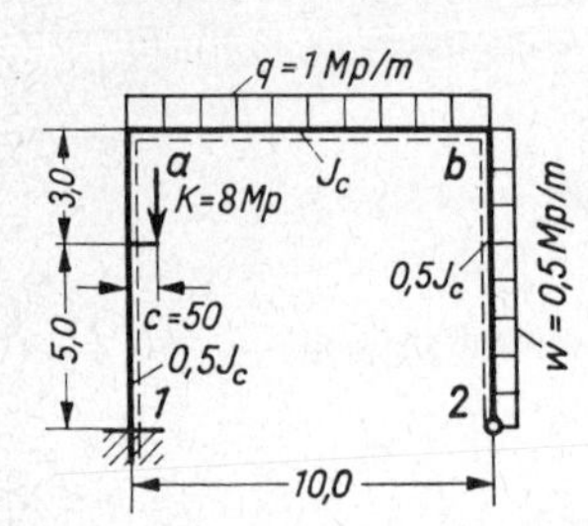

234.2 Rahmen mit verschieblichen Knoten a und b

Die Knotengleichungen lauten mit Gl. (226.2)

für Knoten a

$$\varphi_a \cdot 2(k_{a1} + k_{ab}) + \varphi_b \cdot k_{ba} + \psi \cdot 3k_{a1} + \sum M_A = 0 \qquad \text{(I)}$$

für Knoten b

$$\varphi_b \cdot 2(k_{ba} + k'_{b2}) + \varphi_a \cdot k_{ab} + \psi \cdot 2k'_{b2} + \sum M_B = 0 \qquad \text{(II)}$$

Verschiebungsgleichung

Weil der ganze Riegel eine horizontale Verschiebung Δu erfährt und damit nur ein unbekannter Stabdrehwinkel ψ auftritt, ist nur eine Verschiebungsgleichung aufzustellen. Wir haben jedoch zu beachten, daß der linke Stiel im Knoten 1 biegesteif und der rechte Stiel im Knoten 2 drehbar gelagert ist. Folglich müssen die Gl. (230.5) und (231.1) benutzt werden, die jedoch hier nicht als Summengleichungen über m Stiele, sondern nur über jeweils einen Stiel (nämlich $1a$ und $2b$) aufzustellen und außerdem zu koppeln sind, weil nur ein unbekannter Stabdrehwinkel ψ vorhanden ist. So lautet die Verschiebungsgleichung

$$3k_{a1} \cdot \varphi_a + 0 + 6k_{a1} \cdot \psi + (M_A + M_I) + 2k'_{b2} \cdot \varphi_b + 2k'_{b2} \cdot \psi + M'_B + (\sum_{\text{oberh.}} P_h + \sum_{\text{Stiele}} A)\, h = 0 \qquad \text{(III)}$$

Wir entnehmen die Steifigkeitszahlen und Volleinspannmomente dem 2. Beispiel in Abschn. 8.33 und schreiben die Momente mit den Vorzeichen des Weggrößenverfahrens an.

Steifigkeitszahlen

$$k_{a1} = 3{,}75 \qquad k_{ab} = 6{,}00 \qquad k'_{b2} = 2{,}81$$

Volleinspannmomente

$$M_{AB} = -\,8{,}33 \text{ Mp} \qquad M_{BA} = +\,8{,}33 \text{ Mp}$$

$$M_{AI} = +\,0{,}31 \text{ Mp} \qquad M'_{BII} = -\,4{,}00 \text{ Mp}$$

$$M_{IA} = +\,1{,}31 \text{ Mp}$$

In die Knotengleichungen sind einzusetzen

$$\sum M_A = M_{AB} + M_{AI} = -8{,}33 + 0{,}31 = -8{,}02 \text{ Mpm}$$

$$\sum M_B = M_{BA} + M'_{BII} = +8{,}33 - 4{,}00 = +4{,}33 \text{ Mpm}$$

Für die Verschiebungsgleichung gilt

$$M_A = M_{AI} = +0{,}31 \text{ Mpm} \qquad M_I = M_{IA} = +1{,}31 \text{ Mpm} \qquad M'_B = M'_{BII} = -4{,}00 \text{ Mpm}$$

Da oberhalb des Schnittes am oberen Stielrand keine waagerechten äußeren Kräfte vorhanden sind, ist

$$\sum_{\text{oberh.}} P_h = 0$$

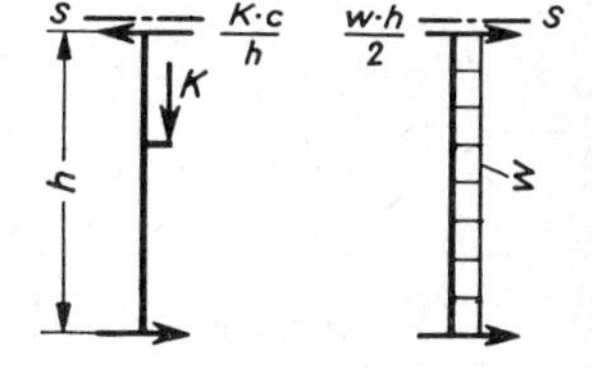

235.1 Quergerichtete Reaktionen unterhalb Schnittebene s—s

Bei dieser Aufgabe ist besonders zu beachten, daß die lotrechte Kranlast K an den Stabenden des Stieles a 1 quergerichtete Reaktionen hervorruft. Die Reaktionen infolge K und w unterhalb der Schnittebene s—s sind nach Bild **235.1**

$$\sum_{(I)} A = \frac{K \cdot c}{h} - \frac{w \cdot h}{2} = \frac{8 \cdot 0{,}5}{8} - \frac{0{,}5 \cdot 8}{2} = -1{,}5 \text{ Mp}$$

Die im Punkt a nach links gerichtete Reaktion $\frac{K \cdot c}{h}$ ist positiv, weil sie oberhalb des Schnittes s—s eine nach rechts gerichtete Schnittkraft hervorruft.
Damit lauten die Gleichungen

$$\varphi_a \cdot 2(3{,}75 + 6{,}0) + \varphi_b \cdot 6{,}0 + \psi \cdot 3 \cdot 3{,}75 - 8{,}02 = 0$$

$$19{,}5\varphi_a + 6{,}0\varphi_b + 11{,}25\psi = 8{,}02 \qquad \text{(I)}$$

$$\varphi_b \cdot 2(6{,}0 + 2{,}81) + \varphi_a \cdot 6{,}0 + \psi \cdot 2 \cdot 2{,}81 + 4{,}33 = 0$$

$$17{,}62\varphi_b + 6{,}0\varphi_a + 5{,}62\psi = -4{,}33 \qquad \text{(II)}$$

$$3 \cdot 3{,}75\varphi_a + 6 \cdot 3{,}75\psi + (0{,}31 + 1{,}31) + 2 \cdot 2{,}81 \cdot \varphi_b + 2 \cdot 2{,}81\psi - 4{,}0 - 1{,}5 \cdot 8 = 0$$

$$11{,}25\varphi_a + 22{,}5\psi + 1{,}62 + 5{,}62\varphi_b + 5{,}62\psi = 16$$

$$11{,}25\varphi_a + 5{,}62\varphi_b + 28{,}12\psi = 14{,}38 \qquad \text{(III)}$$

In Determinantenform lauten die drei Gleichungen:

φ_a	φ_b	ψ	B
19,5	6,0	11,25	8,02
6,0	17,62	5,62	− 4,33
11,25	5,62	28,12	14,38

Die Nennerdeterminante wird

$$D = \begin{vmatrix} 19{,}5 & 6{,}0 & 11{,}25 \\ 6{,}0 & 17{,}62 & 5{,}62 \\ 11{,}25 & 5{,}62 & 28{,}12 \end{vmatrix}$$

$$D = 19{,}5 \cdot 17{,}62 \cdot 28{,}12 + 6{,}0 \cdot 5{,}62 \cdot 11{,}25 + 11{,}25 \cdot 6{,}0 \cdot 5{,}62 - 11{,}25^2 \cdot 17{,}62$$
$$- 5{,}62^2 \cdot 19{,}5 - 6{,}0^2 \cdot 28{,}12$$
$$= 9660 + 380 + 380 - 2240 - 615 - 1012 = 10420 - 3867 = 6553$$

Die Zählerdeterminante D_a wird

$$D_a = \begin{vmatrix} 8{,}02 & 6{,}0 & 11{,}25 \\ -4{,}33 & 17{,}62 & 5{,}62 \\ 14{,}38 & 5{,}62 & 28{,}12 \end{vmatrix}$$

$$D_a = 8{,}02 \cdot 17{,}62 \cdot 28{,}12 + 6{,}0 \cdot 5{,}62 \cdot 14{,}38 + 11{,}25\,(-4{,}33)\,5{,}62$$
$$- 14{,}38 \cdot 17{,}62 \cdot 11{,}25 - 5{,}62^2 \cdot 8{,}02 - 28{,}12(-4{,}33)\,6{,}0$$
$$= 3970 + 485 - 274 - 2850 - 254 + 733 = 5188 - 3378 = 1810$$

Die Zählerdeterminante D_b lautet

$$D_b = \begin{vmatrix} 19{,}5 & 8{,}02 & 11{,}25 \\ 6{,}0 & -4{,}33 & 5{,}62 \\ 11{,}25 & 14{,}38 & 28{,}12 \end{vmatrix}$$

$$D_b = 19{,}5\,(-4{,}33)\,28{,}12 + 8{,}12 \cdot 5{,}62 \cdot 11{,}25 + 11{,}25 \cdot 6{,}0 \cdot 14{,}38$$
$$- 11{,}25^2(-4{,}33) - 14{,}38 \cdot 5{,}62 \cdot 19{,}5 - 28{,}12 \cdot 6{,}0 \cdot 8{,}02$$
$$= -2372 + 514 + 970 + 550 - 1575 - 1352 = -5300 + 2034 = -3266$$

Die Zählerdeterminante D_ψ heißt

$$D_\psi = \begin{vmatrix} 19{,}5 & 6{,}0 & 8{,}02 \\ 6{,}0 & 17{,}62 & -4{,}33 \\ 11{,}25 & 5{,}62 & 14{,}38 \end{vmatrix}$$

$$D_\psi = 19{,}5 \cdot 17{,}62 \cdot 14{,}38 + 6{,}0(-4{,}33)\,11{,}25 + 8{,}02 \cdot 6{,}0 \cdot 5{,}62$$
$$- 11{,}25 \cdot 17{,}62 \cdot 8{,}02 - 5{,}62(-4{,}33)\,19{,}5 - 6{,}0^2 \cdot 14{,}38$$
$$= 4940 - 292 + 270 - 1590 + 475 - 518 = 5685 - 2400 = 3285$$

Die Drehwinkel lauten somit

$$\varphi_a = \frac{D_a}{D} = \frac{1810}{6553} = 0{,}276 \qquad \varphi_b = \frac{D_b}{D} = -\frac{3266}{6553} = -0{,}498 \qquad \psi = \frac{D_\psi}{D} = \frac{3285}{6553} = 0{,}501$$

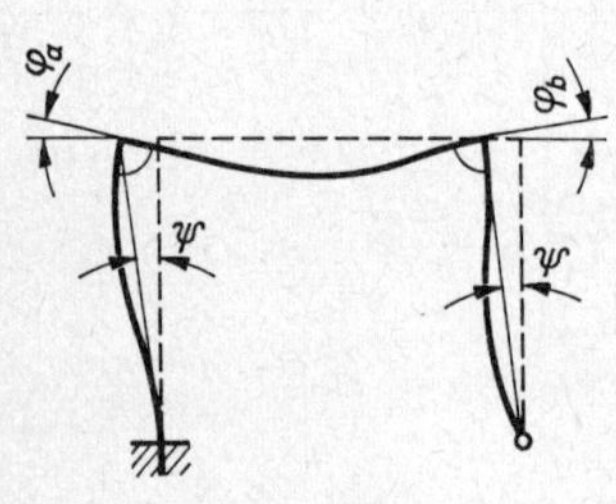

236.1 Verformungsfigur

in Mpm/cm³ (= Einheit der verzerrten Winkel)

Mit diesen Ergebnissen kann die Verformungsfigur in ihrem Charakter bereits angegeben werden (**236.1**).

Wir wollen den wirklichen Stabdrehwinkel ψ^* bestimmen. Zunächst wird in den Einheiten Mp und cm

$$\psi = 0{,}501 \cdot 100 = 50{,}1 \qquad \frac{\text{Mp}}{\text{cm}^2} = \frac{\text{Mpm}}{\text{cm}^3} \cdot \frac{\text{cm}}{\text{m}}$$

Nach Gl. (199.7) ist für Stahl

$$z = \frac{1}{2 \cdot 2{,}1 \cdot 10^3} = \frac{1}{4{,}2 \cdot 10^3}\,\frac{\text{cm}^2}{\text{Mp}}$$

und nach Gl. (199.8) $\psi^* = \psi \cdot z = \dfrac{50,1}{4,2 \cdot 10^3} = 1,19 \cdot 10^{-2} = 0,0119 \mathrel{\widehat{=}} 0,682°$

Die Verschiebung des Riegels nach links wird danach $\Delta u = 0,0119 \cdot 800 = 9,52$ cm.

Stabendmomente

Aus den oben errechneten Drehwinkeln werden die Stabendmomente ermittelt. Für den Riegel gelten die Gl. (199.4 und 5), da der Stabdrehwinkel für den Riegel Null ist. Für den linken, beidseits eingespannten Stiel ist Gl. (225.2) zu benutzen. Für den rechten Stiel, der an einem Ende gelenkig angeschlossen ist, gilt Gl. (225.6) bzw. (226.1).

$$M_{1a} = k(2\varphi_1 + \varphi_a + 3\psi) + M_{IA}$$
$$= 3,75(2 \cdot 0 + 0,276 + 3 \cdot 0,501) + 1,31 = 6,67 + 1,31 = 7,98 \text{ Mpm}$$
$$M_{a1} = 3,75(2 \cdot 0,276 + 0 + 3 \cdot 0,501) + 0,31 = 7,71 + 0,31 = 8,02 \text{ Mpm}$$
$$M_{ab} = k(2\varphi_a + \varphi_b) + M_{AB}$$
$$= 6,0[2 \cdot 0,276 + (-0,498)] - 8,33 = 0,32 - 8,33 = -8,01 \text{ Mpm}$$
$$M_{ba} = 6,0(-2 \cdot 0,498 + 0,276) + 8,33 = -4,33 + 8,33 = +4,00 \text{ Mpm}$$
$$M_{b2} = k'(2\varphi_b + 2\psi) + M'_{BII}$$
$$= 2,81(-2 \cdot 0,498 + 2 \cdot 0,501) - 4,0 = -4,0 \text{ Mpm}$$

In Bild **237**.1 sind die Stabendmomente eingetragen. Der Vergleich mit Bild **207**.2 läßt den großen Unterschied der Stabendmomente infolge der gleichen Belastung zwischen dem Rahmen mit unverschieblichen und verschieblichen Knoten erkennen.

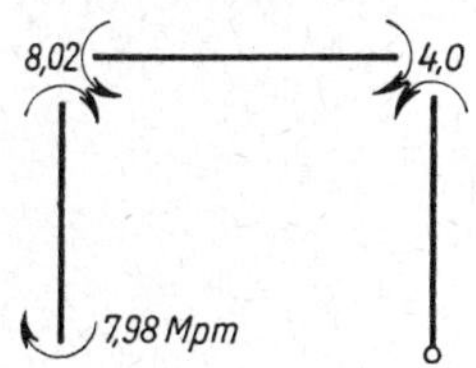

237.1 Stabendmomente

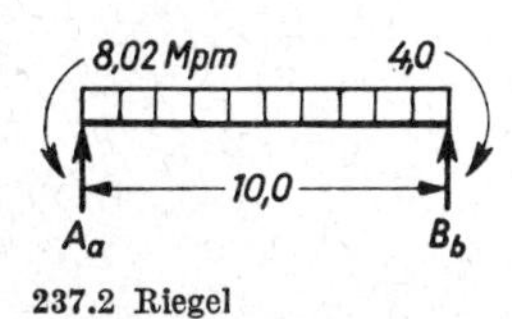

237.2 Riegel

Schnittgrößen

am Riegel (**237**.2)

$$A_a = \frac{1 \cdot 10}{2} + \frac{8,02 - 4,0}{10} = 5,0 + 0,4 = 5,4 \text{ Mp}$$
$$B_b = 5,0 - 0,4 = 4,6 \text{ Mp}$$

am linken Stiel (**237**.3)

$$A_1 = 5,4 + 8,0 = 13,4 \text{ Mp}$$
$$\sum M_a = 0 = 8,02 + 8,0 \cdot 0,5 + 7,98 - A_h \cdot 8,0 = 0$$
$$A_h = \frac{8,02 + 7,98 + 4,0}{8,0} = 2,5 \text{ Mp} \rightarrow$$

am rechten Stiel (**237**.4)

$$B_2 = 4,6 \text{ Mp}$$
$$\sum M_b = 0 = -4,0 + 0,5 \cdot 8 \cdot 4 - B_h \cdot 8,0 = 0$$
$$B_h \cdot 8,0 = -4,0 + 16 \qquad B_h = \frac{12}{8,0} = 1,5 \text{ Mp} \rightarrow$$

Kontrolle:

$$\sum H = 0 = 2,5 + 1,5 - 0,5 \cdot 8 = 0$$

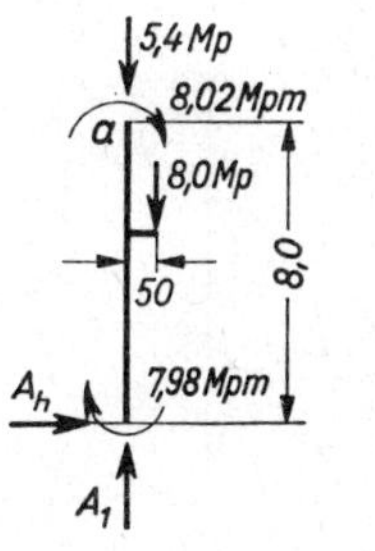

237.3 Linker Stiel

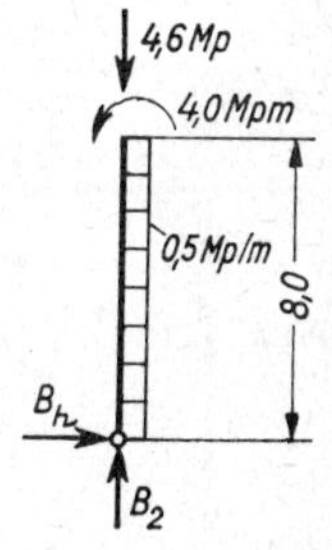

237.4 Rechter Stiel

Es soll noch geprüft werden, ob die Festhaltekraft C_0 tatsächlich verschwunden ist. Sie wird durch die Gleichung

$$\sum M_{(\text{um Achse } 1-2)} = 0$$

ermittelt. Nach Bild **238.1** kann geschrieben werden

$$\sum M_{12} = 0 = -\,C_0 \cdot 8 + 8{,}02 + 7{,}98 + 8 \cdot 0{,}5$$

$$-\,4{,}0 - 0{,}5 \cdot 8 \cdot 4{,}0 = 0$$

$$C_0 = \frac{1}{8}\,(8{,}02 + 7{,}98 + 4{,}0 - 4{,}0 - 16{,}0) = 0$$

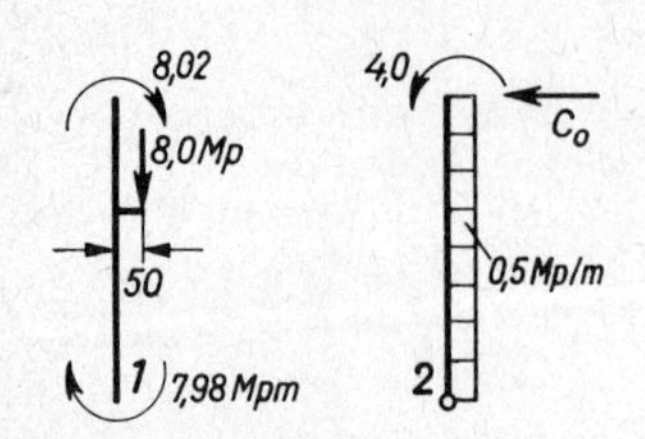

238.1 Drehmomente um die Stiele

Die Auflagerkräfte des Rahmens zeigt Bild **238.2**.

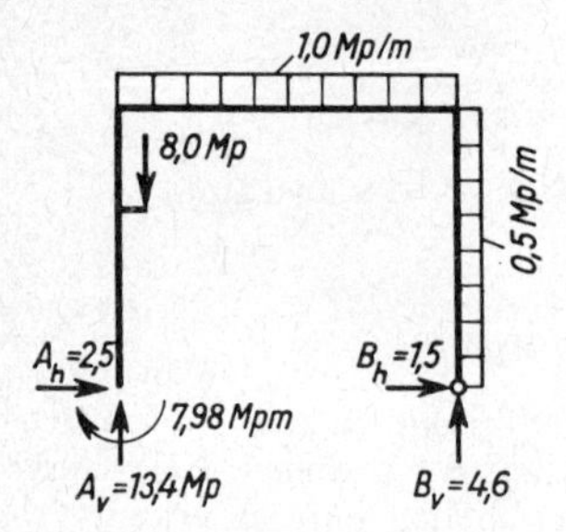

238.2 Auflagerkräfte des Rahmens

Querkräfte (238.3)

$$Q_1 = Q_{au} = -\,2{,}50\ \text{Mp}$$

$$Q_{ar} = 13{,}4 - 8{,}0 = 5{,}40\ \text{Mp}$$

$$Q_{bl} = 5{,}40 - 1 \cdot 10 = -\,4{,}60\ \text{Mp}$$

$$Q_{bu} = +\,2{,}50\ \text{Mp}$$

$$Q_{2o} = +\,2{,}50 - 0{,}5 \cdot 8 = -\,1{,}50\ \text{Mp} = -\,B_h$$

$$Q_{3r} = 8{,}0\ \text{Mp}$$

Die Nullpunkte der Querkraft liegen bei

$$x = \frac{5{,}40}{1{,}0} = 5{,}40\ \text{m} \qquad y = \frac{1{,}50}{0{,}5} = 3{,}00\ \text{m}$$

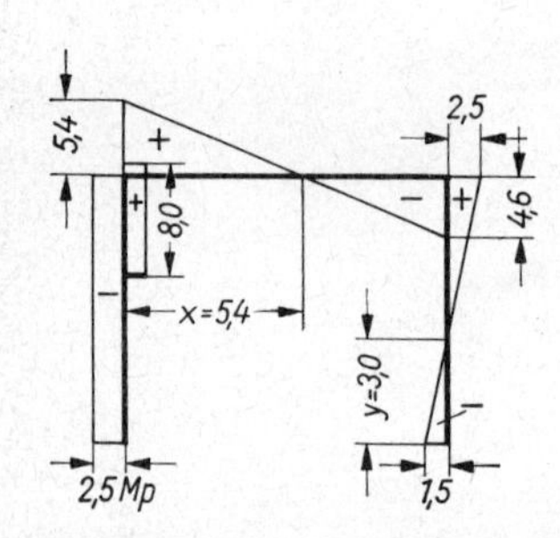

238.3 Querkraftfläche

Biegemomente (238.4)

$$M_1 = +\,7{,}98\ \text{Mpm}$$

$$M_{3u} = 7{,}98 - 2{,}5 \cdot 5 = 7{,}98 - 12{,}5$$

$$= -\,4{,}52\ \text{Mpm}$$

$$M_{3r} = -\,4{,}0\ \text{Mpm}$$

$$M_{3o} = -\,4{,}52 + 4{,}0 = -\,0{,}52\ \text{Mpm}$$

$$M_{au} = -\,0{,}52 - 2{,}5 \cdot 3 = -\,0{,}52 - 7{,}5$$

$$= -\,8{,}02\ \text{Mpm}$$

$$M_{ar} = -\,8{,}02\ \text{Mpm}$$

$$\max M_F = -\,8{,}02 + \frac{5{,}4 \cdot 5{,}4}{2} = -\,8{,}02 + 14{,}6$$

$$= +\,6{,}58\ \text{Mpm}$$

$$M_{bl} = +\,6{,}58 - \frac{4{,}6 \cdot 4{,}6}{2} = +\,6{,}58 - 10{,}58$$

$$= -\,4{,}0\ \text{Mpm}$$

$$M_{FS} = -\,4{,}0 + \frac{2{,}5 \cdot 5}{2} = -\,4{,}0 + 6{,}25$$

$$= 2{,}25\ \text{Mpm}$$

$$M_2 = 2{,}25 - \frac{1{,}5 \cdot 3}{2} = 2{,}25 - 2{,}25 = 0$$

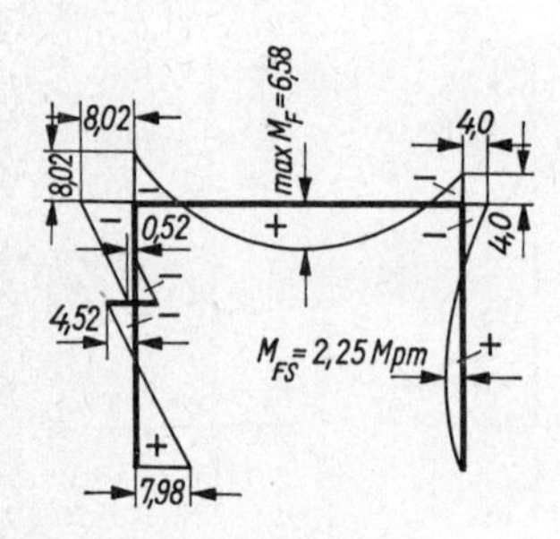

238.4 Biegemomentenfläche

Normalkräfte (239.1)

$$N_1 = N_{3u} = -\ 13{,}4\ \text{Mp}$$

$$N_{3o} = N_{au} = -\ 13{,}4 + 8{,}0 = -\ 5{,}4\ \text{Mp}$$

$$N_{ar} = N_{bl} = -\ 2{,}5\ \text{Mp}$$

$$N_{bu} = N_{1o} = -\ 4{,}6\ \text{Mp}$$

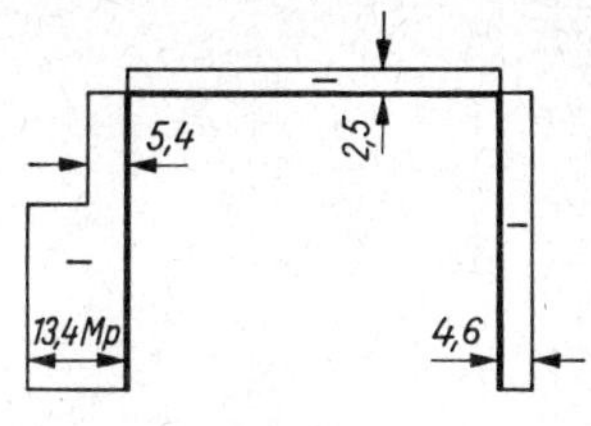

239.1 Längskraftfläche

8.5 Einfluß der Temperaturänderung

Auch der Einfluß der Temperaturänderung kann mit dem Weggrößenverfahren erfaßt werden. Wir müssen dazu die durch die Temperaturänderung verursachten wirklichen Verformungen beachten. In der Statik sind Untersuchungen über die Spannungen infolge gleichmäßiger und auch infolge ungleichmäßiger Temperaturänderung anzustellen. Beim Weggrößenverfahren kann die Behandlung der zweiten Beanspruchungsart gedanklich zum Teil auf die erste Beanspruchungsart zurückgeführt werden.

8.51 Gleichmäßige Temperaturänderung

Sie wirkt sich über den ganzen Querschnitt aller einzelnen Stäbe eines Tragwerks gleichmäßig aus. Dadurch werden die Stäbe gegenüber ihrer ursprünglichen Länge verlängert oder verkürzt. Bei der weiteren Betrachtung wird es nun darauf ankommen, ob die Formänderungsfigur infolge Temperaturänderung eindeutig angegeben werden kann oder nicht.

Zunächst ist festzustellen, daß in Tragwerken, die durch eine gleichmäßige Temperaturänderung beansprucht werden, keine Spannungen entstehen, wenn ihre Stäbe sich vollkommen zwängungsfrei verformen können (z. B. Systeme nach Bild **239.2**). Solche Tragwerke brauchen daher nicht behandelt zu werden. I. allg. wird die freie Verformbarkeit von statisch bestimmt gelagerten Systemen erfüllt, denn sie können sich bei gleichmäßiger Temperaturänderung zwängungsfrei verformen; zusätzliche Schnittgrößen treten somit nicht auf und daher auch keine zusätzlichen Spannungen.

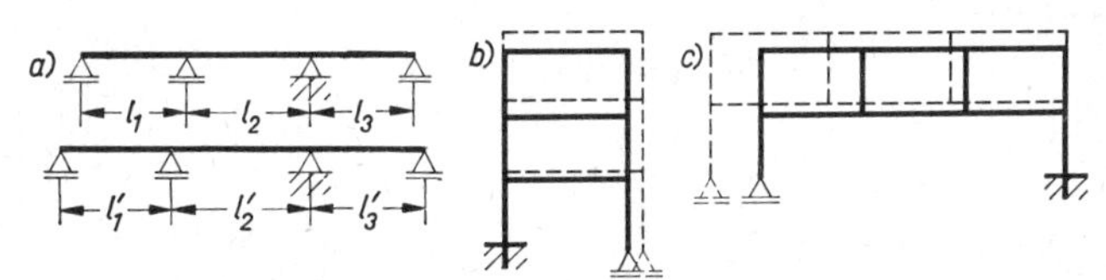

239.2 Verformungsbilder von Systemen, die infolge gleichmäßiger Temperaturänderung keine zusätzlichen Spannungen erhalten

Jedoch sollen nun Systeme behandelt werden, deren freie Verformung behindert ist. Dabei werden nur die Zwängungsanteile aus den Stabdrehwinkeln (Einfluß der Biegespannungen) berücksichtigt. Die durch gleichmäßige Temperaturänderung entstehenden Stablängenänderungen verursachen hier Stabverdrehungen und damit Schnittgrößen und Spannungen.

Wir unterscheiden Systeme, deren Stabverdrehungen infolge Temperaturänderung sich eindeutig aus der geometrischen Abhängigkeit der Stäbe ergeben, und andere Systeme, bei denen die geometrischen Beziehungen allein die infolge Temperaturveränderung verschobene Lage der Knotenpunkte nicht eindeutig anzugeben gestatten.

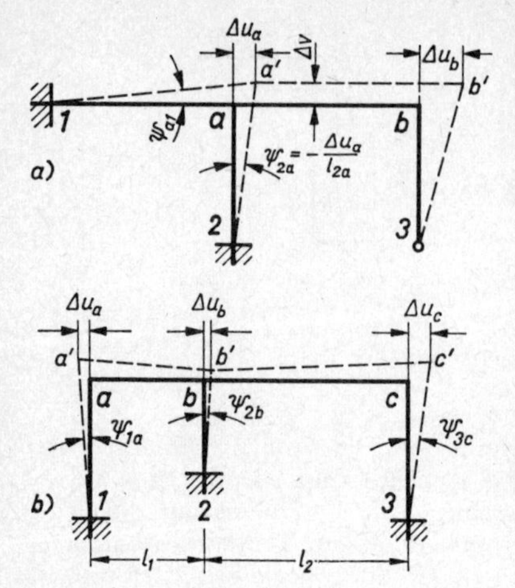

240.1 Systeme, bei denen gleichmäßige Temperaturänderung Stabverdrehungen verursacht

Ein System der ersten Art liegt z. B. in Bild **240.1** a vor. Die Verschiebungslage der Punkte a und b nach a' und b' ist bei einer Längenänderung der Stäbe infolge Temperaturänderung eindeutig gegeben, d. h., wir können die Verschiebungen u und v und daraus die Stabdrehwinkel eindeutig berechnen. Dagegen vertritt das Tragwerk nach Bild **240.1** b ein System der zweiten Art. Da hier der Verschiebungsnullpunkt oder -festpunkt des Riegels nicht bekannt ist, kann aus den geometrischen Bedingungen allein nicht angegeben werden, wie sich der Riegel infolge der Längenänderungen seitlich einstellen wird. Damit die Verformungsfigur des Riegels eindeutig ist, muß bei diesen Systemen noch zusätzlich ein Wert Δu berechnet werden. Zu diesem Zweck ist eine Verschiebungsgleichung aufzustellen. Wir betrachten nun zunächst Rahmentragwerke der ersten Art.

8.511 Rahmentragwerke mit geometrisch eindeutiger Knotenpunktslage

Hierzu gehören Systeme, deren Knotenpunkte infolge der Stablängenänderung wie bei Bild **240.1** a eindeutig in ihrer neuen Lage angegeben werden können. Die Verschiebungsnullpunkte ergeben sich eindeutig aus den Lagerungsbedingungen oder aus geometrischen Überlegungen (z. B. Symmetriepunkte). Von den Nullpunkten ausgehend lassen sich dann die Verschiebungen der Knotenpunkte aus den Stablängenänderungen errechnen.

Rahmen und Stockwerkrahmen mit unverschieblichen Knoten nach Bild **240.2** haben wir ebenfalls in diese Systeme einzureihen. Aber auch die zu einer Mittellinie symmetrischen Rahmen (**240.3**) sind zu diesen Tragwerken mit geometrisch eindeutiger Knotenpunktslage zu zählen, weil die Verschiebungsnullpunkte der Riegel aus geometrischen Gründen eindeutig in Riegelmitte liegen müssen und damit die veränderte Lage der Knotenpunkte eindeutig angegeben werden kann.

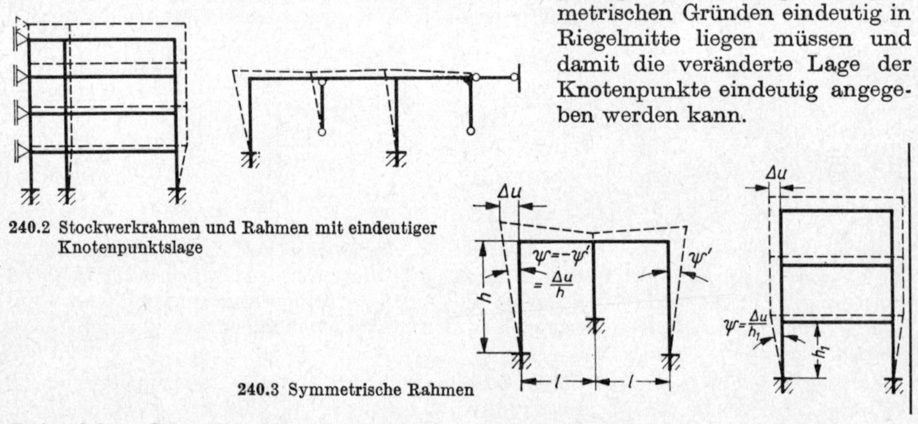

240.2 Stockwerkrahmen und Rahmen mit eindeutiger Knotenpunktslage

240.3 Symmetrische Rahmen

Bei solchen Systemen können die Stabdrehwinkel ψ direkt aus den Stablängenänderungen berechnet werden. Da wir die wirklichen Stablängenänderungen einsetzen, errechnen wir auch die Stabdrehwinkel ψ in wahrer Größe, und sie werden dann in die Knotengleichungen eingesetzt. Sie haben also den gleichen Charakter wie die aus der Belastung berechneten Volleinspannmomente M_A oder M_B. Daher werden die Glieder mit ψ auch als „Belastungsglieder" infolge Temperaturänderung bezeichnet.

Da wir jetzt mit den wirklichen Stabdrehwinkeln rechnen, dürfen wir nun die verzerrten Steifigkeitszahlen k nicht mehr benutzen, sondern müssen die wahren Steifigkeitszahlen k^* in die Berechnung einführen. Zum Aufstellen der Knotengleichungen wird die Form der Gl. (226.2) benutzt, die allgemein für einen Knoten i des Rahmens nach Bild **226.**1 lauten würde

$$\varphi_i \cdot 2 \sum_n k_i^* + \sum_d \varphi_k \cdot k_i^* + \psi_3 \cdot 3k^* + \psi_4 \cdot 2k^{*\prime} = 0 \qquad (241.1)$$

Da wir nur den Lastfall infolge gleichmäßiger Temperaturänderung untersuchen, ist das Glied in Gl. (226.2) $\sum_n M_J = 0$ und entfällt.

Benutzen wir für die Verschiebung der Stabenden oder für die Bestimmung der Stabdrehwinkel die Gl. (224.7) und (225.7) und schreiben sie für die gleichmäßige Temperaturdifferenz t an, so wird für den

an beiden Enden eingespannten Stab (**241.**1a):

$$M_{At} = k^* \cdot 3\psi = \frac{6\,EJ \cdot \Delta v_t}{l^2} \qquad (241.2)$$

am betrachteten Ende biegesteif und am abgelegenen Ende drehbar gelagerten Stab (**241.**1b):

$$M'_{At} = k^{*\prime} \cdot 2\psi = \frac{3\,EJ \cdot \Delta v_t}{l^2} \qquad (241.3)$$

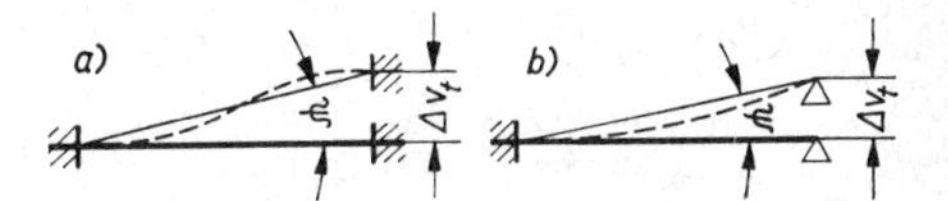

241.1
Stabverdrehung ψ infolge Temperaturänderung beim
a) eingespannten Stab
b) Stab mit einem Gelenk

Die Gl. (241.2 und 3) sind identisch mit denen für Volleinspannmomente infolge Stützensenkung (vgl. Teil 3 Abschn. „Rahmen mit verschieblichen Knotenpunkten"). Wenn die Stabdrehwinkel ψ allein aus den geometrischen Beziehungen berechnet werden können, sind die Werte für M_{At} somit leicht als „Belastungsglieder" zu bestimmen. Es liegt dann eine normale, einfache Knotengleichung entsprechend Gl. (201.2) vor, die wir in der Form schreiben

$$\varphi_i \cdot 2 \sum_n k_i^* + \sum_d \varphi_k \cdot k_i^* + \sum M_{Jt} = 0 \qquad (241.4)$$

8.512 Rahmentragwerke mit verschieblichen Knoten

Bei ihnen können zwar die Längenänderungen der Stäbe und damit auch die Abstände der Knoten voneinander, nicht aber die Verschiebungs-Nullpunkte bestimmt werden. Hierdurch ist die endgültige Lage der Knoten mit der Berechnung der Längenänderungen allein noch nicht ermittelt (**240.**1b). Wie in Abschn. 8.4 sind Verschiebungsgleichungen aufzustellen, damit Bedingungsgleichungen für die fehlenden Unbekannten vorhanden sind.

Zur Erläuterung des Vorgehens sei der in Bild **242.**1 dargestellte Rahmen benutzt. Die Stablängenänderungen, die sich aus der Temperaturänderung der einzelnen Stäbe (Temperaturdifferenz t steht bei den einzelnen Stäben) ergeben, sind gestrichelt eingezeichnet. In die Berechnung werden Verlängerungen eines Stabes positiv und Verkürzungen negativ eingesetzt. Die für die Bildung der Stabdrehwinkel ψ maßgeblichen Verschiebungen werden mit Δu oder Δv bezeichnet. Sie sind nach den in

Abschn. 8.22 angeführten Vorzeichenregeln positiv, wenn sie einen positiven Stabdrehwinkel erzeugen, also eine Drehung gegen den Uhrzeigersinn verursachen.

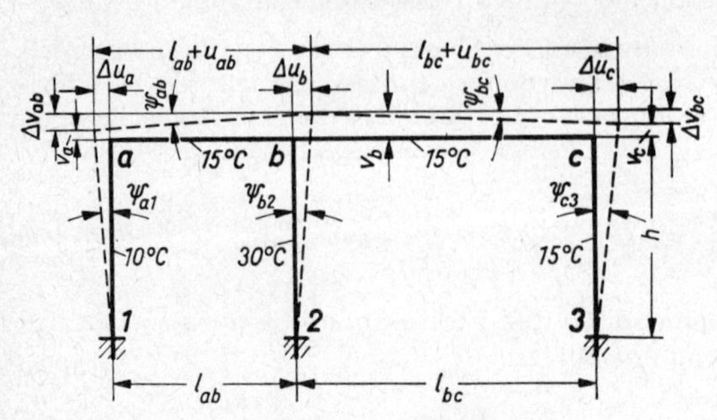

242.1 Rahmen mit verschieblichen Knoten bei gleichmäßiger Temperaturänderung über die einzelnen Stäbe

Aus Bild **242.1** lesen wir ab

$$\Delta v_{ab} = v_b - v_a$$

$$\Delta v_{bc} = v_c - v_b$$

$$\psi_{ab} = \frac{v_b - v_a}{l_{ab}}$$

$$\psi_{bc} = \frac{v_c - v_b}{l_{bc}}$$

Diese Stabdrehwinkel, also diejenigen der Riegelstäbe, können nach Berechnung der Längenänderungen v_a, v_b, v_c der Stiele sofort bestimmt werden.

Aus der geometrischen Betrachtung allein können wir jedoch nicht angeben, welche Lage der Riegel infolge der Temperaturänderung einnimmt, wie groß also Δu_a, Δu_b und Δu_c werden, weil infolge der Unsymmetrie des Tragwerkes derjenige Riegelpunkt nicht bekannt ist, der keine seitliche Verschiebung erfährt (Verschiebungs-Nullpunkt). Wir nützen deshalb die eine uns am einstöckigen, verschieblichen Rahmen zur Verfügung stehende Verschiebungsgleichung [gemäß Gl. (230.1)] zur Bestimmung einer Unbekannten, z. B. Δu_a, aus. Dann können wir die übrigen Verschiebungen der Riegelknotenpunkte in Abhängigkeit von dieser berechneten Verschiebung und den Längenänderungen ausdrücken. Für die Riegelpunkte b und c wird die waagerechte Verschiebung

$$\Delta u_a + l_{ab} - \Delta u_b = l_{ab} + u_{ab} \qquad \text{mit } \Delta u_b < 0$$

$$\Delta u_b = \Delta u_a - u_{ab}$$

$$\Delta u_c = \Delta u_b - u_{bc} = \Delta u_a - (u_{ab} + u_{bc})$$

Allgemein kann man für einen Riegelpunkt n schreiben

$$\Delta u_n = \Delta u_a - \sum u_n \tag{242.1}$$

Damit sind alle Verschiebungen als Funktion von Δu_a und u ausgedrückt. Lediglich Δu_a ist unbekannt. Deshalb schreiben wir für die Stabdrehwinkel die unbekannten und die zahlenmäßig errechneten Werte getrennt an

$$\psi_{a1} = \frac{\Delta u_a}{h}$$

$$\psi_{b2} = \frac{\Delta u_a - u_{ab}}{h} = \frac{\Delta u_a}{h} - \frac{u_{ab}}{h}$$

$$\psi_{c3} = \frac{\Delta u_a - (u_{ab} + u_{bc})}{h} = \frac{\Delta u_a}{h} - \frac{u_{ab} + u_{bc}}{h}$$

Allgemein ist

$$\psi_n = \frac{\Delta u_a}{h} - \frac{\Sigma u_n}{h} \tag{242.2}$$

Für den betrachteten Rahmen (**242.1**) sind drei Knotengleichungen und eine Verschiebungsgleichung aufzustellen. Wir wählen hier für die Knotengleichung nicht die

Form der Gl. (241.4), sondern schreiben die Glieder mit den Stabdrehwinkeln ψ ausführlich an, weil sie nur zum Teil zahlenmäßig ausgerechnet werden können. Die zahlenmäßig bekannten Glieder schreiben wir dann nachher als „Belastungsglieder" zur besseren Verdeutlichung auf die rechte Seite der jeweiligen Gleichung. Nur die Glieder mit unbekannten Knotendrehwinkeln φ und Stabdrehwinkeln ψ stehen dann noch auf der linken Seite. Für Bild **242.**1 lauten die Knotengleichungen nach Gl. (241.1):

$$1.\quad \varphi_a \cdot 2(k_{a1}^* + k_{ab}^*) + \varphi_b \cdot k_{ab}^* + 3k_{a1}^* \cdot \psi_{a1} + 3k_{ab}^* \cdot \psi_{ab} = 0$$

$$\varphi_a \cdot 2(k_{a1}^* + k_{ab}^*) + \varphi_b \cdot k_{ab}^* + 3k_{a1}^* \cdot \psi_{a1} = -3k_{ab}^* \cdot \psi_{ab}$$

$$2.\quad \varphi_b \cdot 2(k_{ab}^* + k_{b2}^* + k_{bc}^*) + \varphi_a \cdot k_{ab}^* + \varphi_c \cdot k_{bc}^* + 3k_{b2}^* \cdot \psi_{b2} + 3k_{ab}^* \cdot \psi_{ab} + 3k_{bc}^* \cdot \psi_{bc} = 0$$

$$\varphi_b \cdot 2(k_{ab}^* + k_{b2}^* + k_{bc}^*) + \varphi_a \cdot k_{ab}^* + \varphi_c \cdot k_{bc}^* + 3k_{b2}^* \cdot \psi_{b2} = -3k_{ab}^* \cdot \psi_{ab} - 3k_{bc}^* \cdot \psi_{bc}$$

Unter Ausnutzung der Gl. (242.2) schreiben wir die Glieder mit Knotendrehwinkeln der besseren Übersicht halber vereinfacht mit Summenzeichen an.

$$\varphi_b \cdot 2\sum_n k_b^* + \sum_d \varphi_k \cdot k_i^* + 3k_{b2}^*\left(\frac{\Delta u_a}{h} - \frac{u_{ab}}{h}\right) = -3(k_{ab}^* \cdot \psi_{ab} + k_{bc}^* \cdot \psi_{bc})$$

und endgültig

$$\varphi_b \cdot 2\sum_n k_b^* + \sum_d \varphi_k \cdot k_i^* + 3k_{b2}^* \frac{\Delta u_a}{h} = -3(k_{ab}^* \cdot \psi_{ab} + k_{bc}^* \cdot \psi_{bc}) + 3k_{b2}^* \cdot \frac{u_{ab}}{h}$$

$$3.\quad \varphi_c \cdot 2(k_{bc}^* + k_{c3}^*) + \varphi_b \cdot k_{bc}^* + 3k_{c3}^* \cdot \psi_{c3} + 3k_{bc}^* \cdot \psi_{bc} = 0$$

$$\varphi_c \cdot 2\sum_n k_c^* + \varphi_b \cdot k_{bc}^* + 3k_{c3}^* \cdot \psi_{c3} = -3k_{bc}^* \cdot \psi_{bc}$$

$$\varphi_c \cdot 2\sum_n k_c^* + \varphi_b \cdot k_{bc}^* + 3k_{c3}^* \cdot \frac{\Delta u_a}{h} = -3k_{bc}^* \cdot \psi_{bc} + 3k_{c3}^* \cdot \frac{u_{ab} + u_{bc}}{h}$$

Die Verschiebungsgleichung, die wegen der vierten Unbekannten Δu_a aufgestellt werden muß, bezieht sich auf alle Stiele und lautet, da keine äußere Belastung vorhanden ist, nach Gl. (230.5):

$$4.\quad 3(k_{a1}^* \cdot \varphi_a + k_{b2}^* \cdot \varphi_b + k_{c3}^* \cdot \varphi_c) + 6(k_{a1}^* \cdot \psi_{a1} + k_{b2}^* \cdot \psi_{b2} + k_{c3}^* \cdot \psi_{c3}) = 0$$

$$3(k_{a1}^* \cdot \varphi_a + k_{b2}^* \cdot \varphi_b + k_{c3}^* \cdot \varphi_c)$$

$$+ 6\left[\frac{k_{a1}^*}{h}\Delta u_a + \frac{k_{b2}^*}{h}(\Delta u_a - u_{ab}) + \frac{k_{c3}^*}{h}(\Delta u_a - \{u_{ab} + u_{bc}\})\right] = 0$$

und wieder nach unbekannten und bekannten Werten getrennt:

$$3(k_{a1}^* \cdot \varphi_a + k_{b2}^* \cdot \varphi_b + k_{c3}^* \cdot \varphi_c) + 6 \cdot \frac{\Delta u_a}{h}(k_{a1}^* + k_{b2}^* + k_{c3}^*)$$

$$= \frac{6}{h}[k_{b2}^* \cdot u_{ab} + k_{c3}^*(u_{ab} + u_{bc})]$$

Hat man aus diesen vier Gleichungen die vier Unbekannten φ_a, φ_b, φ_c und Δu_a ausgerechnet, so werden die Stabendmomente nach Gl. (224.5 und 6) bestimmt.

8.52 Ungleichmäßige Temperaturänderung

Die Betrachtung sei beschränkt auf Tragwerke, deren einzelne Stäbe über ihre Länge gleichbleibenden Querschnitt haben und deren Temperaturänderung für jeweils eine Stablänge gleich sein soll (**244.1**). Ferner ist ein gleichmäßiger Temperaturabfall über die Höhe des Balkens vorausgesetzt. Die einzelnen Stäbe erfahren dabei zweierlei Formänderungen.

1. Es entsteht eine Längenänderung (Verlängerung oder Verkürzung), die sich entsprechend der mittleren Temperaturänderung t_m einstellt. Z. B. würde die mittlere Temperaturänderung im Riegel des Rahmens (**244.1**) bei einer Aufstelltemperatur von + 10 °C betragen

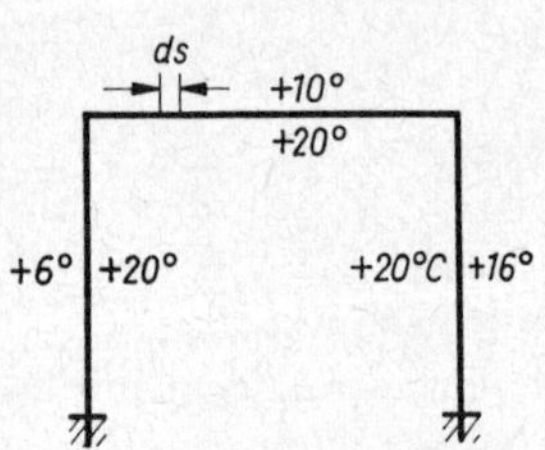

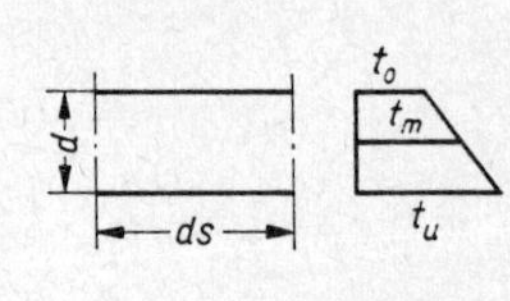

244.1 Durch ungleichmäßige Temperaturänderung beanspruchter Rahmen

$$t_m = \frac{20 + 10}{2} - 10 = 15 - 10 = 5\ °\mathrm{C}$$

Der Einfluß dieser Temperaturänderung ist wie eine gleichmäßige Temperaturänderung nach Abschn. 8.51 zu behandeln.

2. Als weitere Formänderung tritt eine Biegeverformung auf. Infolge der über die Stabhöhe unterschiedlichen Temperatur dehnen sich die einzelnen Stabfasern verschieden aus, was eine Verkrümmung der einzelnen Stäbe verursacht. Dieser zweite Beitrag wird in der Praxis häufig vernachlässigt. Es ist jedoch sehr fragwürdig, ob das berechtigt ist. Die Beispiele 2 und 3 des Abschn. 8.53 zeigen den außerordentlichen Unterschied, wenn einmal nur die gleichmäßige Temperaturänderung und zum anderen auch die ungleichmäßige Temperaturänderung berücksichtigt werden.

Die infolge der Biegeverformung des Balkens auftretenden Stabendmomente werden mit den Gl. (224.5 und 6) angegeben, wenn wir als Belastungsglieder $M_{A\Delta t}$ und $M_{B\Delta t}$ einführen. Die Gleichungen der Stabendmomente lauten

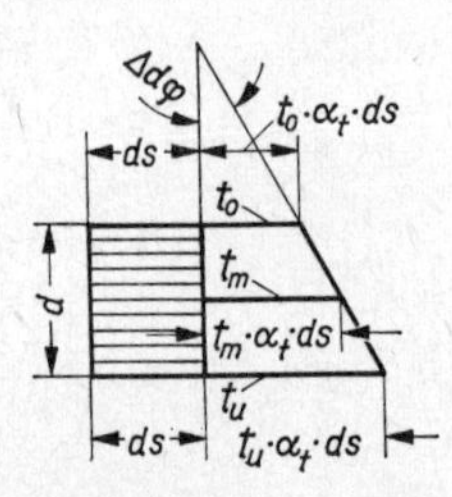

244.2 Biegeverformung infolge ungleichmäßiger Temperaturänderung

$$M_a = k^* (2\varphi_a + \varphi_b + 3\psi) + M_{A\Delta t} \qquad (244.1)$$

$$M_b = k^* (2\varphi_b + \varphi_a + 3\psi) + M_{B\Delta t} \qquad (244.2)$$

Die Belastungsglieder $M_{A\Delta t}$ und $M_{B\Delta t}$ sollen unter Hinweis auf Abschn. 1.24 ermittelt werden. Aus Bild **244.2** ist die bereits in Gl. (3.3) angegebene Beziehung abzulesen

$$\Delta \mathrm{d}\varphi = \frac{\alpha_t (t_u - t_o)\, \mathrm{d}s}{d}$$

Damit wird der EJ-fache Tangentendrehwinkel am Auflager A eines Balkens auf zwei Stützen (**244.3**)

$$EJ \cdot \alpha = \mathfrak{A}_{\Delta t} = \frac{EJ \cdot \alpha_t (t_u - t_o)}{d} \cdot \frac{l}{2} = \frac{EJ \cdot \alpha_t \cdot \Delta t}{d} \cdot \frac{l}{2}$$

244.3 Gedachte Balkenbelastung infolge ungleichmäßiger Temperaturänderung Δ

Infolge der Momentenbelastung $M = 1$ (**245**.1) wird

$$\mathfrak{A}_1 = 1 \cdot \frac{l}{2}$$

245.1 Gedachte Balkenbelastung infolge $M = 1$

Die Elastizitätsgleichung für den Balken, der an beiden Enden voll eingespannt ist, heißt dann

$$X \cdot \mathfrak{A}_1 + \mathfrak{A}_{\Delta t} = 0$$

und es wird
$$X = M_{A\Delta t} = -\frac{\mathfrak{A}_{\Delta t}}{\mathfrak{A}_1} = -\frac{EJ \cdot \alpha_t \cdot \Delta t}{d}$$

d. h., die Einspannmomente rufen, wenn $\Delta t = t_u - t_o$ positiv ist, in den Knoten negative Biegemomente hervor.

In Bild **245**.2 sind die Stabendmomente für Volleinspannung eingetragen. Mit der Vorzeichenregel des Drehwinkelverfahrens und der Bezeichnung $\Delta t = t_u - t_o$ ergeben sich die Belastungsglieder zu

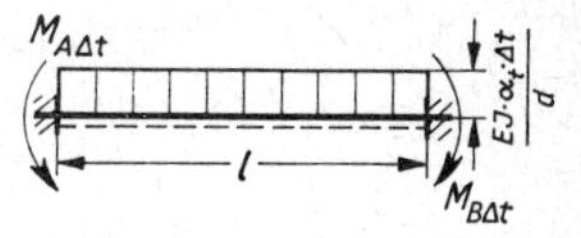

245.2 Eingespannter Balken mit Belastung infolge ungleichmäßiger Temperatur

$$\boldsymbol{M_{A\Delta t} = -M_{B\Delta t} = -\frac{EJ \cdot \alpha_t \cdot \Delta t}{d}} \qquad (245.1)$$

Diese Belastungsglieder infolge Biegeverformung werden den aus den Längenänderungen der Stäbe erhaltenen Belastungsgliedern zugezählt. Im Fall eines Tragwerks mit geometrisch eindeutiger Knotenpunktslage geschieht dies nach Gl. (241.4). Bei nicht eindeutig bestimmbarer Lage der Knoten ist nach Abschn. 8.512 vorzugehen. Bezüglich der Vorzeichen ist dabei zu beachten, daß die nach Gl. (241.2 und 3) und (245.1) erhaltenen Belastungsglieder mit dem errechneten Vorzeichen auf der linken Seite der Gleichung einzusetzen sind.

Allgemein sind bei der Behandlung solcher Rahmentragwerke meistens mehrere Lastfälle zu beachten und durchzurechnen. Werden die Knoten- und Verschiebungsgleichungen in einer Matrix aufgeschrieben, so ergeben sich nach den obigen Ausführungen für alle Belastungsfälle in den Spalten unter den Knoten- und Stabdrehwinkeln die gleichen Beiwerte. Aber für jeden Lastfall ist eine besondere Spalte „Belastungsglieder" auszufüllen. Dies gilt auch für die Untersuchung des Einflusses infolge gleichmäßiger und ungleichmäßiger Temperaturänderung, wie die folgenden Beispiele 2 und 3 zeigen.

8.53 Anwendungen

Beispiel 1: Der in Bild **246**.1 dargestellte Stahlbeton-Rahmen erfährt eine gleichmäßige Temperaturänderung von $t = +35$ °C gegenüber der Aufstelltemperatur. Die M-Fläche soll bestimmt werden.

Bild **246**.2 zeigt, wie die Stäbe sich infolge der Temperaturerhöhung verlängern wollen und dabei die Stabdrehwinkel ψ_{1a} und ψ_{2a} aus den Verschiebungswerten v_a und u_a entstehen. Hier muß mit den wirklichen Steifigkeitszahlen k^* gerechnet werden, weil die Verschiebungswerte u und v auch in wahrer Größe eingesetzt werden. Es sind

$$E = 210 \text{ Mp/cm}^2 = 2{,}1 \cdot 10^6 \text{ Mp/m}^2 \qquad \alpha_t = 10 \cdot 10^{-6} \frac{1}{°\text{C}}$$

246.1 Einhüftiger Rahmen

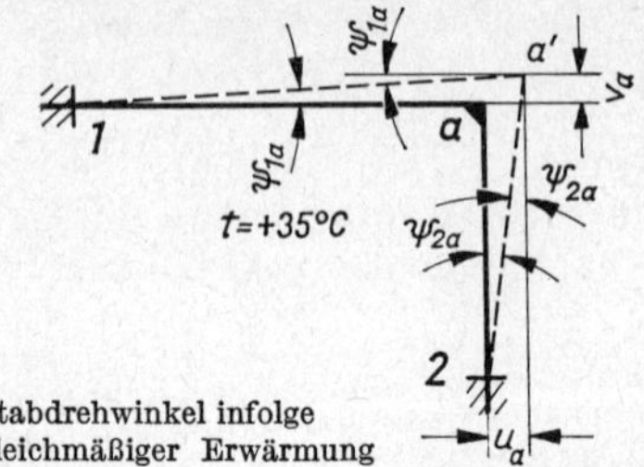

246.2 Stabdrehwinkel infolge gleichmäßiger Erwärmung

Tafel **246.3**: Steifigkeiten k^* (zu Bild **246.1**)

Stab	F	J	l	$k^* = \frac{2EJ}{l}$
	cm · cm	m⁴	m	Mpm
$a1$	20 · 50	$20{,}83 \cdot 10^{-4}$	6,0	1460
$a2$	20 · 30	$4{,}5 \cdot 10^{-4}$	4,0	236

$$v_a = \alpha_t \cdot t \cdot l_{a2}$$

$$= 10 \cdot 10^{-6} \cdot 35 \cdot 400 = 14 \cdot 10^{-2}$$

$$u_a = 10 \cdot 10^{-6} \cdot 35 \cdot 600 = 21 \cdot 10^{-2}$$

$$\psi_{1a} = + \frac{14 \cdot 10^{-2}}{600} = + 2{,}33 \cdot 10^{-4}$$

$$\psi_{2a} = - \frac{0{,}21}{400} = - 5{,}25 \cdot 10^{-4}$$

Der Rahmen ist seitlich nicht verschieblich. Es ist eine Knotengleichung aufzustellen. Sie lautet nach Gl. (241.4)

$$\varphi_a \cdot 2 \sum k^* + 0 + \sum M_{At} = 0$$

Da die Stäbe $a1$ und $a2$ in den Punkten 1 und 2 volleingespannt sind, gilt zur Ermittlung der Belastungsglieder (Gl. (241.2))

$$M_{At} = k^* \cdot 3\psi$$

Die ausführliche Knotengleichung heißt

$$\varphi_a \cdot 2(k^*_{a1} + k^*_{a2}) + 3k^*_{a1} \cdot \psi_{a1} + 3k^*_{a2} \cdot \psi_{a2} = 0$$

$$\varphi_a \cdot 2(1460 + 236) + 3 \cdot 1460 \cdot 0{,}000233 + 3 \cdot 236(-0{,}000525) = 0$$

$$\varphi_a \cdot 3392 = -1{,}02 + 0{,}37 = -0{,}65 \qquad \varphi_a = - \frac{0{,}65}{3392} = - 0{,}192 \cdot 10^{-3}$$

Aus dem Knotendrehwinkel und den beiden Stabdrehwinkeln werden die Stabendmomente mit Gl. (224.5 und 6) gewonnen.

Stabendmomente

$$M_1 = 1460(2 \cdot 0 - 0{,}192 \cdot 10^{-3} + 3 \cdot 0{,}233 \cdot 10^{-3}) = 0{,}743 \text{ Mpm} \approx 74 \text{ Mpcm}$$

$$M_{a1} = 1460[2(-0{,}192 \cdot 10^{-3}) + 0 + 3 \cdot 0{,}233 \cdot 10^{-3}] = 0{,}462 \text{ Mpm} \approx 46 \text{ Mpcm}$$

$$M_{a2} = 236[2(-0{,}192 \cdot 10^{-3}) + 0 + 3(-0{,}525 \cdot 10^{-3})] = -0{,}462 \text{ Mpm} = -46{,}2 \text{ Mpcm}$$

$$\approx -46 \text{ Mpcm}$$

$$M_2 = 236(-0{,}192 \cdot 10^{-3} + 0 - 3 \cdot 0{,}525 \cdot 10^{-3}) = -0{,}417 \text{ Mpm} = -41{,}7 \text{ Mpcm}$$

$$\approx -42 \text{ Mpcm}$$

In Bild **247.1** sind die Stabendmomente mit ihrem Drehsinn eingetragen. Bild **247.2** zeigt die Biegemomentenfläche des Rahmens infolge gleichmäßiger Temperaturänderung.

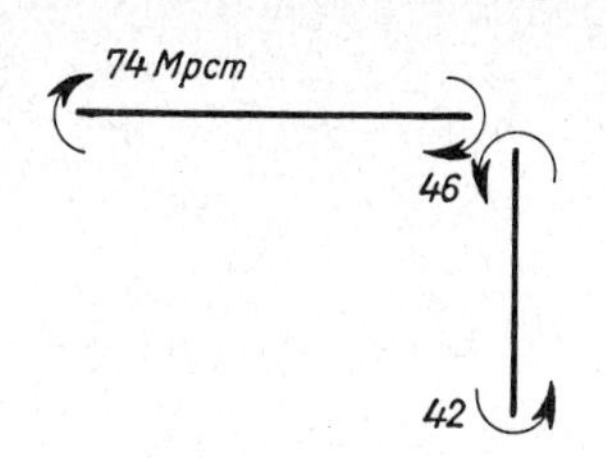

247.1 Rahmen mit Stabendmomenten

247.2 Biegemomentenfläche infolge gleichmäßiger Temperaturänderung

Beispiel 2: Bei dem Stahlprofil-Rahmen mit verschieden langen Stielen nach Bild **247.3** betrug die Aufstelltemperatur + 5 °C. Die Momentenfläche infolge einer Erwärmung auf + 35 °C ist zu bestimmen.

Die Aufgabe ist also für eine gleichmäßige Temperaturänderung von $t = +\ 30$ °C durchzuführen. Die Knoten des Rahmens sind seitlich verschieblich. Da der Rahmen nicht symmetrisch ist, kann der Verschiebungs-Nullpunkt des Riegels und damit die Größe der seitlichen Verschiebung der Knotenpunkte a und b nicht aus der Berechnung der Längenänderungen allein bestimmt werden. Dazu ist die zusätzliche Aufstellung einer Verschiebungsgleichung erforderlich. Wir behandeln die Aufgabe nach Abschn. 8.512. Zunächst werden die Längenänderungen und Stabdrehwinkel berechnet (**247.5**).

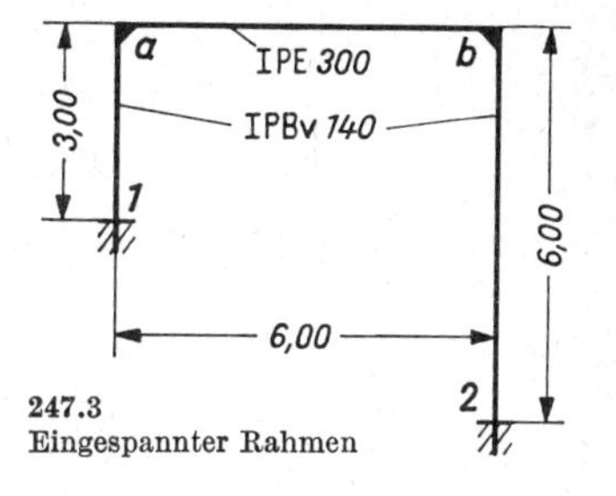

247.3 Eingespannter Rahmen

$$u_{ab} = \alpha_t \cdot t \cdot l = 12 \cdot 10^{-6} \cdot 30 \cdot 600 = 0{,}216 \text{ cm} \qquad \frac{u_{ab}}{h_2} = \frac{0{,}216}{600} = 0{,}36 \cdot 10^{-3}$$

$$v_a = 12 \cdot 10^{-6} \cdot 30 \cdot 300 = 0{,}108 \text{ cm} \qquad v_b = 12 \cdot 10^{-6} \cdot 30 \cdot 600 = 0{,}216 \text{ cm}$$

$$\Delta v = v_b - v_a = 0{,}216 - 0{,}108 = 0{,}108 \text{ cm}$$

$$\psi_{ab} = \frac{\Delta v}{l_{ab}} = \frac{0{,}108}{600} = 0{,}00018 = 0{,}18 \cdot 10^{-3} \qquad \psi_{a1} = \frac{\Delta u_a}{h_1} = \frac{\Delta u_a}{300}$$

$$\psi_{b2} = \frac{\Delta u_a - u_{ab}}{h_2} = \frac{\Delta u_a}{h_2} - \frac{u_{ab}}{h_2} = \frac{\Delta u_a}{600} - 0{,}36 \cdot 10^{-3}$$

Tafel **247.4**: Steifigkeiten k^* (zu Bild **247.5**)

Stab	Profil[1])	J_x cm⁴	l cm	$k^* = \frac{2EJ}{l}$ Mpcm
$a1$	IPBv 140	3760	300	$52{,}6 \cdot 10^3$
ab	IPE 300	8360	600	$58{,}5 \cdot 10^3$
$b2$	IPBv 140	3760	600	$26{,}3 \cdot 10^3$

[1]) nach DIN 1025 Bl. 4 (VII. 59)

247.5 Stabdrehwinkel infolge gleichmäßiger Temperaturänderung

Die beiden Knotengleichungen werden nach Gl. (241.4) und die Verschiebungsgleichung nach Gl. (230.4) aufgestellt. Wir schreiben die Gleichungen an und ermitteln sofort die Beiwerte.

Knotengleichung für Knoten *a*

$$\varphi_a \cdot 2(k_{a1}^* + k_{ab}^*) + \varphi_b \cdot k_{ab}^* + \sum M_{At} = 0$$

$$\varphi_a \cdot 2(k_{a1}^* + k_{ab}^*) + \varphi_b \cdot k_{ab}^* + 3k_{a1}^* \cdot \psi_{a1} + 3k_{ab}^* \cdot \psi_{ab} = 0$$

Mit der Trennung nach bekannten und unbekannten Werten wird nach Abschn. 8.512

$$\varphi_a \cdot 2(k_{a1}^* + k_{ab}^*) + \varphi_b \cdot k_{ab}^* + 3k_{a1}^* \cdot \psi_{a1} = -3k_{ab}^* \cdot \psi_{ab}$$

$$\varphi_a \cdot 2(52{,}6 \cdot 10^3 + 58{,}5 \cdot 10^3) + \varphi_b \cdot 58{,}5 \cdot 10^3 + 3 \cdot 52{,}6 \cdot 10^3 \cdot \frac{\Delta u_a}{300}$$

$$= -3 \cdot 58{,}5 \cdot 10^3 \cdot 0{,}18 \cdot 10^{-3}$$

$$10^3(\varphi_a \cdot 222{,}2 + \varphi_b \cdot 58{,}5 + 0{,}526 \Delta u_a) = -31{,}6$$

$$\varphi_a \cdot 222{,}2 + \varphi_b \cdot 58{,}5 + \Delta u_a \cdot 0{,}526 = -0{,}0316 \qquad \text{(a)}$$

Knotengleichung für Knoten *b*

$$\varphi_b \cdot 2(k_{ab}^* + k_{b2}^*) + \varphi_a \cdot k_{ab}^* + 3k_{b2}^* \cdot \psi_{b2} = -3k_{ab}^* \cdot \psi_{ab}$$

$$\varphi_b \cdot 2(k_{ab}^* + k_{b2}^*) + \varphi_a \cdot k_{ab}^* + 3k_{b2}^* \cdot \frac{\Delta u_a}{h_2} = -3k_{ab}^* \cdot \psi_{ab} + 3k_{b2}^* \cdot \frac{u_{ab}}{h_2}$$

$$\varphi_b \cdot 2 \cdot 10^3(58{,}5 + 26{,}3) + \varphi_a \cdot 58{,}5 \cdot 10^3 + 3 \cdot 26{,}3 \cdot 10^3 \cdot \frac{\Delta u_a}{600} = -3 \cdot 58{,}5 \cdot 10^3 \cdot 0{,}18 \cdot 10^{-3}$$

$$+ 3 \cdot 26{,}3 \cdot 10^3 \cdot 0{,}36 \cdot 10^{-3}$$

$$10^3[\varphi_b \cdot 169{,}6 + \varphi_a \cdot 58{,}5 + \Delta u_a \cdot 0{,}1315] = -31{,}6 + 28{,}4 = -3{,}2$$

$$\varphi_a \cdot 58{,}5 + \varphi_b \cdot 169{,}6 + \Delta u_a \cdot 0{,}1315 = -0{,}0032 \qquad \text{(b)}$$

Die Verschiebungsgleichung für die beiden Stiele heißt

$$3\left(\frac{k_{a1}^*}{h_1}\varphi_a + \frac{k_{b2}^*}{h_2}\varphi_b\right) + 6\left(\frac{k_{a1}^*}{h_1}\psi_{a1} + \frac{k_{b2}^*}{h_2}\psi_{b2}\right) = 0$$

$$3\left(\frac{k_{a1}^*}{h_1}\varphi_a + \frac{k_{b2}^*}{h_2}\varphi_b\right) + 6\left[\frac{k_{a1}^*}{h_1} \cdot \frac{\Delta u_a}{h_1} + \frac{k_{b2}^*}{h_2}\left(\frac{\Delta u_a}{h_2} - \frac{u_{ab}}{h_2}\right)\right] = 0$$

und wieder nach bekannten und unbekannten Gliedern getrennt

$$3 \cdot \frac{k_{a1}^*}{h_1}\varphi_a + 3 \cdot \frac{k_{b2}^*}{h_2}\varphi_b + 6k_{a1}^* \cdot \frac{\Delta u_a}{h_1^2} + 6k_{b2}^* \cdot \frac{\Delta u_a}{h_2^2} = 6k_{b2}^* \cdot \frac{u_{ab}}{h_2^2}$$

$$3 \cdot \frac{52{,}6}{300} 10^3 \varphi_a + 3 \cdot \frac{26{,}3}{600} \cdot 10^3 \varphi_b + 6 \cdot 52{,}6 \cdot 10^3 \cdot \frac{\Delta u_a}{300^2} + 6 \cdot 26{,}3 \cdot 10^3 \cdot \frac{\Delta u_a}{600^2}$$

$$= 6 \cdot \frac{26{,}3 \cdot 10^3}{600} 0{,}36 \cdot 10^{-3}$$

$$\varphi_a \cdot 526 + \varphi_b \cdot 131{,}5 + \Delta u_a \cdot 3{,}507 + \Delta u_a \cdot 0{,}438$$

$$= \varphi_a \cdot 526 + \varphi_b \cdot 131{,}5 + \Delta u_a \cdot 3{,}945 = 0{,}0947 \qquad \text{(v)}$$

Die drei Gleichungen werden nach dem Gaußschen Algorithmus (Abschn. 7.321) gelöst, jedoch ohne die Summenproben durchzuführen (Taf. **249**.1). Es sei an dieser Stelle bemerkt: Würde man die Zahlen in der Spalte unter Δu_a mit dem Faktor 100 multiplizieren, so wäre die Symmetrie der Matrix zur Hauptdiagonalen erreicht.

Tafel **249**.1: Auflösen der Gleichungen

Zeile ( )	φ_a	φ_b	Δu_a	B
(1)	222,2	58,5	0,526	− 0,0316
(2)	58,5	169,6	0,1315	− 0,0032
(3)	526	131,5	3,945	+ 0,0947
$(4) = \frac{58,5}{222,2} \cdot (1)$	58,5	15,4	0,138	− 0,0083
$(5) = \frac{526}{222,2} \cdot (1)$	526	138,5	1,245	− 0,0748
(6) = (2) − (4)	0	154,2	− 0,0065	+ 0,0051
(7) = (3) − (5)	0	− 7,0	+ 2,700	+ 0,1695
$(8) = \frac{-7,0}{154,2} \cdot (6)$	0	− 7,0	+ 0,0003	− 0,0002
(9) = (7) − (8)	0	0	+ 2,6997	+ 0,1697

Aus Zeile (9) wird abgelesen

$$2,6997 \Delta u_a = 0,1697 \qquad \Delta u_a = \frac{0,1697}{2,6997} = 0,0629 \text{ cm}$$

Der linke Stiel verdreht sich folglich nach links

Es ist
$$\psi_{a1} = \frac{0,0629}{300} = \frac{62,9 \cdot 10^{-3}}{300} = 0,209 \cdot 10^{-3}$$

und
$$\psi_{b2} = \frac{0,063 - 0,216}{600} = \frac{-0,153}{600} = -0,255 \cdot 10^{-3}$$

Aus Zeile (6) ergibt sich

$$154,2 \varphi_b - 0,0065 \cdot 0,0629 = 0,0051$$

$$\varphi_b = \frac{0,0051 + 0,00041}{154,2} = \frac{5,51 \cdot 10^{-3}}{154,2} = 0,0358 \cdot 10^{-3}$$

aus Zeile (1)

$$222,2 \varphi_a + 58,5 \varphi_b + 0,526 \Delta u_a = 222,2 \varphi_a + 2,10 \cdot 10^{-3} + 0,0331 = -0,0316$$

$$222,2 \varphi_a = -0,0668$$

$$\varphi_a = \frac{-66,80 \cdot 10^{-3}}{222,2} = -0,300 \cdot 10^{-3}$$

Die Stabendmomente lauten nach Gl. (224.5 und 6)

$$M_{1a} = 52,6 \cdot 10^3 [2 \cdot 0 + (-0,300)\, 10^{-3} + 3 \cdot 0,209 \cdot 10^{-3}]$$
$$= 52,6 (-0,300 + 0,627) = 52,6 \cdot 0,327 = 17,2 \text{ Mpcm}$$

$$M_{a1} = 52,6 \cdot 10^3 [2 (-0,300)\, 10^{-3} + 0 + 3 \cdot 0,209 \cdot 10^{-3}]$$
$$= 52,6 [-0,600 + 0,627] = 52,6 \cdot 0,027 = 1,42 \text{ Mpcm}$$

$$M_{ab} = 58{,}5 \cdot 10^3 [2(-0{,}300)\,10^{-3} + 0{,}0358 \cdot 10^{-3} + 3 \cdot 0{,}18 \cdot 10^{-3}]$$
$$= 58{,}5[-0{,}600 + 0{,}0358 + 0{,}54] = -1{,}42 \text{ Mpcm}$$
$$M_{ba} = 58{,}5 \cdot 10^3 [2 \cdot 0{,}0358 \cdot 10^{-3} + (-0{,}300)\,10^{-3} + 3 \cdot 0{,}18 \cdot 10^{-3}]$$
$$= 58{,}5[0{,}0716 - 0{,}300 + 0{,}54] = 58{,}5 \cdot 0{,}312 = +18{,}2 \text{ Mpcm}$$
$$M_{b2} = 26{,}3[2 \cdot 0{,}0358 + 3(-0{,}255)] = 26{,}3\,(-0{,}693) = -18{,}2 \text{ Mpcm}$$
$$M_{2b} = 26{,}3[0{,}0358 - 0{,}765] = 26{,}3(-0{,}729) = -19{,}2 \text{ Mpcm}$$

Bild **250.1** zeigt die eingetragenen Stabendmomente sowie die Biegemomentenfläche und Bild **250.2** die verzerrte Verformungsfigur des Rahmens infolge der gleichmäßigen Temperaturänderung.

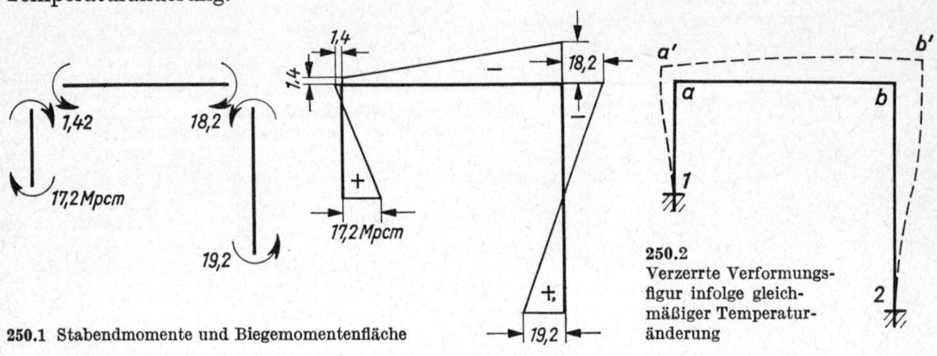

250.1 Stabendmomente und Biegemomentenfläche

250.2 Verzerrte Verformungsfigur infolge gleichmäßiger Temperaturänderung

Beispiel 3: Der Rahmen des Beispiels 2 soll für eine Temperatur betrachtet werden, die außen + 45 °C und innen + 25 °C beträgt (**250.3**).

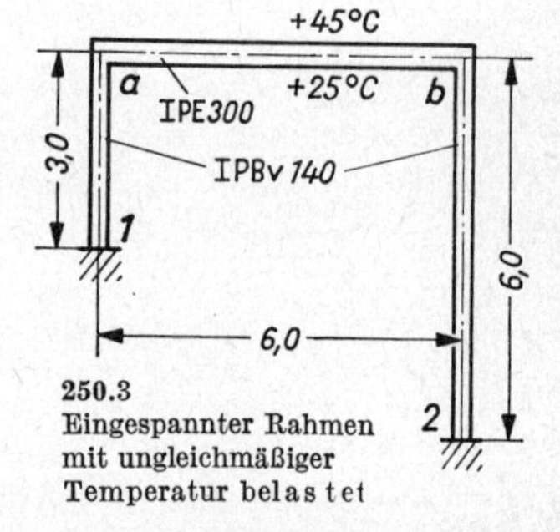

250.3 Eingespannter Rahmen mit ungleichmäßiger Temperatur belastet

Für die Behandlung der Aufgabe ist nicht von der Temperatur 0 °C, sondern von der Aufstelltemperatur + 5 °C auszugehen. Daraus ergeben sich (**250.4**):

$$t_o = 45 - 5 = 40 \text{ °C} \qquad t_u = 25 - 5 = 20 \text{ °C}$$

$$t_m = \frac{40 + 20}{2} = 30 \text{ °C}$$

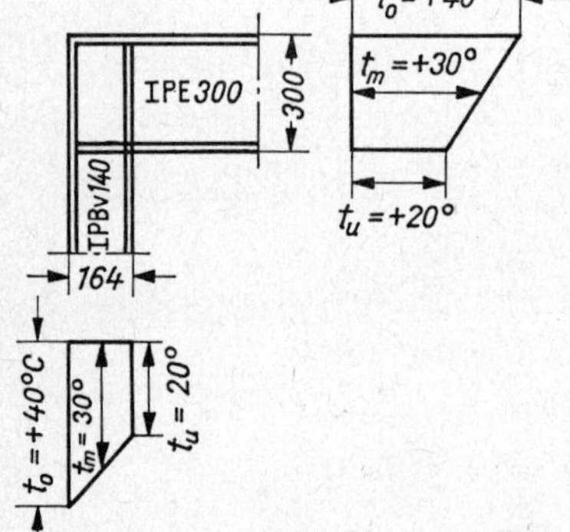

Nach Abschn. 8.52 ist der Rahmen für die gleichmäßige Temperaturänderung von

$$t_m = +30 \text{ °C} \quad \text{und}$$

ungleichmäßige Temperaturänderung

$$\Delta t = t_u - t_o = 20 - 40 = -20 \text{ °C}$$

zu berechnen. Die „Belastungsglieder" ergeben sich aus diesen beiden „Belastungen", die wir zunächst ermitteln.

250.4 Riegel und Stiel mit ungleichmäßiger Temperatur belastet

1. Die Belastungsglieder infolge gleichmäßiger Temperaturänderung

Weil die Abmessungen des Rahmens und die Größe der gleichmäßigen Temperaturänderung die gleichen wie in Beispiel 2 geblieben sind, können die „Belastungsglieder aus gleichmäßiger Temperaturänderung“ hier übernommen werden. Sie werden für die Knoten a und b nochmals angegeben:

$$\sum M_{At} = 3k_{a1}^* \cdot \psi_{a1} + 3k_{ab}^* \cdot \psi_{ab} = 3k_{a1}^* \cdot \frac{\Delta u_a}{h_1} + 3k_{ab}^* \cdot \psi_{ab}$$

$$= 3 \cdot 52{,}6 \cdot 10^3 \cdot \frac{\Delta u_a}{300} + 3 \cdot 58{,}5 \cdot 10^3 \cdot 0{,}18 \cdot 10^{-3}$$

$$\sum M_{Bt} = 3k_{b2}^* \cdot \psi_{b2} + 3k_{ab}^* \cdot \psi_{ab} = 3k_{b2}^* \left(\frac{\Delta u_a}{h_2} - \frac{u_{ab}}{h_2}\right) + 3k_{ab}^* \cdot \psi_{ab}$$

$$= 3 \cdot 26{,}3 \cdot 10^3 \left(\frac{\Delta u_a}{600} - 0{,}36 \cdot 10^{-3}\right) + 3 \cdot 58{,}5 \cdot 10^3 \cdot 0{,}18 \cdot 10^{-3}$$

2. Die Belastungsglieder infolge ungleichmäßiger Temperaturänderung

Sie ergeben sich nach Gl. (245.1) und Bild **245**.2. Für die Einspannmomente sind bereits die Vorzeichen des Weggrößenverfahrens eingeführt. Die Höhe d der Profile ist in Bild **250**.4 eingetragen. Es ist zu beachten, daß die Temperaturdifferenz $\Delta t = t_u - t_o$ in diesem Beispiel negativ ist.

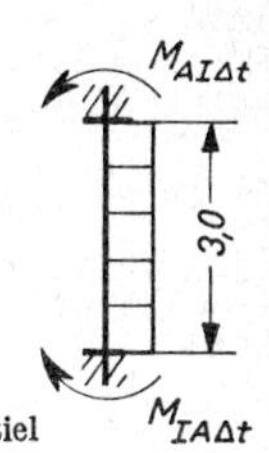

251.1 Volleinspannmomente infolge $\Delta t = -20$ °C für den linken Stiel

Linker Stiel (**251**.1)

$$M_{\mathrm{I}A\Delta t} = -\frac{EJ_{a1} \cdot \alpha_t \cdot \Delta t}{d_{a1}}$$

$$= -\frac{2{,}1 \cdot 10^3 \cdot 3760 \cdot 12 \cdot 10^{-6}(-20)}{16{,}4}$$

$$= +115{,}5 \text{ Mpcm}$$

$$M_{A\mathrm{I}\Delta t} = -115{,}5 \text{ Mpcm}$$

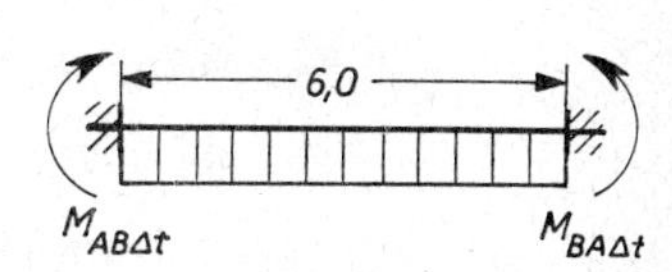

251.2 Volleinspannmomente infolge $\Delta t = -20$ °C für den Riegel

Riegel (**251.2**)

$$M_{AB\Delta t} = -\frac{2{,}1 \cdot 10^3 \cdot 8360 \cdot 12 \cdot 10^{-6}(-20)}{30} = +140 \text{ Mpcm}$$

$$M_{BA\Delta t} = -140 \text{ Mpcm}$$

Rechter Stiel (**251.3**)

$$M_{B\mathrm{II}\Delta t} = -\frac{2{,}1 \cdot 10^3 \cdot 3760 \cdot 12 \cdot 10^{-6}(-20)}{16{,}4} = +115{,}5 \text{ Mpcm}$$

$$M_{\mathrm{II}B\Delta t} = -115{,}5 \text{ Mpcm}$$

Wiederum sind wie in Beispiel 2 für die Knoten a und b die beiden Knotengleichungen und wegen der Verschieblichkeit der Knotenpunkte des einstöckigen Rahmens eine Verschiebungsgleichung aufzustellen.

Knotengleichung (a)

$$\varphi_a \cdot 2(k_{a1}^* + k_{ab}^*) + \varphi_b \cdot k_{ab}^* + \sum M_A = 0$$

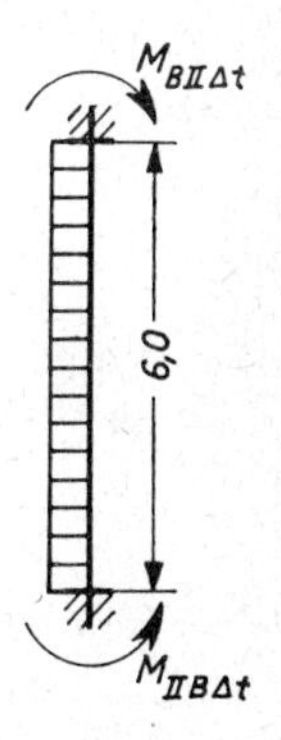

251.3 Volleinspannmomente infolge $\Delta t = -20$ °C für den rechten Stiel

Mit $\sum M_A = \sum M_{At} + \sum M_{A\Delta t} = \sum M_{At} + M_{A1\Delta t} + M_{AB\Delta t}$ wird

$$\varphi_a \cdot 2(k^*_{a1} + k^*_{ab}) + \varphi_b \cdot k^*_{ab} + 3k^*_{a1} \cdot \frac{\Delta u_a}{h_1}$$

$$+ 3k^*_{ab} \cdot \psi_{ab} + \left(\frac{EJ_{a1} \cdot \alpha_t \cdot \Delta t}{d_{a1}}\right) + \left(\frac{-EJ_{ab} \cdot \alpha_t \cdot \Delta t}{d_{ab}}\right) = 0$$

$$\varphi_a \cdot 222{,}2 \cdot 10^3 + \varphi_b \cdot 58{,}5 \cdot 10^3 + \Delta u_a \cdot 0{,}526 \cdot 10^3$$

$$+ 3 \cdot 58{,}5 \cdot 10^3 \cdot 0{,}18 \cdot 10^{-3} - 115{,}5 + 140 = 0$$

$$10^3(\varphi_a \cdot 222{,}2 + \varphi_b \cdot 58{,}5 + \Delta u_a \cdot 0{,}526) = -31{,}6 - 24{,}5 = -56{,}1$$

$$\varphi_a \cdot 222{,}2 + \varphi_b \cdot 58{,}5 + \Delta u_a \cdot 0{,}526 = -0{,}0561 \qquad \text{(a)}$$

Knotengleichung (b)

$$\varphi_b \cdot 2(k^*_{ab} + k^*_{b2}) + \varphi_a \cdot k^*_{ab} + \sum M_B = 0$$

Mit $\sum M_B = \sum M_{Bt} + \sum M_{B\Delta t}$ erhalten wir

$$\varphi_b \cdot 2(k^*_{ab} + k^*_{b2}) + \varphi_a \cdot k^*_{ab} + 3k^*_{b2}\left(\frac{\Delta u_a}{h_2} - \frac{u_{ab}}{h_2}\right)$$

$$+ 3k^*_{ab} \cdot \psi_{ab} + \left(\frac{EJ_{ab} \cdot \alpha_t \cdot \Delta t}{d_{ab}}\right) + \left(\frac{-EJ_{b2} \cdot \alpha_t \cdot \Delta t}{d_{b2}}\right) = 0$$

$$10^3(\varphi_b \cdot 169{,}6 + \varphi_a \cdot 58{,}5 + \Delta u_a \cdot 0{,}1315) - 3 \cdot 26{,}3 \cdot 10^3 \cdot 0{,}36 \cdot 10^{-3}$$

$$+ 3 \cdot 58{,}5 \cdot 10^3 \cdot 0{,}18 \cdot 10^{-3} + (-140) + 115{,}5 = 0$$

$$10^3(\varphi_a \cdot 58{,}5 + \varphi_b \cdot 169{,}6 + \Delta u_a \cdot 0{,}1315) = 28{,}4 - 31{,}6 + 24{,}5 = 21{,}3$$

$$\varphi_a \cdot 58{,}5 + \varphi_b \cdot 169{,}6 + \Delta u_a \cdot 0{,}1315 = 0{,}0213 \qquad \text{(b)}$$

Die Verschiebungsgleichung ist mit Gl. (230.4) aufzustellen. Sie erstreckt sich auf beide Stiele des Rahmens. Die Glieder $\sum P_h$ und $\sum A$ liefern keinen Anteil, da keine äußeren horizontalen Kräfte vorhanden sind. Die Glieder $\sum \frac{M_A + M_B}{h}$ werden Null, weil die Summen der Einspannmomente jedes Stieles sich gegenseitig aufheben (**251**.1 und 3, ferner Abschn. 8.442). Somit lautet die Verschiebungsgleichung (v) wie in Beispiel 2

$$3\left(\frac{k^*_{a1}}{h_1}\varphi_a + \frac{k^*_{b2}}{h_2}\varphi_b\right) + 6\left(\frac{k^*_{a1}}{h_1}\psi_{a1} + \frac{k^*_{b2}}{h_2}\psi_{b1}\right) = 0$$

$$\varphi_a \cdot 526 + \varphi_b \cdot 131{,}5 + \Delta u_a \cdot 3{,}945 = 0{,}0947 \qquad \text{(v)}$$

Die Gleichungen werden wieder nach dem Gaußschen Schema gelöst (Taf. **253**.1). Ein Vergleich mit Tafel **249**.1 zeigt, daß lediglich die Werte der Belastungsspalte verändert werden müssen. Nur diese Spalte muß also neu durchgerechnet werden.

Aus Zeile (9) folgt $\quad 2{,}6997\,\Delta u_a = +0{,}22884 \qquad \Delta u_a = \frac{0{,}22884}{2{,}6997} = 0{,}0847$ cm

Aus Zeile (6) wird abgelesen $\quad 154{,}2\,\varphi_b - 0{,}0065 \cdot 0{,}0847 = 0{,}0361$

$$154{,}2\,\varphi_b = 0{,}0361 + 0{,}000551 = 0{,}03665$$

$$\varphi_b = \frac{0{,}03665}{154{,}2} = \frac{36{,}65 \cdot 10^{-3}}{154{,}2} = 0{,}238 \cdot 10^{-3}$$

Tafel **253.1**: Auflösen der Gleichungen

Zeile ( )	φ_a	φ_b	Δu_a	B
(1)	222,2	58,5	0,526	− 0,0561
(2)	58,5	169,6	0,1315	+ 0,0213
(3)	526	131,5	3,945	+ 0,0947
$(4) = \frac{58,5}{222,2} \cdot (1)$	58,5	15,4	0,138	− 0,0148
$(5) = \frac{526}{222,2} \cdot (1)$	526	138,5	1,245	− 0,1325
(6) = (2) − (4)	0	154,2	− 0,0065	+ 0,0361
(7) = (3) − (5)	0	−7,0	+ 2,70	+ 0,2272
$(8) = \frac{-7,0}{154,2} \cdot (6)$	0	−7,0	+ 0,0003	− 0,00164
(9) = (7) − (8)	0	0	+ 2,6997	+ 0,22884

Mit Zeile (1) wird errechnet

$$222,2\,\varphi_a + 58,5\,\varphi_b + 0,526\,\Delta u_a = -\,0,0561$$

$$222,2\,\varphi_a + 58,5 \cdot 0,238 \cdot 10^{-3} + 0,526 \cdot 0,0847 = -\,0,0561$$

$$222,2\,\varphi_a + 13,91 \cdot 10^{-3} + 0,0445 = -\,0,0561$$

$$222,2\,\varphi_a = -\,0,0561 - 0,0584 = -\,0,1145$$

$$\varphi_a = -\,0,515 \cdot 10^{-3}$$

und damit ergeben sich

$$\psi_{a1} = \frac{0,0847}{300} = \frac{84,7 \cdot 10^{-3}}{300} = 0,282 \cdot 10^{-3}$$

$$\psi_{b2} = \frac{\Delta u_a - u_{ab}}{h_2} = \frac{0,0847 - 0,216}{600} = \frac{-\,0,1313}{600}$$

$$\psi_{b2} = -\,0,219 \cdot 10^{-3}$$

Im Beispiel 2 war bereits berechnet

$$\psi_{ab} = \frac{0,108}{600} = +\,0,18 \cdot 10^{-3}$$

Damit können die Stabendmomente bestimmt werden

$$M_{1a} = 52,6 \cdot 10^3\,[-\,0,515 \cdot 10^{-3} + 3 \cdot 0,282 \cdot 10^{-3}] + 115,5$$
$$= 52,6\,[-\,0,515 + 0,846] + 115,5 = +\,17,4 + 115,5 = +\,132,9 \text{ Mpcm}$$

$$M_{a1} = 52,6 \cdot 10^3\,[2\,(-\,0,515)\,10^{-3} + 3 \cdot 0,282 \cdot 10^{-3}] - 115,5$$
$$= 52,6\,[-\,1,03 + 0,846] - 115,5 = -\,9,7 - 115,5 = -\,125,2 \text{ Mpcm}$$

$$M_{ab} = 58,5 \cdot 10^3\,[2\,(-\,0,515)\,10^{-3} + 0,238 \cdot 10^{-3} + 3 \cdot 0,18 \cdot 10^{-3}] + 140$$
$$= 58,5 \cdot [-\,1,03 + 0,238 + 0,54] + 140 = 58,5\,(-\,0,252) + 140$$
$$= -\,14,8 + 140 = +\,125,2 \text{ Mpcm}$$

$$M_{ba} = 58,5 \cdot 10^3\,[2 \cdot 0,238 \cdot 10^{-3} + (-\,0,515)\,10^{-3} + 3 \cdot 0,18 \cdot 10^{-3}] - 140$$
$$= 58,5\,[0,476 - 0,515 + 0,54] - 140 = 58,5 \cdot 0,501 - 140 = 29,3 - 140$$
$$= -\,110,7 \text{ Mpcm}$$

$$M_{b2} = 26,3 \cdot 10^3\,[2 \cdot 0,238 \cdot 10^{-3} + 3\,(-\,0,219 \cdot 10^{-3}] + 115,5$$
$$= 26,3\,[0,476 - 0,657] + 115,5 = -\,0,181 \cdot 26,3 + 115,5$$
$$= -\,4,8 + 115,5 = +\,110,7 \text{ Mpcm}$$

$$M_{2b} = 26{,}3 \cdot 10^3 \, [0{,}238 \cdot 10^{-3} + 3\,(-\,0{,}219)\,10^{-3}] - 115{,}5$$
$$= 26{,}3\,[0{,}238 - 0{,}657] - 115{,}5 = 26{,}3\,(-\,0{,}419) - 115{,}5$$
$$= -\,11{,}0 - 115{,}5 = -\,126{,}5 \text{ Mpcm}$$

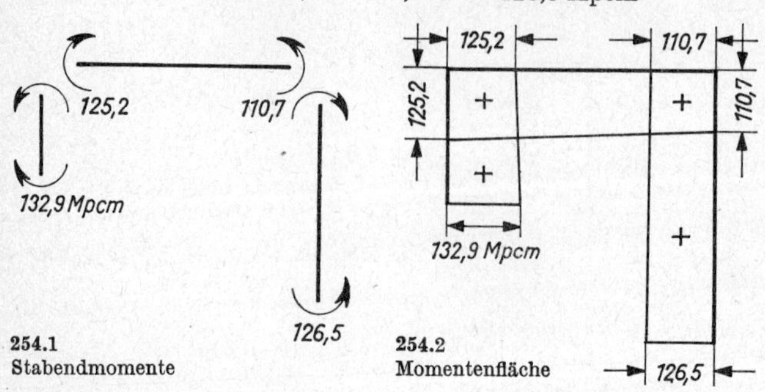

254.1 Stabendmomente

254.2 Momentenfläche

Bild **254.**1 zeigt die Stabendmomente, Bild **254.**2 die Momentenfläche.

Zu diesem Bild ist zu bemerken, daß allein aus der Biegemomentenfläche keine Verformungsfigur gezeichnet werden kann, weil diese Momentenfläche auf die infolge der ungleichmäßigen Temperaturänderung kreisförmig gekrümmten Stäbe zu beziehen ist.

Besonders augenfällig ist auch der große Unterschied in den Momentenflächen infolge Beanspruchung des Rahmens durch gleichmäßige (**250.**1) und durch ungleichmäßige Temperaturänderung (**254.**2)

8.6 Abschließende Betrachtungen zum Weggrößenverfahren

In vielen praktischen Fällen steht der Statiker vor der Frage, mit welchem Verfahren eine Aufgabe am besten und sichersten zu lösen ist. Diese Frage taucht vor allem bei mehrfach statisch unbestimmten Systemen auf. Sieht man hier einmal von den Iterationsverfahren zunächst ab, so gilt folgendes: Bei geringer statischer Unbestimmtheit (1- oder 2fach) ist die Kraftgrößenmethode fast immer zu bevorzugen, weil sie unmittelbar die unbekannten Kraftgrößen liefert. Dagegen verlangt das Weggrößenverfahren – selbst bei gleicher Anzahl der unbekannten Größen – die zusätzliche Berechnung der Stabendmomente aus den Drehwinkeln.

Die Vorteile des Weggrößenverfahrens können aber darin liegen, daß wir weniger Unbekannte einführen müssen als beim Kraftgrößenverfahren (vgl. dazu die Beispiele 1, 3 und 4 im Abschn. 8.33). Besonders vorteilhaft ist die Berechnung für Rahmentragwerke mit horizontal unverschieblichen Knoten. Ist aber ein Riegel horizontal verschieblich, so erscheint eine zusätzliche Unbekannte und damit eine weitere Gleichung

Im Grenzfall gilt es abzuwägen, bei welchem Verfahren die Rechenarbeit kleiner wird. Dazu stellt man die Anzahl der erforderlichen Knotengleichungen und Verschiebungsgleichungen der Zahl der statisch Unbestimmten gegenüber.

Die Kenntnis des Weggrößenverfahrens führt zum Verständnis einzelner Iterationsverfahren, wie z. B. des im folgenden Abschnitt dargestellten, in der Praxis oft verwendeten Verfahrens von Kani. Die rein automatische Anwendung eines Iterationsverfahrens kann zu Fehlschlüssen führen, wenn die Grundlagen des Verfahrens unbekannt sind.

9 Momentenausgleichsverfahren nach Kani

9.1 Allgemeines

9.11 Begriffe und Formelzeichen

Vorzeichenregel für Stabendmomente M_{ik}: Am Stabende rechtsdrehende Momente sind positiv.

Drehungsanteile der Stabendmomente

$$M'_{ab} = \frac{2\,EJ}{l}\,\varphi_a = k^*_{ab} \cdot \varphi_a \qquad M'_{ba} = \frac{2\,EJ}{l}\,\varphi_b = k^*_{ab} \cdot \varphi_b$$

$$M'_{ik} = \frac{2\,EJ}{l}\,\varphi_i = k^*_{ik} \cdot \varphi_i \qquad M'_{ki} = \frac{2\,EJ}{l}\,\varphi_k = k^*_{ik} \cdot \varphi_k$$

Entsprechend dem Weggrößenverfahren sind rechtsdrehende Drehungsanteile positiv (s. Bild **196**.1).

Drehungsfaktor $\mu_{ik} = -\frac{1}{2} \cdot \frac{k_{ik}}{\Sigma k_{ik}}$

Verschiebungsanteile der Stabendmomente

für eingespannten Stab $M''_{ab} = \frac{2\,EJ}{l} \cdot 3\,\psi_{ab} = k^* \cdot 3\,\psi_{ab}$

für gelenkig angeschlossenen Stab $M''_{ab} = \frac{3}{4} \cdot \frac{2\,EJ}{l}\,2\,\psi_{ab} = k^{*\prime} \cdot 2\,\psi_{ab}$

Entsprechend dem Weggrößenverfahren sind linksdrehende Verschiebungsanteile positiv (s. Bild **196**.2).

Stockwerksquerkraft $\bar{Q}_r = \sum\limits_{\text{ob.}\,r} P_h + \sum A_0$

Stockwerksmomente

für eingespannten Stab $\overline{M}_r = \frac{\bar{Q}_r \cdot h_r}{3}$

für gelenkig angeschlossenen Stab $\overline{M}_r = \frac{\bar{Q}_r \cdot h_r}{2}$

Reduktionsfaktor $c_{ou} = \frac{h_c}{h'}$

Verschiebungsfaktor

bei gleich langen eingespannten Stielen $\nu_{ou} = -\frac{3}{2} \cdot \frac{k_{ou}}{\sum\limits_{(r)} k_{ou}}$

bei verschieden langen Stielen $$v_{ou} = -\frac{3}{2} \cdot \frac{c_{ou} \cdot k_{ou}}{\sum\limits_{(r)} c_{ou} \cdot k_{ou}}$$

bei gleichlangen, gelenkig angeschlossenen Stielen $$v_{ou} = -2 \cdot \frac{k'_{ou}}{\sum\limits_{(r)} k_{ou}}$$

9.12 Weggrößenverfahren und Momentenausgleichsverfahren

Wenn beim Weggrößenverfahren mehr als zwei Unbekannte auftreten, kann die Lösung der Aufgabe schon einen wesentlichen Rechenaufwand verlangen. Daher ist es bei einer größeren Anzahl von Unbekannten oft vorteilhafter, die Aufgabe nicht in geschlossener Form, sondern in einer schrittweisen Annäherungsrechnung, d. h. durch Iteration, zu lösen.

Unter Iteration oder Iterationsrechnung verstehen wir ein Verfahren zur Lösung unbekannter Größen aus mehreren Gleichungen in mehreren Rechnungsgängen. Dabei werden die Werte dem endgültigen Ergebnis immer mehr angenähert. Da jeder Schritt verbesserte Näherungswerte für die Unbekannten liefert, können durch die Anzahl der Schritte, d. h. durch wiederholtes Einsetzen der Werte des jeweils vorangegangenen Schrittes in die Gleichungen, die Ergebnisse den exakten Werten beliebig genau genähert werden. Die Anzahl der Schritte hängt von der mehr oder weniger schnellen Annäherung (Konvergenz) der Ergebnisse an die exakten Werte ab. Bei linearen Gleichungssystemen wird die Konvergenz im wesentlichen von der Größe der Diagonalglieder gegenüber den anderen Beiwerten beeinflußt. Je größer die Diagonalglieder gegenüber den anderen Beiwerten sind, desto besser ist die Konvergenz und desto weniger Rechnungsschritte sind zur Erzielung einer ausreichenden Genauigkeit erforderlich.

Bei Momentenausgleichsverfahren, von denen die nach Cross und nach Kani die bekanntesten sind, können wir auf das direkte Aufschreiben von Elastizitäts- oder Knotengleichungen verzichten. Mit einem gegebenen Rechenschema und einem vorgeschriebenen Rechnungsgang werden diese Gleichungen durch Iteration gelöst. Es ist zu bemerken, daß das Cross-Verfahren gegen Null und das nach Kani gegen einen endlichen Wert konvergiert. In beiden Verfahren werden die Knoten eines Tragwerkes als verdrehungssteif und unverschieblich angenommen und hierfür die Volleinspannmomente bestimmt.

Bei der bereits früher behandelten Cross-Methode (s. Teil 2 und 3) wird jeweils die starre Einspannung eines Knotens unter Beibehaltung der vollen Einspannung der Nachbarknoten gelöst angenommen. Das hierdurch frei werdende resultierende Einspannmoment (Ausgleichsmoment) wird dann auf die am Knoten anliegenden Stäbe verteilt und weitergeleitet. Nachdem der gelöste Knoten nun wieder als starr gehalten betrachtet wird, kann der gleiche Rechnungsgang am nächstgünstigsten Knoten wiederholt werden. Die Rechnung wird so lange wiederholt, bis an allen Knoten die Ausgleichsmomente praktisch Null werden. Die Summe aus Volleinspann-, Ausgleichs- und Fortleitungsmoment an jedem Stabende ergibt das endgültige Moment.

Bei dem Verfahren nach Kani bleibt zunächst der betrachtete Knoten starr eingespannt, und alle Nachbarknoten werden als gelöst angenommen. Die hierdurch auf den Knoten wirkenden Ausgleichsmomente aller abliegenden Stabenden werden mit dem resultierenden Volleinspannmoment des Knotens addiert. Die Summe dieser Momente wird nach Wiedereinspannen der Nachbarknoten und Lösen des betrachteten Knotens auf die am Knoten anliegenden Stabenden ausgeglichen. Dieser Rechnungsgang wird fortlaufend von Knoten zu Knoten so lange fortgesetzt, bis die Ausgleichsmomente einen konstanten Wert beibehalten. Die Summe aus dem Volleinspannmoment, dem zweifachen anliegenden und dem einfachen abliegenden Ausgleichsmoment ergibt das gesuchte Stabendmoment

Im Grunde beruhen beide Iterationsverfahren auf dem Weggrößenverfahren. Das Verfahren von Kani benutzt die „unmittelbare Iteration", bei der die Belastungsglieder bis zum Schluß durch die Rechnung mitlaufen. Das bedeutet, daß jede neu gewonnene Zahl eine Verbesserung des nun nicht mehr benötigten vorherigen Ergebnisses ergibt. Hier entfällt also im Gegensatz zu Cross die Addition der einzelnen durch die Iteration gefundenen Zwischenwerte. Das Verfahren erlaubt zudem, mit nachträglichen Änderungen in der Belastung oder den Stababmessungen die bereits begonnene Berechnung eines Systems einfach fortzusetzen. Auch verschwinden etwa in den Korrekturwerten begangene einzelne (nicht jedoch fortlaufende systematische!) Rechenfehler beim Weiterrechnen. Es ist somit möglich, die Berechnung allein mit den zuletzt errechneten Zahlenwerten nachzuprüfen.

9.2 Tragsysteme mit unverschieblichen Knoten

9.21 Ableitung des Verfahrens

Beim Weggrößenverfahren mußten die Schnittgrößen in einem zusätzlichen Rechnungsgang aus den errechneten Winkeln ermittelt werden. Kani vereinfacht die Rechnung dadurch, daß er statt der Drehwinkel Drehmomente einführt, die die gleiche Verformung des betrachteten Stabes verursachen wie die Drehwinkel beim Weggrößenverfahren.

9.211 Gleichungen für Stabendmomente

Die Ausgangsgleichung (198.7) für Tragwerke mit unverschieblichen Knoten lautete für den beiderseits elastisch eingespannten Stab

$$M_a = \frac{EJ}{l} (4 \varphi_a + 2 \varphi_b) + M_A$$

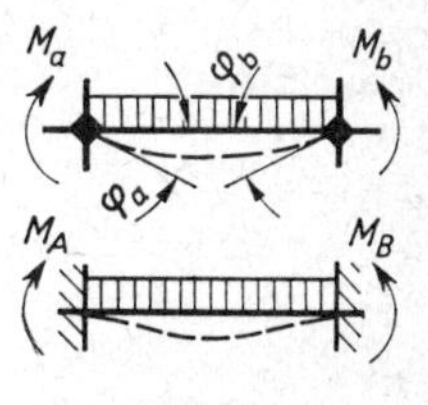

257.1 Beidseitseingespannter Stab

Hierin haben die Ausdrücke $\frac{EJ}{l} \varphi$ die Einheit von Momenten kpcm (**257.1**). Das macht man sich zunutze und bezeichnet die einzelnen Ausdrücke als Drehungsanteile zum Moment. Es wird bezeichnet

$$M'_{ab} = \frac{2\,EJ}{l} \varphi_a = k^*_{ab} \cdot \varphi_a \qquad M'_{ba} = \frac{2\,EJ}{l} \varphi_b = k^*_{ab} \cdot \varphi_b \tag{257.1}$$

und damit wird $M_a = 2\,M'_{ab} + M'_{ba} + M_A = \boldsymbol{M_A + 2\,M'_{ab} + M'_{ba}}$ (257.2)

Diese Gleichung besagt dasselbe wie Gl. (198.7): Das Stabendmoment eines auf zwei Seiten eingespannten Stabes *ab* kann aus der Summe dreier Größen gewonnen werden; für ein Stabende *a* sind diese drei Größen

1. das Volleinspannmoment M_A des belasteten Stabes
2. der zweifache Drehungsanteil $2\,M'_{ab}$ am Ende *a* des Stabes
3. der einfache Drehungsanteil M'_{ba} am Ende *b* des Stabes.

In Gl. (257.2) sind die Drehungsanteile die gesuchten Unbekannten. Sie werden durch Iteration aus den umgeformten Knotengleichungen errechnet und dann in Gl. (257.2) zur Ermittlung der Stabendmomente eingesetzt.

Für den an einem Ende gelenkig angeschlossenen Stab mit der Steifigkeitszahl $k' = 0{,}75\,k$ wird die entsprechende Gleichung für das Stabendmoment aus Gl. (200.2) gewonnen

$$M_a = M'_A + 2\,M'_{ab} \tag{258.1}$$

9.212 Knotengleichungen

Wiederum muß an jedem Knoten die Bedingung $\sum M = 0$ erfüllt sein, wie dies im Abschn. 8.32 (Aufstellen der Knotengleichungen) gezeigt wurde. Es wird wieder die Steifigkeitszahl $k = J/l$ benutzt. Wie wir im Abschn. 8.313 (Steifigkeitszahlen) sahen, spielt es für die Berechnung der Stabendmomente keine Rolle, ob man mit den um $2E$ verzerrten Drehwinkeln oder mit den wahren Drehwinkeln arbeitet. Die in Gl. (201.2) gefundene Knotengleichung lautet mit der in Gl. (257.2) gebrauchten Schreibweise für einen Knoten i

$$\sum M_i = 2\sum_n M'_{ik} + \sum_d M'_{ki} + \sum_n M_J = 0 \tag{258.2}$$

Hierin bedeuten

$\sum_n$ die Summenbildung über sämtliche am betrachteten Knoten angreifenden Stäbe,

$\sum_d$ die Summenbildung über diejenigen Stäbe des Knotens, die am abliegenden Ende mit drehbar biegesteifen Knoten angeschlossen sind (z. B. in Bild **200**.2 für den Knoten a nur der Stab ab).

Wenn wir Gl. (258.2) nach der Summe der anliegenden Drehungsanteile umformen, so ergibt sich

$$\sum_n M'_{ik} = -\frac{1}{2}\left(\sum_n M_J + \sum_d M'_{ki}\right) \tag{258.3}$$

d. h., an jedem Knoten ist die Summe der anliegenden Drehungsanteile gleich der negativen halben Summe aus den Volleinspannmomenten und den abliegenden Drehungsanteilen.

9.213 Drehungsfaktoren

Bei Drehung eines Knotens um den Winkel φ erhalten alle an diesem Knoten angeschlossenen Stäbe den gleichen Drehwinkel. Aus Gl. (257.1) ist zu ersehen, daß der Drehungsanteil vom Drehwinkel und der Steifigkeitszahl des Stabes abhängig ist.

$$M'_{ik} = k_{ik} \cdot \varphi_i \quad \text{und} \quad \sum M'_{ik} = \varphi_i \sum_n k_{ik}$$

Hieraus folgt, daß die Drehungsanteile der am Knoten angeschlossenen Stäbe im gleichen Verhältnis zueinander stehen müssen wie ihre zugehörigen Steifigkeitszahlen, und somit gilt

$$\frac{M'_{ik}}{\sum_n M'_{ik}} = \frac{k_{ik}}{\sum_n k_{ik}} \quad \text{oder} \quad M'_{ik} = \frac{k_{ik}}{\sum_n k_{ik}} \sum_n M'_{ik} \tag{258.4}$$

Unter Benutzung von Gl. (258.3) erhält man den gesuchten Ausdruck für den Drehungsanteil des anliegenden Stabendes; zur Vereinfachung wird eingeführt

$$\mu_{ik} = -\frac{1}{2} \cdot \frac{k_{ik}}{\Sigma k_{ik}} \qquad (259.1)^{1)}$$

$$M'_{ik} = -\frac{1}{2} \cdot \frac{k_{ik}}{\sum\limits_n k_{ik}} \left(\sum_n M_J + \sum_d M'_{ki} \right) \qquad M'_{ik} = \mu_{ik} \left(\sum_n M_J + \sum_d M'_{ki} \right) \qquad (259.2)\ (259.3)$$

μ_{ik} wird als Drehungsfaktor bezeichnet. Er ist praktisch der Verteilerschlüssel für die Aufteilung der Summe der Drehungsanteile auf die anliegenden Stäbe. Mit Gl. (259.3) kann nun die Iteration durchgeführt werden. Die Summe der Volleinspannmomente an jedem Knoten wird aus der Belastung berechnet. Die Summe der Drehungsanteile der abliegenden Stabenden ist zu Beginn zunächst nur als Näherungswert oder mit Null anzunehmen. Die Summe dieser beiden Größen liefert die Drehungsanteile der anliegenden Stabenden in erster Annäherung. In den folgenden Iterationsschritten ergibt die nächste Annäherungsstufe bereits wesentlich bessere Werte, und im weiteren Verlauf kann das Ergebnis dann in beliebig vielen Annäherungsschritten beliebig genau gefunden werden.

Zur Verdeutlichung, wie die anliegenden Drehungsanteile M'_{ik} aufgestellt werden, soll der Knoten 4 des Bildes **259.1** betrachtet werden, in das die Steifigkeitszahlen der Stäbe eingetragen sind.

259.1 Rahmentragwerk

Für den Knoten 4 ist

$$\sum k = 1{,}47 + 0{,}96 + 2{,}62 + 1{,}61 = 6{,}66$$

$$\mu_{41} = -\frac{1}{2} \cdot \frac{1{,}47}{6{,}66} = -0{,}11$$

$$\mu_{42} = -\frac{1}{2} \cdot \frac{0{,}96}{6{,}66} = -0{,}072$$

$$\mu_{45} = -\frac{1}{2} \cdot \frac{2{,}62}{6{,}66} = -0{,}197$$

$$\mu_{43} = -\frac{1}{2} \cdot \frac{1{,}61}{6{,}66} = -0{,}121$$

$$\sum \mu_4 = -0{,}500$$

Die Gleichungen der Drehungsanteile M'_4 der anliegenden Stabenden am Knoten 4 lauten, einzeln angeschrieben

$$M'_{41} = \mu_{41} (\Sigma M_{IV} + \Sigma M'_{i4}) \qquad M'_{45} = \mu_{45} (\Sigma M_{IV} + \Sigma M'_{i4})$$

$$M'_{42} = \mu_{42} (\Sigma M_{IV} + \Sigma M'_{i4}) \qquad M'_{43} = \mu_{43} (\Sigma M_{IV} + \Sigma M'_{i4})$$

Darin sind $\sum M_{IV}$ die Summe der Volleinspannmomente im Punkt 4 und $\sum M'_{i4}$ die Summe der Drehungsanteile der vom Knoten 4 abliegenden Stabenden.

$$\sum M'_{i4} = M'_{14} + M'_{24} + M'_{34} + M'_{54}$$

Es ist zu bemerken, daß das Endmoment im Gelenkpunkt 1 Null ist, was durch die Verwendung der Steifigkeitszahl $k' = 0{,}75\,k$ bereits berücksichtigt wurde. Ferner ergeben voll eingespannte Stabenden wie die Stabenden 2 und 3 keinen Drehwinkel;

1) S. Teil 3 Abschn. „Rahmen". Nach der Bezeichnung bei Cross wäre $\mu = -1/2\,\alpha$.

also sind auch deren Drehungsanteile gleich Null. Damit lautet hier

$$\sum M'_{i4} = + M'_{54}$$

Wenn sämtliche Drehungsanteile der drehbaren Knoten genügend genau ermittelt sind, wird mit Gl. (257.2) das endgültige Stabendmoment bestimmt.

9.214 Prüfung der Berechnung

Die Ergebnisse einer Berechnung können nur dadurch einer echten Prüfung unterzogen werden, daß man sie mit denen eines neuen, selbständigen Berechnungsgangs vergleicht.

Wir kennen Gleichgewichts- und Formänderungsproben. Bei einer richtig durchgeführten Berechnung müssen beide erfüllt sein. Es ist jedoch zu fragen, ob die Rechenmethode zur Erfüllung der Probe nur einen notwendigen oder aber einen hinreichenden Beweis für die Richtigkeit der Berechnung darstellt. Die ausführliche Beweisführung bringt [9].

So kommen für das Momentenausgleichsverfahren dieses und das Weggrößenverfahren des vorhergehenden Abschnitts als echte, d. h. hinreichend beweiskräftige Kontrollen nur Gleichgewichtskontrollen in Betracht. Das ergibt sich aus folgender Überlegung:

Das Momentenausgleichsverfahren nach Kani ist im Grunde, wie oben gezeigt wurde, ein Weggrößenverfahren, d. h., als Unbekannte werden Weggrößen (auch Formänderungsgrößen genannt) in die Berechnung eingeführt. Diese Unbekannten oder ihnen verwandte Größen werden bestimmt, und mit ihrer Hilfe werden die Schnittkräfte ermittelt. Bestimmt man nun zur Probe aus den Schnittkräften wieder die Weggrößen, so geht man lediglich das letzte Stück des bereits beschrittenen Weges noch einmal zurück. Diese Kontrolle muß natürlich erfüllt sein. Sie sagt dann aber höchstens aus, daß man auf dem Weg von der Ermittlung der Weggrößen bis zur Bestimmung der Schnittgrößen keinen Rechenfehler gemacht hat [vgl. dazu die Ableitung der Gl. (261.1)], jedoch nichts darüber, ob die Weggrößen oder die ihnen verwandten Größen richtig ermittelt sind. Zu einer vom ersten Berechnungsgang unabhängigen und somit beweiskräftigen Kontrolle sind deshalb Gleichgewichtsproben durchzuführen, wenn das Weggrößenverfahren der Berechnung zugrunde lag.

Umgekehrt sind bei der Berechnung nach dem Kraftgrößenverfahren zu einer unabhängigen Kontrolle Formänderungsproben anzusetzen. So sind z. B. bei einem nach dem Kraftgrößenverfahren berechneten Durchlaufträger die Formänderungsbedingungen zu erfüllen, daß die Durchbiegung in jedem Auflagerpunkt des Trägers Null ist oder die Tangentendrehwinkel links und rechts eines Auflagers entgegengesetzt gleich groß sind. Dagegen ist hier eine Gleichgewichtsprobe eine zwar notwendig zu erfüllende, aber keine hinreichende Prüfung.

Die jeweilige andere Probe stellt nur eine in einem beschränkten Bereich gültige Kontrolle innerhalb des gesamten Rechnungsganges dar.

Gleichgewichtsproben

Sie können sich auf das ganze untersuchte System oder auf einen herausgeschnittenen Teil davon erstrecken.

So betrachtet man in der Regel zur Kontrolle von nach dem Weggrößenverfahren berechneten Auflagerreaktionen das ganze System (vgl. Abschn. 8.33, Beisp. 2, Kontrollen). Zur Kontrolle der Schnittgrößen dagegen führt man Trennschnitte. Sie werden meist als Horizontalschnitte durch das Tragwerk oder als Rundschnitte

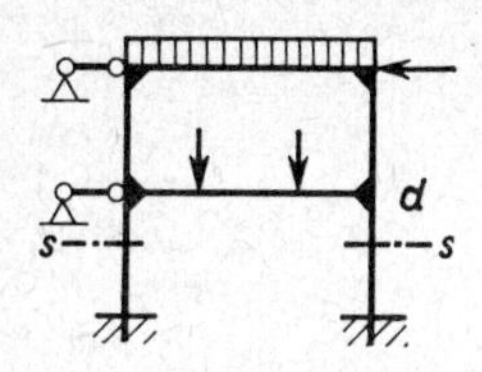

261.1 Rahmen mit Horizontalschnitt s und Rundschnitt um d

um einen Knoten geführt (z. B. in Bild **261.1** Schnitt s—s und Rundschnitt um Knoten d). Für die Horizontalschnitte muß $\sum H = 0$ und für die Rundschnitte $\sum M = 0$ erfüllt sein. Die letzte Bedingung bietet sich nach Berechnung der Stabendmomente als einfache Kontrolle für jeden Knoten sofort an und sollte immer durchgeführt werden.

Formänderungsproben

Sind die Schnittgrößen eines Systems nach dem Weggrößenverfahren oder nach einem aus diesem abgeleiteten Verfahren berechnet, so ist diese Kontrolle, wie bereits erwähnt, nicht hinreichend beweiskräftig. Jedoch ist dies für Systeme der Fall, die nach dem Kraftgrößenverfahren berechnet worden sind.

Man kann z. B. prüfen, ob die Knotendrehwinkel an den Stabenden eines Knotens, die sich aus den Momenten errechnen lassen, alle gleich groß sind. Für ein System mit seitlich unverschieblichen Knoten werden zur Bestimmung der Knotendrehwinkel die Gl. (198.7 und 8) benutzt. Sie liefern

$$2\,M_a = \frac{EJ}{l}(8\,\varphi_a + 4\,\varphi_b) + 2\,M_A \qquad M_b = \frac{EJ}{l}(2\varphi_a + 4\varphi_b) + M_B$$

$$2\,M_a - M_b = \frac{EJ}{l}\cdot 6\,\varphi_a + 2\,M_A - M_B$$

daraus mit $k = J/l$

$$\varphi_a = \frac{1}{6E\cdot k}(2M_a - M_b - 2M_A + M_B) \tag{261.1}$$

oder mit dem 6 E-fachen Wert

$$6E\cdot\varphi_a = \frac{1}{k}(2M_a - M_b - 2M_A + M_B) \tag{261.2}$$

Mit diesen Gleichungen können die Knotendrehwinkel für jeden Stab, der in den Knoten a einmündet, festgestellt werden. Alle Knotendrehwinkel am Knoten a müssen den gleichen Wert haben.

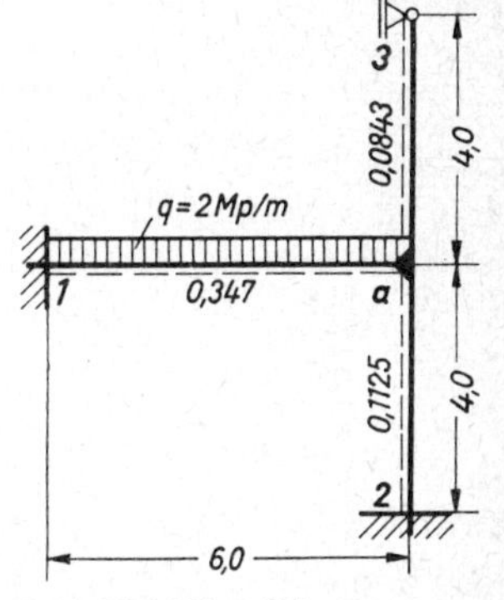

261.2 Einhüftiger Rahmen

9.22 Anwendungen

Beispiel 1: Für das in Abschn. 8.33 behandelte Beispiel sollen bei gleichen Steifigkeiten die Stabendmomente nach Kani ermittelt werden (**261.2**).

Steifigkeitszahlen und Drehungsfaktoren

$$k_{a1} = \frac{20{,}83}{60} = 0{,}347 \qquad \mu_{a1} = -\frac{1}{2}\cdot\frac{0{,}347}{0{,}5438} = -\,0{,}319$$

$$k_{a2} = \frac{4{,}5}{40} = 0{,}1125 \qquad \mu_{a2} = -\frac{1}{2}\cdot\frac{0{,}1125}{0{,}5438} = -\,0{,}104$$

$$k'_{a3} = 0{,}75\cdot\frac{4{,}5}{40} = 0{,}0843 \qquad \mu_{a3} = -\frac{1}{2}\cdot\frac{0{,}0843}{0{,}5438} = -\,0{,}077$$

$$\sum k_{ik} = 0{,}5438 \qquad \sum \mu_{ai} = -\,0{,}500$$

Die Drehungsfaktoren werden um den Knoten a herum gemäß Bild **262.**1 eingetragen. Da eine Belastung nur am Stab 1a angreift, ist im Knoten a die Summe aller Volleinspannmomente bereits durch M_{AI} gegeben. Als Vorzeichenregel der Stabendmomente gilt: rechtsdrehende Momente am Stabende sind positiv, am Stabende linksdrehende Momente sind negativ. Die Summe der Einspannmomente wird in der Mitte des Knotens eingeschrieben. Diese Summe wird auch Festhaltemoment des Knotens genannt (vgl. das „Ausgleichsmoment" bei der Cross-Methode).

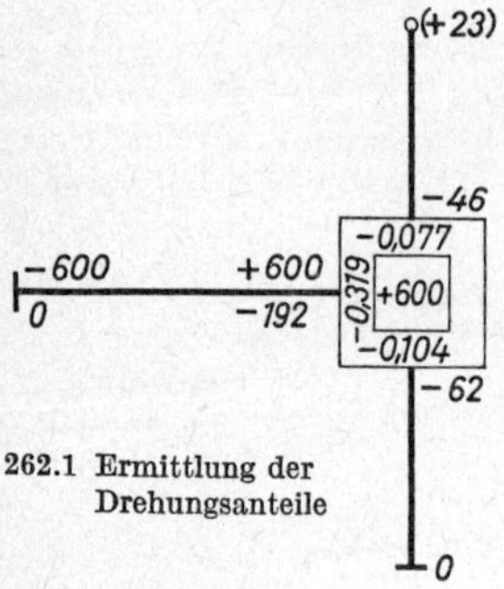

Der Rechnungsgang zur Bestimmung der anliegenden Drehungsanteile wird nun nach Gl. (259.3) durchgeführt.

$$M'_{ai} = \mu_{ai} \left(\sum_n M_A + \sum_d M'_{ia}\right)$$

Zunächst sind die Drehungsanteile der abliegenden Stabendmomente M'_{ia} noch unbekannt. Daher wird in erster Näherung so gerechnet, daß $\sum M_{ia}$ zunächst mit Null angenommen wird. So lautet die erste Annäherung

$$M'_{ai} = \mu_{ai} \cdot \sum_n M_A$$

262.1 Ermittlung der Drehungsanteile

in Zahlen:

$$M'_{a1} = -\ 0{,}319 \cdot 600 = -\ 192 \text{ Mpcm}$$

$$M'_{a2} = -\ 0{,}104 \cdot 600 = -\ 62 \text{ Mpcm}$$

$$M'_{a3} = -\ 0{,}077 \cdot 600 = -\ 46 \text{ Mpcm}$$

Diese ersten Drehungsanteile werden unterhalb des jeweiligen Stabes eingetragen.

Nun müßten die Drehungsanteile in den Knoten 1, 2 und 3 berechnet werden, damit von diesen – für den Knoten a abliegenden – Drehungsanteilen her die Korrektur erfolgen könnte. Wir stellen jedoch fest, daß in den Knoten 1 und 2 wegen Volleinspannung kein Knotendrehwinkel (vgl. Abschn. 8.3) und folglich auch kein Drehungsanteil auftreten kann. Wir tragen also bei 1 und 2 die Null für die Drehungsanteile an. Im Gelenkknoten 3 tritt ein Knotendrehwinkel φ_b auf; also ergibt sich auch ein Drehungsanteil. Wir können aber diesen Drehungsanteil unmittelbar bestimmen. Denn nach Abschn. 8.313 war für einen einseitig gelenkig angeschlossenen Stab

$$\varphi_b = -\frac{\varphi_a}{2}$$

folglich ist

$$M'_{3a} = -\frac{M'_{a3}}{2} = -\ 0{,}5\ (-\ 46) = +\ 23 \text{ Mpcm}$$

Weiterhin ist zu bemerken, daß dieser am Gelenkknoten auftretende Drehungsanteil keinen Einfluß mehr auf die Drehungsanteile des anderen Stabendes bei a ausübt. Der Grund liegt darin, daß der Knotendrehwinkel φ_b in φ_a ausgedrückt und dies in den Steifigkeitszahlen für den Stab mit Gelenk berücksichtigt worden war [s. Abschn. 8.313 und Gl. (258.1)]. Somit bringt ein an einem Gelenk auftretender Drehungsanteil keinen weiteren Korrekturwert und braucht in Zukunft nicht beachtet zu werden. Der Drehungsanteil gestattet allerdings, die Verformungsfigur leicht zu zeichnen.

Da nach dieser Betrachtung weder in den Knoten 1 und 2 noch im Knoten 3 Korrekturwerte auftreten, sind bei diesem Beispiel die im ersten Rechnungsgang angeschriebenen Drehungsanteile bereits die endgültigen.

Wir ermitteln die Stabendmomente mit Gl. (257.2) für die Stäbe $a1$ sowie $a2$ und mit Gl. (258.1) für das Stabende $a3$:

$$M_{1a} = -600 + 2 \cdot 0 - 192 = -792 \text{ Mpcm}$$

$$M_{a1} = +600 + 2(-192) + 0 = +216 \text{ Mpcm}$$

$$M_{a2} = 0 + 2(-62) + 0 = -124 \text{ Mpcm}$$

$$M_{2a} = 0 + 2 \cdot 0 - 62 = -62 \text{ Mpcm}$$

$$M_{a3} = 0 + 2(-46) = -92 \text{ Mpcm}$$

Im Knotengelenk ist $M_{3a} = 0$.

Der oben behandelte Drehungsanteil von 23 Mpcm im Punkt 3 könnte den Irrtum aufkommen lassen, es müsse doch ein Moment im Punkt 3 auftreten. Deshalb sei hier nochmals daran erinnert, daß der Drehungsanteil des Momentes nur ein anderer Ausdruck für den Drehwinkel ist, d. h., daß der Knotendrehwinkel im Punkt 3 im Uhrzeigersinn dreht. (Im übrigen liefert Gl. (257.2) $M_{3a} = 0 + 2 \cdot 23 - 46 = 0$.)

Der einseitig mit Gelenk angeschlossene Stab wurde deshalb hier so ausführlich behandelt, weil gerade bei diesem Stabtyp die Beziehungen zwischen Drehungsanteil und Moment am Anfang manchmal schwer verstanden werden.

Die Stabendmomente können statt in Gleichungen auch in einem Schema (**263.1**) ermittelt werden. Die Volleinspannmomente und die endgültig errechneten Drehungsanteile werden an den jeweiligen Stabenden eingetragen. Nun wird an jedem Stabende noch einmal der Drehungsanteil des a n l i e g e n d e n S t a b e n d e s, denn es heißt in Gl. (257.2) $+ 2\,M'_{ab}$, und der Drehungsanteil des abliegenden Stabendes $+ M'_{ba}$ zugezählt. Die Summierung der Werte an jedem Stabende liefert die endgültigen Stabendmomente. Addiert wird je nach Schreibweise an den Stabenden nach unten oder nach oben. Im behandelten Beispiel (**263.1**) liefern die abliegenden Stabenden 1, 2 und 3 k e i n e n Drehungsanteil an den Stabenden in a, so daß in a lediglich die Drehungsanteile der anliegenden Stabenden noch einmal auftauchen. An den Stabenden 1 und 2 werden die Drehungsanteile des jeweiligen abliegenden Stabendes dazu addiert.

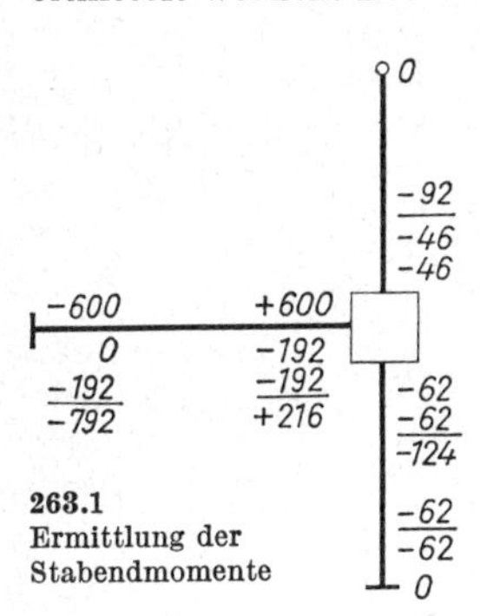

263.1 Ermittlung der Stabendmomente

In Bild **263.2** sind die Stabendmomente eingezeichnet. Die weitere Behandlung der Aufgabe ist in Abschn. 8.33 Beisp. 1 ausgeführt.

Die K o n t r o l l e der Momente am Knoten a liefert: $\sum M_a = +216 - 124 - 92 = 0$. Die Gleichgewichtsprobe ist also erfüllt.

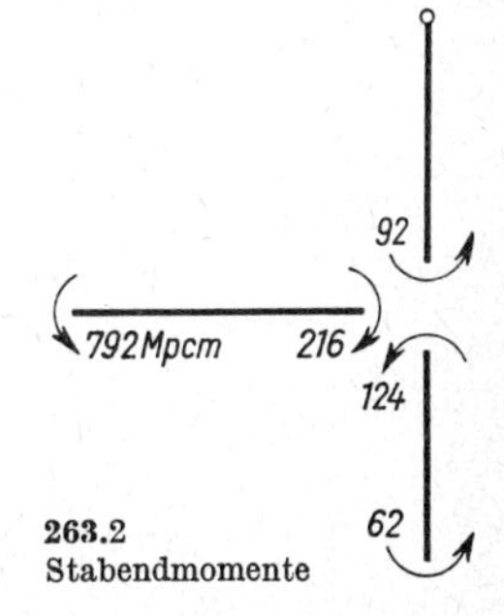

263.2 Stabendmomente

Beispiel 2: Für den in Abschn. 8.33 Beisp. 2 behandelten, unverschieblichen Rahmen (**264.1**) sollen mit den dort bereits berechneten Volleinspannmomenten und Steifigkeitszahlen die Stabendmomente bestimmt werden.

Nur die Knoten 2 und 3 sind als drehbar biegesteife Knoten im Sinne von Abschn. 8.32 anzusprechen. Deshalb treten auch nur an diesen Knoten wirksame Drehungsanteile auf. Die Volleinspannmomente an den Stabenden der einzelnen Stäbe sind in Bild **264.2** eingetragen.

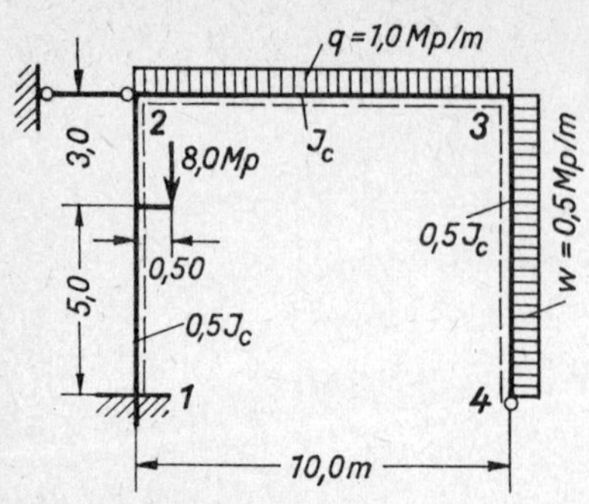

264.1 Unverschieblicher Rahmen

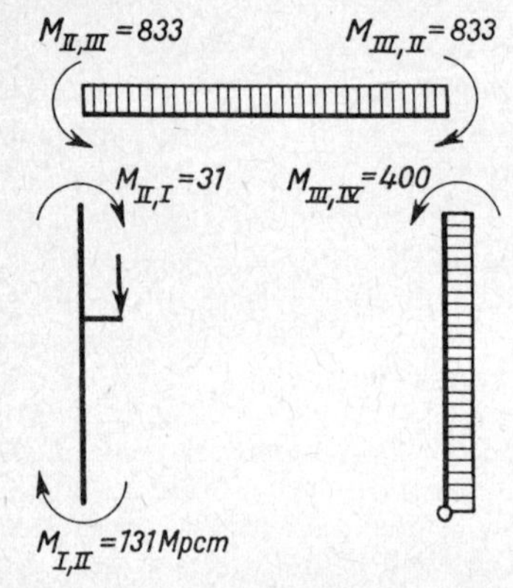

264.2 Volleinspannmomente infolge der Belastung der Stäbe

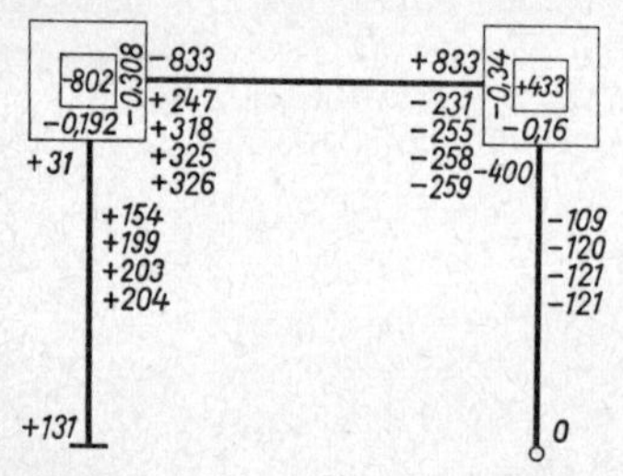

264.3 Ermittlung der Drehungsanteile

Die Steifigkeitszahlen werden aus Abschn. 8.33 Beisp. 2 übernommen:

$$k_{12} = 3{,}75 \text{ cm}^3 \qquad \sum k_2 = 9{,}75$$

$$k_{23} = 6{,}00 \text{ cm}^3$$

$$k'_{34} = 2{,}81 \text{ cm}^3 \qquad \sum k_3 = 8{,}81$$

Es ergeben sich die Drehungsfaktoren

$$\left.\begin{aligned} \mu_{21} &= -\frac{1}{2}\cdot\frac{3{,}75}{9{,}75} = -0{,}192 \\ \mu_{23} &= -\frac{1}{2}\cdot\frac{6{,}00}{9{,}75} = -0{,}308 \end{aligned}\right\} \sum \mu_2 = -0{,}500$$

$$\left.\begin{aligned} \mu_{32} &= -\frac{1}{2}\cdot\frac{6{,}00}{8{,}81} = -0{,}34 \\ \mu_{34} &= -\frac{1}{2}\cdot\frac{2{,}81}{8{,}81} = -0{,}16 \end{aligned}\right\} \sum \mu_3 = -0{,}500$$

In Bild **264.3** werden zuerst die Volleinspannmomente eingetragen, und zwar am Riegel oberhalb und an den Stielen links. Die Drehungsfaktoren werden in die äußeren Quadrate und die Festhaltemomente − 802 und + 433 Mpcm in die inneren Quadrate der Knoten 2 und 3 eingeschrieben.

Grundsätzlich kann man mit dem Ausgleich in jedem beliebigen Knoten beginnen. Am schnellsten nähern sich die Zahlen jedoch dem endgültigen Wert, wenn man mit dem Knoten anfängt, in dem das größte Festhaltemoment vorhanden ist.

Wir beginnen am Knoten 2. Die Drehungsanteile der anliegenden Stabenden ermitteln wir mit Gl. (259.3); da noch kein Wert für das abliegende Stabende bekannt ist, wird M'_{32} zunächst mit Null angenommen und der erste Näherungswert gebildet mit

$$M'_{ik} = \mu_{ik} \cdot \sum_n M_J$$

Es wird

$$M'_{21} = -0{,}192\,(-802) = +154 \text{ Mpcm}$$

$$M'_{23} = -0{,}308\,(-802) = +247 \text{ Mpcm}$$

Weiter bilden wir die Drehungsanteile am Knoten 3.

Mit Gl. (259.3) ist hier $\quad M'_{ik} = \mu_{ik}\,(433 + 247)$

Wir erhalten

$$M'_{32} = -0{,}34 \cdot 680 = -231 \text{ Mpcm}$$

$$M'_{34} = -0{,}16 \cdot 680 = -109 \text{ Mpcm}$$

dann wird wieder am Knoten 2

$$M'_{21} = -0{,}192\,(-802 - 231) = +199 \text{ Mpcm}$$

$$M'_{23} = -0{,}308\,(-802 - 231) = +318 \text{ Mpcm}$$

Dann geht man wieder zum Knoten 3 und von dort wieder zum Knoten 2. So wird fortgefahren, bis die Drehungsanteile M' sich bei einem neuen Rechnungsgang gegenüber den vorhergehenden nur noch geringfügig ändern. Dies ist im behandelten Beispiel nach dem vierten Rechnungsgang der Fall. Es bleibt noch zu bemerken, daß ein Fehler der Drehungsanteile bei der Ermittlung der Zwischenwerte für das Weiterrechnen unerheblich ist. Der in einem solchen fehlerhaften Rechnungsgang erreichte Näherungswert ist lediglich schlechter, als es nötig gewesen wäre, und bis zum befriedigenden Abschluß der Berechnung werden insgesamt mehr Rechenoperationen benötigt. Wesentlich ist, daß die Drehungsanteile des letzten Rechnungsganges richtig ermittelt sind. Auch für die Nachprüfung der statischen Berechnung benötigt man lediglich die Drehungsfaktoren und die zuletzt errechneten Drehungsanteile.

Die Volleinspannmomente und die letzten Werte der Drehungsanteile sind in Bild **265.1** eingetragen.

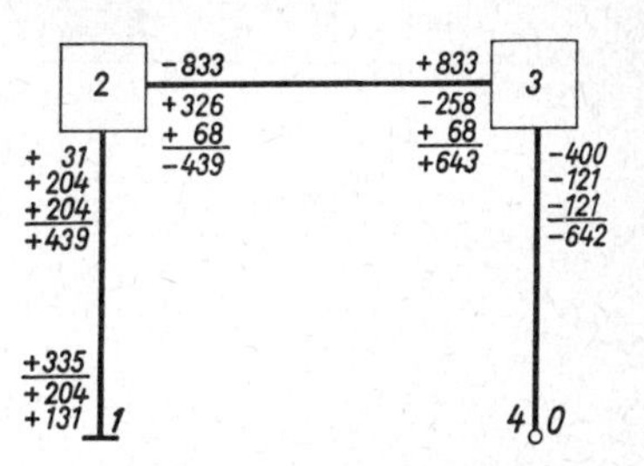

265.1 Ermittlung der Stabendmomente

In Stiel 12 addieren wir am Stabende 2 den eigenen Drehungsanteil $M'_{21} = +204$ Mpcm noch einmal, während der abliegende Drehungsanteil mit $M'_{12} = 0$ nichts bringt. Dagegen liefert am Stabende 1 der abliegende Drehungsanteil $M'_{21} = 204$ Mpcm [s. Gl. (257.2)] eine erhebliche Erhöhung des Einspannmomentes.

Am Riegel 23 sind nun an jedem Stabende die Werte $(M'_{23} + M'_{32}) = (M'_{32} + M'_{23})$ zu addieren. Es ist nun immer zweckmäßig, für jeden Stab die Summe der Drehungsanteile der beiden Stabenden zu bilden und als **einen** Summenwert an jedem Stabende anzuschreiben.

So ergibt sich für den Riegel

$$+326 - 258 = +68 \text{ Mpcm}$$

Am Stiel 34 ist am Stabende 3 der eigene Drehungsanteil $M'_{34} = -121$ Mpcm hinzuzufügen.

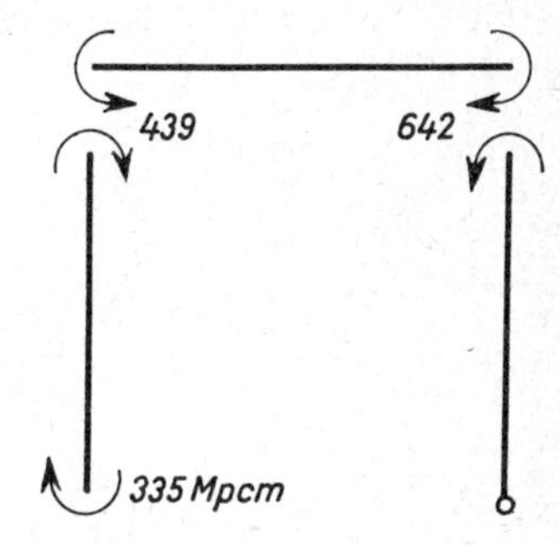

265.2 Stabendmomente des Rahmens

Damit ergeben sich dann die in Bild **265.2** eingezeichneten Stabendmomente. Die Ermittlung der Schnittgrößen kann aus Abschn. 8.33 Beisp. 2 ersehen werden.

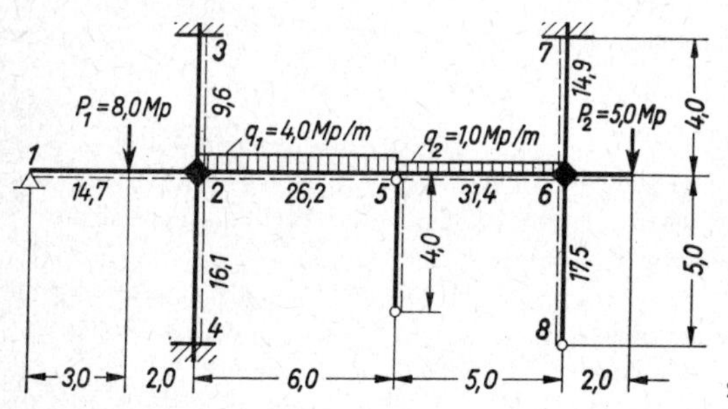

265.3 Rahmenkonstruktion

Beispiel 3: Für die Rahmenkonstruktion nach Bild **265.3** sollen die Stabendmomente infolge der angegebenen Belastung berechnet werden. Die Steifigkeitszahlen werden aus Abschn. 8.33 Beisp. 3 übernommen. Die sich aus der Belastung ergebenden Vollein-

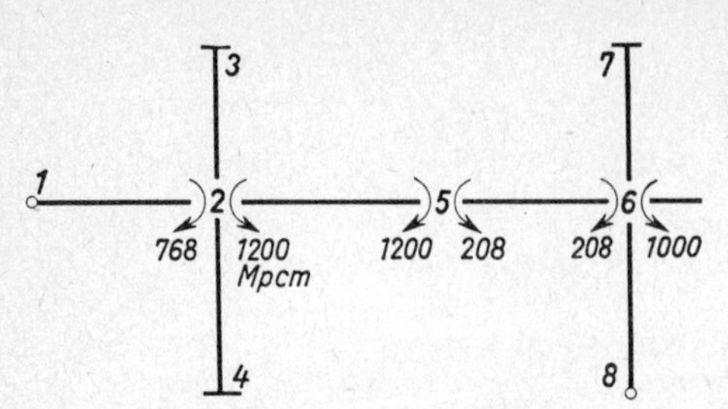

266.1 Volleinspannmomente infolge Belastung

spannmomente sind in Bild **266.**1 eingetragen. Mit den früher berechneten Steifigkeitszahlen werden in Tafel **266.**2 die Drehungsfaktoren ermittelt.

In Bild **266.3** werden zuerst die Drehungsfaktoren um die Knoten und die Volleinspannmomente an den Stabenden eingeschrieben und dann die Festhaltemomente der Knoten ermittelt. Mit der Iteration wird am Knoten 5 begonnen. Das Festhaltemoment $\sum M_V = 992$ Mpcm liefert die Drehungsanteile der anliegenden Stäbe, und zwar am Stab 52 den Drehungsanteil -225 Mpcm und am Stab 56 den Drehungsanteil -271 Mpcm. Am Knoten 2 werden die ersten Näherungswerte der Drehungsanteile ermittelt aus

$$\sum M_{II} + \sum M'_{k2} = \sum M_{II} + M_{52}$$
$$= -432 - 225 = -657 \text{ Mpcm}$$

Die sich ergebenden Drehungsanteile sind unterhalb bzw. rechts der Stäbe am Knoten 2 eingetragen.

Am Knoten 6 ergeben sich die ersten Näherungswerte der Drehungsanteile aus

Tafel **266.2**: Steifigkeitszahlen und Drehungsfaktoren zu Bild **265.3**

Stab	k_{ik}	$\sum k_{ik}$	$\mu_{ik} = -\frac{1}{2} \cdot \frac{k_{ik}}{\sum k_{ik}}$	$\sum \mu_{ik}$
21	14,7	66,6	$-0,110$	$-0,500$
23	9,6		$-0,072$	
24	16,1		$-0,121$	
25	26,2		$-0,197$	
52	26,2	57,6	$-0,227$	$-0,500$
56	31,4		$-0,273$	
65	31,4	63,8	$-0,246$	$-0,500$
67	14,9		$-0,117$	
68	17,5		$-0,137$	

$$\sum M_{VI} + M'_{56} = -792 - 271 = -1063 \text{ Mpcm}$$

Die Multiplikation mit den Drehungsfaktoren liefert die Drehungsanteile $+262$; $+124$; $+146$ Mpcm.

Das Kragarmmoment -1000 Mpcm bleibt unverändert.

Der nächste Rechnungsgang beginnt wieder am Knoten 5 und setzt sich zu den Knoten 2 und 6 fort. Die Differenzen zwischen den Ergebnissen des 3. und 4. Rechnungsganges sind bereits so gering, daß die Berechnung abgebrochen werden kann.

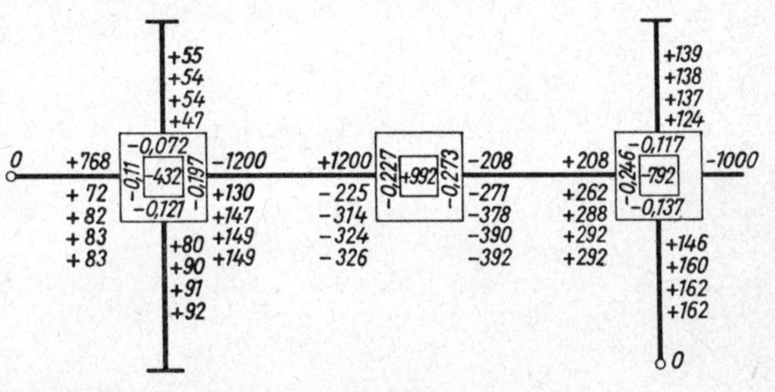

266.3 Ermittlung der Drehungsanteile

Die Stabendmomente werden in Bild **267.**1 ausgerechnet. Mit geringfügigem Ausgleich infolge der Gleichgewichtsforderung, daß an jedem Knoten $\sum M = 0$ sein muß, ergeben sich die in Bild **267.**2 eingetragenen Stabendmomente. Die Schnittgrößen und Auflagerkräfte sind in Abschn. 8.33 Beisp. 3 ausgerechnet.

Bei symmetrischen Rahmen mit symmetrischer Belastung ist bei diesem Verfahren nur der halbe Rechenaufwand erforderlich. Es ist zu beachten, daß bei Rahmen, deren Symmetrieachse im Feld liegt, der Riegel in Feldmitte eingespannt gedacht wird und für diesen Stab die halbe Steifigkeit in Rechnung zu stellen ist (vgl. Beisp. 4 im

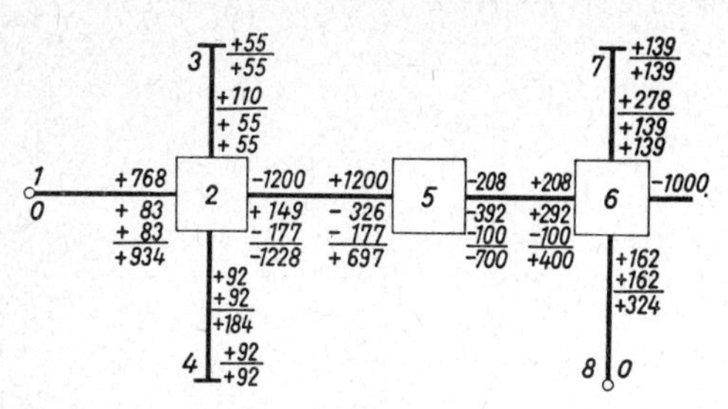

267.1 Ermittlung der Stabendmomente

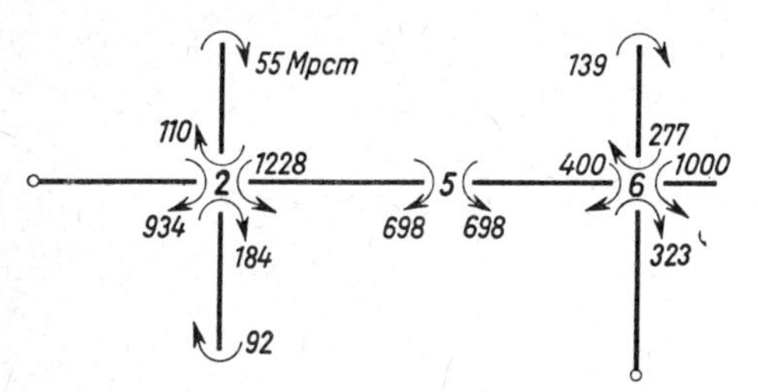

267.2 Stabendmomente infolge der gegebenen Belastung

Abschn. 8.33 und Bild **267.6**). Fällt jedoch die Symmetrieachse mit der mittleren Stielachse zusammen, so wird so gerechnet, als wenn die Riegel in der mittleren Stielachse voll eingespannt wären (s. Bild **267.3**).

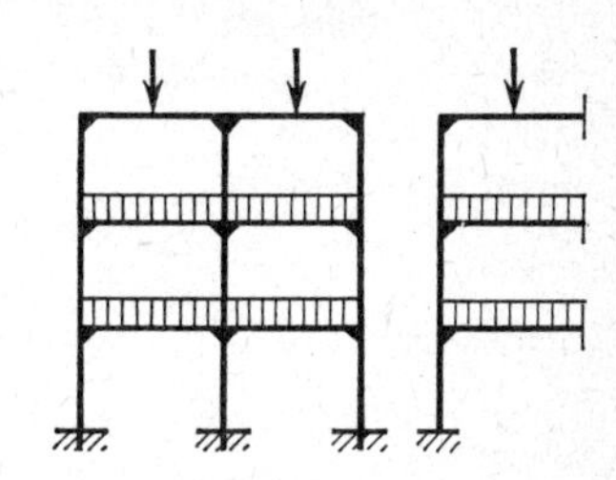

267.3 Symmetrischer Rahmen mit symmetrischer Belastung

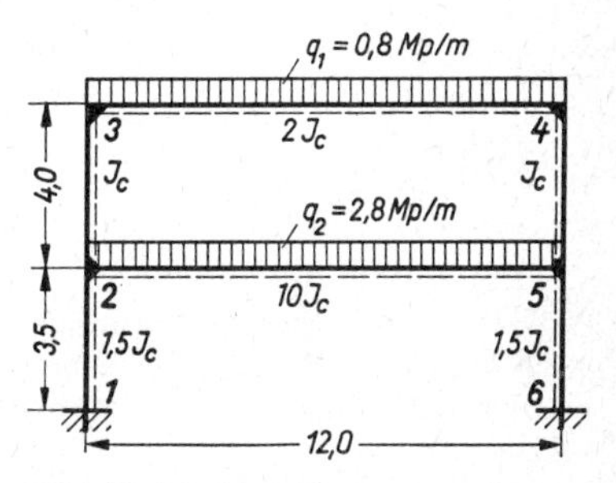

267.4 Zweistöckiger Stockwerkrahmen

Beispiel 4: Für den zweistöckigen Stockwerkrahmen nach Bild **267.4** sollen die Stabendmomente nach dem Iterationsverfahren von Kani bestimmt werden.

Wie bereits in Abschn. 8.33 Beisp. 4 dargestellt wurde, ist der symmetrische Rahmen für eine allgemeine Belastung als verschieblicher Rahmen zu behandeln. Für die gegebene symmetrische Belastung ist jedoch die Lösung der Aufgabe wie bei unverschieblichen Rahmen durchzuführen.

Die Symmetrieachse schneidet die Riegel des Rahmens in der Mitte. Daher kann der Aufgabe die in Bild **217.1** dargestellte Verformungsfigur zugrunde gelegt werden, d. h., wir betrachten eine Tragwerkshälfte, wobei die Riegel in der Mitte eingespannt gedacht werden können. Die Steifigkeitszahlen der Riegel sind infolgedessen mit der halben Größe der Steifigkeitszahlen, die für den ganzen Riegel gelten, in Bild **267.6** einzutragen; sie werden aus Beisp. 4 im Abschn. 8.33 übernommen.

Tafel **267.6**: Berechnung der Drehungsfaktoren

Knoten	Stab	k_{ik}	$\sum k_{ik}$	$\mu_{ik} = -\frac{1}{2} \cdot \frac{k_{ik}}{\sum k_{ik}}$	$\sum \mu_{ik}$
2	21 22′ 23	1,03 1,0 0,60	2,63	− 0,196 − 0,190 − 0,114	− 0,500
3	32 33′	0,60 0,20	0,80	− 0,375 − 0,125	− 0,500

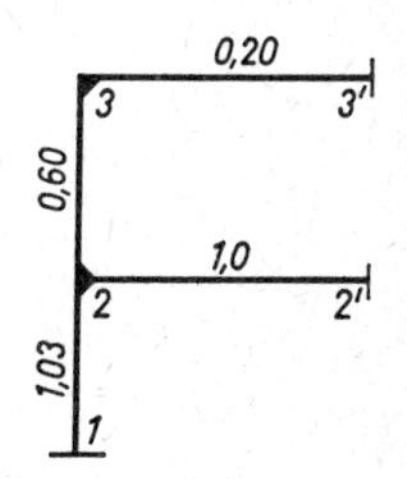

267.6 Steifigkeitszahlen für den halben Rahmen

In Bild **268.1** sind die Drehungsanteile der Stabenden ermittelt. Es wurde mit den Knoten 2, der ein Festhaltemoment von − 3360 Mpcm hat, begonnen. Bei der dritten Iteration waren die Differenzen bereits so gering, daß die Berechnung der Drehungsanteile abgebrochen werden konnte. Da die in ihrer Länge halbierten Riegelstäbe 22′ und 33′ an den Enden 2′ und 3′ (**267**.6) starr eingespannt gedacht werden können, erhalten diese Stabenden keine Drehungsanteile. Die endgültigen Stabendmomente werden in Bild **268**.2 durch Addition der Volleinspannmomente und der Drehungsanteile der anliegenden und abliegenden Stabenden gemäß Gl. (257.2) gewonnen.

Die Stabendmomente gibt Bild **268**.3 an. Die Momentenfläche ist in Abschn. 8.33 Beisp. 4 dargestellt.

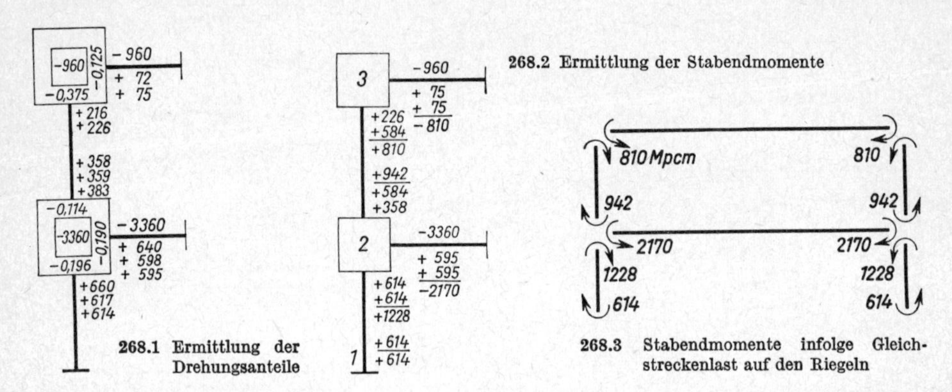

268.1 Ermittlung der Drehungsanteile

268.2 Ermittlung der Stabendmomente

268.3 Stabendmomente infolge Gleichstreckenlast auf den Riegeln

Beispiel 5: Der Stockwerkrahmen nach Bild **268.4** soll für die angegebene Belastung nach dem Kani-Verfahren berechnet werden. Der Rahmen sei seitlich gehalten, etwa an den Knoten 1 und 4, wodurch die Knoten des Rahmens seitlich unverschieblich sind.

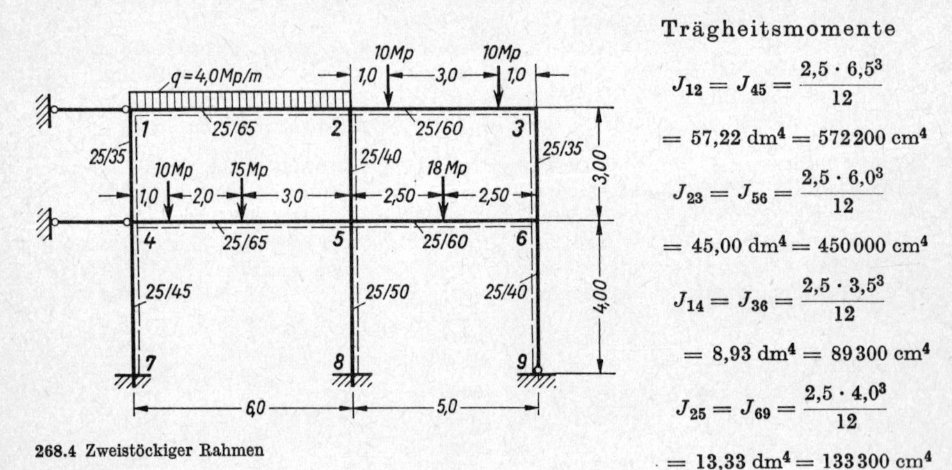

268.4 Zweistöckiger Rahmen

Trägheitsmomente

$$J_{12} = J_{45} = \frac{2{,}5 \cdot 6{,}5^3}{12}$$

$$= 57{,}22 \text{ dm}^4 = 572\,200 \text{ cm}^4$$

$$J_{23} = J_{56} = \frac{2{,}5 \cdot 6{,}0^3}{12}$$

$$= 45{,}00 \text{ dm}^4 = 450\,000 \text{ cm}^4$$

$$J_{14} = J_{36} = \frac{2{,}5 \cdot 3{,}5^3}{12}$$

$$= 8{,}93 \text{ dm}^4 = 89\,300 \text{ cm}^4$$

$$J_{25} = J_{69} = \frac{2{,}5 \cdot 4{,}0^3}{12}$$

$$= 13{,}33 \text{ dm}^4 = 133\,300 \text{ cm}^4$$

$$J_{47} = \frac{2{,}5 \cdot 4{,}5^3}{12} = 18{,}96 \text{ dm}^4 = 189\,600 \text{ cm}^4$$

$$J_{58} = \frac{2{,}5 \cdot 5{,}0^3}{12} = 26{,}04 \text{ dm}^4 = 260\,400 \text{ cm}^4$$

Steifigkeitszahlen in cm³

$$k_{12} = \frac{572200}{600} = 954 \qquad k_{25} = \frac{133300}{300} = 444$$

$$k_{23} = \frac{450000}{500} = 900 \qquad k_{36} = k_{14} = 298$$

$$k_{45} = k_{12} = 954 \qquad k_{47} = \frac{189600}{400} = 474$$

$$k_{56} = k_{23} = 900 \qquad k_{58} = \frac{260400}{400} = 651$$

$$k_{14} = \frac{89300}{300} = 298 \qquad k_{69} = 0{,}75 \cdot \frac{133300}{400} = 250$$

Tafel **269.1**: Berechnung der Drehungsfaktoren

Knoten	Stab	k_{ik} cm³	$\sum k_{ik}$	$\mu_{ik} = -\frac{1}{2} \cdot \frac{k_{ik}}{\sum k_{ik}}$	$\sum \mu_{ik}$
1	12 14	954 298	1252	— 0,380 — 0,120	— 0,500
2	21 23 25	954 900 444	2298	— 0,207 — 0,196 — 0,097	— 0,500
3	32 36	900 298	1198	— 0,376 — 0,124	— 0,500
4	41 45 47	298 954 474	1726	— 0,086 — 0,277 — 0,137	— 0,500
5	54 52 56 58	954 444 900 651	2949	— 0,162 — 0,075 — 0,153 — 0,110	— 0,500
6	65 63 69	900 298 250	1448	— 0,311 — 0,103 — 0,086	— 0,500

Volleinspannmomente an den Stabenden der Riegel

$$M_{\mathrm{I,II}} = M_{\mathrm{II,I}} = -\frac{4{,}00 \cdot 6{,}00^2}{12} = -12{,}0 \text{ Mpm}$$

$$M_{\mathrm{II,III}} = M_{\mathrm{III,II}} = -\frac{10{,}00 \cdot 1{,}00}{5{,}00}(5{,}0 - 1{,}0) = -8{,}00 \text{ Mpm}$$

$$M_{\mathrm{IV,V}} = -\frac{10{,}0 \cdot 1{,}0 \cdot 5{,}0^2}{6{,}0^2} - \frac{15{,}0 \cdot 6{,}0}{8} = -18{,}19 \text{ Mpm}$$

$$M_{\mathrm{V,IV}} = -\frac{10{,}0 \cdot 1{,}0^2 \cdot 5{,}0}{6{,}0^2} - \frac{15{,}0 \cdot 6{,}0}{8} = -12{,}64 \text{ Mpm}$$

$$M_{\mathrm{V,VI}} = M_{\mathrm{VI,V}} = -\frac{18{,}00 \cdot 5{,}00}{8} = -11{,}25 \text{ Mpm}$$

Bei der Ermittlung der Drehungsanteile (**270**.1) beginnen wir im Knoten 1, wo eine wesentliche Änderung der Momente zu erwarten ist. Wir gehen weiter zu den Knoten 2 und 3, anschließend zu den Knoten 4 und 6. Mit Knoten 5 wird der erste Rechnungsgang zur Bestimmung der Drehungsanteile abgeschlossen. Den zweiten Ausgleich beginnen wir wieder im Knoten 1.

$$\sum M_{\mathrm{I}} + \sum M'_{k1} = -1200 - 177 + 144 = -1233 \text{ Mpcm}$$

Wir erhalten mit Gl. (259.3) für den

Stiel $\quad M'_{14} = -0{,}12\,(-1233) = +148$ Mpcm

Riegel $\quad M'_{12} = -0{,}38\,(-1233) = +469$ Mpcm

Am Knoten 2 wird

$$\sum M_{\mathrm{II}} + \sum M'_{k2} = +400 + 469 - 238 - 15 = +616 \text{ Mpcm}$$

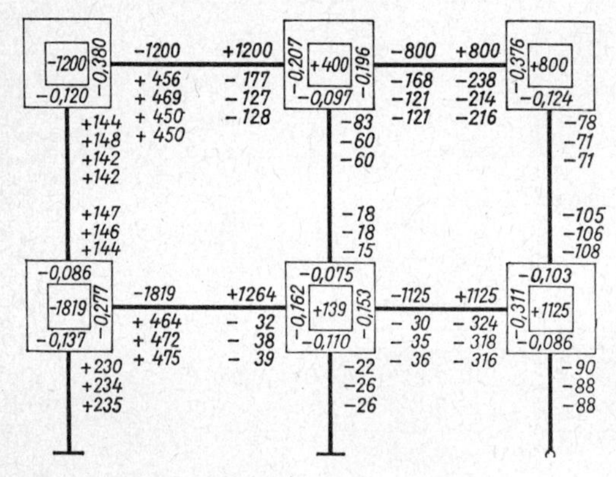

270.1 Ermittlung der Drehungsanteile

Damit ergeben sich die Drehungsanteile der anliegenden Stabenden am

linken Stiel

$M'_{21} = -0{,}207 \cdot 616 = -127$ Mpcm

mittleren Stiel

$M'_{25} = -0{,}097 \cdot 616 = -60$ Mpcm

rechten Riegel

$M'_{23} = -0{,}196 \cdot 616 = -121$ Mpcm

Weiter folgen die Berechnungen an den Knoten 3, 4, 6 und 5. Ein dritter Rechnungsgang bringt noch geringfügige Änderungen, während mit einem vierten die Werte bei der gewählten Rechengenauigkeit nicht mehr verbessert werden könnten.

In Bild **270**.2 sind die oben errechneten Volleinspannmomente und die zuletzt bestimmten Drehungsanteile eingeschrieben. Damit werden die Stabendmomente berechnet. Die Gleichgewichtsprobe $\sum M = 0$ kann an allen Knoten leicht durchgeführt werden. In Bild **271**.1 sind die Stabendmomente in ihrer Wirkungsrichtung eingetragen, die zum Teil in geringem Maß gemittelte Werte darstellen. Die Momentenfläche des Rahmens infolge der lotrechten Belastung zeigt Bild **271**.2.

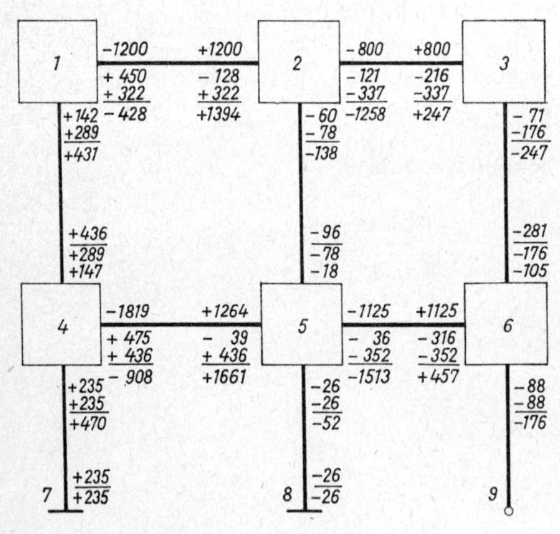

270.2 Ermittlung der Stabendmomente

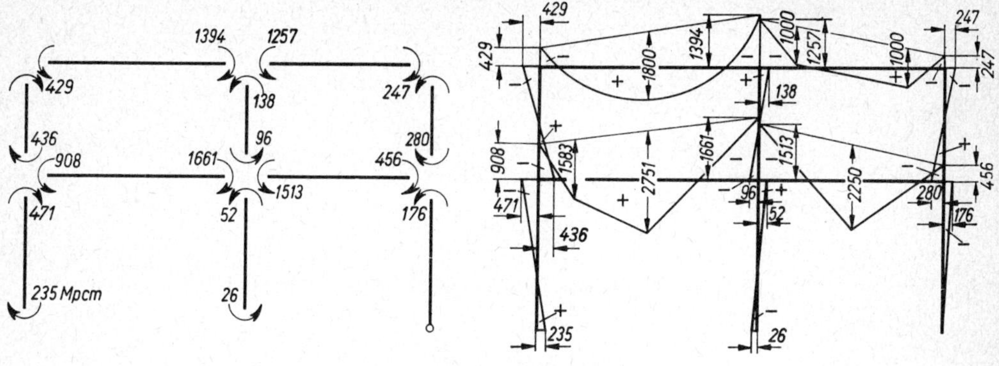

271.1 Stabendmomente

271.2 Momentenfläche

9.3 Stockwerkrahmen mit horizontal verschieblichen Knoten

9.31 Ableitung des Verfahrens

Die Betrachtungen über die horizontal verschieblichen Systeme sollen sich auf Rahmen mit senkrechten Stielen und waagrechten Riegeln beschränken (s. Abschn. 8.4).

Zunächst gelten die gleichen Grundgedanken wie im Abschn. 9.21. Infolge der Verschiebung der Knoten treten jedoch bei derartigen Systemen nicht nur Knotendrehwinkel, sondern auch Stabdrehwinkel auf. Der Einfluß der Stabdrehung auf die im Tragwerk auftretenden Momente muß daher zusätzlich miterfaßt werden. Zum Beweis, daß das Momentenausgleichsverfahren auch bei horizontaler Verschieblichkeit aus dem Weggrößenverfahren entwickelt ist, greifen wir auf die im Abschn. 8.41 abgeleiteten Grundgleichungen des Weggrößenverfahrens zurück.

9.311 Gleichungen für Stabendmomente

Wir unterscheiden wieder Gleichungen für beiderseits eingespannte Stäbe und für Stäbe, die auf einer Seite eingespannt und auf der anderen (abliegenden) Seite gelenkig angeschlossen sind.

Für den beiderseits elastisch eingespannten Stab lauteten die Bestimmungsgleichungen der Stabendmomente

$$M_a = \frac{2\,EJ}{l}(2\varphi_a + \varphi_b + 3\psi_{ab}) + M_A \tag{271.1}$$

$$M_b = \frac{2\,EJ}{l}(2\varphi_b + \varphi_a + 3\psi_{ab}) + M_B \tag{271.2}$$

und mit der Steifigkeitszahl $\qquad k_{ab}^* = \frac{2\,EJ}{l}$

$$M_a = k_{ab}^*(2\varphi_a + \varphi_b + 3\psi_{ab}) + M_A$$

$$M_b = k_{ab}^*(2\varphi_b + \varphi_a + 3\psi_{ab}) + M_B$$

Wir bezeichnen wieder wie im Abschn. 9.211 das Produkt aus Steifigkeitszahl und Knotendrehwinkel als **Drehungsanteil** zum Moment.

$$M'_{ab} = \frac{2\,EJ}{l}\,\varphi_a = k^*_{ab}\cdot\varphi_a \qquad M'_{ba} = \frac{2\,EJ}{l}\,\varphi_b = k^*_{ab}\cdot\varphi_b \tag{272.1}$$

Außerdem bezeichnen wir das Produkt aus Steifigkeitszahl und dreifachem Stabdrehwinkel als **Verschiebungsanteil** zum Moment.

$$M''_{ab} = \frac{2\,EJ}{l}\,3\,\psi_{ab} = k^*_{ab}\cdot 3\,\psi_{ab} \tag{272.2}$$

Mit diesen Bezeichnungen lauten die Gleichungen für die Stabendmomente des beiderseits elastisch eingespannten Stabes

$$\boldsymbol{M_a = 2M'_{ab} + M'_{ba} + M''_{ab} + M_A} \tag{272.3}$$

$$\boldsymbol{M_b = 2M'_{ba} + M'_{ab} + M''_{ba} + M_B} \tag{272.4}$$

Setzen wir gerade Stäbe mit gleichbleibendem Querschnitt voraus, so sind die Stabdrehwinkel und damit auch die Verschiebungsanteile an beiden Enden gleich groß, also wird

$$M''_{ab} = M''_{ba}$$

Folglich tritt für jeden Stab nur **ein** Verschiebungsanteil M''_{ab} auf.

Die Drehungsanteile und die Verschiebungsanteile zur Errechnung der Stabendmomente nach Gl. (272.3 und 4) werden wiederum mittels Iteration bestimmt.

Für den am **abliegenden Ende gelenkig angeschlossenen Stab** war im Abschn. 8.314 die Steifigkeitszahl $k' = 0{,}75\,k$ eingeführt worden, und damit lautete die Gleichung für das Stabendmoment am elastisch eingespannten verschieblichen Knoten

$$M_a = k^{*\prime}(2\varphi_a + 2\psi_{ab}) + M'_A \tag{272.5}$$

Mit den Abkürzungen

$$M'_{ab} = k^{*\prime}_{ab}\cdot\varphi_a \quad \text{und} \quad M''_{ab} = k^{*\prime}_{ab}\cdot 2\,\psi_{ab}$$

wird

$$\boldsymbol{M_a = 2M'_{ab} + M''_{ab} + M'_A} \tag{272.6}$$

9.312 Knotengleichungen

Auch bei Tragwerken mit verschieblichen Knoten muß wiederum in jedem Knoten i die Bedingung $\sum M_i = 0$ erfüllt sein. Entsprechend Abschn. 9.212 wird wieder die Steifigkeitszahl $k = J/l$ benutzt. Die Knotengleichung (226.2) lautet in der neuen Schreibweise für einen Knoten i

$$\boldsymbol{\sum M_i = 2\sum_n M'_{ik} + \sum_n M''_{ik} + \sum_d M'_{ki} + \sum_n M_I = 0} \tag{272.7}$$

Wegen der Bezeichnungen $\sum\limits_n$ und $\sum\limits_d$ s. Abschn. 9.212; weiterhin bedeuten

M'_{ik} die Drehungsanteile zum Moment am anliegenden Stabende

M'_{ki} die Drehungsanteile zum Moment am abliegenden Stabende

M_I die im Knoten i auftretenden Volleinspannmomente

M''_{ik} die Verschiebungsanteile zum Moment

Die Auflösung der Knotengleichung (272.7) nach der Summe der anliegenden Drehungsanteile liefert

$$\sum_n M'_{ik} = -\frac{1}{2}\left(\sum_n M_I + \sum_d M'_{ki} + \sum_n M''_{ik}\right) \tag{273.1}$$

Es ist also an jedem Knoten die Summe der anliegenden Drehungsanteile gleich der negativen halben Summe aus den Volleinspannmomenten, den abliegenden Drehungsanteilen und den Verschiebungsanteilen.

9.313 Allgemeine Gleichungen für die Drehungsanteile und für die Verschiebungsanteile

Die Summe der Drehungsanteile wird, wie dies bereits in Abschn. 9.213 behandelt wurde, mit Hilfe der Drehungsfaktoren auf die im Knoten einmündenden Stäbe verteilt. Damit lautet die Gleichung für den Drehungsanteil an einem anliegenden Stabende

$$M'_{ik} = -\frac{1}{2}\cdot\frac{k_{ik}}{\sum\limits_n k_{ik}}\left(\sum_n M_I + \sum_d M'_{ki} + \sum_n M''_{ik}\right)$$

und wieder mit $$\mu_{ik} = -\frac{1}{2}\cdot\frac{k_{ik}}{\sum\limits_n k_{ik}} \tag{273.2}$$

$$M'_{ik} = \mu_{ik}\left[\sum_n M_I + \sum_d M'_{ki} + \sum_n M''_{ik}\right] \tag{273.3}$$

Mit dieser Gleichung können sämtliche Drehungsanteile an allen Stabenden berechnet werden. Durch ihre fortschreitende Anwendung von Knoten zu Knoten erhalten wir mit jedem Schritt einen verbesserten Wert für die Drehungsanteile. Der Rechnungsgang ist im Prinzip der gleiche wie bei den Systemen mit unverschieblichen Knotenpunkten. Gl. (273.3) unterscheidet sich von Gl. (259.3) nur durch das neu hinzugefügte Glied $\sum\limits_n M''_{ik}$, welches den Einfluß der Verschiebung des Knotens berücksichtigt.

Vor Anwenden der Gl. (273.3) müssen also erst die Verschiebungsanteile ermittelt werden. Sie werden wie beim Weggrößenverfahren aus den Gleichgewichtsbedingungen errechnet. In allgemeiner Form lautet die Gleichung für die Verschiebungsanteile

$$M''_{ik} = \nu\left(\overline{M}_r + \sum_{(r)}(M'_{ik} + M'_{ki})\right)$$

Ihre Ableitung wird im nächsten Abschnitt eingehender behandelt. Als neue Ausdrücke erscheinen in dieser Gleichung das sogenannte Stockwerksmoment $\overline{M}_r$ und der Verschiebungsfaktor ν. Beide Ausdrücke werden, wie im nächsten Abschnitt gezeigt wird, aus den Steifigkeiten und den äußeren Lasten des Systems vor Beginn der Iterationsrechnung ermittelt und bleiben im Verlauf der Iteration konstant.

Wir betrachten im folgenden lediglich horizontal verschiebliche Stockwerkrahmen mit senkrechten Stielen und waagrechten Riegeln (**273.1**). Mit Vernachlässigung der Normal- und Querkraft-Verformungen können bei diesen Systemen die Knotenpunkte nur horizontale Verschiebungen ausführen. Infolgedessen kommen Stabdrehwinkel und damit Verschiebungsanteile auch nur in den Stielen vor. Da die Gleichung für die Verschiebungsanteile sich jeweils nur auf die Stiele des betrachteten Stockwerkes bezieht, bezeichnen wir

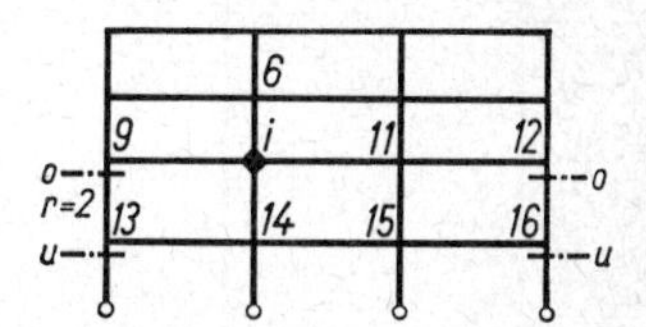

273.1 Stockwerkrahmen mit senkrechten Stielen und waagerechten Riegeln

zur besseren Übersicht die Stielenden nicht mit den Indizes i und k, sondern mit u (unten) und o (oben). Das jeweils betrachtete Stockwerk wird mit r und die Anzahl der Stiele in diesem Stockwerk mit (r) gekennzeichnet (**273.1**).

Die Gleichung zum Bestimmen der Verschiebungsanteile eines Stieles des Stockwerks r lautet dann

$$M''_{uo} = M''_{ou} = \nu_{ou} [\overline{M}_r + \sum_{(r)} (M'_{uo} + M'_{ou})] \tag{274.1}$$

In dieser Gleichung stellen dar

$\overline{M}_r$ das aus äußeren horizontalen Kräften und Reaktionen hervorgerufene sogenannte „Stockwerksmoment" über sämtliche Stiele im Stockwerk r

$\sum_{(r)} M'_{uo}$ die Summe der Drehungsanteile aller unteren Stielenden des Stockwerkes r

$\sum_{(r)} M'_{ou}$ die Summe der Drehungsanteile aller oberen Stielenden des Stockwerkes r

ν_{ou} den Verschiebungsfaktor, der die Verteilung auf einen, den jeweils betrachteten, Stiel im Stockwerk r angibt

9.314 Bestimmung der Verschiebungsanteile und Verschiebungsfaktoren

Analog zum Weggrößenverfahren tritt bei verschieblichen Systemen in den Gleichungen für die Stabendmomente und in den Knotengleichungen ein zusätzlicher Ausdruck $\sum M''$ auf, der den Momentenanteil aus der Verschiebung der Knoten berücksichtigt. Nach unserer Formulierung gemäß Gl. (272.2) stellt der Verschiebungsanteil M'' nichts weiter als die Stabverdrehung dar. Bei der Ermittlung der Verschiebungsanteile und deren Verteilung auf die anteiligen Stäbe mittels der Verschiebungsfaktoren gehen wir von den gleichen Grundgedanken aus wie im Abschn. 8.442 (Aufstellen der Verschiebungen am Stockwerkrahmen). Mit Hilfe der Gleichgewichtsbedingungen am herausgeschnittenen Knoten erhielten wir die Knotengleichungen und damit die Gleichungen für die Knotendrehwinkel bzw. Drehungsanteile. Zur Ermittlung der Verschiebungsanteile der Stiele bei horizontal verschieblichen Rahmen führen wir nun einen zusätzlichen Horizontalschnitt durch das System und stellen für die abgeschnittenen Teile die Gleichgewichtsbedingung $\sum H = 0$ auf.

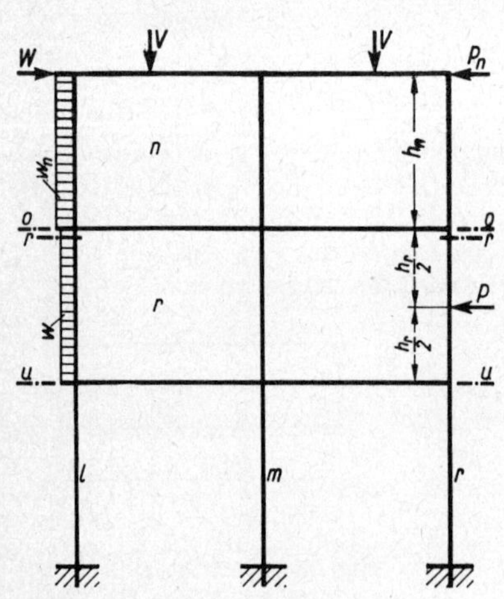

274.1 Belasteter Stockwerkrahmen

Die Betrachtung wird am Stockwerkrahmen nach Bild **274.1** durchgeführt. Der Schnitt r—r trennt den Rahmen in einen oberen und einen unteren Rahmenteil.

Die Gleichgewichtsbedingung ist für den oberen Rahmenteil nach Bild **275.1**

$$\sum H = 0 = \sum P_h + \sum Q = 0 \tag{274.2}$$

Darin ist die Summe aller äußeren Kräfte oberhalb des Schnittes r—r

$$\sum P_h = W + w_n \cdot h_n - P_n = \sum_{\text{ob. r-r}} P_h$$

$\sum Q$ erhalten wir aus der Betrachtung des unteren Rahmenteils zu

$$\sum Q = Q_l + Q_m + Q_r$$

Durch Herausschneiden der Stiele und Bilden von $\sum M = 0$ um den unteren Stielpunkt ergibt sich

$$\sum M_u = 0$$

$$-Q_l \cdot h_r + w \cdot \frac{h_r^2}{2} + M_{ol} + M_{ul} = 0$$

$$Q_l = w \cdot \frac{h_r}{2} + \frac{M_{ol} + M_{ul}}{h_r}$$

und analog $\quad Q_m = \dfrac{M_{om} + M_{um}}{h_r}$

$$Q_r = -\frac{P}{2} + \frac{M_{or} + M_{ur}}{h_r}$$

damit wird

$$\sum_{(r)} Q = w \cdot \frac{h_r}{2} - \frac{P}{2} + \sum_{(r)} \frac{M_o + M_u}{h} \qquad (275.1)$$

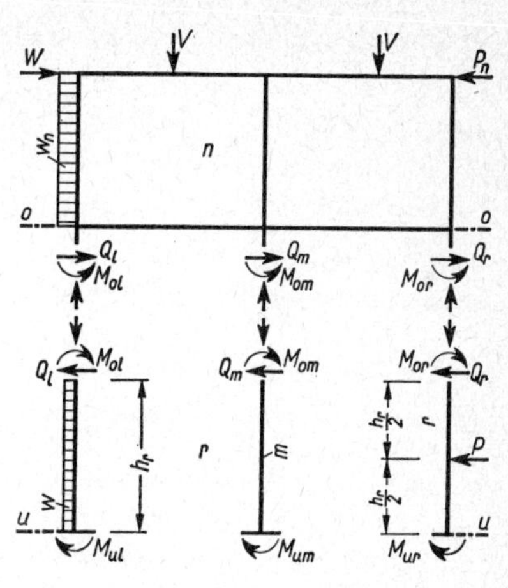

275.1 Schnittkräfte in der Schnittebene r—r

In dieser Gleichung sind die Ausdrücke M_o und M_u die Stabendmomente der einzelnen Stiele im geschnittenen Stockwerk. Mit den Gl. (272.3 und 4) erhalten wir für einen Stiel

$$M_o + M_u = M_O + 2M'_{ou} + M'_{uo} + M''_{ou} + M_U + 2M'_{uo} + M'_{ou} + M''_{uo}$$

Bei geraden Stäben mit konstantem Querschnitt ist $M''_{ou} = M''_{uo}$ und somit

$$M_o + M_u = 3M'_{ou} + 3M'_{uo} + 2M''_{ou} + M_O + M_U$$

Setzen wir diesen Wert in Gl. (275.1) ein, so ergibt sich

$$\sum_{(r)} Q = \left(w \cdot \frac{h_r}{2} - \frac{P}{2} + \sum_{(r)} \frac{M_O + M_U}{h}\right) + \sum_{(r)} \frac{1}{h}\,(3M'_{ou} + 3M'_{uo} + 2M''_{ou})$$

In dieser Gleichung ist die erste Klammer nichts weiter als die Summe der oberen Auflagerdrücke aus der äußeren Belastung für die starr eingespannt gedachten Stiele im Stockwerk r. Bezeichnen wir die oberen Auflagerdrücke (Aktionskräfte!) mit A_0 und setzen die Gleichung in die Verschiebungsgleichung (274.2) ein, so erhalten wir einen neuen Ausdruck. Darin sind die Auflageraktionskräfte A_0 positiv, wenn sie von links nach rechts gerichtet sind. Gl. (274.2) lautet dann

$$\sum H = \sum_{\text{ob. r-r}} P_h + \sum_{(r)} A_o + \sum_{(r)} \frac{1}{h}\,(3M'_{ou} + 3M'_{uo} + 2M''_{ou}) = 0 \qquad (275.2)$$

Führen wir für die beiden ersten Glieder dieser Gleichung einen neuen Ausdruck $\bar{Q}$ ein und nennen ihn Stockwerksquerkraft, so lautet die Verschiebungsgleichung für das Stockwerk r

$$\bar{Q}_r + 3\sum_{(r)} \frac{1}{h}\,(M'_{ou} + M'_{uo}) + 2\sum_{(r)} \frac{1}{h}\, M''_{ou} = 0$$

und nach der Summe für die **Verschiebungsanteile** aufgelöst

$$\sum_{(r)} \frac{M''_{ou}}{h} = -\frac{3}{2}\left(\frac{\overline{Q}_r}{3} + \sum_{(r)} \frac{M'_{ou} + M'_{uo}}{h}\right) \tag{276.1}$$

Für ein Stockwerk mit konstanten Stielhöhen h_r wird

$$\sum_{(r)} M''_{ou} = -\frac{3}{2}\left[\frac{\overline{Q}_r \cdot h_r}{3} + \sum_{(r)} (M'_{ou} + M''_{uo})\right] \tag{276.2}$$

In den Gleichungen bedeuten

$\sum\limits_{(r)} M''_{ou}$ die Summe der Verschiebungsanteile aller Stiele des Stockwerkes r

$\sum\limits_{(r)} M'_{ou}$ bzw. $\sum\limits_{(r)} M'_{uo}$ die Summe der Drehungsanteile aller Stiele des Stockwerks r am oberen bzw. unteren Stielknotenpunkt

$\overline{Q}_r$ die Stockwerksquerkraft des Stockwerkes r. Sie errechnet sich aus der äußeren Belastung und ist die Summe aus allen äußeren Kräften oberhalb des Stockwerkes r plus der Summe aus den oberen Auflagerdrücken der als volleingespannt betrachteten Stiele des Stockwerkes r.

$$\overline{Q}_r = \sum_{\text{ob. r}-\text{r}} P_h + \sum_{(r)} A_O \quad \text{(positive Richtung} \rightarrow) \tag{276.3}$$

Aus den Gleichungen für die Summen der Verschiebungsanteile [Gl. (276.1)] können mit Hilfe der **Verschiebungsfaktoren** die Verschiebungsanteile der einzelnen Stiele gewonnen werden. Die Verschiebungsfaktoren sind wie die Drehungsfaktoren die Verteiler der Summen der Verschiebungsanteile auf die einzelnen Stiele des betrachteten Stockwerkes.

Im folgenden sollen die Gleichungen zur Ermittlung der **Verschiebungsanteile** für die wichtigsten bei Stockwerkrahmen vorkommenden Fälle entwickelt werden. Dabei werden Rahmen mit voll oder elastisch eingespannten Stielen und mit Stielen, die auf einer Seite gelenkig angeschlossen sind, betrachtet. Weiterhin werden Rahmen mit nur senkrechten Lasten sowie mit senkrechten und horizontalen Lasten behandelt.

1. Fall: Die Stiele des Stockwerkes r sind eingespannt und gleich lang; der Rahmen erhält nur senkrechte Lasten (276.1)

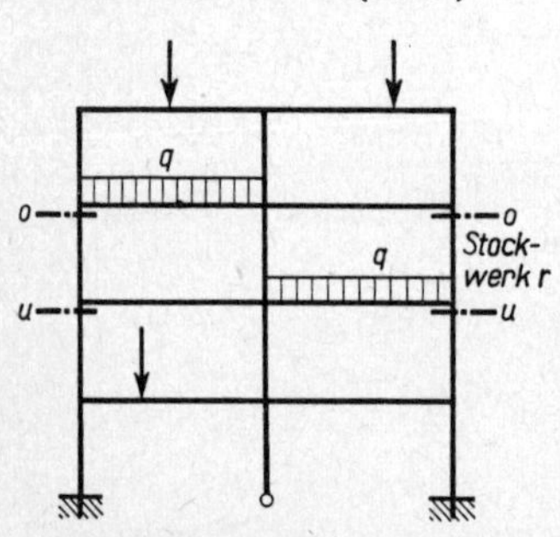

276.1 Stockwerkrahmen mit lediglich senkrechten Lasten

Wir benutzen als Ausgangsgleichung für das gefragte Stockwerk r die Gl. (276.2)

$$\sum_{(r)} M''_{ou} = -\frac{3}{2}\left[\frac{\overline{Q}_r \cdot h_r}{3} + \sum_{(r)} (M'_{ou} + M'_{uo})\right]$$

Da keine horizontalen Kräfte am Rahmen oberhalb und im Stockwerk r angreifen, ist $\overline{Q}_r$ gleich Null, und es ergibt sich für die Summe der Verschiebungsanteile im Stockwerk r

$$\sum_{(r)} M''_{uo} = -\frac{3}{2}\sum_{(r)} (M'_{ou} + M'_{uo}) \tag{276.4}$$

Man erhält die Summe der **Verschiebungsanteile** eines Stockwerks mit nur senkrechten Lasten einfach aus der Summierung **sämtlicher Drehungsanteile** der Stielenden des Stockwerks.

Die Aufteilung der Summe der Verschiebungsanteile $\sum_{(r)} M''_{uo}$ auf die einzelnen Stiele des Stockwerks r erfolgt mit Hilfe von Verschiebungsfaktoren. Diese werden ähnlich wie die Drehungsfaktoren (s. Abschn. 9.213) gewonnen. Weil sämtliche Stielköpfe eines Stockwerks in der Riegelebene gleich große horizontale Verschiebungen Δu erfahren (**277.1**), ist der Stabdrehwinkel ψ jedes Stabes von der Stielhöhe h abhängig. Mit Gl. (272.2) ergibt sich

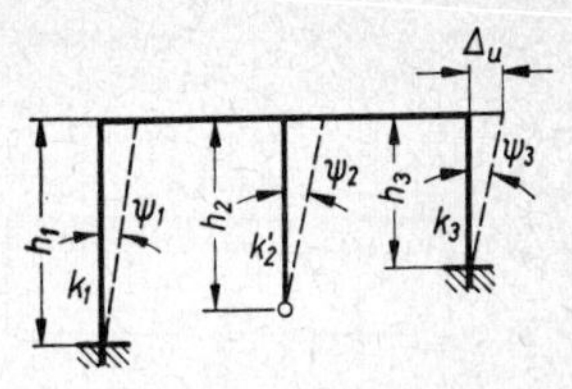

277.1 Horizontale Verschiebung Δu und Stabdrehwinkel ψ

$$M''_{uo} = \frac{2\,EJ}{h} \cdot 3\psi = k^*_{uo} \cdot 3\psi \quad \text{bzw. mit} \quad \psi = \frac{\Delta u}{h}$$

$$M''_{uo} = k^*_{uo} \cdot 3 \cdot \frac{\Delta u}{h} = \frac{k^*_{uo}}{h} \cdot 3\,\Delta u \tag{277.1}$$

Mit
$$\frac{M''_{ou}}{\sum\limits_{(r)} M''_{ou}} = \frac{3\,\Delta u \cdot \frac{k_{ou}}{h}}{3\Delta u \sum\limits_{(r)} \frac{k_{ou}}{h}}$$
erhält man

$$M''_{ou} = \frac{\frac{k_{ou}}{h}}{\sum\limits_{(r)} \frac{k_{ou}}{h}} \sum_{(r)} M''_{ou} \tag{277.2}$$

Die Verschiebungsanteile sind also im Verhältnis k/h auf die Stiele eines Stockwerkes aufzuteilen.

Ist die Stielhöhe h im Stockwerk r konstant, so ergibt sich

$$M''_{ou} = \frac{k_{ou}}{\sum\limits_{(r)} k_{ou}} \sum_{(r)} M''_{ou} \tag{277.3}$$

Bei gleich langen Stielen ist die Aufteilung also einfach im Verhältnis der k-Werte vorzunehmen. Der Verschiebungsanteil für einen Stiel des r-ten Stockwerks ergibt sich somit bei gleichen Stielhöhen unter Beachtung der Gl. (276.4) und (277.3) zu

$$M''_{uo} = -\frac{3}{2} \cdot \frac{k_{uo}}{\sum\limits_{(r)} k_{uo}} \sum_{(r)} (M'_{ou} + M'_{uo})$$

Es wird der Verschiebungsfaktor ν eingeführt; er lautet

$$\boldsymbol{\nu_{uo} = -\frac{3}{2} \frac{k_{uo}}{\sum\limits_{(r)} k_{uo}}} \tag{277.4}$$

damit
$$\boldsymbol{M''_{uo} = \nu_{uo} \cdot \sum_{(r)} (M'_{ou} + M'_{uo})} \tag{277.5}$$

Ist die Belastung also nur mit senkrechten Lasten gegeben, und sind die Stiele des untersuchten Stockwerks gleich lang, so sind die Verschiebungsanteile der Stiele einfach aus der Summe der Drehungsanteile an den Stielenden zu gewinnen.

2. Fall: Die Stiele des Stockwerks r sind eingespannt und gleich lang; der Rahmen erhält auch horizontale Lasten (278.1)

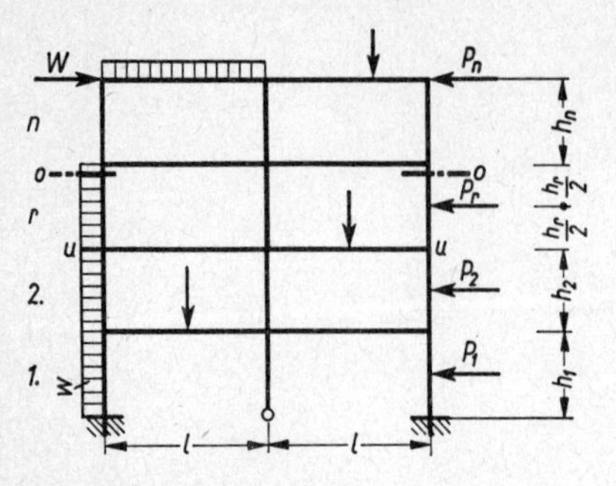

278.1 Stockwerkrahmen mit senkrechten und waagerechten Lasten

Weil die Stiele des Stockwerkes r gleich lang sind, gehen wir wieder von Gl. (276.2) aus.

$$\sum_{(r)} M''_{ou} = -\frac{3}{2}\left[\frac{\overline{Q}_r \cdot h_r}{3} + \sum_{(r)} (M'_{ou} + M'_{uo})\right]$$

Hierin ist $\overline{Q}_r$ die Stockwerksquerkraft

$$\overline{Q}_r = \sum_{\text{ob.}\, r} P_h + \sum_{(r)} A_o$$

Wir betrachten das Stockwerk r des Rahmens nach Bild **278.1**. Dafür ist nach unserer Vorzeichenregel (s. Bild **228.2**)

$$\sum_{\text{ob.}\, r-r} P_h = W - P_n$$

und im geschnittenen Stockwerk sind die Auflageraktionskräfte der volleingespannten Stiele

$$\sum_{(r)} A_o = w \cdot \frac{h_r}{2} - \frac{P_r}{2}$$

Die Volleinspannmomente M_O und M_U der Stiele sind infolge Symmetrie gleich groß und haben ungleiche Vorzeichen; das ergibt für die Summe

$$\sum_{(r)} \frac{M_O + M_U}{h_r} = 0$$

Damit beträgt die Stockwerksquerkraft

$$\overline{Q}_r = \sum_{\text{ob.}\, r} P_h + \sum_{(r)} A_o = W - P_n + w \cdot \frac{h_r}{2} - \frac{P_r}{2}$$

Bezeichnet man in Gl. (276.2) den Ausdruck

$$\overline{M}_r = \frac{\overline{Q}_r \cdot h_r}{3} \tag{278.1}$$

als Stockwerksmoment des Stockwerks r, so lautet sie für die Summe der Verschiebungsanteile

$$\sum_{(r)} M''_{ou} = -\frac{3}{2}\left[\overline{M}_r + \sum_{(r)} (M'_{ou} + M'_{uo})\right] \tag{278.2}$$

Im Falle horizontaler Lasten muß also zur Ermittlung der Verschiebungsanteile außer der Summe der Drehungsanteile noch das Lastmoment aus den quergerichteten Lasten in Form des Stockwerkmoments mit in die Grundoperation aufgenommen werden.

Mit dem Verschiebungsfaktor ν_{uo} bestimmt sich aus der Summe der Verschiebungsanteile der Anteil eines Stieles des Stockwerks r mit

$$\boldsymbol{M''_{uo} = \nu_{uo}\,[\overline{M}_r + \sum_{(r)} (M'_{ou} + M'_{uo})]} \tag{278.3}$$

Hierin ist
$$\nu_{uo} = -\frac{3}{2} \cdot \frac{k_{uo}}{\sum\limits_{(r)} k_{uo}}$$

Die Verschiebungsfaktoren jedes Stockwerks r können kontrolliert werden mit

$$\sum_{(r)} \nu_{uo} = -\frac{3}{2} \tag{279.1}$$

3. Fall: Die Stiele sind eingespannt, jedoch verschieden lang

Während bei der Bestimmung der Drehungsanteile verschieden lange Stiele nach Ermittlung der Steifigkeitszahlen keine Beachtung mehr verlangen, verursachen sie unterschiedliche Stabdrehwinkel (**277**.1) und damit auch unterschiedliche Verschiebungsanteile.

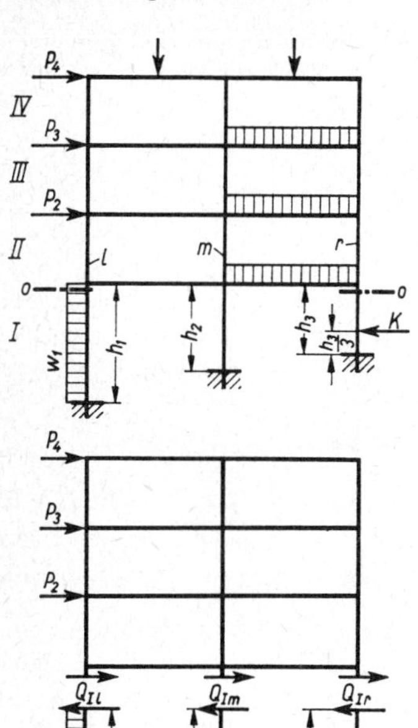

279.1 Stockwerkrahmen mit verschieden langen Stielen im I. Stockwerk

Es soll das Stockwerk I eines Rahmens nach Bild **279**.1 betrachtet werden. Zur Gewinnung der Verschiebungsanteile gehen wir von Gl. (276.1) aus.

$$\sum_{(\mathrm{I})} \frac{M''_{ou}}{h_\mathrm{I}} = -\frac{3}{2}\left(\frac{\overline{Q}_\mathrm{I}}{3} + \sum_{(\mathrm{I})} \frac{M'_{ou} + M'_{uo}}{h_\mathrm{I}}\right) \tag{279.2}$$

Hierin ist $\overline{Q}_\mathrm{I} = \sum\limits_{\text{ob. I}} P_h + \sum\limits_{(\mathrm{I})} A_o$ die Stockwerksquerkraft.

Zur Erläuterung werden nochmals die Glieder der Stockwerksquerkraft angeschrieben. Die Vorzeichen sind positiv, wenn die Kräfte von links nach rechts gerichtet sind.

$$\sum_{\text{ob. I}} P_h = P_2 + P_3 + P_4$$

$$\sum_{(\mathrm{I})} A_o = \frac{w_1 \cdot h_1}{2} + 0 - \frac{K}{3} + \frac{2}{27} K$$

(s. Bild **279**.2)

Hierin ist

$$\frac{M_O + M_U}{h_3} = \frac{-\frac{2}{27} K \cdot h_3 + \frac{4}{27} K \cdot h_3}{h_3} = \frac{2}{27} K$$

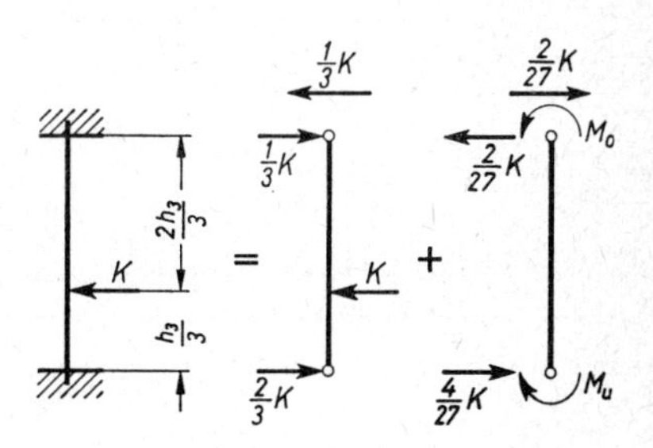

279.2 Eingespannter Stiel mit Einzellast

Nehmen wir eine Stielhöhe als Vergleichshöhe h_c an und multiplizieren damit die Gl. (279.2), so wird

$$\sum_{(\mathrm{I})} M''_{uo} \cdot \frac{h_c}{h} = -\frac{3}{2}$$

$$\left[\frac{\overline{Q}_\mathrm{I} \cdot h_c}{3} + \sum_{(\mathrm{I})} (M'_{uo} + M'_{ou}) \frac{h_c}{h}\right] \tag{279.3}$$

Für ein beliebiges Stockwerk r wird entsprechend bei unterschiedlicher Stiellänge

$$\sum_{(r)} M''_{uo} \frac{h_c}{h} = -\frac{3}{2}\left[\frac{\overline{Q}_r \cdot h_c}{3} + \sum_{(r)} (M'_{uo} + M'_{ou}) \frac{h_c}{h}\right] \tag{280.1}$$

Beim Vergleich mit Gl. (276.1) stellt man fest, daß beide Gleichungen sich nur durch die zusätzliche Multiplikation der Summenausdrücke mit dem Faktor h_c/h bei den Drehungs- und Verschiebungsanteilen unterscheiden.

Wir bezeichnen diesen Faktor als Reduktionsfaktor

$$c_{uo} = \frac{h_c}{h}$$

Dabei ist zu beachten, daß der Reduktionsfaktor für jeden Stiel zu bilden ist. Die Drehungs- und Verschiebungsanteile sind vor der Summierung mit dem jeweiligen Reduktionsfaktor zu multiplizieren. In dieser Schreibweise ergibt sich

$$\sum_{(r)} c_{uo} \cdot M''_{uo} = -\frac{3}{2}\left[\frac{\overline{Q}_r \cdot h_c}{3} + \sum_{(r)} c_{uo} (M'_{uo} + M'_{ou})\right] \tag{280.2}$$

Es sind nun noch die Verschiebungsfaktoren festzustellen, die uns angeben, in welchem Verhältnis die Summe der Verschiebungsanteile auf die einzelnen Stiele des Stockwerks zu verteilen ist. Bei der Behandlung des 1. Falles (**277.1**) hatten wir erkannt, daß bei ungleichen Stielhöhen die Verschiebungsanteile sich im Verhältnis k/h auf die Stiele eines Stockwerks aufteilen.

Die Höhe h der einzelnen Stiele ist also jetzt auch noch zu berücksichtigen. Zweckmäßig benutzen wir die mit dem festen Wert h_c multiplizierte Gl. (277.1)

$$M''_{uo} = 3\Delta u \cdot \frac{k_{uo} \cdot h_c}{h \cdot h_c} = \frac{3\Delta u}{h_c} c_{uo} \cdot k_{uo}$$

und

$$\sum_{(r)} c_{uo} \cdot M''_{uo} = \frac{3\Delta u}{h_c} \sum_{(r)} c^2_{uo} \cdot k_{uo}$$

Damit wird entsprechend Gl. (277.2)

$$\frac{M''_{uo}}{\sum\limits_{(r)} c_{uo} \cdot M''_{uo}} = \frac{3\Delta u \cdot c_{uo} \cdot k_{uo} \cdot h_c}{h_c \cdot 3\Delta u \sum\limits_{(r)} c^2_{uo} \cdot k_{uo}} = \frac{c_{uo} \cdot k_{uo}}{\sum\limits_{(r)} c^2_{uo} \cdot k_{uo}} \tag{280.3}$$

und es ergibt sich

$$M''_{uo} = \frac{c_{uo} \cdot k_{uo}}{\sum\limits_{(r)} c^2_{uo} \cdot k_{uo}} \sum_{(r)} c_{uo} \cdot M''_{uo}$$

Folglich ist der Verschiebungsfaktor ν eines Stieles bei unterschiedlich langen Stielen eines Stockwerks nach Gl. (280.2) und (280.3)

$$\nu_{uo} = -\frac{3}{2} \cdot \frac{c_{uo} \cdot k_{uo}}{\sum\limits_{(r)} c^2_{uo} \cdot k_{uo}} \tag{280.4}$$

Ob die Verschiebungsfaktoren eines Stockwerks zahlenmäßig richtig berechnet wurden, kann leicht dadurch festgestellt werden, daß die folgende Bedingung erfüllt sein muß:

$$\sum_{(r)} \nu_{uo} \cdot c_{uo} = -\frac{3}{2} \tag{281.1}$$

Die Gleichung für die Berechnung des Verschiebungsanteils eines Stieles lautet

$$M''_{uo} = \nu_{uo}\left[\frac{\overline{Q}_r \cdot h_c}{3} + \sum_{(r)} c_{uo}\,(M'_{uo} + M'_{ou})\right] \tag{281.2}$$

4. Fall: Die Stiele sind an einem Ende gelenkig angeschlossen und stockwerkweise gleich lang.

Die Ermittlung der Stabendmomente für Stäbe, die an einem Ende gelenkig angeschlossen sind (**281.1**), wurde in Abschn. 9.311 besprochen und mit Gl. (272.6) abgeleitet. Sie lautet für einen Stiel (z. B. für den linken Stiel des 1. Stockwerks in Bild **281.1**)

$$M_{ou} = 2M'_{ou} + M''_{ou} + M'_O$$

In diese Gleichung wurde bereits die Steifigkeitszahl $k' = 0{,}75\,k$ eingesetzt, und dadurch können die Drehungsfaktoren in gleicher Weise wie bei eingespannten Stäben [s. Gl. (273.2)] errechnet werden.

Zur Ermittlung der Verschiebungsfaktoren gehen wir wiederum von der Verschiebungsgleichung aus. Mit der Gleichgewichtsbedingung $\sum H = 0$ für den Schnitt r–r im Bild **281.1** erhalten wir für das Stockwerk I

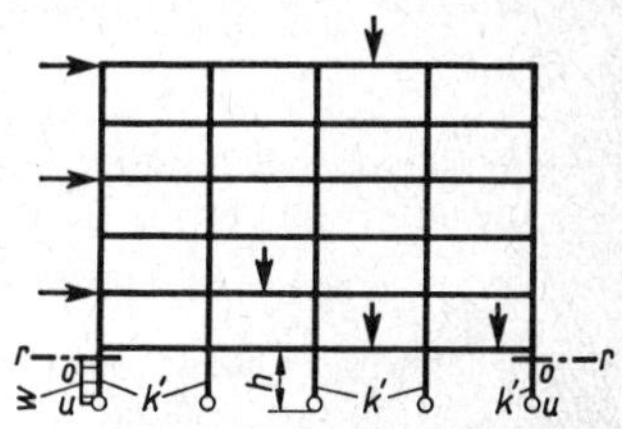

281.1 Stockwerkrahmen mit gelenkig angeschlossenen Stielfüßen

$$\sum_{\text{ob. I}} P_h + \sum_{(\text{I})} Q_{\text{I}} = 0$$

$$\sum_{(\text{I})} Q_{\text{I}} = \frac{w \cdot h}{2} + \sum_{(\text{I})} \frac{1}{h} M_{ou} = \frac{w \cdot h}{2} + \sum_{(\text{I})} \frac{1}{h} M'_O + \sum_{(\text{I})} \frac{1}{h}\,(2M'_{ou} + M''_{ou})$$

$$= \sum_{(\text{I})} A_o + \sum_{(\text{I})} \frac{1}{h}\,(2M'_{ou} + M''_{ou})$$

Damit ergibt sich mit $\sum H = 0$ die Verschiebungsgleichung für ein Stockwerk r

$$\sum_{\text{ob.}\,r} P_h + \sum_{(r)} A_o + \sum_{(r)} \frac{1}{h}\,(2M'_{ou} + M''_{ou}) = 0$$

Mit dem Ausdruck für die Stockwerksquerkraft $\overline{Q}_r + \sum_{(r)} \frac{1}{h}\,(2M'_{ou} + M''_{ou}) = 0$

wird

$$\sum_{(r)} \frac{1}{h} M''_{ou} = -2\left(\frac{\overline{Q}_r}{2} + \sum_{(r)} \frac{1}{h} M'_{ou}\right) \tag{281.3}$$

und bei gleich langen Stielen h im Stockwerk r

$$\sum_{(r)} M''_{ou} = -2\left(\frac{\overline{Q}_r \cdot h}{2} + \sum_{(r)} M'_{ou}\right) \tag{281.4}$$

Die Verschiebungsfaktoren werden nun wieder in bekannter Weise gewonnen. Mit

$$M''_{ou} = k'_{ou} \cdot 2\psi = 2\Delta u \cdot \frac{k'_{ou}}{h}$$

und konstanter Stielhöhe h ergibt sich für den Verschiebungsanteil eines Stieles des Stockwerks r

$$M''_{ou} = \frac{k'_{ou}}{\sum\limits_{(r)} k'_{ou}} \sum_{(r)} M''_{ou} = -2 \cdot \frac{k'_{ou}}{\sum\limits_{(r)} k'_{ou}} \left(\frac{\overline{Q}_r \cdot h}{2} + \sum_{(r)} M'_{ou}\right)$$

$$\boldsymbol{M''_{ou} = v_{ou} \left(\frac{\overline{Q}_r \cdot h}{2} + \sum_{(r)} M'_{ou}\right)} \qquad (282.1)$$

Hierin ist der Verschiebungsfaktor

$$\boldsymbol{v_{ou} = -2 \frac{k'_{ou}}{\sum\limits_{(r)} k'_{ou}}} \qquad (282.2)$$

Die Verschiebungsfaktoren jedes Stockwerks r sind zu kontrollieren mit

$$\sum_{(r)} v_{ou} = -2 \qquad (282.3)$$

5. Fall: Die Stiele eines Stockwerks sind am gleichgerichteten Ende gelenkig angeschlossen, jedoch verschieden lang.

Sind die Stiele eines Stockwerks r verschieden lang, jedoch am abliegenden Ende alle gelenkig angeschlossen, so gehen wir zur Bestimmung der Verschiebungsanteile von Gl. (281.3) aus

$$\sum_{(r)} \frac{1}{h} M''_{ou} = -2 \left(\frac{\overline{Q}_r}{2} + \sum_{(r)} \frac{1}{h} M'_{ou}\right)$$

Multipliziert man die Gleichung mit der konstanten Stielhöhe h_c und führt man wie in Gl. (280.1) den Reduktionsfaktor $c_{ou} = h_c/h$ ein, so ergibt sich

$$\sum_{(r)} c_{ou} \cdot M''_{ou} = -2 \left(\frac{\overline{Q}_r \cdot h_c}{2} + \sum_{(r)} c_{ou} \cdot M'_{ou}\right)$$

Mit der Proportion

$$\frac{M''_{ou}}{\sum\limits_{(r)} c_{ou} \cdot M''_{ou}} = \frac{2\Delta u \cdot k'_{ou} \cdot c_{ou} \cdot h_c}{h_c \cdot 2\Delta u \sum\limits_{(r)} c_{ou}^2 \cdot k'_{ou}} = \frac{c_{ou} \cdot k'_{ou}}{\sum\limits_{(r)} c_{ou}^2 \cdot k'_{ou}}$$

auten die Verschiebungsanteile für einseitig gelenkig gelagerte Stiele mit unterschiedlichen Stielhöhen

$$\boldsymbol{M''_{ou} = v_{ou} \left[\frac{\overline{Q}_r \cdot h_c}{2} + \sum_{(r)} c_{ou} \cdot M'_{ou}\right]} \qquad (282.4)$$

worin der Verschiebungsfaktor bedeutet

$$\boldsymbol{v_{ou} = -2 \frac{c_{ou} \cdot k'_{ou}}{\sum\limits_{(r)} c_{ou}^2 \cdot k'_{ou}}} \qquad (282.5)$$

Die Berechnung der Verschiebungsfaktoren kontrolliert man wieder mit der Summenbildung über alle Stiele eines Stockwerks

$$\sum_{(r)} \nu_{ou} \cdot c_{ou} = -2 \tag{283.1}$$

6. Fall: Die Stiele eines Stockwerks sind verschieden lang und unterschiedlich gelagert. Sind die Stiele bei verschiedener Länge am abliegenden Ende teils voll eingespannt und teils gelenkig gelagert, so führen wir auch bei diesem allgemeinsten Fall für die einseitig gelenkig angeschlossenen Stäbe wiederum die Stabsteifigkeit $k' = 0{,}75\,k$ und für die beidseitig eingespannten Stäbe die Steifigkeit k ein. Die Gleichungen für die Drehungsanteile und Drehungsfaktoren bleiben in ihrer bisherigen Form bestehen.

$$M'_{ik} = \mu_{ik}\left(\sum_n M_J + \sum_d M'_{ki} + \sum_n M''_{ik}\right)$$

Hierin ist $\mu_{ik} = -\dfrac{1}{2} \cdot \dfrac{k_{ik}}{\sum\limits_n k_{ik}}$

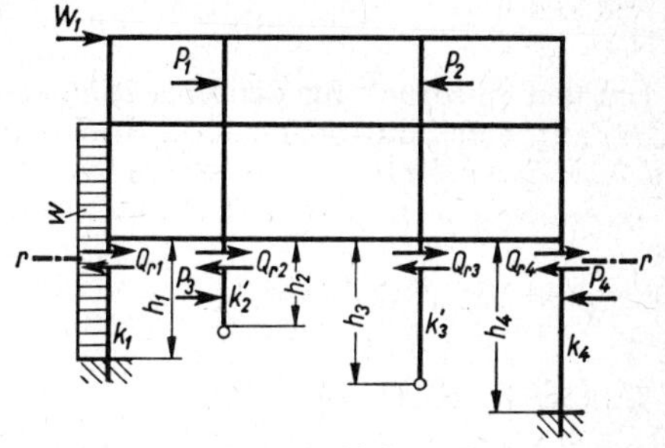

283.1 Rahmen mit verschiedener Lagerung und Steifigkeit der Stiele im Stockwerk r

Die Verschiebungsanteile und die Verschiebungsfaktoren werden nun für den allgemeinen Fall der Stablagerung und Stabsteifigkeit für das Stockwerk r des Rahmens nach Bild **283.1** abgeleitet. Wir führen wiederum einen Schnitt r—r durch das Stockwerk r und setzen für die abgeschnittenen Rahmenteile die Gleichgewichtsbedingung $\sum H = 0$ an. Aus dem oberen Rahmenteil ergibt sich

$$\sum H = \sum_{\text{ob.}r} P_h + \sum_{(r)} Q_r = 0$$

Aus dem unteren Rahmenteil erhalten wir aus den Ableitungen zu den Gl. (275.2 und 281.3) die Summe der Querkräfte

a) für die beidseitig eingespannten Stiele

$$\sum_{(r)} Q_r = \sum_{(r)} A_o + \sum_{(r)} \frac{1}{h}\left(3\,M'_{ou} + 3\,M'_{uo} + 2\,M''_{ou}\right)$$

b) für die einseitig gelenkigen Stiele

$$\sum_{(r)} Q_r = \sum_{(r)} A_o + \sum_{(r)} \frac{1}{h}\left(2\,M'_{ou} + M''_{ou}\right)$$

Hiermit erhalten wir die Verschiebungsgleichung

$$\sum_{\text{ob.}r} P_H + \sum_{(r)} Q_r$$

$$= \sum_{\text{ob.}r} P_H + \sum_{(r)} A_o + \sum_{(r)} \frac{1}{h}\left(3\,M'_{ou} + 3\,M'_{uo} + 2\,M''_{ou}\right) + \sum_{(r)} \frac{1}{h}\left(2\,M'_{ou} + M''_{ou}\right)'$$

$$= \bar{Q}_r + \sum_{r)} \frac{1}{h}\left(3\,M'_{ou} + 3\,M'_{uo} + 2\,M''_{ou}\right) + \sum_{(r)} \frac{1}{h}\left(2\,M'_{ou} + M''_{ou}\right)' = 0 \tag{283.2}$$

Bezüglich der Bedeutung der einzelnen Summenausdrücke wird auf die Erklärungen zu Gl. (276.2) verwiesen. Der in Gl. (283.2) stehende Klammerausdruck ( )′ stellt den Beitrag der Drehungs- und Verschiebungsanteile aus den einseitig gelenkig angeschlossenen Stielen dar.

Um nun beide Summenausdrücke zu einem Ausdruck zusammenfassen zu können, müssen wir den zweiten Summenausdruck umformen.

Es muß $\sum\limits_{(r)} \frac{2\,M'_{ou} + M''_{ou}}{h}$ auf die Form $\sum\limits_{(r)} \left(\frac{3\,M'_{ou}}{\alpha} + \frac{2\,M''_{ou}}{\beta}\right)$ gebracht werden.

Aus $\frac{2\,M'_{ou}}{h} = \frac{3\,M'_{ou}}{\alpha}$ ergibt sich $\alpha = \frac{3}{2}h$

und aus $\frac{M''_{ou}}{h} = \frac{2\,M''_{ou}}{\beta}$ ergibt sich $\beta = 2h$

Um den Ausdruck für den einseitig gelenkig angeschlossenen Stiel in denjenigen des beidseitig steif angeschlossenen Stieles überführen zu können, führen wir zweckmäßig reduzierte Stielhöhen h' ein und beziehen den Reduktionsfaktor m bei den Verschiebungsanteilen auch darauf. Somit ergibt sich

die reduzierte Stielhöhe $h' = \alpha \cdot h = \frac{3}{2}h$

und der Reduktionsfaktor $m = \frac{h'}{\beta} = \frac{1\,h'}{2\,h} = \frac{1 \cdot 3 \cdot h}{2 \cdot 2 \cdot h} = \frac{3}{4}$

Der letzte Term von Gl. (283.2) lautet dann

$$\sum_{(r)} \frac{1}{h}\,(2\,M'_{ou} + M''_{ou})' = \sum_{(r)} \frac{1}{h'}\,(3\,M'_{ou} + m \cdot 2\,M''_{ou}) \qquad (284.1)$$

Mit diesem Ausdruck kann nun Gl. (283.2) zusammengefaßt werden.

$$\overline{Q}_r + \sum_{(r)} \frac{1}{h'}\,(3\,M'_{ou} + 3\,M'_{uo} + m\,2\,M''_{ou}) = 0 \qquad (284.2)$$

Hierin sind für

a) beidseitig eingespannte Stiele $h' = 1{,}0\,h$ und $m = 1{,}0$

b) einseitig gelenkige Stiele $h' = \frac{3}{2}h$ und $m = \frac{3}{4}$

Aus Gl. (284.2) errechnet sich die Summe der Verschiebungsanteile zu

$$\sum_{(r)} m\,\frac{M''_{ou}}{h'} = -\frac{3}{2}\left(\frac{\overline{Q}_r}{3} + \sum_{(r)} \frac{M'_{ou} + M'_{uo}}{h'}\right)$$

Mit dem Reduktionsfaktor $c'_{ou} = \frac{h_c}{h'}$ für die unterschiedlichen Stielhöhen multipliziert erhalten wir

$$\sum_{(r)} m \cdot c'_{ou} \cdot M''_{ou} = -\frac{3}{2}\left[\frac{\overline{Q}_r \cdot h_c}{3} + \sum_{(r)} c'_{ou}\,(M'_{ou} + M'_{uo})\right] \qquad (284.3)$$

Für den Verschiebungsanteil M''_{ou} gilt wiederum allgemein für beidseitig oder einseitig steif angeschlossene Stäbe

$$M''_{ou} = \frac{3\,\Delta u \cdot k_{ou}}{h'} \quad \text{bzw.} \quad = \frac{3\Delta u \cdot k'_{ou}}{h'}$$

Hierin ist h' für

a) beidseitig eingespannte Stiele $\qquad h' = 1{,}0\,h$

b) einseitig gelenkige Stiele $\qquad h' = \frac{3}{2}\,h$

Mit dem Reduktionsfaktor $c'_{ou} = h_c/h'$ wird

$$M''_{ou} = \frac{3\,\Delta u \cdot k_{ou} \cdot h_c}{h' \cdot h_c} = \frac{3\,\Delta u \cdot k_{ou} \cdot c'_{ou}}{h_c}$$

und aus der Proportion

$$\frac{M''_{ou}}{\sum\limits_{(r)} m \cdot c'_{ou} \cdot M''_{ou}} = \frac{3\,\Delta u \cdot k_{ou} \cdot c'_{ou} \cdot h_c}{h_c \cdot 3\,\Delta u \sum\limits_{(r)} m \cdot c'^2_{ou} \cdot k_{ou}} = \frac{k_{ou} \cdot c'_{ou}}{\sum\limits_{(r)} m \cdot c'^2_{ou} \cdot k_{ou}}$$

ergibt sich die Gleichung der Verschiebungsanteile für beidseitig eingespannte und einseitig gelenkig gelagerte Stiele von unterschiedlicher Stielhöhe zu

$$M''_{ou} = \nu_{ou}\left[\frac{\overline{Q}_r \cdot h_c}{3} + \sum_{(r)} c'_{ou}\,(M'_{ou} + M'_{uo})\right] \tag{285.1}$$

mit dem Verschiebungsfaktor

$$\nu_{ou} = -\frac{3}{2} \cdot \frac{c'_{ou} \cdot k_{ou}}{\sum\limits_{(r)} m \cdot c'^2_{ou} \cdot k_{ou}} \tag{285.2}$$

In diesen beiden Gl. (285.1 und 2) ist einzusetzen für

a) beidseitig eingespannte Stiele

$$k_{ou} = 1{,}0\,k \qquad h' = 1{,}0\,h \qquad c'_{ou} = h_c/h' = h_c/h = c_{ou} \qquad m = 1{,}0$$

b) einseitig gelenkig gelagerte Stiele

$$k_{ou} = k' = \frac{3}{4}k \qquad h' = \frac{3}{2}h \qquad c'_{ou} = \frac{h_c}{h'} = \frac{2\,h_c}{3\,h} = \frac{2}{3}c_{ou} \qquad m = \frac{3}{4}$$

Die Kontrolle der Verschiebungsfaktoren eines Stockwerks r ergibt sich wiederum mit

$$\sum_{(r)} m \cdot c'_{ou} \cdot \nu_{ou} = -\frac{3}{2}$$

Gl. (285.1) stellt den Ausdruck zur Bestimmung der Verschiebungsanteile in allgemeiner Form dar. Aus dieser Gleichung können die Gleichungen der Verschiebungsanteile und -faktoren für die oben behandelten Sonderfälle 1 bis 5 abgeleitet werden. Zur Kontrolle dieser allgemein gültigen Gleichungen für die Verschiebungsanteile sollen aus den Gl. (285.1 und 2) durch Einsetzen der Reduktionswerte die Gleichungen der Verschiebungsanteile und -faktoren für ein Stockwerk mit ausschließlich einseitig gelenkig angeschlossenen Stielen von unterschiedlicher Höhe abgeleitet werden (s. Fall 5). Die Reduktionswerte sind hierbei

$$k_{ou} = k'_{ou} \qquad c'_{ou} = \frac{2}{3}c_{ou} \qquad m = \frac{3}{4}$$

Es ist ferner $M'_{uo} = 0$.

Eingesetzt in die Gl. (285.1 und 2) ergibt sich

$$M''_{ou} = -\frac{3}{2} \cdot \frac{2\, c_{ou} \cdot k'_{ou}}{3 \sum\limits_{(r)} \frac{3}{4} \cdot \frac{4}{9}\, c^2_{ou} \cdot k'_{ou}} \left(\frac{\overline{Q}_r \cdot h_c}{3} + \sum_{(r)} \frac{2}{3}\, c_{ou} \cdot M_{ou} \right)$$

$$= -\frac{3\, c_{ou} \cdot k'_{ou}}{\sum\limits_{(r)} c^2_{ou} \cdot k'_{ou}} \cdot \frac{2}{3} \left(\frac{\overline{Q}_r \cdot h_c}{2} + \sum_{(r)} c_{ou} \cdot M'_{ou} \right)$$

$$M''_{ou} = -2\, \frac{c_{ou} \cdot k'_{ou}}{\sum\limits_{(r)} c^2_{ou} \cdot k'_{ou}} \left(\frac{\overline{Q}_r \cdot h_c}{2} + \sum_{(r)} c_{ou} \cdot M'_{ou} \right)$$

Diese Gleichung stimmt mit Gl. (282.4) überein.

In Tafel **286.1** sind die wichtigsten Gleichungen für die Berechnung der Verschiebungsanteile zusammengestellt.

Tafel 286.1: Übersicht der Gleichungen zur Ermittlung der Verschiebungsanteile

Zeile	Fall	System	$M''_{ou} =$	$\overline{M}_r =$	$\nu =$	Kontrolle d. Versch.-Fakt.
1	1 und 2	 r	$\nu_{ou}[\overline{M}_r + \sum_{(r)} (M'_{ou} + M'_{uo})]$	$\frac{\overline{Q}_r \cdot h_r}{3}$	$-\frac{3}{2} \cdot \frac{k_{ou}}{\sum_{(r)} k_{ou}}$	$\sum_{(r)} \nu_{ou} = -\frac{3}{2}$
2	3	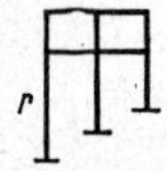 r	$\nu_{ou}[\overline{M}_r + \sum_{(r)} c_{ou}(M'_{ou} + M'_{uo})]$	$\frac{\overline{Q}_r \cdot h_c}{3}$	$-\frac{3}{2} \cdot \frac{c_{ou} \cdot k_{ou}}{\sum_{(r)} c^2_{ou} \cdot k_{ou}}$	$\sum_{(r)} \nu_{ou} \cdot c_{ou} = -\frac{3}{2}$
3	4	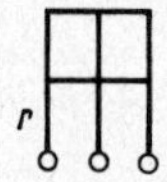 r	$\nu_{ou}(\overline{M}_r + \sum_{(r)} M'_{ou})$	$\frac{\overline{Q}_r \cdot h}{2}$	$-2 \cdot \frac{k'_{ou}}{\sum_{(r)} k'_{ou}}$	$\sum_{(r)} \nu_{ou} = -2$
4	5	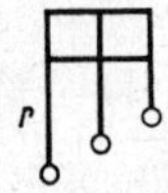 r	$\nu_{ou}(\overline{M}_r + \sum_{(r)} c_{ou} \cdot M'_{ou})$	$\frac{\overline{Q}_r \cdot h_c}{2}$	$-2 \cdot \frac{c_{ou} \cdot k'_{ou}}{\sum_{(r)} c^2_{ou} \cdot k'_{ou}}$	$\sum_{(r)} \nu_{ou} \cdot c_{ou} = -2$
5	6	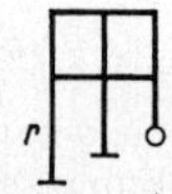 r	$\nu_{ou}[\overline{M}_r + \sum_{(r)} c'_{ou}(M'_{ou} + M'_{uo})]$	$\frac{\overline{Q}_r \cdot h_c}{3}$	$-\frac{3}{2} \cdot \frac{c'_{ou} \cdot k_{ou}}{\sum_{(r)} m \cdot c'^2_{ou} \cdot k_{ou}}$ (vgl. Gl. (285.2))	$\sum_{(r)} m \cdot c'_{ou} \cdot \nu_{ou} = -\frac{3}{2}$

9.32 Gang des Verfahrens

Nachdem nun die Gleichungen für die Drehungs- und Verschiebungsanteile sowie die ihrer Verteilungsfaktoren für praktisch alle Lagerungs- und Steifigkeitsfälle abgeleitet sind, soll der Rechnungsgang nochmals erläutert werden. Wie bereits erwähnt, beruht das Verfahren nach Kani auf der schrittweisen Lösung der umgeformten Grundgleichungen des Weggrößenverfahrens. Hierbei werden die Drehungs- und Verschiebungsanteile der einzelnen Stäbe durch Iteration gelöst; d. h., wir errechnen im ersten Schritt für alle Stäbe diese Anteile aus groben Schätzungen oder durch Nullsetzen der noch unbekannten Werte und setzen die nun erhaltenen Ergebnisse im zweiten Rechnungsschritt wiederum ein. Durch die laufende Verbesserung der Ergebnisse von einem Schritt zum anderen gelangen wir schließlich zu einem für die Berechnung genügend genauen Endwert. Dieser ist dann erreicht, wenn sich die Zahlenwerte der Rechenschritte n und $n - 1$ kaum noch unterscheiden. Durch Fortsetzen der Rechnungsschritte läßt sich jede gewünschte Genauigkeit erzielen.

Da in jedem Schritt die Anteile aller Stäbe errechnet werden müssen, erscheint der Rechenaufwand anfänglich recht erheblich. Jedoch sind die einzelnen Rechenoperationen sehr leicht und durch die häufige Wiederholung sehr einprägsam, so daß sie nach einer gewissen Einarbeitung selbst von ungeschulten Kräften durchgeführt werden können. Zu empfehlen ist, die Berechnung in einem Bildschema durchzuführen. Mit der so gewonnenen guten Übersicht vermeidet man Rechenfehler und damit deren oft umständliche Berichtigung.

Der Rechnungsgang gliedert sich in folgende Abschnitte:

9.321 Ermittlung der Steifigkeitszahlen k und der Reduktionswerte c_{ou}

Als erstes stellt man eine Bildskizze von dem zu untersuchenden Rahmensystem her, in die neben den Belastungen und den geometrischen Abmessungen auch die geschätzten Trägheitsmomente J der Stäbe eingetragen werden. Mit diesen Angaben lassen sich ohne Zwischenrechnung die Steifigkeitszahlen $k = J/l$ und, soweit einseitig gelenkig angeschlossene Stäbe vorhanden sind, die Werte $k' = 0{,}75\, J/l$ errechnen, die ebenfalls in der Bildskizze an die jeweiligen Stäbe eingetragen werden. Sind in einem Stockwerk Stiele mit ungleichen Höhen vorhanden, so sind die Reduktionswerte c_{ou} bzw. c'_{ou} zu bestimmen; auch diese werden an die betreffenden Stiele geschrieben.

9.322 Drehungsfaktoren und Verschiebungsfaktoren

Aus den Steifigkeitszahlen und Reduktionswerten werden die für die Iterationsrechnung wichtigen Zahlenwerte ermittelt. Hierzu gehören als erstes die Drehungsfaktoren μ_{ik}. Sie werden an jedem Knoten für jeden Stab aus $\mu_{ik} = -\dfrac{k_{ik}}{2\sum k_{ik}}$ errechnet.

Um Fehler auszuschalten, ist es ratsam, nach Ermittlung der Werte für jeden Knoten die Kontrolle $\sum \mu_{ik} = -0{,}5$ durchzuführen. Als weitere Festwerte werden nun die Verschiebungsfaktoren ν_{ou} für jeden Stiel je Stockwerk nach den jeweiligen Gleichungen der vorliegenden Fälle 1 bis 6 bestimmt. Auch hier ist es ratsam, die Kontrolle $\sum_{(r)} \nu_{ou}$ entsprechend den Fällen 1 bis 6 durchzuführen.

Es sei nochmals darauf hingewiesen, daß beim Kani-Verfahren nur Fehler in der Iterationsrechnung keinen Einfluß auf das Endergebnis haben, während Fehler in den Festwerten zu völlig anderen Ergebnissen führen müssen.

9.323 Festwerte aus der Belastung

Als dritte Gruppe errechnen wir die Belastungsfestwerte. Die Volleinspannmomente M_J, M_K bzw. bei Stäben mit einem Gelenk M'_J werden entsprechend der gegebenen Belastung nach den in der Fachliteratur[1]) vorhandenen Tabellen ermittelt. Für Stiele mit Horizontalbelastung sind auch die oberen Auflagerdrücke A_o für den Volleinspannzustand zu bestimmen.

---

[1]) Z. B. „Schreyer" Prakt. Baustatik. Teil 2. „Einspannmomente ..." im Abschn. Momentenverfahren nach Cross.

Mit den A_o-Werten und der äußeren Horizontalbelastung werden nun für jedes Stockwerk die Stockwerksquerkräfte $\overline{Q}_r = \sum_{\text{ob.}r} P_h + \sum_{(r)} A_o$ und hieraus die Stockwerksmomente $\overline{M}_r = \overline{Q}_r \cdot h_c/3$ bzw. für einseitig gelenkige Stiele $\overline{M}_r = \overline{Q}_r \cdot h_c/2$ für jedes Stockwerk bestimmt.

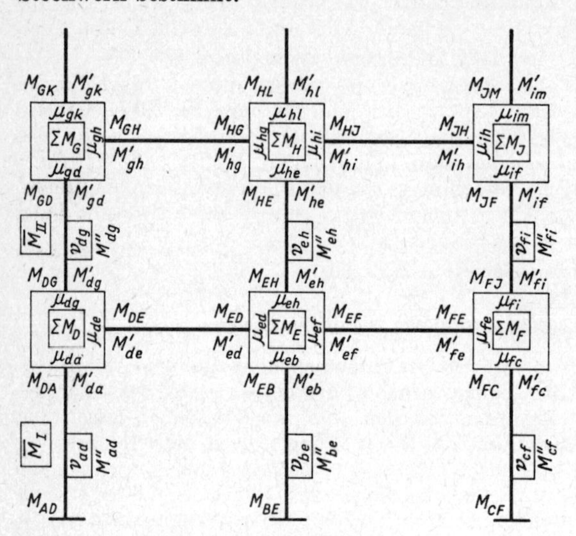

288.1 Schema für die Iterationsrechnung

9.324 Bildschema für die Iterationsrechnung

Wie bereits erwähnt, ist es wegen der besseren Übersicht zweckmäßig, die Iterationsrechnung in einem Bildschema durchzuführen. Man zeichnet das Rahmensystem in einem möglichst großen Maßstab im Schema (**288.1**) auf und trägt hierin die nach Abschn. 9.322 und 9.323 errechneten Festwerte ein. In die mittleren Kästen an jedem Knoten wird noch die Summe der am Knoten angreifenden Volleinspannmomente eingetragen. Nun kann die Iterationsrechnung beginnen.

9.325 Durchführung der Iteration

Bei jedem Schritt müssen wir alle Drehungs- und alle Verschiebungsanteile bestimmen. Die Reihenfolge innerhalb eines Schrittes ist aber beliebig. Zur schnelleren Konvergenz gleicht man zuerst die Anteile aus, welche die größten Änderungen ergeben. Beim Angriff von äußeren Horizontallasten beginnt man daher fast immer mit der Summe der Verschiebungsanteile. Im ersten Schritt haben die Drehungsanteile noch den Wert Null – wenn man nicht bereits geschätzte Werte eingesetzt hat –, so daß für jedes Stockwerk nur das Stockwerksmoment $\overline{M}_r$ mit Hilfe der Verschiebungsfaktoren v_{ou} auf die Stiele zu verteilen ist. Wenn dieses für jedes Stockwerk durchgeführt ist, so ermittelt man für jeden Knoten die Summe der Drehungsanteile aus der in der Mitte des Knotens eingetragenen Summe der Volleinspannmomente $\sum M_J$ und aus den Summen der Verschiebungsanteile $\sum M''_{ik}$ und der abliegenden Drehungsanteile $\sum M'_{ki}$ aller im betrachteten Knoten i einmündenden Stäbe. Hat man für die Drehungsanteile zu Beginn keinen geschätzten Wert eingesetzt, so sind im ersten Schritt die Anteile der abliegenden Knoten mit Null einzusetzen. Die hiernach bestimmte Summe der Drehungsanteile $\sum M'_{ik}$ wird nun mittels der Drehungsfaktoren μ_{ik} auf die einzelnen Stäbe verteilt. Alle im ersten Schritt ermittelten Verschiebungs- und Drehungsanteile werden gleich nach ihrer Errechnung in das Bildschema eingetragen. Nach dem Berechnen und Eintragen dieser Anteile an allen Stäben und Knoten beginnt nun der zweite Iterationsschritt. Der Rechnungsgang ist der gleiche wie im ersten Schritt und wird nachfolgend nochmals kurz angegeben.

a) Bestimmen der Summe der Verschiebungsanteile $\sum_{(r)} M''$ für jedes Stockwerk aus dem Stockwerksmoment $\overline{M}_r$ und der Summe der oberen und unteren Drehungsanteile $\sum_{r((} c'_{ou} (M'_o + M'_u)$ der Stiele aus dem letzten Iterationsschritt.

Verteilen der Summe $\sum_{(r)} M''$ mittels der Verschiebungsfaktoren ν_{ou} auf die Stiele des betrachteten Stockwerkes.

b) Bestimmen der Summe der Drehungsanteile $\sum M'_{ik}$ aus den Summen der Volleinspannmomente $\sum M_J$, der Verschiebungsanteile $\sum M''_{ik}$ und der abliegenden Drehungsanteile $\sum M'_{ki}$ aus dem letzten Iterationsschritt. Verteilen der Summe $\sum M'_{ik}$ mittels des Drehungsfaktors μ_{ik} auf die anliegenden Stäbe.

Nur die jeweils errechneten Anteile aus dem letzten Schritt werden wieder benutzt. Die Ergebnisse des vorletzten Schrittes werden nicht mehr gebraucht und können daher ausradiert oder, der besseren Übersicht wegen, auch durchgestrichen werden. Bringen die Ergebnisse des letzten und vorletzten Schrittes keine wesentlichen Abweichungen mehr, so kann die Iterationsrechnung beendet werden. Nun können aus der Summe aus Volleinspannmoment, Verschiebungsanteil, dem zweifachen anliegenden und dem einfachen abliegenden Drehungsanteil eines jeden Stabendes die gesuchten Stabendmomente errechnet werden.

9.326 Prüfen der Berechnung

Grundsätzlich gelten für die Prüfung wieder die allgemeinen Ausführungen des Abschn. 9.214. Bei Stockwerkrahmen mit horizontal verschieblichen Knoten ist die Verschieblichkeit bei Formänderungsproben zu beachten.

Gleichgewichtsproben

Auch bei Systemen mit verschieblichen Knoten wird man stets darauf achten, daß an jedem Knoten die aus dem Rundschnitt hervorgehende Bedingung $\sum M_{\text{Knoten}} = 0$ erfüllt ist.

Bei solchen Systemen werden außerdem wichtige Gleichgewichtsproben durch Horizontalschnitte mit der Gleichgewichtsbedingung $\sum H = 0$ durchgeführt. Für die Horizontalschnitte gilt, daß die oberhalb des Schnittes auftretenden waagrechten Komponenten der Lasten gleich der Summe aller Querkräfte der Stiele an der Schnittstelle sein müssen.

In der Regel wird durch jedes Stockwerk ein horizontaler Schnitt geführt.

1. Horizontale Lasten nur in den Knoten

Sie haben keine Änderung der Querkraft über die Länge der Stiele zur Folge. In diesem Fall kann der Schnitt in jeder beliebigen Höhe des Stockwerks geführt werden (**289.1**).

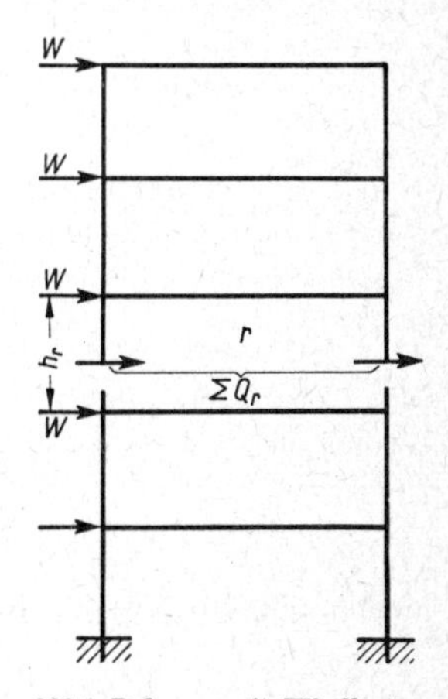

289.1 Rahmen mit Windlasten in den Knoten

Die Summe der Querkräfte in den Stielen kann sofort mit Gl. (289.1) bestimmt werden. Für den Fall, daß keine Lasten im Feld angreifen, lautet sie für ein beliebiges Stockwerk r

$$\sum_{(r)} Q = \sum_{(r)} \frac{M_o + M_u}{h_r} \qquad (289.1)$$

Führt man wieder wie im Abschn. 9.314 die von links nach rechts gerichteten Aktionskräfte positiv ein, so ergibt sich für den Schnitt im Stockwerk r die Gleichgewichtsbedingung

$$\sum H = \sum_{\text{ob.}\,r} P_h + \sum_{(r)} Q = 0 \qquad \text{[s. Gl. (274.2)]}$$

Somit wird
$$\sum_{\text{ob.}r} P_h = -\sum_{(r)} Q = -\sum_{(r)} \frac{M_o + M_u}{h_r} \tag{290.1}$$

Bei konstanter Stockwerkshöhe h_r wird
$$h_r \sum_{\text{ob.}r} P_h = -\sum_{(r)} (M_o + M_u) \tag{290.2}$$

2. Horizontale Lasten auch im Stiel

Sie verursachen eine Änderung der Querkraft über die Länge der Stiele. Schneidet man den Stiel an beliebiger Stelle, so muß also die Querkraft an der Schnittstelle berücksichtigt werden. Zweckmäßig faßt man dazu jeden belasteten Stiel als Balken auf zwei Stützen auf, der einmal im Feld mit horizontaler Last und einmal an seinen Enden mit Stützmomenten belastet ist (**290.1**). Infolge der Feldbelastung erhält man an beliebiger Stelle y die Querkraft Q_{oy} und infolge der Stützmomentenbelastung Q_M. Die Gleichgewichtsbedingung lautet an beliebiger Stelle y für den Schnitt s—s
$$\sum H = \sum_{\text{ob.s-s}} P_h + \sum_{\text{s-s}} (Q_{oy} + Q_M) = 0 \tag{290.3}$$

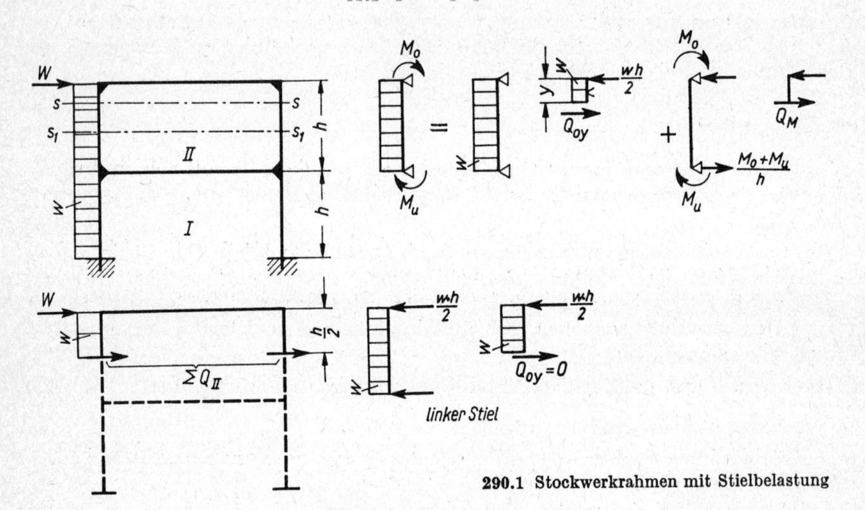

290.1 Stockwerkrahmen mit Stielbelastung

Die Stützmomentenbelastung ist durch die errechneten Stabendmomente bekannt; die Querkraft infolge der Stützmomentenbelastung kann daher in der Kontrollrechnung sofort eingesetzt werden mit
$$\sum Q_M = \sum \frac{M_o + M_u}{h}$$

Es ist also lediglich die Querkraft Q_{oy} des Balkens auf zwei Stützen infolge Feldbelastung an der Schnittstelle y zu bestimmen.

Um die Bestimmung von Q_{oy} auch noch einzusparen, ermittelt man die Stelle des Balkens auf zwei Stützen, an der Q_{oy} zu Null wird. Dazu wird der Schnitt durch diese Stelle, den Querkraftsnullpunkt, gelegt. Seine Gleichgewichtsbedingung lautet
$$\sum H = \sum_{\text{ob.s}_1-\text{s}_1} P_h + \sum Q_M = \sum_{\text{ob.s}_1-\text{s}_1} P_h + \sum \frac{M_o + M_u}{h} = 0 \tag{290.4}$$

Die Aufstellung der Gleichungen soll am Rahmen nach Bild **290.1** gezeigt werden. Mit dem Schnitt s—s im Abstand y vom oberen Riegel erhält man für das Stockwerk II mit Gl. (290.3) die Gleichgewichtsbedingung

$$\sum H = \sum_{\text{ob.s-s}} P_h + \sum_{\text{s-s}} Q_{oy} + \sum Q_M = 0$$

Darin ist (s. Bild **290.1**)

$$\sum_{\text{ob.s-s}} P_h = W + w \cdot y \qquad Q_{oy} = \frac{w \cdot h}{2} - w \cdot y \qquad \sum Q_M = \sum \frac{M_o + M_u}{h}$$

Es ergibt sich also

$$\sum H = W + w \cdot y + \frac{w \cdot h}{2} - w \cdot y + \sum \frac{M_o + M_u}{h} = W + \frac{w \cdot h}{2} + \sum \frac{M_o + M_u}{h} = 0$$

Der Querkraftsnullpunkt des linken Stieles infolge Feldbelastung ergibt sich für Q_{oy} = Null. Man erhält $y = h/2$ für die Lage[1]) des Schnittes s_1—s_1, und mit Gl. (290.4) wird

$$\sum H = W + \frac{w \cdot h}{2} + \sum \frac{M_o + M_u}{h} = 0$$

oder

$$W + \frac{w \cdot h}{2} = -\frac{1}{h} \sum (M_o + M_u)$$

Man erhält also dieselbe Endgleichung wie oben beim Schnitt s—s, jedoch braucht Q_{oy} beim Schnitt s_1—s_1 nicht berechnet zu werden. Es ist somit zweckmäßig, die Querkraftsnullpunkte infolge Feldbelastung zu ermitteln und für diese als Schnittpunkte die Gleichgewichtsbedingung $\sum H = 0$ aufzustellen.

Formänderungsproben

Will man z. B. prüfen, ob alle Knotendrehwinkel an den Stabenden eines Knotens gleich groß sind, so geht man wegen der Knotenverschieblichkeit von Gl. (224.3) aus und erhält

$$2\,M_a = \frac{EJ}{l}(8\,\varphi_a + 4\,\varphi_b + 12\,\psi) + 2\,M_A$$

$$M_b = \frac{EJ}{l}(4\varphi_b + 2\varphi_a + 6\psi) + M_B$$

$$2\,M_a - M_b = \frac{EJ}{l}(6\,\varphi_a + 6\,\psi) + 2\,M_A - M_B$$

$$\boldsymbol{\varphi_a = -\psi + \frac{1}{6E \cdot k}(2M_a - M_b - 2M_A + M_B)} \tag{291.1}$$

Mit der Beziehung zwischen Verschiebungsanteil und Stabdrehwinkel

$$M''_{ab} = \frac{6\,EJ}{l}\psi \qquad \psi = \frac{M''_{ab}}{6\,E \cdot k}$$

---

[1]) Haben bei einem Stockwerkrahmen die gleichlangen Stiele eines Stockwerks verschieden hoch liegende Querkraftsnullpunkte infolge der Feldbelastung, so führt man den Schnitt s_1—s_1 durch diese Querkraftsnullpunkte, läßt ihn also zwischen den Stielen einen Sprung machen. Dies ist möglich, weil $\sum Q_M$ von der Höhe der Schnittführung innerhalb des Stockwerks nicht beeinflußt wird.

wird $$\varphi_a = \frac{1}{6\,E \cdot k}\,(2\,M_a - M_b - 2\,M_A + M_B - M''_{ab})$$

oder mit dem 6 E-fachen Wert

$$6E \cdot \varphi_a = \frac{1}{k}\,(2\,M_a - M_b - 2\,M_A + M_B - M''_{ab}) \qquad (292.1)$$

Wurde das System nach dem Kraftgrößenverfahren berechnet, so muß der Stabdrehwinkel ψ ermittelt werden. Dazu benutzt man zweckmäßig den Reduktionssatz (s. Abschn. 7.6).

Will man weiter prüfen, ob die Stiele des gleichen Stockwerks in Riegelhöhe (**292**.1) um das gleiche Maß horizontal verschoben werden, so müssen bei gleicher Stielhöhe alle Stiele den gleichen Stabdrehwinkel haben, also

$$\psi = \frac{M''_{ab}}{6\,E \cdot k} \quad \text{oder} \quad 6\,E \cdot \psi = \frac{M''_{ab}}{k}$$

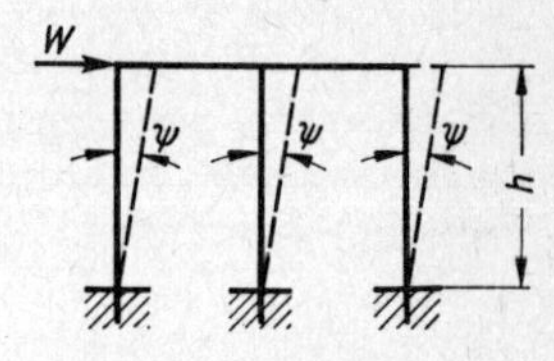

292.1 Rahmen mit gleich langen Stielen

Sind die Stiele eines Stockwerkes verschieden lang, so muß die seitliche Verschiebung doch gleich groß sein (**292**.2).

Es ist nachzuweisen

$$\psi_1 \cdot h_1 = \psi_2 \cdot h_2 \quad \text{oder} \quad 6\,E \cdot \psi_1 \cdot h_1 = 6\,E \cdot \psi_2 \cdot h_2$$

$$\frac{M''_{ab}}{k_{ab}}\,h_1 = \frac{M''_{cd}}{k_{cd}}\,h_2$$

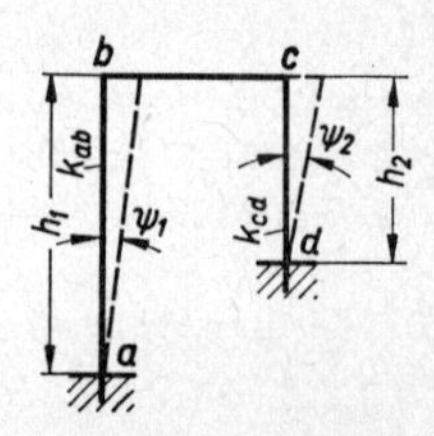

292.2 Rahmen mit verschieden langen Stielen

9.33 Anwendungen

Beispiel 1: Für den einhüftigen Rahmen nach Bild **292**.3 soll die Momentenfläche infolge der gegebenen Belastung bestimmt werden.

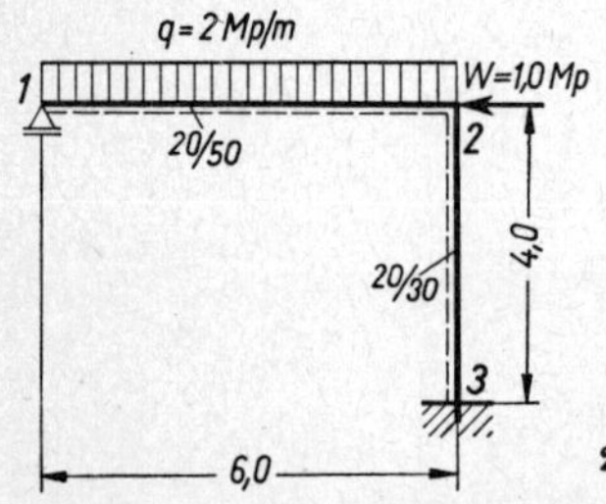

Es ist zu beachten, daß der Rahmen infolge des beweglichen Auflagers 1 horizontal verschieblich ist. Deshalb müssen neben den Drehungsanteilen auch Verschiebungsanteile berechnet werden. Wir gehen nach den Ausführungen des Abschn. 9.32 vor.

292.3 Einhüftiger Rahmen mit einem beweglichen Auflager

Trägheitsmomente und Steifigkeitszahlen

$$J_{12} = \frac{2{,}0 \cdot 5{,}0^3}{12} = 20{,}83\ \text{dm}^4 \qquad k'_{12} = 0{,}75 \cdot \frac{20{,}83}{60} = 0{,}26\ \text{dm}^3$$

$$J_{23} = \frac{2{,}0 \cdot 3{,}0^3}{12} = 4{,}5\ \text{dm}^4 \qquad k_{23} = \frac{4{,}5}{40} = 0{,}1125\ \text{dm}^3$$

$$\sum k = 0{,}3725\ \text{dm}^3$$

Drehungs- und Verschiebungsfaktoren

$$\mu_{21} = -\frac{1}{2} \cdot \frac{0,26}{0,3725} = -0,349 \qquad \mu_{23} = -\frac{1}{2} \cdot \frac{0,1125}{0,3725} = -0,151 \qquad \sum \mu_{ik} = -0,500$$

Da der Stiel 23 der einzige Stiel des Rahmenstockwerks ist, tritt nur ein Verschiebungsfaktor auf; dieser lautet nach Gl. (277.4)

$$\nu_{ou} = -\frac{3}{2} \cdot \frac{0,1125}{0,1125} = -1,5$$

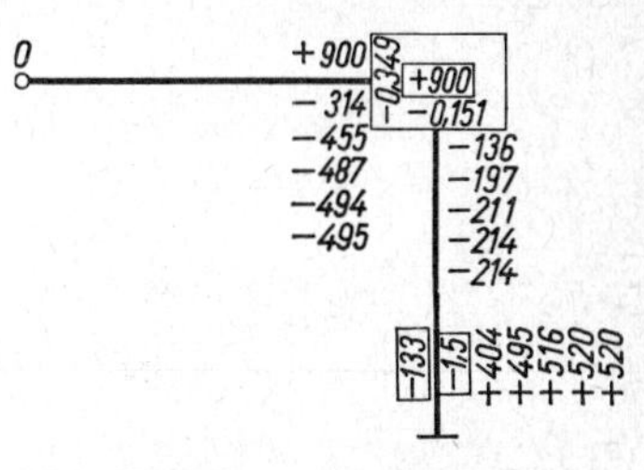

293.1 Ermittlung der Drehungs- und Verschiebungsanteile

Drehungs- und Verschiebungsfaktoren werden im Bildschema (**293.1**) am Knoten und am Stiel eingetragen.

Volleinspannmoment, Stockwerksquerkraft und Stockwerksmoment

Das Volleinspannmoment des Riegels 12 lautet nach der Vorzeichenregel der Biegemomente

$$M'_{\text{II, I}} = -\frac{2 \cdot 6^2}{8} = -9,0 \text{ Mpm}$$

und nach der Vorzeichenregel der Stabendmomente $M'_{\text{II, I}} = +9,0 \text{ Mpm} = +900 \text{ Mpcm}$

Da der Stiel 23 bei der vorliegenden Belastung kein Volleinspannmoment im Knoten 2 verursacht, stellt der Wert $M'_{\text{II, I}}$ bereits die Summe der Volleinspannmomente dar.

In der Mitte des Knotens wird in Bild **293.1** der Wert + 900 eingetragen.

In der Gleichung (276.3) für die Stockwerksquerkraft

$$\overline{Q}_{\text{I}} = \sum_{\text{ob. I}} P_h + \sum_{(\text{I})} A_o$$

ist der Wert für den oberen Auflagerdruck A_o des volleingespannt gedachten Stieles Null, weil über die Länge des Stiels keine horizontale Last angreift. Die horizontale Windlast W greift im Knoten direkt an und ist nach links gerichtet. Somit wird

$$\overline{Q}_{\text{I}} = \sum P_h + 0 = -W = -1,0 \text{ Mp}$$

Das Stockwerksmoment wird mit Gl. (278.1) berechnet

$$\overline{M}_{\text{I}} = \frac{\overline{Q}_{\text{I}} \cdot h_{\text{I}}}{3} = \frac{-1,0 \cdot 400}{3} = -133 \text{ Mpcm}$$

Das errechnete Stockwerksmoment wird am Stiel parallel zur Stielrichtung in Bild **293.1** eingetragen.

Wir beginnen die Iterationsrechnung durch Ermittlung der angenäherten Drehungsanteile am Knoten 2 und darauffolgender Berechnung der Verschiebungsanteile.

Es wird

$$M'_{21} = 900\,(-0,349) = -314 \text{ Mpcm}$$

$$M'_{23} = 900\,(-0,151) = -136 \text{ Mpcm}$$

Mit Gl. (278.2) ergibt sich

$$M''_{23} = -1,5\,[-133 + (-136)] = +404 \text{ Mpcm}$$

Diese Werte sind am Knoten und am Stiel einzutragen.

In zweiter Annäherung ergeben sich die Drehungsanteile nach Gl. (273.3)

$$M_{ik} = \mu_{ik} [\sum M_J + \sum M'_{ki} + \sum M''_{ik}]$$

Hier braucht der Summenanteil $\sum M'_{ki}$ wegen der Lagerung der Stäbe in 1 und 3 nicht berücksichtigt zu werden.

Es wird $M'_{21} = -0{,}349\,(900 + 404) = -455$ Mpcm

$$M'_{23} = -0{,}151 \cdot 1304 = -197 \text{ Mpcm}$$

und der Verschiebungsanteil

$$M''_{23} = -1{,}5\,(-133 - 197) = +495 \text{ Mpcm}$$

Entsprechend ergibt sich in dritter Annäherung

$$M'_{21} = -0{,}349\,(900 + 495) = -487 \text{ Mpcm}$$

$$M'_{23} = -0{,}151 \cdot 1395 = -211 \text{ Mpcm}$$

$$M''_{23} = -1{,}5\,(-133 - 211) = +516 \text{ Mpcm}$$

in vierter Annäherung

$$M'_{21} = -0{,}349\,(900 + 516) = -494 \text{ Mpcm}$$

$$M'_{23} = -0{,}151 \cdot 1416 = -214 \text{ Mpcm}$$

$$M''_{23} = -1{,}5\,(-133 - 214) = +520 \text{ Mpcm}$$

In fünfter Annäherung sind die Drehungsanteile

$$M'_{21} = -0{,}349\,(+900 + 520) = -495 \text{ Mpcm}$$

$$M'_{23} = -0{,}151 \cdot 1420 = -214 \text{ Mpcm}$$

der Verschiebungsanteil

$$M''_{23} = -1{,}5\,(-133 - 214) = +520 \text{ Mpcm}$$

Damit wird die Iterationsrechnung beendet, da sich die Zahlenergebnisse nicht mehr ändern.

Die Stabendmomente werden mit Gl. (272.3) berechnet

$$M_{21} = M_{\text{II},\text{I}} + 2\,M'_{21} + M'_{12} + M''_{21} = 900 + 2\,(-495) + 0 + 0 = -90 \text{ Mpcm}$$

$$M_{23} = M_{\text{II},\text{III}} + 2\,M'_{23} + M'_{32} + M''_{23} = 0 + 2\,(-214) + 0 + 520$$

$$= -418 + 520 = +92 \text{ Mpcm}$$

$$M_{32} = M_{\text{III},\text{II}} + 2\,M'_{32} + M'_{23} + M''_{23} = 0 + 2 \cdot 0 + (-214) + 520 = +306 \text{ Mpcm}$$

Die Stabendmomente können ohne Anschreiben dieser Gleichungen einfach durch Addition der Einzelwerte nach dem Schema (**294.1**) gemäß dem Aufbau der obigen Gleichungen berechnet werden. An jedem Knoten werden für jeden Stab angeschrieben und addiert

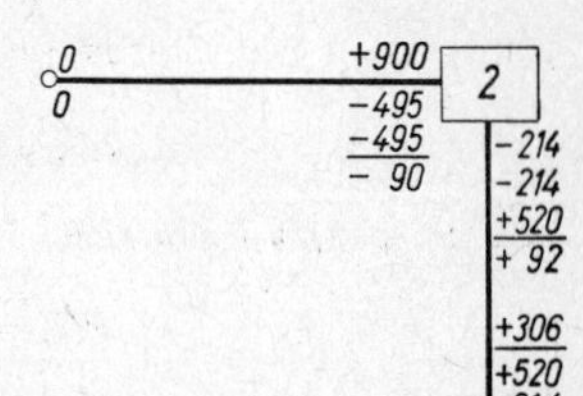

294.1 Bestimmung der Stabendmomente

1. das Volleinspannmoment des Stabendes
2. der Drehungsanteil des Stabendes
3. die Differenz der Drehungsanteile des Stabes
4. der Verschiebungsanteil des Stabes

In Bild **295.**1 sind die Stabendmomente und die Biegemomentenfläche eingezeichnet.

Bemerkenswert ist der erhebliche Unterschied, der sich je nach Ausbildung des Punktes 1 als bewegliches oder festes Lager ergibt. Bei festem Auflager 1 sind die zuerst eingetragenen Drehungsanteile bereits die endgültigen. Zugehörige Stabendmomente und Momentenfläche sind in Bild **234.**1 dargestellt; die M-Fläche des Stieles hat bei diesem System infolge der gegebenen Belastung das umgekehrte Vorzeichen.

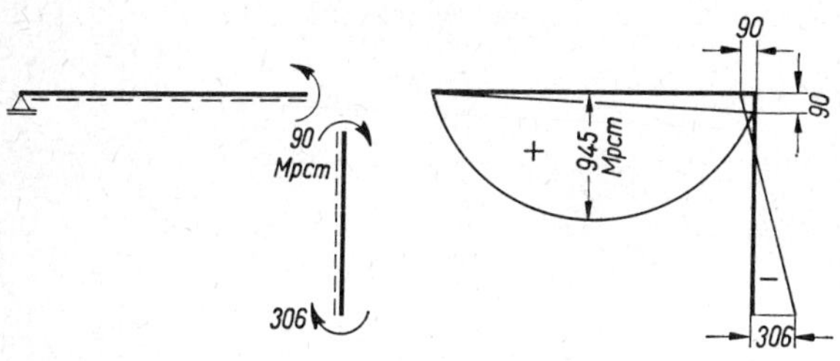

295.1 Stabendmomente und Momentenfläche

G l e i c h g e w i c h t s p r o b e n

Die R u n d s c h n i t t probe ist am Knoten 2 aufzustellen. Sie wird aus Bild **294.**1 abgelesen:

$$\sum M_2 = 0 = +\,92 - 90 \approx 0$$

Sie kann als erfüllt angesehen werden.

Die H o r i z o n t a l s c h n i t t probe kann in beliebiger Höhe des Stieles geführt werden. Die Bedingung lautet mit Gl. (290.2)

$$h \cdot W = -\,(M_o + M_u)$$

$$400\,(-\,1{,}0) = -\,(92 + 306)$$

$$-\,400 \approx -\,398$$

Die Probe ist genügend genau erfüllt.

Beispiel 2: Für den in Bild **295.**3 dargestellten, 6fach statisch unbestimmten Rahmen soll die Momentenfläche infolge der gegebenen Belastung bestimmt werden. Die Verhältniswerte der Trägheitsmomente seien durch eine Vordimensionierung bereits ermittelt.

S t e i f i g k e i t s z a h l e n

$$k_{12} = k_{23} = \frac{800}{800} = 1{,}0 \qquad k_{14} = k_{36} = \frac{0{,}3 \cdot 800}{600} = 0{,}4 \qquad k_{25} = \frac{0{,}2 \cdot 800}{600} = 0{,}267$$

T a f e l **295.2**: Drehungsfaktoren

Stab	k	$\sum k$	$\mu = -\frac{1}{2} \cdot \frac{k}{\sum k}$
12	1,0	1,4	− 0,357
14	0,4		− 0,143
21	1,0	2,267	− 0,2205
23	1,0		− 0,2205
25	0,267		− 0,0590
32	1,0	1,4	− 0,357
36	0,4		− 0,143

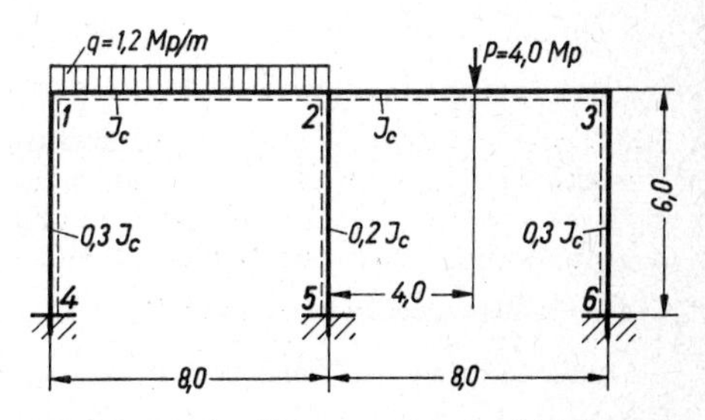

295.3 Dreistieliger Rahmen mit senkrechten Lasten

Die **Verschiebungsfaktoren** werden nach Gl. (277.4) bei gleich langen Stielen vereinfacht aus dem Verhältnis des Trägheitsmomentes eines Stieles zur Summe der Trägheitsmomente der Stiele des betrachteten Stockwerks berechnet.

$$\nu_{14} = \nu_{36} = -\frac{3}{2} \cdot \frac{0{,}3}{0{,}3 + 0{,}2 + 0{,}3} = -0{,}562$$

$$\nu_{25} = -\frac{3}{2} \cdot \frac{0{,}2}{0{,}8} = -0{,}376$$

Kontrolle: $\sum \nu = -0{,}562 \cdot 2 - 0{,}376 = -1{,}5$

Die Drehungs- und Verschiebungsfaktoren sind in ein Schema nach Bild **296.1** zuerst einzutragen.

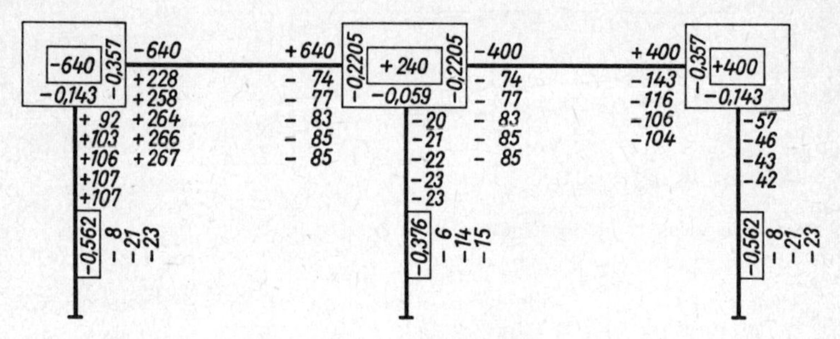

296.1 Ermittlung der Drehungs- und Verschiebungsanteile

Die **Volleinspannmomente** lauten mit der Vorzeichenregel des Momentenausgleichsverfahrens

$$M_{\mathrm{I,II}} = -M_{\mathrm{II,I}} = -\frac{1{,}2 \cdot 8^2}{12} = -6{,}4 \text{ Mpm} = -640 \text{ Mpcm}$$

$$M_{\mathrm{II,III}} = -M_{\mathrm{III,II}} = -\frac{4 \cdot 8}{8} = -4{,}0 \text{ Mpm} = -400 \text{ Mpcm}$$

Diese Werte werden an den Stabenden des Riegels eingeschrieben, und die Summe der Volleinspannmomente um jeden Knoten wird eingetragen.

Die **Drehungsanteile** werden nach Gl. (273.3) berechnet, indem die Knoten in der Reihenfolge 1, 3, 2 betrachtet werden (**296.1**).

Die **Verschiebungsanteile** ergeben sich mit Gl. (274.1), da kein Stockwerksmoment $\overline{M}_r$ vorhanden ist, aus der Summe der Drehungsanteile an den oberen Stabenden.

Für die äußeren Stiele wird $M''_{14} = M''_{36} = -0{,}562\,(+92 - 20 - 57) = -8$ Mpcm.

Für den mittleren Stiel wird $M''_{25} = -0{,}376 \cdot 15 = -6$ Mpcm.

Im folgenden Rechnungsgang werden die Drehungsanteile der Riegelebene und die Verschiebungsanteile der Stiele abwechselnd berechnet. Zur Erläuterung des Vorgehens wird der Gang der Berechnung nach Ermittlung der Drehungsanteile in 4. Annäherungsstufe ausführlich gezeigt.

Die Verschiebungsanteile ergeben für

die äußeren Stiele $\quad M''_{14} = M''_{36} = -0{,}562\,(+107 - 23 - 42) = -23$ Mpcm

den mittleren Stiel $\quad M''_{25} = -0{,}376 \cdot 41 = -15$ Mpcm

Damit werden die Drehungsanteile in 5. Annäherung
im Knoten 1

$$M'_{14} = -0{,}143\,[-640 + (-85) + (-23)] = -0{,}143\,(-748) = +107\ \text{Mpcm}$$

$$M_{12} = -0{,}357\,(-748) = +267\ \text{Mpcm}$$

im Knoten 2

$$M'_{21} = -0{,}2205 \cdot [240 + 267 + (-106) + (-15)] = -0{,}2205 \cdot 386$$

$$M'_{21} = M'_{23} = -85\ \text{Mpcm}$$

$$M'_{25} = -0{,}059 \cdot 386 = -23\ \text{Mpcm}$$

im Knoten 3

$$M'_{32} = -0{,}357 \cdot [400 + (-85) + (-23)] = -0{,}357 \cdot 292 = -104\ \text{Mpcm}$$

$$M'_{36} = -0{,}143 \cdot 292 = -42\ \text{Mpcm}$$

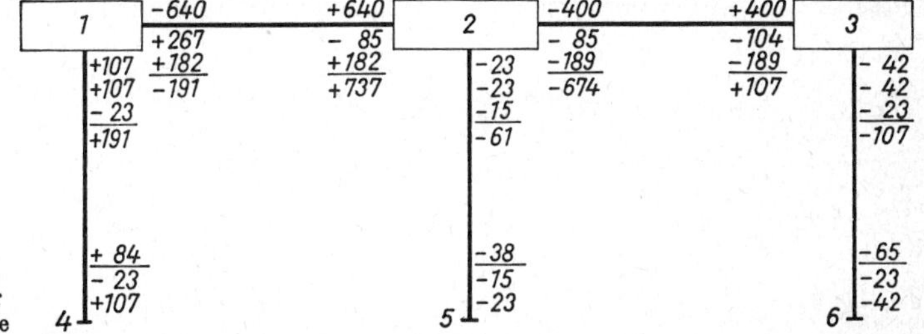

297.1 Bestimmung der Stabendmomente

Mit diesen in der 5. Annäherungsstufe erreichten Werten wird die Berechnung abgebrochen, da keine wesentliche Änderung der Zahlenwerte mehr zu erwarten ist. In Bild **297**.1 sind die zuletzt berechneten Drehungs- und Verschiebungsanteile eingetragen und die Stabendmomente ausgerechnet. Die Richtung der Stabendmomente sowie den Verlauf der M-Fläche zeigen die Bilder **297**.2 und **297**.3.

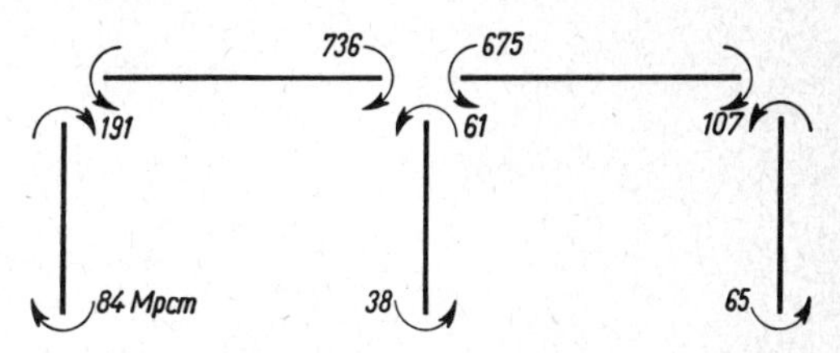

297.2 Stabendmomente

Gleichgewichtsproben

Die Gleichgewichtsprobe, daß an jedem Knoten $\sum M = 0$ erfüllt ist, kann unmittelbar an Bild **297**.2 vorgenommen werden. Für den Horizontalschnitt durch die Stiele lautet sie mit Gl. (290.2), da keine horizontale Last angreift,

$$0 = (191 + 84) - (61 + 38) - (107 + 65)$$

$$271 \approx 275$$

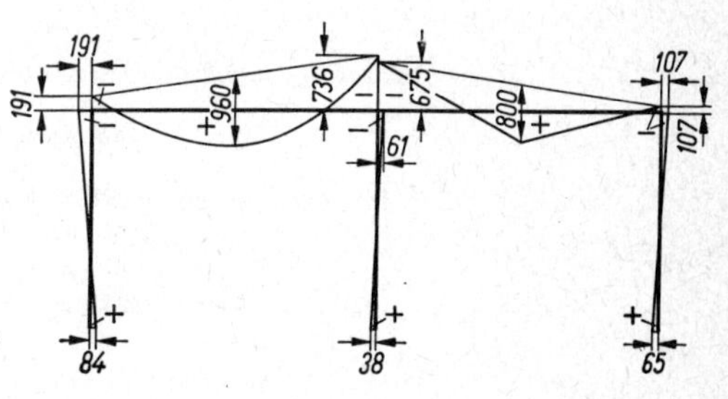

297.3 Biegemomentenfläche infolge senkrechter Belastung

Beispiel 3: Das in Beispiel 2 behandelte Rahmensystem sei nach Bild **298.1** durch Wind belastet. Die Momentenfläche soll ermittelt werden.

Die Festwerte der Drehungs- und Verschiebungsfaktoren werden dem vorigen Beispiel entnommen und im Schema (**298.2**) eingetragen.

Die Volleinspannmomente lauten für den Stiel 14 mit der Vorzeichenregel des Momentenausgleichsverfahrens

$$M_{\mathrm{I,IV}} = \frac{0{,}5 \cdot 6^2}{12} = 1{,}5\ \mathrm{Mpm} = 150\ \mathrm{Mpcm}$$

$$M_{\mathrm{IV,I}} = -\ 150\ \mathrm{Mpcm}$$

W=1,0 Mp; w=0,5 Mp/m; 1; 2; 3; 4; 5; 6; J_c; 0,3 J_c; 0,2 J_c; 6,0; 8,0; 8,0

298.1 Dreistieliger Rahmen mit Windbelastung

Diese Werte werden in Bild 298.2 links vom Stiel 14 eingetragen, damit die Drehungsanteile des Stieles rechts vom Stiel angeschrieben werden können.

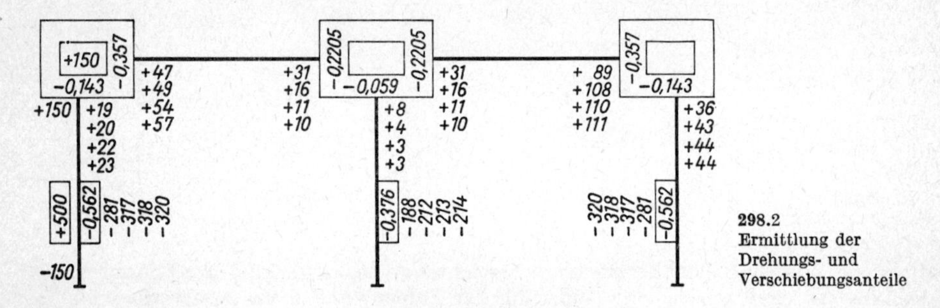

298.2 Ermittlung der Drehungs- und Verschiebungsanteile

Die Stockwerksquerkraft lautet nach Gl. (276.3)

$$\overline{Q}_{\mathrm{I}} = W + \frac{w \cdot h}{2} = 1{,}0 + \frac{0{,}5 \cdot 6}{2} = 2{,}5\ \mathrm{Mp}$$

Das Stockwerksmoment wird mit Gl. (278.1)

$$\overline{M}_{\mathrm{I}} = \frac{\overline{Q}_{\mathrm{I}} \cdot h}{3} = \frac{2{,}5 \cdot 600}{3} = 500\ \mathrm{Mpcm}$$

Dieser Wert wird neben dem linken Stiel eingetragen. Die Iterationsrechnung wird nun mit Bestimmung der Verschiebungsanteile begonnen.

Sie lauten in erster Annäherung

$$M''_{14} = M''_{36} = -\ 0{,}562 \cdot 500 = -\ 281\ \mathrm{Mpcm}$$

$$M'_{2} = -\ 0{,}376 \cdot 500 = -\ 188\ \mathrm{Mpcm}$$

Gl. (273.3) liefert die Drehungsanteile, zunächst in erster Annäherung

am Knoten 1

$$M'_{14} = -\ 0{,}143\ (+\ 150 - 281) = -\ 0{,}143\ (-\ 131) = +\ 19\ \mathrm{Mpcm}$$

$$M'_{12} = -\ 0{,}357\ (-\ 131) = +\ 47\ \mathrm{Mpcm}$$

am Knoten 2

$$M'_{21} = M'_{23} = -0{,}2205\,(0 + 47 - 188) = -0{,}2205\,(-141) = +317 \text{ Mpcm}$$

$$M'_{25} = -0{,}059\,(-141) = 8 \text{ Mpcm}$$

am Knoten 3

$$M'_{32} = -0{,}357\,(0 + 31 - 281) = -0{,}357\,(-250) = +89 \text{ Mpcm}$$

$$M'_{36} = -0{,}143\,(-250) = +36 \text{ Mpcm}$$

Die verbesserten Verschiebungsanteile werden dann aus dem Stockwerksmoment und der Summe der Drehungsanteile an den oberen Stielenden mit Gl. (278.3) ermittelt. Für die äußeren Stiele ergibt sich

$$M''_{14} = M''_{36} = -0{,}562\,(500 + 19 + 8 + 36) = -0{,}562 \cdot 563 = -317 \text{ Mpcm}$$

für den mittleren Stiel

$$M''_{25} = -0{,}376 \cdot 563 = -212 \text{ Mpcm}$$

Mit diesen Verschiebungsanteilen werden wieder die Drehungsanteile verbessert und so fort. Die einzelnen Zahlenwerte sind in Bild **298**.2 eingetragen. Nach der 4. Stufe kann die Berechnung abgebrochen werden.

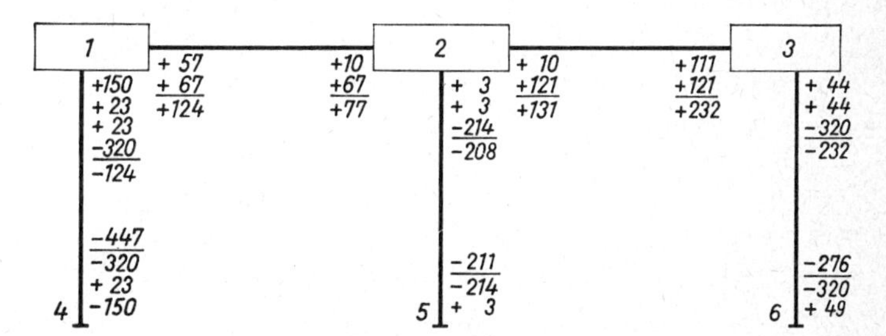

299.1 Bestimmung der Stabendmomente

Die Stabendmomente werden nach Gl. (272.3) im Bild **299**.1 ausgerechnet. Ihre Drehrichtung ist in Bild **299**.2 dargestellt. Bild **299.3** gibt die Biegemomentenfläche infolge Windbelastung wieder.

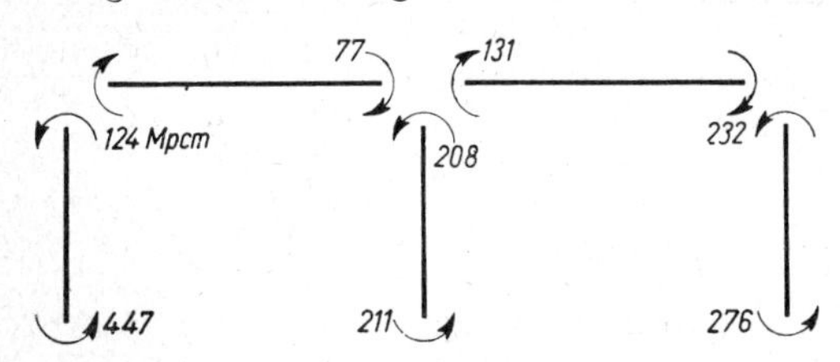

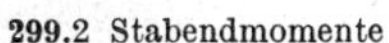

299.2 Stabendmomente

Gleichgewichtsproben

Die Gleichgewichtsprobe der Momente um die Knoten kann sofort an Bild **299.2** vorgenommen werden.

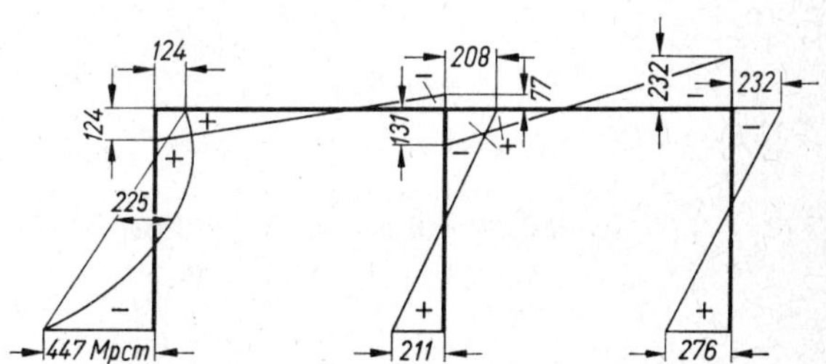

299.3 Biegemomentenfläche infolge Windbelastung

Die Gleichgewichtsprobe $\sum H = 0$ wird durch einen Schnitt in halber Stielhöhe mit Gl. (290.4) durchgeführt und lautet

$$W + \frac{w \cdot h}{2} = -\sum \frac{M_o + M_u}{h}$$

$$1{,}0 + \frac{0{,}5 \cdot 6}{2} = -\frac{1}{6}(-1{,}24 - 4{,}47 - 2{,}08 - 2{,}11 - 2{,}32 - 2{,}76)$$

$$2{,}5 \approx 2{,}47$$

Beispiel 4: Für den Rahmen einer Industriehalle (**300.**1), der bereits im Abschn. 8.45 Beisp. 2 behandelt wurde, sollen die Stabendmomente infolge gleicher Belastung nach dem Momentenausgleichsverfahren berechnet werden. Die Verhältnisse der Trägheitsmomente sind die gleichen wie in dem o. a. Beispiel.

Steifigkeitszahlen

$$k_{21} = \frac{3000}{800} = 3{,}75 \qquad k_{23} = \frac{6000}{1000} = 6{,}00$$

$$k'_{34} = 0{,}75 \cdot \frac{3000}{800} = 2{,}81$$

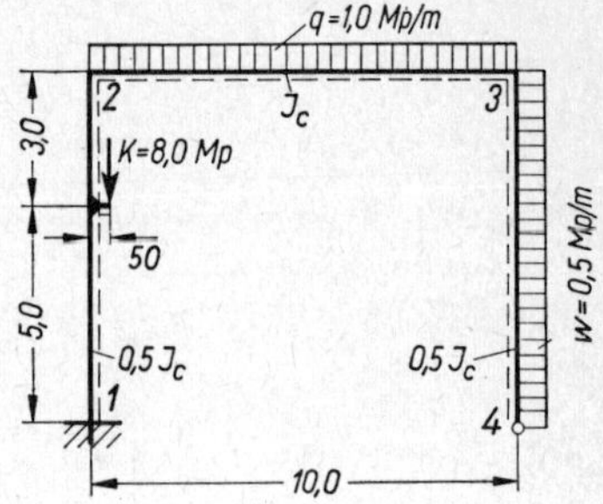

300.1 Rahmen mit horizontal verschieblichem Riegel

Drehungsfaktoren

$$\mu_{21} = -\frac{1}{2} \cdot \frac{3{,}75}{9{,}75} = -0{,}192 \qquad \mu_{32} = -\frac{1}{2} \cdot \frac{6{,}00}{8{,}81} = -0{,}34$$

$$\mu_{23} = -\frac{1}{2} \cdot \frac{6{,}00}{9{,}75} = -0{,}308 \qquad \mu_{34} = -\frac{1}{2} \cdot \frac{2{,}81}{8{,}81} = -0{,}16$$

$$\sum \mu_2 = -0{,}500 \qquad \sum \mu_3 = -0{,}500$$

Verschiebungsfaktoren

Der linke Stiel des Rahmens ist fest eingespannt, der rechte dagegen gelenkig gelagert. Wir benutzen die Gleichungen des 6. Falles und berechnen die Verschiebungsfaktoren mit Gl. (285.2). Dabei ist zu beachten, daß in diese Gleichung die bereits oben errechneten Steifigkeitszahlen k, die aus den Trägheitsmomenten und den wirklichen Längen gewonnen sind, eingeführt werden. Die größere Nachgiebigkeit des gelenkig gelagerten Stieles wird durch die Faktoren m und c erfaßt. In Bild **300.**2 sind die einzelnen zur Berechnung der Verschiebungsfaktoren erforderlichen Beiwerte eingetragen. Damit ergeben sich die Verschiebungfaktoren der beiden Stiele:

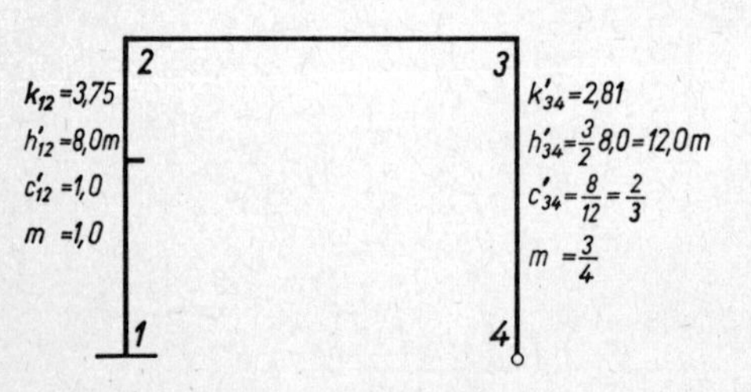

300.2 Zahlenwerte zur Bestimmung der Verschiebungsfaktoren

und zwar für den linken, voll eingespannten Stiel

$$\nu_{12} = -\frac{3}{2} \cdot \frac{1{,}0 \cdot 3{,}75}{1{,}0 \cdot 1{,}0^2 \cdot 3{,}75 + \frac{3}{4}\left(\frac{2}{3}\right)^2 2{,}81} = -1{,}5 \cdot \frac{3{,}75}{4{,}69} = -1{,}2$$

und für den rechten, gelenkig angeschlossenen Stiel

$$\nu_{34} = -\frac{3}{2} \cdot \frac{\frac{2}{3} \cdot 2{,}81}{4{,}69} = -\frac{2{,}81}{4{,}69} = -0{,}6$$

Kontrolle mit $\sum_r m \cdot c'_{ou} \cdot \nu_{ou} = -\frac{3}{2}$

$$= 1{,}0 \cdot 1{,}0\,(-1{,}2) + \frac{3}{4} \cdot \frac{2}{3}\,(-0{,}6) = -1{,}5 = -\frac{3}{2}$$

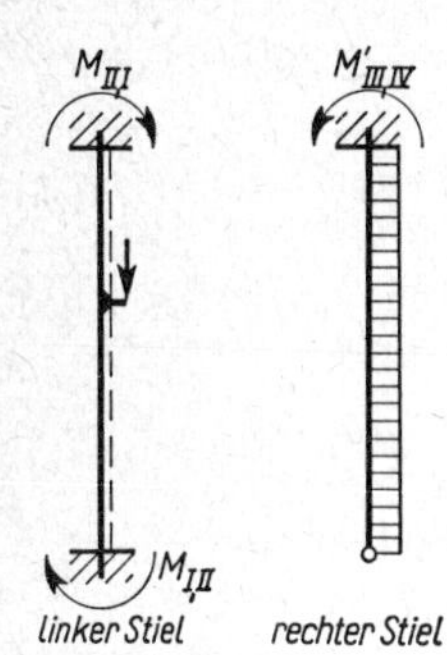

301.1 Volleinspannmomente der Stiele

Die Drehungs-, Verschiebungs- und Reduktionsfaktoren werden in Bild **302.1** eingetragen.

Volleinspannmomente (**301.1**)

Die Volleinspannmomente der einzelnen Stäbe infolge der gegebenen Belastung können mit den Vorzeichen für Stabendmomente aus Abschn. 8.45 Beispiel 2 übernommen werden.

$M_{\mathrm{I,II}} = +131$ Mpcm $\quad M_{\mathrm{II,III}} = -M_{\mathrm{III,II}} = -833$ Mpcm

$M_{\mathrm{II,I}} = +31$ Mpcm $\quad M'_{\mathrm{III,IV}} = -400$ Mpcm

Stockwerksquerkraft und -moment

Da nur ein Stockwerk im System vorhanden ist, ist nur eine Gleichung für die Stockwerksquerkraft aufzustellen. Die Stockwerksquerkraft ist für die oben eingespannt gedachten Stiele zu ermitteln.

Die auf den Riegel wirkenden Auflageraktionen werden hier, weil keine horizontalen Lasten am Riegel oder oberhalb des Riegels angreifen, allein aus den Reaktionen an den oberen Stielenden gewonnen (**301.2**). Zum besseren Verständnis sind die Auflagerreaktionen an den einzelnen Stielen getrennt gezeichnet; außerdem sind die Reaktionen infolge der Last am statisch bestimmten System und infolge der statisch unbestimmten Schnittgrößen (Einspannmomente) besonders eingetragen. Damit ergeben sich unmittelbar die horizontalen Aktionen auf den Riegel, die positiv sind, wenn sie nach rechts gerichtet sind.

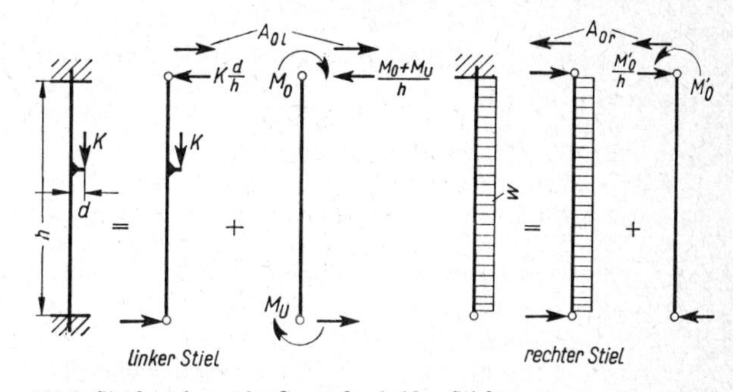

301.2 Stockwerksquerkraft aus den beiden Stielen

Mit Gl. (276.3) wird

$$\overline{Q}_{\mathrm{I}} = \sum_{\text{ob. I}} P_h + \sum_{(\mathrm{I})} A_O = 0 + A_{Ol} + A_{Or} = K \cdot \frac{d}{h} + \frac{M_{\mathrm{II,I}} + M_{\mathrm{I,II}}}{h} - \frac{w \cdot h}{2} - \frac{M'_{\mathrm{III,IV}}}{h}$$

$$= 0{,}5 + \frac{31 + 131}{800} - 2{,}0 - \frac{400}{800} = -1{,}798 \text{ Mp}$$

Damit wird das Stockwerksmoment nach Gl. (278.1)

$$\overline{M}_{\mathrm{I}} = \frac{\overline{Q}_{\mathrm{I}} \cdot h_{\mathrm{I}}}{3} = \frac{-1{,}798 \cdot 800}{3} = -479 \text{ Mpcm}$$

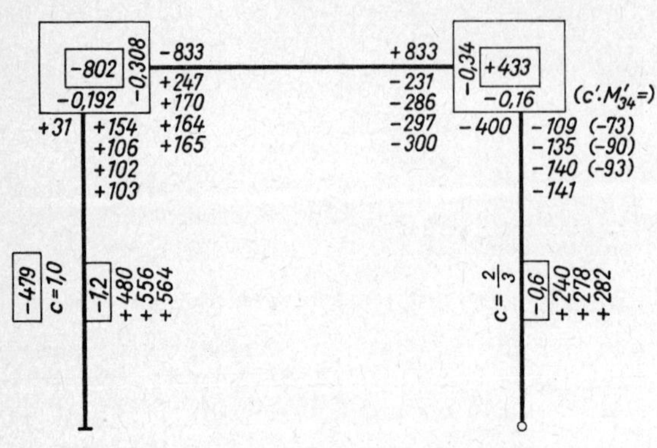

302.1 Ermittlung der Drehungs- und Verschiebungsanteile

Die errechneten „Belastungswerte" werden in Bild **302**.1 eingetragen, und zwar die Volleinspannmomente an den Stabenden und das Stockwerksmoment links vom linken Stiel. Mit dem Momentenausgleich wird nun am Knoten 2 begonnen; dann folgt Knoten 3. Somit sind bereits Drehungsanteile an den oberen Stielenden vorhanden, die bei der Berechnung der Verschiebungsanteile in erster Annäherung zu berücksichtigen sind.

Die Verschiebungsanteile werden mit Gl. (285.1) gewonnen.

$$M''_{12} = -1{,}2\left[-479 + \left\{1{,}0 \cdot 154 + \frac{2}{3}(-109)\right\}\right] = +480 \text{ Mpcm}$$

$$M''_{34} = -0{,}6\,(-399) = +240 \text{ Mpcm}$$

Die Drehungsanteile in den Riegelknoten werden mit Gl. (273.3) in zweiter Annäherung

$$M'_{21} = -0{,}192\,[-802 + (-231) + 480] = -0{,}192\,(-553) = +106 \text{ Mpcm}$$

$$M'_{23} = -0{,}308\,(-553) = +170 \text{ Mpcm}$$

$$M'_{32} = -0{,}34\,(+433 + 170 + 240) = -286 \text{ Mpcm}$$

$$M'_{34} = -0{,}16 \cdot 843 = -135 \text{ Mpcm}$$

Dann folgt wieder die Berechnung der Verschiebungsanteile. Es ist besonders darauf zu achten, daß von dem Drehungsanteil M'_{34} nur der Betrag $c' \cdot M'_{34}$ in die Summe der Verschiebungsanteile eingeht (s. dazu die obige Gleichung für M''_{12}). Die in die Verschiebungsanteile eingehenden Zahlenwerte sind in Bild **302**.1 auf der rechten Seite des rechten Stieles in Klammern beigefügt. Nach zwei weiteren Rechnungsstufen ist die Annäherung genügend genau.

Die Stabendmomente sind im Bild **303**.1 ausgerechnet und in Bild **303**.2 eingezeichnet. Die Übereinstimmung mit den Ergebnissen nach dem Weggrößenverfahren ist gut. Die Auflagerkräfte und die Schnittgrößen sind dem Beispiel 2 im Abschn. 8.45 zu entnehmen.

Gleichgewichtsproben

Die Probe der Momente an jedem Knoten kann praktisch mit der Berechnung der Stabendmomente in Bild **303**.1 durchgeführt werden; sie zeigt weitgehende Übereinstimmung.

Der Horizontalschnitt wird in der Höhe $h/2 = 3{,}0$ m geführt. Es ist zu beachten, daß die senkrechte Kranlast K eine horizontal gerichtete Aktionskraft $K \cdot \frac{d}{h}$ im Riegel hervorruft (**301**.2).

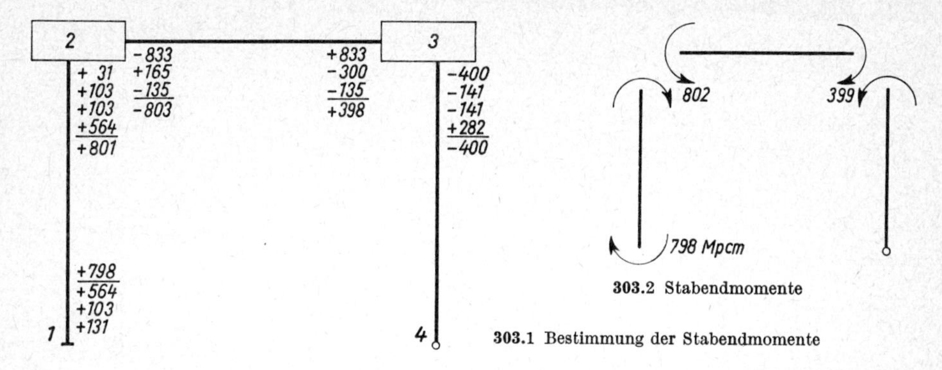

303.2 Stabendmomente

303.1 Bestimmung der Stabendmomente

Nach Gl. (290.4) ergibt sich

$$\sum P_h = -\frac{1}{h}\sum (M_o + M_u)$$

$$K \cdot \frac{d}{h} - w \cdot \frac{h}{2} = -\frac{1}{h}\sum (M_o + M_u)$$

$$8{,}0 \cdot \frac{0{,}5}{8{,}0} - 0{,}5 \cdot \frac{8{,}0}{2} = -\frac{1}{8{,}0}(8{,}02 + 7{,}98 - 3{,}99)$$

$$-1{,}5\ \mathrm{Mp} = -1{,}5\ \mathrm{Mp}$$

Beispiel 5: Der dreistielige Stockwerkrahmen nach Bild **303.4** ist seitlich nicht gehalten. Für die dargestellte Belastung ist die Momentenfläche zu ermitteln.

Der entsprechende, jedoch seitlich gehaltene Rahmen wurde im Abschn. 9.22 Beisp. 5 bereits behandelt. Diesem werden die Steifigkeitszahlen, Drehungsfaktoren (Taf. **269**.1) und Volleinspannmomente entnommen und in Bild **304**.1 eingetragen. Da die Riegel sich bei diesem Tragwerk seitlich verschieben können, ist die Verschieblichkeit zu berücksichtigen.

Verschiebungsfaktoren

Sie werden nach Tafel **286**.1, und zwar für das obere nach Zeile 1 (Taf. **303.3**) und für das untere Stockwerk nach Zeile 5 berechnet. Letztere werden mit Gl. (285.2) bestimmt (Taf. **304.2**).

Tafel **303.3**: Verschiebungsfaktoren des oberen Stockwerks

Stab	k	$\sum k$	$\nu = -\frac{3}{2}\cdot\frac{k}{\sum k}$
14	298	1040	− 0,43
25	444		− 0,64
36	298		− 0,43
			$\sum \nu = -1{,}50$

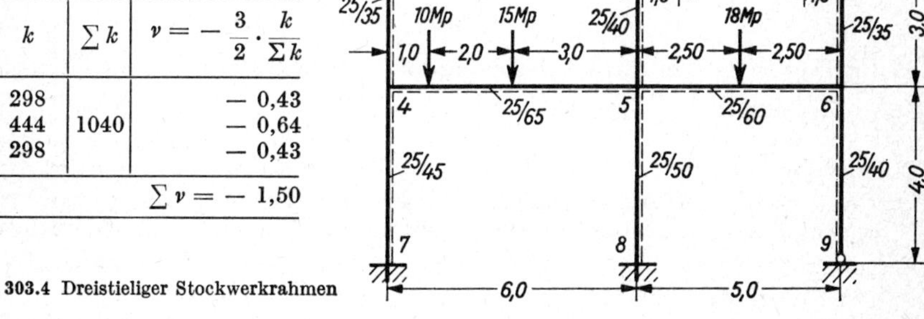

303.4 Dreistieliger Stockwerkrahmen

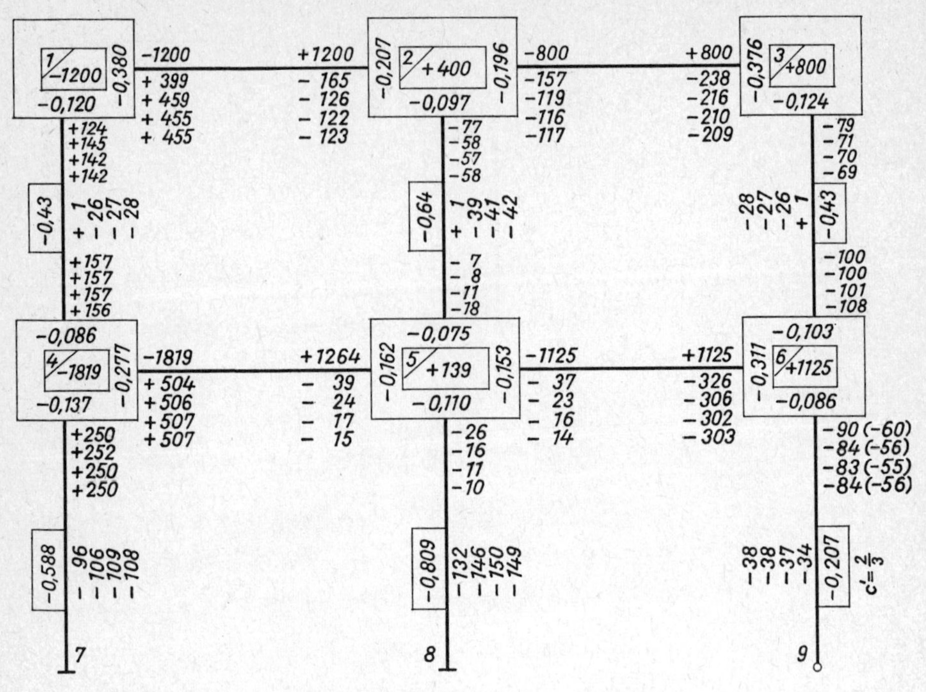

304.1 Ermittlung der Drehungs- und Verschiebungsanteile

Tafel **304.2**: Verschiebungsfaktoren des unteren Stockwerks

Stab	k	m	c'^2	$m \cdot c'^2 \cdot k$	$\sum_r m \cdot c'^2 \cdot k$	$\nu = -\frac{3}{2} \cdot \frac{c' \cdot k}{\sum_r m \cdot c'^2 \cdot k}$
47	474	1,0	1,0	474		− 0,588
58	651	1,0	1,0	651	1208	− 0,809
69	250	0,75	$\left(\frac{2}{3}\right)^2$	83		− 0,207

Die Kontrolle der Summe der Verschiebungsfaktoren für das untere Stockwerk lautet

$$\sum_r m \cdot c' \cdot \nu = -1 \cdot 1 \cdot 0{,}588 - 1 \cdot 1 \cdot 0{,}809 - \frac{3}{4} \cdot \frac{2}{3} \cdot 0{,}207$$

$$= -0{,}588 - 0{,}809 - 0{,}103 = -1{,}500$$

An den Stielen werden die Verschiebungsfaktoren angeschrieben; am Stiel 69 wird außerdem der Reduktionsfaktor $c' = \frac{2}{3}$ eingetragen.

Iterationsrechnung

Begonnen wird im Berechnungsschema (**304.1**) mit der Berechnung der Drehungsanteile am Knoten 4, dem die Berechnungen an den Knoten 1, 2, 3, 6, 5 folgen. Dann werden aus den Summen der Drehungsanteile der Stiele eines Stockwerks die Verschiebungsanteile der Stiele in erster Annäherung bestimmt.

So ergibt sich z. B. für den Stiel 25

$$M''_{25} = -0{,}64\,(124 + 156 - 77 - 18 - 79 - 108) = -0{,}64 \cdot (-2) = +1{,}28 \approx 1$$

Die Verschiebungsanteile der Stiele des unteren Stockwerks lauten in erster Annäherung

$$M''_{47} = -0{,}588\,(249 - 26 - 60) = -0{,}588 \cdot 163 = -96 \text{ Mpcm}$$

$$M''_{58} = -0{,}809 \cdot 163 = -132 \text{ Mpcm}$$

$$M''_{69} = -0{,}207 \cdot 163 = -34 \text{ Mpcm}$$

Nun können die Drehungsanteile in zweiter Annäherung bestimmt werden.

So wird am Knoten 4

$$M'_{45} = -0{,}277\,(-1819 + 124 - 39 + 1 - 96) = -0{,}277\,(-1829) = +506 \text{ Mpcm}$$

$$M'_{41} = -0{,}086\,(-1829) = +157 \text{ Mpcm}$$

$$M'_{47} = -0{,}137\,(-1829) = +250 \text{ Mpcm}$$

Die Drehungsanteile der übrigen Knoten werden in der gleichen Reihenfolge wie oben berechnet.

In der geschilderten Weise werden abwechselnd Verschiebungsanteile und Drehungsanteile ermittelt, bis die Rechnung nach der 4. Annäherungsstufe keine wesentliche Zahlenänderung mehr zeigt.

Die Stabendmomente werden anschließend in Bild **305**.1 aus den Volleinspannmomenten, den Drehungsanteilen und Verschiebungsanteilen nach Gl. (272.3) berechnet. Die Kontrolle mit der Bedingung, daß um jeden Knoten $\sum M = 0$ erfüllt sein soll, zeigt, daß die Berechnung genügend weit durchgeführt ist. Die zum Teil gemittelten Stabendmomente sind in ihrem Drehsinn in Bild **306**.1 eingezeichnet.

In Bild **306**.2 ist die Momentenfläche dargestellt. Der Vergleich mit Bild **271**.2 läßt die Änderung der Momentenfläche gegenüber der des seitlich gehaltenen Rahmens auch bei der gegebenen, lediglich senkrechten Belastung erkennen.

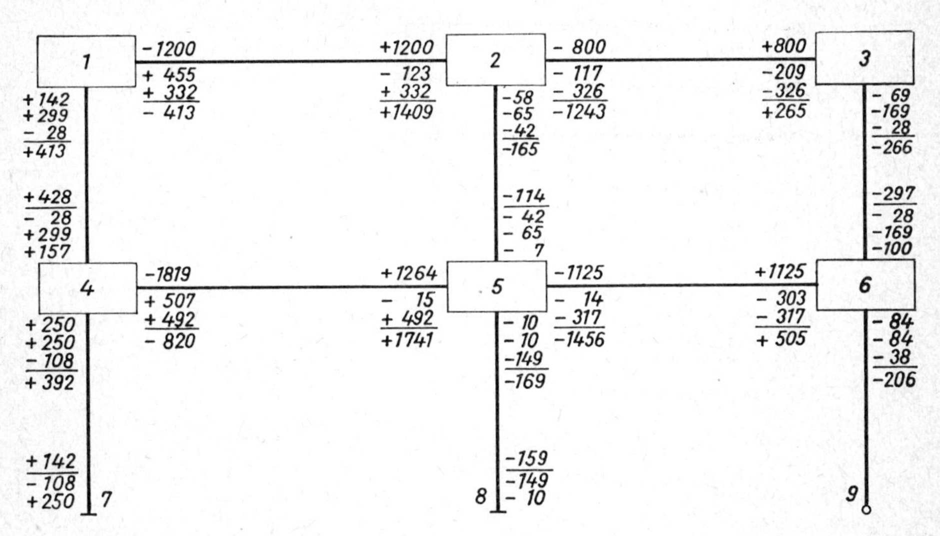

305.1 Bestimmung der Stabendmomente

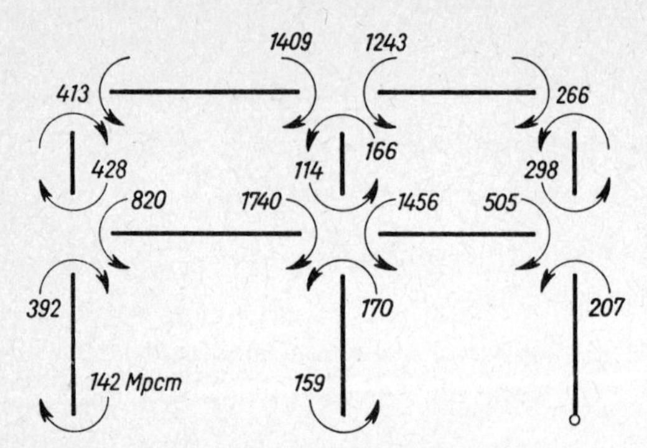

306.1 Stabendmomente infolge der Belastung nach Bild **303.4**

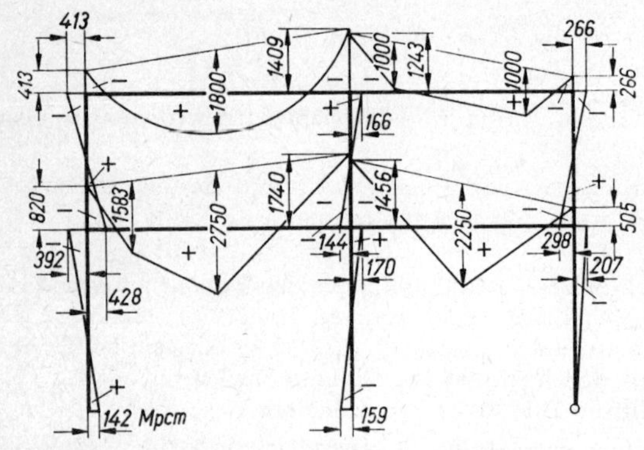

306.2 Momentenfläche des Stockwerkrahmens infolge senkrechter Belastung nach Bild **303.4**

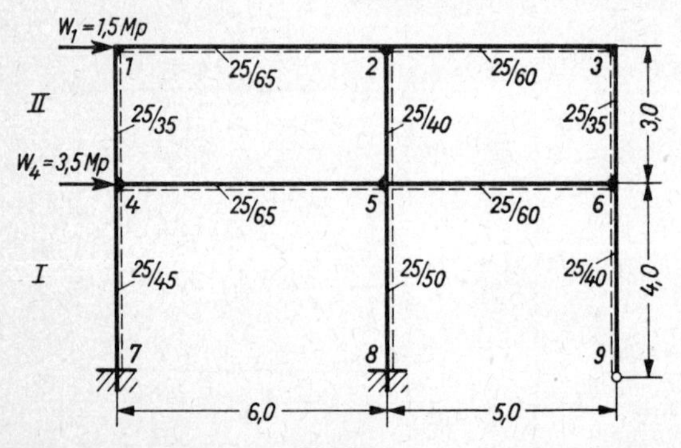

306.3 Stockwerkrahmen mit Windlasten

Gleichgewichtsproben

Die Probe der Momente um die Knoten konnte bereits an Bild **306.1** vorgenommen werden.

Horizontalschnitte werden durch jedes Stockwerk geführt. Da keine horizontalen Lasten vorhanden und die Stiele jedes Stockwerks gleich lang sind, ist lediglich in jedem Stockwerk zu prüfen, ob die Gleichgewichtsbedingung $\sum (M_o + M_u) = 0$ erfüllt ist [vgl. Gl. (289.1)].

Es ergibt sich im

Stockwerk I

$$3{,}92 + 1{,}42 - 1{,}70 - 1{,}59 - 2{,}07 = 0$$

$$8{,}41 \approx 8{,}44$$

Stockwerk II

$$4{,}13 + 4{,}28 - 1{,}66 - 1{,}14 - 2{,}66 - 2{,}98 = 0$$

$$8{,}41 \approx 8{,}44$$

Beispiel 6: Der im vorigen Beispiel behandelte Stockwerkrahmen wird durch die Windkräfte W_1 und W_4 belastet (**306.3**). Die Biegemomentenfläche soll bestimmt werden.

Die Drehungs- und Verschiebungsfaktoren werden aus Beispiel 5 übernommen und in Bild **307.1** eingeschrieben.

Da die Windkräfte in den Knoten 1 und 4 eingreifen, entstehen an den voll eingespannt gedachten Stielen keine Feldmomente und keine Volleinspannmomente. Infolgedessen ergeben sich auch keine Festhaltemomente in den Knoten. Aus den gegebenen Windlasten werden die Stockwerksquerkräfte und -momente bestimmt.

Für das obere Stockwerk II ist

$$\bar{Q}_{II} = W_1 = 1{,}5 \text{ Mp} \qquad \bar{M}_{II} = \frac{1{,}5 \cdot 300}{3} = 150 \text{ Mpcm}$$

Für das untere Stockwerk I ergibt sich

$$\bar{Q}_I = W_1 + W_4 = 1{,}5 + 3{,}5 = 5{,}0 \text{ Mp} \qquad \bar{M}_I = \frac{5{,}0 \cdot 400}{3} = 667 \text{ Mpcm}$$

Zunächst können die Verschiebungsanteile der Stiele in **erster** Annäherung aus den Stockwerksmomenten bestimmt werden.

So wird z. B. für den Stiel 14 $\quad M''_{14} = -\ 0{,}43 \cdot 150 = -\ 64$ Mpcm

und für den Stiel 58 $\quad M''_{58} = -\ 0{,}809 \cdot 667 = -\ 539$ Mpcm

Nach Berechnung der Verschiebungsanteile aller Stiele werden die Drehungsanteile ermittelt. Da es für eine rasche Konvergenz zweckmäßig ist, von den Knoten mit den größten Momentendifferenzen auszugehen, werden die Knoten in der Reihenfolge 5, 4, 6, 2, 1, 3 behandelt.

So ergeben sich z. B. die Drehungsanteile in **erster** Annäherung für Knoten 4

$$M'_{45} = -\ 0{,}277\,(-\ 392 - 64 + 103) = +\ 98 \text{ Mpcm}$$

$$M'_{47} = -\ 0{,}137\,(-\ 353) = +\ 48 \text{ Mpcm}$$

$$M'_{41} = -\ 0{,}086\,(-\ 353) = +\ 42 \text{ Mpcm}$$

Nach Bestimmung der Drehungsanteile in erster Annäherung werden die Verschiebungsanteile in zweiter Annäherung berechnet und weiter die Drehungsanteile in zweiter Annäherung usw.

So ergeben sich in 4. Annäherung die Verschiebungsanteile für die oberen Stiele

$$M'_{14} = M''_{36} = -\ 0{,}43\,(150 + 7 + 42 + 8 + 49 + 11 + 19) = -\ 120 \text{ Mpcm}$$

$$M''_{25} = -\ 0{,}64 \cdot 286 = -\ 183 \text{ Mpcm}$$

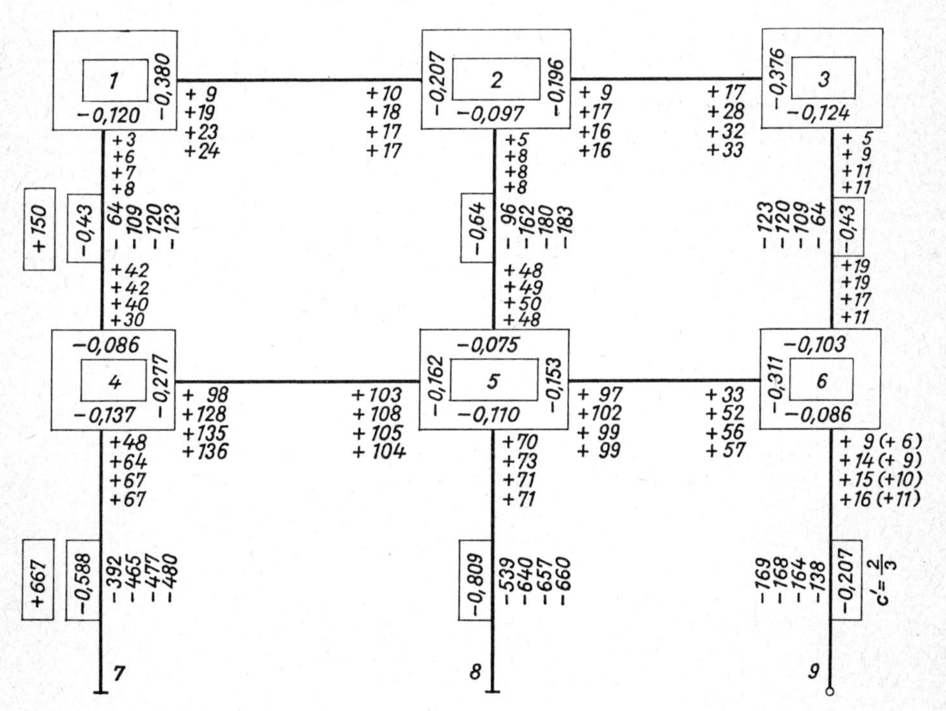

307.1 Ermittlung der Drehungs- und Verschiebungsanteile

für die unteren Stiele

$$M''_{47} = -0{,}588\,(667 + 67 + 71 + 10) = -480 \text{ Mpcm}$$

$$M''_{58} = -0{,}809 \cdot 815 = -660 \text{ Mpcm}$$

$$M''_{69} = -0{,}207 \cdot 815 = -169 \text{ Mpcm}$$

Damit können die Drehungsanteile in 4. Annäherung berechnet werden.
So ergibt sich z. B. für Knoten 5

$$M'_{54} = -0{,}162\,(-660 - 183 + 135 + 8 + 56) = +104 \text{ Mpcm}$$

$$M'_{52} = -0{,}075\,(-644) = +48 \text{ Mpcm}$$

$$M'_{56} = -0{,}153\,(-644) = +99 \text{ Mpcm}$$

$$M'_{58} = -0{,}153\,(-644) = +71 \text{ Mpcm}$$

und für Knoten 2

$$M'_{21} = -0{,}202\,(-183 + 48 + 23 + 32) = +17 \text{ Mpcm}$$

$$M'_{23} = -0{,}196\,(-80) = +16 \text{ Mpcm}$$

$$M'_{25} = -0{,}097\,(-80) = +8 \text{ Mpcm}$$

Nach Ermittlung der 4. Annäherungsstufe wird die Berechnung abgebrochen, da keine wesentliche Änderung mehr zu erwarten ist. Dann werden die Drehungs- und Verschiebungsanteile gemäß Gl. (272.3) und Bild **308**.1 addiert und damit die Stabendmomente erhalten. Bild **309**.1 zeigt die z. T. gemittelten Stabendmomente in ihrer Drehrichtung und Bild **309**.2 die Momentenfläche infolge der gegebenen Windbelastung.

Gleichgewichtsproben

Die Rundschnittproben können für jeden Knoten am Bild **308**.1 durchgeführt werden. Die vorhandenen Differenzen sind gering.

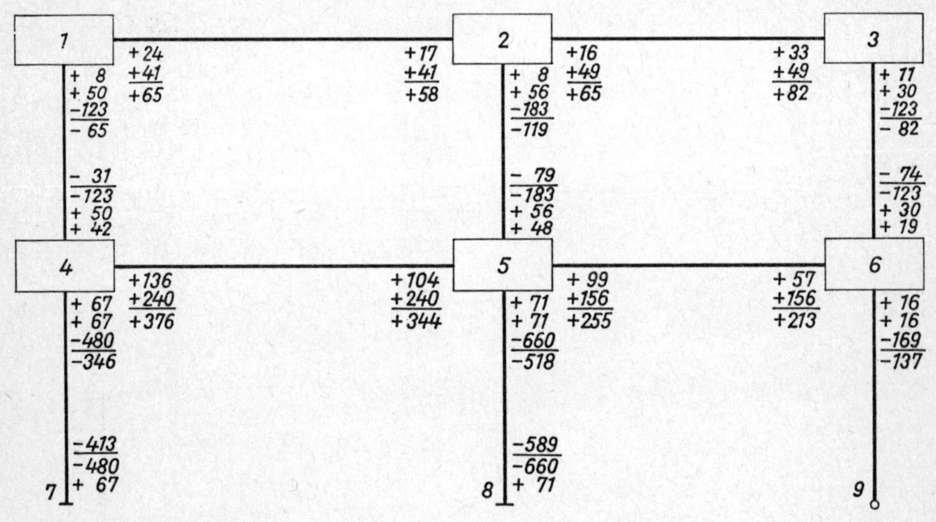

308.1 Bestimmung der Stabendmomente

Horizontalschnitte sind durch jedes Stockwerk zu legen. Da alle horizontalen Lasten in den Knoten und nicht in den Stielen angreifen, ist die Schnitthöhe in jedem Fall frei. Benutzt wird Gl. (290.2).

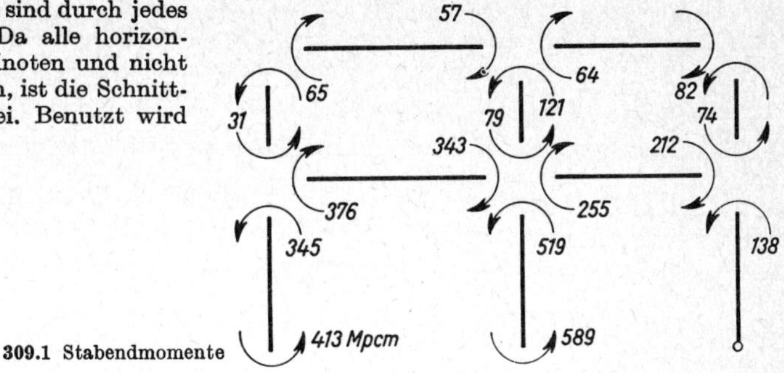

309.1 Stabendmomente

Die Gleichgewichtsbedingung lautet für

Stockwerk II $\quad 1{,}5 \cdot 3{,}0 = -(-0{,}65 - 0{,}31 - 1{,}21 - 0{,}79 - 0{,}82 - 0{,}74)$

$4{,}50\ \text{Mpm} \approx +4{,}52\ \text{Mpm}$

Stockwerk I $\quad 5{,}0 \cdot 4{,}0 = -(-3{,}45 - 4{,}13 - 5{,}19 - 5{,}89 - 1{,}38)$

$+20{,}0\ \text{Mpm} \approx +20{,}04\ \text{Mpm}$

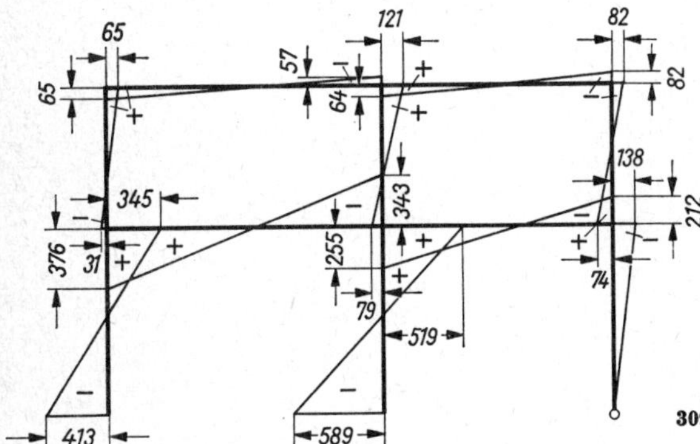

309.2 Momentenfläche infolge Wind nach Bild **306.3**

An dieser Stelle sei noch vermerkt, daß das Kani-Verfahren bei großen Horizontallasten in Systemen mit ungünstigen Steifigkeitsverhältnissen (bei sog. „weichen" Systemen) schlecht konvergiert.

Beispiel 7: Für den Stahlbetonrahmen nach Bild **309.3** sollen die Momentenflächen ermittelt werden

a) für eine gleichmäßige Temperaturänderung $t = +35$ °C

b) für Temperaturen, die außen $t_a = +25$ °C und innen $t_i = +45$ °C betragen; zur Zeit der Herstellung des Rahmens herrsche eine Temperatur von 0 °C.

Es sei zunächst auf die Ausführungen in Abschn. 8.5 verwiesen, die auch hier gültig sind.

Die freie Verformung des Systems infolge von Wärmewirkungen ist behindert. Folglich treten Zwängungsspannungen auf; jedoch sollen hier nur die Zwängungsanteile berücksichtigt werden, die aus den Biegespannungen herrühren.

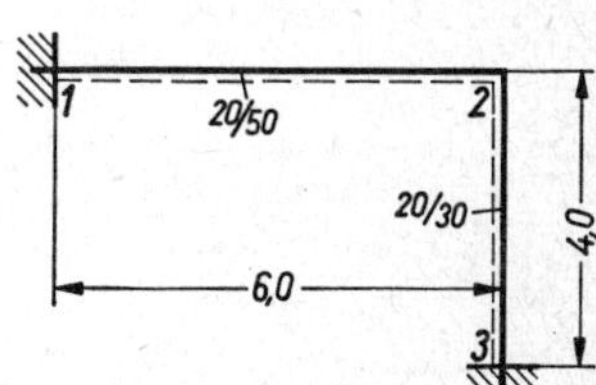

309.3 Stahlbetonrahmen

Tafel **310.1**: Steifigkeitszahlen und Drehungsfaktoren

Stab	wirkl. Steifigkeitszahl $k^* = \frac{2\,EJ}{l}$ Mpcm	Drehungsfaktoren $\mu = -\frac{1}{2} \cdot \frac{k^*}{\sum k^*}$
12	$14{,}60 \cdot 10^4$	$-0{,}43$
23	$2{,}36 \cdot 10^4$	$-0{,}07$
	$\sum k^* = 16{,}96 \cdot 10^4$	$\sum \mu = -0{,}50$

Im vorliegenden Rahmen können die von der Temperaturänderung hervorgerufenen Stabverdrehungen eindeutig aus der geometrischen Abhängigkeit angegeben werden.

Die benötigten Systemwerte sind zum Teil der Tafel **246.3** entnommen und in Tafel **310**.1 eingetragen.

Wir gehen aus von Gl. (272.3) für den beidseits eingespannten Stab[1])

$$M_a = M_A + 2M'_{ab} + M'_{ba} + M''_{ab}$$

darin ist

$$M'_{ab} = \frac{2\,EJ}{l}\,\varphi_a = k^*_{ab} \cdot \varphi_a$$

$$M'_{ba} = k^*_{ab} \cdot \varphi_b \tag{310.1}$$

$$M''_{ab} = \frac{2\,EJ}{l} \cdot 3\,\psi_{ab} = k^*_{ab} \cdot 3\,\psi_{ab} \tag{310.2}$$

a) Gleichmäßige Temperaturänderung $t = +35$ °C

Zuerst werden die Längenänderungen der Stäbe errechnet. Mit der Verformungsfigur **310**.2 werden die Stabdrehwinkel ψ bestimmt. Sie sind positiv, wenn sie gegen den Uhrzeigersinn drehen (**196**.2). Mit den Stabdrehwinkeln werden die Verschiebungsanteile ermittelt. Dabei müssen die wirklichen Steifigkeitszahlen benutzt werden (s. Abschn. 8.313 und 8.511). Die Drehungsanteile werden dann in üblicher Weise gewonnen.

Längenänderungen

$$\Delta l_{12} = \Delta u = \alpha_t \cdot t \cdot l = 10 \cdot 10^{-6} \cdot 35 \cdot 600 = 0{,}21 \text{ cm}$$

$$\Delta l_{23} = \Delta v = 10 \cdot 10^{-6} \cdot 35 \cdot 400 = 0{,}14 \text{ cm}$$

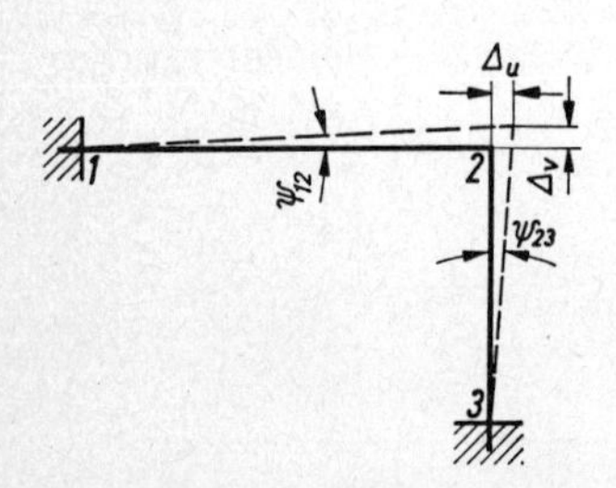

310.2 Verformungsfigur bei unbehinderter Längenänderung

Stabdrehwinkel

$$\psi_{12} = \frac{\Delta v}{l_{12}} = +\frac{0{,}14}{600} = +2{,}33 \cdot 10^{-4}$$

$$\psi_{23} = \frac{\Delta u}{l_{23}} = -\frac{0{,}21}{400} = -5{,}25 \cdot 10^{-4}$$

Verschiebungsanteile

$$M''_{12} = 14{,}60 \cdot 10^4 \cdot 3 \cdot 2{,}33 \cdot 10^{-4} = 102 \text{ Mpcm}$$

$$M''_{23} = -2{,}36 \cdot 10^4 \cdot 3 \cdot 5{,}25 \cdot 10^{-4} = -37 \text{ Mpcm}$$

---

1) Für einen am Stabende a eingespannten und am Stabende b gelenkig angeschlossenen Stab ist Gl. (272.6) zu benutzen.

Die Verschiebungsanteile sind damit in endgültiger Größe bestimmt; sie werden in Bild **311**.1 eingetragen.

Da keine Volleinspannmomente und keine Drehungsanteile an abliegenden Stabenden vorhanden sind, ergeben sich die Drehungsanteile nach Gl. (273.3) sofort aus den Verschiebungsanteilen.

$$M'_{21} = -\,0{,}43\,(102 - 37) = -\,28\ \text{Mpcm}$$

$$M_3 = -\,0{,}07 \cdot 65 = -\,5\ \text{Mpcm}$$

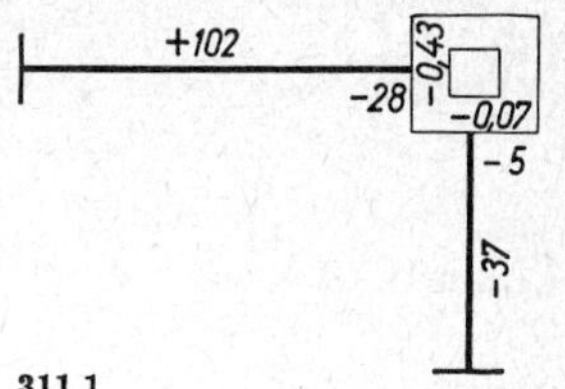

311.1
Ermittlung der Drehungsanteile

In Bild **311**.2 sind die Stabendmomente ausgerechnet. Die Momentenfläche zeigt Bild **311**.3 (s. Bild **247**.2 in Abschn. 8.53).

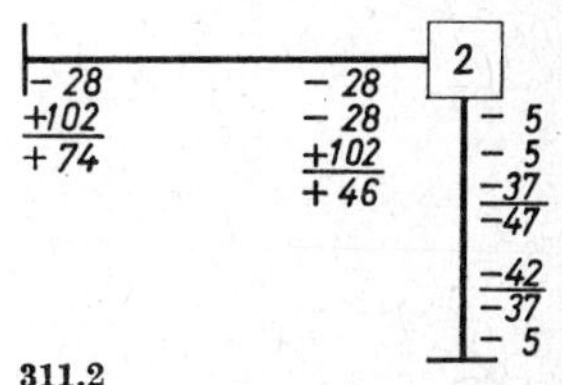

311.2
Ermittlung der Stabendmomente

b) Ungleichmäßige Temperaturänderung (**311**.4)

Herstellung $t = 0\ °\text{C}$

$t_i = 45\ °\text{C}$

$t_a = 25\ °\text{C}$

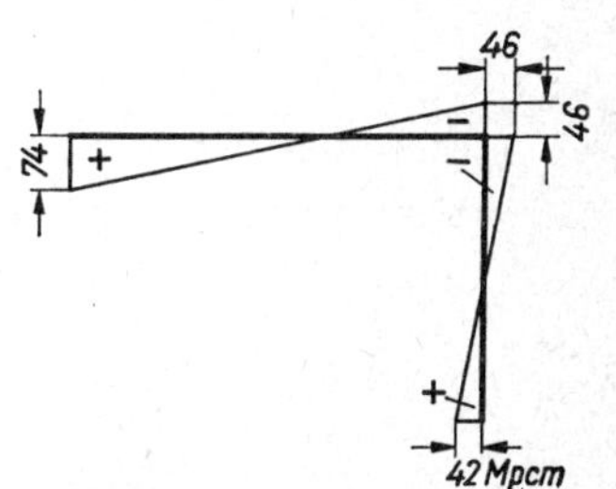

311.3
Momentenfläche infolge $t = +\ 35\ °\text{C}$

Für diese Untersuchung sind wieder die Betrachtungen des Abschn. 8.52 zugrunde zu legen. Ein frei verformbares System würde Längenänderungen infolge der mittleren Temperaturänderung t_m und Biegeverformungen infolge ungleichmäßiger Temperaturänderung Δt erfahren.

Es ist $$t_m = \frac{45 + 25}{2} - 0 = +\ 35\ °\text{C}$$

Damit ergeben sich die gleichen Stabdrehwinkel und Verschiebungsanteile wie unter a); die Verschiebungsanteile werden an den Stäben des Rahmens in Bild **312**.1 eingetragen.

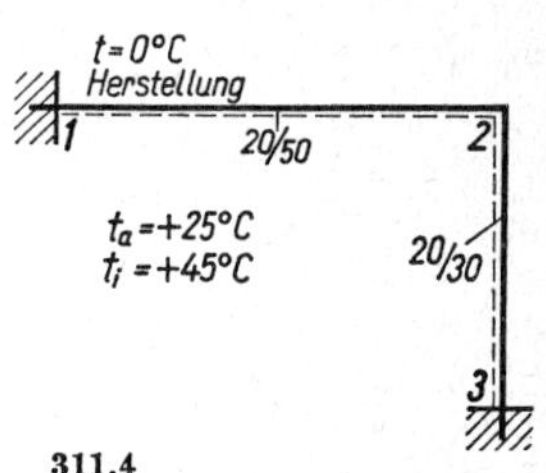

311.4
Stahlbetonrahmen, durch ungleichmäßige Temperatur beansprucht

Die ungleichmäßige Temperaturänderung beträgt

$$\Delta t = t_u - t_o = t_i - t_a = 45 - 25 = +\ 20\ °\text{C}$$

Damit werden die Volleinspannmomente errechnet. Sie ergeben sich mit der Vorzeichenregel des Momentenausgleichsverfahrens zu

$$M_{\text{I, II}\,\Delta t} = -\,\frac{EJ_{12} \cdot \alpha_t \cdot \Delta t}{d_{12}} = -\,\frac{2{,}1 \cdot 10^2 \cdot 20{,}83 \cdot 10^4 \cdot 10 \cdot 10^{-6} \cdot 20}{50} = -\,175\ \text{Mpcm}$$

$$M_{\text{II, I}\,\Delta t} = +\,175\ \text{Mpcm}$$

$$M_{\text{II, III}\,\Delta t} = -\,\frac{2{,}1 \cdot 10^2 \cdot 4{,}5 \cdot 10^4 \cdot 10 \cdot 10^{-6} \cdot 20}{30} = -\,63\ \text{Mpcm}$$

$$M_{\text{III, II}\,\Delta t} = +\,63\ \text{Mpcm}$$

312.1 Ermittlung der Drehungsanteile

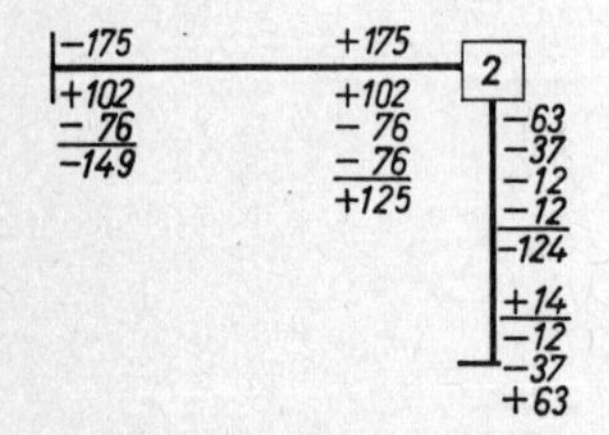

312.2 Ermittlung der Stabendmomente

Die errechneten Volleinspannmomente werden an den Knoten (**312.**1) eingeschrieben. Am Knoten 2 sind die Drehungsanteile aus dem Festhaltemoment und den Verschiebungsanteilen mit Hilfe der Drehungsfaktoren zu berechnen.

Mit Gl. (273.3) wird

$$M'_{21} = -\,0{,}43\,(112 + 102 - 37) = -\,76 \text{ Mpcm}$$

$$M'_{23} = -\,0{,}07 \cdot 177 = -\,12$$

Diese Werte sind bereits die endgültigen Drehungsanteile. In Bild **312.**2 werden die Stabendmomente errechnet. Bild **312.**3 zeigt die Momentenfläche Auf den Unterschied zur Momentenfläche (**311.**3) der Aufgabe a), der bei gleicher mittlerer Temperaturänderung lediglich durch die ungleichmäßige Temperaturänderung $\Delta t = 20$ °C hervorgerufen wird, ist hinzuweisen.

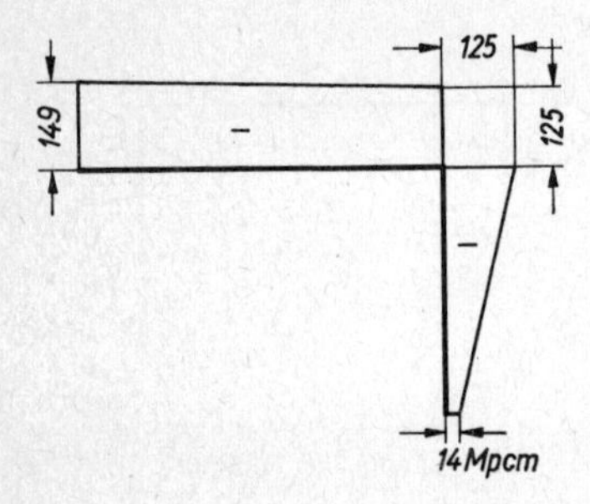

312.3 Momentenfläche infolge ungleichmäßiger Temperaturänderung

ZUSAMMENSTELLUNG DER WICHTIGSTEN FORMELN

Formänderungen

Hookesches Gesetz $\varepsilon = \frac{\Delta l}{l} = \frac{\Delta s}{s} = \frac{\sigma}{E}$ Gl. (2.1)

Längenänderung infolge

Normalkraft $\Delta l = \frac{N \cdot l}{F \cdot E} = \frac{\sigma}{E} l$ Gl. (2.3)

Temperatur $\Delta l_t = \alpha_t \cdot t \cdot l$ Gl. (2.4)

Moment $\Delta ds = \frac{M}{EJ} y_0 \cdot ds$ Gl. (3.1)

Dehnung infolge Moment $\varepsilon = \frac{\sigma_B}{E} = \frac{M}{EJ} y$ Gl. (2.6)

Winkeländerung infolge Moment $d\varphi = \frac{\Delta ds}{y_0} = \frac{\frac{M}{EJ} y_0 \cdot ds}{y_0} = \frac{M}{EJ} ds$ Gl. (3.2)

ungleichmäßiger Temperaturänderung $\Delta d\varphi_t = \frac{\alpha_t (t_u - t_o) ds}{h}$ Gl. (3.3)

Torsionsmoment $d\vartheta = \frac{M_T \cdot ds}{J_T G}$ Gl. (4.2)

Verschiebung infolge Querkraft $\Delta h = \varkappa \cdot \frac{Q}{GF} ds$ Gl. (3.6)

Arbeitsgleichungen $A = K \cdot s$ Gl. (4.3)

$A_a = A_i$ Gl. (5.4)

Stabwerk innere Arbeit $A_i = \int_0^l N \cdot \Delta ds + \int_0^l Q \cdot \gamma \cdot ds + \int_0^l M \cdot d\varphi$ Gl. (6.2)

äußere Arbeit $A_a = \sum P \cdot \delta_p + \sum M_a \cdot \varphi$ Gl. (6.3)

$\sum P \cdot \delta_p + \sum M_a \cdot \varphi = \int_0^l N \cdot \Delta ds + \int_0^l Q \cdot \gamma \cdot ds + \int_0^l M \cdot d\varphi$ Gl. (6.4)

Virtuelle Arbeit beim Fachwerk $1 \cdot \delta_p = \sum \bar{S} \cdot \Delta s$ cm Gl. (7.1)

$1 \cdot \delta_p = \sum \frac{\bar{S} \cdot S}{EF} s$ Gl. (7.3)

$1 \cdot \delta = \frac{\Sigma S \cdot \bar{S} \cdot s}{EF}$ Gl. (8.1)

infolge Temperaturänderung $\delta = \sum \bar{S} \cdot \Delta s_t$ Gl. (20.3)

Virtuelle Arbeit beim Stabwerk

$$1 \cdot \delta_p = \int_0^l \overline{N} \cdot \Delta ds + \int_0^l \overline{Q} \cdot \gamma \cdot ds + \int_0^l \overline{M} \cdot d\varphi \quad \text{m} \qquad \text{Gl. (7.2)}$$

$$1 \cdot \delta_p = \int_0^l \frac{\overline{N} \cdot N}{EF} ds + \varkappa \int_0^l \frac{\overline{Q} \cdot Q}{GF} ds + \int_0^l \frac{\overline{M} \cdot M}{EJ} ds$$

$$1 \cdot \text{cm} = \frac{1 \cdot \text{Mp}}{\frac{\text{Mp}}{\text{cm}^2} \cdot \text{cm}^2} \text{cm} + \frac{1 \cdot \text{Mp}}{\frac{\text{Mp}}{\text{cm}^2} \cdot \text{cm}^2} \text{cm} + \frac{\text{cm} \cdot \text{Mp cm}}{\frac{\text{Mp}}{\text{cm}^2} \cdot \text{cm}^4} \text{cm} \qquad \text{Gl. (7.4)}$$

$$\delta = \varkappa \int_0 \frac{Q \cdot \overline{Q}}{GF} dx + \int_0^l \frac{M \cdot \overline{M}}{EJ} dx \qquad \text{Gl. (8.2)}$$

$$1 \cdot \varphi = \int_0^l \frac{\overline{N} \cdot N}{EF} ds + \varkappa \int_0^l \frac{\overline{Q} \cdot Q}{GF} ds + \int_0^l \frac{\overline{M} \cdot M}{EJ} ds \qquad \text{Gl. (9.2)}$$

infolge Temperaturänderung $\delta = \int_0^l \overline{M} \cdot d\varphi_t + \int_0^l \overline{N} \cdot \Delta l_t$ Gl. (20.4)

Biegelinie

Durchbiegung nach Mohr $\delta(x) = \frac{\mathfrak{M}(x)}{EJ}$ Gl. (32.1)

mit ω-Zahlen $\delta_x = \frac{1}{EJ} \alpha_R \cdot \omega_R$ Gl. (32.5)

W-Gewichte aus

Biegemomenten $W_m = \frac{\lambda_m}{6\,EJ}(M_{m-1} + 2\,M_m) + \frac{\lambda_{m+1}}{6\,EJ}(2\,M_m + M_{m+1})$ Gl. (35.1)

Formänderungen $W_m = -\frac{\delta_{m-1}}{\lambda_m} + \left(\frac{1}{\lambda_m} + \frac{1}{\lambda_{m+1}}\right)\delta_m - \frac{\delta_{m+1}}{\lambda_{m+1}}$ Gl. (37.6)

Stabkräften $W_m = \sum \frac{\overline{S} \cdot S}{EF} s$ Gl. (38.3)

Satz von Betti $\sum \overline{P} \cdot \delta = \sum P \cdot \overline{\delta}$ Gl. (41.3)

Satz von Maxwell $1 \cdot \delta_{nm} = 1 \cdot \delta_{mn}$ Gl. (42.3)

Statisch unbestimmte Systeme

Stabilitätskriterien für Fachwerk und Stabwerk

$$s + a \geqq 2\,k \qquad \text{Gl. (49.1)}$$

$$s + a + e \geqq 2\,k \qquad \text{Gl. (49.2)}$$

Gleichungen zur Ermittlung der statischen Unbestimmtheit

$$s + z = 3\,s \qquad \text{Gl. (50.1)}$$

$$n = s + a - 2\,k \qquad \text{Gl. (51.1)}$$

$$n = s + a + e - 2\,k \qquad \text{Gl. (51.2)}$$

$$n = a + z - 3\,s \qquad \text{Gl. (51.3)}$$

Elastizitätsgleichung einfach statisch unbestimmter Systeme

$$\delta_{10} + X_1 \cdot \delta_{11} = 0 \qquad \text{Gl. (54.2)}$$

$$X_1 = -\frac{\delta_{10}}{\delta_{11}} \qquad \text{Gl. (54.3)}$$

Innere und äußere Kräfte am einfach statisch unbestimmten System

$$\left.\begin{aligned} M &= M_0 + X_1 \cdot M_1 \\ N &= N_0 + X_1 \cdot N_1 \\ Q &= Q_0 + X_1 \cdot Q_1 \\ A &= A_0 + X_1 \cdot A_1 \quad \text{usw.} \end{aligned}\right\} \qquad \text{Gl. (54.4)}$$

Elastizitätsgleichungen eines vierfach statisch unbestimmten Systems

$$\left.\begin{aligned} \delta_{10} + X_1 \cdot \delta_{11} + X_2 \cdot \delta_{12} + X_3 \cdot \delta_{13} + X_4 \cdot \delta_{14} = 0 \\ \delta_{20} + X_1 \cdot \delta_{21} + X_2 \cdot \delta_{22} + X_3 \cdot \delta_{23} + X_4 \cdot \delta_{24} = 0 \\ \delta_{30} + X_1 \cdot \delta_{31} + X_2 \cdot \delta_{32} + X_3 \cdot \delta_{33} + X_4 \cdot \delta_{34} = 0 \\ \delta_{40} + X_1 \cdot \delta_{41} + X_2 \cdot \delta_{42} + X_3 \cdot \delta_{43} + X_4 \cdot \delta_{44} = 0 \end{aligned}\right\} \qquad \text{Gl. (99.1)}$$

Matrix eines vierfach statisch unbestimmten Systems

X_1	X_2	X_3	X_4	B
δ_{11}	δ_{12}	δ_{13}	δ_{14}	$-\delta_{10}$
δ_{21}	δ_{22}	δ_{23}	δ_{24}	$-\delta_{20}$
δ_{31}	δ_{32}	δ_{33}	δ_{34}	$-\delta_{30}$
δ_{41}	δ_{42}	δ_{43}	δ_{44}	$-\delta_{40}$

Gl. (99.2)

Äußere und innere Kräfte an einem vierfach statisch unbestimmten System

$$A = A_0 + A_1 \cdot X_1 + A_2 \cdot X_2 + A_3 \cdot X_3 + A_4 \cdot X_4 \qquad \text{Gl. (100.1)}$$

$$M_x = M_{x0} + M_{x1} \cdot X_1 + M_{x2} \cdot X_2 + M_{x3} \cdot X_3 + M_{x4} \cdot X_4 \qquad \text{Gl. (100.2)}$$

$$Q_x = Q_{x0} + Q_{x1} \cdot X_1 + Q_{x2} \cdot X_2 + Q_{x3} \cdot X_3 + Q_{x4} \cdot X_4 \qquad \text{Gl. (100.3)}$$

$$N_x = N_{x0} + N_{x1} \cdot X_1 + N_{x2} \cdot X_2 + N_{x3} \cdot X_3 + N_{x4} \cdot X_4 \qquad \text{Gl. (100.4)}$$

Determinanten

zweigliedrige Determinante

X_1	X_2	B
a_{11}	a_{12}	a_{10}
a_{21}	a_{22}	a_{20}

$$X_1 = D_1/D \qquad X_2 = D_2/D \qquad \text{Gl. (104.1) Gl. (104.2)}$$

$$D = \begin{vmatrix} a_{11} & a_{12} \\ a_{21} & a_{22} \end{vmatrix} = a_{11} \cdot a_{22} - a_{21} \cdot a_{12} \qquad \text{Gl. (104.4)}$$

$$D_1 = \begin{vmatrix} a_{10} & a_{12} \\ a_{20} & a_{22} \end{vmatrix} \qquad D_2 = \begin{vmatrix} a_{11} & a_{10} \\ a_{21} & a_{20} \end{vmatrix}$$ Gl. (104.5) Gl. (104.7)

$$X_1 = \frac{a_{10} \cdot a_{22} - a_{20} \cdot a_{12}}{a_{11} \cdot a_{22} - a_{21} \cdot a_{12}} \qquad X_2 = \frac{a_{20} \cdot a_{11} - a_{10} \cdot a_{21}}{a_{11} \cdot a_{22} - a_{21} \cdot a_{12}}$$ Gl. (105.1)

dreigliedrige Determinante

X_1	X_2	X_3	B
a_{11}	a_{12}	a_{13}	a_{10}
a_{21}	a_{22}	a_{23}	a_{20}
a_{31}	a_{32}	a_{33}	a_{30}

$$X_1 = D_1/D \qquad X_2 = D_2/D \qquad X_3 = D_3/D$$ Gl. (105.2) Gl. (105.3)

$$D = \begin{vmatrix} a_{11} & a_{12} & a_{13} \\ a_{21} & a_{22} & a_{23} \\ a_{31} & a_{32} & a_{33} \end{vmatrix}$$ Gl. (105.4)

$$D = \begin{vmatrix} \oplus a_{11} & \oplus a_{12} & \oplus a_{13} \\ a_{21} & a_{22} & a_{23} \\ \ominus a_{31} & \ominus a_{32} & \ominus a_{33} \end{vmatrix} \begin{matrix} a_{11} & a_{12} \\ a_{21} & a_{22} \\ a_{31} & a_{32} \end{matrix}$$ Gl. (105.5)

$$D = a_{11} \cdot a_{22} \cdot a_{33} + a_{12} \cdot a_{23} \cdot a_{31} + a_{13} \cdot a_{21} \cdot a_{32} - a_{31} \cdot a_{22} \cdot a_{13} - a_{32} \cdot a_{23} \cdot a_{11} - a_{33} \cdot a_{21} \cdot a_{12}$$ Gl. (106.1)

Gaußscher Algorithmus s. S. 110···111.

Verkürzter Gaußscher Algorithmus s. S. 112.

Einflußlinien von statisch unbestimmten Systemen

Ordinate der Einflußlinie für ein Moment

$$\eta_m = M_m = M_{m0} + X_1 \cdot M_{m1} + X_2 \cdot M_{m2} + X_3 \cdot M_{m3} + \cdots$$ Gl. (161.5)

Gleichung der Ordinaten für die Einflußlinie der statisch unbestimmten Größe X_1

$$X_1 = -\frac{\delta_{1m}}{\delta_{11}}$$ Gl. (161.6)

Formänderung am statisch unbestimmten Stabwerk

$$1 \cdot \delta_m = \int \frac{\overline{M}^0 \cdot M \cdot dx}{EJ}$$ Gl. (184.2)

Weggrößenverfahren

bei seitlich unverschieblichen Systemen

Stabendmomente

$$M_a = \frac{EJ}{l}(4\,\varphi_a + 2\,\varphi_b) + M_A$$ Gl. (198.7)

$$M_b = \frac{EJ}{l}(4\,\varphi_b + 2\,\varphi_a) + M_B$$ Gl. (198.8)

Steifigkeitszahl $k^* = \frac{2\,EJ}{l}$ Gl. (199.1)

Stabendmomente $M_a = k^*\,(2\,\varphi_a + \varphi_b) + M_A$ Gl. (199.2)

$M_b = k^*\,(2\,\varphi_b + \varphi_a) + M_B$ Gl. (199.3)

Stabendmomente eines eingespannten Stabes mit verzerrten Steifigkeitszahlen

$M_a = k\,(2\,\varphi_a + \varphi_b) + M_A$ Gl. (199.4)

$M_b = k(2\,\varphi_b + \varphi_a) + M_B$ Gl. (199.5)

verzerrte Steifigkeitszahl $k = J/l$ Gl. (199.6)

wirklicher Knotendrehwinkel $\varphi_a^* = \varphi_a \cdot z$ Gl. (199.8)

verzerrte Steifigkeitszahl für einseitig drehbar angeschlossenen Stab

$k' = 0{,}75\,k$ Gl. (200.1)

Stabendmoment eines einseitig drehbar angeschlossenen Stabes

$M_a = \frac{4}{3}\,k' \cdot \frac{3}{2}\,\varphi_a + M'_A = k' \cdot 2\,\varphi_a + M'_A$ Gl. (200.2)

Knotengleichung $\sum M_i = \varphi_i \cdot 2 \sum_n k_i + \sum_d \varphi_k \cdot k_i + \sum_n M_J = 0$ Gl. (201.2)

bei seitlich verschieblichen Systemen

Stabendmomente eines eingespannten Stabes

$M_a = \frac{EJ}{l}\,(4\,\varphi_a + 2\,\varphi_b + 6\,\psi) + M_A$ Gl. (224.3)

$M_b = \frac{EJ}{l}\,(4\,\varphi_b + 2\,\varphi_a + 6\,\psi) + M_B$ Gl. (224.4)

Steifigkeitszahl eines einseitig drehbar angeschlossenen Stabes

$k^{*\prime} = 0{,}75\,k^*$ Gl. (225.5)

Stabendmoment eines einseitig drehbar angeschlossenen Stabes

$M_a = k^{*\prime}\,(2\,\varphi_a + 2\,\psi) + M'_A$ Gl. (225.6)

$M_a = k'\,(2\,\varphi_a + 2\,\psi) + M'_A$ Gl. (226.1)

Knotengleichung

$\sum M_i = \varphi_i \cdot 2 \sum_n k_i + \sum_d \varphi_k \cdot k_i + \psi_3 \cdot 3\,k_{if} + \psi_4 \cdot 2\,k'_{im} + \sum_n M_J = 0$ Gl. (226.2)

Verschiebungsgleichung für Stockwerkrahmen bei

gleichen Stielhöhen

$3 \sum_{(I)} k \cdot \varphi_o + 3 \sum_{(I)} k \cdot \varphi_u + 6 \sum_{(I)} k \cdot \psi + (\sum P_h + \sum_{(I)} A)\,h_I + \sum_{(I)} (M_O + M_U) = 0$ Gl. (230.3)

ungleichen Stielhöhen

$$3\sum_{(I)}\frac{k}{h}\varphi_o + 3\sum_{(I)}\frac{k}{h}\varphi_u + 6\sum_{(I)}\frac{k}{h}\cdot\psi + \sum_{\text{oberh. I}} P_h + \sum_{(I)} A + \sum_{(I)}\frac{M_O + M_U}{h} = 0 \qquad \text{Gl. (230.4)}$$

bei gleichen Höhen und Fußgelenken

$$2\sum_m k'\cdot\varphi_G + 2\sum_m k'\cdot\psi + (\sum P_h + \sum_m A)h + \sum_m M'_O = 0 \qquad \text{Gl. (231.1)}$$

Einfluß aus Temperaturänderung

Volleinspannmomente infolge gleichmäßiger Temperaturänderung

beim beiderseits eingespannten Stab $M_{At} = k^*\cdot 3\,\psi = \frac{6\,EJ\cdot\Delta v_t}{l^2}$ Gl. (241.2)

bei einseitig gelenkig gelagertem Stab $M'_{At} = k^*\cdot 2\,\psi = \frac{3\,EJ\cdot\Delta v_t}{l^2}$ Gl. (241.3)

Knotengleichung $\varphi_i\cdot 2\sum_n k_i^* + \sum_d \varphi_k\cdot k_i^* + \sum M_{Jt} = 0$ Gl. (241.4)

Volleinspannmomente infolge ungleichmäßiger Temperaturänderung

$$M_{A\Delta t} = -\,M_{B\Delta t} = -\,\frac{EJ\cdot\alpha_t\cdot\Delta_t}{d} \qquad \text{Gl. (245.1)}$$

Momentenausgleichsverfahren nach Kani

bei seitlich unverschieblichen Systemen

Stabendmomente beim eingespannten Stab

$$M_a = 2\,M'_{ab} + M'_{ba} + M_A = M_A + 2\,M'_{ab} + M'_{ba} \qquad \text{Gl. (257.2)}$$

einseitig drehbar angeschlossenen Stab

$$M_a = M'_A + 2\,M'_{ab} \qquad \text{Gl. (258.1)}$$

Knotengleichung $\sum_n M'_{ik} = -\frac{1}{2}\left(\sum_n M_J + \sum_d M_{ki}\right)$ Gl. (258.3)

Drehungsanteil $M'_{ik} = \mu_{ik}\,(\sum_n M_J + \sum_d M'_{ki})$ Gl. (259.3)

Drehungsfaktor $\mu_{ik} = -\frac{1}{2}\cdot\frac{k_{ik}}{\Sigma k_{ik}}$ Gl. (259.1)

Knotendrehwinkel des Stabes *ab* im Knoten

$$\varphi_a = \frac{1}{6\,E\cdot k}(2\,M_a - M_b - 2\,M_A + M_B) \qquad \text{Gl. (261.1)}$$

$$6\,E\cdot\varphi_a = \frac{1}{k}(2\,M_a - M_b - 2\,M_A + M_B) \qquad \text{Gl. (261.2)}$$

bei verschieblichen Stockwerkrahmen

Verschiebungsanteil $M''_{ab} = \frac{2\,EJ}{l} \cdot 3\,\psi_{ab} = k^*_{ab} \cdot 3\,\psi_{ab}$ Gl. (272.2)

Stabendmomente beim

eingespannten Stab $M_a = M_A + 2\,M'_{ab} + M'_{ba} + M''_{ab}$ Gl. (272.3)

$M_b = M_B + 2\,M'_{ba} + M'_{ab} + M''_{ba}$ Gl. (272.4)

einseitig drehbar angeschlossenen Stab

$M_a = 2\,M'_{ab} + M''_{ab} + M'_A$ Gl. (272.6)

Knotengleichung $\sum\limits_n M'_{ik} = -\frac{1}{2}\left(\sum\limits_n M_J + \sum\limits_d M'_{ki} + \sum\limits_n M''_{ik}\right)$ Gl. (273.1)

Drehungsanteil $M'_{ik} = \mu_{ik}\,(\sum\limits_n M_J + \sum\limits_d M'_{ki} + \sum\limits_n M''_{ik})$ Gl. (273.3)

Verschiebungsanteil $M''_{uo} = M''_{ou} = \nu_{ou}\,[\overline{M}_r + \sum\limits_{(r)} (M'_{uo} + M'_{ou})]$ Gl. (274.1)

Werte M'' und ν siehe Tafel **286.1**.

SCHRIFTTUM

[1] Dörfling, R.: Mathematik für Ingenieure. 7. Aufl. München 1965

Gehler, W.: Der Rahmen. Berlin 1919

[2] Glatz, R.: Allgemeines Iterationsverfahren für verschiebliche Stabwerke mit beliebiger Belastung. Berlin 1958

Grüning, M.: Die Statik des ebenen Tragwerks. Berlin 1925

[3] Guldan, R.: Die Cross-Methode und ihre praktische Anwendung. Wien 1955

[4] Guldan-Reimann: Rahmentragwerke und Durchlaufträger. 6. Aufl. Wien 1959

[5] Hirschfeld, K.: Baustatik, Theorie und Beispiele. 3. Aufl. Berlin 1969

[6] Hütte, Bd. III. Bautechnik. 28. Aufl. Berlin 1956

Kani, G.: Die Berechnung mehrstöckiger Rahmen. 11. Aufl. Stuttgart 1965

[7] Kaufmann, W.: Statik der Tragwerke. 4. Aufl. Berlin 1957

[8] Kleinlogel, A. und Haselbach: Rahmenformeln. 14. Aufl. Berlin 1967

[9] Klöppel, K.: Vorlesungen Statik IV. Darmstadt 1944/45

[10] Kohl, E.: Praktische Winke zum Studium der Statik. Berlin 1957

[11] Mann, L.: Theorie der Rahmentragwerke. Berlin 1927

Müller-Breslau, H.: Die graphische Statik der Baukonstruktionen. 6. Aufl. Leipzig 1927

[12] Ostenfeld, A.: Die Deformationsmethode. Berlin 1926

[13] Stahlbau. Ein Handbuch für Studium und Praxis. Bd. I. 2. Aufl. Köln 1961

[14] Straßner, A.: Neuere Methoden zur Statik der Rahmentragwerke und der elastischen Bogenträger. Teil 1. 5. Aufl. Berlin 1951

[15] Stüssi, F.: Vorlesungen über Baustatik. Bd. I. 3. Aufl. Basel 1962

[16] Wendehorst, R.: Bautechnische Zahlentafeln. 17. Aufl. Stuttgart 1972

SACHWEISER